Kecke/Kleinschmidt · Industrie-Rohrleitungsarmaturen

Industrie-Rohrleitungsarmaturen

Prof. Dr.-Ing. Hans Joachim Kecke VDI
Dipl.-Ing. Paul Kleinschmidt

Die Deutsche Bibliothek – CIP-Einheitsaufnahme

Kecke, Hans Joachim:
Industrie-Rohrleitungsarmaturen / Hans Joachim Kecke ;
Paul Kleinschmidt. – Düsseldorf: VDI-Verl., 1994
    ISBN 3-18-401149-6
NE: Kleinschmidt, Paul:

Herstellung: PRODUserv, Berlin
Satz: Thompson Press, New Delhi, Indien
Bindearbeiten: Lüderitz & Bauer, Berlin

ISBN 978-3-642-51879-9   ISBN 978-3-642-51878-2 (eBook)
DOI 10.1007/978-3-642-51878-2

Vorwort

Es ist heute durchaus noch keine Selbstverständlichkeit, sich umfassender mit der Funktion von Rohrleitungsarmaturen zu beschäftigen. Ihre Arbeitsweise ist scheinbar leicht zu übersehen. Sie sind alltäglicher Gebrauchsgegenstand und auch unverzichtbare Ausrüstung aller Anlagen des Umganges mit Fluiden.

Ihre Entwicklung ist somit folgerichtig weit zurück verfolgbar, zumindest bis zu den Anfängen der Wasserversorgung über Kanäle und Rohrleitungen. Hinzu kommt, daß das Arbeitsprinzip und gleichermaßen die grundlegende Gestalt sich im Laufe der Zeit kaum veränderten. Mit der Industrialisierung stiegen lediglich die Anforderungen sowohl durch anspruchsvollere Einsatzparameter, ebenso die Vielfalt der Fluide, als auch durch die geforderten Leistungsparameter.

Somit ist es nicht verwunderlich, daß den Armaturen teilweise keine besondere Aufmerksamkeit geschenkt wird; sie werden bei einer Projektbearbeitung, vom Angebot ausgehend, den Aufgaben zugeordnet. Man erwartet dann, daß sie problemlos die gestellte Aufgabe erfüllen. Das findet auch in der technischen Literatur bei zusammenfassenden Darstellungen seinen Niederschlag, zumeist wird lediglich die konstruktive Ausführung erläutert.

Ein anderes Bild ergibt sich allerdings beim Studium der Vielzahl von Veröffentlichungen in Zeitschriften und der zunehmenden Anzahl von wissenschaftlichen Veranstaltungen zum Thema Armaturen. Das folgt aus der zentralen Rolle, die die Armaturen bei der Steuerung von Fluid-Technologien einnehmen, und kommt besonders deutlich im Hinblick auf die gewachsenen sicherheitstechnischen Anforderungen zum Ausdruck. Ebenso offensichtlich ist, daß diese Entwicklung auf die Bemühungen um eine genauere Auslegung und umfassendere Berechnung zurückwirkt.

Somit darf derzeit durchaus die Frage nach einer neuen Phase der Armaturenindustrie aufgeworfen werden.

Mit dem Buch soll versucht werden, hierzu einen Ausgangspunkt vorzulegen. Es richtet sich vor allem an den Projektingenieur und Betreiber, der Armaturen einsetzt und nutzt, um ihn in die Lage zu versetzen, ihr Leistungsvermögen einschätzen und die Forderungen sachgerecht stellen zu können. Die Autoren hoffen, daß das Buch auch für den Produzenten von Nutzen ist und ihm Anregung für seine Arbeit gibt.

Magdeburg, im Februar 1994

Prof. Dr.-Ing. H. J. Kecke VDI
Dipl.-Ing. P. Kleinschmidt

Inhalt

VIII

X

Formelzeichen und Indizes

Formelzeichen

A	m^2	Fläche; Öffnungsquerschnitt
Ar	—	Archimedes-Zahl
a	m/s	Schallgeschwindigkeit
a_F	m/s	Fortpflanzungsgeschwindigkeit (Druckwellen)
Bm	—	Bingham-Zahl
b	m	Breite
C	—	Durchflußkoeffizient
c	N/m	Federkonstante
c_F	—	Kraftbeiwert
c_L	m/s	Longitudinalwellengeschwindigkeit
c_M	—	Momentenbeiwert
c_p	J/(kg·K)	spezifische Wärmekapazität bei konstantem Druck
c_V	J/(kg·K)	spezifische Wärmekapazität bei konstantem Volumen
D	m	Durchmesser
DN	mm	Nennweite
d	m	Durchmesser
E	J	Energie
Eu	—	Euler-Zahl
e	J/kg	spezifische Energie
e	m	Exzentrizität
F	N	Kraft
Fr	—	Froude-Zahl
F_p	—	Rohrleitungsgeometriefaktor
F_R	—	Reynolds-Zahl-Faktor
f	Hz	Frequenz
f_g	—	Druckrückgewinnfaktor
g	m/s^2	Schwerkraftbeschleunigung
H	m	geodätische Höhe
He	—	Hedström-Zahl
h	m	Höhe
h	J/kg	spezifische Enthalpie
I	N·s	Impuls
K	Pa·s^n	Konsistenzkoeffizient; Steifigkeit
K	—	numerische Konstante
k_f	—	Druckrückgewinnkennwert
k_{gl}	m^3/h i. N.	gleichwertiger Durchfluß
k_v	m^3/h	Einheitsdurchfluß
L	N	Last
L	dB	Schalldruckpegel
L_p	dB	Schalleistungspegel
l	m	Länge
M	—	Mach-Zahl
M	N·m	Moment
m	—	Flächenverhältnis
$\dot{m}$	kg/s	Massestrom
N	—	numerische Konstante
n	—	Polytropenexponent
n	—	Fließindex; Strukturziffer
n	min^{-1}	Drehzahl
P	W	Leistung
PN	bar	Nenndruck

p	Pa	Druck
Δp	Pa	Druckdifferenz
q	J/kg	spezifische Wärme
q	Pa	Staudruck
R	dB	Schalldämmpegel
R	J/(kg·K)	spezifische Gaskonstante
Re	—	Reynolds-Zahl
R_e	Pa	Streckgrenze
r	m	Radius
r	kg/m^7	Strangbeiwert
S	—	Sicherheitsfaktor
Sr	—	Strouhal-Zahl
s	m	Wanddicke
s	J/(kg·K)	spezifische Entropie
T	K	Temperatur
t	s	Zeit
u	J/kg	spezifische innere Energie
$\dot{V}$	m^3/s	Volumenstrom
v	m^3/kg	spezifisches Volumen
We	—	Weber-Zahl
w	m/s	Geschwindigkeit
x	—	Differenzdruckverhältnis
x	—	Dampfgehalt
x, y, z	m	kartesische Koordinaten
Y	—	Expansionsfaktor
Z	—	Realgasfaktor
α	—	Durchflußbeiwert, Ausflußziffer
α	—	Raumausdehnungszahl
β	°	Drehwinkel
γ	s^{-1}	Geschwindigkeitsgradient
ε	—	Strahlkontraktionskoeffizient
ζ	—	Druckverlustbeiwert
η	—	Wirkungsgrad
η	—	strömungsmechanisch-akustischer Umwandlungsgrad
η	Pa·s	dynamische Zähigkeit
η_p	Pa·s^n	plastische Viskosität, Steifigkeit
κ	—	Verhältnis der spezifischen Wärmekapazitäten
λ	—	Rohrreibungsbeiwert
μ	—	Reibungskoeffizient
v	m^2/s	kinematische Zähigkeit
ρ	kg/m^3	Dichte
σ	—	Kavitationsbeiwert
τ	Pa	Schubspannung
τ_0	Pa	Anfangsschubspannung, Fließgrenze
χ	—	Kompressibilitätskoeffizient
ψ	—	Durchflußfunktion

Indizes

A	Armatur
An	Ansprechpunkt
Anl	Anlage
Antr	Antrieb
B	Betriebspunkt
Be	Berechnung
b	Beschleunigung
C	Feder
D	Dampf; Dichtfläche

eff	effektiv
erf	erforderlich
F	Fluid
G	Gesamt-, Ruhedruck
G	Gegendruck
geo	geodätisch
ges	gesamt
gl	gleichwertig
gm	geometrisch
gp	gleichprozentig
H	Hand
K	Korn
korr	korrigiert
krit	kritisch
L	Leitung; Anlage
L	Leckage
lam	laminar
lin	linear
M	Material
M	Membrane
m	mittlere
max	maximal
mech	mechanisch, strömungsmechanisch
min	minimal
N	Normzustand
Ö	Öffnung
P	Pumpe
p	statisch
q	Quelle; Staudruck
R	Rohr; Reibung
rück	Rückgewinn, Rückströmung
S	Sitz
Sch	Schließdruck
Sp	Spindel
St	Steuer
T	Trägheit; kritisch, modifiziert
turb	turbulent
U	Umschlag; Umgebung
u	unterkritisch
ük	überkritisch
v	Verlust
vorh	vorhanden
vc	vena contracta, strömungstechnisch
W	Wand
w	Wirkdruck
zul	zulässig
0	Eintritt; Bezugspunkt
1	Systemeintritt (Armatur)
2	Systemaustritt (Armatur)
100	100 % geöffnet
*	kritisch (isentrop)

1 Einführung

Rohrleitungsarmaturen sind unverzichtbare Ausrüstungen in allen Anlagen, in denen fluide bzw. fluidisierte Stoffe transportiert, als Grund- oder Hilfsstoff eingesetzt oder verteilt werden. Sie haben alle Anforderungen des Absperrens und Beeinflussens der Fluidströme sowie der damit im Zusammenhang stehenden Sicherheitsaufgaben für Anlagen und Produkte als Stellglied, Stelleinrichtung oder Regeleinrichtung zu erfüllen, s. z. B. [1–1].

Dennoch können die Rohrleitungsarmaturen kaum als bestimmend für den technischen Fortschritt angesehen werden; die Aufgaben und Grenzen industrieller Anlagen werden durch den Marktwert des Produktes sowie die Wirtschaftlichkeit der Technologien und Hauptausrüstungen bestimmt. Armaturen haben somit den Forderungen des gesamten Bereiches industrieller Anlagen, insbesondere bezüglich des Massestromes, Druckes bzw. Differenzdruckes sowie der Temperatur und der Aggressivität der Fluide, zu entsprechen.

Dieses breite Feld mit seinen unterschiedlichen Bedingungen hatte zwangsläufig die Entwicklung verschiedener Grundtypen von Armaturen zur Folge. Zahlreiche Bauarten und eine Vielzahl von Spezialarmaturen, zumeist bestimmten Industriezweigen zugeordnet, führten zu einer kaum übersehbaren Vielfalt von Armaturenausführungen.

Dem Anwender wird es deshalb oftmals schwerfallen, die zweckmäßigste Konstruktion auszuwählen. Eine kritische Analyse des Angebotes, gepaart mit Erfahrung, wird ihn zumeist bewegen, bestimmte Anbieter zu bevorzugen. Das verpflichtet diesen, die jeweiligen Möglichkeiten des zur Bemessung von Armaturen heranzuziehenden wissenschaftlichen und technologischen Fortschrittes sorgfältig in seine Arbeit einzubeziehen.

Qualitativ hochwertige Konstruktionen sind also dadurch gekennzeichnet, daß sie den aktuellen Stand der konstruktiven und technologischen Entwicklung implizieren. Das betrifft vor allem die strömungstechnische [1–2][1–3] und die festigkeitsseitige [1–4] Berechnung, den Werkstoffeinsatz [1–5] und die Korrosions- und Verschleißbeständigkeit [1–6] sowie die Nutzung progressiver Fertigungsverfahren.

Die sich hierbei bietenden Möglichkeiten führen nicht nur zur Verbesserung der Qualität, also der Funktionsgewährleistung, oder auch zur Senkung der Kosten, sondern gegebenenfalls auch zur Umstrukturierung des angebotenen Sortimentes. Besonders deutlich ist dies am Beispiel der Entwicklung des Kugelhahnes zu erkennen. Solchen neuen Konstruktionen ist jedoch nur dann Erfolg beschieden, wenn sie im konstruktiven Aufbau nicht wesentlich komplizierter sind. Ein Entwicklungsschwerpunkt ist somit auch die Ausweitung des Anwendungsgebietes einfacher Funktionsprinzipien; hingewiesen sei diesbezüglich auf die Klappenform.

Andererseits ist ebenso die Entwicklung der Anforderungen an die Armaturen zu beachten. Die zunehmende Medienvielfalt ist offensichtlich. Das betrifft sowohl gefährliche Stoffe als auch solche, die einen höheren Verschleiß verursachen, wie es z. B. bei Feststoffbeimischungen gegeben ist. Jedoch auch an die Funktionsgewährleistung werden ständig höhere Ansprüche gestellt. Weit entfernt von einer einfachen Auf-Zu-Aufgabe sind die heutigen Forderungen nach einer geringeren Toleranz, z. B. bezüglich der Kennlinien, einer genaueren Vorausbestimmung der Wirkung bei den verschiedensten Medien und unterschiedlichsten Einbindungsverhältnissen in die jeweilige Anlage sowie nach besonderer Berücksichtigung des Zeitverhaltens. Letzteres folgt sowohl aus gewachsenen Sicherheitsanforderungen als auch aus der zunehmenden Automatisierung industrieller Anlagen. Zu verweisen ist auch auf die gewachsenen Anforderungen des Umweltschutzes, z. B. bezüglich der Dichtheit nach außen, bzw. der Umweltbelästigung, insbesondere die Lärmverursachung betreffend.

Nicht unerwähnt bleiben soll, daß die Armaturen, obwohl unbestritten in ihrer Bedeutung und Notwendigkeit, relativ an Bedeutung verlieren. Einerseits ergibt sich das aus der Anwendung möglicher Alternativprinzipien. Zu nennen sind elektromagnetische und thermische Prinzipien, z. B. das Einfrieren von Wasser in Wasserleitungen zur Absperrung. Andererseits ist durch die zunehmende Regelbarkeit aller Aggregate, also auch die wirtschaftliche Drehzahlstellung der Pumpen, schon die in die Anlagen einzubringende Energie beeinflußbar. Damit verliert die Steuerung des Massestromes durch Drosselung mittels Armaturen an Bedeutung. Diese Alternativen sind jedoch hinsichtlich ihres Einsatzes begrenzt. Das folgt zwangsläufig aus der auf das jeweilige Objekt zu beziehenden Wirtschaftlichkeitsberechnung.

2 Historische Entwicklung

Der Begriff Armatur, von lat. armatura herkommend und die Bewaffnung bzw. Ausrüstung bezeichnend, umfaßt in dieser ursprünglichen, allgemeinen Form die Ausrüstung von Maschinen und Anlagen mit Zubehör zur Bedienung und Überwachung. Für die Rohrleitungsarmaturen blieb diese Bezeichnung erhalten.

Damit wird die Aufgabe der Armaturen, wenn auch unpräzise, umrissen, über ihre Notwendigkeit jedoch nichts ausgesagt. Das entspricht durchaus den Anfängen der Armaturentechnik. Von Funden frühester Armaturen, angefangen vom Verschlußstopfen (Bild 2–1) aus der Zeit des Alten Reiches Ägyptens um 2500 v. Chr. bis weit in das Mittelalter hinein, war die Rohrleitungsarmatur nicht unbedingt notwendiger Bestandteil einer entsprechenden Anlage. Der Verschlußstopfen diente lediglich der geschlossenen Abführung des bei religiösen Waschungen benutzten Wassers. Diese Art des Absperrens dürfte schon länger in Gebrauch gewesen sein.

Dagegen sind heute die Armaturen weitestgehend unverzichtbare Ausrüstungen vor allem energetischer und chemisch-technologischer Anlagen. Ohne die gezielte Beeinflussung des Massestromes (Absperren und Stellen) sowie die Absicherung von Prozessen bzw. Anlagen durch Sicherheitsarmaturen ist der Betrieb derartiger Anlagen nicht möglich. Es ist offensichtlich, daß das heute auch mit Temperaturen und Drücken verbunden ist, die von denen der Umgebung abweichen; auch die zunehmende Vielfalt der eingesetzten Prozeßmedien trug zu einer solchen Entwicklung bei.

Auf einen weiteren Gesichtspunkt ist hinzuweisen: Armaturen sind bei im Chargenbetrieb arbeitenden Prozessen kaum erforderlich. Somit ist immer dann ein besonderer Fortschritt zu verzeichnen, wenn neue, kontinuierlich angelegte Technologien praxisrelevant werden. Das trifft vor allem für die Neuzeit zu.

Im gesamten Altertum und Mittelalter wurde zwar der kontinuierlichen Wasserversorgung große Aufmerksamkeit gewidmet. Hier sind so auch die ersten großtechnischen Anlagen mit kontinuierlichem Flüssigkeitsstrom zu finden. Der Umgang mit Wasser wäre damit aus heutiger Sicht ein zwingender Ausgangspunkt für den Bedarf und den Einsatz von Armaturen gewesen. Die Ausrüstung der Wasserversorgungssysteme entsprach jedoch kaum dem heutigen Standard, den Anlagen lag auch ein anderes Konzept zugrunde [2–2].

Neben umfangreicheren Funden liegen zur Wasserversorgung erste schriftliche Zeugnisse aus der Zeit des Römischen Reiches vor. Aus dem Buch von SEXTUS JULIUS FRONTINUS, curator aquarum in Rom, vom Jahr 97 (s. bei [2–3]) läßt sich ableiten, daß von der Beobachtung her

– vor allem der Querschnitt der Kanäle und Rohre als bestimmend für den Volumenstrom angesehen wurde,
– über die Bedeutung des Gefälles einige, die des Rohrwiderstandes und damit die Regulierung über Drosselung nur geringe Kenntnisse vorlagen.

Dem entspricht der Aufbau der römischen Wasserversorgung, Bild 2–2. Jeder Abnehmer hatte einen eigenen Anschluß, der nach dem Querschnitt (geeichte Anschlußstutzen, sogenannte Kelche) bemessen war. Dazu heißt es (s. bei [2–3]):

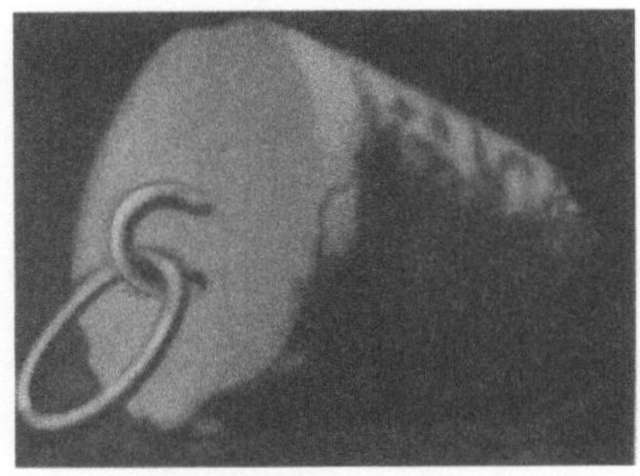

Bild 2–1.
Verschlußstopfen aus Abusir. Blei mit Kupferöse, Länge ≈ 4 cm,
s. bei [2–1].

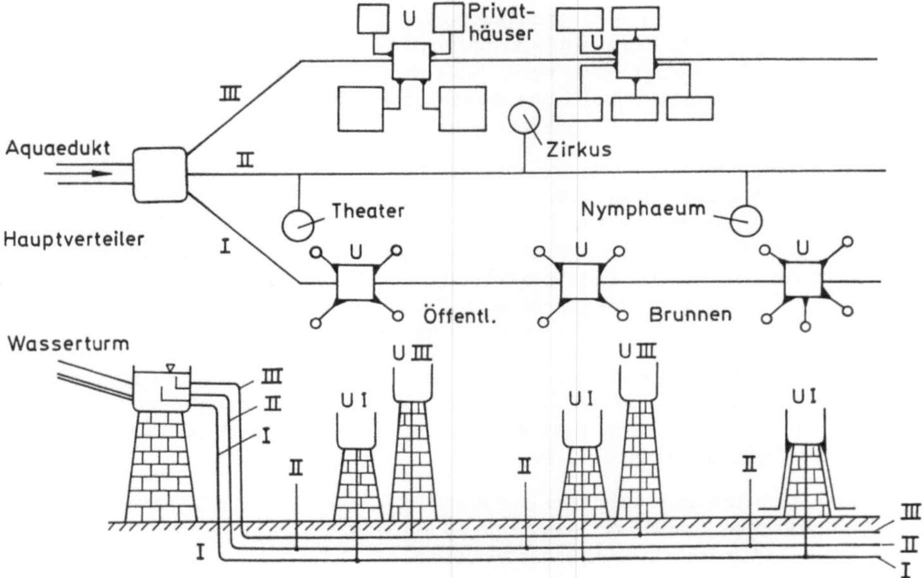

Bild 2–2.   Antike Wasserverteilung, schematisch. Bei Wassermangel setzt erst III, dann II, zuletzt I aus.
U Unterverteiler; ►— Normdüse.

„Bei der Anbringung der Kelche ist zu beachten, daß sie nach der Linie geordnet werden, und nicht der eine mehr unten, der andere mehr oben angeordnet werde. Denn der Niedrigere verschlingt mehr; der Höhere saugt weniger, weil der Lauf des Wassers von dem Niederen angezogen wird.“

Das trifft jedoch bekanntlich nur für den unmittelbaren freien Ausfluß durch die Kelche zu und war so bei der Eichung auch gut zu erkennen. Beim Einbau, normalerweise in von den Verteilern zu den Verbrauchern führenden Rohrleitungen, geht diese Übersicht verloren, womit obige Schlußfolgerung des FRONTINUS entschuldbar ist. Überhaupt wurde fast ausschließlich ein steter Fluß vorgesehen; nur durch Überläufe steuerte man die Bemessung. Nicht zuletzt hieraus ergibt sich der enorme Wasserverbrauch von etwa 500 l je Einwohner und Tag im Rom jener Zeit.

4

Bei der Ausführung des Gesamtsystemes der Wasserversorgung folgte man weitgehend der Anschauung, der Erfahrung aus der Natur. So wurde vor allem mit Gerinnen und offenen Behältern gearbeitet. Dem entspricht das System der Versorgung über die Wasserschlösser, wodurch der Abfluß zu den Endzapfstellen weitgehend unabhängig vom Zufluß wird. Erkenntnisse, gewonnen durch Beobachtung, beschränkten sich also zumeist auf Teilsysteme. Die relative Unklarheit hinsichtlich der strömungsmechanischen Zusammenhänge drückt sich auch in Hinblick auf die Zuführungskanäle der Wasserleitungen Roms aus, heißt es doch [2–3]:

„Vergessen wir nicht, daß jedes Wasser, so oft es von einem höheren Ort kommt und nach kurzem Lauf in das Kastell fällt, nicht nur seinem Gemäß entspricht, sondern sogar Überfluß liefert, so oft es aber aus einem niederen Ort, also mit geringerem Gefälle einen weiten Weg geleitet wird, durch die Trägheit der Leitung auch an Maß einbüßt."

Armaturen spielten bei einem solchen System kaum eine Rolle; abgesperrt oder gar gedrosselt wurde wenig. Das trifft nach heutigem Kenntnisstand auch auf die bekannten Vorläufer des römischen Wasserversorgungssystemes zu, wie

- in Jerusalem, die z. T. noch funktionierende Wasserversorgung aus der Zeit des Königs Salomo (1018 bis 978 v. Chr.): unterirdische Kanäle, teilweise Tunnel;
- für die Wasserleitungen von Mykenä (um 1000 v. Chr.) oder Samos (um 530 v. Chr.), wobei letztere ebenfalls durch einen Berg geführt wurde;
- in Assyrien, die Versorgung von Ninive (7. Jh. v. Chr.): Kanalsystem;
- auch für die Druckwasserleitung von Pergamon (um 180 v. Chr.).

Armaturen im genannten Sinn der Ausrüstung von Anlagen kamen, wenn man von den Verschlußstopfen und den Kelchen absieht, erst bei höheren Ansprüchen in Gebrauch. So findet man sie dann auch in Form von Absperrhähnen in verzweigten Hausversorgungssystemen in Pompeji (vor 79 n. Chr.) oder im Palast des TIBERIUS auf Capri (um 25 n. Chr.).

Als Ausrüstung spezieller Apparate wurden Hähne, Ventile, Schieber und Klappen in ihrer Grundform jedoch schon früher angewendet. Bekannt sind sie von den Griechen, zurückgehend auf ARISTOTELES und vor allem KTESIBIOS (285 bis 227 v. Chr.). Beschreibungen finden sich bei HERON DEM ÄLTEREN von Alexandria, wahrscheinlich ein Schüler des KTESIBIOS, und vor allem bei VITRUVIUS (s. bei [2–1][2–3]) in seinen zehn Büchern über Architektur (etwa 40 bis 28 v. Chr.).

Durch Beobachtung von Erscheinungen und geschickte Nutzung erkannter Effekte wurden Apparate entwickelt, die den anstehenden Bedürfnissen entsprachen. Das betrifft das Füllen von Trinkgefäßen ohne Kippen des Behälters (Bild 2–3), mit zahlreichen Vorläufern

Bild 2–3.
Abflußventil in einer Ausflußmengenregeleinrichtung nach der Beschreibung von HERON DEM ÄLTEREN, s. bei [2–3].

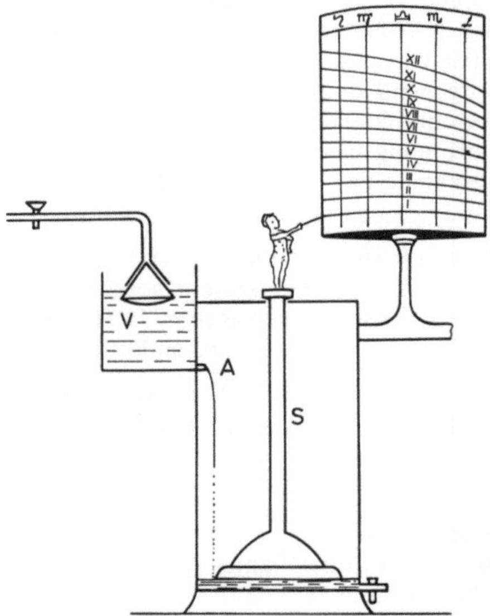

Bild 2–4.
Wasseruhr, Rekonstruktion nach Diels [2–4],
modifiziert.

in Form von Saughebern, oder auch die Wasseruhren. Bei letzteren bestand das Problem, einen konstanten Volumenstrom zu erreichen, unabhängig vom Zufluß oder der Standhöhe im Vorratsgefäß. Bild 2–4 zeigt hierfür eine geschickte Lösung, offensichtlich eine wesentliche Verbesserung der sogenannten Klepsydra (einfache Ausflußuhr, schon um 500 v. Chr.). Die wohl auf Ktesibios zurückgehende Konstruktion weist ein Schwimmer-Regulierventil V auf, das einen konstanten Wasserstand im Zulaufbassin und damit auch einen konstanten Ausfluß (bei A) zur Hebung des die Zeit anzeigenden Schwimmers S sichert.

Wie der Wunsch nach Zeitmessung bestand natürlich auch früh das Bedürfnis, Feuersbrünsten effektiv zu begegnen. Ein umfangreiches Betätigungsfeld war somit schon für die Ingenieure des Altertums die Konstruktion und Weiterentwicklung von Wasserspritzen. Auch hier leisteten die Griechen Hervorragendes; Bild 2–5 zeigt eine Rekonstruktion

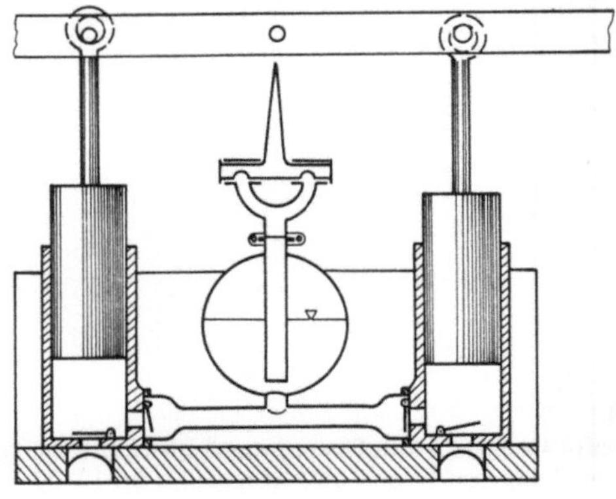

Bild 2–5.
Feuerspritze mit Rückschlagklappen zur Wasserstromsteuerung und Drehschieber zur Strahllenkung.

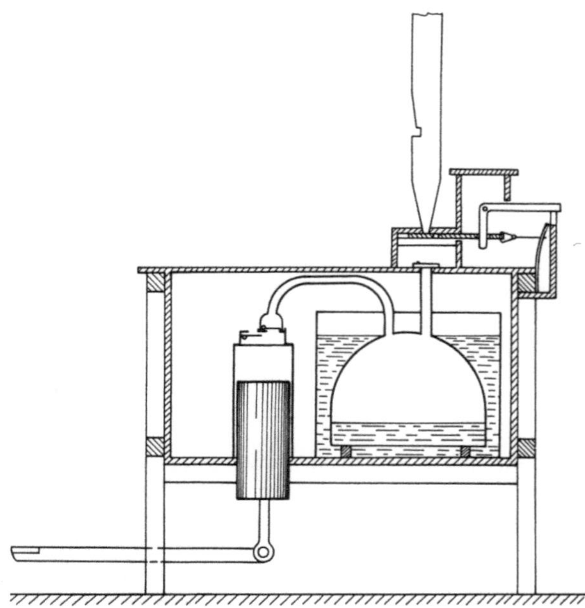

Bild 2–6. Wasserorgel mit Kolbenkompressor und Tauchglocke sowie Schieber.

von BECK [2–3] nach der Beschreibung von VITRUVIUS, der sich auf HERON bzw. KTESIBIOS bezieht. Offensichtlich hohe Ansprüche wurden hierbei schon an die Klappen gestellt; auch die Drehschieber am schwenkbaren Strahlrohr sind bemerkenswert.

Die Grundform des Schiebers finden wir bei den ebenso auf KTESIBIOS zurückgehenden Wasserorgeln, Bild 2–6. Ein Scheibenschieber mit Rückzugsfeder dient der Absperrung oder Öffnung der Windlade zur Orgelpfeife.

Wie die beschriebenen Beispiele zeigen, ist Originelles vor allem bei den Griechen zu finden; schon VITRUVIUS weist darauf hin. Bei den Römern ist dann wohl die breitere Anwendung und damit verbunden die Vervollkommnung und Differenzierung zu verzeichnen. Neue Anwendungsgebiete wurden jedoch kaum erschlossen, man beschränkte sich weitestgehend auf bekannte Maschinen. Selbst beim schon frühzeitig (zumindest ab 3500 v. Chr.) und insbesondere auch von den Römern in großem Umfang betriebenen Bergbau ist kein Armatureneinsatz zu erkennen. Offensichtlich bestand wegen des Sklaven- bzw. Kriegs-gefangeneneinsatzes keine Notwendigkeit für eine Entwässerung oder Belüftung. Das ausreichende Arbeitskräftepotential war wohl bei den Römern überhaupt das Hemmnis für die Entwicklung neuer technischer Hilfsmittel.

Nach dem Untergang des Römischen Reiches trat eine lange Periode der Stagnation ein. Auch die Renaissance brachte kaum einen Fortschritt.

Wohl erstmals beschäftigte sich LEONARDO DA VINCI (1452 bis 1519) mit den Armaturen als einer selbständigen Kategorie, Bild 2–7. Mit seinen Erfindungen war er der Zeit weit voraus. In den italienischen Manufakturen reiften entsprechende Bedürfnisse gerade erst heran.

7

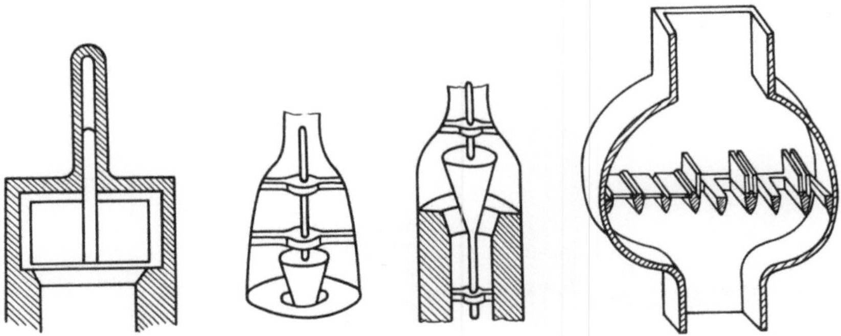

Bild 2–7. Rückstromverhinderer (Ventile, Gruppenrückschlagklappe mit rohrgleichem freien Querschnitt), s. bei [2–5].

Mit den schon bekannten Bauarten konnte lange Zeit allen Anforderungen entsprochen werden. Neue Anwendungen bei Dampf (Kriegstechnik von LEONARDO DA VINCI) oder Luft (Vakuumhähne von OTTO VON GUERICKE, 1602 bis 1686) machten keine neuartige Herangehensweise notwendig, ausgenommen die Nutzung sich bietender Möglichkeiten der verfügbaren Werkstoffe und Fertigungstechniken. Der zunehmend größere Bedarf führt allerdings zur Herausbildung einer Zunft der Krannen- oder Hahnmacher (um 1600). Es dominierte vor allem die einfache Absperrarmatur.

Die Entwicklung der Nahrungsgüterwirtschaft, der Ledergewinnung, der Gärungstechnik oder auch der Textiltechnik führten, da sie alle auf Chargenbetrieb eingestellt waren, kaum zu einem Fortschritt auf dem Gebiet der Armaturentechnik. Das trifft auch vorerst für die chemische Industrie zu. Von der ersten Bleikammeranlage zur Herstellung von Schwefelsäure 1749 bei Edinburgh (JOHN ROEBUCK) über die erste Sodafabrik 1791 (LEBLANC und DIZÉ) bis hin zu den Anfängen der Farbenindustrie (nach 1856) wurde in Chargen produziert. Parallel dazu entwickelte sich die Dampftechnik. Den neuen und vielfältigen Anforderungen wurde vor allem durch Variation der Ventile entsprochen: Sicherheitsventile (PAPIN, 1629 bis 1712), Steuerventile (WATT, 1736 bis 1819).

Die Industrialisierung, der Übergang auch zu kontinuierlich arbeitenden Technologien, stellte zwangsläufig sowohl quantitativ als qualitativ neue Aufgaben. Folgerichtig wurde 1850 der erste Armaturenbetrieb Schäffer & Budenberg (S & B) gegründet. Um 1890 waren schon über 80 Firmen zu verzeichnen, unter ihnen so bekannte wie Bopp und Reuther, Sempell oder Schanzlin und Becker. Damit ist die eigenständige Entwicklung der Armaturentechnik eingeleitet. Schon um 1900 umfaßt der Katalog von S & B etwa 150 anspruchsvolle Sortimente.

Der Beitrag der Armaturenindustrie zur weiteren technischen Entwicklung bestand in der zweckmäßigen und ökonomischen Lösung der aus dem übergeordneten System (Machine oder Anlage) abgeleiteten Teilaufgabe. Das zeigt auch deutlich eine Analyse der Patententwicklung auf diesem Gebiet, Bild 2–8.

Erfahrung und handwerkliches Können wurden vorerst durch systematisch angelegte Experimente ergänzt. Die Untersuchungen der gegründeten Armaturenfirmen sind anwendungsorientiert angelegt. Der Prüfstand wurde zur Bestimmung der Leistungsfähigkeit und auch zur Verbesserung der Konstruktion eingesetzt. Die eigenen Bemühungen betrafen vor allem die Herstellung in Verbindung mit zweckmäßigem Werkstoffeinsatz

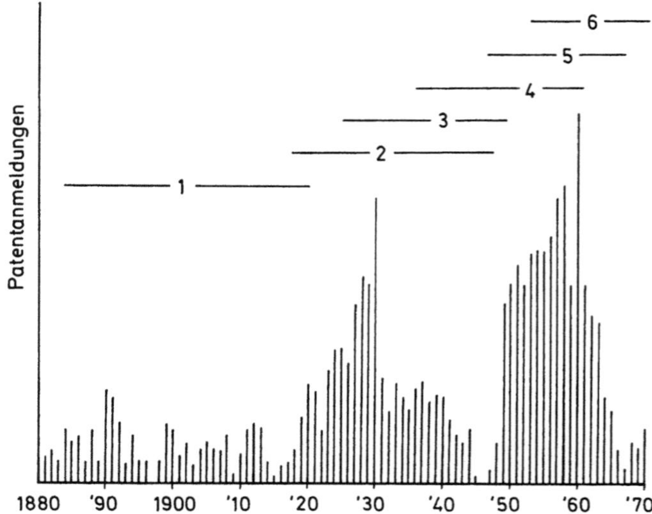

Bild 2–8. Häufigkeit von Patentanmeldungen in bezug zu industriellen Entwicklungsetappen.

1 Niederdruckdampftechnik, Kolbendampfmaschine; 2 Chemische Industrie der Farben, der Kohle und des Erdöles; 3 Mitteldruckdampftechnik; 4 Hochdruckdampftechnik; 5 Pipelinetransport von Öl, Gas, Feststoffen; 6 Kernkraftwerkstechnik.

und die Gewährleistung der Funktion. Der Gießtechnologie und der verbesserten Legierung wurde besondere Aufmerksamkeit gewidmet. Die Forderung der Beständigkeit gegen aggressive Medien führte zu Glasarmaturen (Bopp und Reuther, 1930) und mit Gummi ausgekleideten Armaturen (S & B, 1936). Die Entwicklung der Schweißtechnik erschloß neue Möglichkeiten (Flanschablösung bei Hochdruckarmaturen, 1940). Parallel fanden die Erkenntnisse der Hydro- bzw. Gasdynamik Eingang, was vorerst in den Bemessungsvorschriften für Sicherheitsventile seinen Niederschlag fand. Von ersten Gewerbevorschriften über die polizeilichen Bestimmungen zur Auslegung von Land-Dampfkesseln von 1908 führte dies zum Erlaß von 1934:

$$F = \frac{Q}{2} \sqrt{\frac{1000}{p \cdot \gamma}}. \tag{1.1}$$

Eingeordnet in die umfangreichen experimentellen Untersuchungen vor 1930 zur Bestimmung von Widerstandsbeiwerten, waren auch die namhaften Armaturenfirmen intensive experimentell tätig. An Bemühungen zur Systematisierung und Ermittlung der Abhängigkeit der Zetawerte von der konstruktiven Ausführung mangelte es nicht. Hier schalteten sich zunehmend wissenschaftliche Einrichtungen ein; diesbezüglich ist auf die Untersuchungen von SCHRENK an der TH Darmstadt [2–6] zu verweisen.

Einen deutlichen Aufschwung brachte die Entwicklung der Hochdrucktechnik Anfang der 30er Jahre. Vor allem betraf das

– die Sicherheitsventile: Öffnungsverhalten, Hubhilfen, Durchsatz;
– die Stellventile: Kennlinien, schon unter Beobachtung des Anlageneinflusses;
– die Druckminderventile.

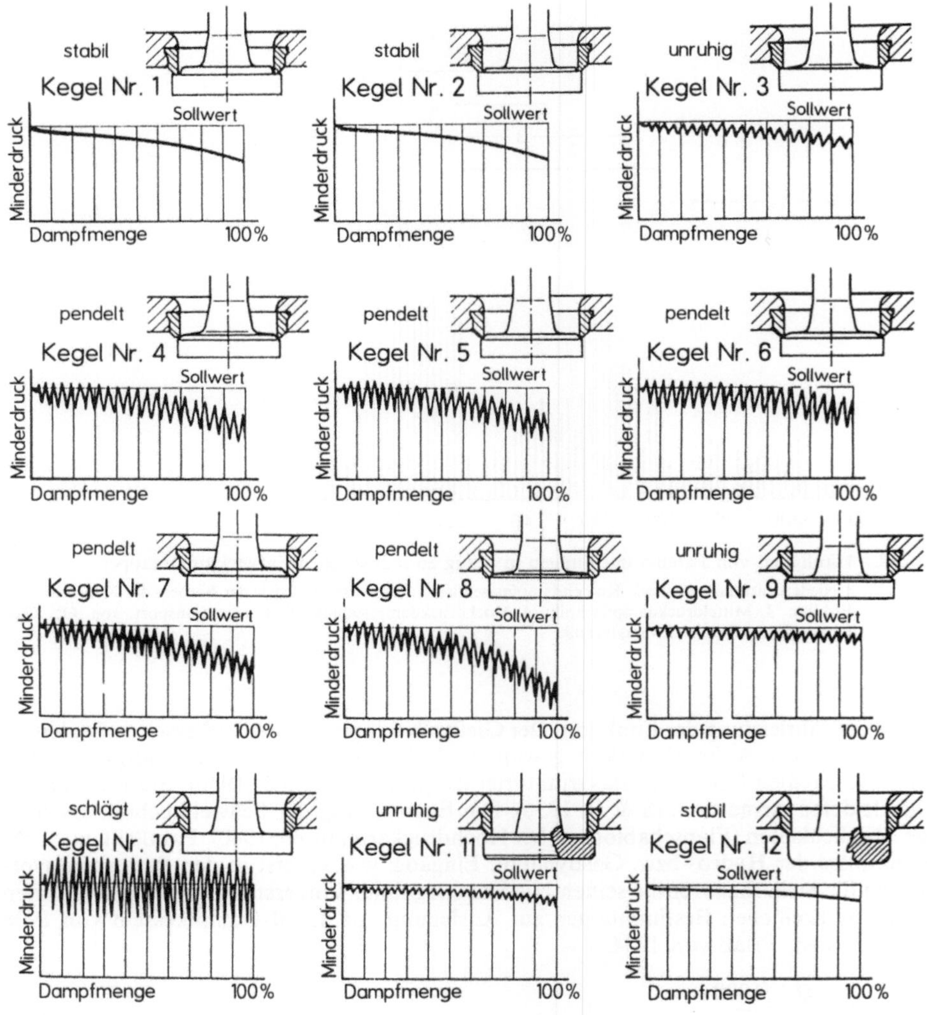

Bild 2–9. Untersuchungen zur Eignung verschiedener Kegelformen für Druckminderventile von S & B.

Bild 2–9 vermittelt hierzu einen Einblick. In [2–7] heißt es dazu: „Da der Wert eines Druckminderventiles wesentlich von der Ungleichförmigkeit bestimmt wird, und da weiterhin diese umso mehr anwächst, je mehr sich der Kegel vom Sitz abhebt, war zu vermuten, daß die Form des Kegels von grundsätzlicher Bedeutung ist. Wir haben daher mit einer Reihe verschieden geformter Kegel Versuche angestellt. die uns dazu dienen sollten, die günstigste Form des Kegels zu finden."

Zur Verfügung stand schon eine beachtenswerte Versuchstechnik zur Untersuchung der Armaturen, u. a. Dampfparameter von 10 MPa und 500 °C.

10

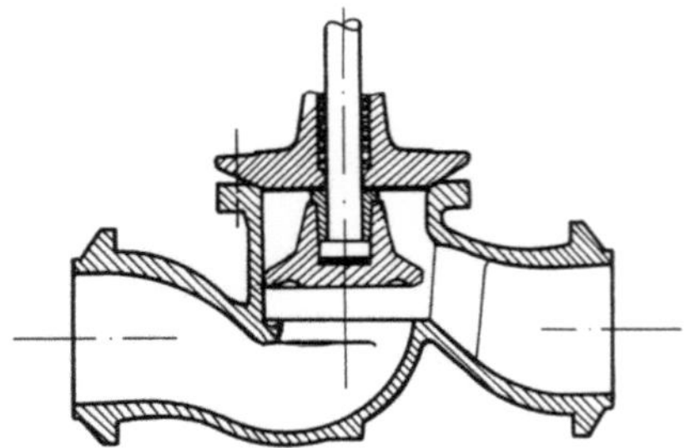

Bild 2-10.
Strömungsoptimierte Ventilgehäuseform, Rheiventil.

Eine neue Qualität der Arbeit auf dem Gebiet der Armaturentechnik, die eigentliche wissenschaftliche Durchdringung, wurde – wie insgesamt bezüglich der Hydraulik – durch die breite Anwendung der Ähnlichkeitstheorie eingeleitet [2–8]. Damit waren die Voraussetzungen einerseits für eine wesentlich erleichterte Versuchstechnik und andererseits für die universelle Nutzung von Kennwerten für die verschiedensten Einsatzfälle gegeben. Entscheidenden Anteil an dieser nun Praxiswirksamkeit der Hydrodynamik hatte L. PRANDTL. Erinnert sei nur an die Verknüpfung der Potentialströmung mit der realen Strömung vermittels der Grenzschichttheorie oder an die Turbulenzanalyse nach dem Mischungswegansatz.

PRANDTL selbst setzte im Auftrag von S & B die Modelltechnik ein, um durch Versuche mittels der Wasserrinne eine optimierte Ventilgeometrie zu erarbeiten; Ergebnis war die in breitem Umfang eingeführte „Rhei"-Geometrie (Bild 2-10, s. [2–9]).

In den folgenden drei Jahrzehnten fanden diese Erkenntnisse breite Anwendung:

- Arbeit mit Kennwerten für Druckverlust und Durchsatz, Kavitation und Ausdampfen, anwenderorientierte Modifikation zum k_v-Wert, standardisierte Kennlinien,
- Heranziehung der Modelltechnik und auch von Analogiemethoden (insbesondere elektro-hydraulische Analogie, z. B. bei Ringkolbenventilen) zur Durchströmkanaloptimierung,
- Strömungsberechnungen von Teilbereichen der Armatur für die Auslegung sowie hinsichtlich der Schallemission.

Natürlich verblieben viele Unklarheiten, vor allem die Kennwertanwendung auf kompressible Medien. Vorerst wurde versucht, den durch die Ähnlichkeitstheorie abgesicherten Bereich der Newtonschen Flüssigkeiten mit Näherungsansätzen auszuweiten [2–10].

Intensiver befaßte man sich ab der 60er Jahre mit der Durchströmung durch die Armatur. Ein geschlossener, eindimensionaler Ansatz wurde erst in den 70er Jahren erreicht [2–11]:

$$\dot{m} = N \cdot k_v \sqrt{p_1 \cdot \rho_1 \cdot x}\ Y. \tag{1.2}$$

Nunmehr, zu Beginn der 90er Jahre, scheint sich eine neue Etappe anzubahnen: die geschlossene, räumliche Strömungsfeldberechnung [2–12][2–13]. Die Fortschritte der Strömungsmechanik heranziehend und die Besonderheiten der Armaturendurchströmung nutzend, ist mit der Methode der finiten Elemente (FEM) der Einströmbereich leicht berechenbar, Bild 2-11. Die Analyse des näherungsweise reibungsfrei betrachtbaren Beschleunigungsbereiches liefert schon Teilaussagen zu den die Funktion betreffenden Verhältnissen, aber auch zu den Kennwerten.

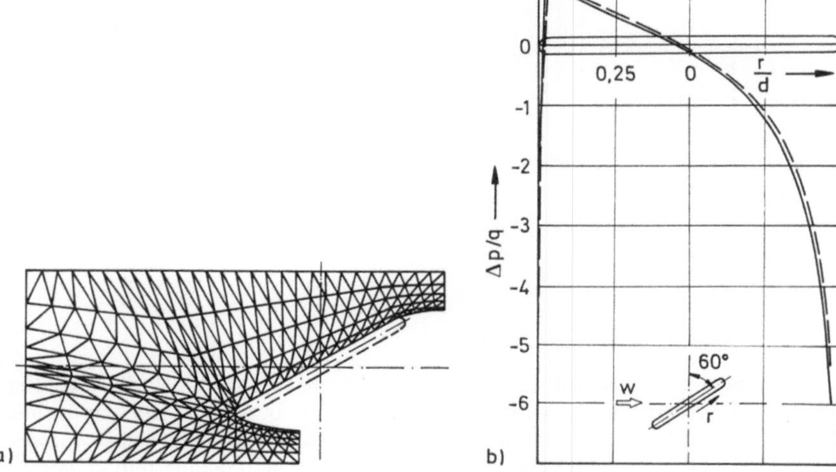

Bild 2-11. Durchströmung einer Rohrleitungsklappe.
a) Geometrie und Vernetzung;
b) Druckverteilung auf der Klappenvorderseite.
——— berechnet, – – – gemessen.

Damit ist ein Einstieg in ein detailliertes Studium der Strömungsverhältnisse gegeben, was zur Klärung der Einflußparameter und zur Konstruktionsoptimierung heranziehbar ist. Die aufwendige experimentelle Optimierung dürfte damit einschränkbar sein.

Beim Problemkreis Festigkeit läßt sich eine ähnliche Entwicklung feststellen. Der Erfahrung folgte die Prüfung der einzelnen Armaturentypen. Mit der Entwicklung der Mittel- und Hochdrucktechnik fand zunehmend die Berechnung Eingang in die Konstruktionsbüros. Die im allgemeinen komplizierte Gehäusegeometrie ließ jedoch lange Zeit keine geschlossene Berechnung zu. Man mußte zwangsläufig von einfachen Elementen (Rohr, Kugelschale, Stab und Platte) ausgehen und berücksichtigte zunehmend Ovalitäten und Durchdringungen (Kellog-Methode) sowie Wärmespannungen [2-14]. Auch das spezifische Werkstoffverhalten, insbesondere der legierten Stähle (s. z. B. [2-15]), fand Eingang in die Berechnung. Durch umfangreiche systematische Messungen wurde die idealisierte Festigkeitsanalyse ergänzt, was sich in den Berechnungsgleichungen durch entsprechende Beiwerte ausdrückt.

Vorteilhaft wirkte sich die Linearität des Hookeschen Gesetzes aus, wodurch eine Superposition der Spannungsfelder verschiedener Belastungen möglich ist. Das erleichterte dann auch die Analyse mit realen Randbedingungen unter Nutzung der elektronischen Datenverarbeitung. So konnten schon in den 70er Jahren erste Ergebnisse der elastizitätstheoretischen Spannungsanalyse unter Heranziehung der Methode der finiten Elemente (FEM) vorgelegt werden. Der weitere Weg war gekennzeichnet durch die vollständigere Erfassung der auftretenden Belastungen sowie die Erweiterung hinsichtlich einer elasto-plastischen Spannungsanalyse und die Einbeziehung des realen Werkstoffverhaltens [2-16], s. hierzu Bild 2-12. Diese Entwicklung ist noch nicht abgeschlossen. Derzeit wird die ausführliche Spannungsanalyse mittels FEM herangezogen für den Nachweis der anforderungsgerechten Dimensionierung von Armaturen mit hohen Sicherheitsansprüchen,

12

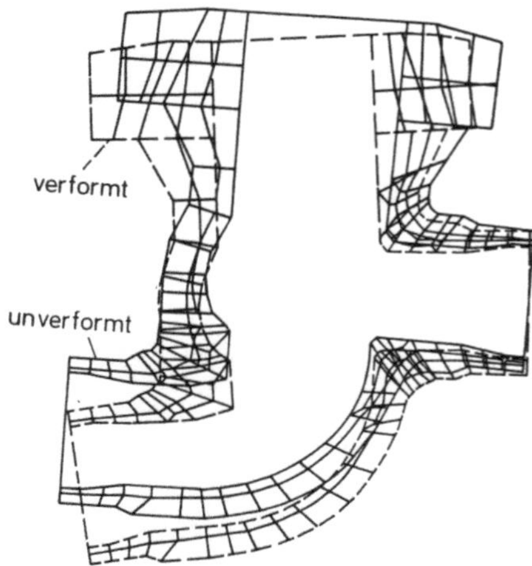

Bild 2-12.
FEM-Berechnung, Verformung eines
Ventilgehäuses unter Innendruck, Schraubenvor-
spannung und Rohrlasten [2-16].

bei der Optimierung und Einführung neuer Serien, bei der Analyse besonders hoch beanspruchter Bauteile und vor allem zur Präzisierung der aus Erfahrung und Experiment eingeführten Beiwerte bei gebräuchlichen Berechnungsgleichungen.

Die Heranziehung des jeweiligen Erkenntnisfortschrittes der Mechanik der Fluide und der Festkörper trägt vor allem zur Gewährleistung der Funktionalität und der anforderungsgerechten Dimensionierung bei. Zusätzlich kann dadurch der experimentelle Aufwand eingeschränkt werden. Neuartige konstruktive Lösungen leiten sich daraus kaum ab. Zu erwähnen wären Kondensatableiter nach dem thermodynamischen Prinzip oder Verbesserungen an Bauelementen, z. B. die Kanalgestaltung oder lärmmindernde Drosselelemente bzw. schalldämpfende Vorrichtungen. Seitens der Festigkeitstheorie ist vor allem auf die Einführung elastischer Bauelemente hinzuweisen, wie den elastischen Keil bei Schiebern oder metallelastische Abdichtungen bei Kugelhähnen und Klappen.

Eine wesentliche Ursache neuartiger Lösungen sind Forderungen nach größerem Durchsatz oder höherem Einsatzdruck. Hier einzuordnen sind Entwicklungen wie Doppelsitzventile und Ringkolbenventile oder auch hilfsgesteuerte Sicherheitsventile, hinsichtlich der Bauelemente wäre z. B. die selbstdichtende Deckelverbindung zu erwähnen.

Entscheidende Impulse gehen vom Fortschritt der Fertigungstechnik sowie der Werkstoffentwicklung aus. Nicht zu übersehen sind die Auswirkungen der Entwicklung der Umformtechnik: geschmiedete Gehäuse, Faltenbalg und Dichtelemente. Erst die zunehmende Präzision in der mechanischen Fertigung gestattete die Herstellung von Kugelhähnen. Viele Möglichkeiten wurden durch die Schweißtechnik erschlossen; offensichtlich ist die noch stark im Wandel befindliche Aufpanzerung von Dichtflächen. Aber auch die Beschichtungstechnik allgemein kann nicht unerwähnt bleiben: Verschleiß- und Korrosionsschutz, Ästhetik.

Es ist unschwer zu erkennen, daß die genannten Innovationen eng mit einer parallel laufenden Werkstoffentwicklung verbunden sind, oftmals hierdurch erst verursacht werden. Der Armaturenbau muß sich auf die Forderungen aller Industriezweige einstellen, daraus folgen einerseits teilweise zwangsläufige Werkstoffvorgaben. Andererseits sind zur Verbesserung von Funktionalität und Wirtschaftlichkeit sich bietende Möglichkeiten zu nutzen. Hier sei insbesondere auf die Entwicklung auf dem Sektor der Plaste und Elaste hingewiesen. Neben Auskleidungen ist der breite Einsatz elastischer Bauelemente zu nennen (Membran, Faltenbalg). Weichdichtungen ermöglichten überhaupt erst die rasante Entwicklung der Kugelhähne und Klappen. Hervorzuheben sind dabei die Fluorkunststoffe, insbesondere das Polytetrafluoräthylen (PTFE – erste großtechnische Herstellung 1939 bei Du Pont). Mit diesen Stoffen konnte überdies ein wesentlicher Fortschritt hinsichtlich der Korrosions- und Verschleißbeständigkeit erreicht werden.

Die Ausführungen machen deutlich, daß, – wie bei allen Ausrüstungen für Maschinen und Anlagen – die Entwicklung einerseits durch die Anforderungen seitens der Anwender und andererseits durch die Möglichkeiten der an der Auslegung, Bemessung und Herstellung beteiligten Disziplinen bestimmt wird. Ergänzend werden zur Verfügung stehende Bauelemente bzw. Funktionseinheiten einbezogen, wie bei Magnetventilen oder thermischen Kondensatableitern. Hinzu kommt die Kreativität des Armaturenbauers selbst bei der zweckmäßigen Kombination der Komponenten sowie sein eigener Beitrag zur disziplinären Entwicklung [2–17].

Die Komplexität des Arbeitsgebietes hinsichtlich Funktion, Konstruktion und Technologie, und die Vielfalt der Bauarten, bedingt durch den Einsatz in allen Industriezweigen und darüber hinaus, lassen es somit zu, heute von einem eigenständigen Arbeitsgebiet Armaturentechnik zu sprechen.

14

3 Anforderungen an Armaturen

Die Hauptaufgabe einer Armatur ist die gezielte Veränderung des Flüssigkeits- oder Gasstromes. Die gewünschte Funktion wird durch die beabsichtigte Prozeßführung in der jeweiligen Anlage vorgegeben.

Mittels der Armatur wird jedoch nicht nur der Massestrom $\dot{m}$ verändert oder eingestellt, sondern auch alle anderen Prozeßparameter, wie Druck, Temperatur oder Konzentration, werden indirekt über das zugeordnete Massestromregime beeinflußt.

Der Einsatz der Armaturen kommt nur bei fluiden Medien in Betracht. Daraus folgt weiterhin das notwendige Fassen und Führen des Fluidstromes:

- die Abgrenzung zur Umwelt stellt hohe Anforderungen an die Dichtheit;
- die Armaturen sind Bestandteil des Leitsystems für den Massestrom, die Kopplung von Armatur und Rohrleitungsbauteil erschließt dabei Möglichkeiten der Kompaktbauweise (Formstückarmaturen).

Die bedeutende Rolle, die Armaturen hinsichtlich der Prozeßführung einnehmen, setzt eine eindeutige Formulierung ihrer automatisierungstechnischen Aufgabe voraus. Gefordert werden sowohl Stellglieder und Stelleinrichtungen als auch Regeleinrichtungen [3–1].

Die Bemessung der Armaturen muß sich darüber hinaus nach den geforderten Einsatzparametern richten. Das sind vor allem das Druck- und Temperaturniveau neben der Größe des Massestromes bzw. der Abmessung.

Im Hinblick auf die Lebensdauer ergeben sich Forderungen der Beherrschung möglicher Verschleiß- und Korrosionsvorgänge sowie ebenso von Alterungserscheinungen.

Letztlich ist noch auf die Montage- und Instandhaltungsfreundlichkeit und im Zusammenhang mit den Kosten auf den Material- und Fertigungsaufwand zu verweisen [3–2].

Bild 3–1 zeigt eine Übersicht der genannten Anforderungen. In Abhängigkeit von der Aufgabenstellung in der jeweiligen konkreten Anlage sowie von den gegebenen Bedingungen ist die geeignete Konstruktion bereitzustellen [3–3] [3–4]. Es ist offensichtlich, daß die große Anzahl geforderter Kombinationen der Anforderungen, gekoppelt mit dem breiten Einsatzbereich, zwangsläufig zu einer großen Typenvielfalt der Armaturen geführt hat [3–5] [3–6].

Im folgenden soll auf einige der genannten Anforderungen eingegangen werden; weitere Erläuterungen s. auch Abschn. 7.

3.1 Beeinflussung des Durchflusses

Armaturen als Stelleinrichtungen beeinflussen über den Umweg einer mechanischen Größe (Lage des Stellkörpers) den Massestrom und darüber ggf. weiter andere Prozeßgrößen [3–7] [3–8]. Aufgaben im einzelnen sind (Bild 3–2):

1. Auf-Zu-Funktion: Absperrarmaturen

In Schließstellung ist eine zu definierende Undichtheit bzw. Leckage nicht zu überschreiten. In Offenstellung ist der verbleibende Druckverlust zu minimieren.

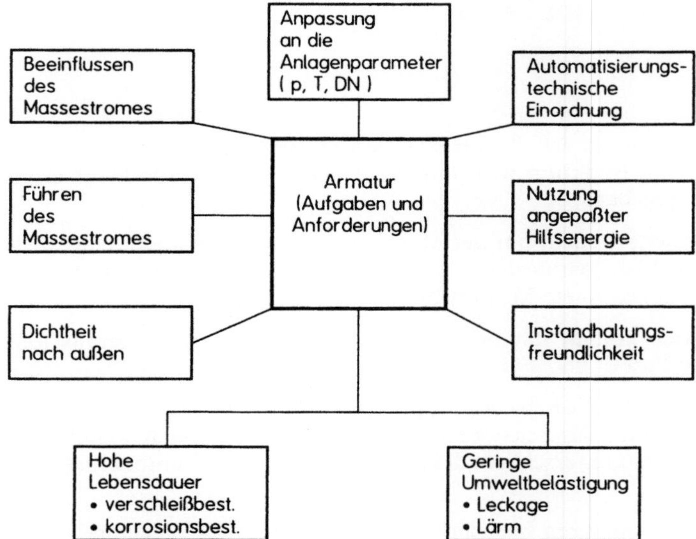

Bild 3–1.   Anforderungen an Armaturen.

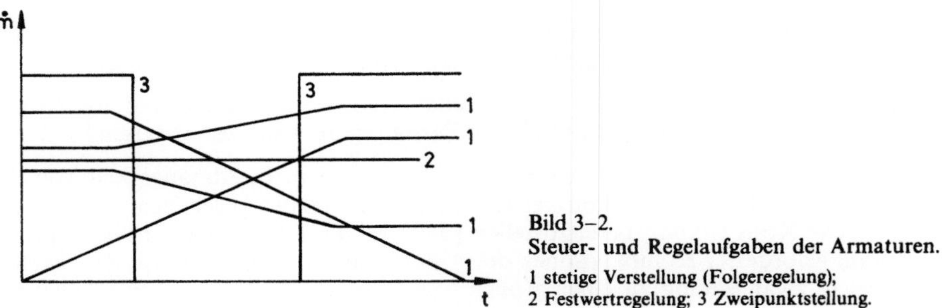

Bild 3–2.
Steuer- und Regelaufgaben der Armaturen.
1 stetige Verstellung (Folgeregelung);
2 Festwertregelung; 3 Zweipunktstellung.

2. Zeitabhängige Veränderung oder Einstellung des Massestromes:
  Stell- und Regelarmaturen

Der Durchfluß ist von einer Größe auf einen anderen Sollwert zu verändern. Zu nennen sind hier auch die Störgrößenausregelung oder das Konstanthalten eines Parameters bei sich ändernden Prozeßbedingungen. Hinsichtlich der Betriebskennlinie $\dot{m} = f(y)$ ist dabei im allgemeinen ein linearer Zusammenhang erwünscht.

3. Unterbindung unzulässiger Betriebszustände: Sicherheitsarmaturen

Dieser Komplex umfaßt eine Vielzahl spezieller Aufgabenstellungen. Die bekanntesten sind

– Vermeidung unzulässiger Drucküberschreitungen,
– Rückstromverhinderung.

16

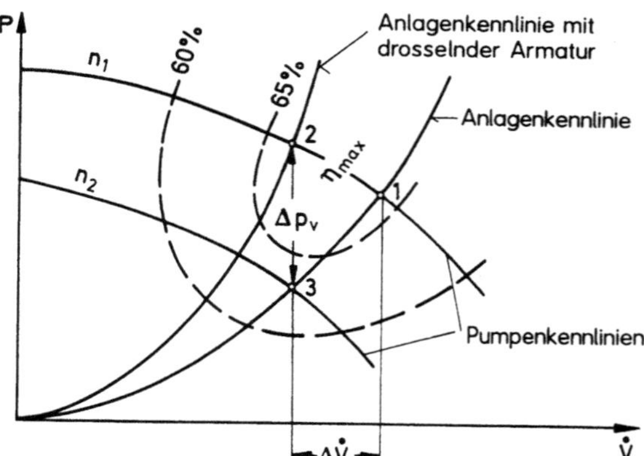

Bild 3–3. Drehzahlstellung im Vergleich zur Drosselung.

1 Nennbetriebspunkt; 2 Betriebspunkt bei Volumenstromreduzierung durch Drosselung; 3 Betriebspunkt bei Drehzahlstellung.

Neben der primären Funktion, z. B. dem Entlasten eines Systems. durch Öffnen eines Bypasses, kommt aus sicherheitstechnischen Gründen zusätzlich dem Zeitverhalten eine hohe Bedeutung zu. Zunehmend steht die Forderung nach der Verbindung mit bestimmten Durchflußkennlinien, also eine störgrößenabhängige Einstellung (z. B. Massestrom proportional dem Überdruck bei Sicherheitsventilen).

Die konstruktive Umsetzung dieser Anforderungen bedingt, daß die einzelne Armatur in der Regel nur für die Bewältigung einer Aufgabenstellung vorgesehen ist. So eignen sich Absperrarmaturen nur bedingt für die stetige Veränderung des Massestromes und umgekehrt. In den Fällen der gleichzeitigen Forderung verschiedener funktioneller Aufgabenstellungen sind also die entsprechenden speziellen Armaturen in die Rohrleitung in Reihe geschaltet einzuordnen.

Die energetische Bewertung der Beeinflussung des Massestromes muß aus der Sicht der Gesamtanlage vorgenommen werden. So ist zumeist nur ein Eingriff durch die Veränderung des Druckverlustes (Drosselung) möglich. Bei Ausflußproblemen wird dagegen eine Veränderung des Massestromes direkt über die Querschnittsänderung möglich.

Energetisch wesentlich günstiger ist die anforderungsgerechte Massestrom- bzw. Energieeinbringung ($\dot{m}$ bzw. Δp) in das System durch entsprechend ausgerüstete Pumpen oder Verdichter [3–9] [3–10]. An erster Stelle ist hier die Drehzahlstellung zu nennen (Bild 3–3). Das ist mit höheren Investitionskosten verbunden. Der Einsatz einer drehzahlstellbaren Pumpe statt einer Rohrleitungsarmatur ist dann zweckmäßig, wenn während der Betriebszeit der Volumenstrom häufig zu verändern ist. Dabei ist zu beachten, daß natürlich das gesamte der Pumpe nachgeordnete System beeinflußt wird. Sollen z. B. lediglich die Masseströme von abzweigenden Teilsystemen verändert werden, so scheidet die Drehzahlstellung aus.

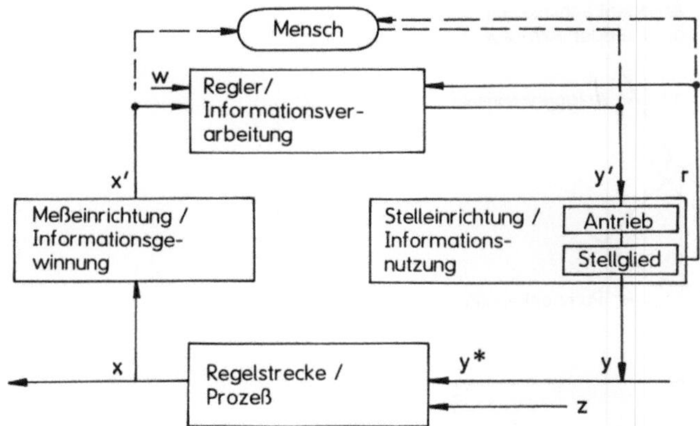

Bild 3–4. Armatur als automatisierungstechnische Funktionseinheit.

x Steuer- oder Regelgröße; y^* gestellte Prozeßgröße; y Stellgröße; z Störgröße; w Führungsgröße; r Rückmeldesignal.

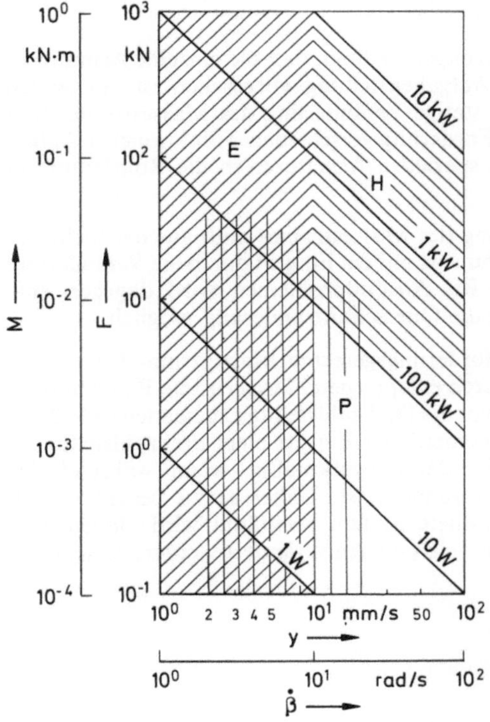

Bild 3–5.
Hauptarbeitsbereiche von Stellantrieben.

H hydraulisch; P pneumatisch; E elektrisch, nach [3–11], modifiziert.

18

3.2 Automatisierungstechnische Funktionseinheit

Die Armatur beeinflußt die Prozeßgröße $\dot{m}$ über eine Hub- oder Drehbewegung (s. hierzu auch Bild 3–4). Ein solcher Leistungsumfang liegt bei manuell zu betätigenden Stellarmaturen (Stellglied) vor.

In hohem Umfang werden Stelleinrichtungen (Stellgeräte) gefordert. Die unmittelbare Kopplung von Stellglied und Stellantrieb bietet wesentliche Vorteile hinsichtlich des angepaßten Aufbaues bis hin zur Integration des Antriebes in die Armatur (z. B. Magnetventile). In Frage kommen pneumatische, elektrische und hydraulische Antriebe. Die Auswahl ist, neben der Bereitstellungsmöglichkeit der Hilfsenergie, abhängig von der notwendigen Stellkraft (Bild 3–5), den Stelleigenschaften sowie den Sicherheitsanforderungen und Umweltbedingungen. So dominieren pneumatische und elektrische Stellantriebe, hydraulische kommen bei großen Stellkräften zum Einsatz [3–12] [3–13].

Beträchtlich ist darüber hinaus der Anteil eigenmediumgesteuerter Armaturen (ohne Hilfsenergie). Das ist vor allem bei zur Regeleinrichtung komplettierten Funktionseinheiten der Fall. Solche Anforderungen sind bei Sicherheitsarmaturen gegeben. Aus Gründen der Zuverlässigkeit wird hierbei eine selbsttätige Reaktion der Armatur erwartet; die Einbindung als Stellglied in einen äußeren Regelkreis ist nur in Ausnahmefällen bei entsprechender Absicherung zulässig [3–14]. Außerdem ist mit einer solchen Eigenmediumsteuerung oftmals eine wesentliche Vereinfachung der Einrichtung (z. B. Rückstromverhinderer) möglich. Solche Regelarmaturen kommen jedoch auch für normale Drosselaufgaben in Betracht, z. B. als Vor- oder Nachdruckregler [3–15].

Mit der zunehmenden Automatisierung von Anlagen werden vor allem neue Anforderungen an die Stelleinrichtungen gestellt. Die dezentrale Informationsverarbeitung läßt eine wesentlich differenziertere Ansteuerung der Stellantriebe zu [3–16]. Das entspricht den Bedingungen komplexer Stoff- und Energieumwandlungsanlagen. Die vielfältige Parameterkoppelung wird, auch beim hierarchischen Aufbau von Regelsystemen, in hohem Umfang eine Steuerung der Stelleinrichtung vom übergeordneten System aus notwendig machen.

Parallel dazu ist eine Zunahme von Armaturen mit dem Charakter von Regeleinrichtungen zu erwarten. Intelligente Stelleinrichtungen mit integriertem Mikrorechner können z. B. Aufgaben der Eigenüberwachung oder der Kennlinien bzw. Stellkorrektur übernehmen.

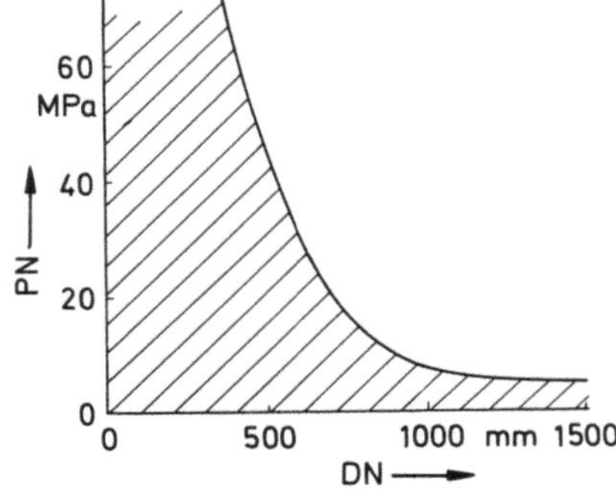

Bild 3–6.
Geforderter Bereich der Anlagenparameter Nenndruck und Nennweite.

19

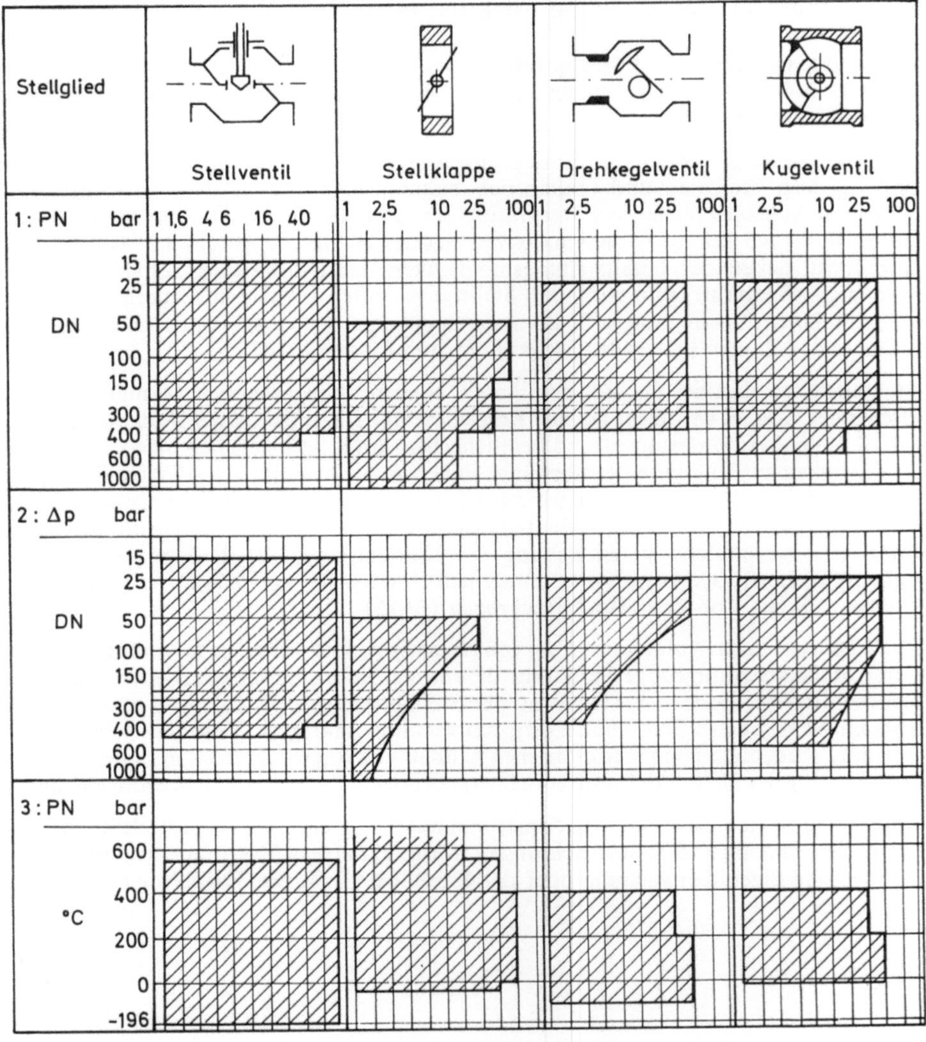

Bild 3–7. Serienmäßig angebotene Stellglieder für verfahrenstechnische Anlagen nach [3–18], betreffend: 1 Nenndruck-Nennweite; 2 Differenzdruck-Nennweite; 3 Einsatztemperatur-Nenndruck.

3.3 Einsatzbedingungen

Die Einsatzparameter werden durch den Anlagenbau, die chemisch-technologischen und energiewirtschaftlichen Verfahren vorgegeben. Die Armaturen müssen den hierdurch festgelegten Bereich (Bild 3–6) überdecken. Das sind u. a.

– Volumenströme von 0 bis $2 \cdot 10^8$ (bis 10^{10}) m³/a,

20

– Differenzdrücke von 0 bis 60 (bis 250) MPa,
– Temperaturen von – 200 bis 550 (bis 800) °C.

Hinzu kommt die Beanspruchung der Werkstoffe durch das Fluid:

– chemische und elektrochemische Korrosion,
– Struktur- bzw. Eigenschaftsänderung durch Diffusionsvorgänge,
– Verschleiß durch Feststoffbeimischungen bzw. bei fluidisierten Feststoffströmen: Erosion,
– Kavitation.

Zu nennen sind weiterhin Anforderungen in Verbindung mit der konstruktiven Einordnung in die Anlage:

– rohrstatische Probleme bzw. die von der Armatur aufzunehmenden Belastungen

oder aus der Wechselwirkung mit der Umwelt:

– hohe Dichtheit bei radioaktiven, toxischen oder explosiven Medien,
– Vermeidung von Lärmbelästigungen.

Das Armaturensortiment und vor allem auch seine Weiterentwicklung werden somit wesentlich vom Stand des Anlagenbaues bestimmt [3–17]. Optimale, kostengünstige Lösungen sind durch die Beherrschung der funktionellen (insbesondere strömungstechnischen) und konstruktiven (festigkeitsseitigen) Verhältnisse, einen ökonomischen Materialeinsatz und dem Seriencharakter angepaßte Herstellungstechnologien gekennzeichnet.

Die serienmäßige Herstellung beschränkt sich dabei zwangsläufig auf den Bereich hohen Wiederholgrades gleicher Anforderungen. Bild 3–7 verdeutlicht diesen Bereich für verfahrenstechnische Anlagen.

4 Funktion und Bauarten von Armaturen

4.1 Wirkprinzip

Rohrleitungsarmaturen beeinflussen den Durchfluß generell über eine variable Einschnürung des Strömungskanales. Als Wirkprinzip ist somit definierbar:

Massestrombeeinflussung durch mechanische Veränderung der Geometrie des Durchflußquerschnittes.

Unmittelbar nach diesem Prinzip arbeiten Ausflußarmaturen mit der Lage des engsten, verstellbaren Querschnittes am Rohrleitungsende. Dieser Fall soll als Mengenregelung bezeichnet werden.

Bei der Einordnung der Armatur in eine Rohrleitung wird die Sekundärwirkung, die Umwandlung von Energie in Wärme, genutzt:

Massestrombeeinflussung durch Energieumwandlung in Richtung Entropieerhöhung.

Fast alle Stellarmaturen arbeiten nach diesem Prinzip der Drosselung.

Die jeweilige Arbeitsweise läßt sich leicht anhand des Massen- und Energieerhaltungssatzes beschreiben. Beschränken wir uns auf Flüssigkeiten, so gelten bei eindimensionaler Betrachtung

die Kontinuitätsgleichung

$$\dot{V} = w \cdot A, \tag{4.1}$$

die Bernoulli-Gleichung

$$p + \rho \cdot g \cdot H + \frac{\rho \cdot w^2}{2} + \Delta p_v = \text{konst.} \tag{4.2}$$

Bei Ausflußarmaturen wird bei nahezu konstant bleibender Ausflußgeschwindigkeit

$$w = \sqrt{2g \cdot H} \quad \text{oder} \quad w = \sqrt{2\Delta p/\rho} \tag{4.3}$$

der Ausflußquerschnitt A verändert. Das ist z. B. der Fall beim Ausströmen aus einer verstellbaren Düse, wie sie bei Peltonturbinen [4–1] zum Einsatz kommt (Bild 4–1).

Bei einer Drosselarmatur wird dagegen der Widerstand bei der Durchströmung der Anlage erhöht. Das geschieht durch die Veränderung des Druckverlustes, die Umwandlung von potentieller Energie in Wärme:

$$\Delta p_v = \zeta_A \frac{\rho}{2} w^2. \tag{4.4}$$

Mit der Variation des Druckverlustbeiwertes ζ_A der Armatur [4–2] [4–3] wird die Geschwindigkeit und damit der Volumenstrom eingestellt (Bild 4–2):

$$w = \sqrt{2\Delta p/\rho} \cdot \sqrt{\frac{1}{1 + \lambda \cdot l/d + \Sigma\zeta + \zeta_A}}. \tag{4.5}$$

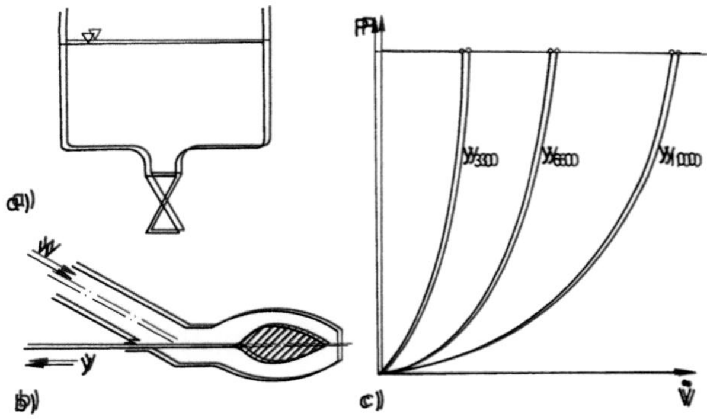

Bild 4–1. Mengenregelung: $V = \mathrm{f}(A_{\ddot{O}}) = \mathrm{f}(y)$.
    a) Anlagenbeispiel;
    b) verstellbare Ausflußdüse;
    c) Zustandsdiagramm.

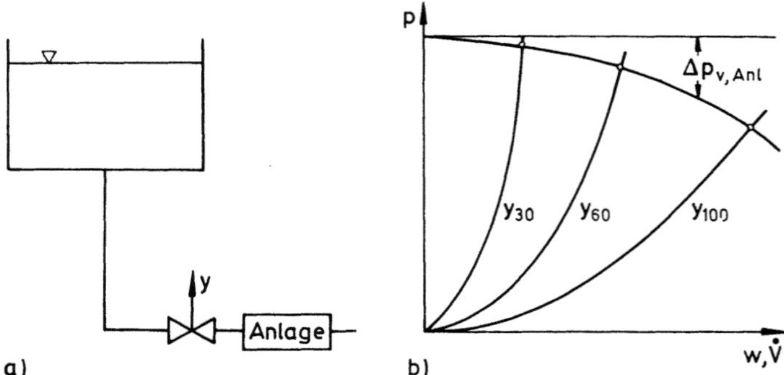

Bild 4–2. Drosselregelung (mit Anlageneinfluß): $V = \mathrm{f}(\zeta) = \mathrm{f}(y)$.
    a) Anlagenbeispiel;
    b) Zustandsdiagramm.

Die Armatur muß also in diesem Fall örtlich konzentriert z. T. beträchtliche Energien umwandeln. Das ist nur über den Umweg der kinetischen Energie möglich:

$$\Delta p \rightarrow \Delta\left(\frac{\rho}{2}w^2\right) \rightarrow \rho \cdot q. \tag{4.6}$$

Das mechanisch-geometrische Wirkprinzip bestimmt auch hier primär die Arbeitsweise der Armatur. Durch die Änderung des Durchflußquerschnittes wird die erforderliche Übergeschwindigkeit eingestellt. Bei der Umwandlung der kinetischen Energie in Wärme, vor allem durch Formverluste, ist zu beachten, daß

– zumeist ein Druckrückgewinn nicht zu umgehen ist,
– der Umwandlungsbereich sich abströmseitig über die Abmessung der Armatur hinaus erstreckt.

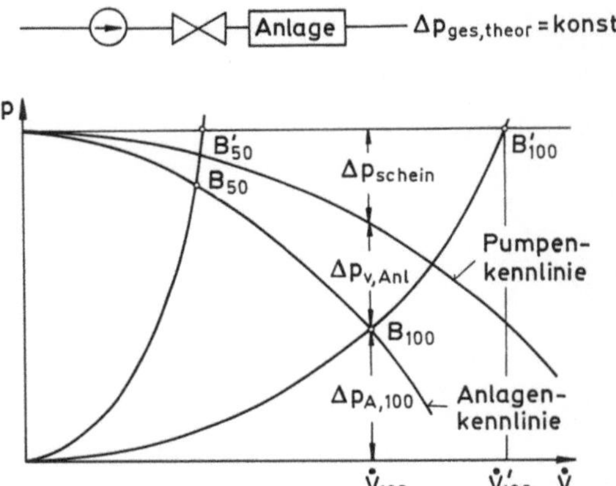

Bild 4–3. Anlageneinfluß auf den Betriebspunkt durch Pumpenkennlinie und Druckverlust der Anlage. B_{50}, B_{100} Betriebspunkte mit Anlageneinfluß; B'_{50}, B'_{100} Betriebspunkte ohne Anlageneinfluß.

Daraus folgen unmittelbar die unerwünschten Effekte einer großen Übergeschwindigkeit und eines Unterdruckes in der Armatur sowie der möglichen Abhängigkeit des Druckverlustbeiwertes von den Einbaubedingungen.

Für die richtige Bemessung der Armatur ist weiterhin zu beachten, daß sich mit der Änderung des Massestromes auch die Anlagenverhältnisse ändern (Bild 4–3), [4–4]:

– der Druckverlust der Anlage ist auch abhängig vom Massestrom, d. h. $\Delta p_A = f(\dot{V})$;
– bei Pumpen oder Verdichtern ändert sich darüber hinaus die Druckerhöhung mit dem Massestrom.

Man bezeichnet das als Anlageneinfluß, der bei der Auswahl der Armatur gesondert zu beachten ist [4–5].

4.2 Funktionsprinzipien

Zur Ordnung der verschiedenen Konstruktionen bietet sich eine Analyse nach den eine Armatur charakterisierenden Merkmalen an [4–6]. Sie sind aus den Anforderungen abzuleiten. So lassen sich folgende, eine Armatur notwendig und hinreichend kennzeichnende Komplexe angeben:

1. geometrische und kinematische Bedingungen, die die Funktion der Armatur gewährleisten;
2. die Art der Einordnung der Armatur in die Rohrleitung bzw. die Anlage, die Stromführung betreffend;
3. die möglichen Varianten der Einordnung einer Armatur in das Steuer- bzw. Regelsystem;
4. die konstruktive Gestaltung der Abgrenzung zur Umwelt, wobei die Funktionselemente umschlossen, die Durchführung zum Antrieb gewährleistet sowie die Montage möglich sein muß.

24

Tabelle 4–1. Wesentliche Merkmale einer Armatur.

Merkmalkomplexe	Merkmale (Vektoren)
Funktionssicherung	– Relativbewegung des Stellkörpers zur zu verändernden Fläche (Sitzfläche) – Form der Durchströmfläche – Form des flächenverändernden Körpers (Stellkörper)
Einordnung in die Rohrleitung	– Lage der Sitzfläche zur Einströmrichtung – Durchgangs- oder Formstückarmatur (Umlenkung, Verzweigung, Vereinigung) – Flansch-, Muffen-, Schweißverbindung
Einordnung in den Regelkreis	– Stellglied, Stelleinrichtung oder Regeleinrichtung – Stellantrieb mit Hilfsenergie oder Eigenmedium – Art der Hilfsenergie – ohne oder mit innerem Getriebe zur Dichtkrafterhöhung
Abgrenzung zur Umwelt	– Gehäuseaufbau (geteilt oder ungeteilt) – Gehäuseteilung mit Flansch- oder Schraubverbindung bzw. selbstdichtend – Spindelabdichtung mit Stopfbuchse, O-Ring oder Faltenbalg

Die einzelnen Merkmale (Vektoren), s. Tabelle 4–1, lassen verschiedene Ausführungen (Elemente) zu. Eine Armatur ist dann die Kombination je eines Elementes von jedem Vektor. Tabelle 4–2 gibt den zum Erkennen bekannter Armatur notwendigen Umfang von Vektoren und Elementen an. Die jeweilige Kombination soll als Funktionsprinzip aufgefaßt werden. Die sich ergebenden konstruktiven Lösungen lassen sich zu Gruppen zusammenfassen, wobei zweckmäßigerweise von der Relativbewegung des Stellkörpers zur Sitzfläche ausgegangen wird.

Die genannte Methode kann auch zum Auffinden aller denkbaren Funktionsprinzipien herangezogen werden. Die jeweilige praktische Nutzung als Armaturenkonstruktion hängt neben der technischen Realisierbarkeit von der Güte der gewünschten Massestrombeeinflussung und von den Kosten ab [4–7].

Tabelle 4–2. Elemente zur Beschreibung bekannter Armaturen.
Beispiele: – – – Geradsitzabsperrventil,
· – · – · Plattenschieber

Vektoren	Relativbewegung des Stellkörpers zur Sitzfläche	Lage der Sitzfläche zur Einströmrichtung	Form des Stellkörpers
Elemente	senkrecht, translatorisch	parallel	Platte
			Kolben
	senkrecht, rotatorisch	geneigt $(0° \leqq \beta \leqq 90°)$	profilierter oder geschlitzter Körper
	parallel, translatorisch	senkrecht	
	parallel, rotatorisch		gelochter Körper

Tabelle 4–3. Grundtypen der Armaturen.

Armaturen- grundtypen	Relativbewegung des Stellkörpers
Ventilgruppe	senkrecht zur Sitzfläche (Hubbewegung)
Schiebergruppe	parallel zur Sitzfläche (Hubbewegung)
Klappengruppe	senkrecht zur Sitzfläche (Drehbewegung), Stellkörper wird umströmt
Hahngruppe	parallel zur Sitzfläche (Drehbewegung), Stellkörper wird durchströmt

Tabelle 4–4. Bauarten der Armaturen.

Lage der Sitzfläche zur Einströmrichtung	Bauart	Varianten (Ausführungen)
Ventilgruppe senkrecht	Axialventil	Kolbenform (Ringkolbenventil)
geneigt	Schrägsitzventil	Durchströmquerschnittsfreigabe (Freiflußventil)
parallel	Geradsitzventil	Platte als Stellkörper (Absperrventil)
		Formkörper als Stellkörper (Stellventil)
		zusätzliche Strömungsumlenkung (Eckventil)
		zwei Sitzflächen (Doppelsitzventil)
Schiebergruppe senkrecht	Plattenschieber	Scheiben- bzw. Balkenschieber
		Leitrohrschieber
		zwei Platten mit innerem Getriebe (Parallelplattenschieber)
geneigt	Keilschieber	Keilausführung (starr oder elastisch)
		zwei Platten mit innerem Getriebe (Keilplattenschieber)
Klappengruppe senkrecht	Klappe	Profilierung des Stellkörpers
		Exzentrizität der Drehachse zur Rohrachse und/oder der Drehachse zur Sitzfläche (bis hin zur Rückschlagklappe)
geneigt	Klappe	
Hahngruppe senkrecht	Kugelhahn	Lagerung der Kugel (Zapfen, schwimmend)
		Profilierung des Durchströmquerschnittes (Stellhahn)
geneigt	Kükenhahn	Dichtkraftaufbringung (Zug bzw. Druck)

4.3 Bauarten

Nach dem genannten Hauptmerkmal lassen sich sofort die in Tabelle 4–3 angegebenen Grundtypen von Armaturen unterscheiden.

Für die weitere Untersetzung ist es zweckmäßig, die Lage des zu verändernden Durchflußquerschnittes (Sitzfläche) zur Richtung der Anströmung hinzuzuziehen. Man gelangt dann zur gebräuchlichen Klassifizierung der Armaturen, den einzelnen Bauarten (Tabelle 4–4).

26

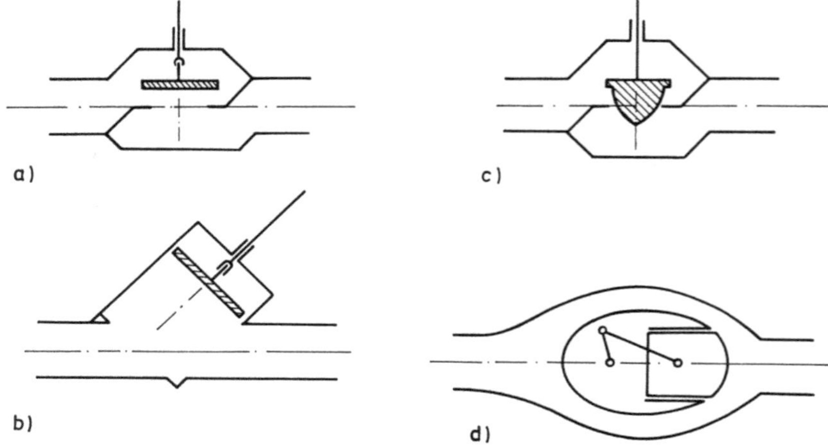

Bild 4–4. Ventilbauarten.
   a) Geradsitzventil, Absperrventil;
   b) Schrägsitzventil, Absperrventil;
   c) Geradsitzventil, Stellventil;
   d) Ringkolbenventil, Absperrventil.

Bei den Ventilen (Bild 4–4) wird die weitere Differenzierung in die einzelnen Ausführungen vor allem durch die funktionelle Aufgabenstellung bestimmt. Daraus folgt die Form des Stellkörpers und weiter die gesamte Absperr- oder Drosselgarnitur. Davon leitet sich auch, in Verbindung mit der Abdichtung nach außen, die Spindelkonstruktion ab. Die Ankoppelung des Antriebes hat einen zusätzlichen Einfluß.

Die Schieber (Bild 4–5) werden fast ausschließlich für binäre Steuerungsaufgaben eingesetzt. Das zeigt sich unmittelbar bei der Gestaltung des Absperrkörpers mit dem zugehörigen Gehäuse. Einerseits soll die Rohrströmung wenig gestört werden (Scheibe, Leitrohr), andererseits wird die Dichtkraft durch einen zusätzlichen Anpreßmechanismus erhöht (Keil, Platten mit integriertem Getriebe).

Bei den Klappen (Bild 4–6) läßt sich vor allem die Lage der Drehachse zur Rohrachse und zur Abdichtlinie variieren [4–8]. Zusätzlich ist die Form des Klappenkörpers den gewünschten Eigenschaften der Armatur anpaßbar. Damit ist eine Anwendung für die verschiedenen Aufgaben prinzipiell möglich. Trotz einiger Nachteile (großer Druckrückgewinn, instationäre Ablösung) sowie fertigungs- und werkstofftechnischer Probleme (Dichtelemente, Verschleiß) nimmt der Einsatz dieser materialsparenden Konstruktion ständig zu.

Hähne sind insbesondere in zwei Ausführungen bekannt, als Küken- und Kugelhahn (Bild 4–7). Auch sie zeichnen sich durch einen geringen Bauaufwand aus. Die Kugelhähne sind zusätzlich molchbar. Hähne werden vorwiegend als Absperrarmatur [4–9], zunehmend auch als Stellarmatur eingesetzt. Das ist durch eine weitere Variation, eine angepaßte Profilierung des Durchflußquerschnittes, möglich.

Neben der vorstehenden Ordnung der verschiedenen Konstruktionen sind auch Klassifizierungen gebräuchlich nach

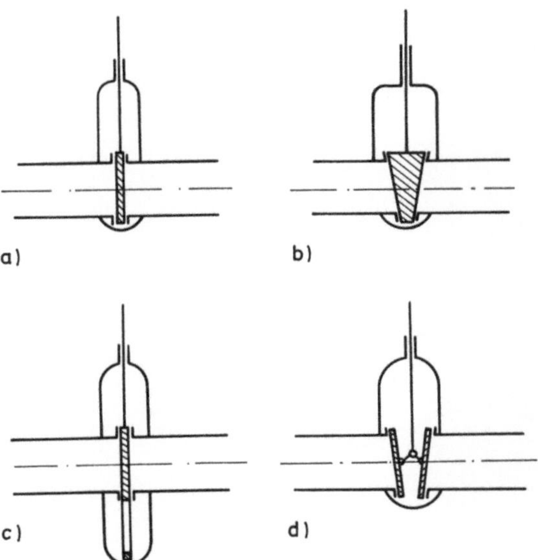

Bild 4–5. Schieberbauarten.
   a) Scheibenschieber;
   b) Keilschieber;
   c) Leitrohrschieber;
   d) Doppelplattenschieber.

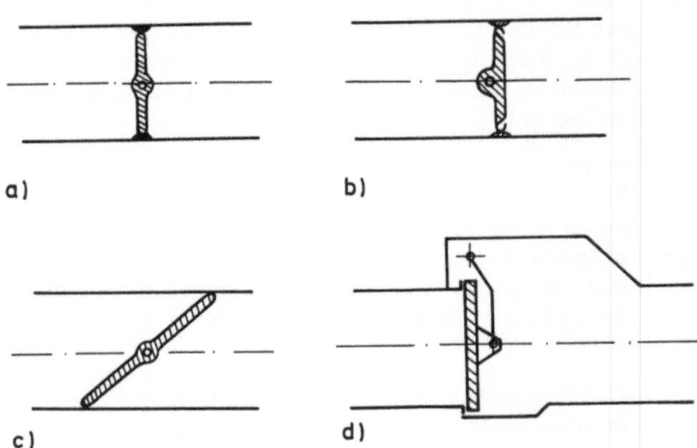

Bild 4–6. Klappenbauarten.
   a) Absperrklappe, zentrisch, Weichdichtung;
   b) Absperrklappe, exzentrisch, elastische Hartdichtung;
   c) Drosselklappe, $\beta_0 \neq 0°$;
   d) Rückschlagklappe.

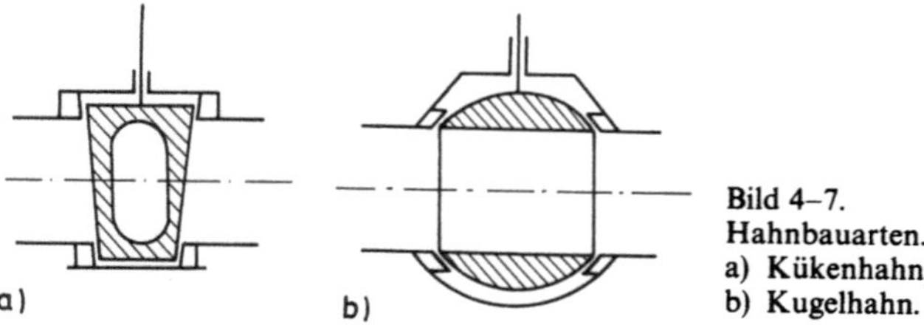

Bild 4–7.
Hahnbauarten.
a) Kükenhahn;
b) Kugelhahn.

- der funktionellen Hauptaufgabe (Absperr-, Stell- und Sicherheitsarmaturen) [4–10],
- den Einsatzgebieten (z. B. Kraftwerks-, Schiffs- oder Kältearmaturen) [4–11] [4–12],
- den Einsatzparametern (z. B. Hochdruck- oder Vakuumarmaturen) [4–13],
- der Gestalt (z. B. Flach-, Oval- und Rundschieber).

Von der Einsatzbreite ausgehend, wird weiterhin unterschieden zwischen

- Universalarmaturen (gleiche Anforderungen in verschiedenen Industriezweigen, großer Bedarf) und
- Spezialarmaturen (spezielle Anforderungen eines Industriezweiges bzw. eines Anlagentyps) [4–14] [4–15].

4.4 Zuordnung der Bauart zur Aufgabenstellung

Nicht jede Armatur ist für jede Aufgabenstellung geeignet. Eine Zuordnung ist jedoch leicht möglich, wenn die jeweiligen Anforderungen präzisiert werden, s. Tabelle 4–5. Danach ergeben sich die im Bild 4–8 angegebenen Kombinationen. Das gilt als allgemeine Orientierung; mit speziellen Konstruktionen wird verschiedentlich die angegebene Begrenzung überschritten.

Als *Absperrarmatur* sind alle vier Grundtypen geeignet [4–16]. Das sichere Schließen wird durch eine gelenkige Verbindung zwischen Absperrkörper und Spindel oder mittels elastischer Dichtelemente erreicht. Die Dichtkraft wird durch den Differenzdruck oder durch eine Anpreßkraft vom äußeren Antrieb her erzeugt; teilweise wirkt eine Federkraft unterstützend. Die notwendige Schließkraft der einzelnen Armaturen begrenzt ihren Einsatzbereich (Bild 4–9).

Auch die an Bedeutung gewonnene Forderung nach einem geringen Druckverlust bei geöffneter Armatur führt zu einer differenzierten Bewertung, s. Bild 4–10.

Tabelle 4–5.   Funktionsbedingte Anforderungen an die Konstruktion.

Funktion	Anforderungen an die Konstruktion
Absperren (Zweipunkteinstellung)	eindeutige Formschlüssigkeit (Stellkörper zur Sitzfläche)
	möglichst zusätzliche Anpreßkraft (Dichtkraft)
	geringer Druckverlust in Offenstellung
Stellen (kontinuierliche Verstellung)	mögliche Verstellung nach vorgegebenen, verschiedenen Kennlinien $\dot{m} = \mathrm{f}(y)$ bzw. $A_\delta = \mathrm{f}(y)$
Absichern (zumeist Zweipunkteinstellung)	selbsttätig, eigenmediumgesteuert, Reaktion auf $\Delta p, \Delta\rho, \bar{w}$

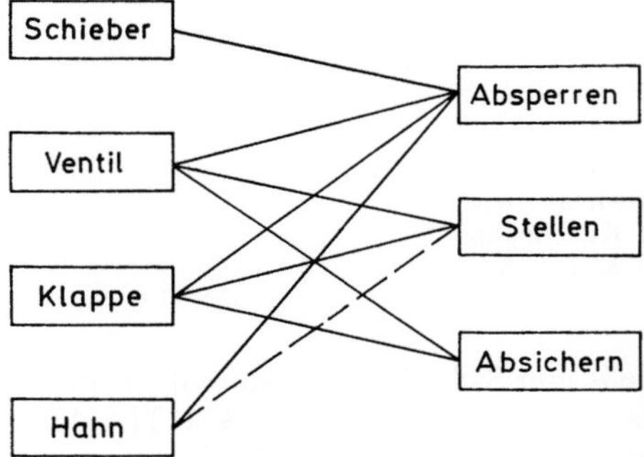

Bild 4–8.
Eignung der Armaturen für die geforderten Funktionen.

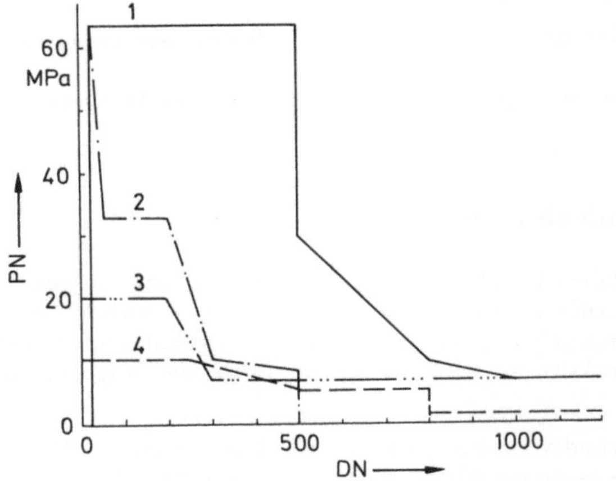

Bild 4–9. Orientierung für den Einsatzbereich der Armaturen nach Grundtypen.
1 Schieber; 2 Ventile; 3 Hähne; 4 Klappen.

Eine Beurteilung der Absperrarmaturen hinsichtlich der Erfüllung wesentlicher Forderungen ist aus Tabelle 4–6 zu ersehen, s. auch [4–17].

Als Stellarmaturen sind die Konstruktionen geeignet, die vorgegebene, unterschiedliche Kennlinien verwirklichen lassen (Bild 4–11). Diese Forderung erfüllen vor allem die Ventile; durch unterschiedliche Profilierung des Stellkörpers (Bild 4–12) ist eine Variation von $A_{\ddot{O}} = f(y)$ und damit $\dot{m} = f(y)$ leicht möglich.

Zunehmend werden auch Klappen eingesetzt [4–18]; sie gestatten eine einfache Variation durch die möglichen exzentrischen Lagen der Drehachse und der Schließebene bei zusätzlicher Profilierung des Stellkörpers (Bild 4–13). Ebenso sprechen materialökonomische Erwägungen für die Hähne; auch hier kann der Durchflußquerschnitt variiert werden [4–19].

Stellarmaturen haben zu drosseln. Die damit verbundenen hohen Geschwindigkeiten und die Strömungsablösungen müssen beachtet werden. Bei der detaillierten Bewertung der

30

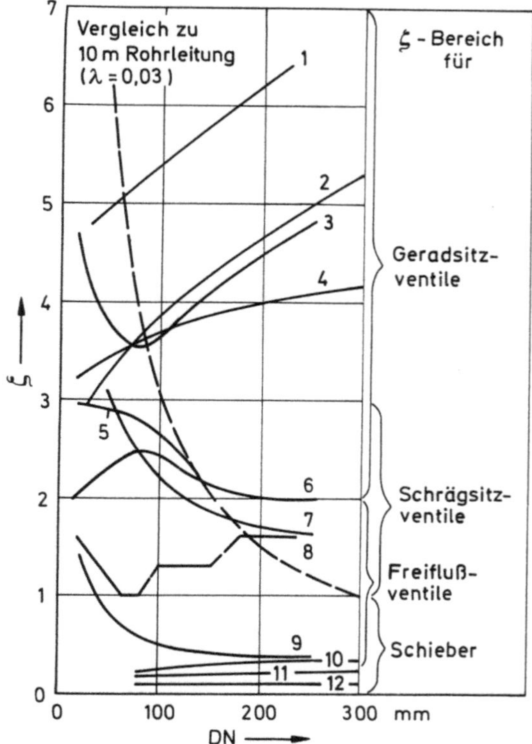

Bild 4-10. Druckverlustbeiwerte von Armaturen in Abhängigkeit von der Nennweite (Beispiele).
Geradsitzventile: 1 DIN_1; 2 DIN_2; 3 Rhei; 4 Reform; 5 Rhei, ideal.
Schrägsitzventile: 6 BOA; 7 Koswa; 8 Panzer; Freiflußventil: 9 Patent.
Schieber: 10 Keilschieber; 11 Parallelplattenschieber; 12 Leitrohrschieber.

Tabelle 4-6. Bewertung der Armaturengrundtypen für Absperraufgaben.
1 günstig, 2 mit Einschränkung, 3 ungünstig.

Anforderung	Ventil	Schieber	Hahn	Klappe
Formschlüssigkeit	1	1	1	2
zusätzliche Dichtkraft	1	1	2	2
Druckverlust	3	1	1	2
Verschleißgefahr	1	2	2	2
Materialaufwand	2	3	1	1
Formstückarmatur	1	3	2	3
Einsatzbereich $(p, T, \dot m)$	1	1	2	2

für die Massestromstellung geeigneten Konstruktionen sind also jeweils Verschleißbeanspruchung, Schwingungsgefährdung und auch die Schallemission zusätzlich zu berücksichtigen (Tabelle 4-7), s. auch [4-20][4-21].

Sicherheitsarmaturen sollen unzulässige Betriebszustände vermeiden. Das können Überbeanspruchungen von Ausrüstungen, Gefährdungen der Umwelt oder Störungen des

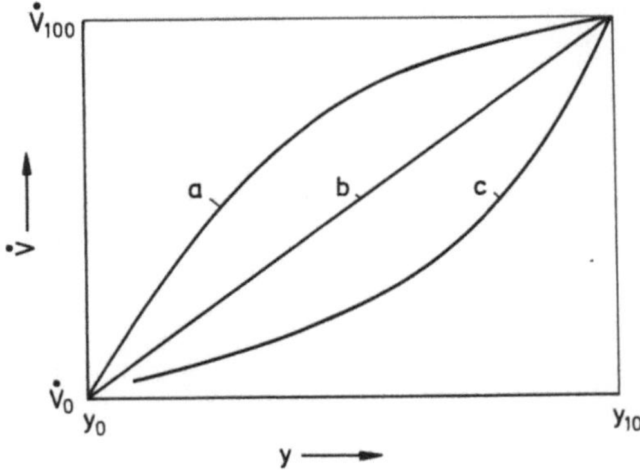

Bild 4–11.
Zu verwirklichende Kennlinienarten.
a abnehmende Empfindlichkeit $d\dot{V}/dy$; b konstante Empfindlichkeit; c zunehmende Empfindlichkeit.

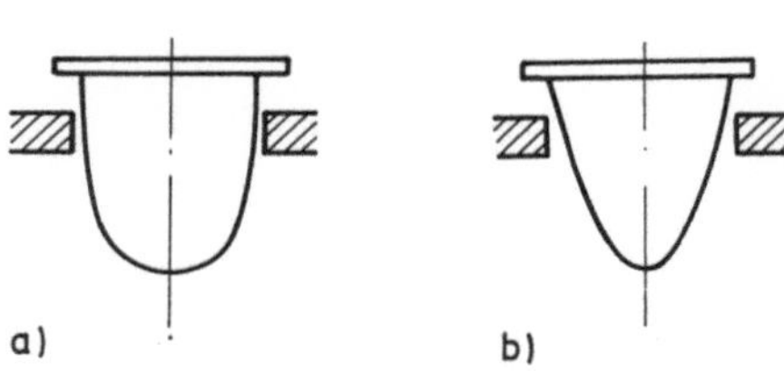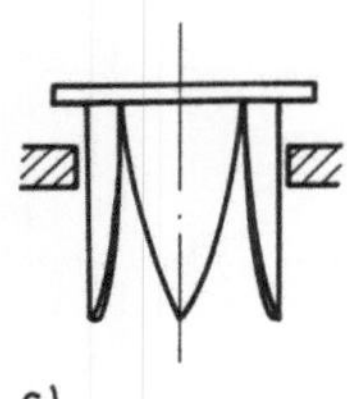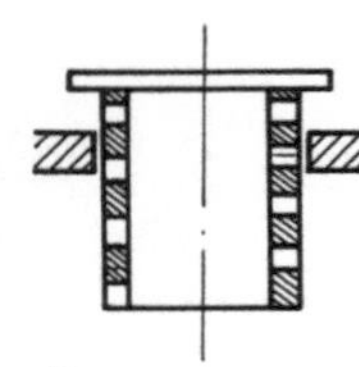

Bild 4–12. Stellkörperarten bei Stellventilen.
a), b) Profilkegel;
c) Schlitzkegel;
d) gelochter Hohlkegel.

Produktionsprozesses mit Auswirkungen auf die Produktqualität sein. Ihre wichtigsten Aufgaben sind:

– Sicherung gegen unzulässige Drucküberschreitung (Sicherheitsventile und -klappen) [4–22] [4–23],
– Sicherung gegen Stoffstromumkehr (Rückstromverhinderer wie Rückschlagventile und -klappen),
– Sicherung gegen Wasserschlag (Kondensatableiter) [4–24],
– Sicherung gegen unzulässige Druckunterschreitung (Belüftungsventile),
– Sicherung gegen unerwünschte Gasansammlung (Entlüftungsventile).

Darüber hinaus sind Konstruktionen zur Reaktion auf unzulässige Druck- oder Geschwindigkeitsänderung, wie Schnellschluß- und Umschaltarmaturen oder auch Rohrbruchorgane, zu nennen. Auch Schmutzfänger, wie Filter, sind in diese Kategorie einzuordnen.

Zur selbsttätigen Reaktion (Regler ohne Hilfsenergie) können herangezogen werden:

– der resultierende Kraftvektor aus Druck- und Strömungskräften, was nur bei Ventilen oder Klappen möglich ist (Bild 4–14),

32

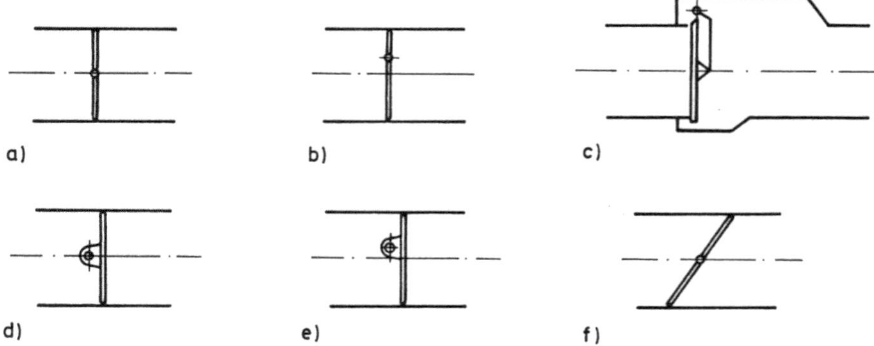

Bild 4–13. Klappenbauarten.
a) zentrische Lage des Klappenkörpers;
b), c) zunehmende Exzentrizität der Drehachse;
d) exzentrische Lage der Schließebene;
e) doppeltexzentrische Lage;
f) geneigte Schließebene ($\beta_0 \neq 0°$).

Tabelle 4–7. Bewertung der Armaturengrundtypen für Stellaufgaben.
1 günstig, 2 mit Einschränkung, 3 ungünstig.

Anforderung	Ventil	Klappe	Hahn	Schieber
Kennlinienvariabilität	1	2	2	3
Materialaufwand	2	1	1	3
Verschleißgefahr	1	3	2	2
Schwingungsgefahr	1	3	2	2
Schallemission	2	3	3	3

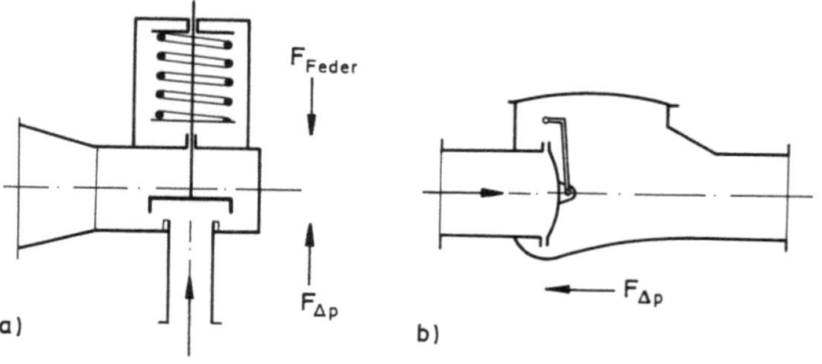

Bild 4–14. Sicherheitsarmaturen.
a) zur Druckbegrenzung;
b) zur Rückstromverhinderung.

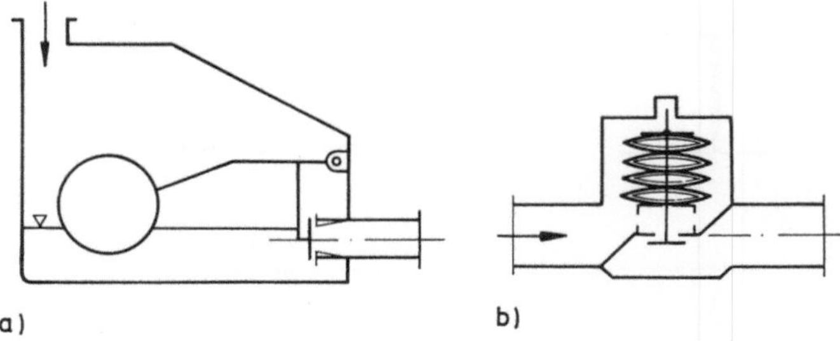

Bild 4-15. Sicherheitsarmaturen (Kondensatableiter).
a) Schwimmerkondensatableiter ($\Delta\rho$);
b) thermischer Kondensatableiter (ΔT).

– der Dichte-oder Temperaturunterschied bei Zweiphasensystemen (flüssig, gas- bzw. dampfförmig); die indirekt wirkende Stellkraft läßt prinzipiell jeden Armaturentyp für die entsprechenden Aufgaben zu (s. Bild 4-15).

Sicherheitsarmaturen sind vor allem unstetige Regler; somit gelten für sie auch die Anforderungen, die an Absperrarmaturen gestellt werden. Zunehmend wird ein stetiges, ein der Abweichung vom vorgegebenen Grenzwert angepaßtes Stellen gefordert; damit sind zusätzlich die Gestaltungsprinzipien der Stellarmaturen zu berücksichtigen, s. auch [4-25].

Der Fortschritt auf dem Gebiet der Automatisierungstechnik ermöglicht die Einbindung in äußere Regelkreise mit fremder Hilfsenergie. Das reicht von einer zusätzlich aufgebrachten Belastung bei Sicherheitsventilen bis zum vollständigen Regelkreis. Bei derartigen Sicherheitsarmaturen ist zur Gewährleistung der Funktionstüchtigkeit die Regeleinrichtung mehrfach parallel auszuführen [4-26][4-27].

5 Strömungstechnische Berechnung

Die Arbeitsweise einer Armatur wird im wesentlichen durch die strömungstechnischen Verhältnisse bestimmt, s. [2–6] [5–1].

Den Anwender interessiert dabei vor allem der Zusammenhang zwischen Durchfluß und Druckverlust. Seitens des Herstellers sind die zugehörigen Leistungsparameter sowie die störungsfreie Arbeitsweise zu gewährleisten.

An die strömungstechnische Auslegung einer Armatur werden somit hohe Anforderungen gestellt. Es müssen Kenntnisse zur möglichen verlustarmen Gestaltung der Konstruktion oder auch zur Gewährleistung einer vorgegebenen Drosselung vorliegen. Erst die Aufstellung der Kräftebilanz gestattet die Auswahl und Bemessung des Antriebes bzw. ermöglicht die sichere Voraussage der Arbeitsweise selbstregelnder Apparaturen. Ebenso erfordern Angaben zur Schallemission eine genauere Kenntnis des Strömungsfeldes.

Armaturen zeichnen sich nun aber zumeist durch eine komplizierte Geometrie aus. Eine geschlossene Lösung der Grundgleichungen der Strömungsmechanik, wie der Navier-Stookesschen Gleichungen, gelingt bei derartigen Randbedingungen kaum [5–2]. Die Berechnung wird weiter dadurch erschwert, daß beim Armatureneinsatz in der Industrie fast ausschließlich eine turbulente Strömung vorliegt. Somit sind zusätzlich Aussagen zu den turbulenten Scherspannungen bzw. zur Verteilung der Turbulenzparameter notwendig [5–3]. Die vollständige Ermittlung des Druck- und Geschwindigkeitsfeldes steht also noch aus. Erste diesbezügliche Ansätze sind derzeit durch den Einsatz leistungsfähiger Rechentechnik bei zugehöriger Programmentwicklung zu verzeichnen [5–4].

Die Analyse und Berechnung des Strömungsfeldes und damit der Leistungsparameter und Stellvorgänge muß deshalb heute noch in vereinfachter oder idealisierter Form vorgenommen werden. Dabei kann man bei renommierten Herstellern von einem umfangreichen Erfahrungsstand ausgehen. Üblich ist eine eindimensionale Betrachtung bei unterschiedlichem Idealisierungsgrad der einzelnen Strömungsabschnitte in der Armatur. Die spezielle Optimierung und der Nachweis der Leistungsfähigkeit der jeweiligen Konstruktion werden experimentell vorgenommen [5–5] [5–6] [5–7]. Sowohl zum Senken des Versuchsaufwandes als auch zum Übertragen der am Versuchsstand ermittelten Abhängigkeiten auf beliebige Einsatzfälle wird umfassend von der Ähnlichkeitstheorie Gebrauch gemacht. Das drückt sich in der Angabe entsprechender, im allgemeinen dimensionsloser Beiwerte oder Kennwerte als Leistungsparameter der Armaturen aus. Sie haben in streng zu beachtenden Anwendungsbereichen universelle Gültigkeit.

5.1 Arbeitsbereiche

Armaturen werden notwendigerweise in Verbindung mit dem Steuer- bzw. Automatisierungssystem in allen Anlagen eingesetzt, in denen fluide Stoffe gelagert, transportiert oder als Prozeßmedium genutzt werden. Damit sind alle möglichen Stoffeigenschaften bzw. Verhaltensweisen relevant. Das betrifft sowohl die Art des Stoffsystems selbst, das Fließverhalten und die Kompressibilität als auch das Bewegungsverhalten bei der Armaturendurchströmung (Bild 5–1).

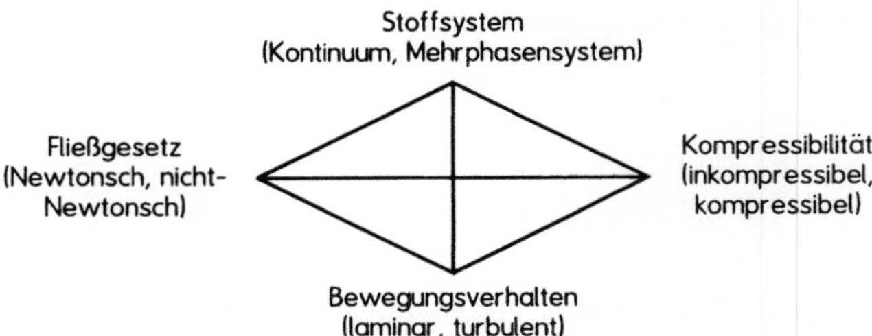

Bild 5–1. Einflußkomplexe bei der Armaturendurchströmung. Hauptsächlicher Fall: Kontinuum –
Newtonsche Flüssigkeit – turbulent – kompressibel und inkompressibel.

Die zweckmäßige Charakterisierung der Arbeitsweise einer Armatur durch Kennwerte
bzw. entsprechende Charakteristiken erfordert dann auch die Beachtung der unterschiedlichen Wirkung der einzelnen Einflußkomplexe. Die Folge sind jeweils zugeordnete
Berechnungsansätze mit dann auch begrenztem Gültigkeitsbereich.

5.1.1 Stoffsysteme

Zu unterscheiden ist vor allem zwischen einphasigen und mehrphasigen Systemen (Bild
5–2).

Die Durchströmung der Armaturen mit heterogenen Stoffen wurde bisher wenig untersucht.
Zur Abschätzung des Verhaltens geht man von der dominierenden Phase, im allgemeinen
der Flüssigkeit oder dem Gas, aus.

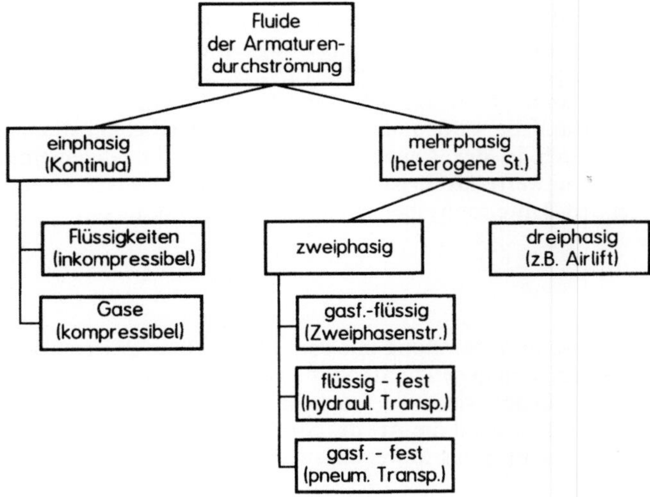

Bild 5–2. Klassifizierung fluider Stoffe.

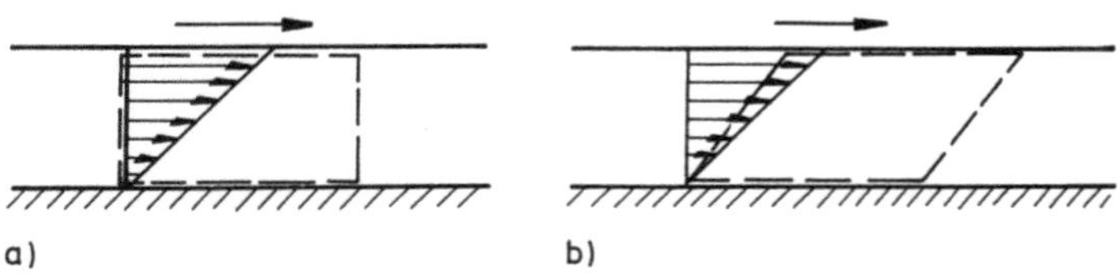

Bild 5-3. Geschwindigkeitsverteilung und Formänderung (Beispiel: Platte – Platte, ebener Spalt).
   a) Zeitpunkt t_0;
   b) Zeitpunkt $t_0 + \Delta t$.

Einphasige Stoffe, Kontinua im Sinne der Strömungstechnik, sind die vorherrschenden Flüssigkeiten und Gase.

In die Flüssigkeiten einzubeziehen sind dabei sowohl kolloid- und feindisperse Suspensionen [5-8] als auch Gase, bei denen die Kompressibilität im Einsatzfall vernachlässigbar ist.

Bei den Gasen ist zu unterscheiden zwischen einerseits den näherungsweise idealen Gasen und andererseits den realen Gasen und Dämpfen [5-9].

5.1.2 Fließgesetze

Reale Strömungsmedien setzen der Formänderung in Abhängigkeit von der Formänderungsgeschwindigkeit einen Widerstand entgegen. Verbunden mit der Haftbedingung an der Wand und somit zwangsläufig mit dem Auftreten von Geschwindigkeitsprofilen und Formänderungen kommt es zum Reibungswiderstand (Bild 5-3). Die auftretende Schubspannung ist abhängig vom Geschwindigkeitsgradienten und den Stoffwerten (Tabelle 5-1).

In der Praxis überwiegen die Newtonschen Medien. Hierauf konzentrieren sich auch fast alle Untersuchungen. Die üblicherweise angegebenen Armaturenkennwerte sind dementsprechend auf diesen Fall beschränkt.

Hinsichtlich der eingehenden Stoffwerte [5-10] interessiert dann die Abhängigkeit der Zähigkeit von der Temperatur und dem Druck. Bei Flüssigkeiten nimmt die Zähigkeit mit zunehmender Temperatur ab [5-11]:

$$\lg \frac{\eta}{\eta_1} = \lg \frac{\eta_2}{\eta_1} \cdot \frac{1/T - 1/T_1}{1/T_2 - 1/T_1} . \tag{5.1}$$

Die Abhängigkeit vom Druck ist zumeist vernachlässigbar; die dynamische Zähigkeit η steigt mit zunehmendem Druck etwas an.

Bei Gasen nimmt die Zähigkeit η mit der Temperatur zu; nach SUTHERLAND gilt

$$\eta = \eta_0 \sqrt{\frac{T}{273,15}} \cdot \frac{1 + C/273,15}{1 + C/T} ; \tag{5.2}$$

C Sutherland-Konstante,
η_0 Zähigkeit bei 0 °C.

Tabelle 5-1. Fließverhalten homogener Medien (Kontinua).

Bezeichnung	Fließgesetz	Beispiele
1. Newtonsches Verhalten	$\tau = \eta \dfrac{dw}{dy}$	Wasser, Gase, Alkohol, Öle, Glycerin
2. Nicht-Newtonsches Verhalten 2.1 pseudoplastisch, normalzäh	$\tau = K\left(\dfrac{dw}{dy}\right)^{n}$ $n < 1$	Viskosespinnlösung, Silicone, Latex, verschiedene Suspensionen
2.2 dilatant	$\tau = K\left(\dfrac{dw}{dy}\right)^{n}$ $n > 1$	Glasmassen, verschiedene Suspensionen
2.3 Binghamsches Verhalten	$\tau = \tau_0 + K\left(\dfrac{dw}{dy}\right)$	Zahnpasta, verschiedene Suspensionen ($c_v > 0,1$)
2.4 elasto-plastisch	$\tau = \tau_0 + K\left(\dfrac{dw}{dy}\right)^{n}$ $n \gtrless 1$	Mayonnaise, hochkonzentrierte Suspensionen

Die Abhängigkeit der dynamischen Zähigkeit vom Druck ist ebenfalls gering, s. auch [5-12] [5-13].

5.1.3 Kompressibilität

Flüssigkeiten zeichnen sich durch eine geringe, im allgemeinen zu vernachlässigende Kompressibilität aus. Nur bei einigen speziellen Problemen, z. B. bei plötzlicher Änderung des Bewegungszustandes, muß die druckabhängige Volumenänderung beachtet werden [5-14] [5-15]. Diesbezüglich gilt

$$\frac{\Delta v}{v_0} = -\chi \frac{\Delta p}{p_0} \tag{5.3}$$

mit der Größenordnung des Kompressibilitätskoeffizienten χ von 10^{-5}.

Auch die Abhängigkeit von der Temperatur ist gering. Unter Heranziehung der Raumausdehnungszahl α läßt sich angeben:

$$v = v_0(1 + \alpha \cdot \Delta T). \tag{5.4}$$

Für Wasser hat α z. B. bei 18 °C einen Wert von 0,00019.

Demgegenüber ist die Kompressibilität der Gase nicht vernachlässigbar. Bei genereller wechselseitiger Abhängigkeit der Zustandsgrößen Druck, Dichte und Temperatur ist zu unterscheiden zwischen Gasen mit idealem Verhalten, also

$$p \cdot v = R \cdot T, \tag{5.5}$$

und solchen Gasen, bei denen die Wechselwirkung der Moleküle als auch deren Eigenvolumen berücksichtigt werden muß.

38

Bei geringer Abweichung vom Verhalten nach der Zustandsgleichung idealer Gase, Gl. (5.5), kann mit einer Korrektur mittels Realgasfaktor Z gearbeitet werden:

$$p \cdot v = Z \cdot R \cdot T. \tag{5.6}$$

Darüber hinaus wird der Zusammenhang durch die Van-der-Waalssche Zustandsgleichung

$$p = \frac{R \cdot T}{v - b} - \frac{a}{v^2} \tag{5.7}$$

oder ähnlich aufgebaute Gleichungen beschrieben bzw. graphisch oder tabellarisch angegeben [5-12] [5-17] [5-18].

5.1.4 Bewegungsverhalten

Zu unterscheiden ist vor allem zwischen laminarer und turbulenter Strömung.

Die laminare Strömung, auch als Schichtenströmung bezeichnet, ist eine stabile Strömung eines Kontinuums ohne höherfrequente Störungen bzw. Quervermischungen. Sie liegt bei relativ großen Reibungskräften im Vergleich zu den Trägheitskräften vor; bezogen auf die Rohrströmung trifft das zu bei

$$\frac{F_\mathrm{T}}{F_\mathrm{R}} \hat{=} \frac{\dfrac{\rho}{2} w^2}{\eta \dfrac{dw}{dr}} \Rightarrow \frac{\rho \cdot w \cdot 2r}{\eta} = \frac{w \cdot d}{v} < 2300. \tag{5.8}$$

In verallgemeinerter Form, die nicht-Newtonschen Medien mit erfassend, lautet das Kriterium

$$16 \frac{\dfrac{\rho}{2} w^2}{\tau_\mathrm{w}} < 2300 \text{ bei} \tag{5.9}$$

$$\tau_\mathrm{w} = \frac{\Delta p_\mathrm{v}}{4l/d}.$$

In der Praxis wird beim Armatureneinsatz dieser Wert, Gl. (5.8), zumeist weit überschritten; es liegt turbulente Strömung vor. Die Bewegung einzelner Massebereiche wird instabil, die Kontinuitätsbedingung erzwingt einen Platzwechselvorgang, der Schergradient führt zur Rotation der Bereiche. Man spricht deshalb auch von verwirbelter Stromung [5-19] [5-20]. Die Wirbelballen erreichen im Mittel Ausdehnungen bis zu etwa 5% der Kanalabmessung, die örtliche Schwankungsfrequenz umfaßt ein breites Spektrum (2 bis 20 kHz). Damit wird auch die laminare Reibung von der nun bestimmenden, turbulenten Energieumsetzung überlagert [5-21].

Sowohl bei der laminaren als auch bei der turbulenten Durchströmung der Armatur sind zusätzlich fast immer Ablösegebiete, auch als Totwasser bezeichnet, festzustellen. Ursache hierfür ist vor allem die Strömungsablösung an scharfen Kanten (Trägheitsablösung), s. auch [1-2].

5.2 Modellbildung

Die funktionelle und damit strömungstechnische Auslegung und Bemessung von Armaturen basierte bisher fast ausschließlich auf empirischen Untersuchungen. Zunehmend werden die Zusammenhänge bzw. Abhängigkeiten durch Näherungsgleichungen bei eindimensionaler Betrachtung erfaßt [2–11]. Die zur Quantifizierung erforderlichen Korrektur- oder Armaturenkennwerte werden experimentell ermittelt. Der Gültigkeitsbereich der Gleichungen und damit auch der Kennwerte läßt sich vom Gleichungsansatz unter Heranziehung der Ähnlichkeitstheorie beurteilen.

Dieser Arbeitsweise kommt entgegen, daß in der Praxis nur einige Fälle des im Abschn. 5.1 umrissenen Gesamtfeldes dominieren.

5.2.1 Relevante Einsatzfälle

Die Armaturendurchströmung ist zumeist turbulent. Es überwiegen die Newtonschen Flüssigkeiten und idealen Gase. Das korrespondiert mit einer gut zugänglichen Versuchstechnik auf der Basis von Wasser und Luft.

Im Fall der Newtonschen Flüssigkeiten liegen dann relativ einfache Verhältnisse vor. Es kann an die bekannten Abhängigkeiten der Druckverlustermittlung bei Rohreinbauten angeknüpft werden:

$$\Delta p_v = \zeta \frac{\rho}{2} w^2. \tag{5.10}$$

Erweiterungen der Berechnungsbasis sind insbesondere für eine zunehmende laminare Reibungswirkung in Analogie zur sogenannten Wirkungsgradaufwertung bei Strömungsmaschinen [5–22] bekannt [5–23]. Daneben gewinnen Untersuchungen zu den Abhängigkeiten bei der Durchströmung mit nicht-Newtonschen Flüssigkeiten an Bedeutung [5–24] [5–25].

Der zweite Fall hoher Relevanz ist der Armatureneinsatz bei idealen Gasen. Erst in neuerer Zeit wurde hier eine befriedigende Berechnungsbasis für den Anwender geschaffen [5–26]. Zur Erweiterung auf reale Gase wird der Realgasfaktor genutzt. Für Dämpfe werden Näherungen für die Abhängigkeit der Zustandgrößen untereinander im zu betrachtenden Bereich herangezogen, s. z. B. [5–18].

5.2.2 Ähnlichkeitsbedingungen

Die Ähnlichkeitstheorie [5–27] [5–28] [5–29] bietet die Möglichkeiten,

– die Verallgemeinerung oder Übertragung vorliegender Erkenntnisse zu beurteilen,
– systematische Abhängigkeiten zu ermitteln oder vorliegende Ergebnisse zu systematisieren,
– Modelluntersuchungen durchzuführen,
– effektive Versuchsstrategien festzulegen.

Sie beruht auf der offensichtlichen Aussage, daß bei gleicher, den Vorgang beschreibender dimensionsloser Differentialgleichung und gleichen Koeffizienten die gleiche Lösung folgt.

Die Durchströmungsverhältnisse bei Armaturen werden durch die Summe der Kraftwirkungen bestimmt. Bei dimensionsloser Schreibweise dieser Kräftebilanz sind die Koeffizienten der

Tabelle 5–2. Ähnlichkeitskennzahlen.

Bezeichnung	Formel	Bemerkung
Reynolds-Zahl	$Re = \dfrac{w \cdot d}{v}$	F_T/F_R, Bewegungsverhalten charakterisierend
Euler-Zahl	$Eu = \dfrac{\Delta p}{(\rho/2)w^2}$	F_P/F_T, Widerstandsbeiwerte
Hagen-Zahl	$Ha = \dfrac{\Delta p \cdot l}{\eta \cdot w}$	F_P/F_R, entspricht $Re \cdot Eu$
Mach-Zahl	$M = \dfrac{w}{a}$	Kompressibilität berücksichtigend
Strouhal-Zahl	$Sr = \dfrac{f \cdot l}{w}$	instationäre bzw. Wirbelbewegung charakterisierend

Bewegungsgleichung, also die Ähnlichkeitskennzahlen, Kräfteverhältnisse. Man kann also auch unmittelbar von den wirkenden Kräften ausgehen. Die Durchströmung einer Armatur mit einem Kontinuum, im allgemeinen ohne freie Oberfläche, ist also abhängig von

– den geometrischen Verhältnissen,
– den physikalischen Verhältnissen, ausgedrückt durch die Ähnlichkeitskennzahlen nach Tabelle 5–2.

Gleiche Ergebnisse sind bei geometrischer und physikalischer Ähnlichkeit, ausgedrückt durch identische Ähnlichkeitskennzahlen, zu erwarten. Bei Variation der Ähnlichkeitskennzahlen folgt eine stetige Abhängigkeit von diesen Variablen.

Der vor allem interessierende Zusammenhang zwischen Druckverlust und Durchfluß kann gut durch die spezifizierte Euler-Zahl beschrieben werden:

$$Eu = \frac{\Delta p}{\dfrac{\rho}{2}w^2} \Rightarrow \frac{\Delta p_v}{\dfrac{\rho}{2}w_0^2} = \zeta. \tag{5.11}$$

Für den Druckverlustbeiwert ζ ist somit eine Abhängigkeit zu erwarten nach

$$\zeta = f(Re, M, Sr, l/d). \tag{5.12}$$

Erweitert man auf mehrphasige Stoffsysteme, nicht-Newtonsche Flüssigkeiten und Strömung mit freier Oberfäche, so ist gegebenenfalls zusätzlich die Abhängigkeit von den Kennzahlen nach Tabelle 5–3 zu beachten, s. auch [5–30].

5.2.2.1 Geometrische Ähnlichkeit, Berechnungsmodell

Die Bedingung der geometrischen Ähnlichkeit, in Gl. (5.12) ausgedrückt durch l/d, wird in ihrer ganzen Tragweite oftmals nicht erfaßt. Ausgehend vom Berechnungsmodell des Projektanten (Bild 5–4) wird verschiedentlich nur die Armatur selbst diesem Kriterium

Tabelle 5–3. Ergänzende Ähnlichkeitskennzahlen.

Bezeichnung	Formel	Bemerkung
Froude-Zahl	$Fr = \dfrac{w^2}{g \cdot d}$	F_T/F_{geo} Schwerkraftwirkung erfassend
Archimedes-Zahl	$Ar = \dfrac{\rho_M - \rho_F}{\rho_F} \cdot \dfrac{g \cdot d_k^3}{v_F^2}$	Partikelbewegung charakterisierend
Bingham-Zahl	$Bm = \dfrac{\tau_0 \cdot d}{K \cdot w}$	Fließgrenze berücksichtigend
Hedström-Zahl	$He = \dfrac{\tau_0 \cdot \rho \cdot d^2}{K^2}$	entspricht $Bm \cdot Re$
Weber-Zahl	$We = \dfrac{\rho \cdot w^2 \cdot d}{\sigma_0}$	F_T/F_0 Oberflächenspannung erfassend

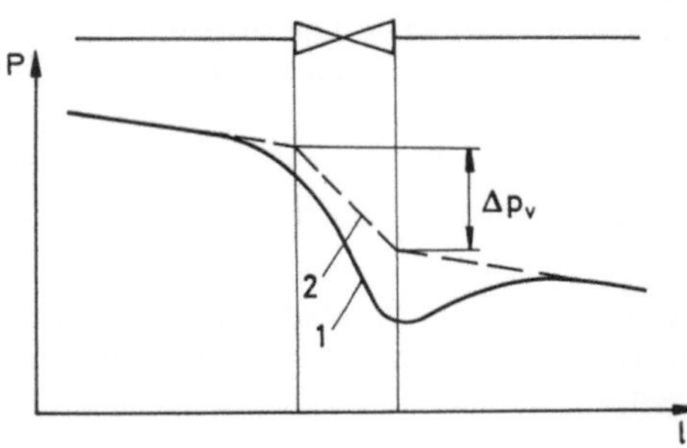

Bild 5–4.
Druckverlauf bei der Armaturendurchströmung.
1 realer Verlauf; 2 Berechnungsmodell des Rohrleitungsprojektanten.

unterworfen. Gleiche Strömungsverhältnisse liegen jedoch nur bei auch gleichen Zuström- und Abströmverhältnissen vor. Gut reproduzierbare und gleichzeitig repräsentative Bedingungen sind gegeben bei

- voll ausgebildeter Rohrströmung am Armatureneintritt und
- ausreichender Beruhigungsstrecke am Armaturenaustritt zur Sicherung des Überganges wieder zur ausgebildeten Rohrströmung.

Die Meßstrecken der Hersteller entsprechen diesen Forderungen, sind also in Übereinstimmung mit den Vorschriften der Durchflußmeßtechnik für die Messung mit Blenden [5–31].

Die Lage der Meßstellen zur Druckentnahme für die Bestimmung der Armaturenkennwerte berücksichtigt diese Voraussetzungen (Bild 5–5):

- eintrittsseitig möglichst nahe an der Armatur, aber noch vor einer Beeinflussung der Rohrströmung durch die Armatur, zu beachten ist auch die Anordnungsmöglichkeit;

42

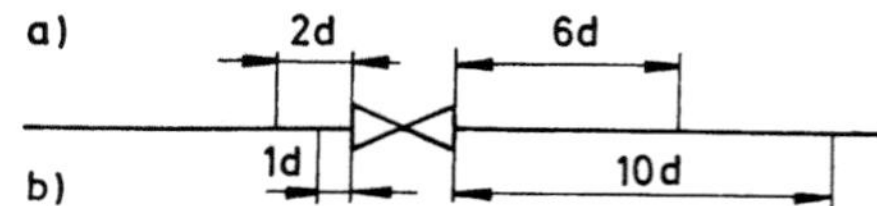

Bild 5-5.
Meßstellen zur Druckverlustermittlung.
a) neuere Festlegung [5-26];
b) bisherige Arbeitsweise.

– austrittsseitig in einem solchen Abstand, daß der durch die Armatur zusätzlich gegenüber der Rohrströmung bewirkte Druckverlust erfaßt wird.

Der so nach den älteren Vorschriften mit erfaßte Druckverlust einer quasi (11 d) langen Rohrstrecke war vor der Kennwertberechnung vom Gesamtwert ($p_1 - p_{10}$) zu subtrahieren. Die neueren Richtlinien beachten das nicht. Es muß also, z. B. bei Wasser, mit einem Fehler von $(8\lambda)/\zeta$ gerechnet werden, wenn der Projektant nach Bild 5–5a arbeitet.

In der Praxis werden die erforderlichen ein- und austrittsseitigen Rohrstrecken oftmals nicht zur Verfügung stehen. Damit wird die geometrische Ähnlichkeit nicht gewährleistet; die Folge sind entsprechende Berechnungsfehler, deren Größe sowohl von der Bauart der vor- oder nachgeschalteten Rohrelemente als auch von der Bauart der Armatur abhängt, s. auch [5–32]. Es ist offensichtlich, daß z. B. bei der Anordnung einer Klappe hinter einem Krümmer größere Verfälschungen auftreten, als das bei einem Reduzierventil hinter einem Krümmer der Fall ist.

5.2.2.2 Physikalische Ähnlichkeit, Kennwertabhängigkeit

Für den wesentlichen Zusammenhang zwischen Drosselwirkung, also Druckverlust, und Durchfluß wurde schon mit Gl. (5.11) der Druckverlustbeiwert ζ genannt. Er wird, wie noch darauf zurückzukommen sein wird, in verschiedenen Modifikationen für diese Relation genutzt.

Seine Abhängigkeit von den verschiedenen Einflußgrößen kann als repräsentativ für auch die aller anderen Beiwerte angesehen werden. Bei Ordnung der einzelnen Einflußparameter mittels der Ähnlichkeitstheorie war schon mit Gl. (5.12) auf die gegebene Abhängigkeit hingewiesen worden. Im allgemeinsten Fall (s. Tabellen 5–2 und 5–3) gilt

$$\zeta = f(\text{Re}, \text{M}, \text{Sr}, \text{Fr}, \text{Ar}, \text{Bm}, \text{We}, l/d).$$

Die Arbeitsweise mit ζ = konst. bei der Übertragung von der Prüfstrecke des Herstellers auf den Einsatzfall des Anwenders setzt dann also neben der geometrischen Ähnlichkeit voraus:

– Newtonsche Flüssigkeit

$$\zeta \neq f(\text{Bm}),$$

– homogenes Fluid bzw. Kontinuum

$$\zeta \neq f(\text{Ar}),$$

– gefüllte Rohrleitung, keine freie Oberfläche

$$\zeta \neq f(\text{Fr}, \text{We}),$$

– stationäre bzw. quasistationäre Durchströmung

$$\zeta \neq f(\text{Sr}),$$

– inkompressibles Medium

$$\zeta \neq f(M),$$

– voll ausgebildete turbulente Strömung

$$\zeta \neq f(Re).$$

Die so vorausgesetzt starke Einschränkung befindet sich in Übereinstimmung mit den zumeist gegebenen Einsatzfällen der Praxis.

Lediglich für den ebenso wichtigen Fall der Nichtvernachlässigbarkeit der Kompressibilität bei Gasen ist eine andere Lösung notwendig.

Darüber hinaus werden zunehmend Korrekturen ermittelt und angegeben für

– Abweichungen von der voll ausgebildeten turbulenten Strömung ($Re < 10^4$), wobei also τ_{lam} gegenüber τ_{turb} nicht mehr vernachlässigbar ist, bis hin zur laminaren Strömung, also

$$\zeta = f(Re),$$

– die Erfassung der Wirkung anderer Fließgesetze, also die Erweiterung auf nicht-Newtonsche Medien:

$$\zeta = f(Re_{allg}, Bm),$$

– die Veränderung bei transienten Betriebszuständen (instationäre Durchströmung):

$$\zeta = f(Sr, dw/dt).$$

5.3 Volumenstrom und Drosselung bei Flüssigkeiten

Sowohl bei strömungsgünstig gestalteten Armaturen (Absperrarmaturen) als auch bei ausgesprochenen Drosselarmaturen (Stellarmaturen) gilt der gleiche grundsäzliche Zusammenhang zwischen Druckverlust und Durchfluß. Je nach Zielstellung ist lediglich eine explizite Darstellung

$$\Delta p_v = f(\dot{V}) \quad \text{bzw.} \quad \dot{V} = f(\Delta p_v)$$

erwünscht. Davon ausgehend, wurden verschiedene, jedoch leicht ineinander umrechenbare Kennwerte eingeführt. Sie sollen nachfolgend kurz erläutert werden.

5.3.1 Kennwerte

Wie schon im Abschn. 5.2.2.2 ausgeführt, gelten sie für die voll ausgebildete, turbulente Strömung Newtonscher Flüssigkeiten. Es sind dies, s. Tabelle 5–4:

– der Druckverlustbeiwert ζ,
  ursprünglich empirisch eingeführt, später begründet mit den Kenntnissen über die turbulente Strömung und die Ähnlichkeitstheorie;
– der Durchflußbeiwert α,
  abgeleitet aus Durchflußbetrachtungen analog zur Arbeit mit der Meßblende;
– der Einheitsdurchfluß k_v bzw. Durchflußkoeffizient C,
  herangezogen zur anschaulichen Beschreibung der Durchflußbeeinflussung mittels Stellarmaturen [5–33] [5–34].

44

Tabelle 5–4. Armaturenkennwerte.

Kennwert	Definitionsgleichung
ζ	$\Delta p_v = \zeta \cdot \rho \cdot w_1^2/2$
α	$\dot{V} = \alpha \cdot m \cdot A_1 \sqrt{(2\Delta p_v/\rho}$ $m = A_{vc,gm}/A_1$
k_v	$\dot{V} = N_0 \cdot k_v \sqrt{(2\Delta p_v)/\rho}$ $N_0 = 1/(5{,}09 \cdot 10^4)$
C	$\dot{V} = N \cdot C \sqrt{\Delta p_v/(\rho/\rho_0)}$ $\rho_0 = 1000\,\text{kg/m}^3$ (Dichte von Wasser bei $15{,}5\,^\circ\text{C}$) N numerische Konstante

Tabelle 5–5. Kennwert-Umrechnungen.

	ζ	α	k_v	C
ζ	—	$\dfrac{1}{(\alpha \cdot m)^2}$	$\left(\dfrac{A_1}{N_0 \cdot k_v}\right)^2$	$\left(\dfrac{A_1}{N \cdot C}\right)^2 \dfrac{2}{\rho_0}$
α	$\dfrac{1}{m\sqrt{\zeta}}$	—	$\dfrac{N_0 \cdot k_v}{m \cdot A_1}$	$\dfrac{N \cdot C}{m \cdot A_1} \sqrt{\dfrac{\rho_0}{2}}$
k_v	$\dfrac{A_1}{N_0\sqrt{\zeta}}$	$\dfrac{\alpha \cdot m \cdot A_1}{N_0}$	—	$\dfrac{N \cdot C}{N_0} \sqrt{\dfrac{\rho_0}{2}}$
C	$\dfrac{A_1}{N\sqrt{\zeta}}\sqrt{\dfrac{2}{\rho_0}}$	$\dfrac{\alpha \cdot m \cdot A_1}{N}\sqrt{\dfrac{2}{\rho_0}}$	$\dfrac{N_0 \cdot k_v}{N}\sqrt{\dfrac{2}{\rho_0}}$	—

Sie lassen sich zwangsläufig, da sie den gleichen Zusammenhang bei gleichem Arbeitsbereich beschreiben, leicht ineinander umrechnen, s. Tabelle 5–5.

Die Grundlagen zur Definition des Druckverlustbewertes ζ wurden schon im Abschn. 5.2.2.2 ausführlich erörtert. Er wird insbesondere zur Berechnung der Rohrleitungskennlinie genutzt, wobei alle Rohreinbauten durch einen ζ-Wert charakterisiert werden. Bei Armaturen wird er vor allem für Absperrarmaturen in Offenstellung herangezogen.

Die Arbeit mit dem Durchflußbeiwert α hat den Vorteil. daß das Einschnürungsverhältnis explizit erfaßt wird. Bei bekanntem α-Wert ist so eine Dimensionierung des erforderlichen Öffnungsquerschnittes möglich. Dieser Kennwert wird deshalb auch vom Konstrukteur bevorzugt. Desgleichen gestattet er die anschauliche Bestimmung des erforderlichen Abströmquerschnittes bei Sicherheitsarmaturen, weshalb er hier zur Armaturenauswahl herangezogen wird. Im Vergleich zur Blendendurchströmung ist aber darauf aufmerksam zu machen. daß der Kennwert bei der Armatur nicht auf den Wirkdruck (Beschleunigungsbereich), sondern auf den Druckverlust bezogen ist, s. Bild 5–6.

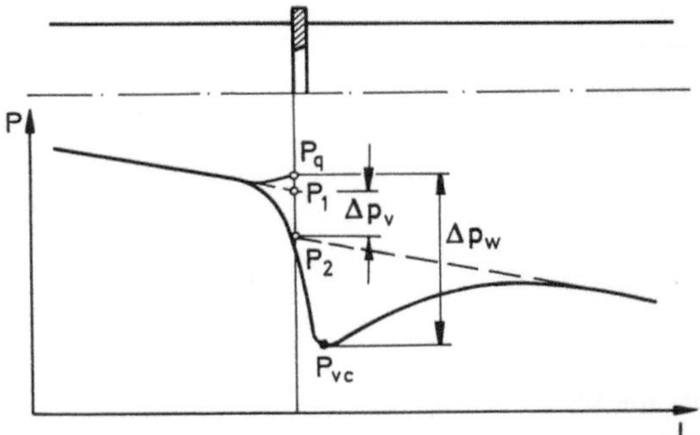

Bild 5–6. Wirkdruck und Druckverlust bei Blenden.

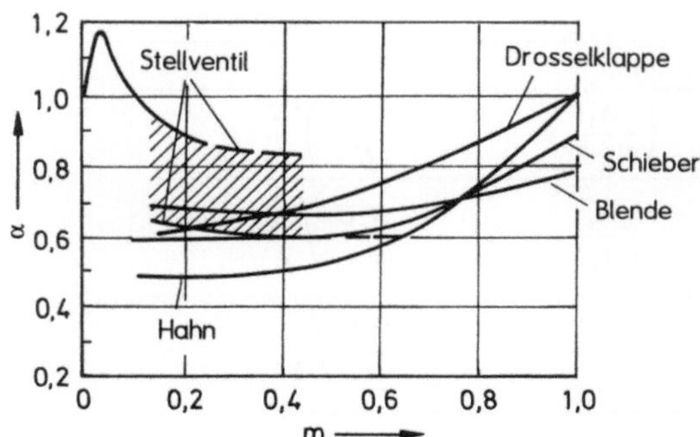

Bild 5–7. Durchflußbeiwerte α. Orientierung für die Abhängigkeit vom Öffnungsverhältnis.

Während also für die Meßblende in erster Näherung gilt:

$$\dot{V} = \varepsilon \cdot m \cdot A_0 \sqrt{2\Delta p_{\mathrm{w}}/\rho} \quad \text{mit} \tag{5.13}$$

$$\Delta p_{\mathrm{w}} = p_{\mathrm{q}} - p_{\mathrm{vc}},$$

$$m = A_{\mathrm{vc,gm}}/A_0,$$

$$\varepsilon = A_{\mathrm{vc}}/A_{\mathrm{vc,gm}},$$

so trifft dies für die armaturengemäße Definition nicht zu:

$$\dot{V} \approx \varepsilon \sqrt{\frac{\Delta p_{\mathrm{w}}}{\Delta p_{\mathrm{v}}}} \, m \cdot A_0 \sqrt{\frac{2\Delta p_{\mathrm{v}}}{\rho}} \, ; \tag{5.14}$$

also

$$\alpha \approx \varepsilon \sqrt{\frac{p_{\mathrm{q}} - p_{\mathrm{vc}}}{p_1 - p_2}}. \tag{5.15}$$

46

Tabelle 5–6. Numerische Konstanten (bei $C = k_v$).

$\dot{V}$	Δp_v	N
m³/s	Pa	$(1/1{,}14)\cdot 10^{-6}$
m³/s	kPa	$(1/3{,}60)\cdot 10^{-4}$
m³/s	bar	$(1/3{,}60)\cdot 10^{-3}$
m³/h	Pa	$(1/3{,}16)\cdot 10^{-2}$
m³/h	kPa	10^{-1}
m³/h	bar	10^{0}

Der Durchflußbeiwert α ist konstruktions- und stellungs(hub-)abhängig und umfaßt in etwa einen Wertebereich von 0,5 bis 1,2 (Bild 5–7).

Der Einheitsdurchfluß oder k_v-Wert ist dadurch ausgezeichnet, daß er bei den Parametern

$$\rho = 10^3 \, \text{kg/m}^3 \quad \text{und} \quad \Delta p_v = 10^5 \, \text{Pa}$$

$$v = 1\cdot 10^{-6} \, \text{m}^2/\text{s} \quad (\text{Wasser bei } 20\,°\text{C})$$

identisch ist mit dem Durchfluß in m³/h. Er liefert so dem Anwender eine sehr instruktive Information und wird demzufolge auch fast ausschließlich zur Beschreibung von Stellcharakteristiken genutzt.

Der Durchflußkoeffizient C basiert auf gleichen Überlegungen wie der Einheitsdurchfluß. Die im amerikanischen Schrifttum übliche numerische Konstante ist dem jeweils gewählten Maßsystem anzupassen (Tabelle 5–6), s. auch [5–26] [5–35].

5.3.2 Kennwert-Korrekturen

Die Hinweise zu den einzuhaltenden Ähnlichkeitsbedingungen im Abschn. 5.2.2 machten deutlich, daß die angegebenen Kennwerte nur für einen Spezialfall, allerdings großer Praxisrelevanz, universell angewendet werden können.

So ist es natürlich, daß zunehmend Korrekturen zur Erweiterung des Gültigkeitsbereiches eingeführt werden. In die Vorschriften haben diesbezüglich der sogenannte Geometrieeinfluß und der Reynolds-Zahl-Einfluß Eingang gefunden.

5.3.2.1 Geometrieeinfluß

Hierdurch sollen der Armatur unmittelbar vor- oder nachgeschaltete Fittings, wie Einschnürungen, Erweiterungen, Krümmer u. ä., Berücksichtigung finden. Verallgemeinerungsfähige Kenntnisse liegen jedoch erst in geringem Umfang vor. Die Empfehlungen beschränken sich weitgehend auf die Betrachtung als formale Reihenschaltung [5–26] [5–36]. Das stellt gegenüber dem bisherigen Stand sorgfältiger Projektierung keinen Fortschritt dar, bringt lediglich eine gewisse Vereinfachung der Berechnung.

Den Ausgangspunkt für eine derartige Verfahrensweise bildeten die Ventile. Insbesondere bei stärkerer Drosselung ist die vorausgesetzte Unabhängigkeit von der Qualität der Zuströmung, also der Einhaltung der zu fordernden ungestörten Rohrströmung, gegeben.

Etwas anders dürften die Verhältnisse bei einer Drosselklappe liegen (Bild 5–8). Hier ist mit kopplungsbedingten Wechselwirkungen zu rechnen. Von Interesse sind dabei zwei Probleme:

– die Wirkung unmittelbar vor- oder nachgeschalteter Rohreinbauten,

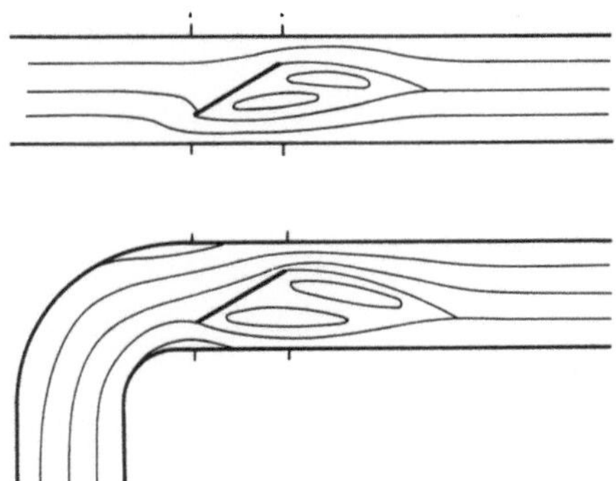

Bild 5–8.
Durchströmungsbeeinflussun durch Einbauten
(schematisch).

– der Einfluß einer gestörten Zuströmung durch weiter entfernt liegende Ursachen infolge der Rohrleitungsführung und -bestückung.

Die derzeitige Bestimmung des Geometrieeinflusses auf die Armaturencharakteristiken geht also lediglich von der Summe der Einzelverluste aus:

$$\Delta p_{ges} = \sum_{i=1}^{n} \Delta p_i = \frac{\rho}{2}\left[\sum \zeta_i \cdot w_i^2 + (w_2^2 - w_1^2)\right]. \tag{5.16}$$

Der Druckverlustbeiwert ζ jedes Elementes ist, wie allgemein üblich, auf die jeweilige Zuströmgeschwindigkeit bezogen.

Bei unterschiedlichem Durchmesser der einzelnen Elemente und gegebenenfalls auch zusätzlich verschiedenen Anschlußnennweiten des Systems ① – ② führt das zu

$$\Delta p_{ges} = \frac{\rho}{2}w_1^2\left[\zeta_A\left(\frac{A_1}{A_A}\right)^2 + \sum\zeta_i\left(\frac{A_1}{A_i}\right)^2\right] - \frac{\rho}{2}w_1^2\left[1 - \left(\frac{A_1}{A_2}\right)^2\right]. \tag{5.17}$$

Somit erhält man

$$\zeta_{ges} = \zeta_A\left(\frac{A_1}{A_A}\right)^2 + \sum\zeta_i\left(\frac{A_1}{A_i}\right)^2 - \left[1 - \left(\frac{A_1}{A_2}\right)^2\right]. \tag{5.18}$$

Mit den Gln. (5.17) und (5.18) gilt dann

$$\dot{V} = \frac{A_1}{\sqrt{\zeta_{ges}}}\sqrt{\frac{2\Delta p_{ges}}{\rho}}. \tag{5.19}$$

Das kann auch geschrieben werden, s. Tabelle 5–4:

$$\dot{V} = N_0 \cdot k_{v,korr}\sqrt{\frac{2\Delta p_{ges}}{\rho}}. \tag{5.20}$$

Mit den in Tabelle 5–5 angegebenen Kennwert-Umrechnungen folgt

$$k_{v,korr} = \frac{k_{v,A}}{\sqrt{1 + N_0^2 \cdot k_{v,A}^2\left\{\sum\frac{\zeta_i}{A_i^2} - \left[1 - \left(\frac{A_1}{A_2}\right)^2\frac{1}{A_1^2}\right]\right\}}}. \tag{5.21}$$

48

Tabelle 5-7. Beiwertsumme für verschiedene Reihenschaltungen.

Beispiel	Beiwertsumme
	$\Sigma\zeta = \zeta_{B,1} + \zeta_R$
	$\Sigma\zeta = \zeta_{B,1} + \zeta_R + \zeta_E - \zeta_{B,2}$
	$\Sigma\zeta = \zeta_{B,1} + \zeta_R + \zeta_{A,1} + \zeta_E - \zeta_{B,2}$

In Übereinstimmung mit dem in [5–26] angegebenen Rohrleitungsgeometriefaktor

$$\dot{V} = N \cdot F_p \cdot k_v \sqrt{\frac{\Delta p}{\rho/\rho_0}} \tag{5.22}$$

folgt

$$F_p = k_{v,korr}/k_{v,A}.$$

Wird die Änderung der kinetischen Energie zwischen Zu- und Abströmung dabei mit der sogenannten Bernoulli-Druckziffer beschrieben und erfaßt:

$$\frac{\rho}{2}w_2^2 - \frac{\rho}{2}w_1^2 = \frac{\rho}{2}\left(w_A^2 - w_1^2\right) - \frac{\rho}{2}\left(w_A^2 - w_2^2\right) \tag{5.23}$$

$$= \frac{\rho}{2}w_A^2\left[\left(1 - \frac{d_A^4}{d_1^4}\right) - \left(1 - \frac{d_A^4}{d_2^4}\right)\right]$$

$$= \frac{\rho}{2}w_A^2\left(\zeta_{B,1} - \zeta_{B,2}\right),$$

dann erhält man aus Gl. (5.21), z. B. für den Fall Zuströmung mit d_1, Einschnürung auf d_A, zusätzliche Fittings der Abmessung d_A, Erweiterung auf d_2:

$$F_p = \frac{1}{\sqrt{1 + \dfrac{\Sigma\zeta}{N_2}\left(\dfrac{k_{v,A}}{d_A^4}\right)^2}} \quad \text{mit} \tag{5.24}$$

$$N_2 = \pi^2/(16\,N_0^2) = 1{,}6 \cdot 10^9.$$

In Tabelle 5–7 sind für einige typische Beispiele die zugehörigen Summen der Beiwerte angegeben. Tabelle 5–8 enthält die nach [5–26] empfohlenen ζ-Werte. Für eine einfache Reduzierung folgt danach die im Bild 5–9 dargestellte Abhängigkeit.

Tabelle 5–8. Beiwerte für Elemente nach Tabelle 5–7 (bei Reduzierung von D auf d; handelsübliche kurze, konzentrische Übergangselemente).

Beiwert	Berechnung	Bemerkung
Bernoullidruckziffer für Durchmesseränderungen	$\zeta_B = [1 - (d/D)^4]$	negativ für Erweiterungen s. Gl. (5.23)
Druckverlustbeiwert für Reduzierung	$\zeta_R = 0{,}5[1 - (d/D)^2]^2$	Näherung
für Erweiterung	$\zeta_E = [1 - (d/D)^2]^2$	entsprechend plötzlicher Erweiterung

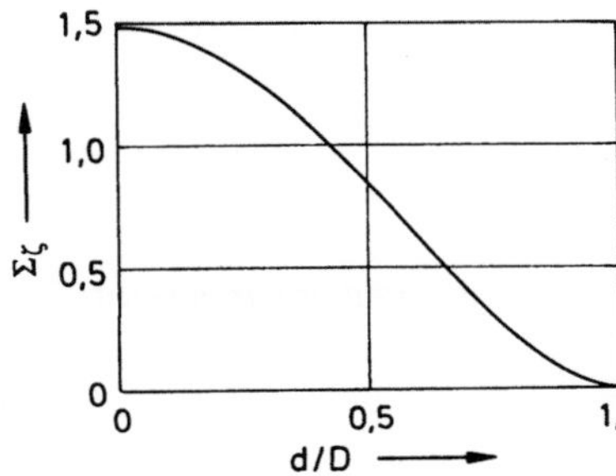

Bild 5–9.
Beiwertsumme für den Fall des Armatureneinbaues in einem reduzierten Rohrleitungsstück.
$\Sigma\zeta = \zeta_R + \zeta_E; \quad \zeta_{B,1} + \zeta_{B,2} = 0.$

Der abgehandelte Fall Gl. (5.24) des Einbaues einer Armatur mit reduzierter Nennweite und gegebenenfalls weiterer Fittings dieser Nennweite entspricht der üblichen Ausführung derartiger Einschnürungen.

Für beliebige Nennweitenfolgen im zu betrachtenden Rohrleitungsbereich ①–② ist nach Gl. (5.21) vorzugehen. Der Rohrleitungsgeometriefaktor in der Form der Gl. (5.24) lautet dann

$$F_p = \cfrac{1}{\sqrt{1 + \dfrac{k_{v,A}^2}{N_2} \sum \dfrac{\zeta_i}{d_i^4}}},$$ (5.25)

wobei zu beachten ist:

$$\zeta_B / d_B^4 = -[1 - (d_1/d_2)^4]/d_1^4.$$ (5.26)

Es sei nochmals darauf hingewiesen, daß die vorstehende Betrachtung nicht die eigentliche Wechselwirkung in Reihe geschalteter Elemente erfaßt. Sie soll deshalb als formale mathematische Analyse einer Reihenschaltung bezeichnet werden. Diese Herangehensweise ist also identisch mit der bei der Bestimmung des Anlageneinflusses auf die Charakteristik von Stellventilen heranzuziehenden Methodik.

Eine treffsichere Berechnung ist hiernach somit nur zu erwarten, wenn die tatsächliche Wechselwirkung vernachlässigbar ist [5–37][5–38][5–39].

50

Der Rohrleitungsgeometriefaktor F_p ist also im eigentlichen Sinn kein Korrekturfaktor; er ermöglicht lediglich eine Vereinfachung des Berechnungsweges [Gl. (5.22) statt Gl. (5.17)].

5.3.2.2 Reynolds-Zahl-Einfluß

In der Strömungstechnik versteht man hierunter die Abhängigkeit der Kennwerte von der Reynolds-Zahl bei der technisch vor allem interessanten turbulenten Strömung. Der charakteristische Zusammenhang ist sofort aus dem Colebrook-Diagramm für den Rohrreibungsbeiwert (s. Anhang) ersichtlich. Für den Fall hydraulisch glatt und den Übergangsbereich bis hydraulisch rauh gilt:

$$\lambda = f(Re).$$

Bei Armaturen wird diese Abhängigkeit vernachlässigt. Sie muß gegebenenfalls bei den zu beachtenden Toleranzen für den ζ- bzw. k_v-Wert Berücksichtigung finden. Die Abhängigkeit ist jedoch zumeist gering, da

– bei der Rohrströmung der Druckverlust ausschließlich auf Wandreibung beruht (Reibungsverluste),
– bei Armaturen die wesentlich größere Drosselung vor allem durch Strömungsablösung und hierdurch verursachte Wirbelgebiete zustande kommt (Formverluste).

Bei solchen Ablösungen ist wiederum zu unterscheiden zwischen Reibungsablösung (bei Druckanstieg entlang der Wand) und Trägheitsablösung (an Kanten, die eine plötzliche Strömungsumlenkung erforderlich machen würden) [5–21][5–40]. Letzteres liegt insbesondere bei Armaturen vor; eine Abhängigkeit von der Reynolds-Zahl kann dabei vernachlässigt werden. Bei in einzelnen Fällen, z. B. bei Ringkolbenventilen und gegebenenfalls auch bei Stellarmaturen, dennoch gegebener Reibungsablösung können aber dann unerwartete Effekte auftreten.

Bei Armaturen wird im Unterschied zur vorstehend erörterten Erscheinung unter dem Reynolds-Zahl-Einfluß der Übergang zur laminaren Strömung und die damit verbundene Auswirkung auf den Zusammenhang zwischen Druckverlust und Durchfluß verstanden. Einschränkend wird nur auf Newtonsche Flüssigkeiten Bezug genommen. Den insgesamt zu erwartenden Verlauf $\zeta = f(Re_R)$ von der turbulenten bis zur laminaren Durchströmung zeigt Bild 5–10.

Die Angabe einer universell zutreffenden Gesetzmäßigkeit für alle Armaturen ist nicht eindeutig möglich. Dies trifft vor allem für den Umschlagbereich (turbulent zu laminar) zu:

– die unterschiedlichen Geometrien haben unterschiedliche Übergeschwindigkeiten zur Folge,
– die unterschiedlichen Ablösegebiete wirken sich hinsichtlich einer Turbulenzanregung verschiedenartig aus.

Auch für eine stabile laminare Durchströmung bzw. schleichende Bewegung ist eine universell zutreffende Korrektur für ζ bzw. k_v nicht angebbar. Es muß dann allerdings im Gegensatz zu

$$\Delta p_v \sim \dot{V}^2 \text{ gelten: } \Delta p_v \sim \dot{V} \text{ bzw. } \zeta = N/Re.$$

Für die Abhängigkeit $\zeta = f(Re)$ wurde dennoch schon früh versucht, zu Orientierungen zu gelangen [5–41].

Von besonderem Interesse ist das für Stellventile. Für eine spezielle Armaturengruppe relativ guter geometrischer Ähnlichkeit ist ein solcher Weg gangbar. Unter Bezugnahme

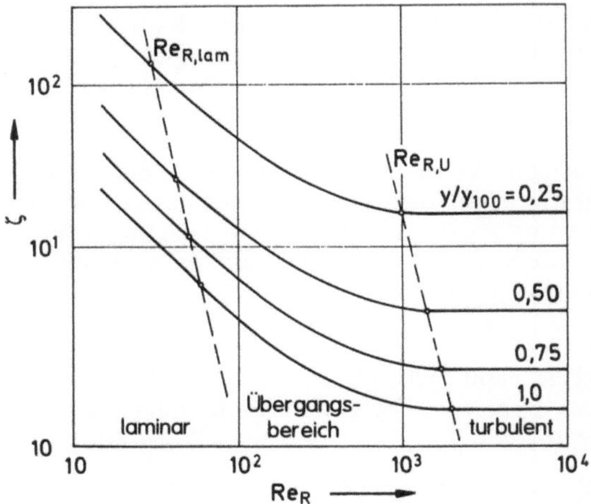

Bild 5–10. Reynolds-Zahl-Einfluß auf den Druckverlustbeiwert ζ (qualitativ bzw. Parameter nach Bild 5–13).

auf eine modifizierte Reynolds-Zahl werden Korrekturfaktoren angegeben:

$$k_{v,korr} = F_R \cdot k_v \quad \text{mit} \tag{5.27}$$

$$F_R = f(\text{Re}_v).$$

Bezüglich Re_v ist zu beachten:

– offensichtlich zutreffender ist die Bezugnahme auf die Verhältnisse in der vena contracta

$$\frac{w_{vc,gm} \cdot d_{vc,gm}}{v} = \frac{w_1 \cdot d_R}{v} \sqrt{1/m} = \text{Re}_R \sqrt{1/m}; \tag{5.28}$$

– erhöhte Drosselung bedeutet neben größerer Übergeschwindigkeit, Gl. (4.6), auch stärkere Turbulenzanfachung, möglich zu berücksichtigen über

$$\frac{w_{vc,gm} \cdot d_{vc,gm}}{v} \Rightarrow \frac{w_1 \cdot d_1}{v} \sqrt{1/(\alpha \cdot m)},$$

wobei gilt (s. Tabelle 5–5): $\alpha \cdot m = \sqrt{1/\zeta}$.

Die im derzeitigen Richtlinienwerk [5–26] angegebenen Orientierungen für eine Korrektur berücksichtigen dies:

$$\text{Re}_v = (1/\sqrt{\alpha \cdot m})\,\text{Re}_R = \zeta^{1/4} \cdot \text{Re}_R. \tag{5.29}$$

Die Umformung, bei Bezugnahme auf den k_v-Wert, ergibt sofort:

$$\text{Re}_v = N_3 \frac{\dot{V}}{v \sqrt{k_v}}; \tag{5.30}$$

N_3 s. Tabelle 5–9.

52

Tabelle 5–9. Numerische Konstanten zur modifizierten Reynolds-Zahl

$\dot{V}$	ν	N_3
m³/s	m²/s	255
m³/h	cSt	7,07

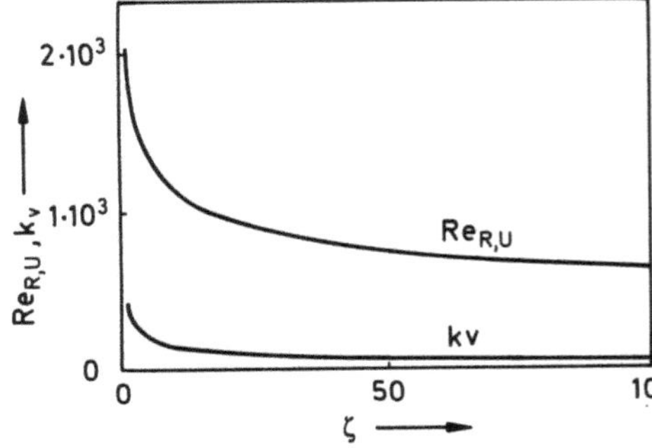

Bild 5–11.
Beginn des Reynolds-Zahl-Einflusses
($k_v - \zeta$-Zuordnung nach Bild 5–13).

Je größer der Druckverlustbeiwert ζ ist, um so weniger ist also mit einem Reynolds-Zahl-Einfluß zu rechnen bzw. um so niedriger liegt die Umschlaggrenze $Re_{R,U}$, s. Bild 5–11.

Für Stellventile wurde, den vorstehenden Überlegungen folgend, ein solcher Reynolds-Zahl-Faktor F_R in Abhängigkeit von Re_v experimentell bestimmt (Bild 5–12) [5–26]. Eine merkliche Korrektur ist danach für $Re_v < 2 \cdot 10^3$ notwendig. Das sind, s. Gl. (5.29), sehr kleine Reynolds-Zahlen; in der Praxis liegen allgemein Werte von $Re_R = 10^4$ bis 10^6 vor. Nur bei sehr zähen Medien muß also mit dem beschriebenen Einfluß gerechnet werden.

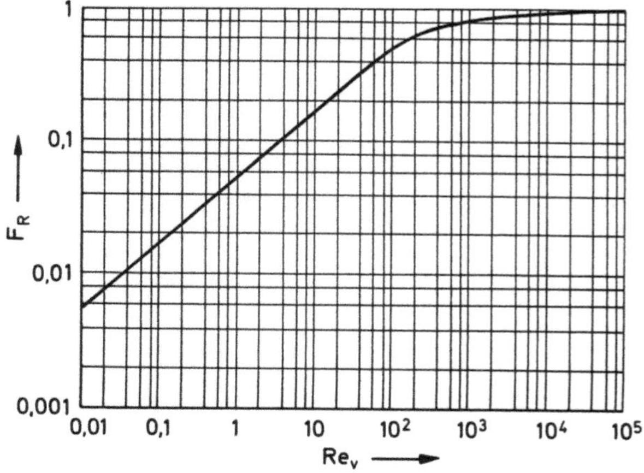

Bild 5–12. Reynolds-Zahl-Faktor [5–26].

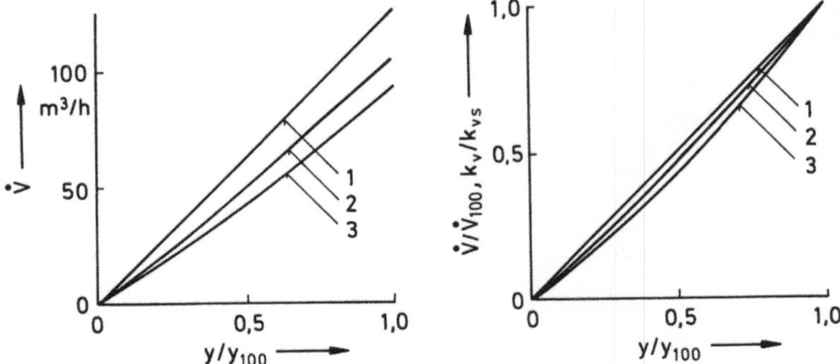

Bild 5-13. Reynolds-Zahl-Einfluß auf die Stellventil-Charakteristik.
Beispiel: $k_{vs} = 400\,\mathrm{m^3/h}$, $d_{DN} = 0{,}1\,\mathrm{m}$, $\Delta p = 10^4\,\mathrm{Pa}$, $\rho = 10^3\,\mathrm{kg/m^3}$
1 $v = 1\cdot10^{-6}\,\mathrm{m/s^2}$,
2 $v = 300\cdot10^{-6}\,\mathrm{m/s^2}$,
3 $v = 600\cdot10^{-6}\,\mathrm{m/s^2}$.

Bei der Bearbeitung eines derartigen Falles muß allerdings dann iterativ vorgegangen werden; in $\mathrm{Re_v}$ geht schon der zu bestimmende Volumenstrom ein.

Bild 5-13 zeigt die Auswirkung am Beispiel einer Stellarmatur mit linearer Kennlinie. Die Charakteristik wird um so mehr verändert, je kleiner die modifizierte Reynolds-Zahl $\mathrm{Re_v}$ ist.

Es sei hier nochmals darauf hingewiesen, daß die angegebene Korrekturfunktion $F_R = \mathrm{f(Re_v)}$ für Stellventile mit Drosselkegel gilt. Für andere Armaturentypen kann sie lediglich zur Orientierung herangezogen werden. Das ist durch den unterschiedlichen Drossel- bzw. Energieumsetzungsmechanismus bedingt. So sind bei Klappen und Hähnen fast ausschließlich Formverluste wirksam. Bei Stellventilen sind Reibungsverluste anteilig zu beachten.

Die Problematik wird weiter zu untersuchen sein, da in der stoffverarbeitenden Industrie zunehmend Medien hoher Zähigkeit an Bedeutung gewinnen.

5.3.3 Nicht-Newtonsche Flüssigkeiten

Flüssigkeiten, die nicht dem Spezialfall des Newtonschen Fließgesetzes entsprechen, gewinnen in neuerer Zeit zunehmend an Bedeutung. Das folgt aus der industriellen Verarbeitung neuer Stoffgruppen und der Einführung neuer Technologien, z. B. des Pipelinetransportes von Suspensionen, wie auch aus dem Übergang vom kleintonnagigen Chargenbetrieb, der für solche Pasten u. ä. üblich war, zu Fließprozessen.

Nach ihrem Fließverhalten

$$\tau = \mathrm{f(d}w/\mathrm{d}y)$$

können sie systematisch geordnet werden, s. Tabelle 5-1. Neben einem zeitunabhängigen Verhalten sind darüber hinaus zeitabhängige Verhaltensweisen zu beachten: thixotrope und rheopexe Flüssigkeiten [5-42].

Das Fließgesetz der jeweiligen Substanz ist experimentell zu ermitteln, die theoretische Analyse befindet sich erst im Anfangsstadium [5-43] [5-44]. Gemessen wird überwiegend

54

mit dem Rotationsviskosimeter. Die teilweise unmittelbare Übernahme der Meßwertauswertung von den Newtonschen Flüssigkeiten her kann dabei jedoch schon zu einer fehlerhaften Ausgangsbasis für die Einordnung bzw. Beschreibung der Bauteildurchströmung führen [5-45]. Hinzuweisen ist auch auf ein mögliches Gleiten an der Wand, was ebenso von beträchtlicher Auswirkung auf den Druckverlust bzw. die Durchflußmenge sein kann [5-46].

Bei der Durchströmung einer Armatur ist grundsätzlich, wie bei Newtonschen Flüssigkeiten, zwischen turbulentem und laminarem Verhalten zu unterscheiden.

Im Fall turbulenter Strömung können in guter Näherung die Gesetzmäßigkeiten der Newtonschen Flüssigkeiten übernommen werden.

Für laminare Durchströmung sind die Verhältnisse offensichtlich nicht einfach überschaubar. Es besteht eine mehrparametrische Abhängigkeit von

- Konsistenzkoeffizient bzw. Steifigkeit K, auch als plastische Viskosität η_p bezeichnet,
- Fließindex bzw. Strukturziffer n,
- Anfangsschubspannung bzw. Fließgrenze τ_0,

die wesentlich von den Proportionen dieser Werte untereinander bestimmt wird.

Auf Grund der allgemein hohen „Zähigkeit" solcher Flüssigkeiten liegt jedoch in der Praxis gerade dieser Fall, die laminare Durchströmung, oft vor.

Für die einfachen Randbedingungen des Rohres ist die exakte Lösung analog zur Hagen-Poiseuilleschen Strömung leicht möglich [5-8] [5-47]. Hierfür ist ebenso die kritische Reynolds-Zahl, das Kriterium für den Übergang zur laminaren Strömung, sofort definierbar:

$$\text{Re}_{\text{krit}} = 16\frac{\rho \cdot w^2/2}{\tau_w} = \frac{32\rho \cdot w^2 \cdot l}{d_R \cdot \Delta p_v} = 2300. \tag{5.31}$$

Mit den speziellen Fließgesetzen ergibt das die in Tabelle 5-10 angegebene, jeweils zugeordnete Reynolds-Zahl.

In der Armatur tritt gegenüber der Durchströmung mit Newtonschen Flüssigkeiten, ebenso wie beim Rohr, wegen des andersartigen Zusammenhanges zwischen Schubspannung und Schergeschwindigkeit eine Änderung des Geschwindigkeitsprofiles auf. Insbesondere bei Drosselung, also Querschnittseinschnürungen mit entsprechenden Übergeschwindigkeiten, liegen aber hohe Schergefälle bzw. Geschwindigkeitsgradienten vor. Daraus folgt

- ein Übergang zur laminaren Durchströmung erst bei niedrigeren Reynolds-Zahlen als nach Gl. (5.31) so wie auch bei Newtonschen Flüssigkeiten, s. Gl. (5.29),
- im laminaren Bereich vorerst gegebenenfalls ein Verhalten wie quasi bei Newtonschen Flüssigkeiten. Das ist der Fall, wenn das Fließgesetz bei hohen Schergefällen in einem weiten Bereich näherungsweise durch eine konstante scheinbare dynamische Zähigkeit η_{sch} beschrieben werden kann, s. Bild 5-14.

Letzteres ist oftmals der Fall bei den überwiegend vorkommenden pseudoplastischen und Binghamschen Flüssigkeiten. Voraussetzung sind dann also ein relativ großer Fließindex n oder eine kleine Bingham-Zahl $\text{Bm} = (\tau_0 \cdot d)/(\eta_p \cdot w_m)$. Wie Bild 5-13 zeigt, tritt so vorerst keine wesentliche Verzerrung der Charakteristik von Stellventilen, insbesondere bei großer Drosselung, ein.

Tabelle 5-10. Reynolds–Zahl-Definitionen der Rohrströmung.

Fließgesetz	mittlere Geschwindigkeit	Reynolds–Zahl
nach NEWTON $\tau = \eta \cdot D$	$w = \dfrac{\Delta p}{8\eta \cdot l} R^2$	$Re = \dfrac{\rho \cdot w \cdot d}{\eta}$
nach BINGHAM $\tau = \tau_0 + k \cdot D$	$w = \dfrac{\Delta p}{8k \cdot l} R^2 \cdot B$	$Re = \dfrac{\rho \cdot w \cdot d}{k} B$
nach OSTWALD/DE WAELE $\tau = k \cdot D^n$	$w = \left(\dfrac{\Delta p}{2l \cdot k}\right)^{1/n} \dfrac{n}{3n+1} R^{(n+1)/n}$	$Re = \dfrac{8\rho \cdot w^{2-n} \cdot d^n}{k} \left(\dfrac{n}{6n+2}\right)^n$
nach HERSCHEL/BULKLEY $\tau = \tau_0 + k \cdot D^n$	$w = \left(\dfrac{\tau_w - \tau_0}{k}\right)^{1/n} \dfrac{n}{n+1} R \cdot H$	$Re = \dfrac{8\rho \cdot w^{2-n} \cdot d^n}{k} \cdot \dfrac{1}{\dfrac{\tau_0 \cdot d^n}{k \cdot w^n} + \left(\dfrac{2n+2}{n}\right)^n \dfrac{1}{H^n}}$

Abkürzungen: $B = 1 - \dfrac{4}{3}b + \dfrac{1}{3}b^4$; $b = \tau_0/\tau_W = r_{Pf}/R$; $H = (1-b) - \dfrac{2n}{2n+1}(1-b)^2 + \dfrac{2n}{2n+1}\cdot\dfrac{n}{3n+1}(1-b)^3$

Druckabbau: $\Delta p = \lambda \dfrac{l}{d}\cdot\dfrac{\rho}{2}w^2$; $\lambda = \dfrac{64}{Re}$; $Re = \dfrac{8\rho \cdot w^2}{\tau_W}$

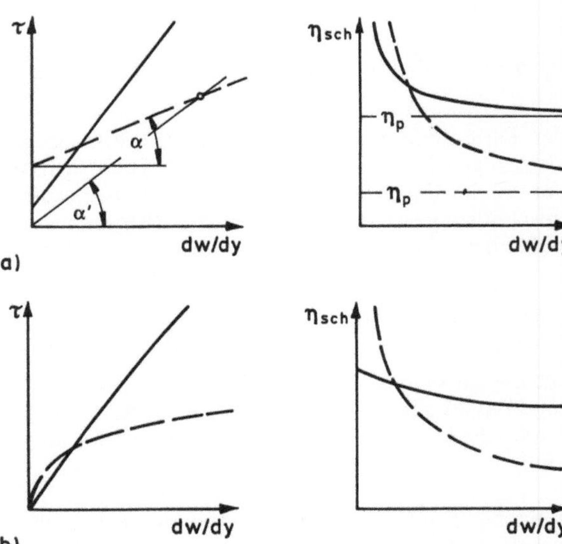

Bild 5–14. Rheologisches Diagramm; scheinbare ($\eta_{sch} = \tan\alpha'$) und plastische ($\eta_p = \tan\alpha$) Viskosität.
a) Binghamsche Flüssigkeit;
b) pseudoplastische Flüssigkeit.

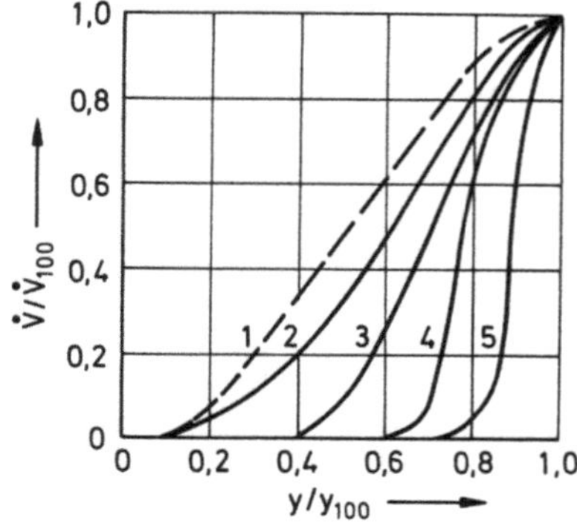

Bild 5-15.
Veränderung der Durchflußcharakteristiken (k_{vs} = 8 m³/h, linear) bei Zement-Rohschlamm [5-48].

ρ = 1740 kg/m³, η_p = 0, 25 Pa·s, τ_0 = 220 Pa.
1 Δp_v = 45,0 kPa,   4 Δp_v = 11,0 kPa,
2 Δp_v = 20,0 kPa,   5 Δp_v = 10,0 kPa.
3 Δp_v = 12,5 kPa,

Erst bei weiterer Durchsatz- bzw. Re-Zahl-Absenkung kommt das spezifische Fließverhalten voll zum Tragen. Experimentelle Ergebnisse bestätigen diese Aussagen (Bild 5-15).

Eine Übersicht über die zu erwartende Abhängigkeit Δp_v = f($\dot{V}$) bzw. zum Einfluß auf die Charakteristik von Stellventilen (bei linearer Kennlinie) vermittelt Bild 5-16, s. auch [5-48]. Daraus läßt sich auch die globale Schlußfolgerung für die Auswahl von Stellventilen ableiten, daß bei derartigen Stoffen einer linearen Charakteristik der Vorzug gegenüber einer gleichprozentigen zu geben ist.

5.3.4 Durchflußbegrenzung durch Kavitation

Das Arbeitsprinzip der Armaturen führt zwangsläufig zu Übergeschwindigkeiten und damit zu Unterdruck in der Armatur gegenüber dem Austrittsdruck (Bild 5-17). Die Beschleunigungsstrecke, durch Querschnittsverengung erzwungen, ist durch geringe Reibungsverluste gekennzeichnet. Die gewollte Energieumsetzung, der Druckverlust, wird in der Verzögerungsstrecke herbeigeführt. Das ist im allgemeinen mit einem Druckrückgewinn verbunden. Somit ist in der Armatur eine Dampfdruckunterschreitung des Durchflußstoffes möglich, wobei abströmseitig nach Kondensation wieder reine Flüssigkeitsströmung vorliegt.

Es ist offensichtlich, daß Konstruktionen mit diffusorartiger Verzögerungsstrecke besonders gefährdet sind. Bei Betriebszuständen mit Kavitationsgefahr ist somit bei Stellventilen einer Konstruktion mit einer Anströmung gegen den Kegel der Vorzug zu geben.

Mit der Dampfblasenbildung und -implosion sind folgende nachteiligen Erscheinungen verbunden:

- Die Verdampfung führt in Einheit mit der entsprechenden Volumenzunahme quasi zu einer Versperrung des Querschnittes. Die Durchflußmenge wird begrenzt bzw. der Druckverlustbeiwert steigt entsprechend an (Bild 5-18a) [5-49].
- Die Kondensation der Dampfblasen hat eine intensive Schädigung der Bauteile zur Folge. Diese Werkstoffkavitation kann bei gegebener örtlicher Dampfdruckunterschreitung grundsätzlich nicht vermieden werden [5-50] [5-51].
- Mit der Flüssigkeitskavitation (Verdampfung und Kondensation) ist eine Erhöhung der Schallemission verbunden [5-52], s. Bild 5-18.

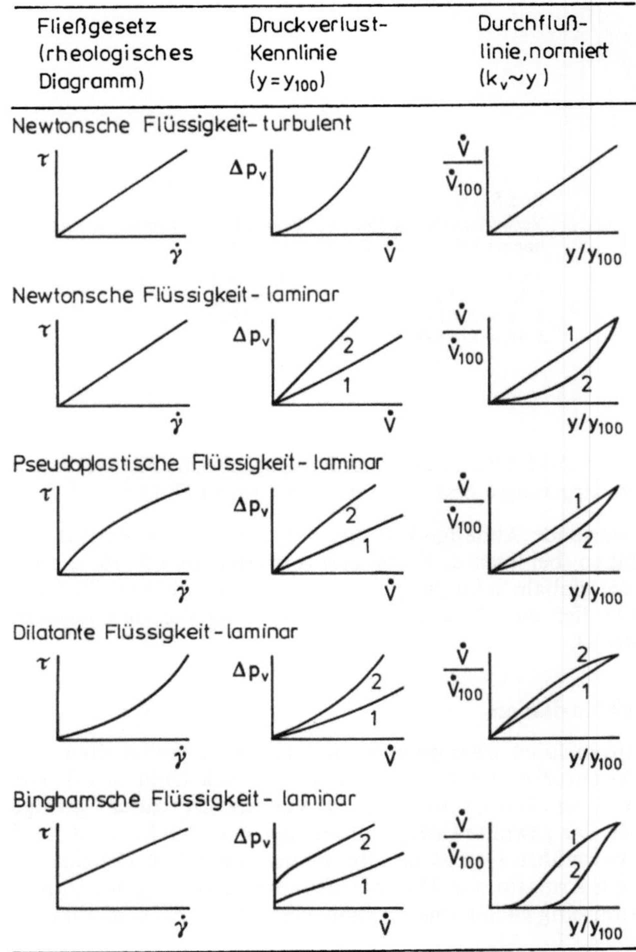

Bild 5–16. Beeinflussung der Armaturencharakteristik bei verschiedenen Flüssigkeiten.
1 $\mathrm{Re} < \mathrm{Re_{krit}}$; 2 $\mathrm{Re} \ll \mathrm{Re_{krit}}$.

– Die Dampfblasenbildungs- und -implosionsgebiete führen in Wechselwirkung mit der räumlichen Armaturendurchströmung zu einem instabilen Zustand. Das damit wechselnde Kraftfeld stellt eine Schwingungsanregung dar, ernsthafte Schäden können die Folge sein [5–53].

Zum Abschätzen oder Vorausbestimmen dieser Wirkungen – von praktischem Interesse sind vor allem das mögliche Auftreten von Kavitation und die Durchflußbegrenzung – ist die Kenntnis des in der Armatur auftretenden niedrigsten Druckes p_{min} bzw. p_{vc} erforderlich. Mit dem heutigen Kenntnisstand ist er experimentell zu bestimmen. Zur Verallgemeinerung ist auch hier die Ähnlichkeitstheorie heranzuziehen. Als Kennwert bietet

58

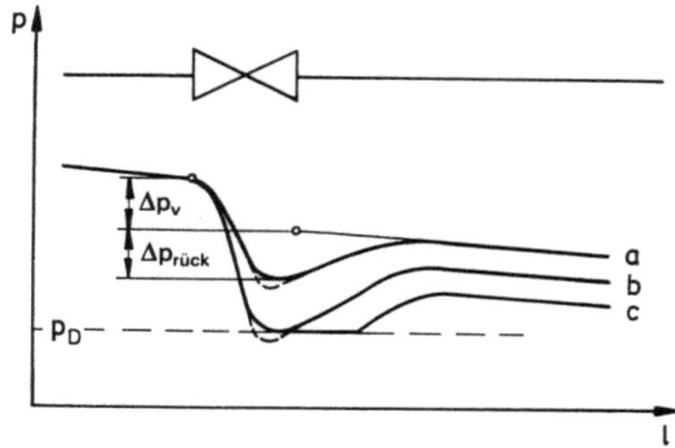

Bild 5-17.
Druckverlauf in Armaturen.

a keine Kavitation; b beginnende Kavitation;
c ausgeprägte Kavitation (mit Durchflußbegrenzung).

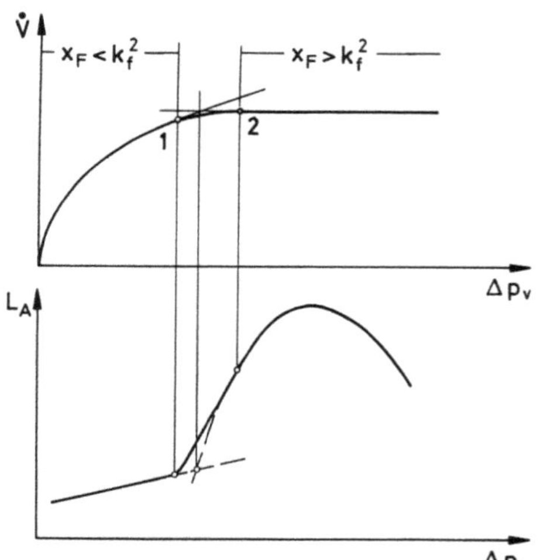

Bild 5-18.
Durchfluß und Schallemission bei der Durchströmung
ohne und mit Dampfdruckunterschreitung.

1 beginnende Kavitation; 2 ausgeprägte Kavitation.

sich an, s. auch [5-54]:

$$Eu^{**} = \frac{p_1 - p_{vc}}{\rho \cdot w_1^2/2} = \sigma_A.$$ (5.32)

Damit ist auf einfache Weise die Kavitationsgefahr bei der Anlagenprojektierung zu überprüfen. Soll keine Kavitation auftreten, so muß gelten:

$$\frac{p_1 - p_D}{\rho \cdot w_1^2/2} > \sigma_A.$$ (5.33)

Als nachteilig bei der Arbeit mit dem Kavitationsbeiwert σ_A erweist sich der zumeist große Zahlenwert (s. Bild 5-19) und die geringe Information über die Gesamtdruckverhältnisse. Gebräuchlicher ist deshalb der Druckrückgewinn-Kennwert k_f bzw. dessen Quadrat [5-55] (Bild 5-20):

$$k_f^2 = \frac{\zeta}{\sigma_A} = \frac{\Delta p_v}{\Delta p_v + \Delta p_{rück}} = \frac{p_1 - p_2}{p_1 - p_{vc}}.$$ (5.34)

59

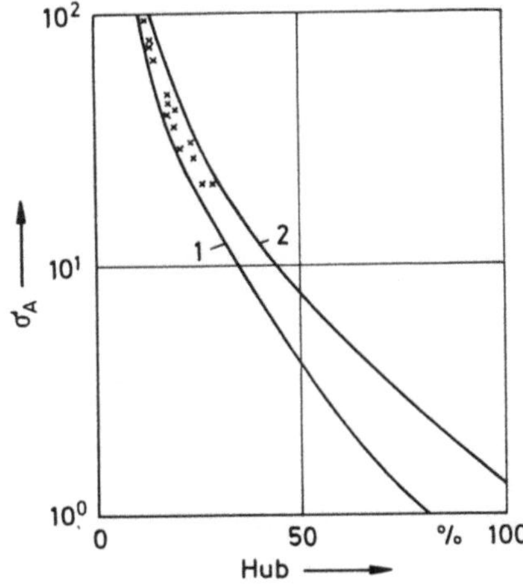

Bild 5–19.
Kavitationsbeiwerte von Ventilen.
1–2 rechnerisch abgeschätzter Bereich; x Meßwerte.

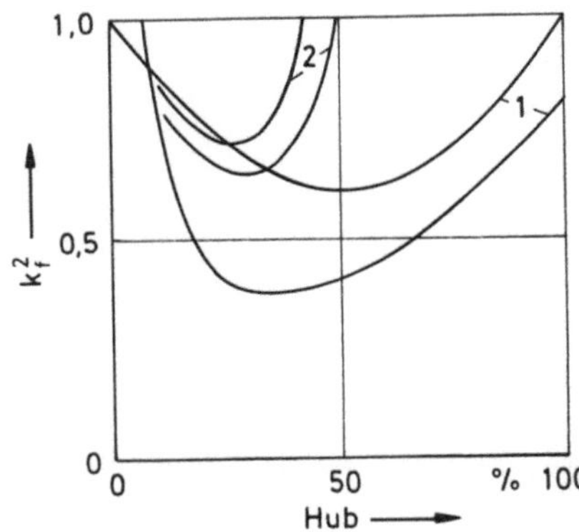

Bild 5–20.
Druckrückgewinnfaktoren von Ventilen (Beispiele).
1 Stellventile, s. auch [5–53] [5–59]; 2 Absperrventile, s. auch [5–51]. Nach [5–55] ist $k_f = 0,5$ bis 1.

Dieser Wert, auch als Armaturenkenngröße z_y bezeichnet, liefert im Vergleich mit der sogenannten Betriebskenngröße $x_F = \Delta p_v/(p_1 - p_D)$ ebenso sofort eine Aussage über den Betriebszustand. Es liegt Kavitation bei $x_F \geqq z_y$ vor.

Zur Bestimmung des größten Unterdruckes $p_{min} = p_{vc}$ in der Armatur und damit der Kennwerte bieten sich verschiedene Methoden an [5–57]:

– Direkte Druckmessung
  Dieser Weg wird kaum genutzt, da die räumliche Armaturendurchströmung schwer eine Voraussage über den Ort kleinsten Druckes zuläßt, im allgemeinen keine gute Zugänglichkeit gegeben ist und zudem im betreffenden Bereich große Druckgradienten vorliegen.

– Aufnahme des Durchflusses im Bereich $x_F \gtrless z_y$, s. Bild 5–18
  Bei einer diesen Anforderungen genügenden Versuchsanlage ist das eine einfache Möglichkeit. Der stetige Übergang von $\dot{V} \sim \sqrt{\Delta p_v}$ zu $\dot{V} \neq f(\Delta p_v)$ läßt jedoch verschiedene

60

Aussagen bei der Annahme $p_{min} = p_D$ zu [5-58]:

- beginnende Kavitation: z_y, schwierig quantifizierbar,
- 2-%-Durchflußabweichung von $\dot{V} \sim \sqrt{\Delta p_v}$: K_c,
- Schnittpunkt der idealen Charakteristiken: F_L^2

– Messung der Schallemission, s. Bild 5-18
  Die Methode ist sehr empfindlich, erste Kavitationsgeräusche sind leicht feststellbar (z. B. mittels Stethoskop); so ist die beginnende Kavitation bestimmbar: z_y. Bei ausgeprägter Kavitation ist auch hier der stetige Übergang in die neue Charakteristik vollzogen, s. auch [5-59].

– Gasblasenbeobachtung
  Nach dem Kavitationsvorgang geht in der Flüssigkeit gelöste Luft nicht sofort wieder in Lösung. So läßt sich bei entsprechenden Versuchsbedingungen abströmseitig eine milchig werdende Flüssigkeit beobachten.

Wie man leicht erkennt, führen die unterschiedlichen Bestimmungsmethoden bei verschiedenen Kriterien zu nicht einheitlichen Aussagen. So gilt, z. B. nach [5-60], für Stellventile

$$z_y = 0,20, \quad K_c = 0,65, \quad F_L^2 = 0,81.$$

Das ist keine zufriedenstellende Situation für den Nutzer. Es scheint zweckmäßig, den Übergang zur ausgeprägten Kavitation für die Begrenzung hinsichtlich Durchfluß und Verschleiß heranzuziehen. Dem entsprechen auch die aktuellen Richtlinien [5-26]:

$$F_L^2 = \frac{\Delta p_v}{p_1 - p_{vc,krit}}. \tag{5.35}$$

Zusätzlich wird berücksichtigt, daß nicht einfach vom thermodynamischen Gleichgewichtszustand, bezogen auf den Eintrittszustand, ausgegangen werden kann, sondern daß auch der Abstand vom kritischen Zustand der Flüssigkeit zu beachten ist [5-61]. Dies findet Eingang bei der Bestimmung des Druckrückgewinn-Kennwertes F_L^2 bei der Versuchsauswertung (Punkt 1 im Bild 5-21) durch einen Faktor F_F für den kritischen Druck.

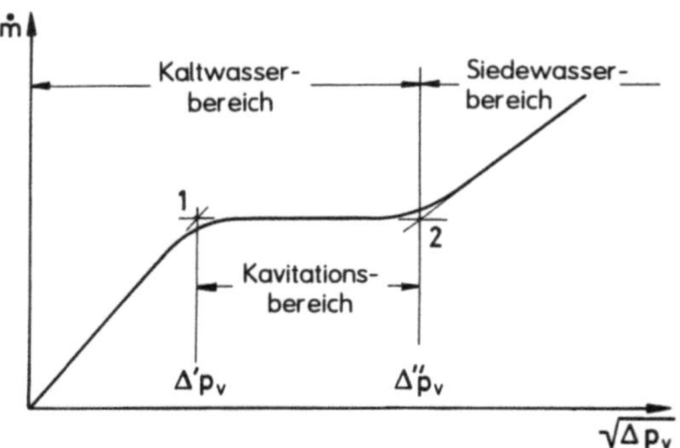

Bild 5-21. Durchflußabhängigkeit bei den möglichen Betriebsarten.

Über die Gleichsetzung der beiden Charakteristiken für Kaltwasser $\dot{V}_K$ und für ausgeprägte Kavitation $\dot{V}_{K-s}$

$$N_0 \cdot k_v \sqrt{\frac{2\Delta p_v'}{\rho}} = N_0 \cdot k_v \cdot F_L \sqrt{\frac{2(p_1 - F_F \cdot p_D)}{\rho}} \tag{5.36}$$

folgt somit aus dem Experiment

$$F_L^2 = \frac{\Delta p_v'}{p_1 - F_F \cdot p_D} \quad \text{mit} \tag{5.37}$$

$$F_F \approx 0,96 - 0,28 \sqrt{p_D/p_c},$$

p_c kritischer Druck.

Mit dem so bestimmten F_L ist eine bessere Übertragbarkeit auf andere Betriebszustände und Medien gewährleistet. Es gilt dann also ab $\Delta p_v \geq F_L^2 (p_1 - F_F \cdot p_D)$

$$\dot{V}_{max} = N_0 \cdot F_L \cdot k_v \sqrt{2(p_1 - F_F \cdot p_D)/\rho} \tag{5.38}$$

oder (s. Abschn. 5.3.1)

$$\dot{V}_{max} = N \cdot F_L \cdot C \sqrt{(p_1 - F_F \cdot p_D)/(\rho/\rho_0)}. \tag{5.39}$$

Im Zusammenhang mit den schon erwähnten Unsicherheiten kann bei einem Zustandsverlauf nicht nach den thermodynamischen Gleichgewichtsbedingungen, hinzuweisen ist auf die Dampfdruckunterschreitung, Kavitation dennoch unterdrückt sein. Nur so ist zu erklären, daß verschiedentlich Verschleiß, insbesondere bei extremen Differenzdrücken, also auch Geschwindigkeiten, bzw. minimalen Durchströmzeiten, nicht im erwarteten Umfang auftritt.

Noch auf eine andere Erscheinung ist hinzuweisen. Bei weiterer Druckabsenkung oder dem Armatureneinsatz bei Siedewasser tritt Ausdampfen, zumindest nicht eine vollständige Kondensation, auf [5–62] [5–63], s auch Bild 5–22.

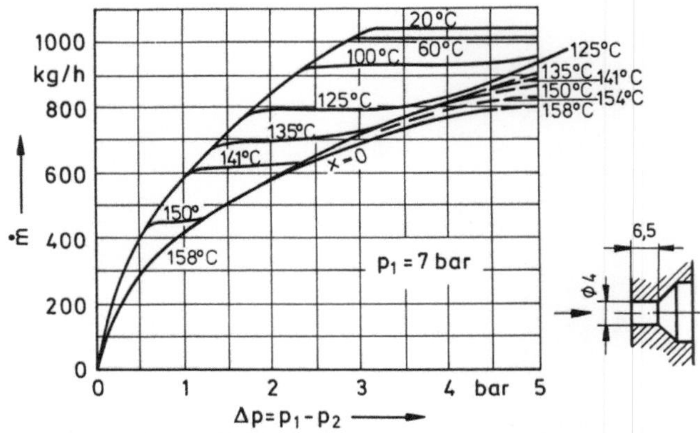

Bild 5–22. Durchfluß durch eine Lochscheibe (Kaltwasser – Kavitation – Siedewasser) [5–64].

62

Tabelle 5-11. Durchflußänderung von Siedewasser im Vergleich zu Kaltwasser ($k_{v,sw}/k_{v,K}$) nach [5-65]

Bezeichnung		Skizze	$k_{v,sw}/k_{v,K}$	
kurze Düse		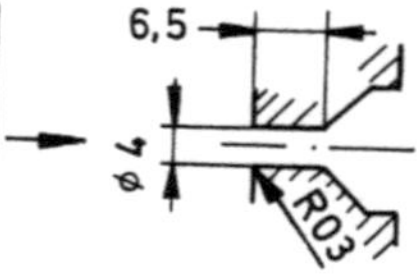	0,75 bis 0,85	
Einsitz- und Doppelsitz-Durchgangsventil		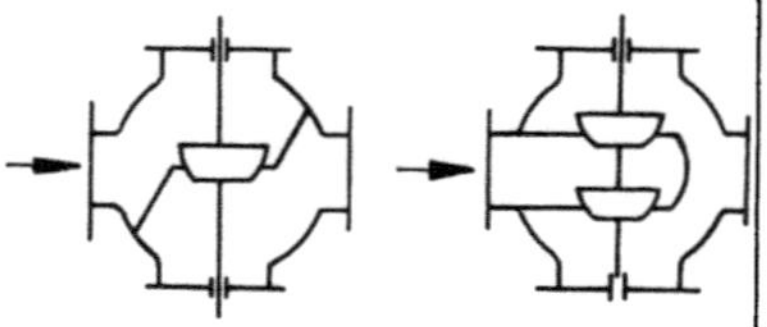	$\approx 0,3$	
Ausschleuseventile von Kondensatableitern	einstufig	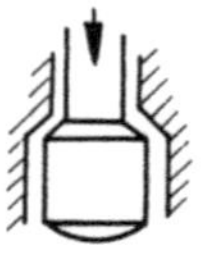	0,53	
	zweistufig mit glatter Außenkontur	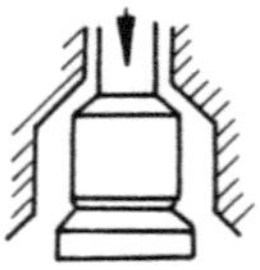	0,43	
	zweistufig mit eingezogener Außenkontur	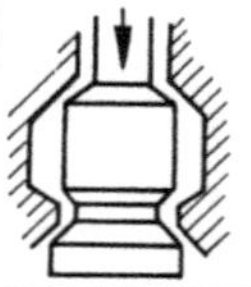	0,40	
Mehrstufenventile	Bauart MAW	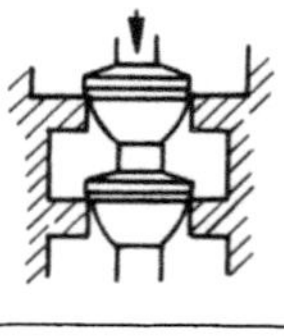	Stufe	
			2	0,48
			4	0,46
			6	0,42
	mit erweitertem Querschnitt	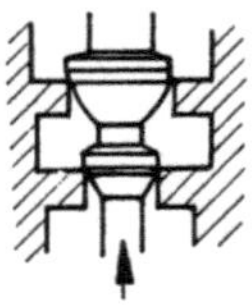	0,45 bis 0,60	

Der Durchfluß in einem solchen Fall kann berechnet werden nach

$$\dot m = N_0 \cdot k_{v,sw} \sqrt{2\Delta p_v \cdot \rho}.$$

(5.40)

Richtwerte für den k_v-Wert bei Siedewasser $k_{v,sw}$ im Vergleich zum gebräuchlichen bei Kaltwasser $k_{v,K}$ sind in Tabelle 5–11 angegeben.

Der Ausdampfungs-Kennwert F'_L, der den Übergang von Kavitation zur bleibenden Ausdampfung angibt, ist ebenso wie F_L durch Gleichsetzen der Charakteristiken $\dot m_{K-s}$ und $\dot m_{sw}$ (s. Bild 5–21, Punkt 2) bestimmbar:

$$N_0 \cdot F_L \cdot k_{v,K} \sqrt{2(p_1 - F_F \cdot p_D)\rho} = N_0 \cdot k_{v,sw} \sqrt{2\Delta p''_v \cdot \rho}.$$

(5.41)

Man erhält mit $F'_L = F_L(k_{v,k}/k_{v,sw})$ aus dem Experiment

$$F'_L = \sqrt{\frac{\Delta p''_v}{p_1 - F_F \cdot p_D}}.$$

(5.42)

Bei $\Delta p_v \geqq F'^2_L (p_1 - F_F \cdot p_D)$ ist somit der Durchfluß nach der Siedewassercharakteristik zu berechnen.

Für die drei Betriebsfälle „Flüssigkeitsdurchströmung", „Durchströmung mit Kavitation" und „Durchströmung mit bleibender Ausdampfung" sind die energetischen Verhältnisse schematisch nochmals im Bild 5–23 dargestellt. Die Abgrenzung ist mit den vorstehend angegebenen Kennwerten möglich, ebenso die Berechnung des jeweiligen Durchflusses. Wie bei allen Kennwerten, so muß auch hier mit Fehlern von $\pm 10\%$ gerechnet werden. Als Ursache ist vor allem die nicht exakte Einhaltung der Ähnlichkeitsbedingungen bei

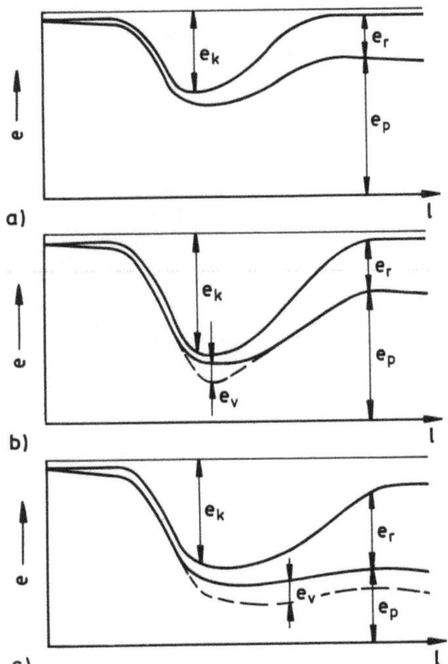

Bild 5–23.
Energieumsetzung bei der Armaturendurchströmung.
a) ohne Kavitation;
b) mit Kavitation;
c) mit Ausdampfung.

$e_k = w^2/2$ kinetische Energie;
$e_r = \Delta p_v/\rho$ Reibungswärme;
$e_p = p/\rho$ Druckenergie;
$e_v = x \cdot r$ Verdampfungswärme.

64

der Übertragung vom Versuchsobjekt auf den jeweiligen Einsatzfall zu nennen: Geometrieidentität, einschließlich Rauheit und Einbaubedingungen, Reynolds-Zahl und Turbulenz oder auch Keimzahl für die Blasenbildung in der Flüssigkeit.

5.4 Massestrom und Drosselung bei Gasen

Die Kompressibilität der Gase hat einen wesentlichen Einfluß auf die Durchströmungs- und somit auch die Drosselverhältnisse bei Armaturen. Wenn auch qualitativ der gleiche Mechanismus wie bei Flüssigkeiten zum Tragen kommt, so ändern sich die Verhältnisse doch quantitativ beträchtlich, s. Bild 5–24.

Die mit der Druckabsenkung verbundene Entspannung führt zu einem überhöhten Geschwindigkeitsanstieg nach $w = \dot{m}/(\rho \cdot A)$. Die notwendige Beschleunigung hat einen zusätzlichen Druckabfall Δp_b zur Folge.

Vor allem ändern sich jedoch die Reibungsverhältnisse. Da fast ausschließlich die turbulente Strömung von Interesse ist, kann man davon ausgehen, daß die örtliche Energieumsetzung in Wärme proportional der kinetischen Energie ist:

$$\rho \cdot q_R \,\hat{=}\, \Delta p_v \sim \rho \cdot w^2 = (\rho \cdot w)w. \tag{5.43}$$

Dabei ist $\rho \cdot w$ auf Grund der Kontinuitätsgleichung unabhängig von der Entspannung, $\rho \cdot w^2$ nimmt jedoch proportional zur Geschwindigkeitszunahme zu.

Die Berechnung nach den Gesetzmäßigkeiten der inkompressiblen Strömung, Abschn. 5.3, ist also nur bei geringen Dichteänderungen zulässig. Als Grenze kann angegeben werden: $p_2/p_1 = 0,95$.

Auf diese Zusammenhänge wurde schon bei den Ausführungen zur Ähnlichkeit, s. Abschn. 5.2.2.2, aufmerksam gemacht. Danach gilt hier hinsichtlich der Kennwerte:

$$\zeta = f(\mathrm{Re}, l/d) + f(\mathrm{M}).$$

Eine nähere Analyse zeigt, daß ebenso das Energieniveau von Bedeutung ist:

$$\zeta = f(\mathrm{Re}, \mathrm{M}, h_G, l/d).$$

Die vorwiegend experimentell-empirische Arbeitsmethodik auf dem Armaturensektor führte als erstes zu Korrekturen der bei Flüssigkeiten bestätigt gefundenen Gleichungen. Erst in neuerer Zeit wird der theoretischen Analyse die gebührende Aufmerksamkeit

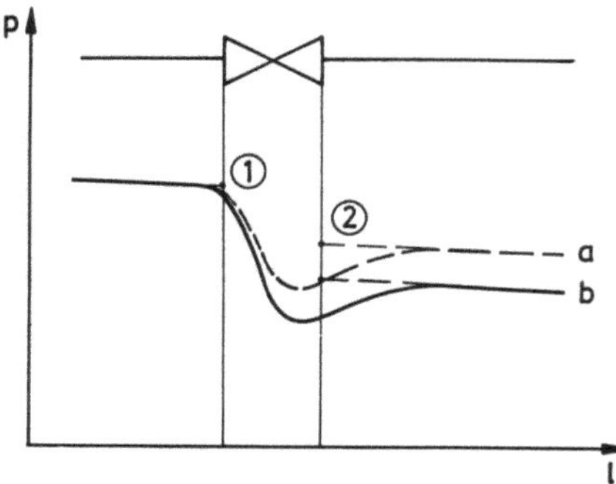

Bild 5–24.
Armaturendurchströmung bei Gasen.

a inkompressibel angenommen; b kompressibel, wahrer Verlauf.

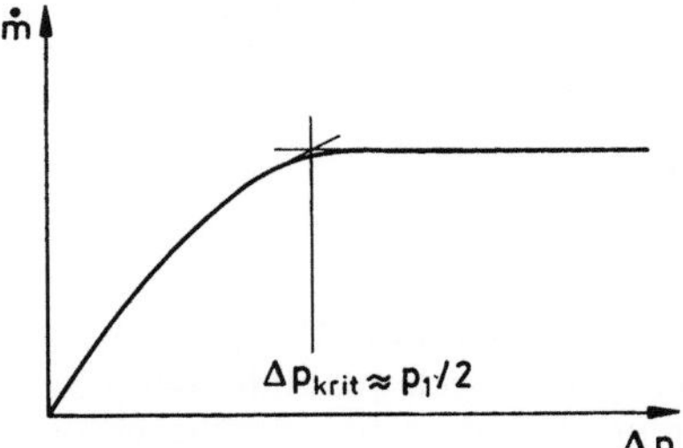

Bild 5–25.
Massestromabhängigkeit bei unter- und überkritischer Durchströmung.

geschenkt. Dabei standen von den Untersuchungen zur Rohrleitungsströmung durchaus Kenntnisse zur Verfügung, die sinngemäß für die Armaturendurchströmung nutzbar gewesen wären [5–66] bis [5–69].

Noch auf eine andere Erscheinung ist hinzuweisen. Schon von der Laval-Düse her ist bekannt, daß bei einer Einschnürung im engsten Querschnitt die Geschwindigkeit maximal gleich der Schallgeschwindigkeit $a = \sqrt{\kappa \cdot R \cdot T}$ sein kann. Die Begründung ergibt sich daraus, daß bei $M = 1$ die Stromdichte $\rho \cdot w$ den Maximalwert annimmt, s. z. B. [5–67]. Bei einer Vergrößerung des Druckabfalles über eine Armatur steigt also die Geschwindigkeit im engsten Querschnitt, das gilt, bis $M = 1$ an dieser Stelle erreicht wird. Bei weiterer Gegendruckabsenkung bleibt also der Durchfluß konstant, der Druckabfall steht dann nicht mehr im ursächlichen Zusammenhang mit der Armatur selbst, s. Bild 5–25. Somit ist zwischen den beiden Bereichen zu unterscheiden:

$M < 1$ bzw. $w_{vc} < a$ unterkritische Durchströmung,

$M > 1$ bzw. $w_{vc} = a$ überkritische Durchströmung bzw.
Durchströmung mit Durchflußbegrenzung.

5.4.1 Näherungsgleichungen für Durchfluß und Druckabbau

Es ist vorerst zwischen unter- und überkritischer Durchströmung zu unterscheiden. Bezüglich der Abgrenzung wird benutzt:

$$\Delta p = p_1/2 \quad \text{bzw.} \quad p_2 = p_1/2. \tag{5.44}$$

Dieses kritische Druckverhältnis $p_2/p_1 = 0,5$ ist abgeleitet vom gültigen bei isentroper Entspannung (s. Anhang):

$$\left(\frac{p}{p_G}\right)^* = \left(\frac{2}{\kappa + 1}\right)^{\kappa/(\kappa - 1)}. \tag{5.45}$$

Die Übertragung von p/p_G auf p_2/p_1 setzt eine kleine Zuströmgeschwindigkeit ($M_1 < 0,3$) sowie einen geringen Druckrückgewinn voraus. Das Kriterium nach Gl. (5.44) kann also nur als eine grobe Orientierung akzeptiert werden.

5.4.1.1 Unterkritische Armaturendurchströmung

Dieser Fall reicht von der inkompressiblen Durchströmung bis zum Erreichen der Schallgeschwindigkeit bei der Durchströmung der Armatur ($M_{vc} = 1$).

Tabelle 5-12. Näherungsansätze der unterkritischen Armaturendurchströmung.

Ansatz	umgeformte Gleichung	Quelle
$\dot{m} = N_0 \cdot k_v \sqrt{\dfrac{2\Delta p \cdot p_2}{T_1 \cdot R}}$	$\dot{m} = N_0 \cdot k_v \sqrt{2\Delta p \cdot \rho_1} \sqrt{1 - \dfrac{\Delta p}{p_1}}$ $\Delta p = \left(\dfrac{\dot{m}}{N_0 \cdot k_v}\right)^2 \dfrac{T_1 \cdot R}{2 p_2}$ $= \dfrac{p_1}{2}\left[1 - \sqrt{1 - \dfrac{2}{p_1 \cdot \rho_1}\left(\dfrac{\dot{m}}{N_0 \cdot k_v}\right)^2}\right]$	[5–34]
$\dot{m} = N_0 \cdot k_v \sqrt{2\Delta p \cdot \rho_2}$	$\dot{m} = N_0 \cdot k_v \sqrt{2\Delta p \cdot \rho_1} \sqrt{\left(1 - \dfrac{\Delta p}{p_1}\right)\dfrac{T_1}{T_2}}$ $\Delta p = \left(\dfrac{\dot{m}}{N_0 \cdot k_v}\right)^2 \dfrac{1}{2\rho_2}$ $= \dfrac{p_1}{2}\left[1 - \sqrt{1 - \dfrac{2}{p_1 \cdot \rho_1}\cdot\dfrac{T_2}{T_1}\left(\dfrac{\dot{m}}{N_0 \cdot k_v}\right)^2}\right]$	[1–2]
$\dot{m} = \alpha_u \cdot m \cdot A_1 \cdot \Psi_2 \sqrt{2 p_1 \cdot \rho_1}$		u. a. [5–68]

Verschiedentlich wird hier noch immer mit den Gesetzen der Hydrodynamik gearbeitet, also nach Abschn. 5.3. Besonders trifft das für Fittings zu, die fast ausschließlich durch einen Druckverlustbeiwert ζ charakterisiert werden. Wie schon bemerkt, ist das bei Druckverhältnissen von $p_2/p_1 \geqq 0,95$ gerechtfertigt.

Die weiterführenden, nachfolgend behandelten Näherungsansätze sind in Tabelle 5–12 zusammengestellt.

Zu nennen ist vor allem der Ansatz nach [5–34]. Mit der Einführung des Durchflußkoeffizienten k_v wurde eine Korrektur für die Anwendung bei Gasen vorgeschlagen. Ausgehend vom Ansatz für Flüssigkeiten nach Tabelle 5–4

$$\dot{V}_1 = N_0 \cdot k_v \sqrt{2\Delta p_v / \rho_1}$$

und weiter mit der Gasgleichung $p/\rho = R \cdot T$

$$\dot{m} = N_0 \cdot k_v \sqrt{\frac{2\Delta p_v \cdot p_1 \cdot \rho_N \cdot T_N}{T_1 \cdot p_N}} \tag{5.46}$$

wurde die Expansion durch Ersetzen von p_1 durch p_2 berücksichtigt:

$$\dot{m} = N_0 \cdot k_v \sqrt{\frac{2\Delta p \cdot p_2 \cdot \rho_N \cdot T_N}{T_1 \cdot p_N}}, \tag{5.47}$$

auch wie folgt schreibbar:

$$\dot m = N_0 \cdot k_v \sqrt{2\Delta p \cdot \rho_1} \cdot \sqrt{1 - \Delta p/p_1}.$$

Das steht in Übereinstimmung mit der Erfahrung, daß durch die Expansion der Massestrom verkleinert wird. Für den Druckabfall ergibt sich aus Gl. (5.47)

$$\Delta p = \frac{1}{2}\left(\frac{\dot m}{N_0 \cdot k_v}\right)^2 \frac{T_1}{p_2} R.$$

Eine weitere Näherung [1–2] geht von der Überlegung aus, daß bezüglich des Druckverlustes die Bezugnahme auf die größere abströmseitige kinetische Energie zweckmäßiger erscheint:

$$\Delta p = \zeta (\rho_2/2) w_2^2. \tag{5.48}$$

Daraus folgt mit $\zeta = [A_1/(N_0 \cdot k_v)]^2$ und $\dot m = \rho_2 \cdot w_2 \cdot A_2$ bei $A_1 = A_2$

$$\dot m = N_0 \cdot k_v \sqrt{2\Delta p \cdot \rho_2}. \tag{5.49}$$

Wie man sofort erkennt, unterscheidet sich dieser Ansatz von Gl. (5.47) nur durch die Erweiterung um $\sqrt{T_1/T_2}$, also eine zusätzliche Temperaturkorrektur.
Die schwierig zu handhabende Bezugnahme auf den Zustand ②, was gegebenenfalls eine iterative Arbeit notwendig macht, läßt sich mit Hilfe der Gasgleichung korrigieren. Mit $\rho_2 = \rho_1 (T_1/T_2) \cdot (p_1 - \Delta p)/p_1$ erhält man aus Gl. (5.49)

$$\dot m = N_0 \cdot k_v \sqrt{2\Delta p \cdot \rho_1} \cdot \sqrt{(1 - \Delta p/p_1) \cdot T_1/T_2}. \tag{5.50}$$

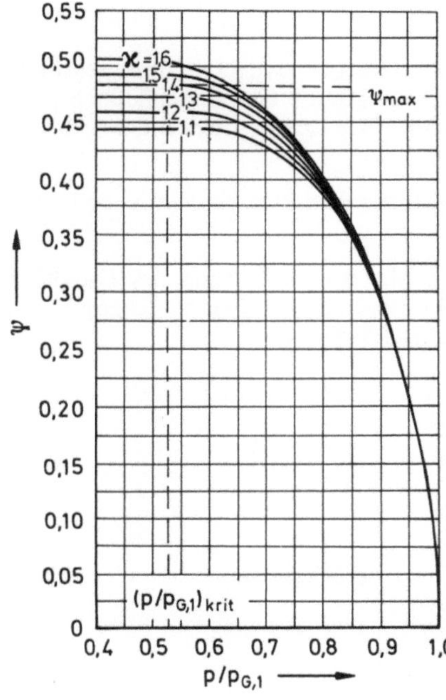

Bild 5–26.
Durchflußfunktion ψ. Gekennzeichnetes ψ_{max} und $(p/p_G)_{krit}$ sind gültig für $\kappa = 1{,}4$.

68

Das ist wiederum die Gleichung der inkompressiblen Durchströmung mit einem Korrekturglied. Die Temperaturkorrektur T_1/T_2 ist dabei zumeist vernachlässigbar. Für den Druckabbau ergibt sich aus Gl. (5.50)

$$\Delta p = \frac{p_1}{2}\left(1 - \sqrt{1 - 2\zeta\frac{\rho_1 \cdot w_1^2}{p_1} \cdot \frac{T_2}{T_1}}\right). \tag{5.51}$$

Diese Gleichung wurde mit dem Druckverlustbeiwert ζ geschrieben, da sie in dieser Form weiter für Fittings zu empfehlen ist.

Noch eine weitere Berechnungsvariante sei erwähnt, weil häufig hierauf Bezug genommen wird. Bei reibungsfreier, d. h. isentroper und wärmedichter Betrachtung folgt sofort für eine Düsendurchströmung nach ST. VENANT und WANTZEL (s. z. B. [5–67] [5–70])

$$\dot{m} = A \cdot \psi \sqrt{2 p_{G,1} \cdot \rho_{G,1}} \tag{5.52}$$

mit der sogenannten Durchflußfunktion ψ (Bild 5–26):

$$\psi = \sqrt{\frac{\kappa}{\kappa - 1}} \cdot \sqrt{\left(\frac{p}{p_{G,1}}\right)^{(2/\kappa)} - \left(\frac{p}{p_{G,1}}\right)^{(\kappa + 1)/\kappa}}. \tag{5.53}$$

Bezieht man diesen Zusammenhang auf die Armatur und setzt $p_{G,1} = p_1$ sowie $\rho_{G,1} = \rho_1$, was bei kleinem M_1 in erster Näherung zulässig ist, betrachtet die Armatur als Düse und setzt $p = p_2$, so erhält man

$$\dot{m} = \alpha_u \cdot m \cdot A_1 \cdot \psi_2 \sqrt{2 p_1 \cdot \rho_1} \quad \text{mit} \tag{5.54}$$

$$\psi_2 = \sqrt{\frac{\kappa}{\kappa - 1}\left[\left(\frac{p_2}{p_1}\right)^{(2/\kappa)} - \left(\frac{p_2}{p_1}\right)^{(\kappa + 1)/\kappa}\right]}.$$

Der zusätzlich eingeführte Durchflußbeiwert α_u soll Reibungs- und Kontraktionseinflüsse berücksichtigen. Er ist nicht identisch mit dem Durchflußbeiwert α der inkompressiblen Durchströmung. Abgesehen vom Nachteil eines zusätzlich anzugebenden Kennwertes α_u, ist eine Widerspiegelung der Realität offensichtlich nur bei Armaturen mit vernachlässigbarem Druckrückgewinn zu erwarten.

Eine Überprüfung vorstehender Berechnungsansätze anhand umfangreicher experimenteller Untersuchungen an Ventilen [5–71] zeigt Bild 5–27. Die Meßwertauswertung nach den verschiedenen Ansätzen weist z. T. erhebliche Abweichungen von der erwarteten Unabhängigkeit der Kennwerte vom Druckverhältnis auf, s. auch [5–72].

5.4.1.2 Überkritische Armaturendurchströmung

Die Durchflußbegrenzung ab $(p_2/p_1)_{krit}$ ermöglicht die Arbeit mit den Gln. (5.47) und (5.50) für die unterkritische Durchströmung, wobei $\Delta p = p_1/2$ bzw. ebenso $p_2 = p_1/2$ zu setzen ist [5–34], s. auch Bild 5–25. Insbesondere für Stellventile wird mit der sich so aus Gl. (5.47) ergebenden Abhängigkeit gearbeitet [3–11] [5–73]:

$$\dot{m} = N_0 \cdot k_v \cdot p_1 \sqrt{\frac{\rho_N \cdot T_N}{2 T_1 \cdot p_N}}. \tag{5.55}$$

Die Durchströmung mit Durchflußbegrenzung ist jedoch gut überschaubar und so einer strömungstechnisch begründeten Berechnung zugänglich.

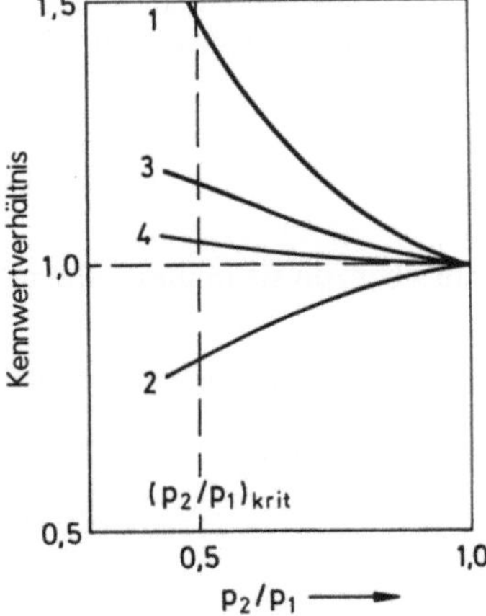

Bild 5-27.
Abhängigkeit der Durchflußbeiwerte vom Druckverhältnis (bezogen auf die inkompressible Durchströmung).

1 ζ inkompressibel (nach Tabelle 5-4);
2 α, k_v inkompressibel (nach Tabelle 5-4);
3 α_u nach Gl. (5.54);
4 α, k_v nach Gl. (5.47), Gl. (5.49).

Es stellt sich im engsten Querschnitt Schallgeschwindigkeit ein ($w_{vc} = a$). Vom Armatureneintritt bis zum engsten Querschnitt wird die Strömung stark beschleunigt. Eine solche Düsenströmung kann in erster Näherung als reibungsfrei betrachtet werden. Bei zusätzlich vernachlässigbarem Wärmeaustausch mit der Umgebung gilt dann Gl. (5.52) in der Form

$$\dot{m} = m \cdot A_1 \cdot \psi_{max} \sqrt{2 p_{G,1} \cdot \rho_{G,1}} \tag{5.56}$$

mit (s. Bild 5-26, s. auch Anhang)

$$\psi_{max} = \sqrt{\frac{\kappa}{2}\left(\frac{2}{\kappa+1}\right)^{(\kappa+1)/\kappa-1}}. \tag{5.57}$$

Die Abweichung bei der realen Armaturendurchströmung infolge Reibung und Strahlkontraktion wird durch einen Durchflußbeiwert $\alpha_{\ddot{u}k}$ berücksichtigt. Weiterhin werden zumeist direkt die Zustandsgrößen am Armatureneintritt herangezogen, was bei kleiner Zuströmgschwindigkeit nicht zu nennenswerten Fehlern führt. Somit lautet die benutzte Durchflußgleichung endgültig

$$\dot{m} = \alpha_{\ddot{u}k} \cdot m \cdot A_1 \cdot \psi_{max} \sqrt{2 p_1 \cdot \rho_1}. \tag{5.58}$$

Dieser Berechnungsweg wird vor allem bei Sicherheitsventilen genutzt. Konstruktionsabhängig ist der Durchflußbeiwert $\alpha_{\ddot{u}k}$ zu bestimmen (Baumusterprüfung); mit z. T. beträchtlichen Sicherheiten wird er im Richtlinienwerk vorgeschrieben [5-74] [5-75].

Die vorstehenden Überlegungen liegen auch der Arbeit mit dem sogenannten gleichwertigen Durchfluß bzw. dem k_{gl}-Wert zugrunde [5-76]. Analog zum k_v-Wert gibt er den Durchfluß in m³/h i. N. bei genormten Bedingungen an:

- Luft als Durchflußmedium,
- Normalzustand am Ventileintritt (Normatmosphäre),
- überkritische Entspannung.

Mit Gl. (5.58) ergibt sich dann

$$k_{gl} = 7{,}08 \cdot 10^{-5} \alpha_{\ddot{u}k} \cdot m \cdot A_1 \text{ in m}^3/\text{h i. N.} \tag{5.59}$$

70

oder

$$\dot{m} = \frac{k_{gl}}{7{,}08 \cdot 10^{-5}} \, \psi_{max} \sqrt{2 p_1 \cdot \rho_1}.$$ (5.60)

Aus dem Vergleich der Charakteristiken für die unterkritische [Gl. (5.47)] und die überkritische [Gl. (5.58)] Durchströmung im Punkt $\Delta p = p_1/2$ erhält man

$$k_{gl} = \frac{6{,}95}{\psi_{max}} k_v.$$ (5.61)

Damit läßt sich die unterkritische Durchflußmenge unter Bezug auf die überkritische ausdrücken: Gl. (5.47) in Kopplung mit Gl. (5.60). In Übereinstimmung mit dieser Überlegung wurde auch eine entsprechende, empirisch bestimmte Funktion angegeben [5–77]:

$$\dot{m}_u = f \cdot \dot{m}_{\ddot{u}k} \quad \text{mit}$$ (5.62)

$$f = 1{,}45 \left(1 - \frac{p_2}{p_1} \right)^{0{,}4425}.$$

Anzumerken ist, daß vor allem wegen des dreidimensionalen Strömungsfeldes der Übergang von der unterkritischen zur überkritischen Durchströmung stetig verläuft, s. Bild 5–25. Abhängig von der jeweiligen Konstruktion sind so in einem Bereich von $(p_2/p_1)_{krit} \pm 0{,}15$ Abweichungen des Durchflusses gegenüber dem Berechneten zu erwarten (s. auch Bild 5–27).

Es muß darauf hingewiesen werden, daß die Näherungsgleichungen für die Berechnung des Durchflusses und damit auch des Druckverlustes fast ausschließlich unter Bezug auf die Stellventile entwickelt wurden. Das trifft ganz besonders für die Arbeit mit dem k_v- bzw. k_{gl}-Wert zu. Die Verallgemeinerung, z. B. auf die zunehmend an Bedeutung gewinnenden Stellhähne und Stellklappen, ist nicht ohne weiteres möglich. Das ergibt sich aus den z. T. wesentlich verändertem Druckrückgewinn, wodurch sich darüber hinaus das kritische Druckverhältnis, ausgedrückt durch p_2/p_1, zu größeren Werten verschiebt.

5.4.1.3 Anwendung auf Dämpfe

Dämpfe sind gekennzeichnet durch ein gegenüber den idealen Gasen geändertes Entspannungsverhalten. Der Zustandsverlauf kann nicht nach der idealen Gasgleichung berechnet werden. Die experimentell zu bestimmenden Zusammenhänge werden durch Näherungsgleichungen beschrieben (nach VAN DER WAALS, MOLLIER) bzw. tabellarisch oder graphisch angegeben, z. B. bei [5–12]). Solche Abweichungen im Vergleich zu $p \cdot v = R \cdot T$ treten vor allem in der Nähe zur Verflüssigung auf. Im Bereich hoherTemperaturen und kleiner Drücke nähert sich das Verhalten dem idealer Gase. Das kommt auch im Bild 5–28 zum Ausdruck. Die durch den Realgasfaktor nach

$$p \cdot v = Z \cdot R \cdot T$$ (5.63)

erfaßte Abweichung vom idealen Gas ist im genannten Bereich vernachlässigbar $(Z \to 1)$.

Wenn man sich erinnert, daß schon bei idealen Gasen mit einer Modifikation der Berechnungsgleichungen der inkompressiblen Medien für die Bestimmung von Durchfluß bzw. Druckverlust bei Armaturen gearbeitet wird, so läßt sich leicht schlußfolgern, daß bei Dämpfen der stoffspezifische Zustandsverlauf auch nicht differenziert Berücksichtigung fand. Die beschriebenen Wege und Berechnungsgleichungen werden sinngemäß auf die

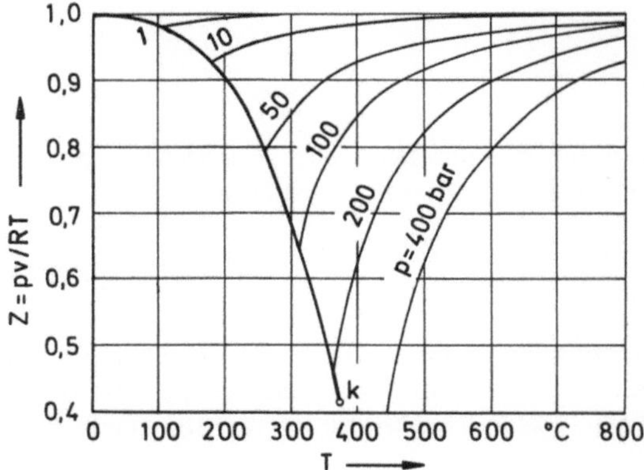

Bild 5-28.   Realgasfaktor für Wasserdampf [5-16].

Dämpfe angewendet. Dabei kann auch hier eine gewisse Zuordnung zu den einzelnen Aufgaben der Armaturen festgestellt werden:

Absperrarmaturen. Bei Übernahme des Druckverlustbeiwertes ζ wird in eine gleichwertige Rohrleitungslänge umgerechnet:

$$l_{gl} = \zeta \cdot d / \lambda. \tag{5.64}$$

Die sich so ergebende Ersatz-Gesamtlänge der Rohrleitung wird der entsprechenden kompressiblen Berechnung, zumeist nach der isothermen Näherungsgleichung der Rohrberechnung, zugrunde gelegt [5-78] [5-79].

Stellarmaturen. Hier muß zwangsläufig von der angegebenen Kennliniencharakterisierung, vom k_v-Wert, ausgegangen werden. Es lag nahe, dann auch die schon angegebenen Gleichungen für die kompressible Durchströmung zu nutzen.

Da bei Dämpfen die Arbeit mit dem spezifischen Volumen gebräuchlicher ist, wird jedoch nicht wie beim Übergang von Gl. (5.46) zu Gl. (5.47) die Entspannung durch p_2 an Stelle von p_1 berücksichtigt, sondern sofort von ρ_1 auf ρ_2 übergegangen, also [5-80] [5-81]

$$\dot{m} = N_0 \cdot k_v \sqrt{2\Delta p \cdot \rho_2} = N_0 \cdot k_v \sqrt{\frac{2\Delta p}{v_2}}. \tag{5.65}$$

Das entspricht direkt dem Ansatz nach Gl. (5.49). Auch eine Modifikation mit Bezug auf ein mittleres spezifisches Volumen wird empfohlen [5-82]:

$$\dot{m} = N_0 \cdot k_v \sqrt{\frac{4\Delta p}{v_1 + v_2}}. \tag{5.66}$$

Für den überkritischen Fall, bei zumeist auch Heranziehung der Abgrenzung über $(p_2/p_1)_{krit} = 0,5$, ist die Berechnung mit dem Grenzwert $\Delta p = p_1/2$ gebräuchlich. Das

72

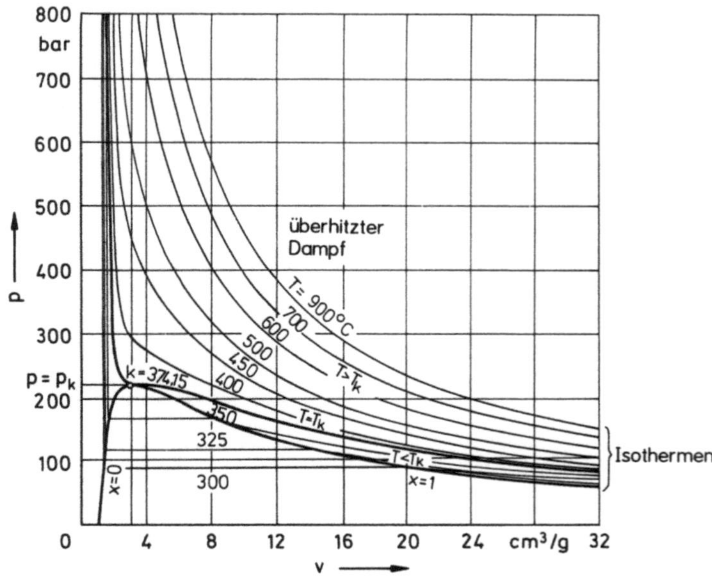

Bild 5–29. *p-v*-Diagramm für Wasserdampf [5–16].

entspricht der schon genannten Methode nach Gl. (5.55). Da jedoch auch hier das spezifische Volumen genutzt wird, wird Gl. (5.55), s. auch Gl. (5.65), gewandelt in

$$\dot{m} = N_0 \cdot k_v \sqrt{p_1/v_k},\tag{5.67}$$

v_k spezifisches Volumen bei T_1 und $p_1/2$.

Sicherheitsarmaturen. Für die Berechnungsgleichungen wird die isentrope Entspannung als Bezugsbasis genutzt, Gln. (5.54) und (5.58). Das erklärt sich aus der zumeist vorliegenden überkritischen Entspannung. Es wird also mit dem Durchflußbeiwert α gearbeitet; auch die Heranziehung des spezifischen Volumens an Stelle der Dichte ist kennzeichnend, s. [5–74].

Weitere Differenzierungen der Berechnungsgleichungen sind eingeführt durch Bezugnahme auf das unterschiedlich beschreibbare Zustandsverhalten der Dämpfe. Im Mittelpunkt steht dabei der Wasserdampf, s. Bild 5–29.

Für überhitzten Dampf bzw. Heißdampf kann bei niedrigem Druck und hoher Temperatur Idealgasverhalten (s. Bild 5–28: $Z \to 1$) angenommen werden.

Für trocken gesättigten Dampf $(x = 1)$ wird im Bereich von 1 (z. T. schon von 0,1) bis 6 MPa mit der Näherung $\rho/p = 5\cdot10^{-6}$ gearbeitet.

Bei feuchtem Sattdampf (jedoch $x \to 1$), wird z. T. nur der Dampfanteil berücksichtigt, also nur $\dot{m} = x\cdot\dot{m}_{ges}$ erfaßt.

Tabelle 5–13 gibt nochmals eine Gesamtübersicht zu den einzelnen Berechnungsansätzen.

Tabelle 5-13. Berechnungsansätze für Dämpfe.

unterkritisch	überkritisch
$\dot{m} = N_0 \cdot k_\mathrm{v} \sqrt{\dfrac{2\Delta p}{v_2}}$	$\dot{m} = N_0 \cdot k_\mathrm{v} \sqrt{\dfrac{p_1}{v_\mathrm{k}}}$
$\dot{m} = 2 N_0 \cdot k_\mathrm{v} \sqrt{\dfrac{\Delta p}{v_1 + v_2}}$	$\dot{m} = \alpha \cdot m \cdot A_1 \cdot \psi_\mathrm{max} \cdot p_1 \sqrt{\dfrac{1}{10^5}}$
	für trocken gesättigten Dampf
$\dot{m} = \alpha \cdot m \cdot A_1 \cdot \psi_2 \sqrt{\dfrac{2p_1}{v_1}}$	$\dot{m} = \alpha \cdot m \cdot A_1 \cdot \psi_\mathrm{max}\, p_1 \sqrt{\dfrac{v_\mathrm{S}}{v_\mathrm{H}} \cdot \dfrac{1}{10^5}}$
	für überhitzten Wasserdampf

5.4.2 Zustandsverlauf bei der Armaturendurchströmung

Eine genauere Analyse der Durchströmung von Armaturen mit Gasen ist bei eindimensionaler Betrachtung leicht möglich [5-18] [5-83] [5-84]. Das betrifft vor allem den Zusammenhang der Zustandsgrößen zwischen Armatureneintritt und -austritt. Schwieriger ist die Bestimmung der Drosselung über diese Strecke. Hierfür sind auch weiterhin experimentell zu bestimmende Kennwerte heranzuziehen.

Grundsätzlich gilt:

- Die Durchströmung ist mit Reibung verbunden. Wandreibung (Reibungsverluste) und Energieumsetzung in Wirbelgebieten (Formverluste), ausdrückbar durch die Abnahme potentieller (nutzbarer) Energie bzw. die Entropiezunahme.
- Der Wärmeaustausch mit der Umgebung, bezogen auf die durchströmende Masseeinheit, ist vernachlässigbar klein.

Im thermodynamischen Sinne liegt somit ein offenes, arbeitsdichtes und wärmedichtes System mit irreversibler Zustandsänderung vor.

Beim überwiegenden Teil der Einsatzfälle von Armaturen kann weiterhin von einer stationären, zumindest quasistationären, Durchströmung ausgegangen werden. Für eine solche adiabate Zustandsänderung, beschreibbar durch einen systemspezifischen Polytropenexponenten, sind die Verhältnisse gut überschaubar. Anschaulich lassen sie sich vor allem im Mollier-Diagramm darstellen.

5.4.2.1 Zustandsbeschreibung in Mollier-Darstellung

Die energetische Situation am Armatureneintritt ist gekennzeichnet durch die Beträge an kinetischer Energie, potentieller Energie und innerer Energie:

$$\frac{w_1^2}{2} + \frac{p_1}{\rho_1} + u_1 = \frac{w_1^2}{2} + h_1 = h_{\mathrm{G},1} = h_\mathrm{G}. \tag{5.68}$$

Die potentielle Energie der Lage (geodätische) kann generell vernachlässigt werden. Der Zustand ① kann somit auch beschrieben werden durch

$$\frac{h_1}{h_{\mathrm{G}}} = \frac{1}{1 + \dfrac{\kappa - 1}{2}\mathrm{M}_1^2}.$$
(5.69)

Zu beachten ist die oftmals vernachlässigte Bezugnahme auf den Ruhezustand:

$$\frac{p_1}{p_{\mathrm{G},1}} = \left(\frac{h_1}{h_{\mathrm{G}}}\right)^{\kappa/(\kappa-1)}.$$

Bei der reibungsbehafteten Durchströmung wird unmittelbar kinetische Energie in Wärme gewandelt, die sich gemäß dem 1. Hauptsatz der Thermodynamik in der Erhöhung der inneren Energie und in zu leistender Expansionsarbeit ausdrückt:

$$\mathrm{d}q_{\mathrm{R}} = \mathrm{d}u + p\cdot\mathrm{d}v = \mathrm{d}h - v\cdot\mathrm{d}p.$$

Die damit verbundene Entropieerhöhung beträgt

$$\mathrm{d}s = c_{\mathrm{v}}\frac{\mathrm{d}T}{T} + p\frac{\mathrm{d}v}{T}.$$
(5.70)

Über die gesamte Armatur erhält man so [bei Beachtung der Gasgleichung sowie $R = (\kappa - 1)c_{\mathrm{v}}$]:

$$\frac{s_2 - s_1}{c_{\mathrm{v}}} = \ln\frac{T_2}{T_1} - (\kappa - 1)\ln\frac{\rho_2}{\rho_1};$$
(5.71)

auch wie folgt schreibbar:

$$\frac{\Delta s}{c_{\mathrm{v}}} = \kappa\cdot\ln\frac{T_2}{T_1} - (\kappa - 1)\ln\frac{p_2}{p_1}$$
(5.72)

$$\frac{\Delta s}{c_{\mathrm{v}}} = \ln\frac{p_2}{p_1} - \kappa\cdot\ln\frac{\rho_2}{\rho_1}.$$
(5.73)

Für die Energieumsetzung, den Druckabbau folgt aus Gl. (5.72)

$$\frac{p_2}{p_1} = \left(\frac{T_2}{T_1}\right)^{\kappa/(\kappa-1)}\cdot\mathrm{e}^{-(\Delta s/R)}.$$
(5.74)

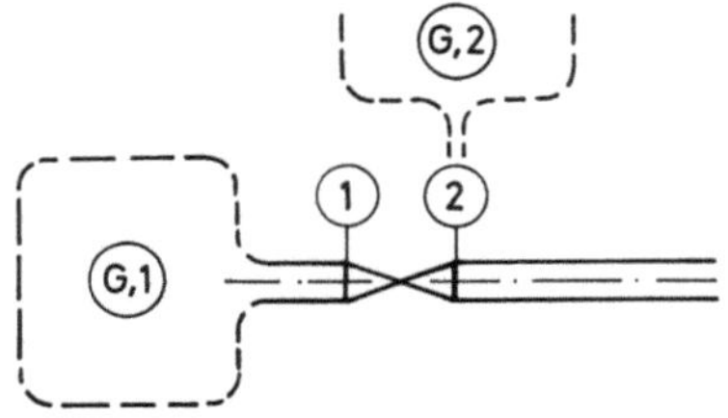

Bild 5–30.
Systemmodell. Es gilt beim Übergang auf den jeweils zuzuordnenden ideellen Ruhezustand $\Delta s = 0$.

Bei Bezugnahme auf den Ruhezustand $\textcircled{G}$, s. Bild 5–30, erhält man mit $T_{G,1} = T_{G,2} = h_G/c_p$ den Drosselfaktor

$$\frac{p_{G,2}}{p_{G,1}} = e^{-(\Delta s/R)}. \tag{5.75}$$

Der gesuchte Zusammenhang $h_2/h_G = f(h_1/h_G, \Delta s)$ ergibt sich aus Gl. (5.71), wenn beachtet wird:

– für $A = $ konst. ist $\rho_2/\rho_1 = w_1/w_2$,
– mit Gl. (5.68) ist $(w_1/w_2)^2 = (1 - h_1 h_G)/(1 - h_2/h_G)$.

Man erhält

$$\frac{\Delta s}{c_V} = \ln\frac{h_2/h_G}{h_1/h_G} + \frac{\kappa - 1}{2}\ln\frac{1 - h_2/h_G}{1 - h_1/h_G}. \tag{5.76}$$

Vom Zustand $\textcircled{1}$ ausgehend, gekennzeichnet durch [s. Gl. (5.69)]

$$\frac{h_1}{h_G} \quad \text{bzw.} \quad M_1 = \sqrt{\frac{2}{\kappa - 1}\left(\frac{h_G}{h_1} - 1\right)},$$

erhält man in Abhängigkeit von der Drosselung, gekennzeichnet durch

$$\Delta s/c_V \quad \text{bzw.} \quad p_{G,2}/p_{G,1},$$

den Zustand $\textcircled{2}$ für $A_1 = A_2$ auf den im Bild 5–31 eingetragenen (Fanno-) Linien.

Bei einer Querschnittsänderung liegt der Endzustand auf der entsprechend zuzuordnenden Charakteristik $(\rho \cdot w) = $ konst. nach

$$\rho_2 \cdot w_2 = \rho_1 \cdot w_1 \frac{A_1}{A_2}. \tag{5.77}$$

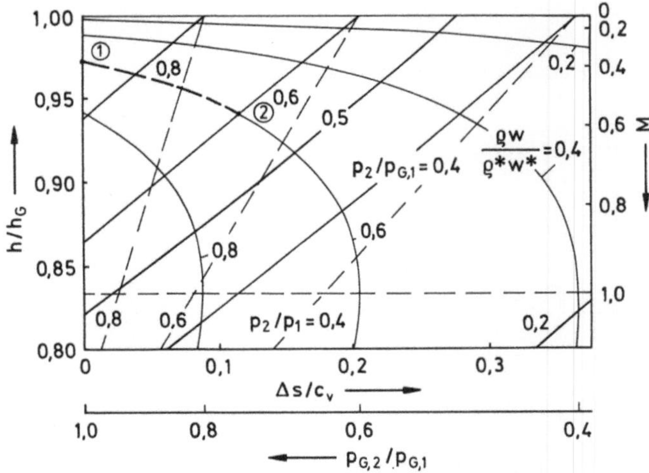

Bild 5–31. *h-s*-Diagramm der adiabaten Drosselung ($\kappa = 1{,}4$).

Der Zusammenhang zwischen Stromdichte ($\rho \cdot w$) und im Diagramm benutzter Enthalpie (h/h_G) bzw. Mach-Zahl M ergibt sich aus

$$w = \sqrt{2(h_G - h)} \qquad \text{nach dem Energiesatz und}$$

$$\rho = \rho_G (h/h_G)^{1/(\kappa - 1)} \qquad \text{nach der Isentropenbeziehung.}$$

Für die Darstellung der Charakteristiken wurde zweckmäßigerweise die dimensionslose Form durch Bezugnahme auf den kritischen Zustand (isentrope Entspannung von $\widehat{G,1}$ auf M = 1) gewählt:

$$\frac{\rho \cdot w}{\rho^* \cdot w^*} = \left(\frac{h/h_G}{h^*/h_G}\right)^{1/(\kappa - 1)} \sqrt{\frac{1 - h/h_G}{1 - h^*/h_G}}. \tag{5.78}$$

Dabei gilt nach Gl. (5.69)

$$\frac{h^*}{h_G} = \frac{2}{\kappa + 1}. \tag{5.79}$$

In das Diagramm Bild 5–31 (s. auch Anhang) sind darüber hinaus Linien konstanten Druckverhältnisses p_2/p_1, zutreffend für den Verlauf entlang der jeweiligen Fanno-Linie, und die universell gültigen $p_2/p_{G,1}$-Linien eingetragen.

Belegt wird damit auch die schon herangezogene Näherung $p_{G,1} \approx p_1$ bei kleinem M_1; somit gilt für $M_1 < 0{,}3$

$$p_2/p_1 \approx p_2/p_{G,1}.$$

Ebenso ist ersichtlich, daß bei kleiner Eintrittsgeschwindigkeit in die Armatur die Temperaturkorrektur (Abschn. 5.4.1.1) vernachlässigt werden kann, ($h_2/h_1 \approx 1$), s. auch Bild 5–32.

5.4.2.2 Zustandsverlauf in der Armatur

Im h-s-Diagramm Bild 5–31 sind lediglich die Zwangsbedingungen zwischen Ein- und Austritt bei gegebener Drosselung dargestellt. Die Drosselcharakteristik der Armatur bestimmt den Arbeitspunkt. Das betrifft z. B. den Massestrom (oder M_1), wenn ein bestimmtes Druckgefälle p_2/p_1 oder der Drosselfaktor $p_{G,2}/p_{G,1}$ bzw. $\Delta s/c_V$ vorgegeben sind.

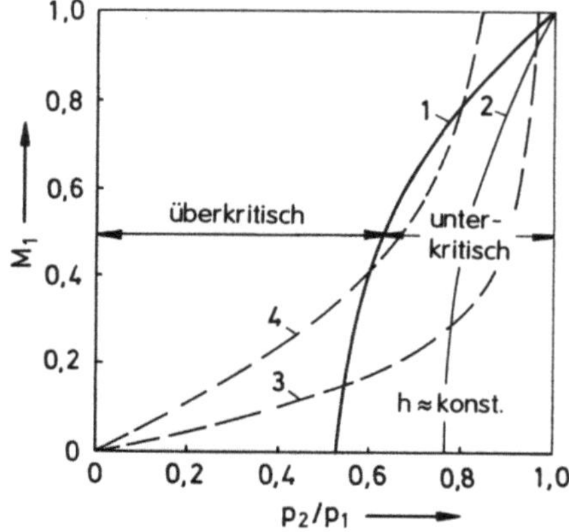

Bild 5–32.
Arbeitsbereiche in Abhängigkeit von der Eintrittsgeschwindigkeit (M_1).

Grenze unterkritisch – überkritisch:
1 bei $\Delta p_{\text{rück}} = 0{,}2$ bei $\Delta p_{\text{rück}} = 0{,}5 \, \Delta p_v$;
Grenze Temperaturkorrektur:
3 bei $h_2 = 0{,}99 \, h_1$, 4 bei $h_2 = 0{,}95 \, h_1$.

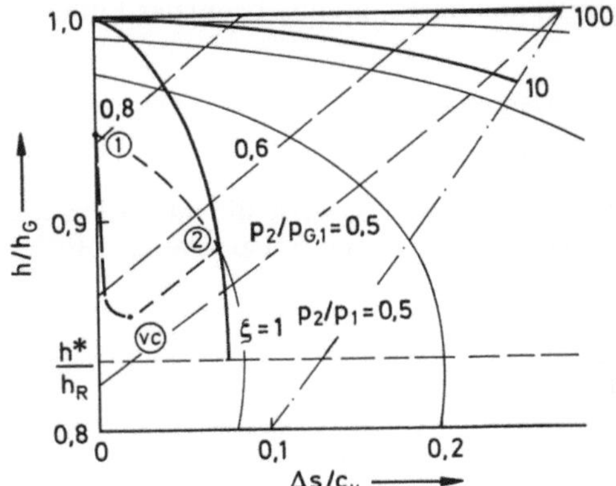

Bild 5–33.
Drosselung mittels Armaturen ①–② (für $\zeta = 1$, 10, 100; $\kappa = 1{,}4$; unterkritischer Bereich).
Beispiel ①–ⓋⒸ–② Durchströmung bei $\Delta p_{\text{rück}} = 0$.

Eine Abschätzung der Charakteristik einer bestimmten Konstruktion ist mit den im Abschn 5.4.1.1 angegebenen Näherungsgleichungen möglich. Mit $\Delta p = \zeta(\rho_2/2)w_2^2$ nach Gl. (5.48), ferner mit $A_1 = A_2$, der Gasgleichung und der Energiegleichung erhält man

$$\frac{p_2}{p_1} = 1 - \zeta\,\frac{\kappa}{\kappa - 1}\sqrt{\left(\frac{h_G}{h_1} - 1\right)\left(\frac{h_G}{h_2} - 1\right)\frac{h_2/h_G}{h_1/h_G}}. \tag{5.80}$$

Im Bild 5–33 sind beispielhaft einige solche Zuordnungen $\Delta s = \mathrm{f}(M_1)$ mit dem Parameter ζ bzw. k_v eingetragen. Man erkennt, daß bei Armaturen mit großem ζ-Wert und kleinen Eintrittsgeschwindigkeiten (ausgedrückt durch M_1) ohne wesentliche Temperaturabsenkung das Druckverhältnis $p_2/p_1 = 0{,}5$ erreicht wird. Hierauf bauen alle aktuellen Berechnungsgleichungen auf, indem folgende Vereinfachungen genutzt werden:

– Vernachlässigung der Zuströmgeschwindigkeit, damit Gleichsetzung $p_{G,1} = p_1$,
– Vernachlässigung der Temperaturänderung, somit der „Temperaturkorrektur", bzw. Gleichsetzung $T_1 = T_2$.

Man erkennt aber auch im Bild 5–33, daß $p_2/p_1 = 0{,}5$ keinesfalls identisch sein muß mit dem Erreichen des kritischen Zustandes ($M_2 = 1$). Erst durch örtliche Übergeschwindigkeiten ist dies möglich, und es gilt exakt

$$p_2/p_1 = (p_2/p_1)_{\text{krit}}$$

bei isobarer Entspannung (s. eingetragenes Beispiel.)

Für eine genauere Analyse der Durchströmung reicht also die bilanzierende Betrachtung nicht aus. Nur das Studium des Zustandsverlaufes durch die Armatur führt hier weiter.

Wir können dazu wiederum von der im Abschn. 4.1 beschriebenen Arbeitsweise von Armaturen ausgehen:

Die auf kurzer Strecke zu erreichende, z. T. beträchtliche Energieumsetzung ist nur über große Geschwindigkeiten möglich. Der erste Armaturenabschnitt ist also stets durch eine starke Beschleunigung der Strömung gekennzeichnet. Solche Beschleunigungsstrecken, im Idealfall eine Düse, können in erster Näherung als reibungsfrei betrachtet werden. Die Drosselung, d. h. die Energieumwandlung in Wärme, geschieht vor allem im zweiten

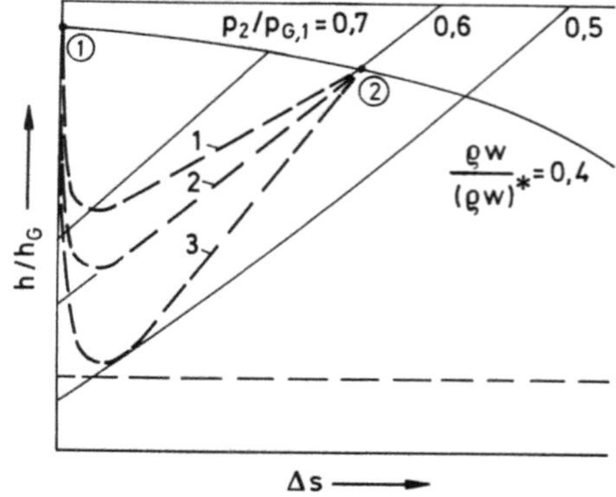

Bild 5–34.
Zustandsverlauf bei der Armaturendurchströmung.
1 $0 < h < 1$, $f_s > 1$;
2 $n = 0$, $f_s = 1$, $\Delta p_{\text{rück}} = 0$;
3 $n = 0$, $f_s < 1$.

Durchströmungsabschnitt, verbunden mit einer Verzögerung der Strömung auf die Austrittsgeschwindigkeit. Derartige Verzögerungsstrecken können also keinesfalls mit den Gesetzen der reibungsfreien Strömung auch nur näherungsweise richtig beschrieben werden. Als Näherung bietet sich hier eine Polytrope mit mittlerem Polytropenexponenten n an. Im einzelnen kann dieser zweite Armaturenabschnitt gekennzeichnet sein durch (s. Bild 5–34):

– weiteren Druckabfall $(0 < n < 1)$,
– den Sonderfall der isobaren Entspannung $(n = 0)$,
– einen Druckrückgewinn $\Delta p_{\text{rück}}$ $(n < 0)$.

Stellventile arbeiten in der Nähe der isobaren Entspannung (s. im Bild 5–33 eingetragenes Beispiel). Vor allem für diesen Fall treffen auch die im Abschn. 5.4.1 angegebenen Näherungsgleichungen zu.

Nicht zuletzt die zunehmende Bedeutung von Klappen und Hähnen mit z. T. beträchtlichem Druckrückgewinn war Anlaß, eine der realen Armaturendurchströmung besser angenäherte Berechnungsbasis zu schaffen.

5.4.3 Durchflußberechnung unter Beachtung des Zustandsverlaufes

Die aktuellen Vorschläge zur Berechnung des Durchflusses durch Stellarmaturen [5–26] gehen von den im Abschn. 5.4.2 dargelegten Zusammenhängen aus (s. auch [2–11]). Durch die Herleitung einer Berechnungsgleichung $(\dot m = \mathrm{f}(①, p_2/p_1, k_f)$, die für den Grenzfall $p_2/p_1 = 1$ in die Gleichung für inkompressible Medien übergeht, kann auf die bekannten Kennwerte (u. a. k_v-Wert) für die Armaturenkennzeichnung zurückgegriffen werden. Als wesentliche Vereinfachung bzw. Näherungen gegenüber der realen Durchströmung werden genutzt [5–85]:

1. Vernachlässigung der Zuströmgeschwindigkeit, also

$$p_{G,1} \approx p_1 \quad \text{oder} \quad \frac{w_1^2}{2} \ll h_1 = \frac{\kappa}{\kappa - 1} \cdot \frac{p_1}{\rho_1}; \tag{5.81}$$

2. Gleichsetzung der Eintritts- und Austrittsenthalpie, also

$$h_1 = h_2 \quad \text{oder} \quad h_1 - h_{vc} = h_2 - h_{vc}; \tag{5.82}$$

3. die Kennwerte für den Reibungseinfluß (φ) und die Entspannung (mittlerer Polytropenexponent) sind unabhängig von der Mach-Zahl bzw. vom Druckgefälle.

Die Bedeutung der ersten beiden Punkte läßt sich sofort anhand der Bilder 5–32 und 5–33 einschätzen. Beim hauptsächlichen Einsatzgebiet von Stellarmaturen wird ein Fehler von 5% unterschritten.

5.4.3.1 Berechnung des Massestromes

Ausgangspunkt ist der in guter Näherung reibungsfrei berechenbare erste Abschnitt der Armaturendurchströmung. Die Kopplung zum Drosselabschnitt wird über die oben genannte zweite Vereinfachung vorgenommen.

Für den Beschleunigungsbereich erhält man mit Gl. (5.81) sofort nach der Bernoulli-Gleichung der Gasdynamik (Gleichung nach SAINT VENANT und WANTZEL), also über

$$\frac{w^2}{2} = \frac{\kappa}{\kappa-1} \cdot \frac{p_G}{\rho_G} \left[1 - \left(\frac{p}{\rho_G}\right)^{(\kappa-1/\kappa)} \right], \tag{5.83}$$

die Durchflußgleichung

$$\dot{m} = \varphi \cdot \varepsilon \cdot m \cdot A_1 \cdot \psi_{vc} \sqrt{2 p_1 \cdot \rho_1}. \tag{5.84}$$

Darin ist φ ein die Reibung erfassender Koeffizient, ε ein die Strahlkontraktion berücksichtigender Koeffizient und

$$\psi_{vc} = \sqrt{\frac{\kappa}{\kappa-1} \left[\left(\frac{p_{vc}}{p_1}\right)^{(2/\kappa)} - \left(\frac{p_{vc}}{p_1}\right)^{(\kappa+1/\kappa)} \right]}. \tag{5.85}$$

Die Näherung nach Gl. (5.82) liefert, da $h = (p/\rho) \cdot \kappa/(\kappa-1)$,

$$p_1/\rho_1 - p_{vc}/\rho_{vc} = p_2/\rho_2 - p_{vc}/\rho_{vc}$$

und weiter

$$(p_1 \cdot \rho_{vc})/(\rho_1 \cdot p_{vc}) = (p_2 \cdot \rho_{vc})/(\rho_2 \cdot p_{vc}). \tag{5.86}$$

Mit den genannten Zustandsänderungen

$\textcircled{1}$–$\textcircled{vc}$, isentrop $\rho_{vc}/\rho_1 = (p_{vc}/p_1)^{1/\kappa}$ und

$\textcircled{vc}$–$\textcircled{2}$, polytrop $\rho_{vc}/\rho_2 = (p_{vc}/p_2)^{1/n}$

folgt aus Gl. (5.86)

$$(p_1/p_{vc})^{(\kappa-1)/\kappa} = (p_2/p_{vc})^{(n-1)/n}. \tag{5.87}$$

Mit der Abkürzung

$$k_s = f_s^2 = 1 - \frac{n}{n-1} \cdot \frac{\kappa-1}{\kappa} \tag{5.88}$$

läßt sich Gl. (5.87) umformen in

$$p_{vc}/p_1 = (p_2/p_1)^{1/f_s^2}. \tag{5.89}$$

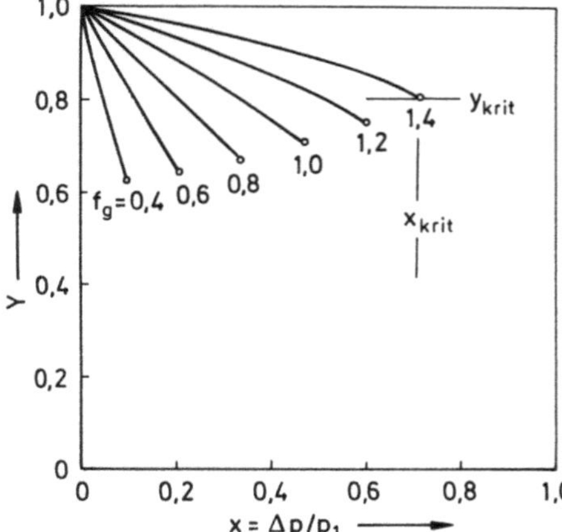

Bild 5–35.
Expansionsfaktor Y ($\kappa = 1{,}4$).

Führt man den Zusammenhang nach Gl. (5.89) in die Ausgangsgleichung (5.84) ein, so erhält man für den Durchfluß

$$\dot{m} = (\varphi/f_{g})\varepsilon\cdot m\cdot A_1 \sqrt{2p_1\cdot\rho_1}\,\sqrt{x\cdot Y} \qquad (5.90)$$

mit dem Differenzdruckverhältnis

$$x = \Delta p/p_1 = (p_1 - p_2)/p_1$$

und dem Expansionsfaktor (s. Bild 5–35)

$$Y = \frac{f_{g}}{\sqrt{x}}\sqrt{\frac{\kappa}{\kappa-1}\left[(1-x)^{2/(\kappa f_{g}^2)} - (1-x)^{(\kappa+1)/(\kappa f_{g}^2)}\right]}. \qquad (5.91)$$

Für $x\to 0$ bzw. $\kappa, n\to\infty$ geht, wie sich leicht nachweisen läßt, $Y\to 1$. Dieser Grenzfall ist die inkompressible Durchströmung; also muß dann auch gelten [s. Gl. (5.90) und Tabelle 5–4]:

$$\varphi\cdot\varepsilon\cdot m\cdot A_1/f_{g} \Rightarrow N_0\cdot k_{v}. \qquad (5.92)$$

Ebenso läßt sich für f_{g}, als Druckrückgewinnfaktor bezeichnet, ein Bezug zu den Werten bei inkompressibler Durchströmung herstellen. Gl. (5.89) läßt sich auch wie folgt schreiben:

$$f_{g} = \sqrt{\frac{\ln(p_2/p_1)}{\ln(p_{vc}/p_1)}} = \sqrt{\frac{\ln(1-x)}{\ln(1-x_{vc})}}. \qquad (5.93)$$

Über eine Reihenentwicklung und Vernachlässigung von Gliedern höherer Ordnung (bei $x\to 0$, d. h. $p_2/p_1\to 1$) erhält man

$$f_{g} = \sqrt{\frac{p_1-p_2}{p_1-p_{vc}}} = k_{f}. \qquad (5.94)$$

Es bleibt noch, den Gültigkeitsbereich von Gl. (5.90) zu bestimmen. Die Grenze ergibt sich bekanntlich durch Erreichen des kristischen Zustandes im engsten Querschnitt ($w_{vc} = a$). Wiederum bei Vernachlässigung der Zuströmgeschwindigkeit gilt [aus Gl. (5.83)

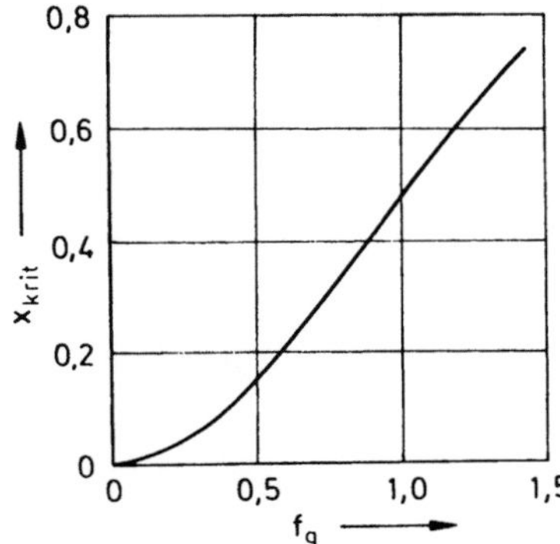

Bild 5–36.
Kritisches Druckverhältnis ($\kappa = 1{,}4$).

mit $p_G = p_1$, $p = p_{vc}$ und $w_{vc} = a$]:

$$\left(\frac{p_{vc}}{p_1}\right)^{*} = \left(\frac{2}{\kappa + 1}\right)^{\kappa/(\kappa - 1)}. \tag{5.95}$$

Mit Gl. (5.89) folgt damit für das entsprechende kritische Druckverhältnis über die Armatur (Bild 5–36):

$$\left(\frac{p_2}{p_1}\right)_{krit} = \left(\frac{p_{vc}}{p_1}\right)^{f_g^2}_{krit} = \left(\frac{2}{\kappa + 1}\right)^{(\kappa \cdot f_g^2)/(\kappa - 1)}. \tag{5.96}$$

Eine weitere Gegendruckabsenkung führt nicht zu einer weiteren Durchflußsteigerung, s. Bild 5–25.

Die Durchflußgleichung (5.90) lautet somit im Bereich $0 < x < x_{krit}$

$$\dot{m} = N_0 \cdot k_v \sqrt{2p_1 \cdot \rho_1} \cdot \sqrt{x} \cdot Y. \tag{5.97}$$

Für alle Werte $p_2/p_1 < (p_2 p_1)_{krit}$ bzw. $x > x_{krit}$ liegt eine Durchflußbegrenzung vor; es gilt

$$\dot{m} = N_0 \cdot k_v \sqrt{2p_1 \cdot \rho_1} \cdot \sqrt{x_{krit}} \cdot Y_{krit} \tag{5.98}$$

mit [Gl. (5.96) in Gl. (5.91)]

$$Y_{krit} = f_g \cdot \psi_{max} / \sqrt{x_{krit}} \quad \text{und} \tag{5.99}$$

$$\psi_{max} = \sqrt{\frac{\kappa}{2}\left(\frac{2}{\kappa + 1}\right)^{(\kappa + 1)/(\kappa - 1)}}. \tag{5.100}$$

Damit ist eine geschlossene Berechnungsbasis für kompressible Medien gegeben. Die Einschränkung auf vernachlässigbaren Druckrückgewinn, die für die Näherungsgleichungen nach Abschn. 5.4.1 gilt, kann fallengelassen werden. Zu beachten sind jedoch die eingangs genannten Vereinfachungen. Ebenso ist auf die Kennwertzuordnung von der inkompressiblen Durchströmung her [Gln. (5.92) und (5.94)] zu verweisen. So sich ergebende Abweichungen versucht man auch dadurch zu überbrücken, daß der Druckrückgewinnfaktor f_g aus Versuchsergebnissen bei überkritischer Durchströmung (also mit Durchflußbegrenzung) nach Gl. (5.99) ermittelt wird:

$$f_{g,krit} = Y_{krit} \cdot \sqrt{x_{krit}} / \psi_{max}. \tag{5.101}$$

82

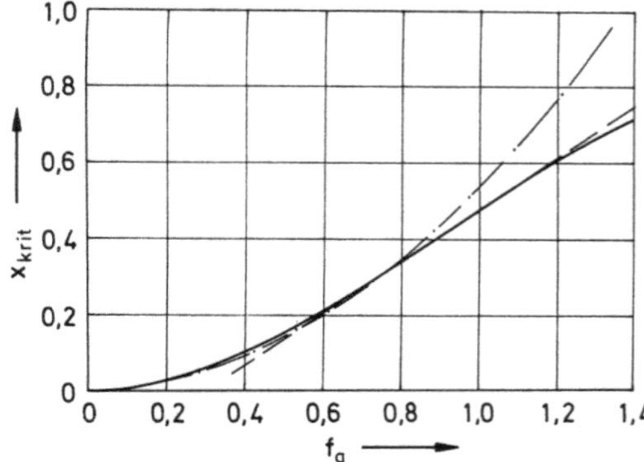

Bild 5–37.
Näherungsfunktionen für das kritische
Druckverhältnis ($\kappa = 1{,}4$).

5.4.3.2 Vereinfachte Gebrauchsformeln

Die Berechnung des Expansionsfaktors nach Gl. (5.91) und des kritischen Druckverhältnisses nach Gl. (5.96) ist nicht nutzerfreundlich. Somit wird versucht, mit einfachen Näherungsgleichungen die Zusammenhänge zu beschreiben [5-26] [5-86].

Eine gute Näherung für x_{krit} im Bereich $0{,}6 < f_g < 1{,}2$ (Fehler $< 2\%$) bietet die Funktion (s. Bild 5–37)

$$x_{krit} = \left(\frac{p_1 - p_2}{p_1}\right)_{krit} = 0{,}684\,f_g - 0{,}210.\tag{5.102}$$

Der Expansionsfaktor läßt sich ebenfalls durch Geraden, abhängig von f_g, annähern (s. Bild 5–38):

$$Y = 1 - \frac{1 - Y_{krit}}{x_{krit}}x.\tag{5.103}$$

Dabei ist nun Y_{krit} nach Gl. (5.99) mit der Näherung für x_{krit} nach Gl. (5.102) zu bestimmen. Bild 5–38 zeigt, daß mit diesem Weg eine akzeptable Durchflußberechnung im Bereich $0{,}6 < f_g < 1$ möglich ist. Das entspricht Armaturendurchströmungen mit Druckrückgewinn bis hin zur isobaren Entspannung ($f_g = 1$).

Noch eine zweite Näherung muß hier genannt werden. Die Funktion für das kritische Druckverhältnis, Gl. (5.96), ist im Bereich $0{,}7 < f_g < 0{,}8$ auch durch eine Potenzfunktion (Fehler $< 5\%$) annäherbar (s. Bild 5–37):

$$x_{krit} = 0{,}527\,f_g^2 = x_T.\tag{5.104}$$

Koppelt man damit die scheinbare grobe Annäherung für Y_{krit} (s. Bild 5–35)

$$Y_{krit} = 2/3 = Y_T,\tag{5.105}$$

so zeigt sich, daß im Ausgleich beider Näherungen der Expansionsfaktor somit nach

$$Y = 1 - x/(3\,x_T)\tag{5.106}$$

im Bereich $0{,}2 < f_g < 1$ gut angenähert wird, s. Bild 5–38.

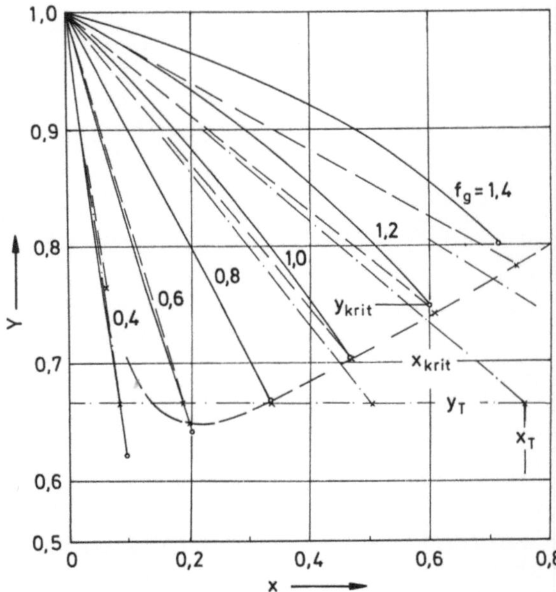

Bild 5-38. Expansionsfaktor Y ($\kappa = 1,4$) mit Näherungsfunktionen.

$---$ x_{krit} nach Gl. (5.102), Y_{krit} nach Gl. (5.99), Y nach Gl. (5.103);
$-\cdot-$ x_T nach Gl. (5.104), Y_T nach Gl. (5.105), Y nach Gl. (5.106).

Bei unterkritischer Durchströmung ($0 < x < x_T$) ist dann also der Durchfluß nach Gl. (5.97) zu berechnen:

$$\dot{m} = N_0 \cdot k_v \sqrt{2 p_1 \cdot \rho_1} \cdot \sqrt{x} \cdot Y.$$

Für $x > x_T$ ist Durchflußbegrenzung anzunehmen, und es gilt

$$\dot{m} = N_0 \cdot k_v \sqrt{2 p_1 \cdot \rho_1} \cdot \sqrt{x_T} \cdot Y_T. \tag{5.107}$$

Richtwerte für x_T sind in Tabelle 5-14 angegeben.

Gute Übereinstimmung mit der Realität wird mit dieser Arbeitsweise, wie Bild 5-38 erkennen läßt, im Bereich $f_g \approx 0,8$ erzielt.

Die Näherung befriedigt jedoch nicht für $f_g > 1$, also $x_{krit} > 0,5$. Die 0; $1 - x_T$; Y_T-Gerade stellt zwar dann noch eine akzeptable Näherung für den unterkritischen Bereich dar, auch wird im überkritischen Bereich das zu klein angenommene Y_T durch den zu großen Wert x_T näherungsweise ausgeglichen, der Übergang zur Durchflußbegrenzung wird allerdings falsch angenommen ($x_T \neq x_{krit}$).

Daraus leitet sich auch die Empfehlung ab, x_T experimentell zu bestimmen (der so erhaltene Wert sei x'_{krit} genannt, s. Bild 5-39). Die Arbeit mit der 0; $1 - x'_{krit}$; Y_T-Geraden nach Gl. (5.106) vergrößert dann allerdings den Fehler im unterkritischen Bereich, wie Bild 5-39 deutlich erkennen läßt. Zweckmäßigerweise sollte somit der beim Experiment zwangsläufig auch anfallende Wert Y'_{krit} [bestimmbar nach Gl. (5.98)] herangezogen werden. Es bieten sich dann zur weiteren Arbeit an:

84

Tabelle 5–14.   Richtwerte für x_T (Armatur bei voller Öffnung) nach [5–26].

Armatur	Drosselkörper	Durchflußrichtung	x_T
Durchgangsventil Einsitzventil	Schlitzkegel	beide Richtungen	0,75
	Konturkegel	gegen Schließrichtung in Schließrichtung	0,72 0,55
	Schlitzkäfig	gegen Schließrichtung	0,75
Doppelsitzventil	(Kolbenventil) Schlitzkegel	in Schließrichtung beide Richtungen	0,70 0,75
	Konturkegel	beide Richtungen	0,70
Eckventil	Konturkegel	gegen Schließrichtung	0,72
	Schlitzkäfig	gegen Schließrichtung in Schließrichtung	0,65 0,60
	Venturi-Form	in Schließrichtung	0,20
Kugelhahn	Freier Durchgang (Einschnürung auf $0,8\,d_{DN}$)	beide Richtungen	0,15
	Kugelsegment (Vee-Ball-Hahn)	(gegen Segment)	0,25
Klappe	Schließwinkel 90°	beide Richtungen	0,20
	Schließwinkel 60°	beide Richtungen beide Richtungen	0,20 0,38

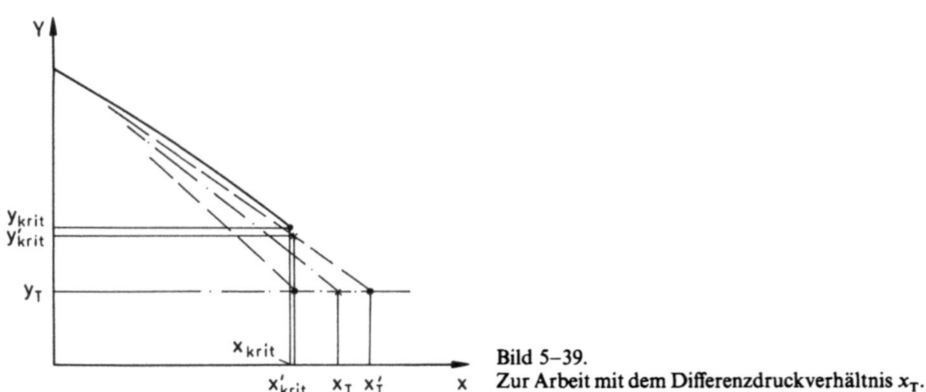

Bild 5–39.
Zur Arbeit mit dem Differenzdruckverhältnis x_T.

– Angabe und Arbeit mit x'_{krit} und Y'_{krit}, Bestimmung von Y nach Gl. (5.103), Durchflußbegrenzung ist ab x'_{krit} gegeben; oder

– Bestimmung eines fiktiven x'_T (s. Bild 5–39) nach

$$x'_T = \frac{x'_{krit}}{3(1 - Y'_{krit})},$$

(5.108)

Angabe von x'_T, Bestimmung von Y nach Gl. (5.106) (mit $Y_T = 2/3$); Durchflußbegrenzung liegt ab dem zusätzlich anzugebenden x'_{krit} vor.

Es ist unschwer zu erkennen, daß bei einer solchen Arbeit mit x_T, Y_T leicht Mißverständnisse auftreten können. Wurde x_T experimentell bestimmt, der Wert entspricht dann dem vorstehend genannten x'_{krit}, so ist die Koppelung mit Y_T nicht generell zu empfehlen. Wurde dagegen x_T nach Gl. (5.104) berechnet, so nimmt der Fehler mit zunehmendem x_T bezüglich der Bestimmung der beginnenden Durchflußbegrenzung zu. Bei Angabe von x_T-Werten muß also zumindest die Herkunft dieses Wertes – aus dem Experiment oder über f_g nach Gl. (5.104) – angegeben werden.

Zusammenfassend läßt sich feststellen, daß also zweckmäßigerweise der zuerst dargestellten Methode (mit Angabe von f_g) der Vorzug zu geben ist. Bild 5–38 zeigt, daß nach Gl. (5.102) der x_{krit}-Wert und weiter damit nach Gl. (5.99) der Y_{krit}-Wert so in guter Näherung bestimmt werden. Auch hierbei sollte der f_g-Wert experimentell ermittelt werden [Bestimmung nach Gl. (5.99)].

Abschließend stellt sich noch die Frage der Übertragbarkeit auf beliebige Medien.

Die Ableitung zeigt, daß für $\kappa \neq 1,4$ die Berechnung sofort analog erfolgen kann. Die entsprechenden Werte sind in den Gln. (5.96) für x_{krit}, (5.100) für ψ_{max} und weiter in Gl. (5.99) für Y_{krit} und damit in Gl. (5.103) für Y zu beachten.

Analog trifft das für Y_T zu, wobei hier auch die Näherung für Gl. (5.106)

$$Y = 1 - \frac{x}{3x_T} \cdot \frac{1,4}{\kappa} \tag{5.109}$$

genannt wird [5–26].

Für Dämpfe muß die Situation noch als unbefriedigend eingeschätzt werden. Der geänderte Entspannungsverlauf müßte vor allem bei der Durchflußfunktion ψ Berücksichtigung finden. Bei den derzeit empfohlenen Gleichungen wird jedoch lediglich ρ_1 in den Durchflußgleichungen (5.97) und (5.98) über dampfspezifische Zustandsgleichungen durch p_1 und T_1 ausgedrückt.

Ebenso kritisch ist die Übernahme des Rohrleitungsgeometriefaktors F_p der inkompressiblen Durchströmung (s. Abschn. 5.3.2.1) auf die kompressible Durchströmung einzuschätzen. Dieser Faktor beruht lediglich auf der Zusammenfassung der Kennwerte der einzelnen in Reihe geschalteten Fittings unter Beachtung gegebenenfalls unterschiedlicher Querschnitte, also der Form

$$\zeta_{ges} = \sum_{i=1}^{n} \zeta_i \tag{5.110}$$

oder besser

$$\frac{1}{k_{v,ges}^2} = \sum_{i=1}^{n} \frac{1}{k_{v,i}^2}. \tag{5.111}$$

In dieser Weise ist eine Zusammenfassung in Reihe geschalteter Drosselstellen bei Gasdurchströmung nicht möglich [5–39][5–87]. Das ist auch sofort anhand von Bild 5–33 ersichtlich. Nur bei vernachlässigbarer Drosselung der zusätzlichen Rohrleitungselemente, also $F_p \to 1$, könnte mit der angegebenen Methode gerechnet werden. Andernfalls

muß von dem die Durchströmung entscheidend bestimmenden, realen Eintrittszustand
① vor der Armatur ausgegangen werden.

Es sei hier nochmals darauf hingewiesen, daß die vorstehend erläuterte Berechnungsmethode für Gase generell eine einstufige Drosselung voraussetzt.

5.5 Kräfte und Momente

Zur mechanischen Veränderung des Durchflußquerschnittes durch Verschieben oder
Drehen des Stellkörpers sind Kräfte oder Momente notwendig. Neben Gewichts- und
Reibungskräften, gegebenenfalls zusätzlichen Federkräften infolge elastischer Elemente
(Feder, Faltenbalg), sind die Wirkungen durch die An- oder Umströmung des Stellkörpers
oder auch lediglich durch den Differenzdruck zu berücksichtigen. Für die Bemessung des
Antriebes oder die Funktionssicherheit von selbstregelnden Armaturen muß ihre Größe
bekannt sein.

Die Voraussage ist dabei ebenso problematisch, wie es vorstehend bei der Ermittlung des
Durchflusses oder der Drosselwirkung zum Ausdruck kam. Da die Kräfte durch die
Durchflußverhältnisse bestimmt werden, liegen ähnliche Abhängigkeiten vor. Dieser
Komplex ist jedoch nicht in gleichem Maße für den Anwender von Interesse. Die
entsprechende Bemessung obliegt dem Konstrukteur.

Für Regelarmaturen (Regler ohne Hilfsenergie) muß dann hier auch die gesamte Charakteristik vorliegen. Das Einsatzfeld derartiger Armaturen ist jedoch zumeist auf bestimmte
Parameterbereiche begrenzt. Umfangreiche experimentelle Untersuchungen können aber
dennoch notwendig sein.

Bei Armaturen mit äußerem bzw. Fremdantrieb vereinfacht sich die Fragestellung. Hier
ist die Kenntnis des Maximalwertes der Kraft oder des Momentes für die Bemessung des
Antriebes und der Übertragungselemente ausreichend. Da dieser Wert oftmals nur durch
den Differenzdruck bei geschlossener Stellung der Armatur bestimmt wird, kann auf die
genaue Kenntnis der gesamten Charakteristik verzichtet werden.

Von Bedeutung können darüber hinaus sein:

– eine mögliche Richtungsumkehr, z. B. bei Magnetantrieb;
– die Wirkung spezifischer Betriebsregime beim Einsatz, z. B. der zeitliche Temperaturverlauf im Hinblick auf das Einklemmen des Stellkörpers;
– die Abhängigkeit von der Betriebszeit, z. B. die Änderung der Reibungskräfte betreffend.

Steht die Forderung nach Dichtheit, so muß bei der Bemessung zusätzlich die hierfür
notwendige Kraftwirkung beachtet werden.

5.5.1 Kennwerte

Die Kraft oder das Moment folgen unmittelbar aus dem Oberflächendruck auf den
Stellkörper (Bild 5–40):

$$F = \int_{(A)} p \cdot \mathrm{d}A. \tag{5.112}$$

Eine derartige Methode setzt die Berechenbarkeit des gesamten Strömungsfeldes voraus.
Das gelingt heute nur in Ausnahmefällen [1–3][2–13].

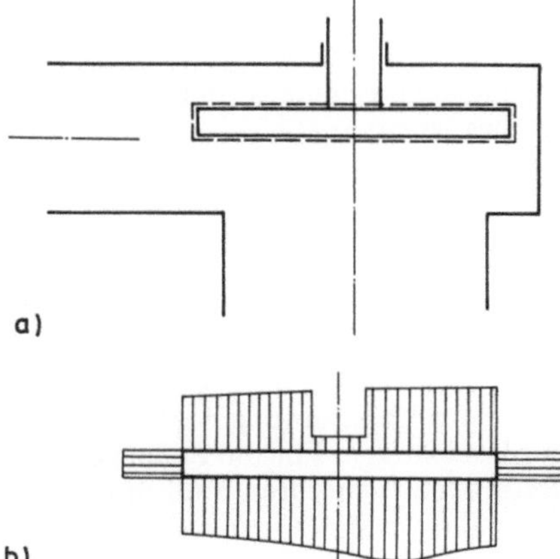

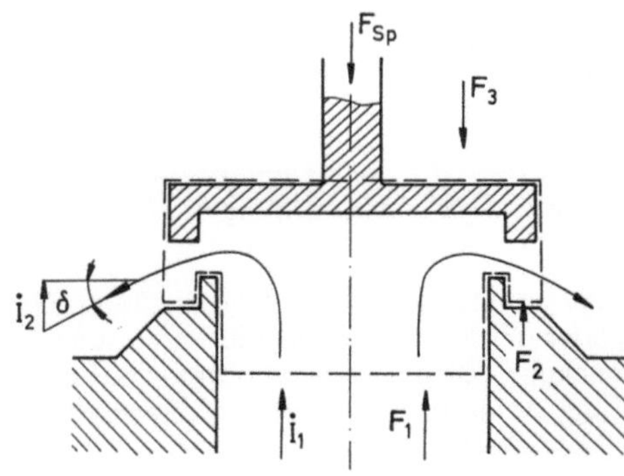

Bild 5–40.
Bestimmung der Strömungskraft über die Druckverteilung.
a) Ventilschnitt (schematisch);
b) Druckverteilung am Ventilteller.

Bild 5–41.
Bestimmung der Strömungskraft nach dem Impulssatz.

$$F_{ges} = F_1 + F_2 - F_3 - F_{Sp} + \dot{I}_1 + \dot{I}_2;$$
$$F = p \cdot A; \quad \dot{I} = \dot{m} \cdot w$$

Eine Abschätzung ist oftmals unter Heranziehung des Impulssatzes möglich (Bild 5–41):

$$F_{ges} = \sum_{i=1}^{n} F_i. \qquad (5.113)$$

So ist, z. B. bei Sicherheitsventilen, die Auswirkung einer Veränderung der Abströmrichtung δ durch sogenannte Hubhilfen gut übersehbar:

$$\dot{I}_2 = \dot{m} \cdot w_2 \cdot \sin \delta.$$

Als wichtigste Methode ist jedoch noch immer die experimentelle Untersuchung zu nennen [5–88]. Hierbei kommt der Frage der Übertragbarkeit bzw. Verallgemeinerbarkeit eine besondere Bedeutung zu.

Wie schon im Abschn. 5.2 ausgeführt, ist die Druckverteilung ebenso wie die Geschwindigkeitsverteilung abhängig von den geometrischen Randbedingungen (Armaturenbauart, Öffnungsgrad), den Eigenschaften des Strömungsmediums (Fließgesetz, Kompressibilität) und vom Strömungszustand (laminares oder turbulentes Fließen). Eine universell gültige

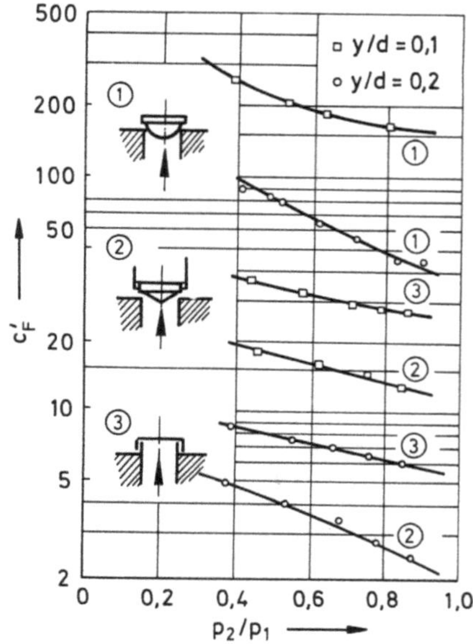

Bild 5–42.
Kennwertabhängigkeit vom Druckverhältnis
(Kompressibilitätseinfluß bei Luft).

Beziehung ist somit nicht angebbar. Für den hauptsächlichen Einsatzfall „Turbulentes Fließen von Newtonschen Flüssigkeiten" vereinfacht sich der Zusammenhang aber auch hier auf

$$\frac{\Delta p_{1-x}}{\rho \cdot w_1^2 / 2} = \text{konst.} \tag{5.114}$$

Somit ist ein Kennwert c_F sofort definierbar:

$$F = c_F' \cdot A_S \frac{\rho \cdot w_1^2}{2} \tag{5.115}$$

bzw.

$$F = c_F \cdot A_S \cdot \Delta p, \tag{5.116}$$

wobei $c_F' = \zeta \cdot c_F$.

Zum Einfluß der Kompressibilität bei Gasen liegen nur wenige Untersuchungen vor, so daß überprüfte Näherungsansätze, wie hinsichtlich des Durchflusses, nicht bekannt sind. Bild 5–42 zeigt anhand einiger Messungen die Auswirkung. Es liegt nahe, hier auch für eine erste Korrektur auszugehen von

$$F = c_F' \cdot A_S \frac{\rho_2 \cdot w_2^2}{2} \tag{5.117}$$

mit der Bestimmung des Kraftbeiwertes c_F' bei flüssigkeitsdurchströmter Armatur.

Für die überkritische Durchströmung hat sich bei Gasen die Definition nach Gl. (5.116) bewährt. Die Durchflußbegrenzung kommt hier nicht analog zur Wirkung, da der

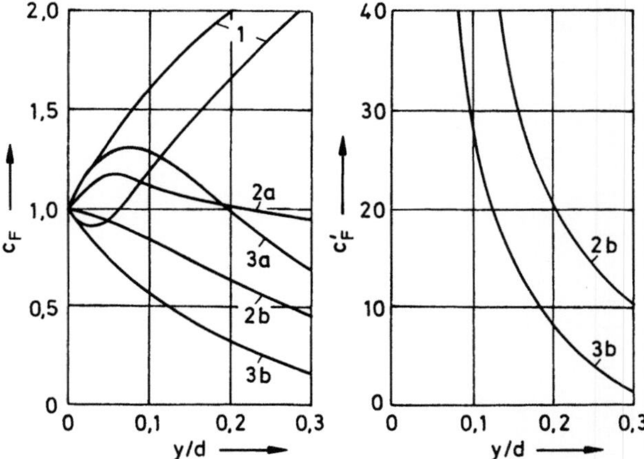

Bild 5–43. Kraftkennwerte von Ventilen, tendenzielle Abhängigkeit vom Hub.
1 mit Hubhilfen (Sicherheitsventile); 2 Stellventile; 3 Absperrventile.
a Strömung in Schließrichtung; b Strömung gegen Schließrichtung.

Nachdruck auf die Stellkörperrückseite wirkt und somit der Druckabbau Δp insgesamt bestimmend wird.

Bei sich drehenden Stellkörpern ist der entsprechende Ansatz für den Momentenbeiwert c_M zweckmäßig; ausgehend von $M = F \cdot a$ folgt sofort

$$M = c_M' \cdot d^3 \frac{\rho \cdot w_1^2}{2} \tag{5.118}$$

oder auch hier

$$M = c_M \cdot d^3 \cdot \Delta p. \tag{5.119}$$

Anzumerken wäre noch, daß bezüglich der Kraft- und Momentenbeiwerte verschiedene weitere Definitionen gebräuchlich sind (s. z. B. [5–89]). Das beruht nicht zuletzt auf der schon genannten Relevanz dieser Werte vor allem nur für Armaturenhersteller. Sie lassen sich jedoch leicht ineinander umrechnen, da stets von der gleichen Modellvorstellung ausgegangen wird.

5.5.2 Charakteristiken der Armaturengrundtypen

Ventile

Der Maximalwert der Strömungskraft liegt im allgemeinen bei geschlossenem Ventil vor, s. Bild 5–43. Bezugsfläche A_s sollte dabei, wenn keine Linienberührung vorliegt, die mittlere Dichtfläche sein, (Bild 5–44); verschiedentlich wird jedoch auch der Einfachheit wegen A_1 genutzt.

Für die Anforderungen eines masse- oder federbelasteten Sicherheitsventiles sind besondere Maßnahmen notwendig. Durch entsprechende konstruktive Gestaltung (Bild 5–45) kann vor allem die Reaktionskraft des austretenden Strahles so erhöht werden, daß die gewünschte Charakteristik erreicht wird (Bild 5–46), s. auch [5–90]. Wie beim Sicherheits-

90

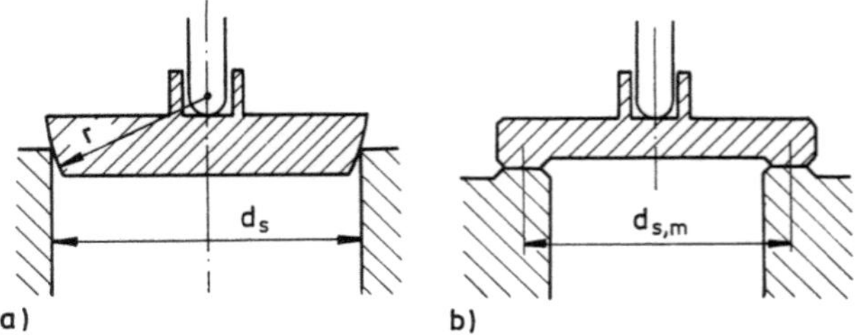

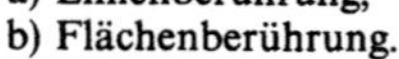

Bild 5-44. Ventilsitz-Bezugsfläche.
a) Linienberührung;
b) Flächenberührung.

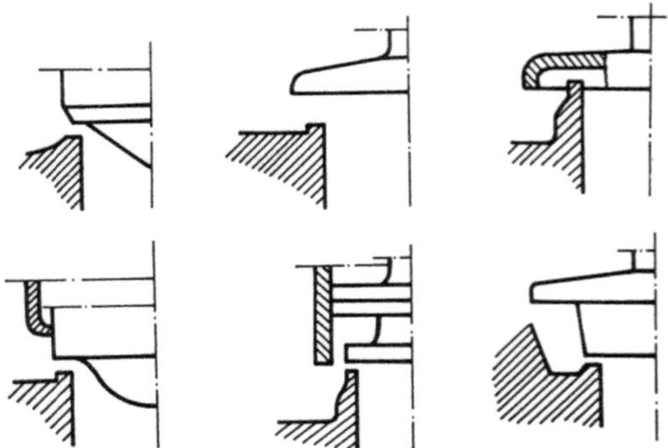

Bild 5-45.
Sitz-Kegel-Konstruktionen mit erhöhter
Strömungskraft durch Hubhilfen.

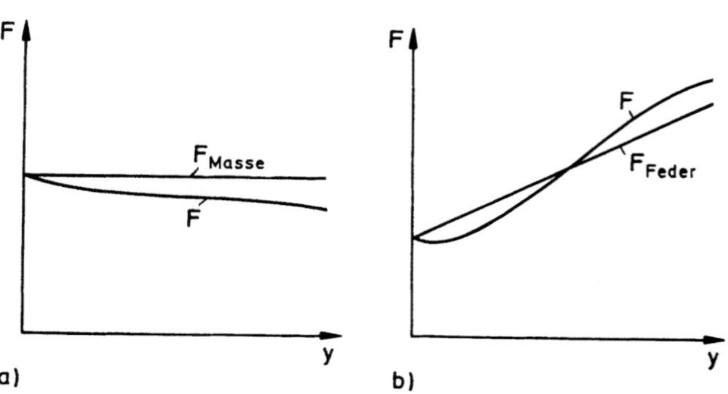

Bild 5-46. Kraftkennlinien am Sicherheitsventil ($F \triangleq c_F$, Strömungskraft bei Einstelldruck).
a) gewichtsbelastetes Sicherheitsventil;
b) federbelastetes Sicherheitsventil.

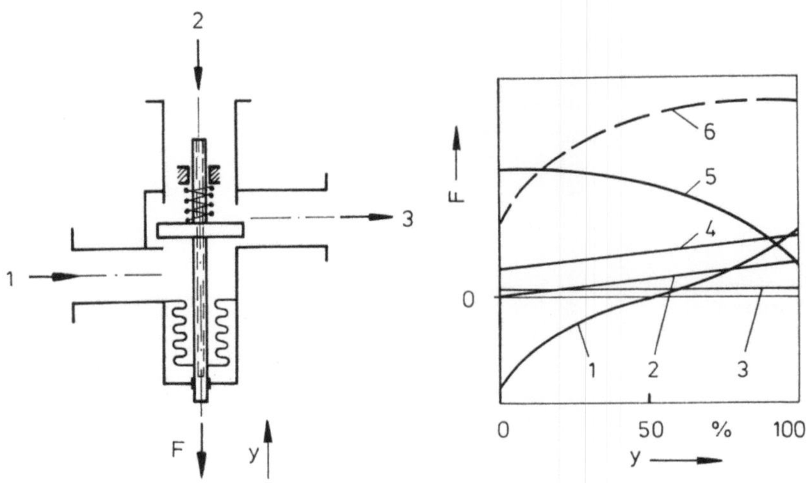

Bild 5-47. Kraftverhältnisse an einem Umschaltventil ($p_2 > p_1 > p_3$).

1 Kräfte am Kegel; 2 Federkraft des Balges; 3 Gewichtskraft; 4 Federkraft; 5 Kraft aus Δp am Faltenbalg; 6 Kräftesumme am beweglichen Bauelement.

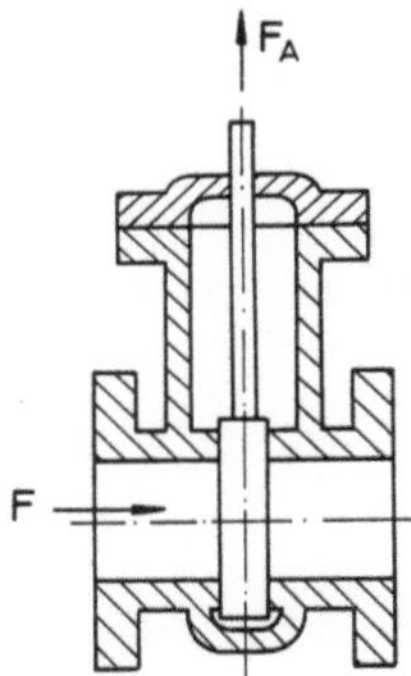

Bild 5-48.
Kraftumsetzung beim Schieber.

ventil ist bezüglich der Funktionstüchtigkeit einer Armatur stets das gesamte Wechselspiel aller Kräfte zu beachten. Die resultierende Kennlinie muß dann weiterhin mit dem Antrieb abgestimmt sein. Bild 5-47 zeigt ein solches Beispiel für Magnetantrieb (Kraft in einer Richtung wirkend).

Schieber

Der wesentliche Vorteil des Schiebers besteht darin, daß er, neben einem kleinen Druckverlust in Offenstellung, kleiner Antriebskräfte bedarf (Bild 5-48). Die Maximalkraft zur Stellkörperverstellung beträgt

$$F_{\text{Antr}} = \mu \cdot F = \mu \cdot A_s \cdot \Delta p. \qquad (5.120)$$

Bild 5-49 zeigt den Kraftbeiwert für den Stellkörper $c_F = f(y)$.

92

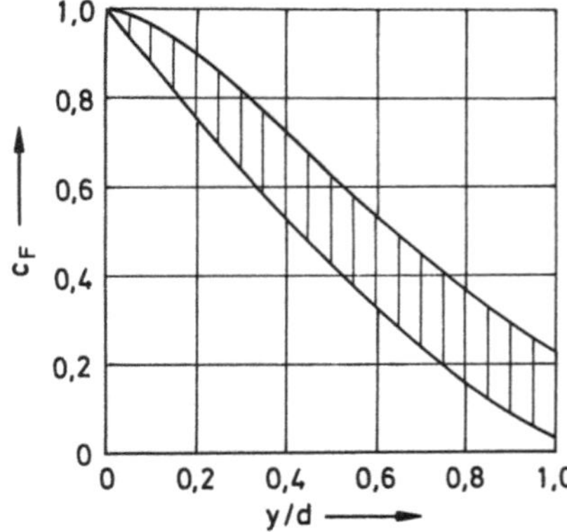

Bild 5-49.
Kraftbeiwert für Schieber (zutreffender Bereich, abhängig von der Konstruktion).

Hinsichtlich des Reibbeiwertes μ bestehen Unsicherheiten. Das betrifft zum einen noch die Unkenntnis des Wertes für die verschiedenen Werkstoffpaarungen: $\mu = 0,4$ läßt sich heute gewährleisten, weitere Verbesserungen sind möglich [5-91]. Zum anderen muß bei der vorliegenden Beanspruchung der Festkörperreibung mit Verschleiß gerechnet werden [5-92] [5-93].

Ein zweites Problem ist die nicht mögliche Aufbringung einer zusätzlichen Dichtkraft bei einer Schieberkonstruktion nach Bild 5-48. Abhilfe schafft die keilförmige Ausbildung des Absperrkörpers. Vor allem bei ungünstigen thermischen Belastungen besteht dann jedoch die Gefahr des Einklemmens. Hierdurch kann der grundsätzliche Vorteil kleiner Antriebskräfte verlorengehen. Einen Ausweg bietet die aufwendigere Ausführung als Doppelplatten- bzw. Keilplattenschieber.

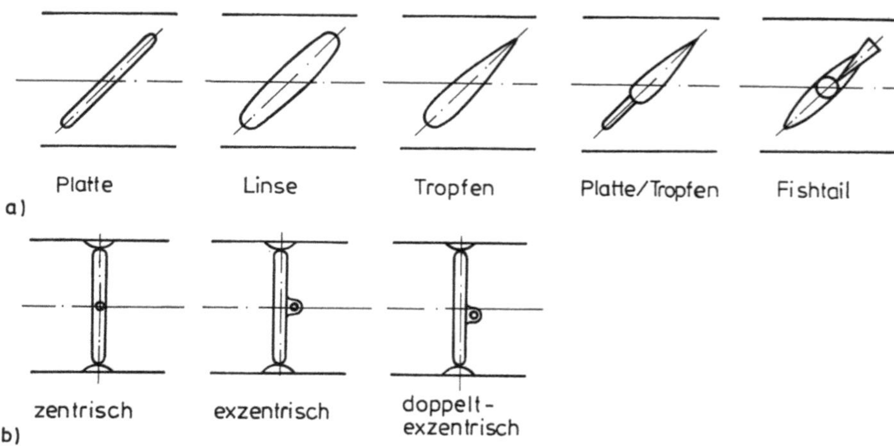

Bild 5-50. Rohrleitungsklappen-Bauarten.
a) Klappenform;
b) Lagerung/Exzentrizität.

Klappen

Bei Klappen ist wie bei Ventilen die Strömungskraft vom Antrieb aufzunehmen. Der Momentenverlauf kann sehr verschieden sein. Das hängt von der konstruktiven Ausführung ab, es betrifft (s. Bild 5–50) die

– Gestaltung des Stellkörpers sowie die
– Lage der Drehachse (exzentrisch, doppeltexzentrisch).

Die sich so ergebenden vielfältigen Möglichkeiten, auch bezüglich einer Optimierung des Momentenverlaufes, sind noch nicht voll ausgeschöpft.

Für zentrisch gelagerte Klappen zeigt Bild 5–51 den Kennwertbereich. Das Strömungsmoment wirkt dabei stets in schließender Richtung. Die Druckverteilung auf dem Klappenkörper macht dies deutlich, Bild 5–52. Die Strömung auf der Klappenvorderseite wird bestimmt durch den Staupunkt und die düsenartige Beschleunigung, auf der Rückseite durch eine diffusorartige Strömung (bis maximal bei 30° Schließwinkel) bzw. die Strömungsablösung.

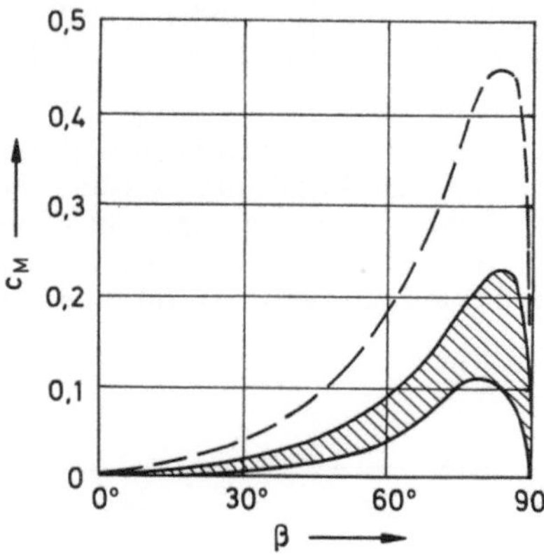

Bild 5–51.
Momentbeiwert-Bereich für Klappen (Schließstellung bei $\beta = 90°$).

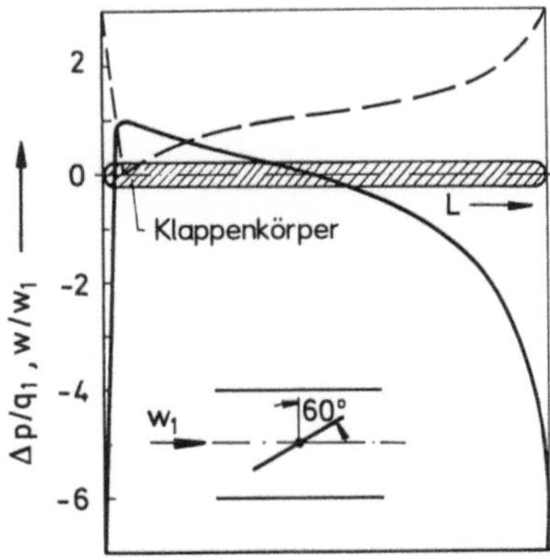

Bild 5–52.
Klappenumströmung (Vorderseite), bei $\beta = 30°$ [2–13].
——— $\Delta p/q = \Delta p_{1-x}/(\rho \cdot w_1^2/2)$;
– – – w/w_1.

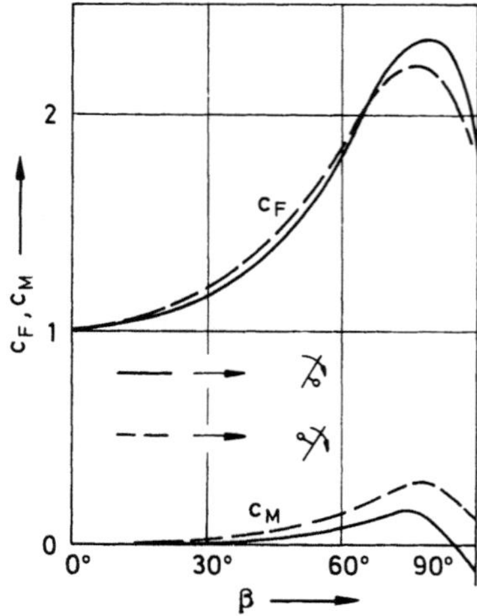

Bild 5–53.
Kraft- und Momentverlauf bei exzentrischen Klappen
(plattenförmiger Stellkörper, $e/d = 0,15$).

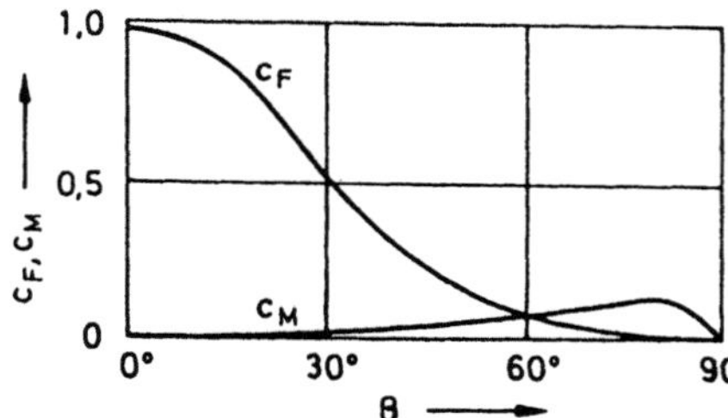

Bild 5–54.
Kraft- und Momentbeiwert von Hähnen.

Bei exzentrischen Klappen kann sich eine Richtungsumkehr des Drehmomentes ergeben, in geschlossener Stellung kann das Moment ungleich Null sein (Bild 5–53). Wie man sieht, liegt eine wesentliche Änderung gegenüber der zentrisch gelagerten Klappe vor. Die auch angegebenen Kraftbeiwerte zeigen darüber hinaus, daß das Moment infolge Lagerreibung nicht vernachlässigt werden kann. In einem weiten Bereich ($\beta > 30°$) kann es das durch die Umströmung verursachte Moment weit übertreffen.

Bei Exzentrizitäten, wie sie bei Rückschlagklappen gegeben sind, wird ein durchgehend öffnendes Strömungsmoment erreicht, s. auch [5–94].

Hähne

Bestimmend für die Bewegungsverhältnisse sind hier wiederum die über die Reibung zum Antrieb umzusetzenden Kräfte auf das Küken bzw. die Kugel:

$$M \approx \mu(d/2)F. \tag{5.121}$$

Dabei ist, insbesondere hinsichtlich der Lagerungs- und somit Reibungsverhältnisse, zu unterscheiden zwischen zapfengelagerten oder schwimmend gelagerten Stellkörpern.

Das Strömungsmoment wirkt in schließender Richtung, es ist jedoch von vernachlässigbarer Größe. Die Charakteristik, (s. Bild 5–54) ist somit von geringerer Bedeutung. Die Dimensionierung des Antriebes muß also, wie beim Schieber, nach den Verhältnissen bei geschlossener Stellung vorgenommen werden.

5.6 Armaturenlärm

Druckschwankungen mit einem Effektivwert größer als $2 \cdot 10^{-5}$ Pa (Hörschwelle) bei Frequenzen von 16 Hz bis etwa 20 kHz (Hörbereich) werden, wenn nicht gewollt, als Geräusch bzw. Lärm wahrgenommen.

Hinsichtlich der Geräuschquellen ist vor allem zwischen mechanischen und strömungsmechanische Quellen zu unterscheiden. Bei Armaturen dominieren strömungsmechanischen Quellen. Die reale Strömung ist durch eine Vielzahl möglicher Instabilitäten bzw. Schwingungen gekennzeichnet, die als Schallquellen in Frage kommen. Eine Armatur ohne Schallemission ist somit nicht zu verwirklichen. Da zudem bei der Drosselung die Energieumwandlung über die kinetische Energie erfolgt, ist zumindest bei Stellarmaturen eine beträchtliche Lärmentwicklung festzustellen. Schalldruckpegel von 110 bis 125 dB sind im Hochdruckbereich schnell erreicht, bei Sicherheitsventilen können noch höhere Werte auftreten (Bild 5–55).

5.6.1 Strömungsgeräusche

Als Ursache für die Schallentstehung sind verschiedene Effekte zu nennen. Im einzelnen ist zwischen folgenden Quellen zu unterscheiden (s. auch [5–95][5–96][5–97][5–98]:

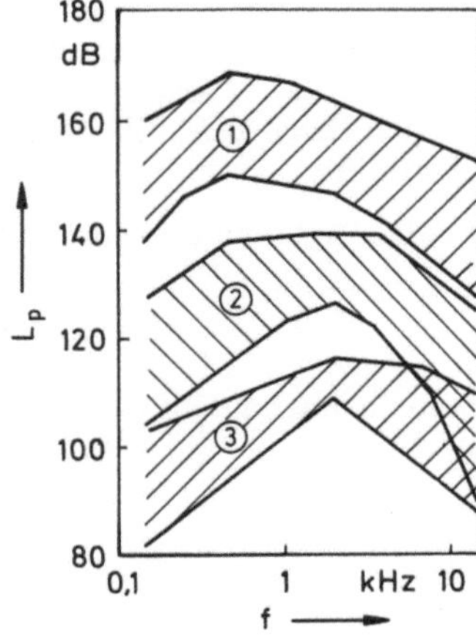

Bild 5–55.
Bereich gemessener Schalleistungspegel in Kraftwerken [5–99].
① Sicherheitsventile (Abblaseöffnung); ② Sicherheitsventile (Gehäuseabstrahlung); ③ Reduzierstationen (wärmegedämmt).

96

– turbulente Druckschwankungen der Strömung an der begrenzenden Wand (Grenzschichtgeräusche, auch Aufprallärm),

– Pulsation der Wirbel in Ablösegebieten oder die periodische Wirbelablösung mit einer
Wirbelstraßenausbildung (Wirbellärm, auch Hieb- und Schneidetöne),

– Gebiete intensiver Turbulenzproduktion, also hoher Schergefälle und damit zeitlich
veränderlicher Spannungen und Drücke (Vermischungszonen- bzw. Strahllärm),

– Schwingungen der Stoßfront beim unstetigen Übergang einer überkritischen Gasströ-
mung durch Verdichtungsstöße auf Unterschallströmung (Stoßlärm).

Da mit Armaturen z. T. erhebliche Energiebeträge umgewandelt werden und dies mit
hohen Geschwindigkeiten, Strömungsablösung (hoher Anteil der Formverluste) und somit
auch einer quasi Freistrahlausbildung sowie dem Überschreiten der Schallgeschwindigkeit
verbunden sein kann, sind stets mehrere Ursachen gleichzeitig für die Lärmentwicklung
verantwortlich (Bild 5–56].

Neben den oben genannten Quellen können zusätzlich vorhanden sein:

– Kavitation bei Flüssigkeiten; vor allem die mit der Kondensation der Dampfblasen
verbundenen Vorgänge führen zu örtlichen Druckschwankungen hoher Frequenz
(Kavitationslärm, s. Abschn. 5.3.4).

– Wie bei periodischen Ablösungen eine Rückkopplung auf die Durchströmung selbst
auftreten kann (bis hin zu Gassäulenschwingungen), so ist auch eine Wechselwirkung
mit schwingungsfähigen Bauteilen (z. B. Spindel oder Stellkörper) möglich. In einem
solchen Fall können zusätzlich mechanische Geräuschquellen auftreten.

Eine exakte Berechnung der Schallemission ist nicht möglich. Dazu fehlt die genaue
Berechenbarkeit des Strömungsfeldes, insbesondere der instationären Vorgänge. Neben
der experimentell-empirischen Bestimmung gestattet vor allem die Zurückführung auf
idealisierte Modellstrahler [5–100][5–101] eine Systematisierung und Einschätzung der
zu erwartenden Abhängigkeiten.

Erste Ergebnisse zur Schalldruckberechnung unter Bezug auf eine Wirbelfeldmodellierung
[5–19] liegen darüber hinaus vor [5–102] [5–103].

Grundsätzliche Abhängigkeiten sind nach der Schallfeldgleichung nach LIGHTHILL
[5–100] angebbar. Abgeleitet aus Kontinuitätsgleichung und Kräftegleichgewicht unter
Beachtung der örtlich zeitlichen Änderung der Zustandsgrößen und Spannungen lautet
sie vereinfacht [5–97]

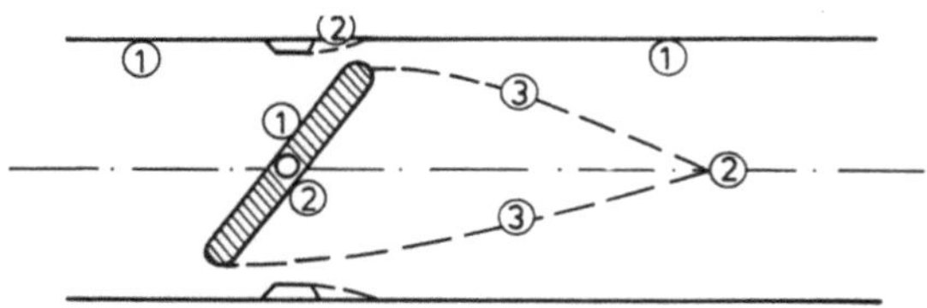

Bild 5–56.   Strömungsmechanische Armaturen-Lärmquellen.
① Grenzschichtgeräusche; ② Wirbellärm; ③ Strahllärm.

$$\frac{1}{\alpha^2}\cdot\frac{\partial^2 p'}{\partial t^2} - \frac{\partial^2 p'}{\partial x_i^2} = \frac{\partial \dot{m}'}{\partial t} - \frac{\partial f_j'}{\partial x_i} - \frac{\partial^2(\rho\cdot w_i\cdot w_j)}{\partial x_i \partial x_j}.$$ (5.122)

Dabei gilt

Vernachlässigung der Reibung,
Berücksichtigung nur kleiner Amplituden,
p' = Wechseldruck,
$\dot{m}' = \partial\rho/\partial t + \mathrm{div}(\rho\cdot\vec{w})$ = Massefluß je Volumeneinheit,
f' = Wechselkraft je Volumeneinheit.

Die gegenüber der homogenen Wellengleichung zusätzlich auftretenden Quellterme sind als Modellstrahler interpretierbar:

– Monopol: zeitlich veränderlicher Massefluß (1. Term),
– Dipol: zeitlich veränderliche Kraft (2. Term),
– Quadrupol: zeitlich veränderliche Spannung (3. Term).

Damit sind Aussagen zum grundsätzlichen Verhalten von Schallquellen möglich (Tabelle 5–15).

Die Modellstrahler sind realen Strömungsvorgängen, wie sei bei der Armaturendurchströmung gegeben sind, zuordenbar [5–104], (Tabelle 5–16). Durch die Überlagerung der Wirkung verschiedener Ursachen kann die eindeutige Abhängigkeit nach Tabelle 5–15 bei der realen Armatur verlorengehen. Dies trifft ebenso auf die Richtcharakteristik zu, was auch schon eine Folge der ausgedehnten Quellgebiete ist.

Bei den Armaturen kommt hinzu, daß die Lärmquellen im Inneren des Gehäuses liegen. Die Übertragung des produzierten Lärms durch die Gehäusewand und die Abstrahlung nach außen führt zur weiteren frequenz- und amplitudenseitigen Änderung. Gleichzeitig ist dies mit einer entsprechenden Lärmdämmung verbunden (Bild 5–57). Die Gesamtabstrahlung setzt sich aus der vom Armaturengehäuse und der von der Rohrwand zusammen, wobei die von der Rohrwand zumeist überwiegt [5–105] [5–106].

Das Quellgebiet reicht, in Abhängigkeit vom Armaturentyp, mehr oder weniger weit in die Rohrleitung hinein. Die Schallabstrahlung nimmt so auch vorerst zu und bleibt dann entlang der Rohrleitung nahezu konstant [5–107] Im ersten Abschnitt ($l \approx 4d$) ist das Schallfeld diffus, es regt die Rohrleitung intensiv zu Biege- und Longitudinalwellen an. Dieser Körperschall ist, nach Ausrichtung des Schallfeldes im Rohrinneren (Wellenfronten senkrecht zur Rohrachse), hauptsächlich verantwortlich für die Schallabstrahlung weiter stromabwärts.

Für die Charakterisierung der Schalleistung bzw. Lärmbelästigung durch eine Armatur sind somit folgende Angaben zweckmäßig [5–108] [5–109]:

– vom Armaturengehäuse abgestrahlte Schalleistung und
– die in die abströmseitige Rohrleitung eingestrahlte Schalleistung.

Die Angabe des Schalldruckpegels der Armatur (in 1 m Abstand) ist weniger repräsentativ, da so der Hauptteil der möglichen Schallabstrahlung nicht berücksichtigt bzw. die Rohrleitungsabhängigkeit nicht beachtet wird.

Entsprechend Bild 5–57 wirkt die Rohrleitung schalldämmend und körperschalleitend. Für die Schalldämmung gilt [5–110]:

$$R_{\mathrm{R}} = 9 + 10\,\lg\frac{c_{\mathrm{L}}\cdot\rho_{\mathrm{R}}\cdot s}{a\cdot\rho_{\mathrm{u}}\cdot d} \quad \text{in dB.}$$ (5.123)

Tabelle 5–15. Modell – Schallquellen.

Quelltyp (Modellstrahler)	Modellvorstellung (schematisch)	Abstrahlung (bei konzentrierter Quelle)	Schalleistung (bei kompaktem Quellgebiet)	Umsetzungsgrad (strömungsmechanisch-akustisch)
Monopol	veränderliche Masse (atmende Kugel)	kugelsymmetrisches Schallfeld	$P \sim \dfrac{\rho_q}{\rho_u \cdot a_u} l^2 \cdot w^4$	$\eta \sim \dfrac{\rho_q}{\rho_u} M$
Dipol (benachbarte, entgegengesetzt gleiche Monopole)	Wechselkraftwirkung (oszillierende Kugel)	achtförmige Richtcharakteristik	$P \sim \dfrac{\rho_q}{\rho_u \cdot a_u^3} l^2 \cdot w^6$	$\eta \sim \dfrac{\rho_q}{\rho_u} M^3$
Quadrupole (benachbarte Dipole)	Wechselspannungen bzw. -drücke (sich verformende Kugel)		$P \sim \dfrac{\rho_q}{\rho_u \cdot a_u^5} l^2 \cdot w^8$	$\eta \sim \dfrac{\rho_q}{\rho_u} M^5$

Tabelle 5-16. Zuordnung von Strömungslärmquellen.

Art der Quelle	Lärmquellen bei der Armaturendurchströmung
Monopol	Kavitation
Dipol	turbulente Strömung an Armaturen- bzw. Bauteiloberflächen pulsierende Wirbel in Ablösegebieten Umströmung von Streben bzw. Halterungen instationäre Verdichtungsstöße
Quadrupol	abgelöster Strahl in der Armatur Freistrahl beim Austritt in die Umgebung

Für die Abstrahlung sind die Biegewellen bestimmend. Damit ist zwangsläufig auch eine Änderung der Frequenzverteilung des abgestrahlten Schalles gegenüber der des Quellfeldes festzustellen [5–105]. Im besonderen Maße trifft das für den von der Rohrleitung in größerem Abstand von der Armatur abgestrahlten Anteil zu. Hier wirkt sich zwangsläufig die Wirkungsfolge diffuses Schallfeld – Körperschall – Abstrahlung besonders aus. Belegt wird das auch durch die Maßnahme der Schalldämmung mit Masseerhöhung; insbesondere hohe Frequenzen werden gedämpft.

Die Kenntnis der Schalldämmung durch die Rohrleitung ermöglicht es, umgekehrt aus der abgestrahlten Schalleistung auch diejenige zu bestimmen die in das Rohr eingestrahlt wird. Dazu wäre ansonsten die Messung im Bereich des diffusen Schallfeldes im Rohr notwendig.

Zur Angabe der die Armatur charakterisierenden Schalleistung (Schalleistungspegel) bzw. der Wirkung in der Umgebung (Schalldruckpegel in 1 m Abstand) wird zumeist nicht die frequenzabhängige Verteilung, sondern der gemittelte Wert herangezogen:

$$L = L_\mathrm{m} \approx \frac{1}{n} \sum_{i=1}^{n} L_{\mathrm{okt},i};$$
(5.124)

L_okt eine Oktave umfassender Wert.

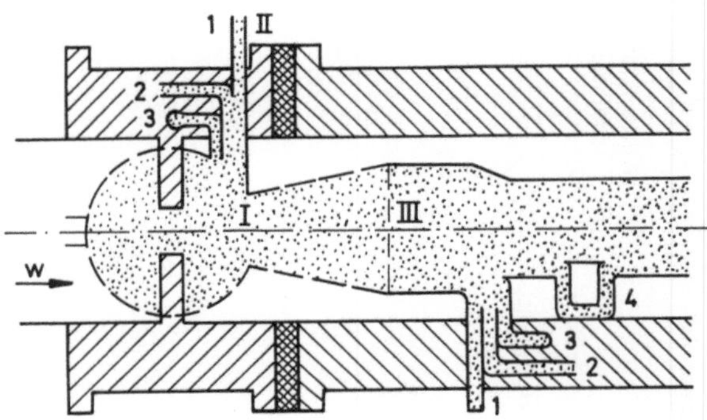

Bild 5-57. Schallenergietransport (schematisch).

I Quellgebiet; II Abstrahlung von der Armatur; III Einstrahlung in die Rohrleitung.
1 Transmission/Abstrahlung; 2 Körperschall; 3 Dissipation; 4 Reflexion an der Rohrwand.

Zusätzlich wird eine Bewertung nach der frequenzabhängigen Lautstärkeempfindung $L \rightarrow L_A$ vorgenommen, ebenso ist weiterhin eine Zeitbewertung möglich, z. B. $L \rightarrow L_{AS}$ (S = slow, langsam). Die Umbewertungen erfolgen im Meßgerät. Diesbezüglich, wie überhaupt hinsichtlich der Grundlagen der Akustik – also auch der Schallausbreitung im Raum – sei auf die Literatur verwiesen, z. B. [5-96] [5-111] [5-112] [5-113].

5.6.2 Schallemission von Armaturen

Angaben zur Geräuschemission von Armaturen sind vorwiegend empirischen Ursprungs, z. B. [5-114] [5-115] [5-116]. Hinsichtlich der zu erfassenden Einflußparameter und zu erwartenden Abhängigkeiten werden die Zusammenhänge nach Abschn. 5.6.1 genutzt. Somit wird eine gewisse Allgemeingültigkeit gesichert.

Neben Schalldruckpegel L und Schalleistungspegel L_p wird z. T. der Umsetzungsgrad η zur Kennzeichnung herangezogen (s. Tabelle 5-17).

Unter Bezugnahme auf das charakteristische Verhalten der Modellstrahler (s. Tabelle 5-15)

$$P = K \frac{\rho_q}{\rho_u} l^2 \frac{w^{3+n}}{a_u^n} \tag{5.125}$$

werden, bei üblicherweise gleichen Umgebungsbedingungen, Berechnungsgleichungen für den Schalldruck- bzw. Schalleistungspegel mit unterschiedlicher Zusammenfassung der

Tabelle 5-17. Definitionen und Umrechnungen.

Schalldruck	$\tilde{p} = \left[\dfrac{1}{T} \displaystyle\int_0^T p^2(t) \cdot dt \right]^{1/2}$ in Pa
Schalldruckpegel	$L = 20 \lg(\tilde{p}/\tilde{p}_0)$ in dB $\tilde{p}_0 = 2 \cdot 10^{-5}$ Pa = Reizschwelle Schmerzschwelle = 20 Pa
Schalleistung	$P = \displaystyle\int_A \vec{I} \cdot \vec{d}A$ in W $I = \tilde{p}^2/(\rho \cdot a) =$ Schallintensität $A =$ Hüllfläche
Schalleistungspegel	$L_P = 10 \lg(P/P_0)$ in dB $P_0 = 10^{-12}$ W = Hörgrenze $L_P = L + 10 \lg(A/A_0)$ in dB $A_0 =$ Hüll-Bezugsfläche, Kugel von $1 \, m^2$ $L_P = 150 + 10 \lg \eta + 10 \lg(P_{mech}/P_{mech,0})$ in dB $P_{mech,0} = 1 \, kW$
Umsetzungsgrad (akustischer Wirkungsgrad)	$\eta = P/P_{mech}$ $P_{mech} = (\dot{m}/2) w^2$

Tabelle 5-18. Formen der Berechnungsgleichungen für den Schalleistungspegel.

genutzte Beziehung	Schalleistungspegel in dB
$\dot m = \rho_q \cdot w \cdot l^2$	$L_P = K_1 + 10\lg \dot m + (2+n)\cdot 10\lg w + 10\lg \rho$
$P_{mech} = \rho_q \cdot l^2 \cdot w^3$	$L_P = K_2 + 10\lg P_{mech} + n\cdot 10\lg w + 10\lg \rho$
$A_{\ddot O} = l^2$	$L_P = K_3 + (3+n)\cdot 10\lg w + 10\lg A_{\ddot O} + 20\lg \rho$
$\rho_q \cdot w^2 \cdot \zeta = \Delta p_v$	$L_P = K_4 + 20\lg \zeta + 20\lg \Delta p_v + (n-1)\cdot 10\lg w + 20\lg l$

Bei überkritischer Entspannung und Bezugnahme auf den engsten Querschnitt
$w = w_{vc} = a_{krit}$

$a_{krit}^2 = \dfrac{2\kappa}{\kappa+1}\cdot\dfrac{p_R}{\rho_R}$ $r = \dfrac{2\kappa}{\kappa+1} R\cdot T_R$	$L_P = K_5 + 10\lg \dot m + 10\lg \rho_R + (1+n/2)\cdot 10\lg T_R$ $\qquad + (1/\kappa)\cdot 10\lg p_q - (1/\kappa)\cdot 10\lg p_R$
$\dfrac{\rho_q}{\rho_R} = \left(\dfrac{p_q}{p_R}\right)^{1/\kappa}$	$L_P = K_6 + 10\lg \dot m + a\cdot\lg T_R + b\cdot\lg p_R + c\cdot\lg p_q$

einzelnen Einflußparameter angegeben (Tabelle 5-18). Bei den experimentell gestützten Berechnungsgleichungen sind Abweichungen hiervon zu verzeichnen; sie haben ihre Ursache in

- nicht gegebenen Idealstrahlern,
- der Konstanz einzelner Einflußparameter bei den jeweiligen Versuchs- oder Einsatzbedingungen.

Einen Schwerpunkt hinsichtlich der Lärmverursachung stellen die Ausströmgeräusche dar. Bei abblasenden Sicherheitsventilen ergibt sich auf Grund des Quadrupolcharakters der Quelle bei im allgemeinen großen Geschwindigkeiten eine hohe Lärmbelästigung (s. Bild 5-55). Zum Vergleich der zu erwartenden Werte wird oft die Ausströmung aus einer Düse herangezogen (Bild 5-58, s. auch [5-117]). Berechnungsgleichungen für Ausströmgeräusche von Düsen und Sicherheitsventilen gibt Tabelle 5-19 an. Vergleichend zeigt Bild 5-59 den frequenzabhängigen Schalldruckpegel von Gehäuse und Ausblaseöffnung eines Sicherheitsventiles.

Zur Geräuschemission von in die Rohrleitung eingebundenen Armaturen liegt eine Vielzahl empirisch ermittelter Gleichungen vor (s. Tabelle 5-20). Die Angaben betreffen die Gehäuseabstrahlung, gegebenenfalls getrennt zusätzlich die Emission von der Rohrleitung oder auch den Schalleistungspegel des Gehäuses mit getrennter Nennung der in die nachfolgende Rohrleitung eingestrahlten Schalleistung. Vor allem letzteres ermöglicht eine umfassende Aussage zur Lärmimmission in der Umgebung der Armatur.

So beträgt die von Dampfstellventilen großer Leistung nach [5-108] produzierte Schallenergie:

$$L_{P,A} = 135 + 16\lg\dot m + 8\lg\frac{p_2}{p_1}\quad \text{in dB(A)}. \tag{5.126}$$

Die vom Gehäuse abgestrahlte Schalleistung ergibt sich dann zu

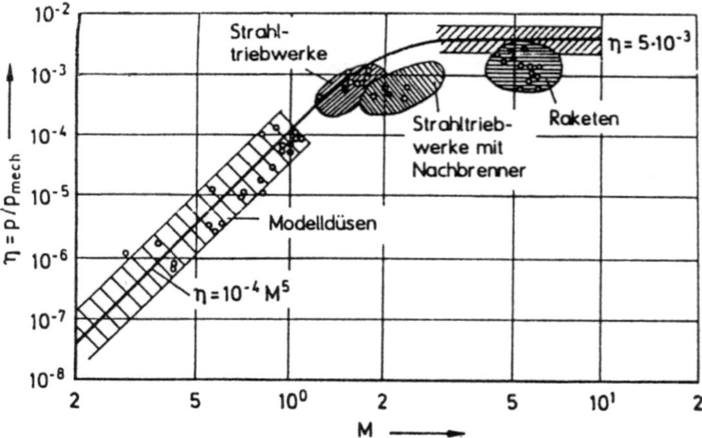

Bild 5–58. Strömungsmechanischakustischer Umsetzungsgrad bei Strahllärm [5–97].

Tabelle 5–19. Schallemission von Düsen und Sicherheitsventilen.

Berechnungsgleichung	Bereich	Quelle
Düsen		
$L_P = (-51 \pm 3) + 20\lg \rho + 80\lg w + 10\lg A_{\ddot{o}}$	$M < 1$	[5–96]
$L_P = (76 \pm 3) + 10\lg \dot{m} + 10\lg p_R + 25\lg T_R$	$M > 1$	[5–118]
Ausblaseöffnung von Sicherheitsventilen		
$L_P = 3 + 10\lg \dot{m} + 10\lg p_R + 25\lg T_R$	überkritisch	[5–96]
$L_P = 6 + 17\lg \dot{m} + 50\lg T_R$		[5–119]

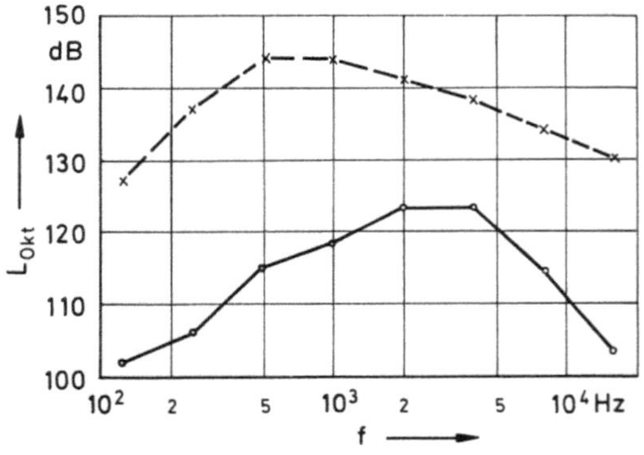

Bild 5–59.
Frequenzabhängigkeit des Schalldruckpegels
(Sicherheitsventil; $p_R = 4\,\text{MPa}$; $\dot{m} = 40\,\text{t/h}$,
Wasserdampf) [5–99].

– – – Ausblaseöffnung (Abstand 6,5 m);
——— Ventilgehäuse (Abstand 2 m).

$$L_{P,A-G} = L_{P,A} \pm 5 - \Delta L_w \quad \text{in dB(A)};\qquad\qquad (5.127)$$

ΔL_w Minderung durch Gehäusewand und gegebenenfalls Wärmedämmung.

Tabelle 5-20. Schallemission von Armaturen.

Berechnungsgleichung	Bemerkung	Quelle
Grenzschichtgeräusch/Kanalströmung		
$L_P \approx 60 \lg w + 10 \lg A_0$ in dB		[5-96]
Kanaleinbauten		
$L_P = 7 + 30 \lg \Delta p_v + 20 \lg d_R$ in dB	$M < 0{,}3$	[5-113]
Abzweige und Umlenkungen		
$L_{P,A} = (-1 \pm 5) + 60 \lg w + 25 \lg \zeta + 20 \lg d_R$ in dB(A)	$M < 0{,}3$	[5-96]
Armaturen Drosselklappen (Lüftungs-)		
$L_{P,A} = (-1 \pm 5) + 60 \lg w + 20 \lg \zeta + 20 \lg d_R$ in dB(A)	$M < 0{,}3$, $\beta = 0°$ bis $40°$	s. bei [5-96]
$L_{P,A} = (-6 \pm 5) + 60 \lg w + 25 \lg \zeta + 20 \lg d_R$ in dB(A)	$M < 0{,}3$, $\beta = 40°$ bis $65°$	s. bei [5-96]
Stellventilgehäuse (Dampfzustandswandler, wärmegedämmt		
$L_P = (65 \pm 5) + 10 \lg \dot{m} + 10 \lg T_R + 10 \lg(p_1/p_2)$ in dB	große Leistung, über- kritische Entspannung	s. bei [5-96]
$L_{P,A} = (85 \pm 5) + 16 \lg \dot{m} + 8 \lg(p_1/p_2)$ in dB(A)	dito	[5-109]
$L_P = 20 + 10 \lg \dot{m} + 10 \lg p_{R,1}$ in dB	dito	[5-96]
Einstrahlung in die Rohrleitung nach der Armatur		
$L_P = (105 \pm 3) + 10 \lg \dot{m} + 10 \lg T_R + 10 \lg(p_1/p_2)$ in dB	dito	[5-121]
Sicherheitsventilgehäuse		
$L_{P,A} = 64 + 10 \lg \dot{m} + 10 \lg p_{R,1}$ in dB(A)	dito	[5-96]
Sicherheitsventil, gesamt		
$L_P \approx 15 + 17 \lg \dot{m} + 50 \lg T_R$ in dB	dito	[5-99]

Die in die Rohrleitung eingestrahlte Schalleistung beträgt

$$L_{P,A-R} = L_{P,A} \pm 5 \quad \text{in dB(A)}. \tag{5.128}$$

Bei der Abstrahlung vom Rohr sind wiederum zwei Abschnitte zu unterscheiden:

– unmittelbar nach der Armatur $(l \leq 4d)$ bei diffusem Schallfeld und somit
$L_{P,A-R,1} = L_{P,A-R} - R_R,$
– Schallabstrahlung weiter stromab infolge Schwingungsenergietransportes in der
Rohrleitung, also über Körperschall.

Wie schon Tabelle 5-20 erkennen läßt, liegt der Schwerpunkt der Untersuchungen auf
Grund der beträchtlichen Schalleistung bei Drosselarmaturen mit überkritischem Druckabfall und großem Massestrom. Bei Schallgeschwindigkeit im engsten Querschnitt kann
sich danach ein Überschallstrahl ausbilden. Damit verbundene Verdichtungsstöße können
weitere beträchtliche Lärmquellen sein. Nicht zuletzt deshalb können die relativ ein-
deutigen (Düsen-) Strahllärmabhängigkeiten (s. Bild 5-58) nicht unmittelbar auf die
Armatur übertragen werden. Einschränkend wirkt sich weiterhin die Strahlbegrenzung
durch geschlossene Ablösegebiete aus.

Hingewiesen sei auch auf die mögliche mechanische Beanspruchung der Bauteile. Vor allem die instationären Verdichtungsstöße wie auch tonale Komponenten (Wirbelschwingung bzw. -ablösung) mit Wechseldrücken von 10^2 bis 10^3 Pa können bei Resonanz zur Schädigung führen. Gefährdet sind dabei vor allem die Spindeln der Armaturen, aber auch das gesamte Rohrleitungssystem.

Bei unterkritischer Durchströmung konnte für Ventile mit verschiedenen Gehäuse-Drosselkörpergestaltungen die Gültigkeit von

$$\eta_{ak} \approx 2{,}75\cdot10^{-4}\,\frac{\rho_q}{\rho_u}\cdot\frac{w_{vc}}{a_u} \tag{5.129}$$

nachgewiesen werden [5-117]. Für den Schalleistungspegel der Schallquelle ergibt sich danach

$$L_p = \pm 5 + 10\lg P_{mech} + 10\lg\eta \quad \text{in dB} \tag{5.130}$$

mit $P_{mech} = (\dot{m}/2)\,w_{vc}^2$; an spezifischen Bedingungen sind hierbei zu nennen: $T_R \approx T_U$, $p_q \approx p_U$.

Neben den in Tabelle 5–20 weiter angegebenen Berechnungsgleichungen sei darüber hinaus verwiesen auf [5-121] [5-122] [5-123].

Es liegt nahe, hinsichtlich der Übertragbarkeit gewonnener Ergebnisse die Ännlichkeitstheorie zu nutzen. Die Einhaltung der entsprechenden Proportionen stellt jedoch hohe Anforderungen. Es müssen beachtet werden:

- die geometrische Ähnlichkeit;
- die Einhaltung der strömungstechnischen Ähnlichkeit, d. h. Gleichheit von Re, M, Eu, Sr bei Original und Modell;
- die strömungsakustische Ähnlichkeit: He und damit im Zusammenhang die Turbulenzverhältnisse.

Nach Gl. (5.128) ergibt sich dann (bei $\rho_U =$ konst.) für einen Monopolstrahler

$$\frac{P}{m\cdot\Delta p} = \text{konst.} \tag{5.131}$$

oder (s. auch Tabelle 5–18)

$$\eta/\rho_q = \text{konst.}$$

Praktisch wird stets nur partielle Ähnlichkeit zu verwirklichen sein, s. z. B. [5-124]. Es sind dann zusätzliche Untersuchungen zur Abhängigkeit von den nicht eingehaltenen Bedingungen (Kennzahlen) notwendig. Generell ist die Ähnlichkeitstheorie jedoch geeignet, um zu erwartende Abhängigkeiten vorherzusagen und so das Untersuchungsprogramm entsprechend anzulegen.

5.6.3 Geräuschminderung

Maßnahmen zur Lärmminderung lassen sich aus der Kenntnis über die Lärmquellen, ihre Wirkungsweise und Parameterabhängigkeit ableiten [5-119] [5-125]. Ansatzpunkte sind also bei den hauptsächlichen Ursachen des Armaturenlärmes zu suchen, dem Strahllärm, dem Wirbellärm und auch dem Stoßlärm. Dabei ist grundsätzlich zwischen Absperrarmaturen einerseits und Stell- bzw. Sicherheitsarmaturen andererseits zu unterscheiden.

Absperrarmaturen sollen in der Passivfunktion die Strömung nicht beeinflussen, der Druckverlust soll minimal sein. Sie sind somit möglichst strömungsgünstig zu gestalten. Das ist identisch mit der Zielstellung einer lärmarmen Konstruktion. Optimal sind somit Leitrohrschieber oder Kugelhähne.

Stell- und Sicherheitsarmaturen sind Drosselarmaturen. Die funktionsbedingten hohen Geschwindigkeiten, verbunden mit Ablösegebieten und freien Begrenzungen der Kernströmung, sind Ursache beträchtlicher Schalleistungspegel.

Hier bieten sich folgende Möglichkeiten zur Minimierung der Umweltbelastung an (s. auch [5–126] bis [5–129]:

– Primärmaßnahmen. Einflußnahme auf die eine Geräuschentwicklung verursachenden Strömungsverhältnisse, eingeschlossen den Übertragungsweg nach außen.

– Sekundärmaßnahmen. Anordnung zusätzlicher Baukörper zur Reduzierung der von der Armatur bzw. Rohrleitung abgestrahlten Schalleistung an die Umgebung.

Die Zuordnung einzelner Maßnahmen ist dabei nicht immer eindeutig möglich. Der Vorzug sollte den Primärmaßnahmen gegeben werden, Sekundärmaßnahmen sind im allgemeinen aufwendiger.

Da Armaturen Verursacher beträchtlicher Schalleistungen sein können, sind zusätzliche Sekundärmaßnahmen oftmals nicht zu umgehen. Hinsichtlich der Wirksamkeit ist gegenüber einem Ausgangszustand nicht besonders beachteter geräuscharmer Gestaltung eine Minderung von

– 5 bis 20 (bis 40) dB durch Primärmaßnahmen und

– 10 bis 20 (bis 40) dB durch Sekundärmaßnahmen

Tabelle 5–21.   Maßnahmen zur Beeinflussung der Quellenstärke.

1	*Erhöhung des Reibungsverlustes gegenüber dem Formverlust* (Kapillar- bzw. Drosselstrecken- statt Einschnürungsprinzip)
2	*Verminderung der Strömungsgeschwindigkeit*
2.1	Auswahl von Armaturen ohne Druckrückgewinn $(f_g \geqq 1)$
2.2	mehrstufige Drosselung
3	*Verkleinerung der Linearabmessung des Quellengebietes*
3.1	Minimierung des Gesamtquellgebietes
3.2	Übergang zu kleinzelligen Strukturen
4	*Vermeidung bzw. Minderung des Wirbellärms*
4.1	Vermeidung von Wirbelgebieten und -straßen
4.2	Zerteilung von Wirbelgebieten
4.3	Stabilisierung von Wirbelgebieten
5	*Reduzierung des Grenzschicht- bzw. Aufprallärms*
5.1	Vermeidung hochturbulenter Wandströmung
5.2	Strahlumlenkung bei gering ausgebildeter Vermischungszone
6	*Einschränkung hochturbulenter Strömungsbereiche*
6.1	schnelle Strahlauflösung
6.2	Einschränkung der Vermischungszone durch Aufteilung
6.3	Übergang zu kleinzelligen Strukturen
6.4	Kraftfeldüberlagerung zur Turbulenzdämpfung
7	*Vermeidung bzw. Minderung der Wirkung von Verdichtungsstößen*
7.1	Einschränkung durch Mehrstufendrosselung
7.2	Stabilisierung der Stoßfronten

Tabelle 5–22. Hinweise zur konstruktiven Gestaltung für Maßnahmen der Geräuschminderung nach Tabelle 5–21.

Gestaltungsbeispiele	betrifft Maßnahme
Durchflußaufgliederung in parallele Labyrinthstrecken (regelbar nach Kolbenventilprinzip)	1./2.
stetige Drosselstrecken (Kugelschüttung, gegebenenfalls als Festdrossel)	1./2.
Gegenstrom- bzw. Gegenstrahlprinzip nutzen (z. B. gelochter Hohlkegel)	2.1/3./5.1
Stufenkegel	2.2/7.
nachgeschaltete Lochplatten-Drosselscheiben (axiale, besser radiale Anordnung)	2.2/3.2/7.1
Drosselung mittels Lochplatte (Parallelstrahlen)	3./6.3
Vermeidung von Streben und Halterungen im Entspannungsbereich	4.1
Ringwirbel vermeiden bzw. aufspalten (gegebenenfalls durch versetzte Teilstrahlen)	4.2
Ablösewirbel, Wirbelstraßen durch Leiteinrichtungen begrenzen und stabilisieren (z. B. konzentr. Röhrensystem)	4.3/6.2
Freistrahlaufnahme in ejektorartiger Konstruktion (bzw. Injektorwirkung)	4.3/6.3/2.1
Trägheitsablösung statt Reibungsablösung (Kanten statt stetiger Krümmung)	4.3/7.2
Freistrahlführung (nur einseitige Ablösung)	5.1
geringer Auftreffabstand (Freistrahlbeginn bis Wandauftreffen: $\leqq 3d$)	5.2/6.4
Vergrößerung der Oberfläche des Freistrahles (entsprechende Querschnittsprofilierung oder Aufspaltung)	6.1
Siebeinbau (vor ausgebildeter Vermischungszone)	6.3/3.
Strahlaufnahme durch gekrümmte Wand (bei kleinem Auftreffwinkel)	6.4
Drallüberlagerung (z. B. durch entsprechend profilierten Stellkörper)	6.4
eckige (bzw. kantige) Sitz-Drosselkörpergestaltung	7.2

Tabelle 5–23. Maßnahmen zur Reduzierung des Transmissionsgrades $P_{\text{Abstrahlung}}/P_{\text{Quelle}}$.

Maßnahmen		Ausführungsbeispiele
1	*Reflexion im System erhöhen*	
1.1	Zwischenreflexion	zylindrische Bauteile einorden (Stufendrosselscheiben bzw. konzentrische Röhren)
1.2	Gehäusewandabschirmung (gegebenenfalls gekoppelt mit Absorption)	Innenwandauskleidung mit schalldämmendem Material
2	*Absorption erhöhen*	
2.1	Absorptionsgrad der Wand erhöhen	konstruktive Gehäusewandgestaltung (Schwingungsfähigkeit reduzieren: Wanddicke bzw.- masse, Flächengestaltung), schallabsorbierendes Material verwenden
2.2	Quellenfrequenz erhöhen (durch kleinzellige Quellengebiete)	Dämmwerte für höhere Frequenzen sind größer (Gehäusewand, Luft)
3	*Unterbrechung des Körperschalltransportes betreffs*	
3.1	Fortleitung in der Rohrleitung	Zwischendämpfer nach Anregungsgebiet
3.2	Gehäuse- bzw. Rohrleitungslagerung	Schalldämmende Lagerung (auch bei Wanddurchführungen)

Tabelle 5–24.   Sekundärmaßnahmen zur Lärmminderung.

1	*Zusätzliche Absorption durch*

1   *Zusätzliche Absorption durch*
 – (verstärkte) Wärmedämmung
 – schalldämmende Schalen bzw. Kapseln
 – (vollständige) Einhausung

2   *Anordnung von Schalldämpfern*
2.1   Einordnung in die Armatur bzw. Rohrleitung (s. auch Tabelle 5–21)
 – Absorptionsschalldämpfer (Auskleidung, Kulissen)
 – Resonanzschalldämpfer (entsprechende Kammerzuordnung bzw. -bemessung)
2.2   Ausblaseschalldämpfer (vor allem für Sicherheitsventile) gekoppelte Nutzung von
 – Geschwindigkeitsreduzierung (Lochscheiben- bzw. Multidiffusor)
 – Reflexion (Abschrimung bzw. stufenweise Geschwindigkeitsreduzierung)
 – Absorption (schalldämmende Wandausführung)

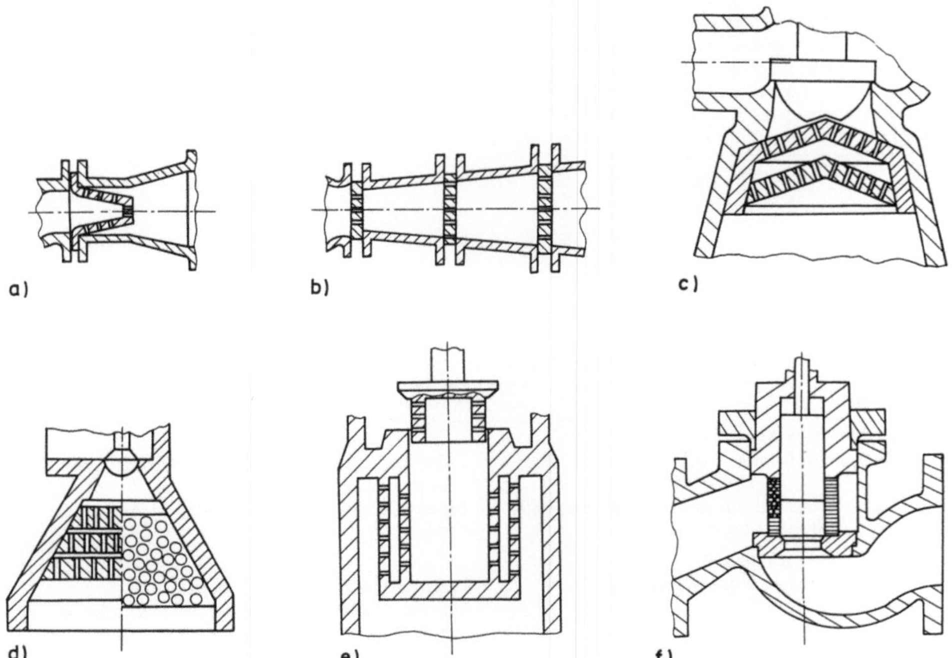

Bild 5–60.   Einsatz von Drosselscheiben zur Lärmminderung (Entwicklung schematisch).
   a) Einstufendrosselung;
   b) Mehrstufendrosselung;
   c) Abstandsreduzierung;
   d) Drosselstrecke;
   e) koaxiale Anordnung;
   f) regelbare Labyrinthstrecke.

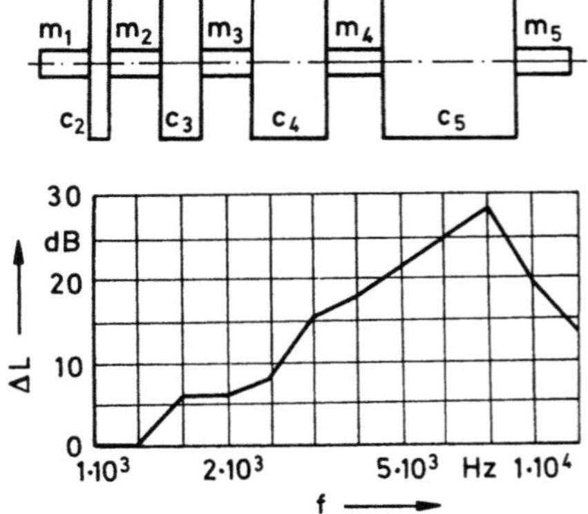

Bild 5-61.
Schalldämpfung bei Reihenschaltung von Lochplatten (angepaßtes Resonatorsystem) [5-131].
m_1 bis m_5 Luftmassen in den Bohrungen der Platten;
c_2 bis c_5 Federsteifigkeit der Luftvolumen zwischen den Platten.

möglich. Die fachgerechte Beurteilung des Ausgangszustandes und der zweckmäßigsten Maßnahmen muß hierbei vorausgesetzt werden.

Im einzelnen sind die folgenden Möglichkeiten einer geräuscharmen Gestaltung zu nennen:

1. Vermeidung oder Beeinflussung der Geräuschquellen: Ausgehend von den erörterten Mechanismen und Einflußparametern (Abschn. 5.6.1 und 5.6.2) sind verschiedene Ansatzpunkte gegeben, s. Tabelle 5-21. Hinweise zur konstruktiven Umsetzung gibt Tabelle 5-22 an. Da bei Armaturen zumeist mehrere Schallquellen parallel wirken, muß proportioniert vorgegangen werden. Entscheidend ist die Bekämpfung der dominierenden Schallquelle; bei z. B. einer Differenz von 5 dB zwischen zwei Quellen ist gemäß $L_p = 10\lg(\Sigma P_i/P_0)$ eine weitere Absenkung des Pegels des niedrigeren Verursachers quasi wirkungslos (s. hierzu auch Tabelle 5-17).

2. Beachtung möglicher Sekundärwirkungen in der Rohrleitungsanlage; Vermeidung zusätzlicher Quellen vor allem abströmseitig:

   – keine Toträume (Bohrungen, Blindstutzen),
   – großer Abstand von Einbauten und Krümmern.

3. Unterbrechung des Schallflusses (Transmission) nach außen sowohl vom Quellgebiet zur Gehäuse- oder auch zur Rohrwand als auch durch Erhöhung der Absorption und Unterbrechung des Körperschallweges (s. Tabelle 5-23).

4. Minderung der Abstrahlung in die Umgebung durch entsprechende Abgrenzung. Auch die Schalldämpfer werden diesen Sekundärmaßnahmen zugeordnet (s. Tabelle 5-24, s. auch [5-130]).

Wie schon Tabelle 5-22 erkennen läßt, sind zumeist verschiedene Effekte miteinander gekoppelt. Das ist bei vorzusehenden Maßnahmen zu beachten und sollte zielgerichtet genutzt werden. Als Beispiel sei diesbezüglich auf den Einbau von Drosselscheiben hingewiesen (Bild 5-60). Mit der stufenweisen Entspannung wird die Geschwindigkeit reduziert, gegebenenfalls eine überkritische Entspannung vermieden, aber auch ein kleinzelliges Quellgebiet erreicht sowie das Reflexions- und Absorptionsverhalten zur Schalldämmung genutzt. Deutlich ist eine Entwicklung zu erkennen, die die verschiedenen Ansatzpunkte effektiv verknüpft. Das führt hin bis zur angepaßten Bemessung der Drosselplatten und der Wahl ihres Abstandes derart, daß das System zusätzlich als Resonanzschalldämpfer wirkt, s. Bild 5-61.

6 Hauptfunktionen

Armaturen haben die Aufgabe, den Durchfluß in gewünschter Form zu verändern. Die unterschiedlichen Forderungen, s. Tabelle 6-1, führten zu jeweils angepaßten Konstruktionen [6–1]. Die Eignung für eine Aufgabenstellung schließt meist Nachteile beim Einsatz für eine andere ein, läßt das z. T. überhaupt nicht zu. Jede Funktion bedarf also einer spezifisch zugeordneten Armatur. Die Reihenschaltung unterschiedlicher Typen in einer Rohrleitung ist daher keine Seltenheit. Eine solche Folge kann sich allerdings auch aus sicherheitstechnischen oder betriebswirtschaftlichen Gründen ergeben.

6.1 Absperren des Durchflusses

Die Auf-Zu-Betriebsweise verlangt in den beiden Endstellungen

– Auf: minimale Drosselung,
– Zu: Dichtheit.

Ein geringer Druckverlust setzt eine strömungsgünstige Gestaltung des Durchströmkanales voraus; schon PFLEIDERER [6–2] s. auch bei [6–4], befaßte sich mit dem Zusammenhang bei Ventilen (Bild 6–1). Der mögliche Grenzwert wird mit durchgehendem Rohrprofil bei Leitrohrschiebern und Kugelhähnen erreicht (s. auch Bild 4–10).

Hinsichtlich der Dichtheit ist richtigerweise von definierter Leckage zu sprechen. Unter „technisch dicht" ist die Unterschreitung einer zulässigen Leckage zu verstehen. Als Kriterien dienen verschiedene leicht meßbare Größen, wie Blasen- oder Tropfenanzahl bei einem bestimmten Prüfdruck über eine vorgegebene Zeit (Tabelle 6–2). Zunehmend geht man zur Vorgabe eines Leckagestromes über und benutzt Dichtheitsklassen nach einem Bildungsgesetz der Art (s. hierzu Tabelle 6–3 und Bild 6–2)

$$\dot{V}_{zul} = K \cdot 10^{-n} \cdot DN^{m}. \tag{6.1}$$

Das wird sowohl für Flüssigkeiten als auch für Gase herangezogen (s. Tabelle 6–4).

Zur Einhaltung hoher Anforderungen muß die konstruktive Ausführung eine exakte Formschlüssigkeit zulassen [6–4]. Neben der Flächen- bzw. Linienzuordnung zwischen Absperrkörper und Gehäuse sind die Lagerungsverhältnisse des Verstellbauteiles, der Spindel oder Welle zu beachten. So machen die Fertigungs- und Montagetoleranzen bei Ventilen und Schiebern eine gelenkige Verbindung zwischen Absperrkörper und Spindel notwendig (Bild 6–3). Ein ungehindertes Aufsetzen des Absperrkörpers setzt weiterhin eine radiale Beweglichkeit voraus; beim Einkippen muß letztendlich Formschlüssigkeit gesichert werden. Beim Kugelhahn wird das durch die schwimmend gelagerte Kugel oder elastisch gelagerte Dichtelemente erreicht.

Besondere Schwierigkeiten bestehen bei der Klappe; hohe Fertigungsgenauigkeit und elastische Dichtelemente ermöglichen den Einsatz als Absperrarmatur (Bild 6–4).

In die Überlegungen sind zusätzlich die Verformungen im Sitzbereich auf Grund der Druck- und Temperaturbelastung der Armatur einzubeziehen.

Einfachere Verhältnisse liegen bei Weichdichtungen vor; ihr Einsatzbereich ist jedoch temperatur- und druckseitig begrenzt:

Tabelle 6-1. Aufgaben der Armaturen.

Aufgabe	Forderungen	
Absperren	minimale Leckage:	$L \to \mathrm{Min}$
Einstellen (Regeln)	bestimmte Stellweg-abhängigkeit:	$\dot{m} = \mathrm{f}(y)$
Absichern	Druckbegrenzung:	$p < p_{\max},\, p > p_{\min}$
	Rückstromverhinderung:	$\dot{m}_{\mathrm{rück}} \to 0$
	Phasentrennung:	$\dot{m}_{\mathrm{Phase\,2}} \to 0$
	Durchflußbegrenzung:	$\dot{m} < \dot{m}_{\max}$

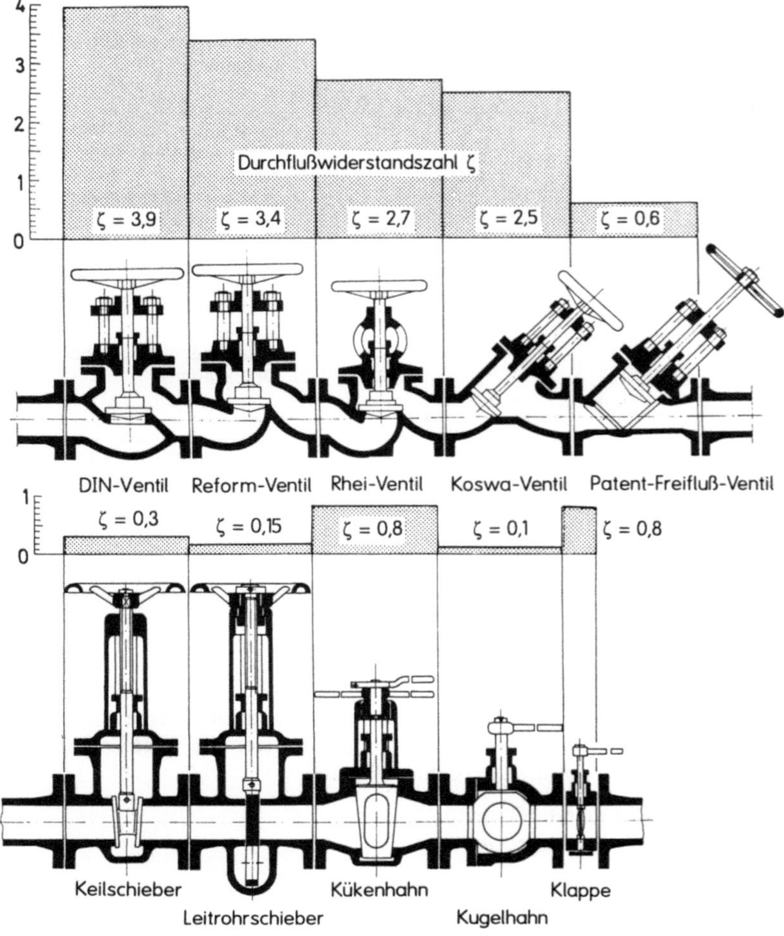

Bild 6-1. Druckverlustbeiwerte ζ von Absperrarmaturen.

Tabelle 6–2.   Prüfung auf Dichtheit, Methoden zur Bestimmung der Leckage.

Methode	Schema	Kennwert	Bemerkungen
Bläschenmethode		n/t z. B. Blasen/s	– aufsteigende Blasen im Flüssigkeitspuffer oder Blasenbildung im Flüssigkeitsfilm; – relativ scharfes (subjektives) Kriterium
Tropfenmethode		n/t z. B. Tropfen/s	– austretende Flüssigkeit an der Dichtfläche (Schweißbildung), Tropfenbildung); – relativ scharfes (subjektives) Kriterium
Kondensations-auffangmethode		auftretende Kondensation	– nur geeignet für Dampf, Kondensation des überhitzten Dampfes beim Austritt am kalten Glasstab; – ungenau
Auffang-U-Rohr-Methode		$\dot{V}$ z. B. cm^3/min	– Messung des verdrängten Volumens am U-Rohr (oder Kapillare) – genau, quantifiziert (bei dichtem Auffangraum!)
Austritt-U-Rohr-Methode		$\dot{V}$ z. B. cm^3/min	– Messung des verdrängten Volumens am U-Rohr (oder Kapillare); – genau, quantifiziert (bei dichtem Druckraum!)
Auffang-Drucksteigerungsmethode		Lusec, Leckrate $\dfrac{Torr \cdot Liter}{s}$	– Messung des Druckanstieges im Unterdruckraum (Vakuum); – scharf, quantifiziert

– Temperatur kleiner als 150 bis 250 °C,
– Druck kleiner als 2,5 MPa.

Um die gewünschte Dichtwirkung zu erzielen, ist selbstverständlich eine angemessene Flächenpressung zwischen Absperrkörper und Gehäuse notwendig. Hierfür kann z. T. der anstehende Differenzdruck genutzt werden:

– Schieber, Hahn (bei schwimmend gelagerter Kugel);
– Ventil, bei Durchströmung in Schließrichtung.

Andernfalls muß, neben der Kompensation der durch den Differenzdruck gegebenen Kraft, eine zusätzliche Dichtpressung vorhanden sein:

$$p \leqq 3 \text{ PN}, \quad \text{aber } p \leqq \text{ Streckgrenze } R_e. \tag{6.2}$$

112

Tabelle 6-3. Dichtheitskriterien für Absperrarmaturen (für Flüssigkeiten, Leckage in cm^3/min).

Dichtheitsgrade (mögliche Staffelung)	Leckraten (DIN)	Genauigkeitsklassen (GOST)
Generell: $m = 1$	Generell: $m = 1$	Ventile: $m = 1{,}5$
$\quad K = 60$	$\quad K = 1$	$\quad n = 5$
0: $n = 5{,}8$	1: dicht	1: $K = 5$
1: $n = 5$	$\quad n = 4$	2: $K = 15$
2: $n = 4{,}8$	2: feucht	3: $K = 500$
3: $n = 4$	$\quad n = 3$	Sonst. Arm.: $m = 1{,}5$
4: $n = 3{,}8$	3: tropfend	$\quad n = 4$
5: $n = 3$	$\quad n = 2$	1: $K = 1{,}6$
	auch jeweils Vielfaches	2: $K = 4{,}8$
	möglich	3: $K = 16$

Prüfdruck = Betriebsdruck (bei Raumtemperatur)
Prüfzeit = 0,25 bis 3 min
Prüfung mit Wasser

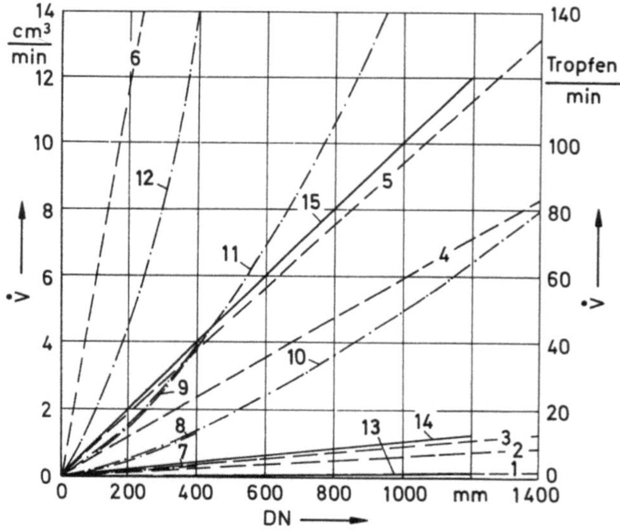

Bild 6-2. Dichtheitsforderungen bei Absperrarmaturen nach Tabelle 6-3.
1 bis 6 Dichtheitsgrade; 7 bis 12 Genauigkeitsklassen; 13 bis 15 Leckraten.

Anzumerken ist, daß die Dichtheit am stärksten von der Betriebszeit abhängt. Verschleiß und plastische Verformung (bei Linienberührung) können zu erheblichen Beeinträchtigungen führen, s. Bild 6-5.

Für die zweckentsprechende Auswahl von Absperrarmaturen sind weitere Kriterien heranzuziehen. In Tabelle 6-5 werden solche zusätzlichen Gesichtspunkte genannt, gleichzeitig enthält sie eine grobe Bewertung der Armaturenbauarten, s. auch Abschn. 4.4. Im Einzelfall kann natürlich mit Spezialkonstruktionen dem einen oder anderen

Tabelle 6–4.   Dichtheitskriterien bei Gasen (Leckage in $\mathrm{cm^3/min}$).

Dichtheitsgrade (mögliche Staffelung)	Leckraten (DIN)	Genauigkeitsklasse (GOST)
generell: $m = 1$ $\quad\quad K = 60$	generell: $m = 1$	Ventile: $m = 1{,}5$ $\quad\quad n = 4$
0: $n = 5$	1: dicht	1: $K = 7{,}5$
1: $n = 4$	$\quad n = 4$	2: $K = 22{,}5$
2: $n = 3{,}5$	$\quad K = 6$	Sonst. Arm: $m = 1{,}5$
3: $n = 3$	2: blähend	$\quad\quad n = 3$
4: $n = 2{,}5$	$\quad n = 2$	1: $K = 2{,}6$
5: $n = 2$	$\quad K = 2$	2: $K = 7{,}8$
	3: blasend	
	$\quad n = 1$	
	$\quad K = 7$	

Prüfdruck = Betriebsdifferenzdruck, jedoch maximal 0,6 MPa
Prüfzeit = 0,25 bis 3 min
Prüfung mit Luft

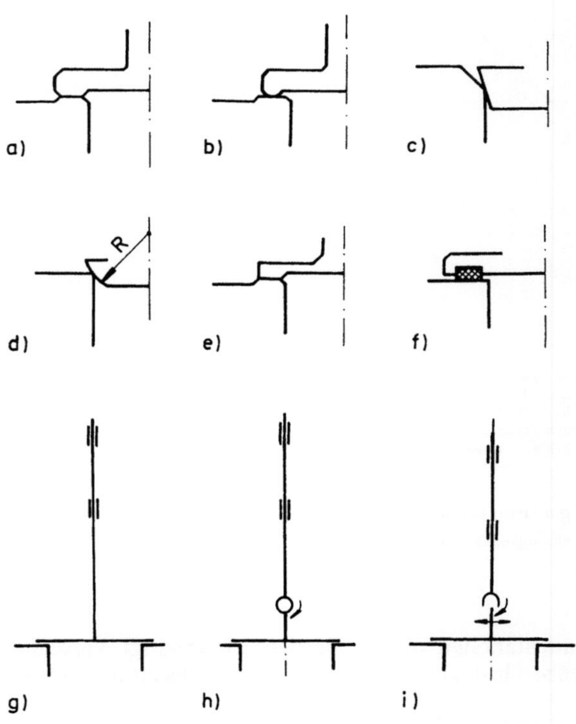

Bild 6–3.   Sitzgestaltung und Lagerung bei Absperrventilen.
Flächenberührung: starr (a), elastisch (e, f);
Linienberührung: ballig (b), kantig (c, d);
Absperrkörper-Spindel-Verbindung:
starr (g), drehbar (h), dreh- und verschiebbar (i).

114

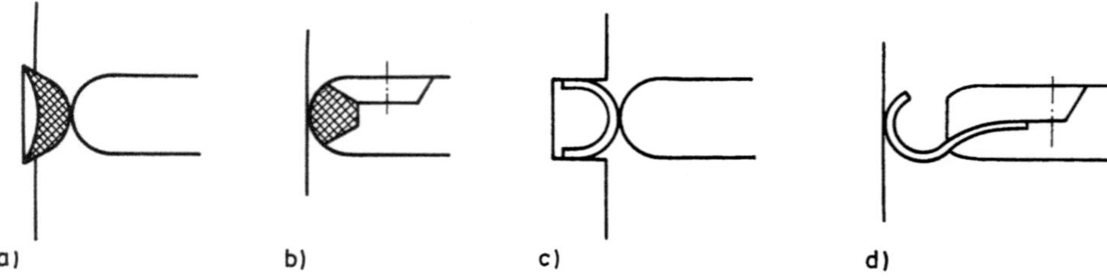

Bild 6–4. Abdichtung bei Klappen.
a), b) Elastomer;
c), d) metallelastisch.

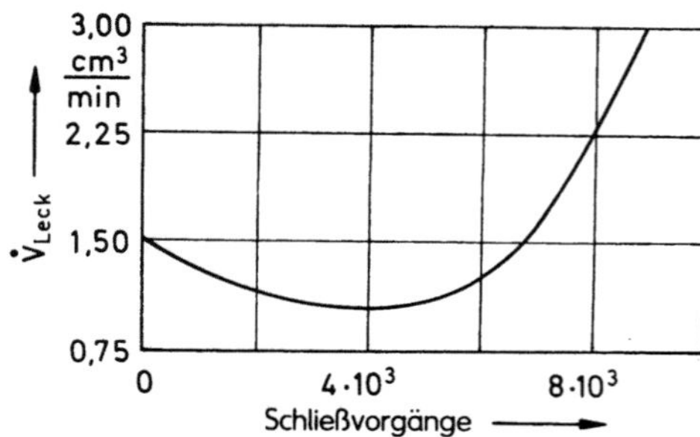

Bild 6–5.
Leckage in Abhängigkeit von der Schalthäufigkeit
(typischer Verlauf bei Absperrventilen mit
metallischer Dichtung), nach [6–5].

Tabelle 6–5. Kriterien zur Auswahl von Absperrarmaturen.

Kriterien, Anforderungen	Bewertung					
	Ventil	Membran-ventil	Schieber	Klappe	Kugelhahn	Kükenhahn
Dichtheit	1	1	1	2	1	1
Druckverlust	3	2	1	2	1	2
Schalthäufigkeit	1	2	2	2	2	2
Schaltzeit	2	2	3	1	1	1
p-Bereich	1	3	2	3	2	3
T-Bereich	1	3	1	2	2	3
DN-Bereich	2	3	1	2	1	3
Antriebskraft	3	2	2	1	2	2
Platzbedard	2	2	3	1	2	2
Verschleiß	2	1	2	2	2	2
verschmutzte Medien	3	1	2	2	2	2
Reparaturaufwand	3	2	3	2	3	3

1: gut geeignet, Erfüllung hoher Anforderungen
2: mittlere Bewertung
3: wenig geeignet, ungünstige Werte

Aspekt besondere Aufmerksamkeit geschenkt werden, was zwangsläufig eine diesbezüglich höhere Bewertung nach sich zieht.

6.2 Stellen des Durchflusses

Die mögliche Veränderung des Durchflusses in vorgegebener Stellwegabhängigkeit ist eine notwendige Voraussetzung für das sichere Betreiben von Anlagen beim Umgang mit flüssigen oder gasförmigen Stoffen [6–6]. Dabei muß zwischen zwei Anlagentypen unterschieden werden:

– Anlagen mit zugehöriger Druckerhöhung durch Pumpen und Verdichter (Bild 6–6a, b),
– Anlagen mit vorgegebenem, äußerem Potential (Bild 6–6c, d).

Zur Beeinflussung des Massestromes bieten sich jeweils zwei Möglichkeiten an, im ersteren Fall:

– Durchflußänderung über veränderbare Druckerhöhung, z. B. über Drehzahlstellung, Schaufelverstellung oder Vordralländerung bei Kreiselpumpen – energiesparend, investitionsintensiv; anzuwenden bei sehr großen Leistungen oder sich ständig änderndem Betriebsdruck;
– Druckverluständerung (Drosselung) mittels Stellarmaturen – energieintensive, investitionssparend; anzuwenden bei kleineren Leistungen oder vorwiegendem Anlagenbetrieb im Nennpunkt.

Im zweiten Fall sind folgende Möglichkeiten zu nennen:

– Ausflußänderung durch verstellbare Austrittsöffnung (bei möglichst düsenförmiger Ausführung),
– Drosselung durch Stellarmaturen.

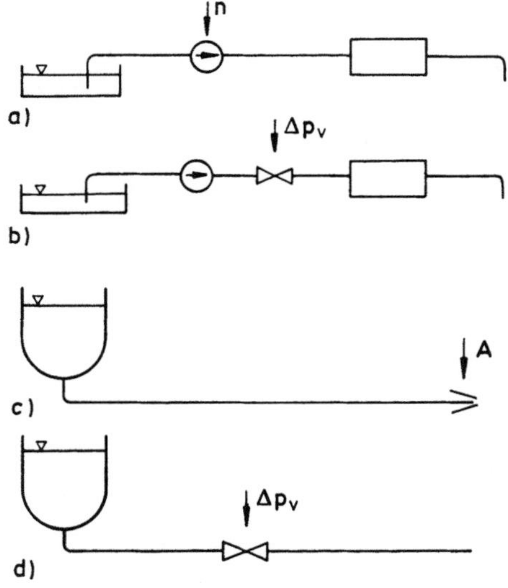

Bild 6–6.
Anlagentypen und mögliche Beeinflussung des Durchflusses.
a) Drehzahlstellung;
b), d) Drosselung;
c) Ausflußstellung.

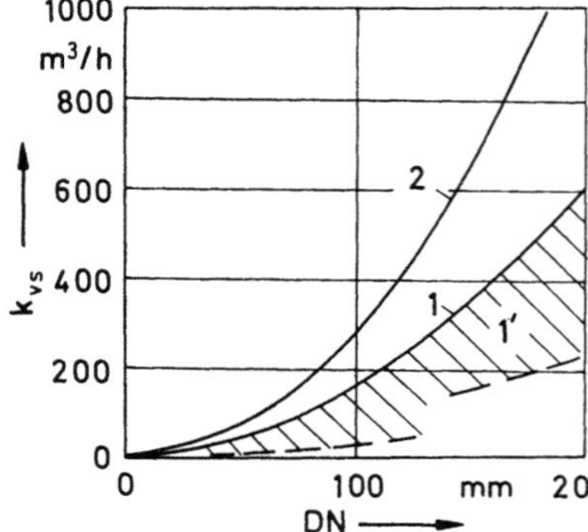

Bild 6–7.
Richtwerte für k_{vs} für Stellventile und Stellklappen.
1 Stellventile; 1′ Stellventile mit Einschnürung; 2 Stellklappen.

Wie man unschwer erkennt, nimmt in der Praxis die Durchflußregelung mittels Drosselung eine dominierende Stellung ein.

Die energetisch ungünstige Auswirkung kann begrenzt werden, wenn die Anlage nicht unnötigerweise überdimensioniert wird und so für den Betrieb im Auslegungspunkt nicht schon eine beträchtliche Drosselung erforderlich wird. Die im Bild 6–7 angegebenen, erreichbaren k_{vs}-Werte sollten also genutzt werden. Zur Orientierung für übliche Konstruktionen ist auch eine Abschätzung möglich mit

$$- \text{Stellventile:} \quad k_{vs} \approx (DN)^2/65, \tag{6.3}$$

$$- \text{Stellklappen:} \quad k_{vs} \approx (DN)^2/35. \tag{6.4}$$

Hinsichtlich der gewünschten Betriebskennlinie $\dot{V} = f(y)$ kann man davon ausgehen, daß aus regelungstechnischen Gründen zumeist eine lineare Abhängigkeit angestrebt wird. Die Kennlinie der Stellarmatur ist danach zu bemessen. Die große Anzahl der Stellarmaturen, die in der Industrie zum Einsatz kommen, und auch die oftmals gegebene Unsicherheit in den Betriebsdaten führten früh zur Standardisierung der Kennlinien. Aus Gründen der Anschaulichkeit bezieht man sich dabei auf den k_v-Wert.

Ausgehend vom einfachsten Fall (Bild 6–8) bietet sich sofort eine lineare Kennlinie an. Es gilt dabei (s. Tabelle 5–4)

$$\Delta p_A = \Delta p_v = \zeta \frac{\rho}{2} w_1^2 = \frac{\rho}{2} \left(\frac{\dot{V}}{N_0 \cdot k_v} \right)^2.$$

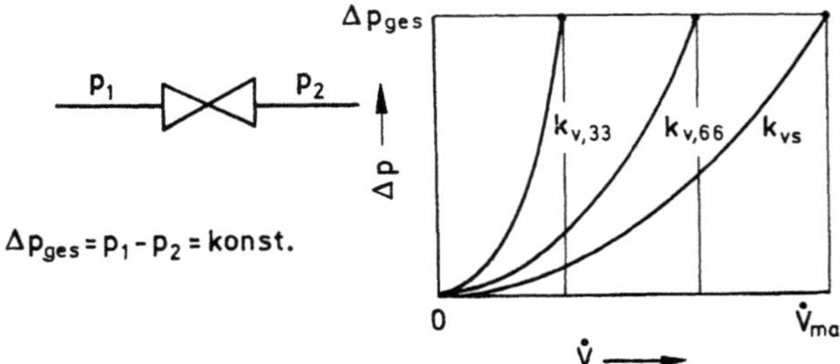

Bild 6–8. Volumenstromstellung bei konstantem Differenzdruck Δp_A.

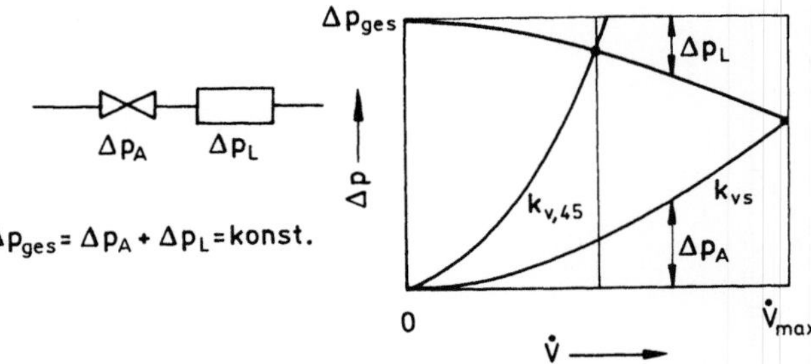

Bild 6–9. Volumenstromstellung mit Anlageneinfluß.

Mit der vorzugebenden Abhängigkeit $\dot{V} = k_1 \cdot y$ folgt

$$\zeta_{erf} = \frac{\Delta p_{ges}}{\rho/2}\left(\frac{A_1}{k_1 \cdot y}\right)^2 = \frac{k_2}{y^2} \tag{6.5}$$

oder

$$k_{v,erf} = \frac{k_1 \cdot y}{N_0\sqrt{2\Delta p_{ges}/\rho}} = k_3 \cdot y. \tag{6.6}$$

Im allgemeinen wird jedoch der Differenzdruck über die Armatur vom Durchfluß abhängen (Bild 6–9). Mit der oftmaligen Abhängigkeit $\Delta p_L = r \cdot \dot{V}^2$ (turbulente, inkompressible Strömung) ergibt sich hier

$$\zeta_{eif} = \frac{k_2}{y^2} - \frac{(2r \cdot A_1)^2}{\rho} = \frac{k_2}{y^2} - k_4, \tag{6.7}$$

$$k_{v,erf} = \frac{k_1 \cdot y}{N_0\sqrt{(2\Delta p_{ges})/\rho - (2r \cdot k_1 \cdot y^2)/\rho}}. \tag{6.8}$$

Das Störglied k_4 läßt sich auch ausdrücken durch

$$k_4 = \frac{(2r \cdot A_1)^2}{\rho} = \zeta_{A,100}\left(\frac{\Delta p_{ges}}{\Delta p_{A,100}} - 1\right). \tag{6.9}$$

Das Verhältnis $\Delta p_{A,100}/\Delta p_{ges}$ wird zur Charakterisierung des Anlageneinflusses auf die Kennlinie der Stellarmatur herangezogen.

6.2.1 Normierte Kennlinien

Die Definition auf der Basis des k_v-Wertes macht vorerst einige Festlegungen notwendig (Bild 6–10). Dabei bedeuten

- k_{vs} vorgesehener k_v-Wert bei $y = y_{100}$,
- $k_{v,100}$ realer k_v-Wert der Armatur bei $y = y_{100}$,
- $k_{v,0}$ vorgesehener k_v-Wert bei $y = y_0$,
- k_{vr} konstruktiv einhaltbarer minimaler, vorgesehener k_v-Wert (etwa bei $y = y_4$).

118

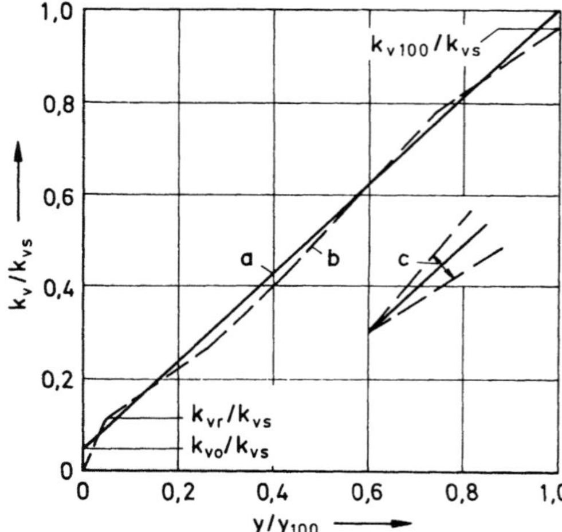

Bild 6–10.
Normierung der Durchflußkennlinien.
a normierte Kennlinie; b Beispiel einer realen Kennlinie; c zulässige Neigungstoleranz.

Weiterhin gilt

– k_{vs}/k_{vr} Stellverhältnis (etwa 25 bei handelsüblichen Stellventilen);
– $k_{vs}/k_{v,0}$ theoretisches Stellverhältnis;

zulässige Toleranzen:

– für $k_{v,100}$ ± 10% von k_{vs},
– für die Neigung (zur Vermeidung von instabilen Arbeitspunkten) ± 30% vom Sollwert n.

Weitere Präzisierungen, wie z. B. eine Toleranz über den gesamten Hubbereich, sind in [5–26] angegeben.

Für normierte Kennlinien (Bild 6–11) bietet sich zum einen die schon genannte lineare Charakteristik an, s. Gl. (6.6), und zum anderen eine Abhängigkeit, die einen größeren Anlageneinfluß kompensiert, s. Gl. (6.8). Eingeführt ist hierfür die gleichprozentige Kennlinie.

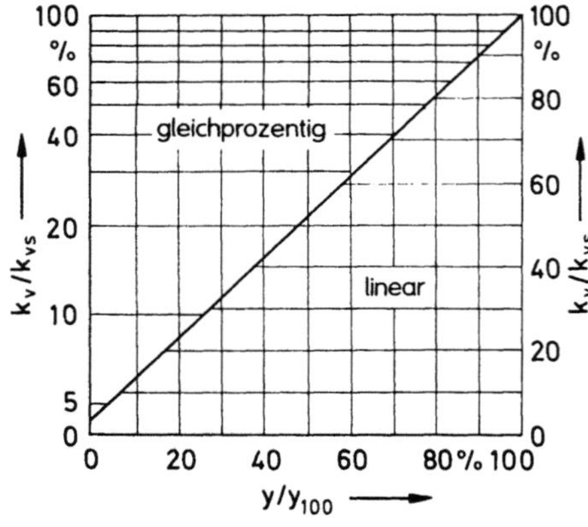

Bild 6–11.
Kennlinien-Grundformen von Stellarmaturen
(Beispiel: $k_{v,0} = 0{,}04\ k_{vs}$).

Lineare Kennlinie. Gleichen Hubänderungen sind gleiche k_v-Wert-Änderungen zugeordnet:

$$\frac{\mathrm{d}k_v}{\mathrm{d}y} = n \quad \text{bzw.} \quad \frac{\mathrm{d}(k_v/k_{vs})}{\mathrm{d}(y/y_{100})} = n_{\mathrm{lin}}. \tag{6.10}$$

Die Integration ergibt

$$\frac{k_v}{k_{vs}} = n_{\mathrm{lin}} \frac{y}{y_{100}} - \frac{k_{v,0}}{k_{vs}} \quad \text{mit} \tag{6.11}$$

$$n_{\mathrm{lin}} = \frac{k_{vs} - k_{v,0}}{k_{vs}}.$$

Zum Einsatz kommt vor allem die Kennlinie mit $n = 1$ bzw. $k_{v,0} = 0$:

$$\frac{k_v}{k_{vs}} = \frac{y}{y_{100}}. \tag{6.12}$$

Gleichprozentige Kennlinie. Einer Hubänderung ist eine gleiche prozentuale Änderung des k_v-Wertes zugeordnet:

$$\mathrm{d}y = n \frac{\mathrm{d}k_v}{k_v} \tag{6.13}$$

oder

$$\frac{\mathrm{d}(k_v/k_{vs})}{\mathrm{d}(y/y_{100})} = n_{\mathrm{gp}} \frac{k_v}{k_{vs}}. \tag{6.14}$$

Daraus folgt

$$\ln \frac{k_v}{k_{vs}} = n_{\mathrm{gp}} \frac{y}{y_{100}} - \ln \frac{k_{v,0}}{k_{vs}} \quad \text{mit} \tag{6.15}$$

$$n_{\mathrm{gp}} = \ln \frac{k_{vs}}{k_{v,0}},$$

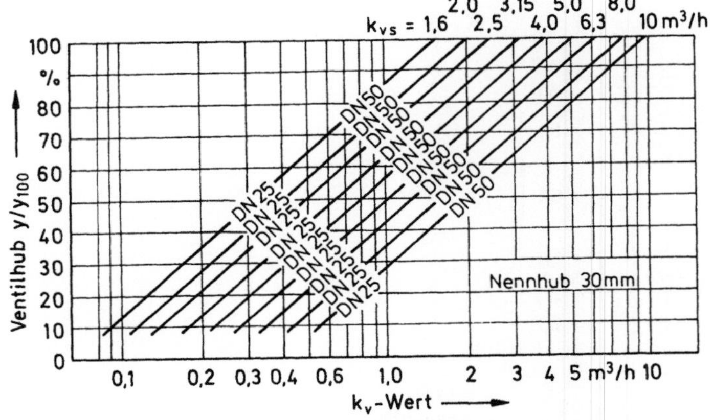

Bild 6–12. Stellventil-Angebotsserie (gleichprozentige Kennlinie).

120

oder auch wie folgt zu schreiben:

$$\frac{k_\mathrm{v}}{k_\mathrm{vs}} = \mathrm{Exp}\left[n_\mathrm{gp}\left(\frac{y}{y_{100}} - 1 \right) \right]. \tag{6.16}$$

Geht man von einem Stellverhältnis von 25 aus und zieht k_vr bei $y = y_4$ heran, so führt das zu $n_\mathrm{gp} = 3{,}35$ und $k_\mathrm{v,0} = 0{,}035$. Das entspricht den gebräuchlichen Kennlinien mit $n_\mathrm{gp} \approx 3$.

Die Umsetzung vorstehender Zusammenhänge führt dann zu Angebotsserien von Stellarmaturen wie im Bild 6–12 angegeben. Durch unterschiedliche Sitzeinschnürung können bei gleicher Nennweite verschiedene k_vs-Werte angeboten werden, Wie später noch zu zeigen sein wird, könnte gegebenenfalls für mittlere Werte des Anlageneinflusses, etwa für $\Delta p_\mathrm{A,100}/\Delta p_\mathrm{ges} = 0{,}4$, eine dritte Grundform der Kennlinie zweckmäßig sein, die dann in besserer Näherung die lineare Abhängigkeit $\dot{V} = \mathrm{f}(y)$ sichert. Hierzu wurden verschiedentlich auch Vorschläge unterbreitet. Sie haben sich allerdings nicht durchgesetzt, nicht zuletzt deshalb, weil der Anlageneinfluß oftmals nicht exakt bekannt ist.

6.2.2 Anlageneinfluß bei Flüssigkeiten

Wie aus der Definition des k_v-Wertes folgt, ergibt sich Übereinstimmung zwischen der Kennlinie der Stellarmatur (Durchflußkennlinie) $k_\mathrm{v} = \mathrm{f}(y)$ und der Betriebskennlinie $\dot{V} = \mathrm{f}(y)$, wenn der Differenzdruck über die Armatur konstant, d. h. unabhängig vom Durchfluß ist:

$$\dot{V} = k_\mathrm{v}\cdot N_0\sqrt{2\Delta p/\rho}. \tag{6.17}$$

Bei den meisten Anlagen sind jedoch sowohl die Druckerhöhung, z. B. durch Kreiselpumpen Δp_p, als auch der Druckverlust der Anlage Δp_L vom Volumenstrom abhängig. Das führt zu einer Verzerrung der Betriebskennlinie $\dot{V} = \mathrm{f}(y)$ gegenüber der Armaturenkennlinie.

Ausführlich untersucht ist dieser Fall des Anlageneinflusses für (Newtonsche) Flüssigkeiten bei turbulenter Strömung einschließlich des Einsatzes von Kreiselpumpen. Es kann dann in guter Näherung angenommen werden (s. Bild 6–13):

$$\Delta p_\mathrm{L} = r_\mathrm{L}\cdot \dot{V}^2 \tag{6.18}$$

$$\Delta p_\mathrm{P} = \Delta p_0 - r_\mathrm{P}\cdot \dot{V}^2. \tag{6.19}$$

Die Pumpenkennlinie wird durch einen quadratisch vom Durchfluß abhangigen Scheinwiderstand gegenüber konstanter Druckerhöhung korrigiert. Für den entsprechend korrigierten Durchfluß folgt dann, mit $r = r_\mathrm{L} + r_\mathrm{P}$

$$\dot{V} = k_\mathrm{v}\cdot N_0\sqrt{2(\Delta p_\mathrm{ges} - r\cdot \dot{V}^2)/\rho} \tag{6.20}$$

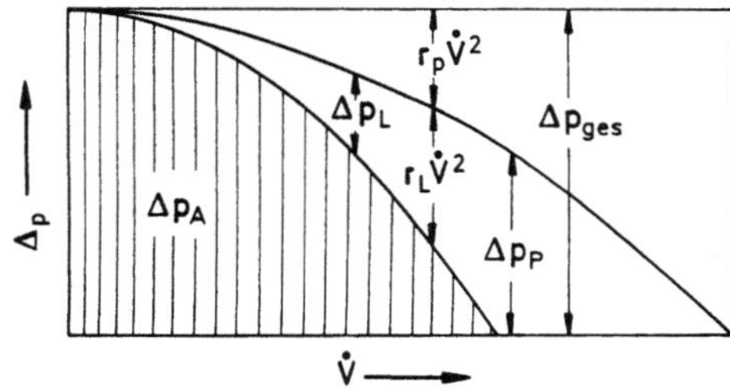

Bild 6–13.
Armatureneinsatz bei Anlageneinfluß (typischer Fall).

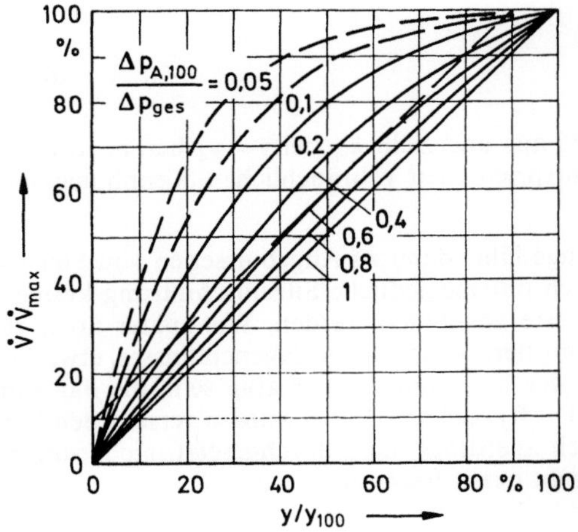

Bild 6–14.
Betriebskennlinien, Anlageneinfluß bei linearer Stellarmaturen-Kennlinie ($k_{v,0} = 0$).

oder nach Auflösung nach $\dot{V}$

$$\dot{V} = \frac{k_v \cdot N_0 \sqrt{2\Delta p_{ges}}}{\sqrt{\rho + (2r \cdot k_v^2 \cdot N_0^2)}}.$$ (6.21)

Der maximale Durchfluß ergibt sich nach Gl. (6.20) zu

$$\dot{V}_{max} = k_{vs} \cdot N_0 \sqrt{2(\Delta p_{ges} - r \cdot \dot{V}_{max}^2)/\rho}, \quad \text{wobei}$$ (6.22)

$$r \cdot \dot{V}_{max}^2 = \Delta p_{L,100} = \Delta p_{ges} - \Delta p_{A,100},$$

wenn $\Delta p_{P,schein} = 0$ bzw. in $\Delta p_{L,100}$ enthalten ist.

Mit den Gln. (6.20) und (6.22) erhält man die Betriebskennlinie zu

$$\frac{\dot{V}}{\dot{V}_{max}} = \sqrt{\frac{\Delta p_{ges}/\Delta p_{A,100}}{(k_{vs}/k_v)^2 + (\Delta p_{ges}/\Delta p_{A,100} - 1)}}.$$ (6.23)

Wie man sieht, läßt sich der Anlageneinfluß gut durch den Parameter $\Delta p_{A,100}/\Delta p_{ges}$ beschreiben. Die Anwendung auf die im Abschn. 6.2.1 behandelten normierten Armaturen-kennlinien führt zu den in den Bildern 6–14 und 6–15 angegebenen Betriebskennlinien.

Mit zunehmendem Anlageneinfluß, $\Delta p_{A,100}/\Delta p_{ges} < 1$, entartet die lineare Kennlinie, während die gleichprozentige sich einer linearen Abhängigkeit $\dot{V} = f(y)$ nähert. Geht man von einer zulässigen Toleranz von $\pm 10\%$ vom k_{vs}-Wert hinsichtlich der Einhaltung einer linearen Betriebskennlinie aus, dann bleibt die Abweichung geringer, wenn bei exakt eingehaltener Armaturenkennlinie folgende Grenzen beachtet werden, s. Bilder 6–14 und 6–15:

$$\Delta p_{A,100}/\Delta p_{ges} = 0,6 \text{ bis } 1 \quad \text{bei linearer Kennlinie,}$$

$$= 0,1 \text{ bis } 0,2 \quad \text{bei gleichprozentiger Kennlinie.}$$

Für den Zwischenbereich könnte die schon erwähnte weitere Kennliniengrundform eingeordnet werden. Nach Gl. (6.23) läßt sich für jeden Anlageneinfluß leicht die Durch-

122

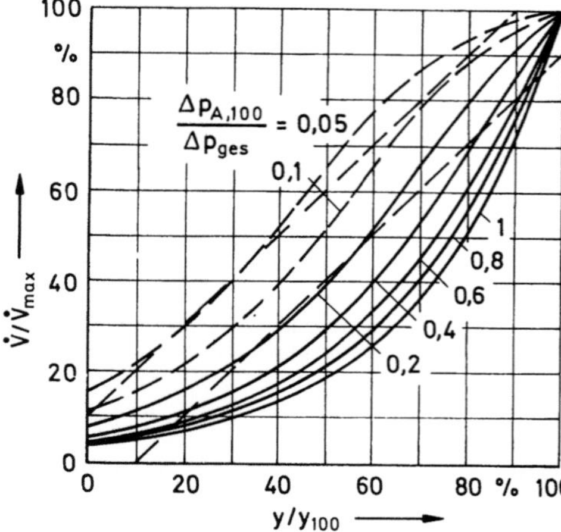

Bild 6-15.
Betriebskennlinie, Anlageneinfluß bei
gleichprozentiger Stellarmaturen-Kennlinie
($k_{v,0} = 0{,}035\,k_{vs}$).

flußkennlinie der Armatur bestimmen, die für den jeweiligen Fall eine lineare Betriebskennlinie ergibt:

$$\left(\frac{k_v}{k_{vs}}\right)_{erf} = \frac{\dot{V}}{\dot{V}_{max}} \sqrt{\frac{1}{\dfrac{\Delta p_{ges}}{\Delta p_{A,100}} + \left(\dfrac{\dot{V}}{\dot{V}_{max}}\right)^2 \left(1 - \dfrac{\Delta p_{ges}}{\Delta p_{A,100}}\right)}}, \tag{6.24}$$

wobei dann zu setzen wäre:

$$\frac{\dot{V}}{\dot{V}_{max}} = \frac{y}{y_{100}}.$$

Bild 6-16 zeigt eine solche Kennlinie (linear bei $\Delta p_{A,100}/\Delta p_{ges} = 0{,}4$) sowie ihre Verzerrung
bei anderem Anlageneinfluß.

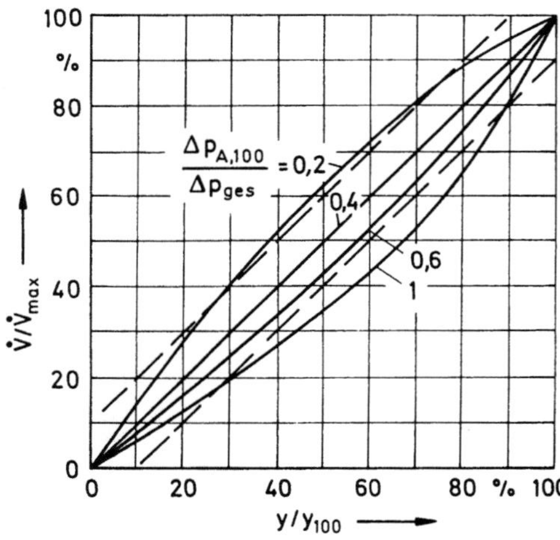

Bild 6-16.
Betriebskennlinien, Anlageneinfluß für eine
Stellarmaturen-Kennlinie $\dot{V}/\dot{V}_{max} = y/y_{100}$ bei
$\Delta p_{A,100}/\Delta p_{ges} = 0{,}4$.

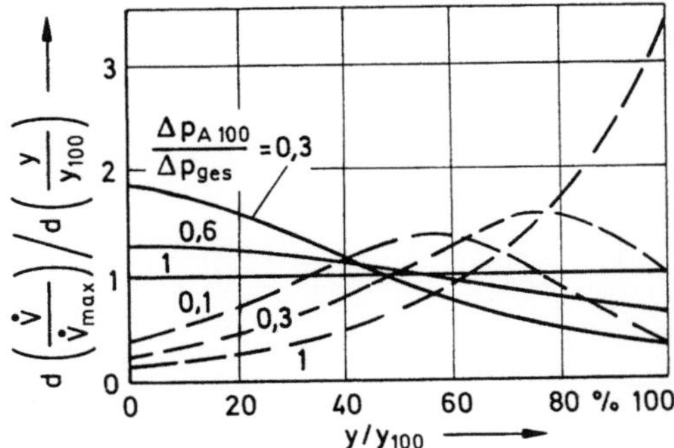

Bild 6-17.
Erforderliche Verstärkung zur Gewährleistung
von $\dot V \sim y$.

--- bei linearer Kennlinie des Stellgliedes (Bild 6-14);
--- bei gleichprozentiger Kennlinie des Stellgliedes
(Bild 6-15).

Ein in diesem Zusammenhang zu beachtender Gesichtspunkt ist die Stabilität des Regelkreises. Die Empfindlichkeit bzw. notwendige unterschiedliche Verstärkung bei nichtlinearer Betriebskennlinie läßt hierzu eine Aussage zu. Für die lineare und gleichprozentige Kennlinie zeigt Bild 6-17 die erforderliche unterschiedliche Verstärkung zur Sicherung einer Abhängigkeit $\dot V \sim y$. Es ergeben sich beherrschbare Bereiche, was auch gegen die Einführung einer zusätzlichen Kennliniengrundform für Stellarmaturen spricht.

In der Praxis sind darüber hinaus oftmals weitere Unsicherheiten bei der richtigen Auswahl bzw. Zuordnung von Stellarmaturen, auch bezüglich der Bestimmung von $\Delta p_{\mathrm{A},100}/\Delta p_{\mathrm{ges}}$, zu verzeichnen:

- Die vorstehenden Zusammenhänge treffen quantitativ nur zu, wenn der Anlageneinfluß der Gl. (6.18) und gegebenenfalls der Gl. (6.19) genügt.
- Ein zweites Problem ergibt sich bei einer Überdimensionierung einer Anlage. Das ist sowohl hinsichtlich k_{vs} als auch des Durchflusses denkbar. Für letzteres gibt Bild 6-18 die Zusammenhänge an. Für den vorgesehenen Volumenstrom $\dot V_{\mathrm{B}}$ ergibt sich nach Ermittlung der Anlagenkennlinie $(\Delta p_{\mathrm{geo}} + \Delta p_{\mathrm{L}})$ der zugehörige Arbeitspunkt B'. Soll nun z. B. auch ein um 20% größerer Volumenstrom vorgesehen werden, so muß für die Auswahl der Stellarmatur (bei k_{vs} nach Bild 6-7) der angegebene $\Delta p_{\mathrm{A},100}$ herangezogen werden. Die auszuwählende Pumpe führt endgültig zum Betriebspunkt B mit der notwendigen Drosselung Δp_{B}. Für den Anlageneinfluß ist hier also $\Delta p_{\mathrm{A},100}/\Delta p_{\mathrm{ges}}$ und nicht $\Delta p_{\mathrm{B}}/\Delta p_{\mathrm{ges}}$ heranzuziehen.

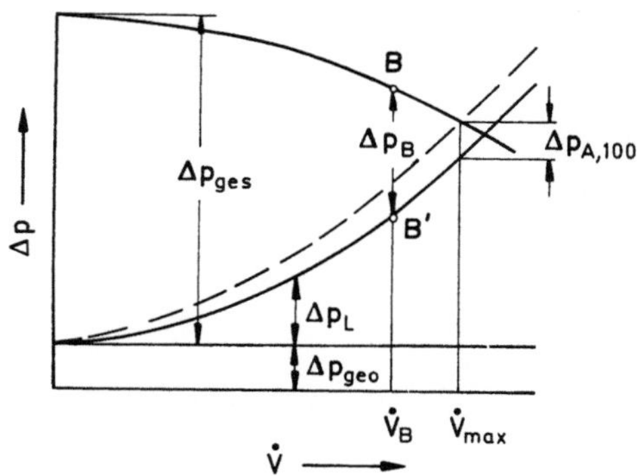

Bild 6-18.
Auswahl von Stellarmaturen, Bestimmung des Anlageneinflusses.

124

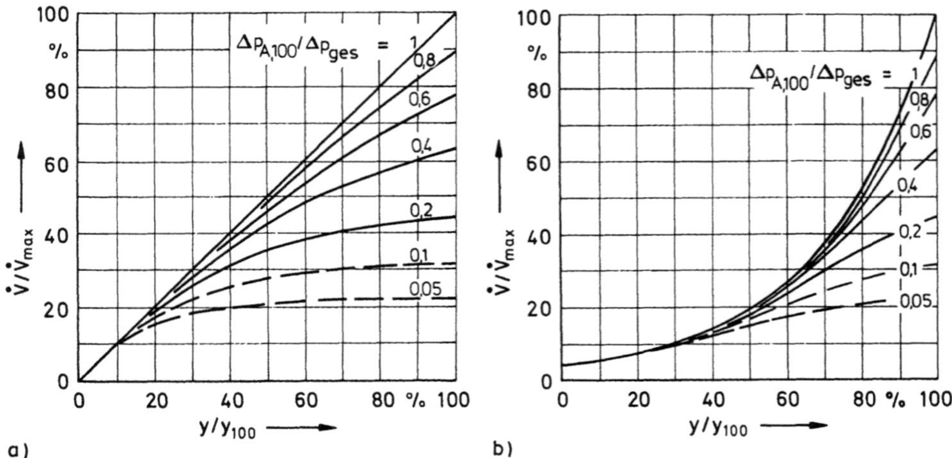

Bild 6-19.   Durchflußminderung bei Anlageneinfluß.

– Ein großer Fehler wird begangen, wenn die Stellarmatur nach Gl. (6.17) in der Form

$$k_{vs} = \frac{\dot{V}_{max}}{\sqrt{N_0^2 \cdot 2\Delta p_{ges}/\rho}} \tag{6.25}$$

ausgewählt wird. Dann wird der Anlageneinfluß vollständig vernachlässigt und so überhaupt eine unzweckmäßige Armaturenkennlinie ausgewählt. Darüber hinaus wird der gewünschte Durchfluß $\dot{V}_{max}$ nicht erreicht. Es folgt dann real eine Kennlinie nach den Gln. (6.17) und (6.20), s. auch Bild 6-19:

$$\left(\frac{\dot{V}}{\dot{V}_{max}}\right)^2 = \left(\frac{k_v}{k_{vs}}\right)^2 \frac{\Delta p_{ges} - r \cdot \dot{V}^2}{\Delta p_{ges}} \tag{6.26}$$

oder umgeformt

$$\frac{\dot{V}}{\dot{V}_{max}} = \sqrt{\frac{1}{\left(\dfrac{k_v}{k_{vs}}\right)^2 + \left(\dfrac{\Delta p_{ges}}{\Delta p_{A,100}} - 1\right)}} \cdot \tag{6.27}$$

Es ist dies der reale Durchfluß, bezogen auf den Durchfluß ohne Anlageneinfluß $\dot{V}_{max}$.

6.2.3 Stellarmatureneinsatz bei Gasen

Nach Gl. (5.97) gilt für die unterkritische Armaturendurchströmung

$$\dot{m} = k_v \cdot N_0 \sqrt{2p_1 \cdot \rho_1} \cdot \sqrt{x \cdot Y} \tag{6.28}$$

und für die überkritische Durchströmung, s. Gl. (5.98),

$$\dot{m} = k_v \cdot N_0 \sqrt{2p_1 \cdot \rho_1} \cdot \sqrt{x_{krit}} \cdot Y_{krit} \quad \text{mit} \tag{6.29}$$

$$x = \Delta p/p_1,$$

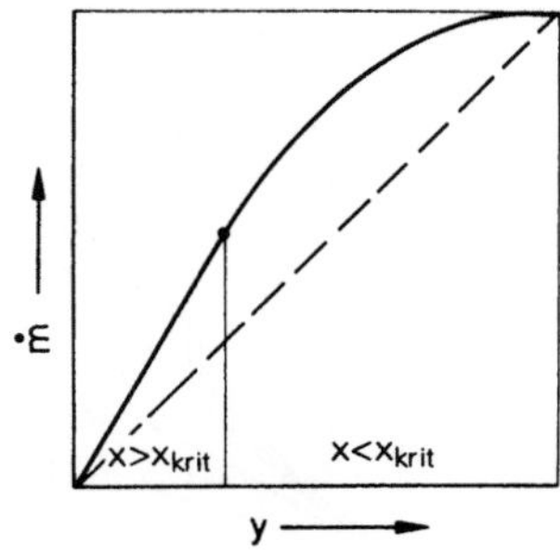

Bild 6–20.
Betriebskennlinie mit Übergang auf überkritische Durchströmung
(lineare Stellarmaturen-Kennlinie).

x_{krit} armaturenspezifisch,

$$Y = 1 - \frac{1 - Y_{krit}}{x_{krit}} x,$$

$$Y_{krit} = f_g \cdot \psi_{max} / \sqrt{x_{krit}}.$$

Es ist leicht zu übersehen, daß sowohl bei unterkritischer wie überkritischer Durchströmung $\dot{m} \sim k_v(y)$ wird, wenn sowohl Δp_A als auch p_1 und ρ_1 konstant sind. Die Betriebskennlinie $\dot{m} = f(y)$ entspricht der Durchflußkennlinie $k_v = f(y)$; es liegt kein Anlageneinfluß vor.

Bei gegebenem Anlageneinfluß stellen sich grundsätzlich ähnliche Kennlinienänderungen wie bei Flüssigkeiten ein. Eine analog übersichtliche Abhängigkeit von $\Delta p_{A,100}/\Delta p_{ges}$ ist jedoch kaum angebbar. Darüber hinaus wird oftmals ein Übergang von unterkritischer zu überkritischer Durchströmung, z. B. im Zusammenhang mit einer Schließbewegung, zu verzeichnen sein, s. Bild 6–20.

Zur Orientierung kann bei unterkritischer Durchströmung davon ausgegangen werden, daß bei kleinem Anlageneinfluß $\Delta p_{L,100} < \Delta p_{A,100}$ eine lineare Kennlinie und bei großem Anlageneinfluß $\Delta p_{L,100} > \Delta p_{A,100}$ eine gleichprozentige Stellarmaturen-Kennlinie ausgewählt werden sollte.

Bei überkritischer Entspannung ist die Entscheidung in Abhängigkeit von $(p_1 \cdot \rho_1) = f(\dot{m})$ zu treffen:

– bei $(p_1 \cdot \rho_1) =$ konst. folgt $\dot{m}/\dot{m}_{max} = k_v/k_{vs}$,

– bei $(p_1 \cdot \rho_1) =$ konst. $- N \cdot \dot{m}^2$ ergeben sich analoge Veränderungen der Betriebskennlinie gegenüber der Armaturenkennlinie wie bei Flüssigkeiten. Zur Entscheidung kann so ebenfalls das Kriterium $\Delta p_{A,100}/\Delta p_{ges}$ genutzt werden.

Typische Anlagenverhältnisse sind für den ersten Fall z. B. das Ausströmen aus einem Speicher, für den zweiten Fall die Anordnung des Stellventiles nach einem Kreiselverdichter.

6.2.4 Sonstige Anforderungen

Speziell angepaßte Stellarmatur

In Einzelfällen ist sie zweckmäßig, besonders dann, wenn ohnehin eine Spezialarmatur notwendig ist. Zu nennen sind hier z. B. die Stellarmaturen im Hauptprozeßstrom großer energie- oder stoffwirtschaftlicher Anlagen.

126

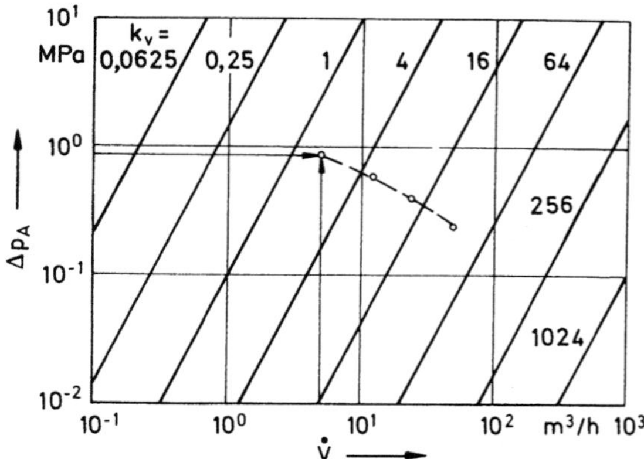

Bild 6–21. k_v-Wert-Bestimmung mittels vorgegebener Betriebspunkte.

Die erforderliche Kennlinie ist mit den in den Abschnitten 5.3 und 5.4 angegebenen Gleichungen, s. auch Gln. (6.17), (6.28), (6.29), sofort bestimmbar.

Für Flüssigkeiten bei turbulenter Strömung soll im folgenden die Ermittlung auf graphischem Weg demonstriert werden. Nach Gl. (6.17) gilt

$$\lg \Delta p_{\mathrm{A}} = 2\lg \dot{V} - 2\lg k_v + \lg \frac{\rho}{2N_0^2}. \tag{6.30}$$

In das entsprechende $\lg \dot{V}$-$\lg \Delta p_{\mathrm{A}}$-Diagramm mit dem k_v-Wert als Parameterschar (Bild 6–21) können durch Eintragung der Betriebspunkte die erforderlichen k_v-Werte bestimmt werden. Die Koppelung mit der gewünschten Betriebskennlinie (Bild 6–22) ergibt die gesuchte Kennlinie der Stellarmatur.

Sehr oft ist die Abhängigkeit $\Delta p_{\mathrm{A}} = \mathrm{f}(\dot{V})$ über den gesamten Arbeitsbereich nicht bekannt. Zur Auswahl einer normierten Kennlinie sollten dann im Minimum Δp_{ges} und $\Delta p_{\mathrm{A,100}}$ bekannt sein. Mit $\Delta p_{\mathrm{A,100}}/\Delta p_{\mathrm{ges}}$ kann die zweckmäßige Kennlinie bestimmt werden (Abschn. 6.2.2). Δp_{ges} läßt darüber hinaus eine Überprüfung zu, ob der Antrieb der Armatur den Anforderungen genügt.

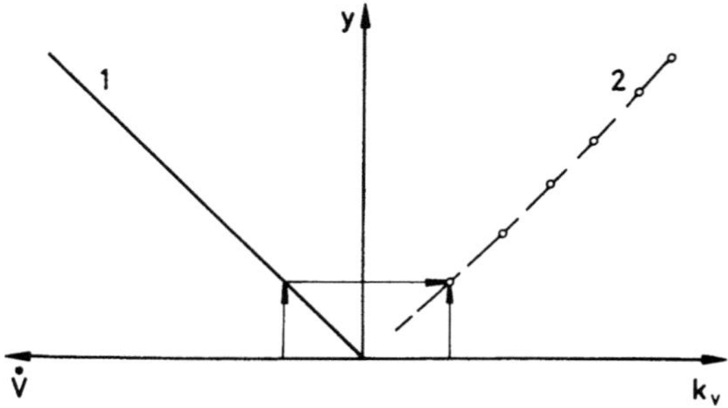

Bild 6–22. Ermittlung der erforderlichen Stellarmaturen-Kennlinie.
1 geforderte $\dot{V}$-y-Abhängigkeit; 2 Stellarmaturen-Kennlinie.

Absperren mit Stellarmaturen

Wie schon darauf hingewiesen, schließen sich die beiden Funktionen bei hohen Anforderungen aus. Die Nichteignung einer Stellarmatur für einen dichten Abschluß folgt aus

- der notwendigen starren Führung des Drosselkörpers, denn durch die Strömung bedingtes Vibrieren würde sonst zur Schädigung und gegebenenfalls auch zur Schwingungsanregung führen,
- dem möglichen Verschleiß bzw. der Beschädigung der Dichtflächen beim ständigen Regelbetrieb,
- der bei Absperrarmaturen im allgemeinen notwendig größeren Antriebskraft (Dichtkraft).

Darüber hinaus lassen verschiedene für Stellarmaturen gebräuchliche Konstruktionen eine hohe Dichtheit prinzipiell nicht zu:

- Doppelsitzventile mit zu beachtenden Fertigungstoleranzen und evtl. auch Wärmedehnungen,
- Drosselklappen mit unterbrochener Dichtleiste, bedingt durch die Wellendurchführung.

Noch am aussichtsreichsten für eine gute Abdichtung sind die Einsatzfälle und Konstruktionen, bei denen eine Weichdichtung vorgesehen werden kann. Andernfalls ist zumeist ein sehr hoher Aufwand notwendig (z. B. Einschleifen beim Ventil und Gewährleistung stets gleicher Abdichtflächen-Zuordnung). Dennoch ist bei solchen Konstruktionen die Langlebigkeit einer anspruchsvollen Abdichtung in Frage gestellt.

Stellarmaturen sind somit nicht für eine hochwertige Abdichtung vorzusehen. Folgerichtig ist bezüglich der Leckage auch mit Werten von

$$0{,}02 \text{ bis } 0{,}05 \text{ (bis 0,5) } \% \text{ des } k_{vs}\text{-Wertes}$$

und mehr (Drosselklappen) zu rechnen.

Anforderungen an die Konstruktion, Stellarmaturenausführungen

Auf die Ausführungen im einzelnen wird im Abschn. 7 eingegangen. Hier sollen lediglich die generellen Anforderungen genannt werden. Sie leiten sich unmittelbar aus den vorstehend dargestellten Zusammenhängen ab. Wesentlich sind vor allem zwei Eigenschaften:

- Der Stellkörper muß so unterschiedlich profilierbar sein, daß verschiedene Kennlinien (k_v-Charakteristik) verwirklicht werden können.
- Der Stellkörper bzw. alle beweglichen Teile müssen in jeder Hubstellung eine stabile Lage einnehmen.

Damit eignen sich vor allem Ventile als Stellarmatur. Durch entsprechende Formgebung des Stellkörpers (s. auch Bild 4–12) sind die gewünschten Kennlinien gut einhaltbar. Die starre Verbindung zwischen Drosselkörper und Spindel sichert die stabile Lage aller Teile.

Zur Profilierung des Drosselkörpers ist das Experiment heranzuziehen; umfangreiche Erfahrungen ermöglichen vielfach eine treffsichere Voraussage. Nach (s. Tabelle 5–4)

$$A_{vc,gm,erf} = (\dot{V}/\alpha)\sqrt{\rho/2\Delta p_A} \tag{6.31}$$

bzw. (s. Tabelle 5–5)

$$A_{vc,gm,erf} = N_0 \cdot k_v/\alpha$$

kann z. B. die Kegelform berechnet werden. Hierfür stehen verschiedene Methoden zur Verfügung. Eine einfache Variante ist die hubabhängige Darstellung von sogenannten

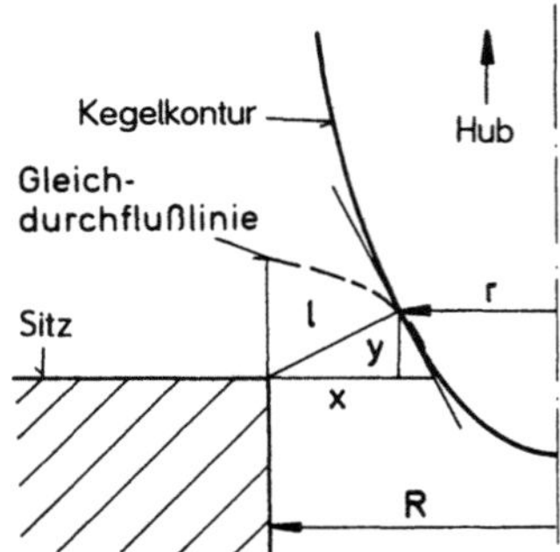

Bild 6–23.
Kegelkonstruktion.

Gleichdurchflußlinien [6–7], woraus die Gesamtkontur konstruierbar ist (Bild 6–23). Es gilt

$$A_{\text{vc,gm}} = \pi \cdot l(R + r),$$ (6.32)

und mit $r = R - x$ und $l^2 = x^2 + y^2$ folgt für die Gleichdurchflußlinie

$$y^2 = \left(\frac{A_{\text{vc,gm}}}{\pi} \frac{1}{2R - x} \right)^2 - x^2,$$ (6.33)

womit mögliche Punkte der Kegelkontur für jede Hubstellung bestimmt sind.

Das eigentliche Problem liegt hierbei in der treffsicheren Annahme des Durchflußbeiwertes α, s. Gl. (6.31). Nur die Kenntnis zur Größe dieses Wertes bei ähnlichen Konstruktionen hilft dann weiter (s. auch Bild 5–7).

Neben den Ventilen sind für Stellaufgaben vor allem die Klappen geeignet. Die einfache, plattenförmige Ausführung liefert Kennlinien, die der gleichprozentigen nahe kommen. Die mögliche Variation durch Profilierung, Exzentrizität und Doppelexzentrizität (Klappenkörper zur Drehachse und Drehachse zur Rohrmitte) wird derzeit noch nicht voll genutzt; die experimentelle Untersuchung dieser möglichen Variationsvielfalt setzt umfangreiche Versuchsprogramme voraus.

Zunehmend findet auch der Kugelhahn als Stellarmatur Anwendung. Auch hier liefert die Grundform näherungsweise eine gleichprozentige Kennlinie [6–8]. Die Profilierung des Durchflußquerschnittes ermöglicht jedoch auch die Einhaltung anderer Kennlinien.

Prinzipiell kann auch der Schieber zur Stellarmatur modifiziert werden [6–9]. Der Aufwand ist jedoch beträchtlich, so daß bis auf Ausnahmen davon Abstand genommen wird.

Noch auf eine weitere, in Verbindung mit dem Antrieb z. T. notwendige Eigenschaft sei aufmerksam gemacht. Es ist dies die gleichsinnige Richtung der Stellkraft über den gesamten Stellweg. Die geringsten Probleme bereitet hier wiederum das Ventil. Der Einsatz eines pneumatischen Antriebes, auch mit Reversierbarkeit, bereitet keine Schwierigkeiten.

Lärm

Stellarmaturen sind nach Sicherheitsventilen und Reduzierstationen die intensivsten Schallquellen. Vorteilhaft wirkt sich aus, daß im allgemeinen mit wachsendem Differenzdruck, also zunehmender Drosselung, der Massestrom abnimmt.

129

Der Schalleistungspegel ist jedoch nicht nur vom Betrag der umgesetzten Energie, sondern auch von der Größe der Ablösegebiete und damit der Scherzonen abhängig.

Drosselklappen und Drosselhähne mit weit in die Rohrleitung hinreichenden Ablösegebieten sind daher besonders intensive Lärmquellen [6–10]. Sie machen demzufolge bei großen Leistungen noch vor den Ventilen Schallschutzmaßnahmen erforderlich (s. Abschn. 5.6).

6.2.5 Auswahl von Stellarmaturen

Die zweckmäßige Zuordnung einer Stellarmatur ist abhängig von der Aufgabenstellung, den Anlagenverhältnissen und der Leistungsfähigkeit der Armatur. Unter Beachtung aller Gesichtspunkte ist die wirtschaftlichste Lösung zu finden. Die Auswahl wird zumeist so vorgenommen, daß der gesamte Arbeitsbereich der Armatur für den normalen Regelbereich nicht ausgenutzt wird:

$$\text{Arbeitsbereich } (0{,}2 \text{ bis } 0{,}9)\, y_{100}.$$

Zu große Reserven bedeuten unnötige Drosselung im Normalbetrieb der Anlage; der entsprechende Arbeitspunkt sollte also nicht unter $(0{,}7$ bis $0{,}8)\ y_{100}$ liegen. Positiv wirkt sich dabei eine Armatur mit großem k_{vs}-Wert aus, da dann bei Teildrosselung $(k_{v,80})$ noch kein wesentlicher Druckverlust auftritt.

Bezüglich der Kennlinie folgt nach Abschn. 6.2.2 für die Zielstellung einer näherungsweise linearen Betriebskennlinie:

– Einsatz einer Stellarmatur mit linearer Kennlinie bei $\Delta p_{A,100}/\Delta p_{ges} > 0{,}4$,
– Einsatz einer Stellarmatur mit gleichprozentiger Kennlinie bei $\Delta p_{A,100}/\Delta p_{ges} < 0{,}4$.

Tabelle 6–6. Kriterien zur Auswahl von Stellarmaturen.

Kriterien, Anforderungen	Bewertung			
	Einsitz-ventile	Doppelsitz-ventil	Drossel-klappen	Drossel-hähne
Variation der Kennlinie	1	1	2	3
großer k_{vs}-Wert	3	2	1	1
geeignet für ständige Regelung	1	1	2	3
Stellzeiten	2	2	1	1
p-Bereich	1	2	3	3
T-Bereich	1	2	2	3
DN-Bereich	2	2	1	2
Stellkraft	3	1	2	2
Platzbedarf	2	3	1	2
Abdichtvermögen	1	3	3	1
Lärmquelle	2	2	3	3
verschmutzte Medien	2	2	1	2
Verschleiß	2	2	3	2
Reparaturaufwand	2	3	2	3
Mehrwegeausführung	1	1	3	2

1: gut geeignet, Erfüllung hoher Anforderungen
2: mittlere Bewertung
3: wenig geeignet, ungünstige Werte

Zusätzlich werden z. T. auch als Einsatzgrenzen genannt:

– Geschwindigkeit $w_{vc} < 80$ m/s,
– Differenzdruck $\Delta p_A < 3$ bis 4 MPa.

Sie folgen aus der Erfahrung eines deutlich zunehmenden Verschleißes, insbesondere durch Kavitation und Erosion. Hier hilft eine Ausführung mit mehrstufiger Drosselung. Zumindest sollte eine konkretere Überprüfung der Eignung der vorgesehenen Armatur erfolgen. Gleiches trifft auch zu, wenn ein ständiger Regelbetrieb über einen bestimmten oder auch den gesamten Arbeitsbereich vorliegt.

Weitere Gesichtspunkte, die bei der Auswahl heranzuziehen sind, sind in Tabelle 6–6 aufgeführt, s. auch Abschn. 4.4 und [3–7] [6–1] [6–7]. Sie geben eine Orientierung für Standardausführungen bei durchschnittlichen Anforderungen. Die Relevanz der einzelnen Kriterien muß für den jeweiligen Einsatzfall anlagenspezifisch überprüft werden. Es kommt jedoch zum Ausdruck, daß die Einsitzventile in ihrer robusten Ausführung in der Anwendung dominieren.

6.3 Absicherungsaufgaben

Zur Abwendung möglicher Schäden an Ausrüstungen oder auch unzulässiger Störungen von Produktionsprozessen werden Sicherheitsarmaturen eingesetzt. Abweichungen von zugelassenen Betriebszuständen sind an sich durch die zugeordnete BMSR-Technik zu unterbinden, jedoch nicht vollständig ausschließbar.

Die zunehmende Bedeutung dieser Armaturengruppe folgt unmittelbar aus der Gefährdung durch die heutigen Anlagengrößen und ebenso die mögliche Schädigung durch die Prozeßmedien. Durch den Einsatz von Sicherheitsarmaturen wird ferner eine ansonsten notwendige Überdimensionierung der Ausrüstungen vermeidbar.

Tabelle 6–7. Sicherheitstechnische Aufgaben und Armaturenzuordnung.

Aufgaben	Armaturen	gesteuert	
		direkt	indirekt
1. Absicherung gegen unzulässige Drucküberschreitung	Sicherheitsventile und -klappen, Brechsicherungen, Standrohre	×	
2. Absicherung gegen unzulässige Druckunterschreitung	Belüftungsventile	×	
3. Absicherung gegen Mengenstromumkehr	Rückschlagventile und -klappen	×	
4. Absicherung gegen Wasserschlag	Kondensatableiter (Schwimmer-, thermische, thermodynamische, starre)	×	×
5. Absicherung gegen unzulässige Gasansammlung	Entlüftungsventile	×	
6. Absicherung gegen zu großen Ausfluß	Rohrbrucharmaturen (Ringkolbenventile, …)		×
7. Auskopplung von Teilsystemen einer Anlage bei Schäden	Umschalt- und Schnellschlußarmaturen		×

Von derartigen Armaturen muß also eine sehr hohe Zuverlässigkeit erwartet werden. Obwohl selten in Funktion, muß bei Gefährdungen stets eine sichere Reaktionsfähigkeit gewährleistet sein. Einfacher, funktionssicherer Aufbau und möglichst selbsttätige Arbeitsweise (zumeist Regeleinrichtung ohne Hilfsenergie, auch als eigenmediengesteuert bezeichnet) sind Forderungen, die zu erfüllen sind.

Erst in neuerer Zeit werden sie, begründet durch eine intensivere theoretische Durchdringung der Prozesse sowie die hohe Zuverlässigkeit von Ausrüstungen der BMSR-Technik, in die Gesamtautomatik der Anlage einbezogen [6–11]. Die Armatur ist dann zumeist nur eine Stelleinrichtung mit Hilfsenergie, das wird auch als fremdgesteuert bezeichnet.

In Tabelle 6–1 wurden die wesentlichsten Aufgaben schon genannt. Die große Anzahl unterschiedlicher Problemstellungen der Parameter- oder Zustandsbegrenzung in Verbindung mit der Zuordnung jeweils geeigneter Funktionsprinzipien bei zusätzlich differenzierten Qualitätsanforderungen, führte zu einem breiten Sortiment an Sicherheitsarmaturen (Tabelle 6–7).

Der Eingriff in das System wird generell über die angepaßte Veränderung des Massestromes vorgenommen. Nicht unmittelbar damit gekoppelte Parameter, z. B. die Temperatur, müssen also auch über entsprechende Geber indirekt über eine Armatur, dann also fremdgesteuert, geregelt bzw. begrenzt werden.

Die Menge der ab- oder zuzuführenden Masse wird durch die Anlage, die technologischen Parameter vorgegeben [6–12]. Bezüglich der dann die Funktion der Armatur bestimmenden Zusammenhänge ist auf Abschn. 5 zu verweisen. Besonderheiten ergeben sich durch die notwendige Anpassung an die jeweilige Aufgabenstellung und vor allem durch die Forderung nach selbsttätiger Arbeitsweise. Im folgenden soll exemplarisch auf diese Problematik eingegangen werden.

6.3.1 Druckbegrenzung

Sicherheitsventile [6–13] haben Ausrüstungen bzw. Anlagen, im engeren Sinne Druckbehälter, gegen Zerstörung (unzulässige Verformung bzw. Bruch) durch Überschreitung des Systemdruckes über den der Berechnung zugrunde gelegten Wert zu sichern. Sie öffnen

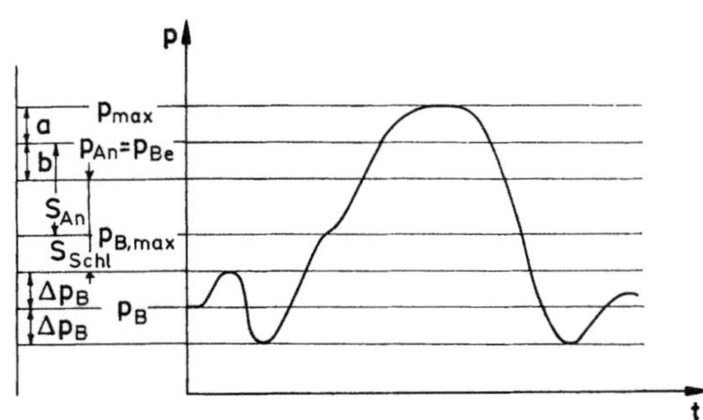

Bild 6–24.   Sicherheitsventilzuordnung und Arbeitsweise.

p_B Betriebsdruck; Δp_B vorgesehene Regelabweichung von p_B; $p_{B,max}$ maximal zulässiger Betriebsdruck; S Sicherheitsabstand; a Öffnungsdruckdifferenz Δp_{An}; b Schließdruckdifferenz Δp_{schl}; $a + b$ Funktionsdruckdifferenz.

132

Tabelle 6–8. Bauarten von Sicherheitsventilen (nach DIN 3320).

Bauarten	Charakterisierung
direkt belastete Sicherheitsventile (feder- oder gewichtsbelastet)	
Normal-Sicherheitsventil	erreichen bei $p = 1{,}1\,p_{\mathrm{An}}$ den Hub für den vorgesehenen Massestrom
Vollhub-Sicherheitsventil	öffnen innerhalb $p = 1{,}05\,p_{\mathrm{An}}$ schlagartig auf y_{100}, öffnen bis zum schlagartigen Öffnungsvorgang nur bis $y \leqq y_{20}$
Proportional-Sicherheitsventil	öffnen nahezu stetig mit dem Druckanstieg; plötzlicher Öffnungsvorgang nur in Teilbereichen von $\Delta y = 0{,}1\,y_{100}$ zulässig; erreichen bei $p = 1{,}1\,p_{\mathrm{An}}$ den Hub für den vorgesehenen Massestrom
weitere Bauarten	
gesteuertes Sicherheitsventil	bestehen aus Hauptventil und Steuereinrichtung: dieser Gruppe zugeordnet sind auch die Sicherheitsventile mit Zusatzbelastung
Membran-Sicherheitsventil	direkt belastetes Sicherheitsventil mit Schutz bewegter Teile durch eine Membran
Faltenbalg-Sicherheitsventil	direkt belastetes Sicherheitsventil mit Schutz bewegter Teile durch einen Faltenbalg, auch zur Ausschließung von Gegendruckwirkungen
Folien-Sicherheitsventil	direkt belastetes Sicherheitsventil mit am Sitz eingespannter Folie zur Sicherung der Dichtheit

das System bei Erreichen des maximal zulässigen Druckes nach außen oder auch in ein anderes Teilsystem der Anlage und haben dann einen solchen Durchfluß zu gewährleisten, daß keine weitere Drucksteigerung möglich ist [6–14]. Bei Absenkung des Druckes unter den kritischen Wert schließen sie wieder selbsttätig das System ab (Bild 6–24).

Die hohen Anforderungen, die an die Funktionstüchtigkeit der Armatur gestellt werden, führten zu einem umfassenden Vorschriftenwerk [6–15] [6–16] [6–17] [5–75], s. auch Anhang. Es umfaßt Festlegungen zu den Bauarten im Zusammenhang mit ihrer Leistungsfähigkeit, technische Forderungen zur Gestaltung wie ebenso zur Werkstoffauswahl, Festlegungen zur Bemessung, zu den Einbaubedingungen und andererseits auch zu Kontrollen und Prüfungen und zur Kennzeichnung, s. auch Tabelle 6–8.

Die entscheidenden Kriterien für eine der Anlage bzw. dem Prozeß angepaßte optimale Arbeitsweise sind das druckabhängige Öffnungsverhalten, die Gewährleistung des vorgegebenen Entlastungs-Massestromes sowie das anforderungsgerechte Zeitverhalten [6–18].

Bezüglich des druckabhängigen Öffnungsverhaltens sind zwei Fragestellungen relevant:

1. Die Zuordnung der Drücke (Betriebsdruck, Berechnungsdruck und Einstell- bzw. Ansprechdruck)

Hier besteht keine über alle Industriezweige einheitliche Regelung. Verallgemeinernd läßt sich folgende Orientierung bei anspruchsvollen Anforderungen angeben (Bild 6–25):

– maximale, regelbare Überschreitung des Soll-Betriebsdruckes $p_{\mathrm{B,max}} \leqq 1{,}05\,p_{\mathrm{B}}$;

– Einstell- bzw. Ansprechdruck des Sicherheitsventiles $p_{\mathrm{An}} \leqq 1{,}1\,p_{\mathrm{B}}$;

– Berechnungsdruck der Anlage $p_{\mathrm{Be}} = p_{\mathrm{An}}$ bei Öffnungsdruckdifferenz $\Delta p_{\mathrm{An}} \leqq 0{,}1\,p_{\mathrm{max}}$, $p_{\mathrm{Be}} = 0{,}9\,p_{\mathrm{max}}$ bei Öffnungsdruckdifferenz $\Delta p_{\mathrm{An}} > 0{,}1\,p_{\mathrm{max}}$;

– Sicherheitsabstand zwischen $p_{\mathrm{B,max}}$ und $p_{\mathrm{An}} \geqq 1{,}01\,p_{\mathrm{B,max}}$.

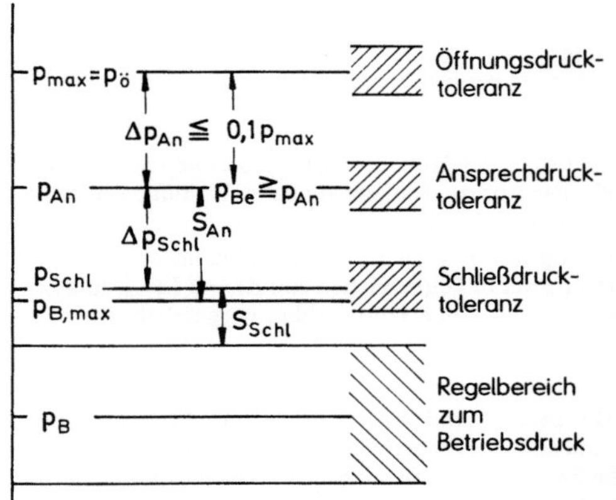

Bild 6-25.
Druckzuordnung und Toleranzen bei
Sicherheitsventilen.

Tabelle 6-9. Orientierungen zur Arbeitsweise von Sicherheitsventilen.

Öffnungsdruckdifferenz:
  15% bei $p_{An} \leqq 0{,}25\,\text{MPa}$
  10% bei $p_{An} \leqq 4\,\text{MPa}$
  5% bei $p_{An} > 4\,\text{MPa}$

Schließdruckdifferenz:
  15% bei Normal-Sicherheitsventilen
  10% bei Vollhub-Sicherheitsventilen
  5% bei gesteuerten Sicherheitsventilen

zulässige Toleranzen (Orientierung) für Ansprechen bei p_{An}:
  $\pm 3\%$ bei $p_{An} \leqq 0{,}5\,\text{MPa}$
  $\pm 1\%$ bei $p_{An} \geqq 0{,}5\,\text{MPa}$

Bei Niederdruckanlagen können größere Druckbereiche, schon bedingt durch notwendige Wanddicken bzw. die vorgegebenen Nenndruckstufen wie ebenso die Leistungsfähigkeit der eingesetzten Sicherheitsventile, vorgesehen werden. Das entspricht auch den angegebenen Orientierungen für zulässige Arbeitsbereiche und Toleranzen (Tabelle 6-9).

2. Der von den Kraftkennlinien abhängige Öffnungs- und Schließvorgang der Sicherheitsventile

Der Schließkraftverlauf folgt unmittelbar aus der Feder oder Gewichtsbelastung (Bild 6-26). Die öffnende Kraft beträgt im geschlossenen Zustand des Ventiles $F_{\ddot{O}} = \Delta p \cdot A_s$, der weitere Verlauf beim Öffnungsvorgang folgt aus der Umströmung des Absperrkörpers, s. Abschn. 5.5. Die experimentell zu bestimmenden Kraftkennlinien sind der schließenden Kraft und dem geforderten druckabhängigen Öffnungsvorgang anzupassen (Bild 6-27). Gewünscht sind vor allem zwei Formen, die für schlagartig öffnende Ventile und die für Proportionalventile. Um eine instabile Arbeitsweise zu vermeiden, darf darüber hinaus die Neigung in Teilbereichen nicht mit der Neigung der Schließkraftkennlinie übereinstimmen.

134

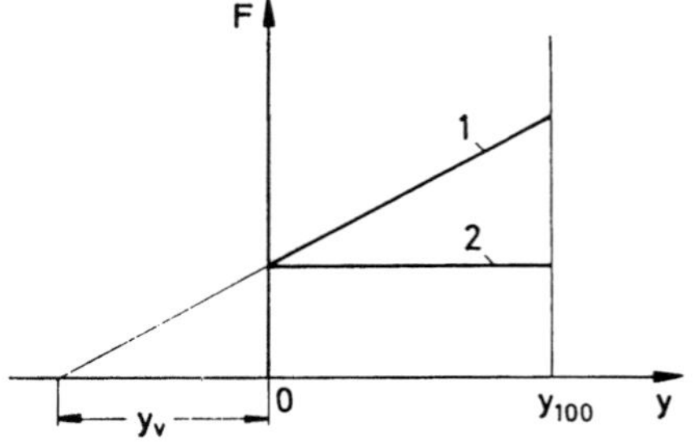

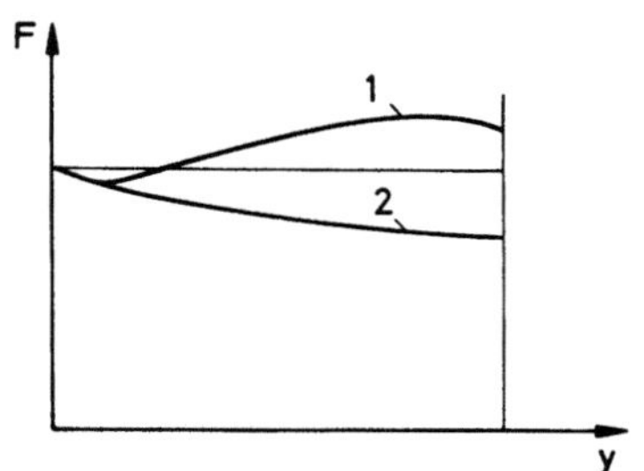

Bild 6–26.
Schließkraftkennlinien von Sicherheitsventilen.
1 federbelastetes Sicherheitsventil ($y_v \geq 0{,}3\,d_s$);
2 gewichtsbelastetes Sicherheitsventil.

Bild 6–27.
Öffnungskraftkennlinien von gewichtsbelasteten Sicherheitsventilen, dargestellt für $p = p_{An}$.
1 schlagartig öffnend; 2 stetig öffnend (Proportionalventil).

Unsicherheiten folgen u. a. aus der nicht eindeutig zu definierenden Dichtlinie im Sitz [6–19]. Bei Abdichtung am Innenradius wird die Kraftkennlinie beim Öffnungsvorgang sofort ansteigen, bei Abdichtung am Außenradius wird vorerst ein Abfall festzustellen sein (hydrodynamisches Paradoxon). Derartige Unterschiede können beträchtliche Auswirkungen auf das Öffnungsverhalten eines Ventiles haben. Die eingeführte Unterscheidung zwischen Einstelldruck (Prüfstand) und Ansprechdruck (Anlagenbetrieb) folgt zum Teil hieraus.

Bild 6–28 zeigt die sich ergebende Arbeitsweise am Beispiel eines schlagartig öffnenden, federbelasteten Sicherheitsventiles. Nach druckabhängigem Beginn des Öffnungsvorganges (y_0 bis $y_{\ddot{o}}$) ist dann die schließende Kraft über den gesamten restlichen Hub ($y_{\ddot{o}}$ bis y_{100}) stets kleiner als die öffnende Kraft. Erst nach Druckabsenkung unter den Ansprechdruck kehrt sich der Vorgang in entsprechender Form um. Bei solchen Ventilen, wie auch bei den Hauptventilen von gesteuerten Sicherheitsventilen, ist gegebenenfalls eine Dämpfungsvorrichtung zum Abbremsen der beschleunigten Öffnungsbewegung vorzusehen. Die ansonsten plötzliche Abbremsung bei $y = y_{100}$ kann eine mechanische Überbeanspruchung der Bauteile zur Folge haben.

Noch auf einen anderen Aspekt sei aufmerksam gemacht: Die selbsttätige Arbeitsweise läßt keine beliebige Vergrößerung der Schließkraft zu, außer bei den Ventilen mit Zusatzbelastung und bei den Hauptventilen der hilfsgesteuerten Anlagen [6–20] [6–21]. Mit der Annäherung an den Ansprechpunkt durch Drucksteigerung vermindert sich die Dichtkraft; es besteht die Gefahr einer unerwünschten Leckage. Zur Vermeidung sind eine hohe Fertigungsgenauigkeit sowie eine exakte Einhaltung der vorgesehenen Lagerungsverhältnisse notwendig; ebenso sind die Reibungskräfte unbedingt so gering wie möglich zu halten. Erreicht der Systemdruck den Ansprechdruck, so gleichen sich die Kräfte

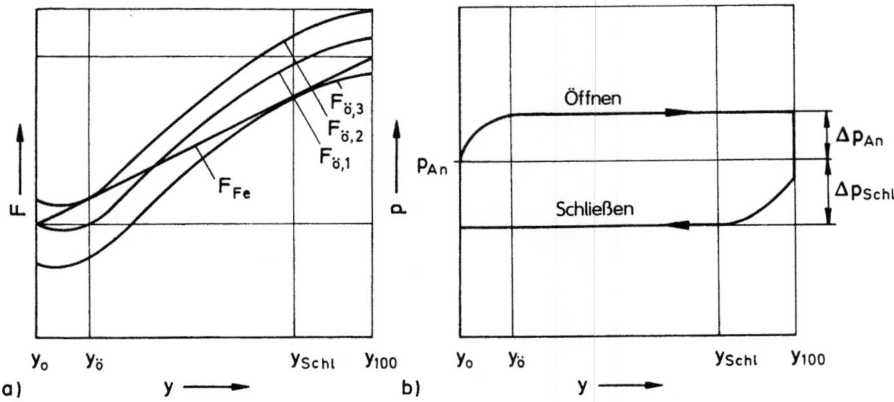

Bild 6–28. Arbeitsweise von Sicherheitsventilen.

a Kraftkennlinien (F_{Fe} Schließkraft der Feder, $F_ö$ öffnende Kraft durch Differenzdruck bzw. Ventilkegelumströmung, $F_{ö,1}$ bei $p = p_{An}$, $F_{ö,2}$ bei $p = p_{max}$, $F_{ö,3}$ bei $p = p_{schl}$); b druckabhängiges Öffnen und Schließen.

vollständig aus, der Ventilkegel „schwimmt". Es kann schnell bei einem Arbeitszustand nahe diesem Druck zu einer Pendelbewegung, zu einem „Hämmern" des Ventilkegels kommen. Solche Situationen sollten möglichst vermieden werden, da ansonsten Verschleißerscheinungen kaum zu unterbinden sind [6–22].

Für die Abführung der von der Anlage oder dem Arbeitsregime des Druckbehälters vorgegebenen Masse gelten die Beziehungen nach Abschn. 5.3 bzw. 5.4. Danach ist der Massestrom berechenbar. Die besonderen Anforderungen an Sicherheitsventile führten früh zur Aufnahme der entsprechenden Berechnungen in die Vorschriften [6–15].

Zur Auswahl des richtig zugeordneten Ventils ist der erforderliche Querschnitt $A_{vc,gm}$ gesucht. Der historischen Entwicklung des Einsatzes von Sicherheitsventilen folgend,

– besondere Gefahr droht von Gasen und Dämpfen,
– das Sicherheitsventil bläst in die Umgebung ab,

wird die Bemessung nach den Vorstellungen einer Ausflußarmatur vorgenommen. Danach liegt eine beschleunigte Strömung vom Druckbehälter bis zum engsten Querschnitt vor. In einem solchen Fall kann in erster Näherung reibungsfrei gerechnet werden; durch eine Ausflußziffer α wird eine Korrektur zur Berücksichtigung der Reibung und der Strahlkontraktion vorgenommen (s. Abschn. 5.4.1):

$$\dot{m} = \alpha \cdot A_{erf} \cdot \psi \sqrt{2p_0 \cdot \rho_0}. \tag{6.34}$$

Für den erforderlichen freien Querschnitt folgt daraus

$$A_{erf} = \frac{\dot{m}}{\alpha \cdot \psi} \frac{1}{\sqrt{2p_0 \cdot \rho_0}}. \tag{6.35}$$

Hinsichtlich der Entspannung des Gases ist dabei zwischen unterkritischer (ψ) und überkritischer (ψ_{max}) Durchströmung zu unterscheiden, s. auch Bild 5–25.

136

Die Vorschriften schreiben einen zusätzlichen Sicherheitszuschlag (allgemein 10 %) vor und geben auch die zu wählende Ausflußziffer α vor. Beides führt zu einer Überdimensionierung, die nicht in jedem Fall positiv zu bewerten ist. Abhilfe schafft die demzufolge auch eingeführte Baumusterprüfung [6–23]. Dann ist die Arbeit mit dem experimentell bestimmten, ventilspezifischen α-Wert möglich.

Hinsichtlich der Zustandsgrößen p_0 und ρ_0 sind in Gl. (6.35) natürlich die Ruhewerte einzusetzen, also $p_{0,R}$ und $\rho_{0,R}$. Für Gase läßt sich verallgemeinern:

$$p_0 \cdot \rho_0 = \frac{p_0^2}{R \cdot Z \cdot T_0} = \frac{p_0^2 \cdot M}{R^* \cdot Z \cdot T_0}; \tag{6.36}$$

$R^* = 8314{,}33$ J/(kmol·K) allgemeine Gaskonstante,
M molare Masse in kg/kmol.

Für den wichtigen Fall des Wasserdampfes kann mit folgender Näherung gearbeitet werden, s. Gl. (6.35):

– trocken gesättigter Wasserdampf [Bereich $p = (1$ bis $6) \cdot 10^6$ Pa]

$$p_0/\rho_0 = p_0 \cdot v_s \approx 2 \cdot 10^5, \tag{6.37}$$

$$A_{\mathrm{erf}} = \frac{\dot{m}}{\alpha \cdot \psi \cdot p_0}; \tag{6.38}$$

– überhitzter Wasserdampf

Bei Erweiterung von Gl. (6.35) mit $\sqrt{p_0 \cdot v_s}$, d. h. Bezugnahme auf den Sattdampfbereich, erhält man

$$A_{\mathrm{erf}} = \frac{\dot{m}}{\alpha \cdot \psi \cdot p_0} \sqrt{\frac{v_{\mathrm{H}}}{v_s}}; \tag{6.39}$$

v_{H}/v_s Verhältnis der spezifischen Volumina von Heißdampf und Sattdampf bei p_0.

Bei zumeist vorliegender überkritischer Entspannung ($\psi \to \psi_{\max} \approx 0{,}5$) wird darüber hinaus in den Berechnungsformeln $\psi = 0{,}5$ gesetzt.

Für Flüssigkeiten ist analog vorzugehen; nach Abschn. 5.3 gilt

$$A_{\mathrm{erf}} = \frac{\dot{m}}{\alpha \sqrt{2 \Delta p \cdot \rho}}. \tag{6.40}$$

Das ergibt sich auch aus Gl. (6.35) beim Grenzübergang $\kappa \to \infty$. Die Anwendung der gleichen Ausflußziffer α sowohl für Flüssigkeiten als auch für Gase (unterkritische und überkritische Entspannung) ist nicht exakt (s. Bild 5–27). Die Vorgabe mit größeren Sicherheiten für α bis hin zur Vorschrift der Anordnung eines zusätzlichen Sicherheitsventiles soll u. a. diese Unklarheit überbrücken. Darüber hinaus werden zunehmend Korrekturfaktoren (z. B. für Zähigkeitseinfluß, Ausdampfung), wie im Abschn. 5 erläutert, eingeführt.

Zunehmende Bedeutung erlangt die Einbindung von Sicherheitsventilen in geschlossene Entspannungssysteme [6–24]. Hier ist zusätzlich die sogenannte Gegendruckabhängigkeit zu berücksichtigen. Durch direkten Bezug auf den Gegendruck (über ψ bzw. Δp), z. T. auch durch Anpassung der Ausflußziffer oder zusätzliche Korrekturfaktoren, wird dieser Einfluß erfaßt. Eine größere Beeinflussung wird bei $p_{\mathrm{geg}}/p_{\mathrm{An}} \geqq 0{,}25$ festgestellt. Die zu

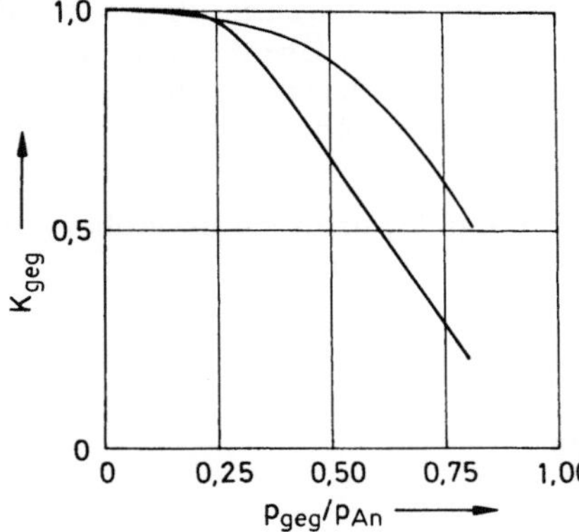

Bild 6–29.
Korrekturbeiwert zur Berücksichtigung des
Gegendruckes bei Gasen und Dämpfen, abhängig von der
Ventilbauart (Beispiele).

erwartende Korrektur nach

$$A_{\text{erf,geg}} = A_{\text{erf}}/K_{\text{geg}}$$

zeigt beispielhaft Bild 6–29. Die Verhältnisse werden übersichtlicher, wenn man beachtet, daß in einem solchen Fall nicht mehr ein Ausflußproblem, sondern ein Drosselvorgang vorliegt. Es gelten dann die gleichen Abhängigkeiten wie bei Stellventilen (s. auch Abschn. 5).

Neben der Auswirkung auf den Durchfluß ist die damit gekoppelte Beeinflussung des Öffnungsverhaltens des Sicherheitsventiles zumeist noch wichtiger. Es müssen auch die Kraftkennlinien entsprechend umgerechnet werden:

$$F = \text{f}(\dot{m}) \text{ mit } \dot{m} = \text{f}(\Delta p) \text{ beim jeweiligen Hub } y.$$

Auf einen dritten Gesichtspunkt, der für ein optimales Arbeiten eines Sicherheitssystems entscheidend ist, wurde schon aufmerksam gemacht: das Zeitverhalten. Die Entscheidung für ein schlagartig öffnendes oder für ein Proportionalventil ist offensichtlich eng mit dieser Problematik verbunden [6–25]. Diesbezüglich liegen noch keine umfassenden systematischen Untersuchungen vor.

Die Auswahl beruht im allgemeinen auf Erfahrungen, verbunden mit Abschätzungen beim jeweiligen Einsatzfall. Zu vermeiden ist

– ein mehrmaliges Ansprechen bzw. Erreichen des Ansprechdruckes;
  dagegen ist anzustreben
– ein sicherer Übergang in den normalen Betriebs-Regelbereich.

Um das zu sichern, müssen Aussagen sowohl zum notwendigen druckabhängigen Durchfluß durch das Sicherheitsventil in Abhängigkeit vom Überproduktions- und Speichervermögen der Anlage als auch zum Zeitverhalten des Regelsystems vorliegen. Bei zweckmäßiger Anpassung wird ein Ansprechen der Sicherheitsventile überhaupt zu vermeiden sein.

Wird ein Wirksamwerden der Überdruckbegrenzer vorgesehen, dann gestattet vor allem die Kenntnis des Druckanstieges $p = \text{f}(t)$ bzw. $\text{d}p/\text{d}t = \text{f}(t)$ die Festlegung der zweckmäßigsten Lösung.

138

6.3.2 Rückstromverhinderung

Die Aufgabe dieser Armaturen scheint einfach, geht es doch lediglich um den Abschluß der Rohrleitung aus sicherheitstechnischen oder betrieblichen Gründen bei Umkehrung der Strömungsrichtung. Anlaß hierfür können sein:

– Pumpen-bzw. Verdichterausfall oder auch
– Rohrbruch.

In einem solchen Fall sind Folgeschäden zu vermeiden, wie

– Zerstörung der Arbeitsmaschinen (Arbeit als Turbine mit Durchgangsdrehzahl $n > n_{\text{Nenn}}$),
– Austritt des geförderten Mediums in die Umgebung,
– Störungen des Prozesses durch Ausströmen aus dem Drucksystem.

Geeignete Konstruktionen, die bei Strömungsumkehr selbsttätig die Rohrleitung absperren, sind offensichtlich Klappen (mit extremer exzentrischer Lagerung) und Ventile (mit frei beweglichem Absperrkörper)[6–26][6–27].

Sowohl das Abschließen als auch das Öffnen geschehen durch die infolge der Umströmung auf den Absperrkörper wirkenden Kräfte. Es folgt daraus eine vom Durchsatz abhängige Öffnungsstellung, s. Bild 6–30 (s. auch [6–28]). Die Schließbewegung setzt mit abnehmender Geschwindigkeit ein und soll bei $w = 0$ beendet sein.

Die Rückstromverhinderer müssen, wie alle Sicherheitsarmaturen, beim Störfall aktiv werden. Während des Normalbetriebes sind Wirkungen, hier der zusätzliche Druckverlust, unerwünscht ($\zeta \to$ Minimum). Die vom Durchfluß abhängige Stellung kommt dem nicht in jedem Fall entgegen. Das trifft besonders dann zu, wenn die schließend wirkende Kraft im Sinne eines schnellen Abschlusses bei Strömungsumkehr bewußt vergrößert wird (Feder- oder Gewichtsbelastung).

Das eigentliche Problem der zweckmäßigen Konstruktion und Zuordnung von Rückstromverhinderern ist die richtige Bewertung der instationären Bewegungsverhältnisse [6–29]. Die Verzögerung und Umkehrung der Strömung kann in Bruchteilen von Sekunden vor sich gehen. Deshalb kann eine solche Armatur nicht isoliert betrachtet werden. In die Analyse ist das Zeitverhalten der gesamten Anlage einschließlich des Auslaufvorganges der Pumpe mit einzubeziehen.

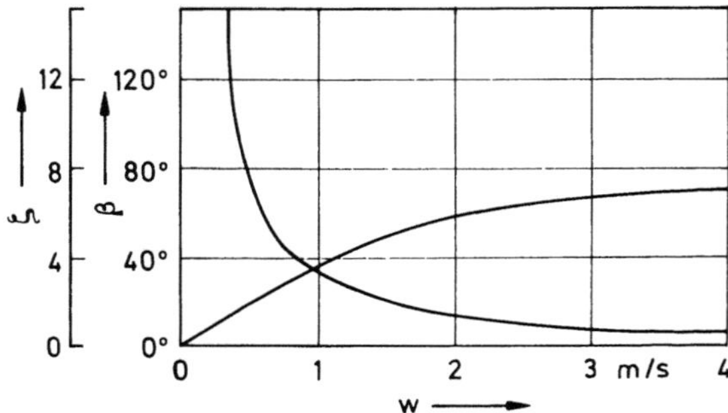

Bild 6–30. Öffnung und Druckverlustbeiwert einer Rückschlagklappe in Abhängigkeit vom Volumenstrom (Beispiel nach [6–28]).

Solche sich schnell ändernden Zustände sind zwangsläufig mit Druckstößen verbunden. Der Überdruck über dem Systemdruck kann bekanntlich, s. z. B. [6–30], betragen:

$$\Delta p_{max} = \rho \cdot a_F \cdot w \tag{6.41}$$

bei einer Fortpflanzungsgeschwindigkeit der Druckwellen von

$$a_F = \frac{a}{\sqrt{1 + (d/s)(E_F/E_R)}}. \tag{6.42}$$

Bei der Berechnung solcher transienter Vorgänge ist zu beachten, daß die im stationären Zustand experimentell bestimmten Beiwerte für den instationären Fall nicht zutreffen. Sie können bestenfalls als grobe Näherung zur Abschätzung herangezogen werden.

Für die Behandlung derartiger Betriebszustände stehen heute leistungsfähige Rechenprogramme zur Verfügung [6–31][6–32]. Eine übersichtliche Beurteilung des Vorganges ermöglicht die graphische Analyse [6–33][6–34], die dementsprechend nicht an Bedeutung verloren hat. Eine Lösung ist generell nur möglich, wenn Aussagen gegeben sind über

– das System
  • Anlagenkonfiguration und Anlagenkennlinie $\dot{V} = f(\Delta p)$;
  • Zeitverhalten, grob charakterisierbar durch die Laufzeit t_L bzw. Reflexionszeit t_R einer Druckwelle: $t_R = 2\,l/a_F$;
– den Auslaufvorgang der Pumpe;
– den Schließvorgang der Armatur $y = f(t)$, wobei sich bei der frei beweglichen Rückschlagarmatur die Schließbewegung aus dem Zusammenhang des gesamten Prozeßablaufes ergibt.

Daraus folgt, daß ein Rückstromverhinderer den jeweiligen Einsatzbedingungen angepaßt sein muß.

Für eine Pumpenanlage sind beispielhaft die Verhältnisse im Bild 6–31 dargestellt Nach Stromausfall läuft die Pumpe aus; es kommt zur Ausbildung einer Unterdruckwelle. Das Schließverhalten der Armatur wurde so gewählt, daß ihre Wirkung bei kleiner Geschwindigkeit deutlich einsetzt (hier bei $t = 2t_R$), dann nur einen geringen Rückstrom zuläßt (bei $t = 4t_R$) und sofort schließt. Damit liegt der maximale Überdruck nur gering über dem Ausgangswert.

Aus dem Druckstoßdiagramm lassen sich darüber hinaus, wie zu erkennen ist, der zeitliche Verlauf des Massestromes und der Druckverlauf an jeder Stelle der Anlage ableiten. So erhält man einerseits eine gute Übersicht über zu erwartende Gefährdungen und kann andererseits ebenso den Effekt von Gegenmaßnahmen abschätzen, s. z. B. [6–35][6–36].

Der aus dem Druckstoßdiagramm abgeleitete Druck- und Geschwindigkeitsverlauf ist als gemittelte zeitliche Abhängigkeit anzusehen; real liegt quasi eine Überlagerung mit Oberschwingungen vor. Das hat seine Ursache u. a. in Teilreflexionen der Druckwellen und mechanischen Schwingungen. Umgekehrt kann der instationäre Vorgang auch Ausgangspunkt einer Schwingungsanregung des Rohrleitungssystems sein, problematisch wird dies im Fall der Resonanz [6–37].

Bild 6–31 läßt erkennen, daß in Abhängigkeit von den Anlagenverhältnissen äußerst unterschiedliche Konstellationen vorliegen können. Das reicht vom Abschluß durch die Rückschlagarmatur während der Verzögerung, wie im Bild 6–31 dargestellt, bis zum Schließen erst nach Strömungsumkehr. Letzteres wird vor allem bei kleinen Reflexionszeiten zu erwarten sein, z. B. bei kurzen Rohrleitungsstrecken (20 m entsprechen etwa

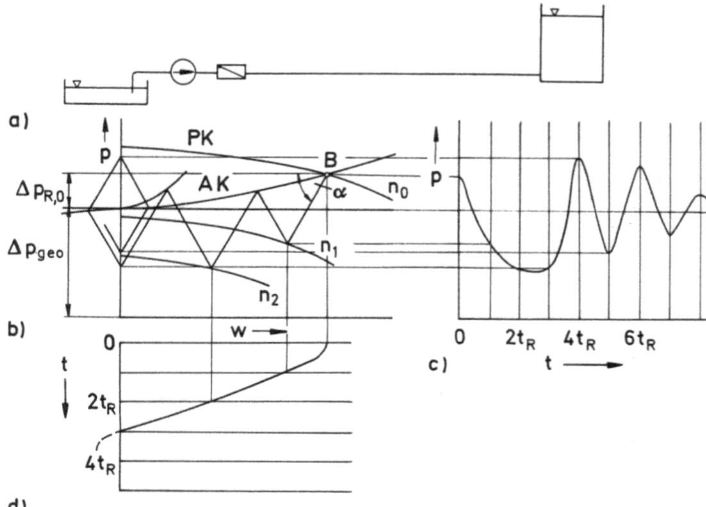

Bild 6–31. Zustandsverlauf bei Pumpen- bzw. Stromausfall und schließender Rückschlagarmatur (Beispiel).
a) Anlage,
b) Druckstoßdiagramm.
PK Pumpenkennlinie $n_0 = n_{Nenn}$, AK Anlagenkennlinie, B Betriebspunkt vor Stromausfall.
c) Druckverlauf $p = f(t)$;
d) Geschwindigkeitsverlauf $w = f(t)$; $\tan \alpha = \Delta p / \Delta w = \rho \cdot a_F$.

$t_R = 0{,}02$ s); die Armatur wirkt dann wie eine Schnellschlußarmatur. Gefährliche Überdrücke sind bei einem solchen Fall nur zu vermeiden, wenn die Schließzeit groß gegenüber der Reflexionszeit ($t_S > t_R$) gewählt wird. Mit Bild 6–32 wird das am Beispiel eines einfachen Ausflußproblems verdeutlicht.

Darüber hinaus hat auch die Schließcharakteristik einen wesentlichen Einfluß; dem entspricht die allgemeine Forderung nach einem „weichen" Abschluß [6–38].

Sowohl eine Beschleunigung des Schließvorganges durch eine äußere Zusatzbelastung (Masse, Feder) als auch eine Dämpfung durch Bremszylinder mit entsprechender Drosseleinstellung vor allem unmittelbar vor dem Abschluß, können zur Vermeidung von Gefährdungen beitragen.

Neben der Überdruckbegrenzung ist auch die Unterdruckbegrenzung zu beachten. Bei Unterschreitung des Dampfdruckes kommt es zum Abreißen der Flüssigkeit, das kann sowohl beim Öffnen wie auch beim Abschließen der Rohrleitung oder bei Pumpenausfall eintreten. Besonders gefährdet sind ebenso Hochpunkte entlang der Rohrleitung. In die Berechnung ist dann diese zusätzliche Randbedingung ($p > p_D$) einzubringen. Die Rohrleitung ist zusätzlich hinsichtlich Stabilität zu überprüfen.

Zur Beschränkung der Größe des Über- oder auch Unterdruckes stehen eine Reihe von Maßnahmen zur Verfügung. Ohne hier näher darauf einzugehen, sind sie in Tabelle 6–10 zusammengestellt. Bei der Auswahl muß jeweils von der Gesamtsituation ausgegangen werden.

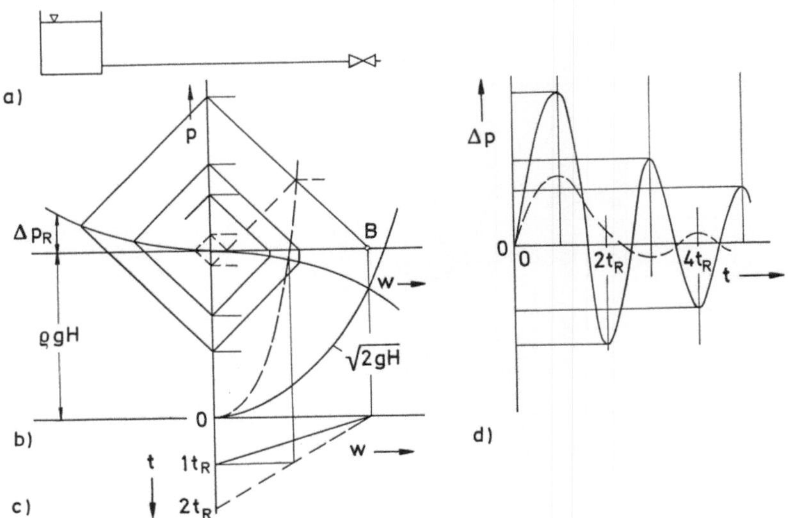

Bild 6–32. Abschluß einer Ausflußleitung.
a) Anlage;
b) Druckstoßdiagramm;
c) Schließcharakteristik der Armatur;
d) Druckverlauf vor Absperrarmatur.

$\cdots\; t_s \leqq t_R$;
$---\; t_s = 2\,t_R$.

Tabelle 6–10. Maßnahmen zur Minderung der Auswirkung transienter Zustandänderungen (Druckstoßbegrenzung).

Kategorie	Realisierung
Verringerung der Geschwindigkeits-änderung	– Vergrößerung der Pumpenauslaufzeit (Pumpenauswahl, Schwungradanbau) – Sicherung einer Nachströmung (Windkessel, Nachströmbehälter bzw. -leitung) – Druckabsenkungsbegrenzung (Belüftungsventil und Entlüftungsventil) – Überdruckbegrenzung (Bypass, Berstscheibe) – Angepaßte Schließcharakteristik der Armatur (Dämpfungsvorrichtung)
Erreichung günstiger Zeitproportionen $(t_S > t_R)$	– Vergrößerung der Schließzeit der Armatur – Verkürzung der Laufstrecke der Druckwelle (Zwischenbehälter—Wasserschloß)
Verkleinerung der Fortpflanzungsgeschwindigkeit	– Optimale Rohrauswahl (Werkstoff, s/d) – Übergang zur Zweiphasenströmung (Lufteinbringung)

6.3.3 Phasentrennung

Eine wichtige Aufgabe ist die Flüssigkeitsabtrennung aus Gas- bzw. Dampfströmen. Kondensatableiter sollen das selbsttätig vollziehen [6–39] [6–40]. Sie übernehmen nicht die Phasentrennung bei einer Zweiphasenströmung; das Kondensat muß schon abgetrennt der Armatur zufließen. Das macht eine entsprechende Rohrleitungsanordnung bzw. ein

142

Mindestgefälle der Leitungen ($\geq 0{,}2\%$ in Strömungsrichtung, $\geq 0{,}5\%$ entgegen der Strömungsrichtung) notwendig. Die Ableiter sind an den Tiefpunkten der zu entwässernden Rohrleitungen oder Apparate anzuordnen.

Die Abtrennung des Kondensates ist sowohl aus betriebstechnischen als auch aus sicherheitstechnischen Gründen notwendig. Vor allem betrifft das

- energiewirtschaftliche Gesichtspunkte, z. B. die Vermeidung des Überflutens von Wärmeübertragern,
- das Abwenden von Wasserschlägen,
- die Verhinderung des Auftretens von Tropfenschlagverschleiß.

Zusätzlich ist auf die Gefahr der festigkeitsmäßigen Überbeanspruchung durch die unsymmetrische Temperaturverteilung im Rohr und auch auf die erhöhte Korrosionsgefahr durch In-Lösung-Gehen von CO_2 und O_2 hinzuweisen.

Die Anforderungen an die Ableiter können dabei sehr unterschiedlich sein:

- Ableitung ohne oder Ableitung mit Stau bei einer bestimmten Unterkühlung,
- Funktionstüchtigkeit auch bei mehr oder wenig stark schwankenden Drücken und Temperaturen.

An Zusatzforderungen sind weiterhin zu nennen: die zeitweise Ableitung besonders großer Mengen (Anfahrentwässerung) oder auch die Verbindung mit der Entlüftung der Anlagen. Darüber hinaus können die Eignung für Frost (Einfrier- und Zerfriergefahr) und die Größe der Armatur selbst (zusätzliche Wärmeverluste) zu beachten sein.

Im Sinne der vorzusehenden selbsttätigen Arbeitsweise muß der Ableiter eine Regelarmatur sein. Als signifikante Meßgröße, die Ausgangspunkt einer Verstellung sein kann, kommt in Frage (s. Tabelle 6–11):

- der Dichteunterschied zwischen Flüssigkeit und Gas,
- der Temperaturunterschied zwischen Dampf und Kondensat,
- die unterschiedlichen Strömungskräfte bei der Entspannung von Flüssigkeit und Gas in Verbindung mit der Dampfkondensation bei Temperaturabsenkung;

Tabelle 6–11. Bauarten von Kondensatableitern.

Stellgröße	$\Delta\rho$	ΔT	$\dot{I}, \Delta p$	—
zusätzliche Abhängigkeit betreffend $\dot{m}$	$\dot{m}_{KW}/\dot{m}_{SW}$ Δp	$\dot{m}_{KW}/\dot{m}_{SW}$ Δp	$\dot{m}_{KW}/\dot{m}_{SW}(/\dot{m}_{D})$ Δp	$\dot{m}_{KW}/\dot{m}_{SW}/\dot{m}_{D}$ Δp
Ausführungen	Schwimmer-Kondensatabl. – geschlossener Schwimmkörper (Hohlkörper) – offener Schwimmkörper (Glocke) – Schleifen-Kondensatabl. (Standrohr)	thermische Kondensatabl. – Bimetall – Membrankapsel – Flüssigkeits- ausdehnung – Verdampfung	thermodyna- mische Kondensatabl. – Ventilplatte	starre Kondensatabl. – Düse – Venturidüse – Stufendüse – Labyrinth – Kapillare

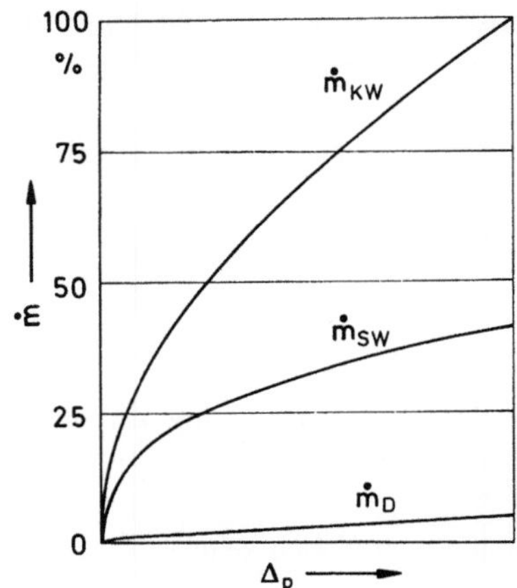

Bild 6–33.
Proportionen der Masseströme von Kaltwasser $\dot{m}_{KW}$ zu Siedewasser $\dot{m}_{SW}$ zu Dampf $\dot{m}_D$ (spezieller starrer Kondensatableiter).

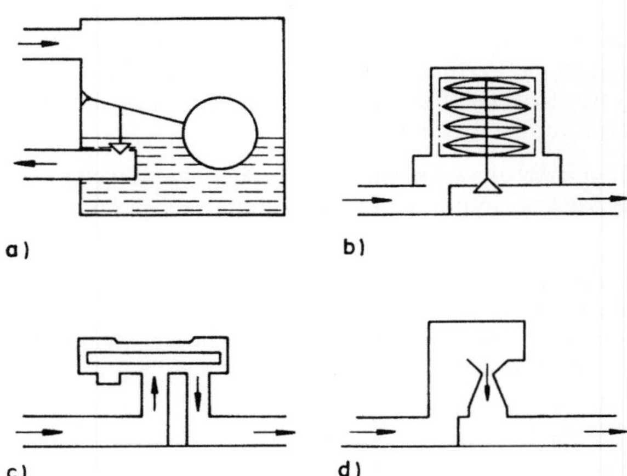

Bild 6–34. Bauarten von Kondensatableitern (schematisch).
a) Schwimmerkondensatableiter;
b) thermischer Kondensatableiter;
c) thermodynamischer Kondensatableiter;
d) starrer Kondensatableiter.

genutzt wird auch

– der unterschiedliche Zusammenhang $\dot{m} = f(\Delta p)$ bei Kaltwasser, Siedewasser und Dampf.

Versteht man unter Regelfähigkeit nicht nur das Verhalten hinsichtlich der Kondensatableitung, sondern auch bezüglich der Differenzdruck- und Temperaturanpassung oder die Eignung für die Gas-Flüssigkeit-Trennung allgemein, dann sind die verschiedenen Bauarten differenziert zu bewerten. Der jeweiligen Aufgabe entsprechend, muß somit der Kondensatableiter angepaßt ausgewählt werden.

Von grundsätzlicher Bedeutung für die Arbeit von Kondensatableitern ist das unterschiedliche Durchflußverhalten von Flüssigkeiten und Gasen bzw. Dämpfen (s. Abschn. 5.3.4 und 5.4), Bild 6–33. Als Orientierung ist angebbar, s. auch [6–41]:

$$\dot{m}_{SW}/\dot{m}_{KW} = 0,3 \text{ bis } 1, \quad \dot{m}_{D}/\dot{m}_{KW} < 0,1.$$

Eine wesentliche Rolle kommt dabei der Unterdruckbildung in der Armatur bei der Durchströmung zu. Bei auftretender Dampfdruckunterschreitung geht die Flüssigkeits- in eine Dampfströmung über; in einem solchen Fall wird von einem Versperren des Durchströmquerschnittes gesprochen (Wirkung durch $\dot{m}_{SW}/\dot{m}_{KW}$). Da die Größe des Unterdruckes konstruktiv beeinflußt werden kann (Düsenprinzip bzw. Venturiform oder andererseits mehrstufige Drosselung), ist somit die Durchflußmenge temperaturabhängig einstellbar: Steigerung des Durchflusses mit zunehmender Unterkühlung des Kondensates. Darüber hinaus ist das Betriebsverhalten der einzelnen Kondensatableiter vom gewählten Arbeitsprinzip abhängig. Die hauptsächlich genutzten Kondensatableiter werden im folgenden kurz charakterisiert, s. auch [6–42] [6–43], Bild 6–34.

Schwimmerkondensatableiter nutzen unmittelbar den statischen Auftrieb eines Schwimmkörpers. Über ein Hebelsystem wird bei Flüssigkeitsanfall die Absperrung (Ventil- oder Schieberprinzip) freigegeben. Bis auf die Abhängigkeit der Stellkraft vom Differenzdruck zeichnet sich diese Bauart durch eine druck- und temperaturunabhängige Arbeitsweise aus. Über die Gestaltung der Abflußkanales kann zusätzlich eine Differenzierung bezüglich des Volumenstromes von Kalt- oder Siedewasser verwirklicht werden.

Thermische Kondensatableiter werden durch ein Bauelement gesteuert, dessen Ausdehnung stark temperaturabhängig ist.

Gebräuchlich sind Bimetallsäulen und ebenso flüssigkeitsgefüllte Membrankammern (z. T. Verdampfungsthermostate). Die Öffnung der Armatur geschieht somit temperaturabhängig, der Unterkühlung des Kondensates angepaßt (Bild 6–35). Die Abhängigkeit der Stellkraft vom Differenzdruck kann in Verbindung mit dem Differentialkolbenprinzip zusätzlich zur Anpassung des Anprechpunktes an die Sattdampfkurve herangezogen werden. Die bei Schwimmerableitern genannte Beeinflußbarkeit des Verhältnisses $\dot{m}_{KW}/\dot{m}_{SW}$ durch entsprechende Gestaltung des Durchflußkanales ist auch hier möglich (Verzerrung der Kurven im Bild 6–35). Da die Einstellung und die Öffnung jedoch unmittelbar

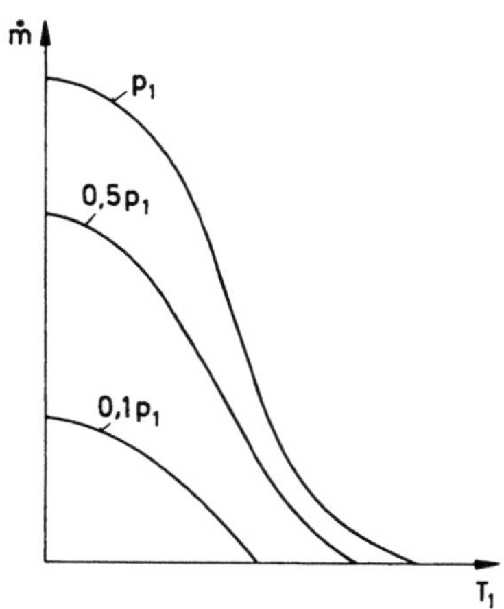

Bild 6–35.
Leistungsdiagramm von thermischen Kondensatableitern (Beispiel).

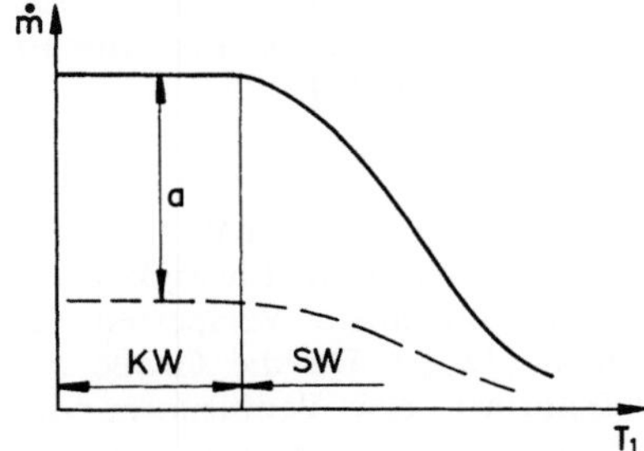

Bild 6–36.
Massestrom bei starren Kondensatableitern
(a = Verstellbereich, Δp = konst.).
KW Bereich ohne Ausdampfung; SW Bereich zunehmender
Ausdampfung.

Tabelle 6–12. Kriterien zur Auswahl von Kondensatableitern.

Kriterien Anforderungen	Bewertung			
	Schwimmer-KA	thermische KA	thermo-dynamische KA	starre KA
Reaktion auf $\dot{m}$-Änderung (Regelfähigkeit)	1	1	2	3
Stellabhängigkeit von Δp-Änderung	1	2	1	1
Stellabhängigkeit von T-Änderung	1	2	1	1
Wärmeverluste (Baugröße)	3	2	1	2
Dampfverluste	1	1	2	3
Entlüftungsvermögen	3	2	2	1
Verzögerungsfreiheit	1	2	2	1
Einbaulage, beliebig	3	1	1	1
Verschmutzungsempfindlichkeit	2	2	3	1
Einfrierempfindlichkeit	3	2	2	1
Störungsempfindlichkeit Mechanik	3	2	2	1
Verschleiß	2	2	3	2
Wartungsaufwand	3	2	2	1
einstellbarer Rückstau	3	1	3	3
Eignung für beliebige Flüssigkeitsabtrennung	1	3	2	1

1 gut geeignet, Erfüllung hoher Anforderungen
2 mittlere Bewertung
3 wenig geeignet, ungünstige Werte

temperaturabhängig sind, wird zumeist kein Gebrauch davon gemacht. Als bevorzugtes Einsatzgebiet sind dann allerdings Anlagen zu nennen, bei denen eine Unterkühlung des Kondensates (10 bis 30 K) gegeben ist oder gewünscht wird.

Thermodynamische Kondensatableiter arbeiten auf der Grundlage der unterschiedlichen Wirkung eines Flüssigkeits- und Gasstromes ($\dot{m}\cdot w$) in Verbindung mit dem hydrodynamischen Paradoxon und auch der Kondensation des Dampfes im geschlossenen Raum bei Schließstellung der Armatur. Die Armaturen öffnen bei anstehendem Kondensat und gleichzeitiger Kondensation im Dampfraum über der Ventilplatte. Das Prinzip setzt genügend hohe Geschwindigkeiten voraus (Gegendruck kleiner als 50% des Vordruckes).

Für den Massestrom gelten auch hier die grundsätzlichen Abhängigkeiten für Kaltwasser und Siedewasser. Steht Gas anstelle von Dampf an, so genügt ein Leckagestrom aus dem Dampfraum, um auch dabei die Entwässerungsfunktion zu gewährleisten. Die Undichtheit kann geplant vorgesehen werden, sie wird sich andererseits infolge der hohen mechanischen Beanspruchung der Platte während des Betriebes einstellen. Hierdurch und wegen der vom Wärmeübergang an die Umgebung abhängigen Kondensation im Dampfraum und dem damit gekoppelten Ansprechen ist ein genereller Dampfverlust nicht zu vermeiden.

Starre Kondensatableiter sind Drosselarmaturen mit fester, zumeist von außen an den Kondensatanfall anpaßbarer Einstellung. Es wird unmittelbar nur die im Bild 6–33 verdeutlichte unterschiedliche Schluckfähigkeit für Kondensat und Dampf genutzt. Ihr Einsatz ist vorteilhaft bei stetigem Kondensatanfall, ergänzend ist die Temperaturabhängigkeit zu beachten (Bild 6–36). Um nicht zu große Dampfverluste zuzulassen, muß größter Wert auf eine angepaßte Einstellung gelegt werden.

Die kurze Charakterisierung der verschiedenen Ableiter läßt erkennen, daß generell keine bestgeeignete Armatur für alle Anwendungsfälle genannt werden kann. Diese Feststellung wird durch einen Preisvergleich bestätigt. Mit Tabelle 6–12 werden deshalb ergänzend einige Hinweise zu den Vor- und Nachteilen der Bauarten gegeben.

Ein grundsätzliches Problem bleibt offensichtlich die Eignung für die Anfahrentwässerung. Die hierfür notwendige Überdimensionierung wirkt sich im Normalbetrieb nachteilig aus. Zu empfehlen ist eine gesonderte Anfahrarmatur. Hierfür bietet sich dann ein Proportionalventil mit druckabhängigem Schließen an.

Auch die Forderung nach der gleichzeitigen selbsttätigen Arbeit eines Kondensatableiters zur Entgasung stößt auf Schwierigkeiten. Bei nicht zu vermeidender Leckage wird diese Aufgabe mit übernommen. Setzt man eine mit dem Gasanfall gekoppelte Temperaturabsenkung voraus, dann zeigen sich auch die thermischen Ableiter der Aufgabe gewachsen.

7 Armaturenausführungen

Die Lösung von Gestaltungs- und Konstruktionsaufgaben im Armaturenbau ist das
Ergebnis systematischer Überlegungen, wobei zu beachten sind:

- Formgebung nach den Forderungen an die Funktion und Aufgabe (strömungstechnische
  Gesichtspunkte),
- Werkstoffauswahl nach den Einsatzbedingungen,
- Formgebung auf Grund von Festigkeitsuntersuchungen,
- Formgebung unter Beachtung der möglichen Herstellungstechnologien,
- Wirtschaftlichkeit der gewählten Konstruktion.

In den letzten Jahren findet fast lautlos ein Verdrängungswettbewerb unter den Armaturenbauarten statt. Eine für alle Bedingungen am besten geeignete Armatur gibt es nicht. Jede
Armatur hat bestimmte Funktionen zu erfüllen. Bei der Auswahl müssen die zu lösenden
Aufgaben und ihre Kriterien (z. B. Dichtheit, Funktions- und Betriebssicherheit, aufgaben-
gerechtes Stellverhalten usw., s. Tabelle 7–1), abhängig vom Einsatz (erdverlegte Rohrleitungen, Energie- und Gaswirtschaftsanlagen, Verfahrenstechnik usw.) unterschiedlich
gewichtet werden. Dabei sind nicht nur die Bauart oder der Werkstoff maßgebend, sondern
ganz wesentlich die komplexe Wirkung von Bewegung, Dichtsystem und Werkstoffeigenschaften. Die konstruktive Gestaltung im Detail stellt ebenfalls einen nicht zu unterschät-
zenden Faktor für die Bewährung in der Praxis dar (Funktion, Wirtschaftlichkeit und
Sicherheit werden wesentlich davon bestimmt) [7–1].

7.1 Grundsätzliche Gestaltung

Rohrleitungsarmaturen (Stelleinrichtungen) bestehen im wesentlichen aus Gehäuse mit
Rohrleitungsanschlüssen, Gehäuseverschluß (Deckel), Stellkörper, Betätigungselement
(Spindel, Welle, Zapfen), Abdichtung des Betätigungselementes und Antrieb. Die Armaturenbauart und die Aufgaben der Armaturenteile (Tabelle 7–2) bestimmen die jeweilige Form
und Ausführung.

Die Standardarmaturen wie auch viele Spezialarmaturen können i. allg. mit den üblichen
Zusatzausrüstungen, z. B.

- Vorgelege, Elektro-, Pneumatik- oder Hydraulikantriebe,
- optische oder elektrische Stellunganzeige,
- Endschalter,
- Stopfbuchse mit Zwischenring und entsprechenden außenliegenden Anschlüssen für
  Sperrwasservorlage oder Leckageabführung usw.

ausgerüstet werden. Auch das System der inneren Abdichtung kann in Abhängigkeit vom
Fluid und von den Betriebsbedingungen variiert werden. Das und die Verwendung weiterer
spezieller Bauteile (z. B. Faltenbalg) ermöglicht eine Variantenvielfalt, deren vollständige
Darstellung den Umfang dieses Buches weit übersteigen würde. Es werden die wichtigsten
Rohrleitungsarmaturen vorgestellt.

Tabelle 7–1. Armaturenfunktionen und ihre Kriterien [7–1].

Kriterium	Charakteristische Erscheinungen bzw. Anforderungen
Dichtheit	
Leckage im Abschluß	– Produktvermischung
	– Produktverlust
	– Explosionsgefahr
	– Absaugung bei Inspektion und Reparaturarbeiten erforderlich
Leckage nach außen	– Umweltbelastung
	– Explosions- bzw. Vergiftungsgefahr
	– Störung bei Vakuumbetrieb, Ansaugprobleme bei Pumpen
Funktionssicherheit	
Dichtungskinematik und Dichtsystem	– Verformung unter Druckbelastung
	– Verformung unter Temperatur
	– Verformung durch Rohrleitungskräfte
	– Reibverschleiß, Standzeit
	– Blockieren
	– Inkrustation, Sedimentation des Fluids
	– kristallisierende Produkte
	– Schmutz- und Fremdstoffbelastung
	– Feuersicherheit
Gestaltung (Bauart)	
	– Totraumfreiheit im Sinne von rückstandlosem Produktdurchfluß
	– Totraumfreiheit im Sinne von Druckentlastung
	– Einbaumöglichkeiten
	– Anschlußmöglichkeiten
	– Molchbarkeit
	– isolier- bzw. beheizbar
Betriebssicherheit	
Dimensionierung	– Druck- und Temperatur
	– Rohrleitungskräfte
	– Betätigungskräfte
	– Antrieb überdimensioniert: Beschädigung von Antriebs- und Gehäuseteilen
	– Antrieb unterdimensioniert: ruckartige Steuerbewegung, Hängenbleiben
Werkstoffe	– Korrosion
	– Erosion
	– hygienische Eigenschaften
	– Strahlenbeständigkeit
	– statische Aufladung (Schlagwettersicherheit)
Regelverhalten	
Kennlinie	– Druckstoß
	– Kavitation
	– Geräuschentwicklung
	– Schwingungen
Wirtschaftlichkeit	
Raumbedarf	– Rohrleitungsführung
Gewicht	– Montagekosten
	– Transportkosten
	– Lager und Befestigung erforderlich
Durchflußbeiwert	– Druckverlust
	– Energiekosten
Lagerhaltung	– Einsatz- und Austauschmöglichkeiten
Wartungsaufwand	– Stillstands- und Ausfallzeiten
Standzeit	– Wiederbeschaffung

Tabelle 7–2. Aufgaben der Armaturenteile.

Armaturenteil	Aufgabe
Gehäuse	Träger des absperrbaren Querschnittes, Aufnahme von Funktionselementen, Fassen und Führen des Fluids, Rohrleitungseinbindung, Druckhalten (Über- oder Unterdruck), Schutz der Umwelt vor giftigen oder brennbaren Fluiden
Gehäuseverschluß	Gehäuseabschluß (s. Abschn. 8.1), Spindeldurchführung, Aufnahme der Spindelabdichtung, Antriebsaufnahme, Ermöglichung der Montage und Demontage, Umweltabgrenzung
Spindel, Welle, Zapfen	Übertragung und Umsetzung der Antriebskraft und -bewegung (öffnend und schließend) auf den Stellkörper, Führung des Stellkörpers
Spindel-, Wellen- oder Zapfenabdichtung	notwendige Kopplung zwischen ruhendem und bewegtem Element (Gehäuse bzw. Deckel und Antriebselement), Umweltabgrenzung
Stellkörper	Fluidstrombeeinflussung nach Aufgabenstellung
Antrieb	Stellen des Stellkörpers (Armaturenbetätigung)

7.1.1 Ventile

Ventile sind zumeist Spindelarmaturen; der Stellkörper (Kegel) wird durch eine Spindel verstellt bzw. dichtend auf den Gehäusesitz gepreßt (Bild 7–1). Ausnahmen sind z. B. Axial- und Rückschlagventile (Abschn. 7.5.6.1 bzw. 7.4.3.1). Die Ventiltypen unterscheiden sich u. a. durch die Lage der Sitzfläche zur Rohrachse (Bild 7–2) und durch die Spindelanordnung (Tabelle 7–3).

Ventilgehäuse. Der Sitzdurchmesser ist i. allg. gleich dem Anschlußdurchmesser (Bild 7–1); bei neueren Eck- und Schrägsitzventilen wird der Sitz häufig um 30 % eingeschnürt (kleinere Antriebskräfte, geringerer Materialeinsatz), Die Gehäusehöhe wird bestimmt durch Ventilform, Hub, Gehäuseverschluß, Spindelanordnung und -abdichtung. Hinsichtlich Herstellung und Werkstoffe s. Abschn. 7.1.5 und Tabelle 7–10.

Gehäuseverschlüsse s. Abschn. 8.1.

Stellbaugruppe. Der Stellkörper und der Ventilsitz bilden die Absperr- oder Drosselbaugruppe; Aufgabe, Fluid und Betriebsbedingungen bestimmen ihre Form und Ausführung (Bilder 7–3 und 7–4; s. auch Abschn. 4.4). Der *engste Querschnitt* wird durch den Sitzquerschnitt und die Form des Stellkörpers bestimmt und durch den Hub verändert (Bild 7–5). Beim Flachsitz ist der Öffnungsquerschnitt $A_{vc,g}$ ein Zylindermantel; sollen Öffnungsquerschnitt und Rohrquerschnitt in Offenstellung gleich sein, muß $y_{100} = d_A^2/(4\,d_s)$ eingehalten werden. Bei profiliertem Kegel wird ein vom Hub abhängiger konischer Ring $A_\ddot{O}$ der Breite b freigegeben: $A_{vc,g} = \pi \cdot d_m \cdot b$; Kegelform und Hub bestimmen b.

Zur Verbesserung des Öffnungs- und Schließverhaltens erhalten Absperrventile zunehmend Stellkörper mit Drosselansatz (Vermeidung schneller Querschnittsfreigabe, auch Druckstoßgefahr; für kurze Zeit Zwischenstellung möglich; Bild 7–3a–c und e); Kennlinie Bild 7–6.

Dichtflächen. Vorherrschend sind flache und konische Dichtflächen (Bild 7–3a und b):

– Flache Dichtflächen (gerader Sitz) sind zum Absperren allein ausreichend (Flächenberührung mit Labyrinthwirkung, einfache Bearbeitung und Nacharbeit). Sie sind auch gegen

150

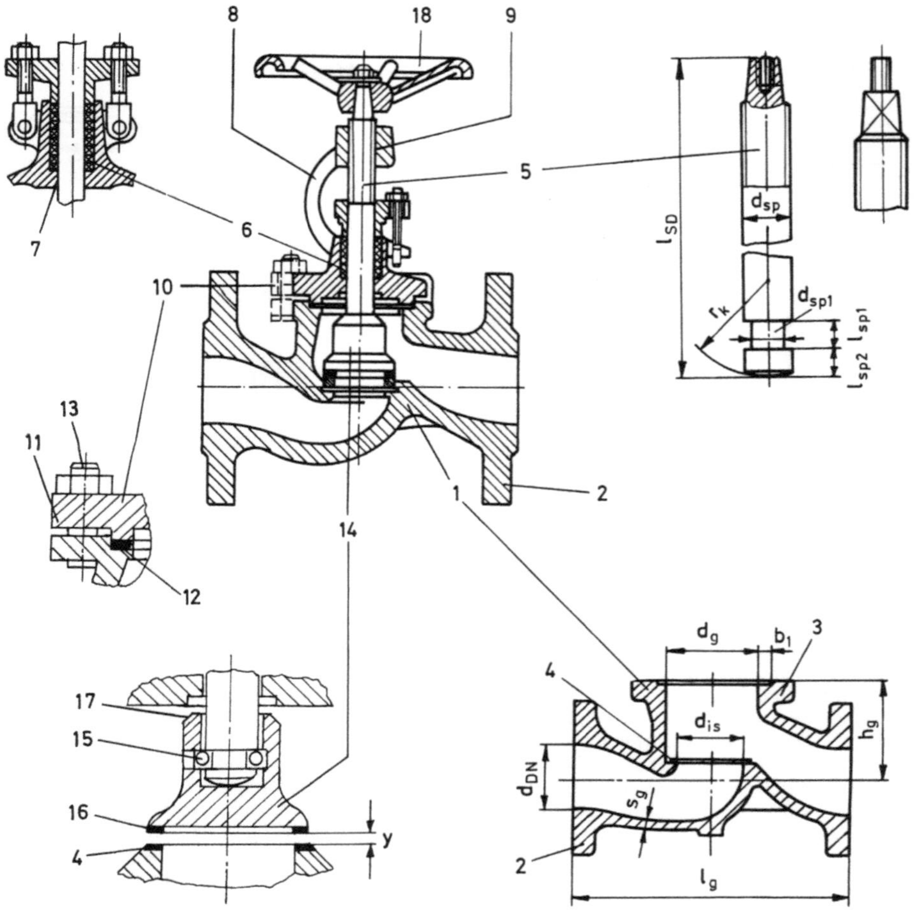

Bild 7–1. Ventil, grundsätzlicher Aufbau.

1 Ventilgehäuse, gegossen (s. Abschn. 7.1.5); 2 Flansch (Rohrleitungsanschluß, s. Abschn. 8.6); 3 Deckelflansch; 4 Gehäusesitz (s. Bild 7–4); 5 Spindel (Spindelanordnung/Spindelführung, s. Tafel 7–3); 6 Spindelabdichtung (s. Abschn. 8.2); 7 untere Spindelführung (Stopfbuchsgrund); 8 Bügelaufsatz; 9 obere Spindelführung = feste Gewindebuchse; 10 Gehäuseverschluß (s. Abschn. 8.1); 11 Deckel; 12 Dichtung; 13 Deckelschraube; 14 Stellkörper (s. Bild 7–3); 15 Stellkörperbefestigung (s. Bild 7–7); 16 Kegeldichtung (s. Bild 7–4); 17 Rückdichtung; 18 Handrad; y Hub.

Fremdkörper nicht so empfindlich wie konische Dichtflächen, Dichtringbreite allgemein 2 bis 5 mm, Spindelkraft = Dichtkraft.

– Konische Dichtflächen sind strömungsgünstig (Verbesserung des ζ-Wertes um 10 bis 15 %, gutes Freispülen der Dichtflächen) und dichten sehr gut, wenn beide Dichtflächen genau gearbeitet sind (Abweichungen von Winkelminuten sind bereits zu ungenau, es trägt nur ein Kreisring; Verschleißgefahr durch mechanische Überbeanspruchung). Zum Erreichen der erforderlichen Genauigkeit müssen Sitz und Kegel miteinander eingeschliffen werden (großer Aufwand). Die Dichtflächeninstandsetzung (Nacharbeit) ist aufwendig.

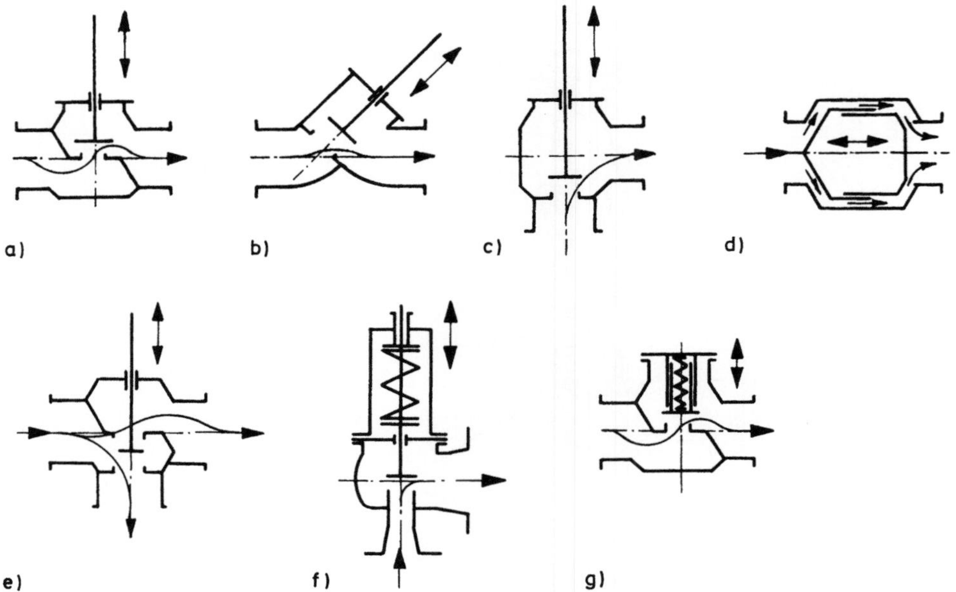

Bild 7–2. Ventiltypen, charakterisiert durch die Anordnung des Ventilsitzes und der Rohrleitungsanschlüsse, s. auch Bild 7–40.
a) Geradsitzventil, hohe Druckverluste;
b) Schrägsitzventil; schräge Spindel erfordert gute Führung (Bügelaufsatz), Unsymmetrie bewirkt Momente auf den Deckel, geringe Druckverluste, wenig Ablagerungsmöglichkeiten, läuft gut leer, großer Hub, lange Betätigungszeiten (Kegel wird aus der Strömung gezogen);
c) Eckventil, vorteilhaft an Rohrleitungseckpunkten (Formstückarmatur);
d) Axialventil (Ringkolbenventil, Ringkolbenschieber), ringförmiger Strömungsquerschnitt, kolbenförmiger Stellkörper (Aufbau, Funktion und Anwendung s. Abschn. 7.6.4.1);
e) Wechselventil (Umschaltventil), funktionsbedingt ein Eintritt und zwei Austritte, der Kegel kann immer nur einen Sitz absperren, üblich: DN 20 bis 200, bis PN 40. Anwendung: wenn eine Rohrleitung abwechselnd oder gleichzeitig mit zwei Leitungen verbunden werden soll (s. auch Bild 7–41);
f) Sicherheitsventil; (s. Abschn. 7.5.1)
g) Rückschlagventil (f und g s. Abschn. 7.5). (s. Abschn. 7.5.2.1)

Stellventile haben häufig eine konische Abdichtung; dichtes Absperren ist sekundär.

– Kantensitzkegel (Linienberührung) haben konischen Sitz und sphärischen Kegel (Bild 7–3c) oder Flachsitz und konischen Kegel (Bild 7–4g); sehr gut abdichtende Linienberührung, empfindlich gegen Beschädigungen, Verschleißgefahr durch mechanische Überbeanspruchung.

– Weichdichtung am Kegel (Blei, Gummi, PTFE oder andere Weichstoffe) gewährleistet eine sichere Abdichtung. Bei einfachen Fluiden wie Wasser genügt eine Scheibe unter dem Kegel. Bei höheren Anforderungen, z. B. Chemieanlagen, sind sogenannte Tandemdichtungen (s. Bild 7–4i) vorteilhafter; dichten bei Verschleiß der Weichdichtung metallisch.

Werkstoffe. Die Dichtflächen bestehen zumeist aus einer verschleißfesten, nichtrostenden Auftragsschweißung (Härtedifferenz zwischen den Dichtflächen von mindestens 50 HB

Tabelle 7–3. Spindelanordnung bei Ventilen (für manuelle Betätigung).

	Außenliegendes Spindelgewinde, steigende[1]) drehende Spindel	Außenliegendes Spindelgewinde, steigende[1]) nicht drehende Spindel[2])	Innenliegendes Spindelgewinde, steigende[1]) drehende Spindel
	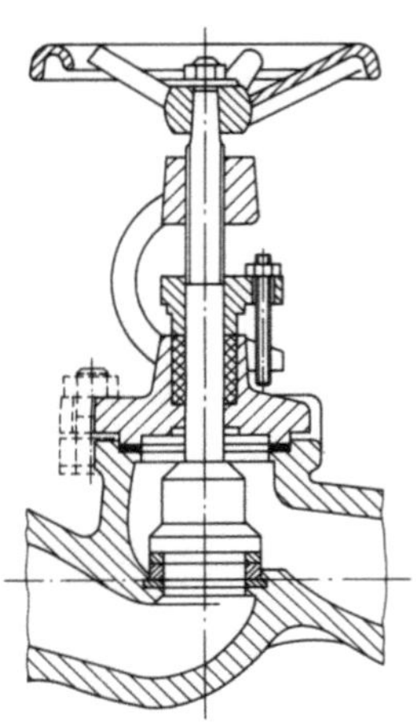	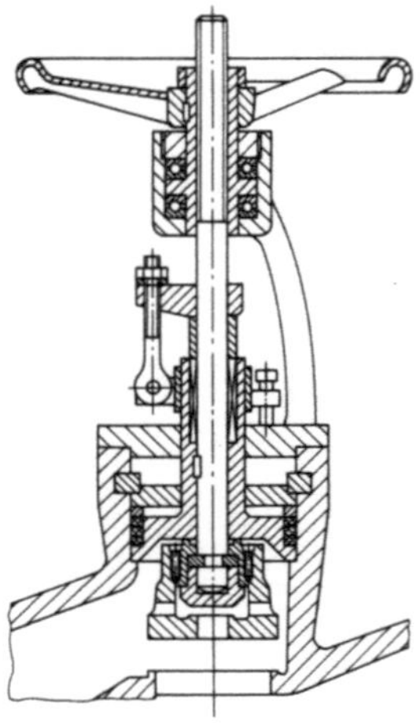	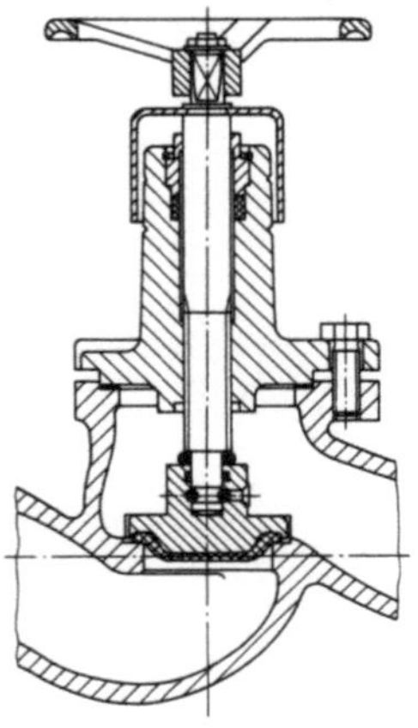
Deckelausführung, Gewindeanordnung	mit Bügelaufsatz; Gewinde drehfest im Bügel angeordnet[3])	mit Bügelaufsatz; Spindelmutter drehbar im Bügel gelagert[3])[4])	ohne Bügelaufsatz (Kopfstück) Gewinde drehfest im Deckel unterhalb der Stopfbuchse
Spindelführung und -lagerung	Zweipunktführung durch Deckel (Stopfbuchsgrund) und Gewinde	Zweipunktführung durch Deckel und Spindelmutter, bei hohen Drücken und großen DN Axialkugellager[5])	durch Gewinde und Stopfbuchse, nicht so gute Führung
Handrad	steigend, kraftschlüssig auf der Spindel befestigt	nicht steigend, kraftschlüssig auf Spindelmutter befestigt; Spindel steigt durch das Handrad	steigend, kraftschlüssig auf der Spindel befestigt
Vor- und Nachteile	Gewinde dem Fluid nicht ausgesetzt; Sichtkontrolle, wartungsfreundlich; Raum für steigendes Handrad notwendig; baut höher als bei innenliegendem Gewinde	Gewinde dem Fluid nicht ausgesetzt; Sichtkontrolle, wartungsfreundlich; geringe Betätigungskräfte; Spindelende als Stellungsanzeige; Raum für steigende Spindel notwendig; hoher Fertigungsaufwand	geringe Bauhöhe; Gewinde der Atmosphäre nicht ausgesetzt, dem Fluid ausgesetzt, der Sichtkontrolle und Wartung entzogen; für hohe Temperaturen ungeeignet

Tabelle 7–3. (Fortsetzung)

	Außenliegendes Spindelgewinde, steigende[1]) drehende Spindel	Außenliegendes Spindelgewinde, steigende[1]) nicht drehende Spindel[2])	Innenliegendes Spindelgewinde, steigende[1]) drehende Spindel
Anwendung	häufige Betätigung; aggressive und verschleißfördernde Fluide	häufige Betätigung; Elektroantriebe; aggressive und verschleißfördernde Fluide; hohe Drücke; Drossel- und Regelventile	saubere, nicht aggressive Fluide; niedrige Drücke und Temperaturen; bei Gefahr äußerer Verschmutzung, Korrosion und Vereisung

[1]) Die Spindel macht die Relativbewegung des Kegels zum Sitz mit.
[2]) Gegen Drehen gesichert, z. B. durch eine Paßfeder.
[3]) Das Gewinde ist um den Ventilhub über der Stopfbuchse angeordnet (darf nicht in die Spindelabdichtung dringen), bestimmt die Höhe des Bügels.
[4]) Bei von unten eingesetzter Gewindebuchse liegt ein Bund gegen den Bügel an. Die Buchse kann nur bei demontierter Armatur (Rohrleitung drucklos) ausgewechselt werden.
Bei von oben eingesetzter und durch einen Deckel gehaltener Gewindebuchse braucht zum Auswechseln nur der Deckel demontiert zu werden; die Rohrleitung kann u. U. in Betrieb bleiben. Des weiteren kann ohne große Änderungen (Adapter an Stelle des Deckels und Sonderbuchse) ein Elektroantrieb nachgerüstet werden.
Gleichzeitig wirkt der Bund an der Buchse als „Sollbruchstelle", z. B. zum Schutz der Spindel vor Überlastung.
[5]) Bei elektrischen Stellantrieben sind häufig auch die Gewindebuchsen kleiner Ventile kugelgelagert.

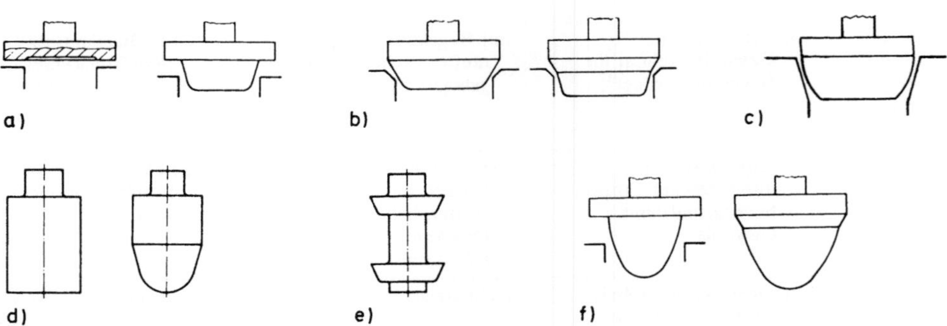

Bild 7–3. Grundsätzliche Stellkörperformen.
    a) Absperrkegel, Flachsitz (auch mit Drosselansatz);
    b) Absperrkegel, konischer Sitz (auch mit Drosselansatz);
    c) sphärischer Absperrkegel, konischer Sitz;
    d) Kolben (auch mit Drosselansatz);
    e) Stellkörper mit Doppelsitz (nur für Stellventile);
    f) Kegel mit Regulieransatz (parabolischer Drosselkegel).

wird empfohlen). Bei eingeschraubtem oder eingewalztem Gehäusesitz gibt es hinsichtlich der Werkstoffpaarungen keine Schwierigkeiten. Bei aufgeschweißten Sitzen werden auch Stellite verwendet. Stellite sind geeignet, wenn zwischen Sitz und Gehäusewand ein Abstand und eine Vertiefung zugelassen wird (s. Bild 7–4f, g und h, Wirbelbildung und Totraum). Sie schrumpfen nach dem Schweißen, was bei einer Begrenzung durch die Innenwand zu Rißbildung führen kann, oder die Schweißung erfolgt nicht homogen (Sitzringe aus Stellite einschrauben oder einschrumpfen).

154

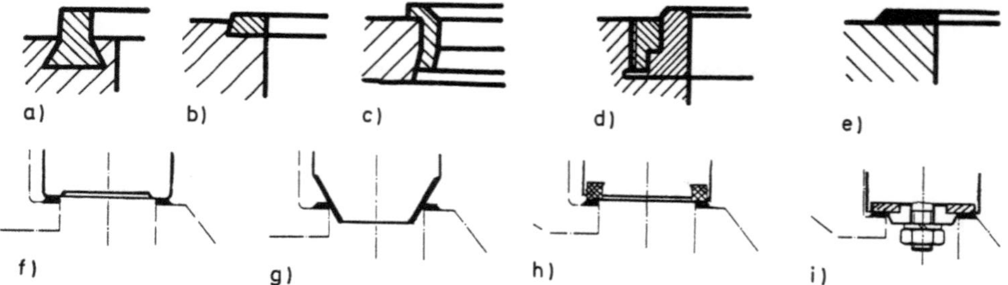

Bild 7–4. Sitzausführungen, Beispiele.
  a) eingestemmt (nur noch selten);
  b) und c) eingewalzt;
  d) eingeschraubte, auswechselbare Sitzbuchse, durch Gewindering gehalten (auch direkt eingeschraubt), das Gewinde muß zusätzlich abgedichtet werden; Anwendung bei Forderung nach leichter Auswechselbarkeit;
  e) aufgeschweißt (gepanzert);
  f) Flächenberührung, metallisch;
  g) Linienberührung, metallisch (hohe Dichtheit durch Feinstbearbeitung);
  h) Weichdichtung, nicht auswechselbar (z. B. PTFE-Einlage);
  i) Weichdichtung, auswechselbar (z. B. auch Blei).

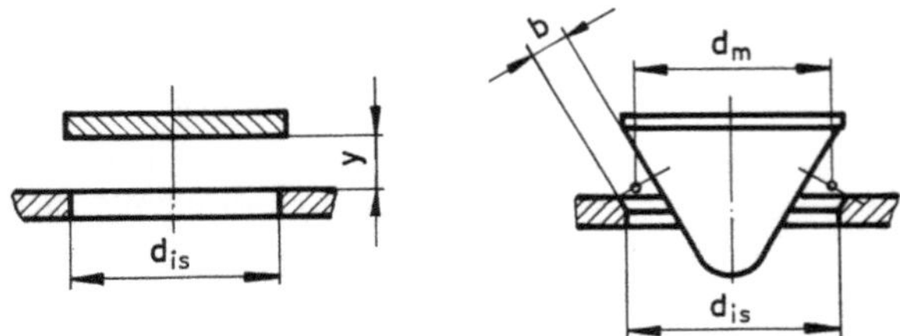

Bild 7–5. Engster Querschnitt in Abhängigkeit von der Form des Ventilkegels [7–3].
  a) flacher Absperrkörper;
  b) profilierter Drosselkörper.

y Hub; d_{is} Sitzdurchmesser; b Breite des Ringquerschnittes; d_m mittlerer Durchmesser des Ringquerschnittes.

Weichdichtende Kegel (s. Bild 7–4i, Gehäusesitz Metall) werden allgemein bis PN 40 eingesetzt (nehmen begrenzt Fremdkörper auf, ohne undicht zu werden).

Ventilspindel. Zur Anwendung kommt vorrangig Trapezgewinde (eingängig, selbsthemmend), bei Schubantrieben entfällt das Gewinde. Bund und Nut dienen der Kegelbefestigung bei losem Stellkörper (s. Bilder 7–1 und 7–7). Spindelabdichtung s. Abschn. 8.2. *Werkstoffe* nichtrostend und mit hoher Festigkeit.

Spindelanordnung, Spindelführung s. Tabelle 7–3.

Stellkörperbefestigung (Kegelbefestigung). Bei *Absperrventilen* hat sich die bedingt bewegliche Befestigung durchgesetzt (Bild 7–7). Der Kegel paßt sich mit dem Wirksamwerden der Dichtkraft dem Sitz an: „formschlüssige" Anpassung (s. auch Abschn. 4.4). Drehende Spindeln (s. Tabelle 7–3) müssen sich im Kegel drehen können. Eine gehärtete

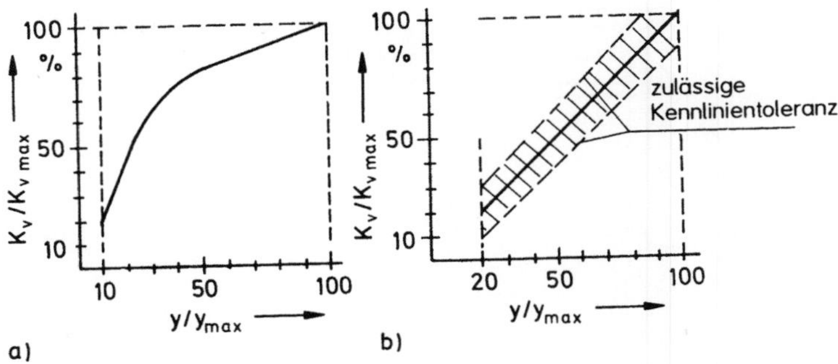

Bild 7–6. Kennlinien für Absperrventile mit Drosselkegel.
   a) Drosselkegel;
   b) Drosselkegel mit vorgegebener Kennlinie und Toleranz (auch als Regulierkegel bezeichnet).

Scheibe unter der Spindel (Bild 7–7e) soll „Fressen" zwischen Spindel und Kegel verhindern. Ventile mit beweglicher Verbindung können auch mit Rückdichtung ausgeführt werden (s. Abschn. 8.3).

Starre Kegelbefestigung kommt bevorzugt bei deckellosen Absperrventilen für höhere Drücke zur Anwendung (Bild 7–7g).

Bei *Stellventilen* muß der Kegel funktionsbedingt über den ganzen Hub gut geführt werden („Flattern und Rotieren" in Zwischenstellungen muß vermieden werden), deshalb meistens starre Befestigung.

Durchflußrichtung, Dichtkraft und Differenzdruck. Die Durchflußrichtung wird bevorzugt gegen die Schließrichtung gewählt. Voraussetzung für dichtes Absperren ist dann Druckdifferenz × wirksame Kegelfläche ≦ Spindelkraft. Für Ventile sind die zulässigen Differenzdrücke für unter dem Kegel anstehenden Druck, unabhängig von der Druckstufe, genormt (DIN 3356). So ist z. B. für ein Ventil PN 250 und DN 100 nur ein Differenzdruck von maximal 4,4 MPa zulässig (beherrschbar) [7–2].

Die maximale Handkraft ohne Vorgelege soll jedoch 40 kN betragen (allgemein DN ≦ 200); kugelgelagerte Spindelantriebe lassen 70 bis 100 kN zu.
Bei größeren Ventilen ist ein dichtes Absperren bei großen Druckdifferenzen dann nur mit Druck auf den Kegel möglich (Öffnen gegen den Druck, ständige Belastung der Spindelabdichtung). Bei Druck × wirksame Kegelfläche > 40 bis 60 kN ist es zweckmäßig, den Stellkörper vor dem Öffnen durch Ausgleich mit dem austrittsseitigen Druck auf eine vom Antrieb überwindbare Druckdifferenz zu entlasten, Möglichkeiten s. Bild 7–8. Die Varianten nach Bild 7–8a und b haben ihre Grenzen, wenn die Zeit zur Druckangleichung unzumutbar lang wird, z. B. zu großes Volumen, intensive Kondensationsflächen, Einsatz als Endarmatur. Hier sind *Ausgleichskolben* (Bild 7–8c und d) wirksamer. Über den Vorhubkegel oder Bypass muß nur ein Zylinderraum auf den Druck unter dem Kegel abgesenkt werden, dann überwiegen die Kolbenauftriebskräfte (Kolbendurchmesser > Sitzdurchmesser).

Bei Schiebern läßt dagegen das Absperrprinzip die Auslegung Differenzdruck = Druckstufe zu.

Einsatzhinweise. *Vorteile*: Universell einsetzbar, durch viele Variationsmöglichkeiten den jeweiligen Aufgaben und Verwendungszwecken anpaßbar, für höchste Balastungen geeignet

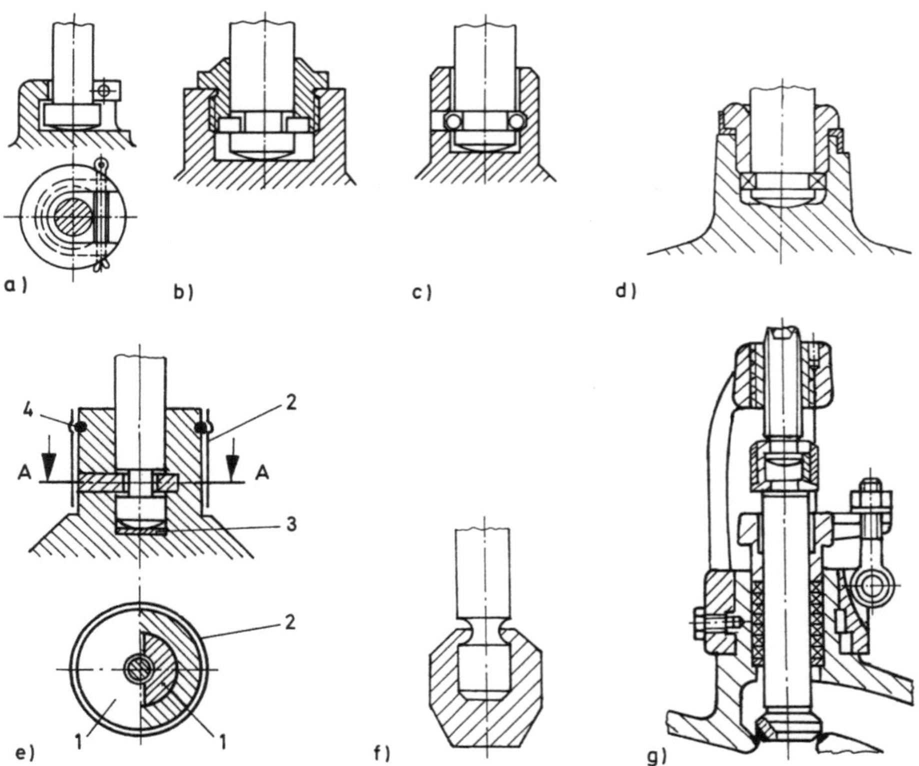

Bild 7–7. Ventilkegelbefestigung, Beispiele.
  a) angestauchter Bund;
  b) geteilter Ring und Überwurfschraube;
  c) Kugeln als Füllkörper (haben sich nicht durchgesetzt);
  d) geteilter Ring, Halteschraube gesichert;
  e) zwei verschieden große Halbringe und Sicherungschülsen.

  1 Halbring; 2 Sicherungshülse; 3 gehärtete Scheibe; 4 Sprengring;
  f) angewalzter Körper;
  g) starre Verbindung, häufig mit geteilter Spindel (Vermeidung drehenden Aufsetzens, Sicherung gleicher Lagezuordnung).

(z. B. höchste Drücke und Temperaturen, häufige Betätigung); mit allen Antriebsarten und Zusatzeinrichtungen ausrüstbar, einfache Innenteile und leichte Instandhaltung. *Nachteile*: Hohe Druckverluste, große Schließkräfte; der Kegel verbleibt auch in Offenstellung im Fluidstrom (Erosionsgefahr), zu Ablagerungen oder Vereisung neigende Fluide beeinträchtigen besonders die Funktion der Ventile.

7.1.1.1 Magnetventile

Magnetventile sind durch Elektromagneten betätigte Absperrventile. Ventilteil und Magnetteil bilden eine funktionelle, so aufeinander abgestimmte Einheit, daß sie nur gemeinsam eine Funktion ausüben können (Bild 7–9).

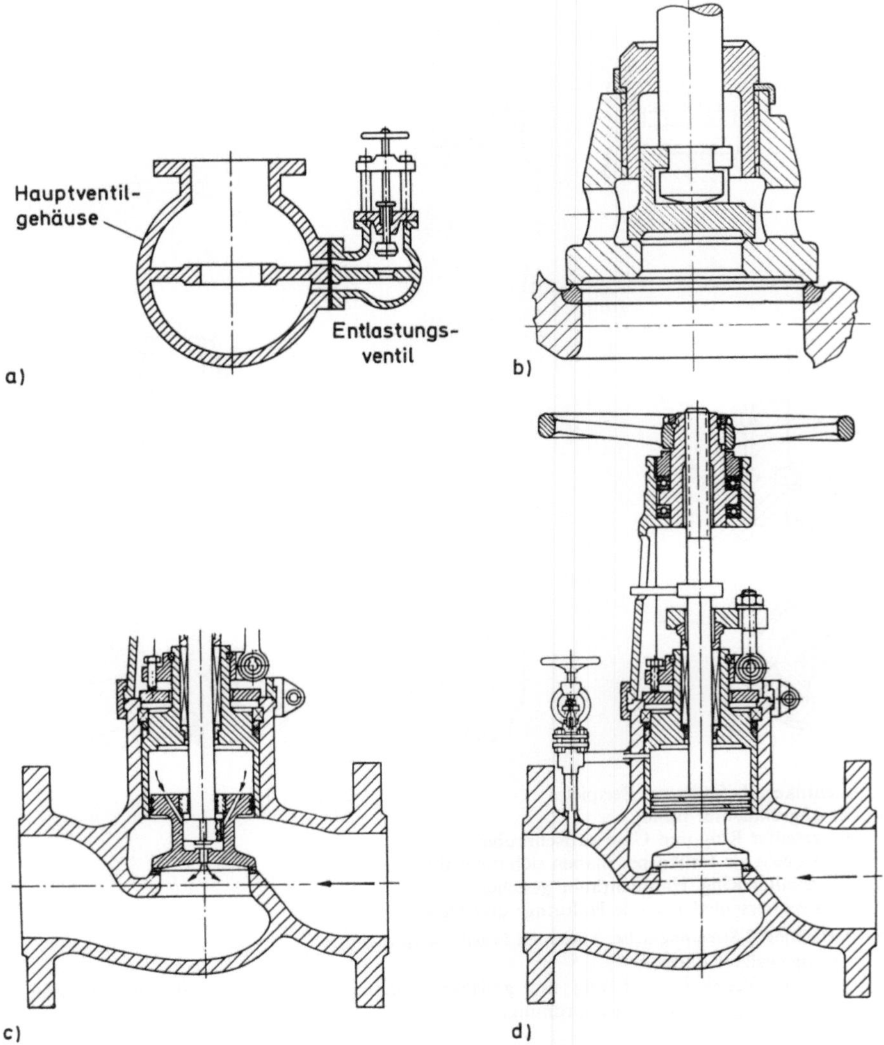

Bild 7–8. Möglichkeiten der Druckentlastung des Absperrkegels.
a) Bypass mit Entlastungsventil (MAW);
b) Vorhubkegel [7–6];
c) Vorhubkegel und Ausgleichskolben [7–6];
d) Bypass und Ausgleichskolben [7–6].

Das Ventil öffnet und schließt durch die Bewegung des Ankers, der von der Spule gezogen wird. *Arbeitsstromausführung*: Öffnet bei erregter Spule, bleibt unter Strom geöffnet und schließt bei unterbrochenem Stromkreis (Normalausführung). *Ruhestromausführung*: Schließt bei erregter Spule, bleibt unter Strom geschlossen und öffnet bei unterbrochenem Stromkreis durch Federkraft. Anwendung, wenn Offenstellung = Sicherheitsstellung (Stromausfall), oder wenn das Ventil die meiste Zeit geöffnet ist (nur kurze Zeit Strom-

158

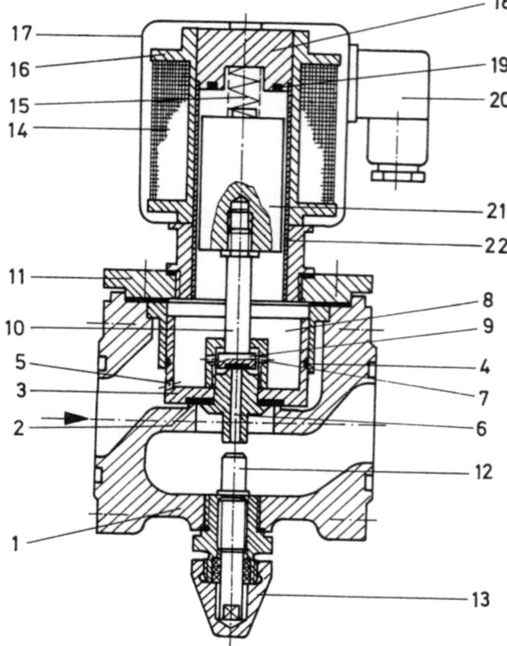

Bild 7-9. Zwangsgesteuertes Magnetventil [7-4].
a) Ventilteil.

1 Gehäuse; 2 Sitz; 3 Kolbenkegel (Absperrkörper); 4 Kolbenring; 5 Ausgleichsbohrung; 6 Vorsteuersitz; 7 Steuerkegel; 8 Steuerkammer; 9 Zwangsanschlag; 10 Spindel; 11 Deckel; 12 Spindel zur Notbetätigung; 13 Schutzkappe.
b) Magnetteil.

14 Magnetspule; 15 Feder; 16 Spulenträger; 17 Spulengehäuse; 18 Ankerrückschluß; 19 Kurzschlußring; 20 elektrischer Anschluß; 21 Anker; 22 Ankerführungsrohr.

aufnahme, geringe Eigenerwärmung). *Impulssteuerung*: Die Spule wird nur zum Betätigen erregt (Hubbewegung). In den Endstellungen ist der Magnet stromlos.

Magnetventile sind Auf-Zu-Ventile, Zwischenstellungen sind nicht vorgesehen. So wird dann z. B. bei Magnetventilen in Arbeitsstromausführung die Dichtheit von der Druckdifferenz zwischen Ventilein- und Ventilaustritt bestimmt (Bild 7-10); als Schließkräfte

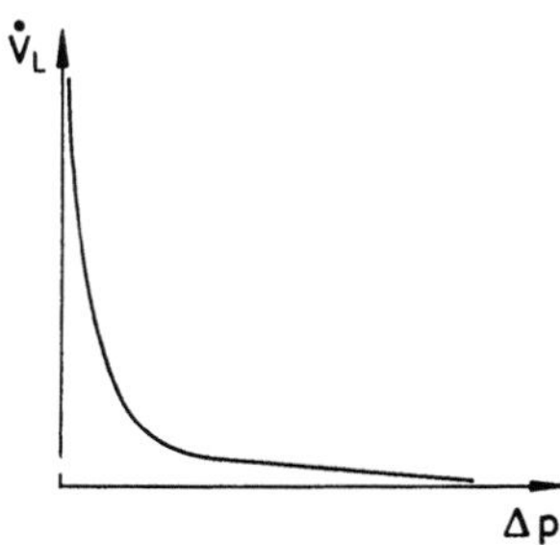

Bild 7-10.
Abhängigkeit der Leckage $\dot{V}_L$ am Sitz von der Druckdifferenz Δp über dem Ventil [7-4].

Tabelle 7–4. Funktion und Einsatzgrenzen von Magnetventilen in Arbeitsstromausführung.

Steuerungsart	Betätigung (F Magnetkraft)	Magnetarbeit W	Öffnangs- und Schließverhalten	Anwendung	Vor- und Nachteile, Bemerkungen
direkte Steuerung	*Öffnen*: durch F *Schließen*: durch Federkraft und Differenzdruck	= erforderliche Kraft zum Anheben des Ankers und Kegels gegen Δp und Überwinden des Hubes	abhängig von der Magnetkraft, Δp und dem Sitzdurchmesser	kleine DN, mittlere Drücke	ζ-Werte unabhängig vom Massestrom
Vorsteuerung (Servosteuerung) 1 Vorsteuersitz 2 Steuerkammer 3 Ausgleichsöffnung, 4 Sitz	Der Vorsteuersitz wird durch F geöffnet, der Druck in der Steuerkammer sinkt auf den Austrittsdruck (Ausgleichsöffnung < Vorsteuersitz[1]), $\Delta p = p_E - p_A$ hebt den Hauptkegel vom Sitz; Ventil bleibt geöffnet, solange der Magnet erregt ist u. zwischen E und A Δp_{min} (0,005 bis 0,05 MPa) besteht. Bei stromlosem Magneten wird der Vorsteuersitz geschlossem; in der Steuerkammer entsteht der Eintrittsdruck und preßt den Hauptkegel auf den Sitz.	= erforderliche Kraft zum Anheben des Ankers u. Steuerkegels gegen Δp und Überwinden des Hubes. Geringer Hub u. kleiner Vorsteuersitz erfordern nur geringe Magnetkraft F.	– Vergrößerung des Vorsteuersitzes ermöglicht bei gleichbleibender Ausgleichsöffnung Beherrschung größerer Δp[1] – Je größer die Ausgleichsöffnung, um so kürzer die Schließzeit u. umgekehrt[2]. – gedämpftes Öffnen und Schließen, keine Neigung zur Instabilität	mittlere u. größere DN, mittlere u. höhere Drücke	Ausgleichsöffnung = Ausgleichsbohrung + Kolbenführungsspalt *Vorteile*: mit kleinen Magneten große DN u. Δp beherrschbar, benötigt bei gleichem F nur einen Bruchteil der Magnetarbeit zwangsgesteuerter Ventile. ζ-Wert nimmt umgekehrt proportional mit dem Quadrat der Strömungsgeschwindigkeit so lange ab, bis der maximale Hub erreicht ist. *Nachteile*: Abhängigkeit des Funktionsverhaltens von Druck-, Strömungs- und Fluidverhältnissen;

					Neigung zum Flattern, wenn die Strömungsgeschwindigkeit einen Grenzwert unterschreitet; Mindestdruckdifferenz erforderlich. Ventile sollten bei kleinen Masseströmen u. niedrigen Drücken nicht eingesetzt werden. [3]
Zwangssteuerung 1 bis 4 wie Vorsteuerung, 5 Zwangsanschlag	Kombination direkter und Vorsteuerung. Der Vorsteuersitz wird durch F geöffnet, $\Delta p = p_E - p_A$ hebt den Hauptkegel vom Sitz ab (wie Vorsteuerung), über den Zwangsanschlag durch F unterstützt (Bild 7–9); öffnet auch bei $\Delta p = 0$.	= erforderliche Kraft zum Anheben des Ankers, Steuer- u. Hauptkegels gegen Δp und Überwinden des Hubes. F u. der Ankerhub sind wesentlich größer als bei der Vorsteuerung.	durch F, Ausgleichsöffnung, Vorsteuersitz u. Steuerkammer bestimmt; im geöffneten Zustand stabil; Neigung zu Stößen beim Öffnen und Flattern beim Schließen. [3]	mittlere DN, mittlere u. höhere Drücke, große Δp	Funktion auch von den Verhältnissen am Einbauort abhängig (Abschn. 7.2.1.5.) *Vorteile*: Ventil öffnet bei $\Delta p = 0$ MPa, kein Δp_{min} erforderlich, ζ-Werte wie bei direkter Steuerung. *Nachteile*: relativ große Magnetarbeit W erfordert große Magnete. Ausgleichsöffnung wie bei Vorsteuerung (s. oben).
vorgesteuertes Hauptvlentil 1 Steuerventil (direkt gesteuert), 2 Hauptventil	Arbeitsweise wie Vorsteuerung; Hauptvlentil öffnet bei geöffnetem Steuerventil (Ausgleichsöffnung < Sitz des Steuerventiles[1]) Mindest-Δp zwischen E u. Steuerventil 0,02 bis 0,2 MPa; zwischen E u. A kein Δp erforderlich	nur zum Öffnen des direktgesteuerten Steuerventiles; s. direkte Steuerung	durch die Größe der Ausgleichsbohrung, Steuerventilsitzdurchmesser und Steuerkammer bestimmt; s. Vorsteuerung	allgemein ab DN 80, für größere Δp	Das Steuerventil ist meistens ein direktgesteuertes Magnetventil kleiner DN. Ausgleichsöffnung wie bei Vorsteuerung (s. oben). *Vorteile*: mit kleinem Magnetventil kann ein großes Absperrventil betrieben werden; geringer Druckverlust; verschiedene Funktionsformen realisierbar; ζ-Werte wie bei Vorsteuerung (s. oben).

[1] F begrenzt die Größe des Vorsteuersitzes, ein um $\sqrt{2}$ größerer Sitzdurchmesser erfordert bereits doppelte F. Zur Gewährleistung der Funktion muß die Ausgleichsöffnung < Vorsteuersitz sein.

[2] Zur Erreichung gleicher Schließzeiten muß die Ausgleichsöffnung bei Flüssigkeiten größer sein.

[3] Zwangs- und vorgesteuerte Magnetventile sind bei eintrittsseitigen Druckstößen u. U. kurzzeitig ohne Steuersignal (vor allem bei Flüssigkeiten, wenn sich oberhalb des Hauptkegels Gas befindet). Ursachen für Druckstöße können sein: Öffnen einer vorgeschalteten Armatur oder das Schließen des Magnetventiles selbst.

wirken die Druckdifferenz, das Eigengewicht (Kegel, Anker, Spindel) und die Federkraft; ein Druckaufbau entgegen der Strömungsrichtung öffnet das Ventil.

Ökonomisch sowie in Abmessung und Masse akzeptable Magnete haben relativ geringe Anzugskräfte. Deshalb wird bei mittleren und höheren Drücken sowie größeren Nennweiten das strömende Fluid zum Öffnen genutzt. Nach der Art der Aufbringung der Stellkraft wird zwischen *direkter* und *indirekter* Steuerung unterschieden (Tabelle 7–4).

Funktionsverhalten. Magnetkraft und -arbeit sowie der Ankerhub sind wichtige Funktionsgrößen. Der Quotient k = Sitz bzw. Vorsteuersitzdurchmesser/Nennweite ermöglicht einen diesbezüglichen Vergleich der Steuerformen (Tabellen 7–5 und 7–6) [7–4]. Die Magnetgröße wird vorrangig von der erforderlichen Magnetarbeit bestimmt, die nur während des Öffnens als *Anzugskraft* wirklich benötigt wird, geöffnet ist ein geringerer Teil als Haltekraft ausreichend (s. auch **Elektronische Ansteuerung** im Abschn. 7.2.1.4).

Die Magnetarbeit beträgt bei Zwangssteuerung ≈ 1 bis 4% der bei direkter Steuerung und ist bei Vorsteuerung um k kleiner als bei Zwangssteuerung ($\approx 0,1$ bis $0,8\%$ der direkten Steuerung). Bild 7–11 zeigt die Anwendungsgrenzen der Steuerformen.

7.1.2 Schieber

Schieber sind „ausschließlich" Spindelarmaturen, der Stellkörper wird durch die Spindel bewegt (Bild 7–12). In Offenstellung wird der Strömungskanal vollständig freigegeben (Hub > Sitzdurchmesser).

Schieber sind Absperrarmaturen (zum Drosseln und Regeln ungeeignet, außer Sonderkonstruktionen Abschn. 7.3.4); sie werden bevorzugt für große Nennweiten (> DN 200) und vor allem für Drücke bis 40 MPa eingesetzt (PN 160 bis 400 Hochdruckschieber, s. Abschn. 7.5.7).

Die Schieberausführungen unterscheiden sich u. a. durch die Gehäuseform, die Absperrbaugruppe und die Spindelanordnung. Die Unterscheidung nach der Absperrbaugruppe (Stellkörper) hat sich allgemein durchgesetzt (Bild 7–13 und Tabelle 7–7). Charakteristische Eigenschaften und Einsatzbereiche s. Abschn. 7.2.2.

Schiebergehäuse. Die Form des Stellkörpers bestimmt die Lage der Sitzflächen zur Rohrachse (s. **Absperrbaugruppe**). Häufig wird der Sitzquerschnitt um 30% des Anschlußquerschnittes eingeschnürt (s. Abschn. 7.1.2.1). Das Mittelteil ist zur Aufnahme des Stellkörpers nach oben verlängert und abhängig von der Art des Gehäuseverschlusses (Bilder 7–12, 7–54, 7–59). Betriebsdruck, Stellkörperform und Normung bestimmen die Gehäuseform (Bild 7–13a bis c). Zwischen den zwei Extremen nach Bild 7–14 sind alle Formen zu finden. Flache und ovale Gehäuse sind höher beansprucht als runde. Flachschiebergehäuse werden durch Rippen verstärkt und nur für niedrige Drücke verwendet.

Die Schiebergehäuse haben abhängig von den vorzusehenden Einsatzbedingungen ggf. einen Entwässerungsstutzen.

Gehäuseverschlüsse. In unteren und mittleren Druckbereichen kommen „glockenförmige", bei Hochdruckschiebern selbstdichtende Deckel zum Einsatz (Abschn. 8.1.1).

Absperrbaugruppe. Der Stellkörper und die Gehäusesitze bilden die Absperrbaugruppe (die Stellkörperform bestimmt die Art); die Begrenzung ist keilförmig oder parallel (s. Bild 7–12).

162

Tabelle 7–5. Größenordnung und Tendenz der k-Werte einiger Magnetventile [7–9].

	DN 25	DN 50	DN 100
PN 16		0,1	
PN 40 Wasser	0,2	0,14	0,07
Luft	0,2	0,14	0,1
Dampf	0,2	0,14	0,1

Tabelle 7–6. Relative Daten [7–9].

	Hub y	erforderl. Magnetkraft F	erforderl. Magnetarbeit W
Direktgesteuert	y_1	F_1	W_1
Zwangsgesteuert	y_1	$k^2 \cdot F_1$	$k^2 \cdot W_1$
Vorgesteuert	$k \cdot y_1$	$k^2 \cdot F_1$	$k^3 \cdot W_1$

Für Vor- und Zwangssteuerung ist F gleich und um k^2 kleiner als für Direktsteuerung.

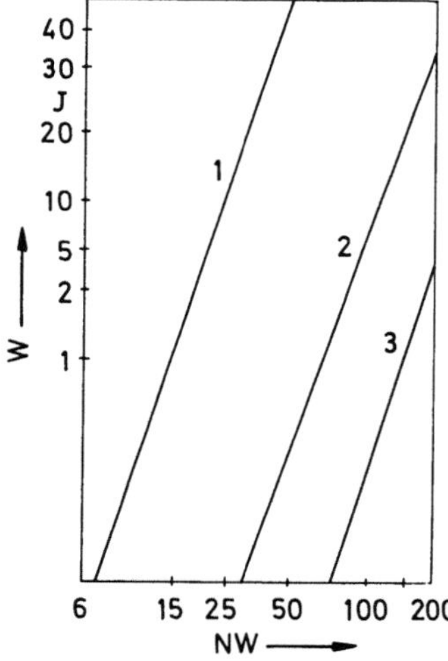

Bild 7–11.
Erforderliche Magnetarbeit W bei $k = 0{,}1 =$ konst. in Abhängigkeit von der Nennweite für einen Öffnungsdifferenzdruck $\Delta p = 1{,}6$ MPa, wenn $W \approx 1$ bis 3 J bei kleinen, $W \approx 3$ bis 6 J bei großen Ventilen als tragbar angesehen wird (Tabelle 7–5) [7–4].

1 direktgesteuert; 2 zwangsgesteuert; 3 vorgesteuert.

Dichtflächen. Bei Schiebern ist die mechanische Dichtflächenbeanspruchung entscheidend (Reibung). Beim Öffnen gleiten die abströmseitigen Dichtflächen bis zum Druckausgleich (bei $\approx 10\%$ Öffnung) bzw. Wirksamwerden einer Stellkörperführung unter Druck aufeinander. Dabei bestimmt die Dichtflächenüberdeckung neben dem Differenzdruck die wirkende Flächenpressung $p = \mathrm{f}(A_\mathrm{b})$ (Bild 7–15). Die Abhängigkeit $\Delta p = \mathrm{f}(y)$ von den Betriebsverhältnissen wird im Bild 7–16 gezeigt. Eine optimale Dichtflächenbemessung bedarf somit detaillierter Untersuchungen; verschiedene gebräuchliche Bemessungsgleichungen und Erfahrungswerte geben zwar einen Anhalt zur Beurteilung, entsprechen aber nicht mehr dem Erkenntnisstand zur tribologischen Beanspruchbarkeit der Werkstoffe [7–7] [7–8]. Hinzu kommen komplizierte geometrische Verhältnisse sowie Kraft- und Momentenwirkungen.

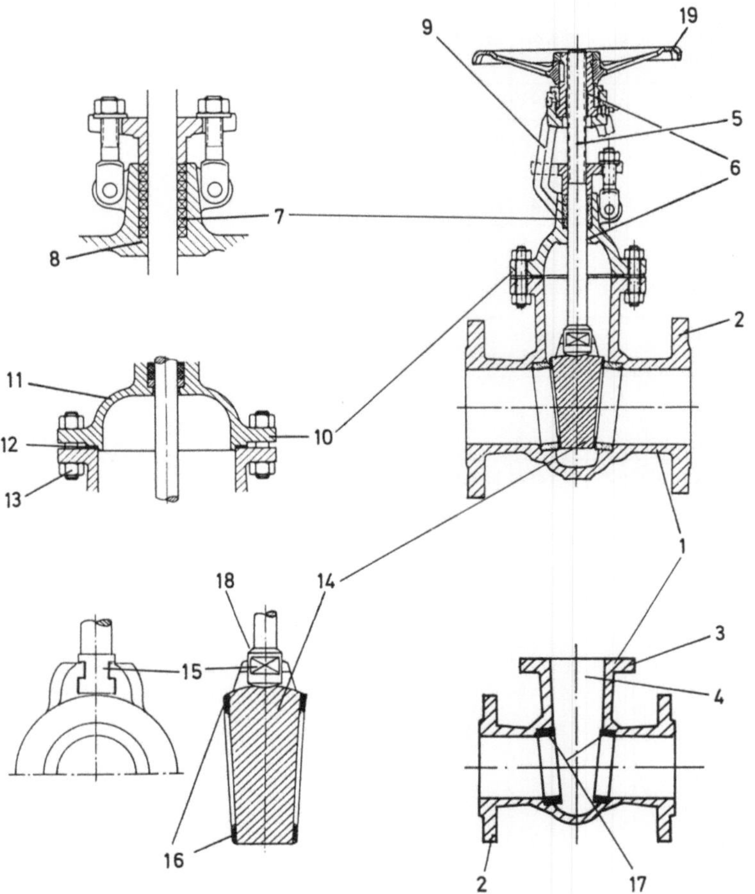

Bild 7–12. Schieber, grundsätzlicher Aufbau.

1 Schiebergehäuse, gegossen (s. Abschn. 7.1.5); 2 Flansch (Rohrleitungsanschluß, s. Abschn. 8.6); 3 Deckelflansch; 4 Gehäusemittelteil (Aufnahmeraum für den Stellkörper); 5 Spindel; 6 Spindelanordnung/Spindelführung (s. Tabelle 7–7); 7 Spindelabdichtung (s. Abschn. 8.2); 8 untere Spindelführung (Stopfbuchsgrund); 9 Bügelaufsatz (mit drehbarer Spindelmutter = obere Spindelführung); 10 Gehäuseverschluß (s. Abschn. 8.1); 11 Deckel; 12 Dichtung; 13 Deckelschraube; 14 Stellkörper (starrer Keil, s. auch Bild 7–13); 15 Stellkörperbefestigung (Keilaufhängung durch Hammerkopf); 16 Stellkörperdichtung (Keildichtflächen); 17 Gehäusesitze; 18 Rückdichtung; 19 Handrad.

Je schmaler die Dichtflächen, je größer ist die Flächenpressung und umgekehrt. Bei Beschädigung durch Fremdkörper sind schmale Dichtflächen im Nachteil, sie werden sehr schnell undicht. Die allgemeine Meinung, schmale Dichtflächen sind am besten, gilt deshalb nicht grundsätzlich für Schieber. Es sollte beides, günstige Flächenpressung und weniger Empfindlichkeit gegen Beschädigungen, optimiert werden. Als Orientierung für die *Dicht*flächenbreite gilt: Gehäuse $b_\mathrm{D} \approx 4$ bis 6 mm, Stellkörper $b'_\mathrm{D} = b_\mathrm{D} + 2$ bis 4 mm. Der Keil wird bei der Montage auf die sogenannte Vorspannung eingepaßt, d. h., ein neuer Keil befindet sich in Schließstellung über der Gehäusemitte; so ist der Überdeckungsgrad

164

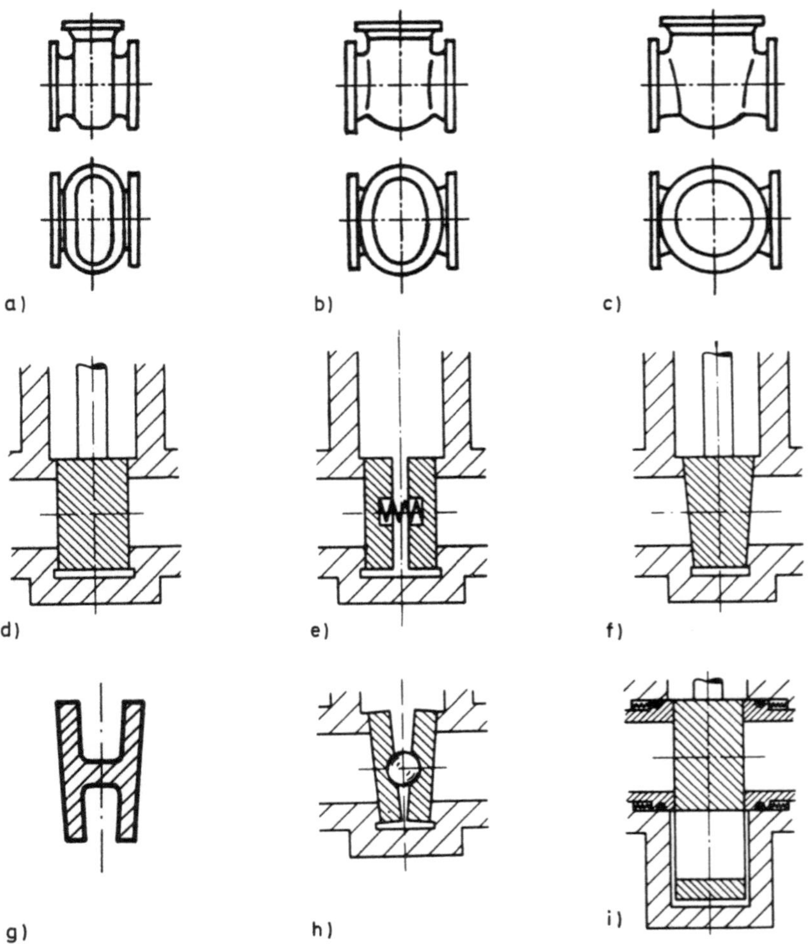

Bild 7–13. Schiebertypen, charakterisiert durch die Gehäuseform und die Absperrbaugruppe.
Gehäuseform: a) flach bis PN 10; b) oval PN 10 bis 25; c) rund ≥ PN 25 (Flach-, Oval- und Rundschieber).
Absperrbaugruppe: d) starre parallele Platte; e) Parallelplatten (aufgelöste Platte); f) starrer Keil; g) elastischer Keil; h) Keilplatten (aufgelöste Keilform); i) starre parallele Platte mit Leitrohr und verschiebbaren Gehäusesitzringen (Leitrohrschieber).

für starre Keile aus Stahl- und Grauguß im Anlieferungszustand mindestens 2/3 der Gehäusesitzbreite (Bild 7–17). Durch die Betätigung im Betrieb arbeitet er sich ungefähr auf die Mittelstellung ein.

Werkstoffe. Die Paarung unterschiedlich harter Werkstoffe ist sinnvoll (z. B. Nitrierstahl und Stellitepanzerung; Dichtflächenbearbeitung: üblich ist Läppen). Dabei sollte der Stellkörper der härtere sein. Die Sitzflächen bestehen zumeist aus einer verschleißfesten, nichtrostenden Auftragsschweißung (Bild 7–18), oder werden als Ringe eingewalzt,

Tabelle 7–7. Spindelanordnung bei Schiebern.

	innenliegendes Spindelgewinde; drehende, nicht steigende Spindel	außenliegendes Spindelgewinde; steigende, drehende Spindel	außenliegendes Spindelgewinde; steigende, nicht drehende Spindel[1])
Deckelausführung, Gewindeanordnung	ohne Bügelaufsatz; Gewindebuchse drehfest im Keil; Keil bewegt sich auf der Spindel	mit Bügelaufsatz; Gewinde drehfest im Bügelaufsatz[2])	mit Bügelaufsatz, Spindelmutter drehbar im Bügelaufsatz gelagert[2]),[4])
Spindelführung und -lagerung	durch Stopfbuchse und Spindelbund im Deckel; nicht so gute Führung	Zweipunktführung durch Deckel (Stopfbuchsgrund) und Gewinde	Zweipunktführung durch Deckel und Spindelmutter; bei hohen Drücken und großen DN Axialkugellager[3]); gute Führung
Handrad	nicht steigend; kraftschlüssig auf Spindel befestigt	steigend; kraftschlüssig auf Spindel befestigt	nicht steigend; kraftschlüssig auf Spindelmutter befestigt; Spindel steigt durch das Handrad
Spindel-Stellkörper-Verbindung	durch eine bewegliche Gewindemutter im Keil	drehbar, s. Abschn. 7.1.2	drehfest, s. Abschn. 7.1.2
Vor- und Nachteile	kein Raum für steigendes Handrad erforderlich; Gewinde der Atmosphäre nicht, jedoch dem Fluid ausgesetzt; der sichtkontrolle und Wartung entzogen, für hohe Temperaturen ungeignet	Gewinde dem Fluid nicht ausgesetzt; Sichtkontrolle; wartungsfreundlich; Raum für steigendes Handrad erforderlich	Gewinde dem Fluid nicht ausgesetzt; Sichtkontrolle; wartungsfreundlich; geringe Betätigungskräfte; Spindel als Stellungsanzeige; Raum für steigende Spindel erforderlich; hoher Fertigungsaufwand

Tabelle 7–7. (Fortsetzung)

	innenliegendes Spindelgewinde; drehende, nicht steigende Spindel	außenliegendes Spindelgewinde; steigende, drehende Spindel	außenliegendes Spindelgewinde; steigende, nicht drehende Spindel[1]
Anwendung	Keilschieber (meist starrer Keil), für seltene Betätigung, saubere, nichtaggressive Fluide, mittlere Drücke und Temperaturen; bei Gefahr äußerer Verschmutzung, Korrosion und Vereisung; Erdeinbau	Keil- und Parallelschieber; für häufige Betätigung; aggressive und verschleißfördernde Fluide; bei Schiebern $\leq$ DN 200 üblich	Keil- und Parallelschieber; für hohe Drücke und Temperaturen; häufige Betätigung; aggressive und verschleißende Fluide; Elektroantriebe

[1] Steigende, nicht drehende Spindel besitzt eine Rückdichtung.

[2] Das Gewinde ist um den Hub über der Stopfbuchse angeordnet (darf nicht in die Spindelabdichtung eindringen), bestimmt die Höhe des Bügels.

[3] Ab $\approx$ PN 160 und DN 200. Bei elektrischen Antrieben sind auch die Spindelmuttern kleinerer Schieber kugelgelagert.

[4] Bei von unten eingesetzter Gewindebuchse liegt ein Bund gegen den Bügel an. Die Buchse kann nur bei demontierter Armatur (Rohrleitung drucklos) ausgewechselt werden.
Bei von oben eingesetzter und durch einen Deckel gehaltener Gewindebuchse braucht zum Auswechseln nur der Deckel demontiert werden; die Rohrleitung kann u. U. in Betrieb bleiben. Des weiteren kann ohne große Änderungen (Adapter an Stelle des Deckels und Sonderbuchse) ein Elektroantrieb nachgerüstet werden.
Gleichzeitig wirkt der Bund an der Buchse als „Sollbruchstelle", z. B. zum Schutz der Spindel vor Überlastung.

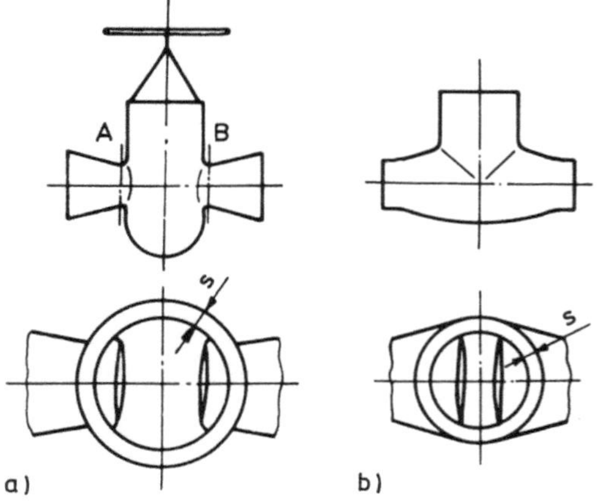

Bild 7–14.
Extreme Schiebergehäuseformen [7–55].
a) eingeschnürt, für Leitrohr und breiten Stellkörper, Gehäuse in der Senkrechten betont, mit kritischem Querschnitt bei A (geringes Widerstandsmoment);
b) gerader Durchgang, ohne Leitrohr, für schmalen Stellkörper, Gehäuse in Richtung Rohrachse betont; s Wanddicke.

eingestemmt, verschiebbar angeordnet (s. Bild 7–13e) oder auswechselbar eingeschraubt (nur noch selten). Hochwertige Werkstoffe, z. B. Stellite, werden auf Ringe aufgebracht und diese dann eingeschweißt (Bild 7–17b). Metall-Elastomer-Kombinationen (z. B. weichdichtender Schieber, s. Abschn. 7.5.6.1) vervollständigen die Palette.

Schieberspindel. Fast ausschließlich Gewindespindel, vorrangig eingängiges Trapezgewinde. Zweigängig, wenn schnelles Öffnen und Schließen erforderlich ist, z. B. Ölschieber.

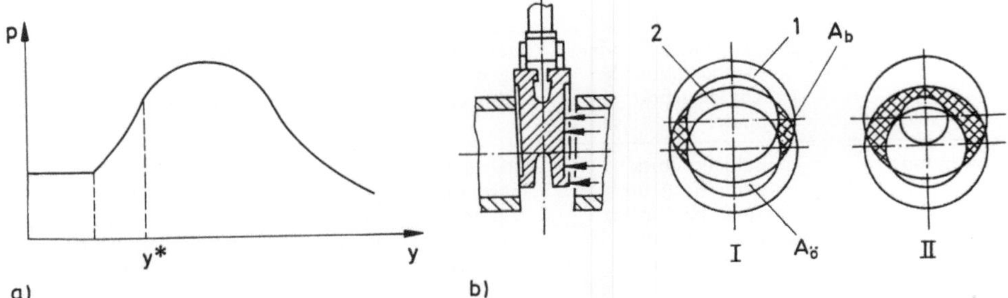

Bild 7-15. Dichtflächenbeanspruchung.
a) Flächenpressung in Abhängigkeit vom Hub;
b) belastete Dichtflächen bei Öffnungsbeginn (Ort maximaler Beanspruchung).

I gleiche Dichtflächenbreite, II breitere Kegelfläche; 1 Keil; 2 Gehäuse; $A_{\ddot{o}}$ geöffneter Querschnitt; A_b belastete Dichtfläche.

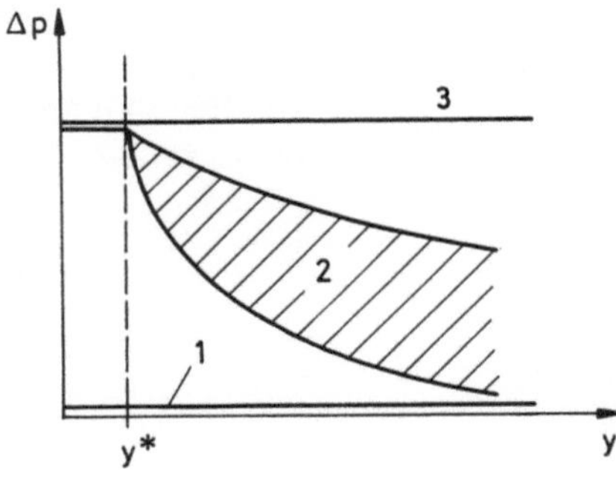

Bild 7-16.
Qualitativer Differenzdruckverlauf $\Delta p = f(y)$ während des Öffnungsvorganges.

1 ohne Δp (geringste Dichtflächenbelastung); 2 Δp-Ausgleich während des Öffnens (typisches Beanspruchungsniveau für Schieber, Grundlage für die Dichtflächenauslegung); 3 Δp bleibt konstant (härteste Dichtflächenbelastung, z. B. Betriebsfall Ausfluß ins Freie).

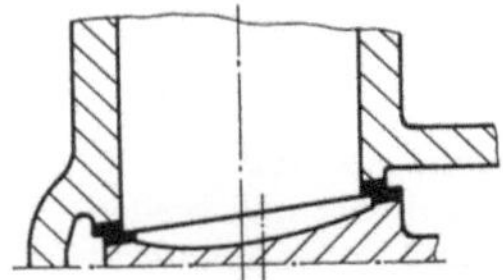

Bild 7-17.
Keilstellung eines Absperrschiebers nach der Montage (Neuzustand) [7-2].

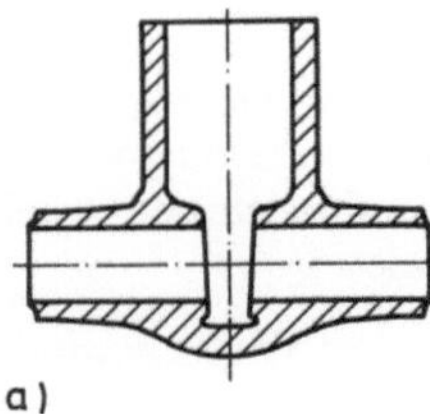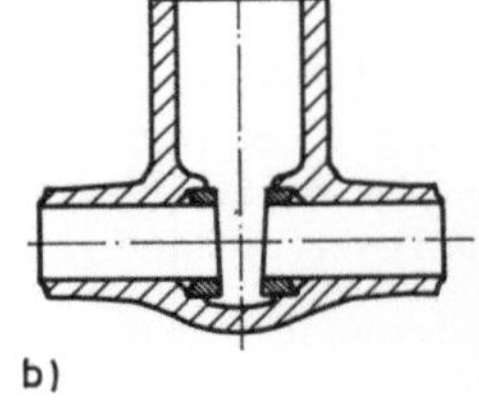

Bild 7-18.
Gehäusesitzherstellung [7-6].
a) direkt aufgepanzert;
b) Sitzringe aufgepanzert und eingeschweißt.

Werkstoff und Oberfläche s. Abschn. 7.1.1 unter Ventilspindel. Das untere Spindelende ist für die Stellkörperbefestigung besonders gestaltet, s. Bild 7–12.

Spindelanordnung, Spindelführung s. Tabelle 7–7.

Stellkörperbefestigung. Für die Verbindung des Stellkörpers mit der Spindel gibt es verschiedene Möglichkeiten. Sie muß dem Stellkörper soviel Bewegungsfreiheit gestatten, daß beim Betätigen keine Seitenkräfte auf die Spindel und die Spindelabdichtung übertragen werden (Gefahr der Undichtheit durch Verformung). Vielfach ist der Keil oben geschlitzt (der Schlitz darf nicht in Durchflußrichtung liegen), und eine Verstärkung am unteren Spindelende wird hier eingeschoben.

Bewährt hat sich, vor allem bei keilförmigen Stellkörpern, die Hammerkopfverbindung (Bilder 7–12 und 7–49). Der an der Spindel angeschmiedete oder angeschraubte Hammerkopf bietet ausreichende Bewegungsfreiheit und hat, wenn er als Vierkant ausgebildet ist, große Auflageflächen (Kraftübertragungsflächen). Ist die Spindelauflage jedoch rund, wird die Auflagefläche klein; bei größeren Toleranzen im geschlitzten Keilkopf kann einseitige Belastung auftreten (Bild 7–19). Durch gerundete Kanten bei Guß wird die tragende Fläche noch kleiner, die Spindel kann ausreißen.

Eine Vierkantmutter wird auch verwendet, wenn der Keilkopf nicht geschlitzt ist und nur eine Bohrung hat, durch die die Spindel geht; das ergibt eine optimale Auflagefläche.

Durchflußrichtung und Dichtkraft. Die Dichtflächen des Stellkörpers und des Gehäuses (s. Bild 7–12) erlauben, bis auf wenige Ausnahmen, ein Absperren in beiden Richtungen. Dabei dichtet i. allg. die Abströmseite, während die dem Druck zugewandte Seite „nur" abstützt. Abdichten gegen den Druck, z. B. durch Keilwirkung, wird i. allg. nur bei niedrigen Drücken erreicht.

Die Dichtkräfte werden somit von der Druckdifferenz bestimmt, allgemein $F = p \cdot A$ (z. B. für DN 250 und PN 300 ist $F \approx 200\,\text{MPa}$) [7–5]. Zur Verringerung extremer Öffnungskräfte kann ein Bypass mit Entlastungsventil vorgesehen werden (ähnlich Bild 7–6a): Rundschieber ab DN 200, Ovalschieber ab DN 500 (bei Flachschiebern ist der Bypass in die Rohrleitung

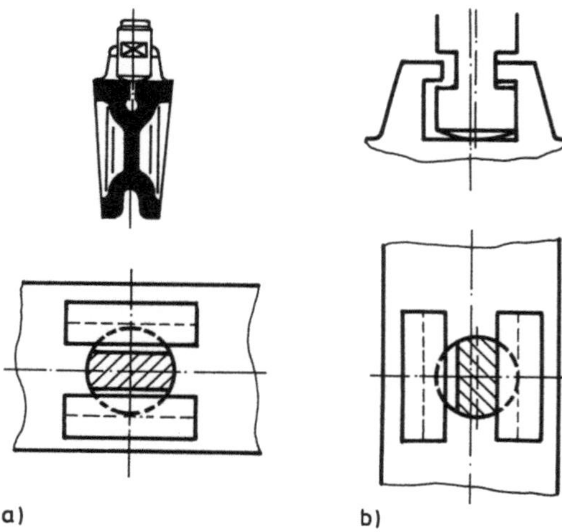

Bild 7–19.
Keilbefestigung [7–2].
a) mit rundem Spindelkopf, mittig;
b) mit rundem Spindelkopf, versetzt.

einzubinden). Für die Entlastungsventile gilt als Orientierung DN $\cong 1/10$ DN des Schiebers.

Einsatzhinweise. *Vorteile*: geringer Druckverlust, für beide Durchflußrichtungen gleich gut geeignet, Einbaulage beliebig, geringe Länge auch bei großer Nennweite. *Nachteile*: große Höhe (größte aller Absperrarmaturen), großer Hub (deshalb lange Betätigungszeiten), Dichtflächen gleiten zumindest im letzten Teil der Schließbewegung aufeinander (Reibverschleiß), für häufige Betätigung weniger geeignet.

7.1.2.1 Einschnürung und Leitrohr

Um Hub, Bauhöhe, Antriebskräfte und Werkstoffeinsatz zu reduzieren, wird der Sitzquerschnitt häufig um 30 % eingeschnürt (vorrangig Hochdruckschieber, Einschnürungsverhältnis $m \geq 0,56$, s. Bild 7–52). Der zusätzlich entstehende Druckverlust wird wesentlich von der Abströmseite beeinflußt, lange Erweiterungsstücke (Diffusoren) halten ihn gering.

Leitrohre sichern einen ungestörten Strömungskanal, ermöglichen somit die Molchbarkeit und mindern die Ablagerung von Verschmutzungen in den Toträumen. Hinsichtlich der Druckverlustabsenkung ist der Effekt gering; Bild 7–20 verdeutlicht dies. Nach Kurve c beträgt z. B. bei $\zeta = 1,1$ das Einschnürungsverhältnis für einen Leitrohrschieber $D/d = 1,5$, z. B. von 300 auf 200 mm. Ohne Leitrohr müßte $D/d = 1,45$ betragen, entspricht $d = 206$ mm. Nur 6 mm Durchmesservergrößerung bewirken das gleiche wie ein Leitrohr. Nicht genaue Einpassung, Wärmedehnungsdifferenzen und Bedienungsfehler können zudem einen dezentralen Sitz des Leitrohres bewirken, eine Druckverlusterhöhung kann die Folge sein [7–6].

7.1.2.2 Überdrucksicherung

Wird ein geschlossener, mit Wasser gefüllter Schieber aufgeheizt, kann im Gehäusemittelteil (großer Volumenanteil) bereits bei geringer Temperaturerhöhung ein sehr hoher Druck

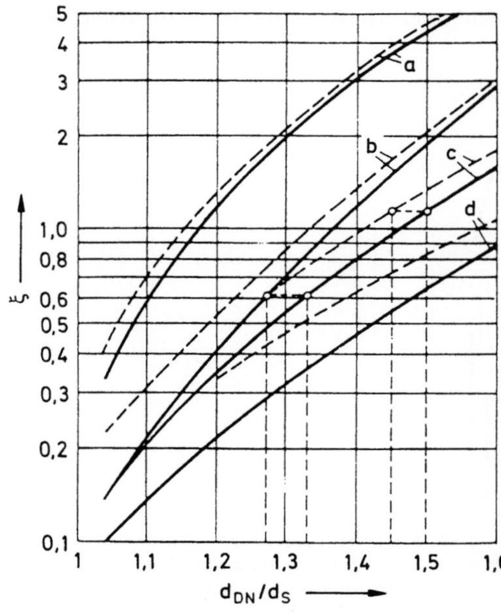

Bild 7–20.
Druckverlustbeiwert ζ von Absperrschiebern in Abhängigkeit von der Einschnürung d_{DN}/d_S (die ausgezogenen Kurven für Schieber mit Leitrohr, die gestrichelten für Schieber ohne Leitrohr) [7–6].

d_{DN} Nennweite; d_S Sitzdurchmesser; a theoretisch mögliche Verluste bei sehr ungünstigem Einbau (nach HAFERKAMP); b Schieber mit vollem Carnot-Verlust (nach HAFERKAMP); c Schieber mit kurzer Auslaufstrecke (nach SCHWEDLER und VON JÜRGENSON); d Schieber mit ausreichend langer Auslaufstrecke und kleinem Erweiterungswinkel (nach HAFERKAMP).

170

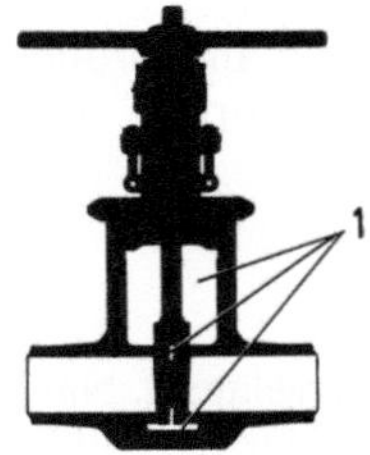

Bild 7–21.
Geschlossener, im Mittelteil (1) mit Wasser gefüllter Schieber (Fa. Sempell).

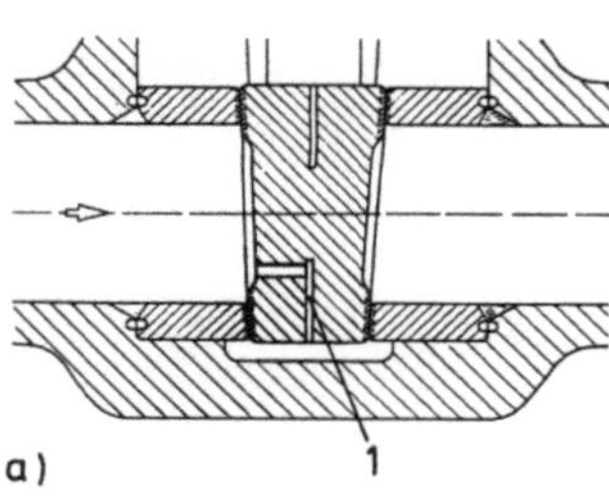
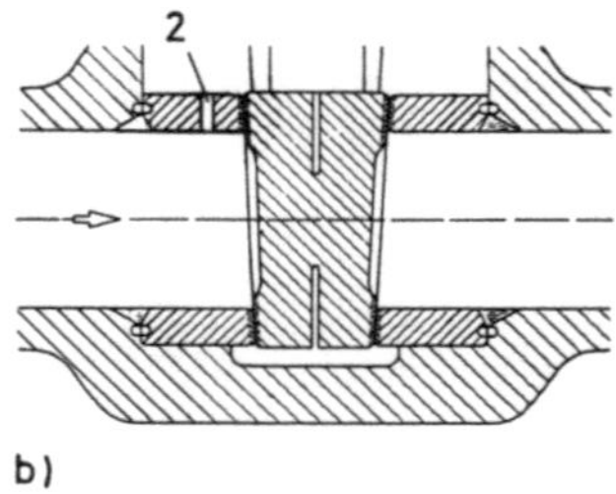

a) 1   b)

Bild 7–22. Überdrucksicherung (Fa. Sempell).
  a) einseitige Überdruckbohrung im Keil (1);
  b) einseitige Überdruckbohrung im Sitzring (2). Die Überdruckbohrung muß immer der Eintrittsseite (Druckseite) zugewandt sein.

entstehen (Bild 7–21; nicht bei Einplattenschieber mit festen Sitzen, s. Abschn. 7.2.2, Bild 7–58). Bei kleinen Volumenanteilen beeinträchtigen die entstehenden Drücke selten die Festigkeit, vergrößern aber vielfach die Dichtkräfte (selbstdichtender Verschluß) und damit die Öffnungskraft (bei „heißgehenden" Schiebern beachten). Flanschdeckel können undicht werden, alle anderen Ausgänge sind „selbstdichtende Verschlüsse". Schieber mit selbstdichtendem Deckel müssen, vor allem im Hochdruckbereich, gegen diese Überlastung abgesichert werden. Bei stets gleicher Richtung der Druckbeaufschlagung ist die Überdruck-

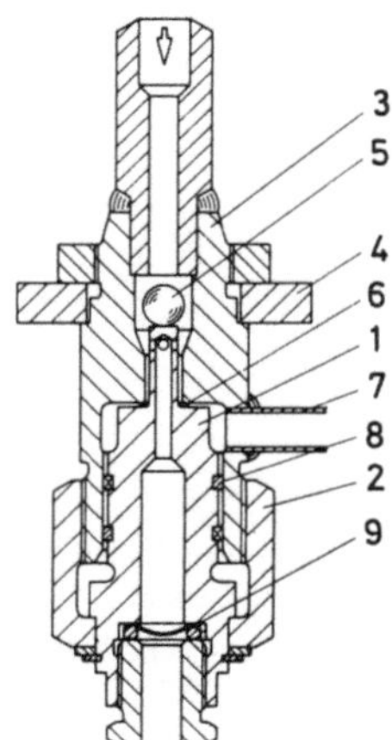

Bild 7–23.
Überdrucksicherung mit Berstscheibe (Fa. Sempell).

1 Ventilkörper; 2 Überwurfmutter; 3 Hülse; 4 Halterung; 5 Kugel; 6 Dichtring;
7 Entschwandungsrohr; 8 Kolbenring; 9 Berstscheibe.

bohrung die einfachste und sicherste Maßnahme (Bild 7–22). Bedingt der Betrieb beiderseitige Druckbeaufschlagung, ist eine Überdrucksicherung mit Berstscheibe anzuordnen (Bild 7–23); Nennberstdruck dann allgemein 1,5facher Betriebs- oder Nenndruck, d. h. kein unerwünschtes Ansprechen bei geringer Drucksteigerung.

7.1.3. Hähne

Hähne sind Drehkörperarmaturen. Der Stellkörper ist drehbar im Gehäuse gelagert. Nach der Form des Stellkörpers wird zwischen Küken- und Kugelhähnen unterschieden (Bilder 7–24 und 7–25). Der Stellkörper ist kegelstumpfförmig, zylindrisch oder kugelförmig mit z. T. profiliertem Durchgang. Bei der Stellbewegung bleiben die räumlich gekrümmten Dichtflächen im Eingriff. Die Art der Abdichtung erfordert hohe Oberflächengüte, Formgenauigkeit und formstabile Gehäuse (große Gehäuse sind deshalb dickwandig und

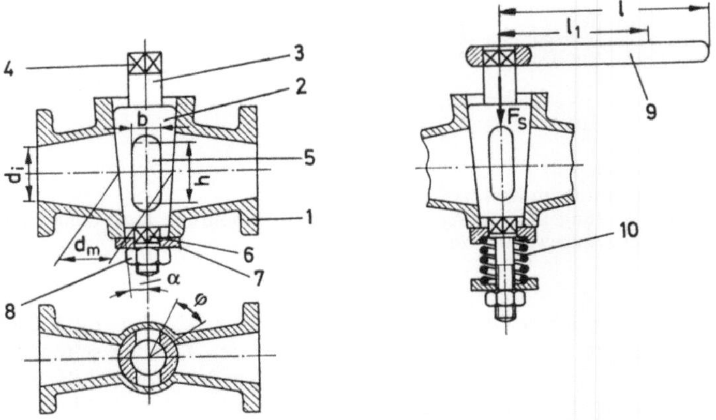

Bild 7–24. Kükenhahn, grundsätzlicher Aufbau (einfache Bauart) [7–11].

1 Gehäuse; 2 Küken; 3 Betätigungszapfen; 4 Schlüsselvierkant; 5 Öffnungsquerschnitt; 6 Vierkantzapfen; 7 Vierkantlochscheibe; 8 Sechskantmutter; 9 Hahnschlüssel; 10 Vorspannung der Druckfeder; φ Überdeckungsgrad.

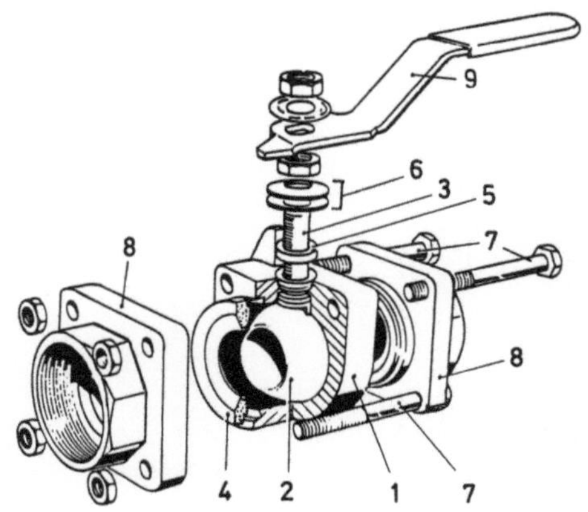

Bild 7–25.
Kugelhahn, grundsätzlicher Aufbau (mit dreiteiligem Gehäuse und schwimmender Kugel, sogenannte Standardausführung, Fa. Persta).

1 Gehäuse; 2 Kugel; 3 Schaltwelle; 4 Kugeldichtring (Sitz); 5 Stopfbuchse; 6 Tellerfeder; 7 Gehäuseschraube; 8 Gegenflansch; 9 Handhebel.

verrippt). Die Abdichtung ist einer komplexen Belastung durch Reibung, Verschleiß und Korrosion unterworfen.

Betätigung. Das *Betätigungsmoment* ist abhängig von Dichtflächenpressung, Werkstoffpaarung, Schmierung, Temperatur und der Art des Fluids. Daraus ergeben sich Unsicherheiten hinsichtlich des Betätigungsmomentes. Für das Reibmoment gilt nach [7-11]

$$M_R = 0,5\ F_R \cdot d_m = 0,5\ \mu \cdot F_S \cdot d_m / \sin \alpha. \tag{7.1}$$

Der Reibungskoeffizient μ ist bei Standardausführungen zumeist $< 0,2$. Eine Änderung mit der Betriebszeit ist möglich. Für Kükenhähne wird allgemein angenommen: ungeschmiert $\mu \approx 0,1$, einmal geschmiert $\mu \approx 0,05$, Schmier- und Anlüfthähne $\mu \approx 0,01$, $F_S =$ Vorspannkraft s. Bild 7-24. Die erforderliche Handkraft ist dann $F_H = M_R \cdot l_1$ mit $l_1 = 2/3\,l$ (Hebelarmlänge).

Die *direkte Betätigung* ist nur bei kleinen Nennweiten und Drücken möglich. Für größere Hähne und/oder höhere Drücke sind Untersetzungsgetriebe erforderlich (Losbrechoment kann notwending sein). Das führt auch zu längeren Mindestbetätigungszeiten.

Betätigungselemente: Hebel, Aufsteckschlüssel, Untersetzungsgetriebe (mit Handrad), elektrische, hydraulische und pneumatische Antriebe. Die Endstellungen sind durch Anschlag begrenzt, Hebel und Schlüssel zeigen die Stellung direkt an.

7.1.3.1 Kükenhähne

Das konische Küken wird in das ebenfalls konische Gehäuse gepreßt oder gezogen (Bild 7-26).

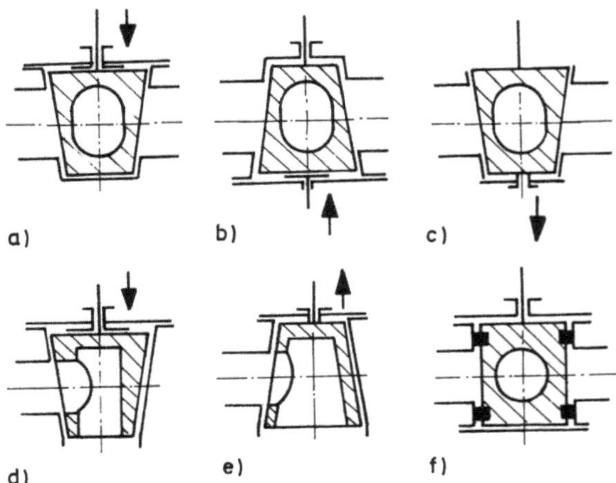

Bild 7-26. Kükenhahntypen, charakterisiert durch die Art der Vorspannung des Kükens im Gehäuse und durch die Anordnung des Kükens.
a) Küken wird in das Gehäuse gedrückt, Abdichtung nach außen durch Stopfbuchse;
b) Küken wird in das Gehäuse gedrückt, Abdichtung nach außen durch Stopfbuchse;
c) Küken wird in das Gehäuse gezogen (Gewindemutter oder Druckfeder), Abdichtung nach außen durch das Küken (Bild 7-24);
d) Küken wird in das Gehäuse gedrückt, Abdichtung nach außen durch Stopfbuchse;
e) Küken wird in das Gehäuse gezogen, Abdichtung nach außen durch das Küken;
f) zylindrisches Küken, Abdichtung zwischen Gehäuse und Küken durch Dichtstreifen, nach außen durch Stopfbuchse.

Absperrbaugruppe. Die überdeckenden Flächen bilden die Dichtflächen; sie gleiten unter Druck aufeinander. Dichtes Absperren erfordert einen Mindestüberdeckungsgrad (s. Bild 7–24) und eine Flächenpressung durch Vorspannen des Kükens im Gehäuse. Dabei dürfen sich die Dichtflächen bei anstehendem Fluiddruck nicht voneinander lösen. Zu hohe Flächenpressung führt zu Verschleiß, zur Schwergängigkeit oder zum Festsitzen des Kükens (ein Grund für die Druckbegrenzung).

Hahnküken: Ausführung kegelstumpfförming mit Kegel 1:6 (Neigung 1:12), Sonderkonstruktionen auch mit Kegel 1:4. Durchgang: kreisrund bis oval und rechteckig. Ovale und rechteckige Durchgänge (Seitenverhältnis $h:b = 1:1,25$) ermöglichen kleinere Küken- und Gehäusedurchmesser (deshalb bevorzugt). Der Gehäusedurchgang leitet auf das kreisförmige Rohr über (s. Bild 7–21).

Kükenhahngehäuse: Mit konischem Mittelteil, Keilneigung wie Küken; zur genauen Anpassung ist ein Einschleifen erforderlich.

Werkstoffe: Küken- und Gehäusewerkstoffe (s. Tabelle 7–7) sollten unterschiedlich sein, z. B. Graugußgehäuse mit Stahlküken. Weitere Maßnahmen zur Verschleißminderung und Reibungsbegrenzung sind geschmierte oder kunststoffbeschichtete Dichtflächen sowie eingesetzte Kunststoffringe (z. B. PTFE).

Gehäuseverschlüsse: bauartabhängig, s. Abschn. 7.2.3.

Anwendung (vorrangig): Luft, Gase, Öle, Wasser und Dampf (für Wasser und Dampf werden Rotgußküken eingesetzt: ein Teil aus nichtrostendem Werkstoff), Seewasser und leichte Säuren (Gehäuse und Küken aus Rotguß), Nahrungs- und Genußmittel, bis PN 40 und 150 °C, außer Sonderkonstruktionen.

7.1.3.2 Kugelhähne

Die durchbohrte Kugel ist zwischen zwei Gehäusesitzringen angeordnet (s. Bild 7–25), die an der Kugel abdichten. Bild 7–27 zeigt die grundsätzlichen Varianten.

Absperrbaugruppe. Die Kugel und die Sitzringe am Ein- und Austritt bilden die Absperrbaugruppe mit nahezu idealen Abdichtmöglichkeiten (kugelförmiger Stellkörper; Tabelle 7–8). Oberflächenqualität, Werkstoffpaarung (Kugel – Sitzring), Sitzringgestaltung und Fluiddruck beeinflussen die Dichtheit.

Kugelküken: kugelförmig, mit kreisrundem Durchgang und glatter, zumeist chemisch resistenter Oberfläche (nichtrostende Werkstoffe, hartverchromt, verschleißhemmend beschichtet usw.); auch zum Schutz der Ringe. Hohe Fertigungsgenauigkeiten sind gefordert (Kugelgenauigkeit, Oberflächengüte).

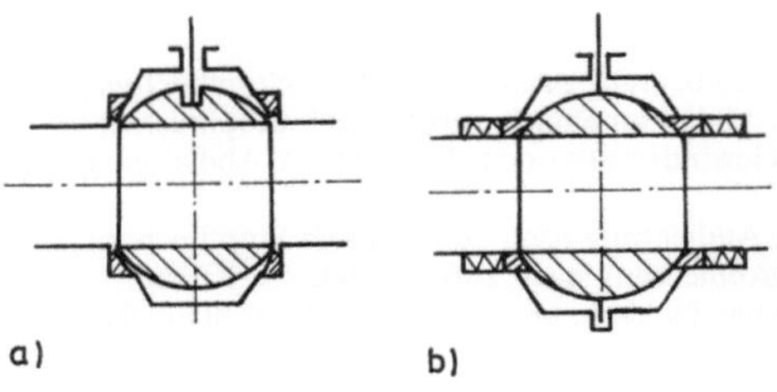

Bild 7–27.
Kugelhahntypen, charakterisiert durch die Lagerung der Kugel und die Abdichtung.
a) Kugel "schwimmend" gelagert;
b) Kugel zapfengelagert, Dichtpressung durch Federelemente und Fluiddruck.

Tabelle 7–8. Absperrbaugruppe und Zapfenabdichtung bei Kugelhähnen.

Ausführung	Bemerkungen, allgemeine Anwendung
	elastischer Sitzring 1 (z. B. PTFE) in einer Ausdrehung, einfach oder mit flexiblem Profil (z. B. Dichtlippe 2); die Federwirkung des Sitzringes und der Fluiddruck pressen ihn gegen die Kugel (s. Dichtkräfte); durch Kammern des Sitzringes kann gute Dichtheit erreicht werden; hohe Druckbeständigkeit wird durch kohlenstoffverstärkes PTFE, Metallkern 3 oder -armierung erreicht (Kammerung weitestgehend überflüssig). Anwendung: schwimmend gelagerte Kugel, bis $\approx 0{,}6\,\mathrm{MPa}$.
	Durch metallischen Schutzsitz 4 wird Feuersicherheit erreicht; wird der Weichsitz 5 durch große Hitze zerstört, preßt der Fluiddruck die Kugel gegen den Schutzsitz.
	Federn 6 oder Elastomere 7 (wirken auch als Rückdichtung) bewirken Anpressung des Sitzringes bei zapfengelagerter Kugel.
	Metallsitze 8 (z. B. Stellite) mit Schabwirkung; geschärfte Kanten 9 schaben Ablagerungen von der Kugeloberfläche; 10 Rückdichtung.
	Halbschalen 11 mit integierter Abdichtung (Sitzring) verringern den Totraum.

Tabelle 7–8. (Fortsetzung)

Ausführung	Bemerkungen, allgemeine Anwendung
Gewinde-druckring — PTFE	Kein selbsttätiges Nachspannen bei Wechsel von Über- und Unterdruck bzw. Schrumpfung und Dehnung; manuelles Nachspannen erforderlich; Radial- bzw. Querkräfte nur bedingt möglich; bis ≈ 4 MPa.
1) Viton-O-Ring — PTFE	Steigender Innendruck preßt den Zapfenbund gegen die PTFE-Flachdichtung, die O-Ringe kompensieren Undichtheit der Flachdichtung (Schrumpfung, Dehnung); Nachspannen der Flachdichtung ist möglich; bis ≈ 6 MPa, Vakuum bis 0,13 mbar.
1) PTFE 1) PTFE / Viton-O-Ring / PTFE	Tellerfedern kompensieren die Schrumpfung und Dehnung des PTFE (bis ≈ 21 MPa, Vakuum bis 0,013 mbar.
1) Graphit-Molybdän / Graphit / Viton-O-Ring / Graphit	Nachspannen erst nach erheblichem Verschleiß notwendig; O-Ring erhöht die Dichtwirkung (bis 40 MPa, Vakuum bis $1{,}3^{-6}$ mbar) bzw. bis 50 MPa, Vakuum bis $1{,}3^{-7}$ mbar.
1) PTFE / Dach-manschette / PTFE	Anpreßdruck durch Dachmanschetten steigt mit zunehmendem Innendruck; Tellerfedern gleichen Volumenänderung aus; Radial- und Querkräfte werden sehr gut aufgenommen (verlängerte Zapfenführung); bis 50 MPa, Vakuum bis $1{,}3^{-4}$ mbar.

[1]) Radial- und Querkräfte werden gut aufgenommen.

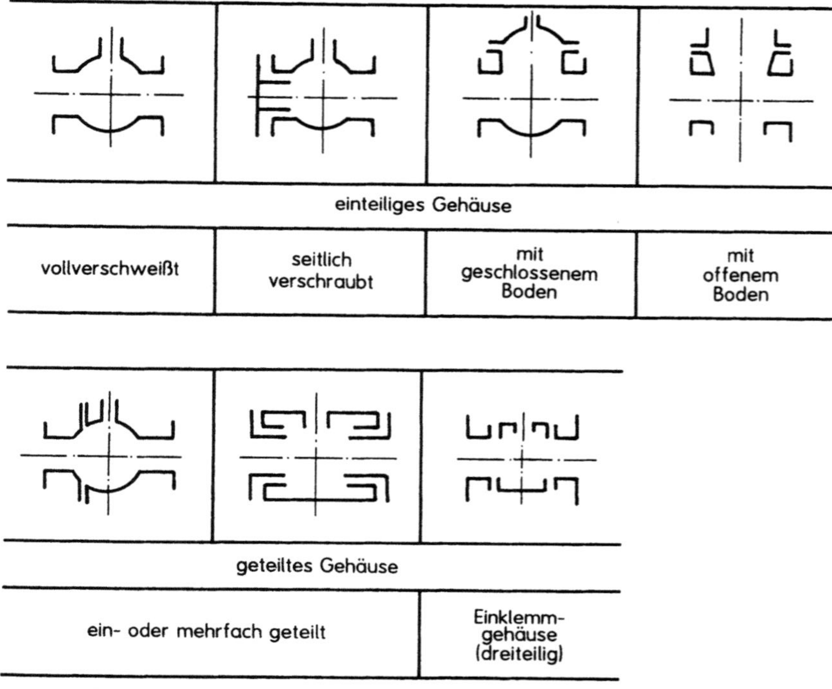

Bild 7–28. Kugelhahngehäuseausführungen (nach DIN 3357 Teil 1).

Kugelhahngehäuse: ein-, zwei- und dreiteilig (Bild 7–28). Mehrteilige Gehäuse sind vorwiegend senkrecht zur Rohrleitungsachse geteilt. Kugel und Sitzringe werden von der Seite eingesetzt.

Die *Dichtkräfte* werden durch die angepaßte Gestaltung der Absperrbaugruppe (Vorspannung, Federelemente, s. Tabelle 7–8) und die Wirkung des Differenzdruckes erzeugt. Bezüglich letzterem gilt (Bild 7–29) für

– schwimmend gelagerte Kugel: Die beiden Sitzringe und die Kugel bilden ein System. Im drucklosen Zustand preßt die Vorspannung (Federwirkung) der Sitzringe diese an die Kugel. Der Druck des Fluids preßt die Kugel an den abströmseitigen Sitzring und drückt den anströmseitigen Sitzring an die Kugel (an- und abströmseitig dichtender Kugelhahn). Als Dichtkräfte wirken dann in Offenstellung

$$\text{anströmseitige Dichtkraft} = F_{\text{Vor}} + p_1 \cdot A_{1\text{R}} - p_2 \cdot A_{2\text{R}}$$
$$\text{abströmseitige Dichtkraft} = F_{\text{Vor}} + p_1 \cdot A_{1\text{R}} - p_2 \cdot A_{2\text{R}} + F_{\text{K}}$$

und in Schließstellung

$$\text{anströmseitige Dichtkraft} = F_{\text{Vor}} + p_1 \cdot A_{1\text{R}} - p_2 \cdot A_{2\text{R}}$$
$$\text{abströmseitige Dichtkraft} = F_{\text{Vor}} + p_1 \cdot A_{\text{F}} - p_2 \cdot A_{\text{F}}$$

mit $A_{\text{F}} = d_{\text{F}}^2 \cdot \pi/4$ als druckbeaufschlagte Kugelfläche bei geschlossenem Kugelhahn. Die Dichtkraft auf der Abströmseite steigt mit dem Differenzdruck, der anströmseitige Dichtring ist entspannt. Der Kugelhahn ist auch bei undichter Anströmseite dicht.

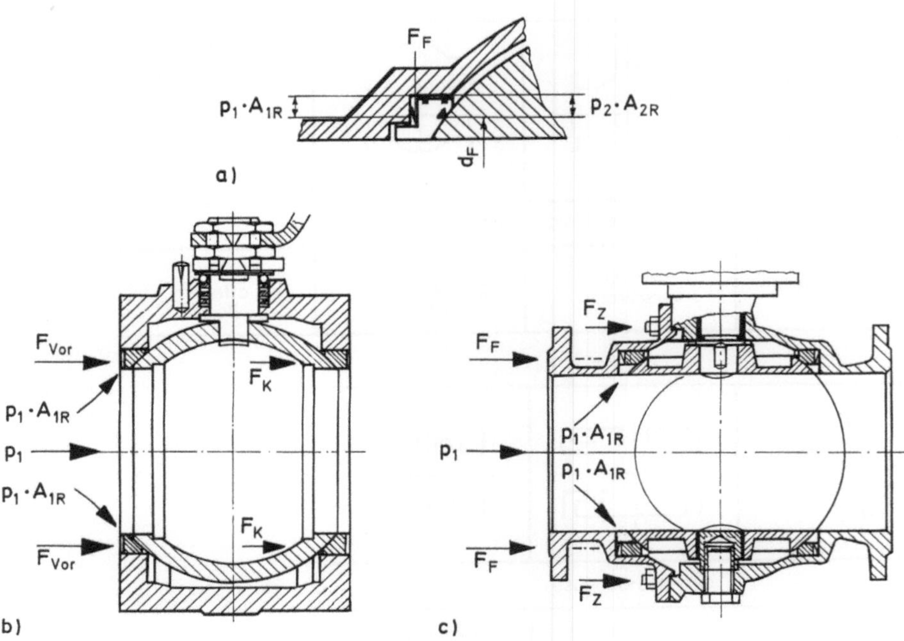

Bild 7–29. Wirkungsweise der Kugelhahnabsperrbaugruppe (Fa. Rich. Klinger, Österreich).
a) Wirkung der Differenzdruckflächen;
b) schwimmend gelagerte Kugel;
c) zapfengelagerte Kugel (höhendistanziert).

F_{Vor} Sitzvorspannkraft; F_F Federkraft; A_{1R} und A_{2R} anström- bzw. abströmseitig druckbelastete Ringfläche; F_K Druck durch die geöffnete Kugel; F_Z auf die Zapfenlager wirkende, aus der Fluidkraft resultierende Kraft.

– zapfengelagerten Kugelhahn: Zwei federnd und unabhängig voneinander wirkende Sitzringe bilden das Dichtprinzip. Die Fluidkräfte werden in die Lager abgeleitet und nicht, wie bei der schwimmenden Lagerung, auf den abströmseitigen Sitzring. Als Dichtkräfte wirken dann

anströmseitige Dichtkraft $= F_F + p_1 \cdot A_{1R} - p_2 \cdot A_{2R}$;
bei entspanntem Gehäuse ($p_2 = 0$) gilt
Dichtkraft $= F_F + p_1 \cdot A_{1R}$
abströmseitige Dichtkraft $= F_F - p_1 \cdot A_{1R} + p_2 \cdot A_{2R}$;
bei entspannter Leitung ($p_1 = 0$) gilt
Dichtkraft $= F_F + p_2 \cdot A_{2R}$.

Das bedeutet, das Produkt aus anströmseitigem Druck p_1 × Ringfläche A_{1R} unterstützt die Federkraft F_F (Sitzvorspannung), d. h., die Dichtkraft auf der Anströmseite steigt mit dem Differenzdruck, das Gehäuse ist entspannt (anströmseitig dichtender Kugelhahn). Undichtheit auf der Anströmseite verursacht Druck im Gehäuse. Baut dieser bauartbedingt die abströmseitige Dichtkraft ab, kann der Kugelhahn trotz unbeschädigter abströmseitiger Abdichtung undicht sein.

Sitzringwerkstoffe: PTFE gesintert oder aus dem Vollen gedreht, PTFE-Kompositionen mit Armierung aus Glasfaser, Kohle, Metalloxiden, sowie Viton, Nylon, Gummi, Thermoplaste, Elastomere, Graphit, Metalle. Häufig werden eine zweite Elastomerdichtung,

178

zusätzliche metallische Dichtflächen oder eine Notabdichtung durch Einpressen eines konsistenten Dichtmittels vorgesehen.

Dichtflächen und Verschmutzung. Vor allem die Sitzringe müssen vor dem Eindringen fester Teilchen, Ablagerungen auf der Kugel und Erosion geschützt werden; das ist möglich durch angepreßte Sitzringe, möglichst scharfe Kanten (Abstreifkanten) am Kugeldurchgang und den Sitzringen, Minimierung der Toträume und Spalte.

Betätigungszapfen. Zapfenabdichtung und -führung s. Tabelle 7–8.

Vor- und Nachteile, Anwendung. *Vorteile*: gutes Dichtvermögen, allgemein geringere Stellkräfte als Kükenhähne, geringe Masse, hohe Stabilität, molchbar, i. allg. geringer Wartungsaufwand. *Nachteile*: Während des Stellens und in Zwischenstellungen liegen die Sitzringe im Fluidstrom. *Anwendung* (vorrangig): Kugelhähne waren wegen der Verwendung von Elastomersitzringen lange beschränkt auf Temperaturen bis 200 °C und Auf-Zu-Funktion. Ihre heutige starke Verbreitung ist in entscheidendem Maße auf die Weiterentwicklung von Polymeren (insbesondere PTFE modifiziert) und den Einsatz von Graphit und metallischen Sitzringen zurückzuführen (metallische Präzisionsringe erreichen Gasdichtheit). Sie ermöglichen heute den Einsatz bei zähflüssigen und abrasiven Fluiden, hohen und tiefen Temperaturen (-200 bis $600\,°C$ bzw. $1000\,°C$) sowie zusätzlich als Drosselarmatur. Parameter: DN 15 bis 400, bis PN 160.

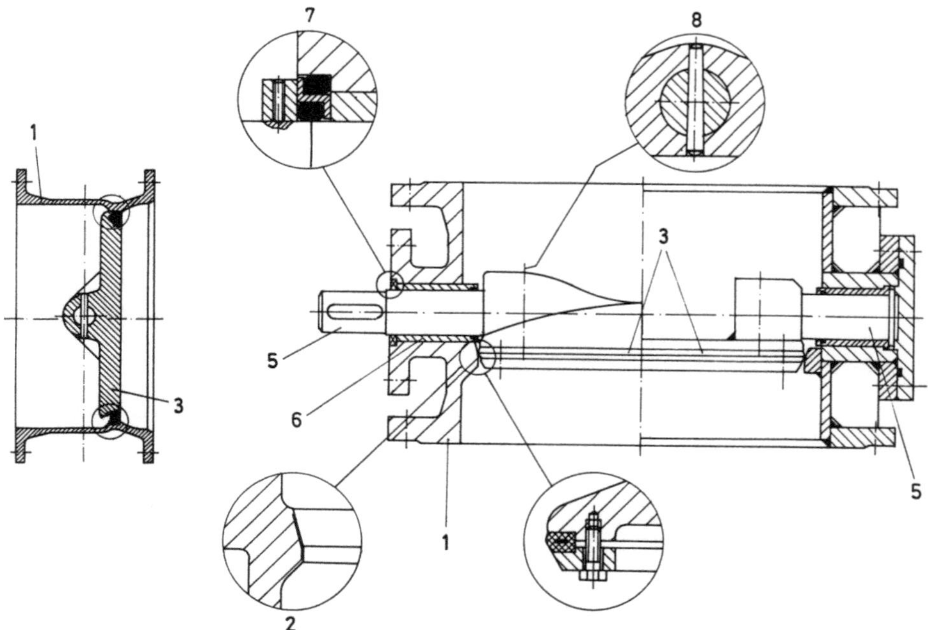

Bild 7–30. Klappe, grundsätzlicher Aufbau. Linke Bildseite gegossen; rechte Bildseite geschweißt.

1 Klappengehäuse mit Anschlußflanschen; 2 Gehäusesitz (s. auch Tabelle 7–9); 3 Klappenscheibe; 4 Dichtelement (s. auch Tabelle 7–9); 5 Klappenwelle (geteilt); 6 Wellenlager; 7 Wellenabdichtung (selbstdichtend mit zwei austauschbaren, gekammerten 0-Ringen); 8 Verbindung Welle-Klappenscheibe (Zylinderkerbstift, Paßfeder, Zahnwellenprofil usw.)

Kugelhähne sind u. a. vorteilhaft bei hohen Dichtheitsforderungen, geforderter Schnellschaltbarkeit, geringem Strömungswiderstand und notwendiger Molchbarkeit einsetzbar.

Einsatzhinweise (Kükenhähne). Obwohl der Kugelhahn heute schon weit verbreitet ist, bleiben Kükenhähne für viele Zwecke vorteilhaft: ebenfalls geringer Druckverlust, nahezu totraumfrei, weitgehend unempfindlich gegen verunreinigte Fluide, geringer Platzbedarf. Nachteile sind jedoch Dichtflächenreibung über den ganzen Stellweg, damit teilweise große Stellkraft erforderlich, häufige Betätigung ist ungünstig.

7.1.4 Klappen

Klappen sind Drehkörperarmaturen (Bild 7–30). In Offenstellung liegt die Klappenscheibe parallel zur Rohrachse und wird umströmt (verbleibt ständig im Fluidstrom); geschlossen steht sie senkrecht oder schräg zur Strömung; Stellweg $\leq 90°$.

Dichtungskinematik. Die Bauart gibt die in den Sitz drehende Bewegung der Klappenscheibe vor (Bild 7–31). Dabei ist zu unterscheiden zwischen der Rotationsbewegung der zentrisch und exzentrisch gelagerten Klappenscheibe (Bild 7–31a und b), der Rotation

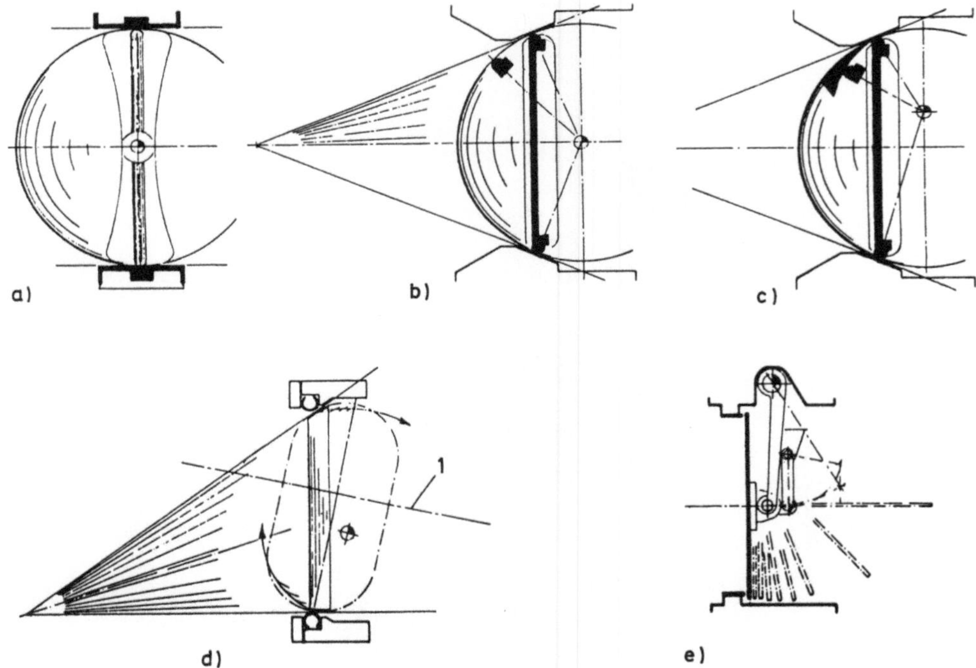

Bild 7–31. Klappenbauarten, charakterisiert durch die Dichtungskinematik (Lagerung und Bewegung der Klappenscheibe) [7–1].
a) mit zentrischer Lagerung;
b) mit exzentrischer Lagerung;
c) mit doppelexzentrischer Lagerung;
d) mit doppelexzentrischer Lagerung und besonderer Absperrbaugruppe;
e) mit Lenkhebelantrieb; 1 Rotationsachse.

Tabelle 7–9. Klappenabsperrbaugruppen, grundsätzliche Lösungen.

| Ausführung[1] | allgemeine Anwendung | | | Bemerkungen |
	DN	PN	°C	
a) werkstoffelastisch [7–1] (zentrische Lagerung)	40 bis 800	10/16	bis 120 (160)	Klappenscheibendurchmesser > Gehäuseinnendurchmesser; ausgekleidetes Gehäuse mit integrierter Flanschdichtung[2]); der Klappenscheibenrand taucht in die Auskleidung ein, es bildet sich ein „Dichtwulst",
b) werkstoffelastisch [7-1] (zentrische Legerung)	50 bis 600	10	−40 bis 200	
c) werkstoffelastisch (doppelexzentrische Lagerung)	150 bis 4000	6/10 16/25	−10 bis 120	Am Klappenrand angeordnete Dichtelemente (Profilringe) sind i. allg. auswechselbar.
d) metallisch hart (doppelexzentrische Lagerung)	200 bis 1200	10/16 25/40	bis 500	Dichtflächen aufgepanzert (z. B. Stellite); vorrangig bei schräg anschlagenden Klappen
e) metallisch hart (doppelexzentrische Lagerung)	200 bis 1200 bis 1200 bis 900	10/16 25 40	−10 bis 400	vorrangig Metall-It-Lamellen (Kupfer-It bzw. Niro-It)

Tabelle 7–9. (Fortsetzung)

| Ausführung[1] | allgemeine Anwendung | | | Bemerkungen |
	DN	PN	°C	
f) formelastisch (doppelexzentrische Lagerung)	150 bis 1200	10/16 25	– 10 bis 200	
g) metallisch elastisch (doppelexzentrische Lagerung)	80 bis 500	25 bis 40	–30 bis 350 (700)	Das Dichtelement ist eingespannt und/oder „schwimmend" (radial beweglich) angeordnet.
h) werkstoffelastisch oder metallisch hart mit Sperrkammer (doppelexzentrische Lagerung)	allgemeine Anwendung: werkstoffabhängig wie oben			Überprüfung der Dichtheit, Neutralisation von Fluiden; Leckage wird über Kanäle abgeführt, oder die Kammer wird mit einem Sperrfluid gefüllt (Sperrdruck > Betriebsdruck)

[1]) Die Form des Klappenscheibenrandes bzw. Gehäusesitzes wird bestimmt durch: das Dichtelement, die Schließstellung (senkrecht- oder schräganschlagende Klappenscheibe) und den Werkstoff.

[2]) vulkanisierte Gehäuse; vulkanisierter, in das Gehäuse eingesetzter Trägerring oder auswechselbare Manschetten (auch PTFE ummantelte Gummimanschetten z. B. Ausführung b); 1 PTFE; 2 Gummi); bei auswechselbarer Auskleidung besteht die Gefahr des Walkens.

mit Relativbewegung bei doppelexzentrischer Lagerung (Bild 7–31c und d), und der Translations-Rotationsbewegung der Klappen mit Lenkhebelantrieb oder ähnlicher Antriebsmechanik (Bild 7–31e). Fast alle auf dem Markt befindlichen Konstruktionen sind auf diese Bewegungssysteme zurückzuführen.

Die Relativbewegung der Dichtflächen bestimmt maßgeblich die Ausführung der Absperrbaugruppe und der verwendbaren Werkstoffe (Tabelle 7–9) sowie die erreichbare Dichtheit und den Einsatzbereich.

Zentrische Lagerung. Aus der Rotationsbewegung ergibt sich im Sitz keine Dichtkraftkomponente. Die zum Dichten erforderliche Flächenpressung muß von den werkstoffelastischen Eigenschaften eines Dichtelementes der Absperrbaugruppe erzeugt werden, d. h. durch die Verformung eines Elastomers während der Schließbewegung und der dabei erzeugten gummielastischen Rückstellkraft (Tabelle 7–9a und b, s. auch werkstoffelastische Absperrbaugruppe). *Vorteile*: erlaubt günstige Strömungsführung (Umströmung der Klappenscheibe und Welle) und eine sehr kurze Gehäuselänge. *Nachteile*: Die Welle unterbricht die Dichtflächen an den Lagerstellen (auch ein Grund für die Druckbegrenzung $\leq$ PN 16). Das Strömungsmoment wirkt immer in Schließrichtung (s. Abschn. 5.5.2; das bedeutet Gefahr des Zuschlagens, auch bei Strömungsumkehr; selbsthemmender Antrieb erforderlich). *Allgemeine Anwendung*: vorrangig Einklemmausführung, DN 40 bis 800, PN $\leq$ 16, Temperaturbereich − 10 bis 120 °C.

Exzentrische Lagerung. Die Klappenscheibe ist eine Kugelzone, die Gehäusesitzfläche tangiert mit der Kugeloberfläche. Der Drehpunkt liegt im Mittelpunkt der Kugel vertikal aus der Dichtungsebene verschoben. Der Klappenscheibenrand schleift ohne Dichtkraftkomponente aus der Rotationsbewegung in den Gehäusesitz; Dichtfunktion wie zentrische Lagerung. *Vorteile*: Die Dichtflächen werden von der Welle nicht unterbrochen, die Dichtung kann ohne Demontage der Klappe ausgetauscht werden. *Allgemeine Anwendung*: Flanschausführung, DN 100 bis 4000, PN 16, Temperaturbereich − 10 bis 120 °C.

Doppelexzentrische Lagerung: Die Klappenscheibe ist eine Kugelzone, die Gehäusesitzfläche tangiert mit der Kugeloberfläche. Der Drehpunkt liegt über dem Mittelpunkt der Kugel (vertikal oder horizontal aus der Dichtungsebene verschoben, Bild 7–31c). Das ergibt eine Relativbewegung in den Sitz, die eine Dichtkraftkomponente erzeugt und damit das Schließmoment wesentlich beeinflußt. Deshalb wird diese Verschiebung, soweit es die Absperrbaugruppe zuläßt, so gering wie möglich gehalten. Von Vorteil ist, daß bereits bei kleinem Öffnungswinkel kein Dichtflächenkontakt mehr besteht. HEILER [7–1] unterscheidet drei Exzentrizitätsstufen:

– Geringe Exzentrizität: Sie ist nur bei werkstoff- und formelastischen Absperrbaugruppen anwendbar (Tabelle 7–9c und f; s. auch werkstoff- und formelastische Absperrbaugruppe). *Vorteile*: Beim Einfahren in den Sitz wird die mechanische Beanspruchung der Dichtung verringert, der Reibweg kürzer und die Scherbeanspruchung abgebaut; der Klappenscheibenrand hebt in der Offenstellung am ganzen Umfang vom Sitz ab, die Dichtung ist am gesamten Umfang entspannt. *Allgemeine Anwendung*: Temperaturbereich − 10 bis 120 °C: DN 150 bis 4000 PN 6; bis DN 1800 PN 10; bis DN 1600 PN 16 und bis DN 1200 PN 25. Bei Temperaturen bis 200 °C: DN 150 bis 1200 PN 6 bis 25.

– Große Exzentrizität: Sie ist erforderlich zum Erzeugen der Dichtpressung bei metallisch harten Absperrbaugruppen (Tabelle 7.9d und e; s. auch metallisch harte Absperrbaugruppe) durch den Antrieb, sowie zum Ausschwenken der metallischen Dichtung ohne zu verklemmen. *Nachteil*: ungleichmäßige Dichtkraft am Umfang. Zum Lager hin nimmt die Dichtkraft merklich ab. *Allgemeine Anwendung*: Temperaturbereich − 10 bis 400 °C: DN 200 bis 1200 PN 10; bis DN 1000 PN 16 und bis DN 900 PN 25/40.

– Große Exzentrizität: mit besonderer Absperrbaugruppengestaltung, z. B. Tabelle 7–9f und g. *Vorteile*: große Relativbewegung mit fast gleichmäßiger und gleichzeitiger Anlage der Dichtlinie. *Allgemeine Anwendung*: Temperaturbereich − 30 bis 350 °C (500 °C), DN 80 bis 500.

Lenkhebelantrieb: Er bewirkt eine Translations-Rotations-Bewegung der Klappenscheibe und damit eine parallele Bewegung der Dichtflächen in der Schließstellung. *Vorteile*: gleichmäßige Dichtkraft am Umfang, kein Schleifen der Dichtflächen während der Betätigung, ein nur unwesentlicher Thermoverzug in der Dichtebene. *Nachteile*: Die Hebelgelenke liegen im Fluidstrom, lange Hebelarme erfordern große Antriebsmomente, deshalb nur bei geringen Differenzdrücken schaltbar. *Allgemeine Anwendung:* speziell bei heißen Gasen, DN 300 bis 4000, bis 400 °C, $\Delta p_{max} = 0{,}05$ bis $0{,}01$ bei Betätigung.

Gehäuse: vorrangig zylindrische Ausführung; allgemeine Unterscheidungsmerkmale: nicht fluidberührte und fluidberührte Innenflächen und nach der Anschlußmöglichkeit zur Rohrleitung. In *nicht fluidberührten* Gehäusen sind Manschetten eingeklebt oder einvulkanisiert, die in der Regel die Dichtfunktion im Abschluß, an der Wellendurchführung und zur Rohrleitungsverbindung übernehmen. Sie werden speziell bei zentrischer Lagerung und sehr kurzer Baulänge verwendet. *Anschlußmöglichkeiten:*

- Ringgehäuse zum Einklemmen zwischen die Rohrleitungsflansche (s. Bild 7–72c und d). Sie können zum zentrischen Einbau im Lagerbereich Bohrungen haben, die bis zu einem bestimmten Betriebsdruck auch den Einsatz als Endarmatur erlauben.

- Ringgehäuse mit Monoflansch (s. Bild 7–72e). Der Monoflansch ist mittig auf dem Gehäuse mit Durchgangslöchern angeordnet und erlaubt die Verwendung als Endarmatur bis zum vollen Nenndruck.

- Ringgehäuse mit Anbauflansch. Das Gehäuse besitzt entsprechend dem Bohrbild der Rohrleitungsflansche Gewindelöcher; als Endarmatur für beide Durchflußrichtungen einsetzbar.

Fluidberührt sind im wesentlichen Gehäuse mit exzentrisch und doppelexzentrisch gelagerter Klappenscheibe. Zur Anwendung kommen alle oben beschriebenen Gehäuseformen einschließlich der Flansch- und Einschweißausführung.

Klappenscheibe. Lagerung s. Bild 7–31. Gegossen oder geschweißt (s. Bild 7–30), voller oder hohler Querschnitt. Der Rand ist als Dichtfläche ausgebildet, oder in ihm ist ein Dichtring angeordnet (s. Tabelle 7–8). Für besondere Anforderungen wird die Scheibe ummantelt (Gummi, PTFE usw.).

Absperrbaugruppe. Der Klappenscheibenrand und der Gehäusesitz bilden die Absperrbaugruppe. Das *Dichtelement* (Ring, Manschette usw.) ist am Scheibenrand oder im Gehäuse (Sitz) angeordnet; Werkstoff, Form und Anordnung sollen bei geschlossener Klappe Dichtheit in beiden Durchflußrichtungen gewährleisten. Für exzentrisch gelagerte Klappenscheiben wird häufig eine Vorzugsdurchflußrichtung empfohlen (geringe Leckage). Bei Absperrklappen muß die zum Dichten erforderliche Flächenpressung aus einer Rotationsbewegung abgeleitet werden. Dabei ergeben sich zusätzliche Belastungen für den Dichtwerkstoff. Nach [7–1] ist zwischen folgenden Absperrbaugruppen zu unterscheiden: werkstoffelastisch, metallisch hart, formelastisch und metallisch-elastisch. Tabelle 7–9 zeigt einen Überblick.

Werkstoffelastische Absperrbaugruppe. Die Dichtwirkung beruht auf der Verformung eines Elastomers und der dabei erzeugten gummielastischen Rückstellkraft (s. auch Abschn. 8.4). Die im allgemeinen erreichbare Dichtheit ist sehr hoch.

Metallisch harte Absperrbaugruppe. Die Dichtwirkung beruht auf dem Verpressen der kegelförmigen metallischen Dichtflächen (Tabelle 7–9d) und ihrer plastischen Verformung im Mikrobereich. Die Preßkraft resultiert aus der Relativbewegung einer entsprechend großen Doppelexzentrizität. Eine Metall-It-Lamellendichtung (Tabelle 7–9e) bewirkt durch höhere Flächenpressung und längere Dichtungsspalte höhere Dichtheit. Die Lamellen können sich dem Gehäusesitz besser anpassen und auch Fertigungstoleranzen ausgleichen. Problematisch ist die ungleiche Verformung von Gehäuse und Klappenscheibe unter Druck und Temperatur. Bei Raumtemperatur ist die Leckrate 1 erreichbar, bei Betriebstemperatur dürfte die Leckrate 2 realistischer sein (s. Tabellen 12–2 und 12–3).

Formelastische Absperrbaugruppe. Die Dichtwirkung beruht auf der durch die Formgebung und eine eingelegte metallische Spiralfeder erreichte Elastizität des Dichtelementes (Tabelle 7–9f). Das Dichtelement hat ein U-förmiges Profil mit zum Gehäusesitz beweglicher Dichtlippe, die durch die Spiralfeder biegeelastisch wird. Die Spiralfeder ist in Offenstellung ungespannt. Beim Schließen wird die Dichtlippe durch den kegelförmigen Gehäusesitz nach innen gedrückt und die Spiralfeder gespannt.

Diese Konstruktion erlaubt den Einsatz plastischer Dichtwerkstoffe mit entsprechend hoher thermischer und chemischer Beständigkeit (z. B. PTFE-Compound). Geringe Doppelexzentrizität ist für eine sichere Funktion ausreichend. Nach [7–1] arbeitet diese Absperrbaugruppe im Flächenpressungsbereich von 2,5 bis 4,0 MPa mit hoher Dichtheit (bis 200 °C ist Leckrate 1 nach DIN 3230 erreichbar). Kalt-Heiß-Zyklen bleiben ohne Einfluß auf die Dichtheit.

Metallisch-elastische Absperrbaugruppe. Die Dichtwirkung beruht auf der plastisch-elastischen Verformung des Dichtelementes, z. B. eines offenen Metallringes (Tabelle 7–9g). Der Anteil durch plastische Verformung bewegt sich im Mikrobereich und wird wesentlich vom Werkstoff bestimmt. Die Elastizität (Verformung und Rückstellkraft) wird von der Form und den Abmessungen (Ringdurchmesser, Dicke usw.) beeinflußt. Der Druckausgleich im offenen Ring unterstützt die Dichtwirkung. Die erreichbare Dichtheit entspricht etwa der metalldichtender Absperrventile.

Klappenwelle. Sie ist durchgehend oder geteilt (Wellenzapfen), mit der Scheibe verdrehfest verbunden, zentrisch oder exzentrisch in Buchsen im Gehäuse gelagert und durch O-Ringe (bis 120 °C), Manschetten, Stopfbuchspackung usw. abgedichtet (Bilder 7–30 und 7–32). Ein Flansch auf der Antriebsseite ermöglicht den Anbau von Antrieben. Bei den meisten Bauarten ist die Welle fluidberührt.

Es kann zwischen form- und kraftschlüssiger Wellen-Klappenscheiben-Verbindung unterschieden werden. Formschlüssige Verbindung: vorrangig Vielkeilverzahnung und

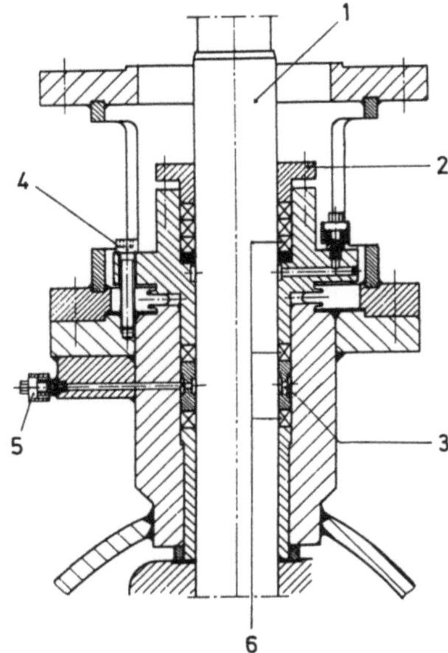

Bild 7–32.
Sicherheitsstopfbuchse [7–1].

1 Spindel; 2 Hauptstopfbuchse (unter Druck nachpackbar);
3 Sperrstopfbuchse (im Normalbetrieb entlastet); 4 Spannschraube für Sperrstopfbuchse; 5 Prüf- bzw. Sperrfluidanschluß; 6 Packungsringe (Reingraphit mit PTFE-Gleitfläche).

Vierkant. Hier muß das immer vorhandene Spiel ausgeschaltet werden (z. B. durch zusätzliche Verspannung), damit die Scheibe in Zwischenstellung nicht flattern kann. Kraftschlüssige Verbindung: im wesentlichen durch Verstiften von Scheibe und Welle.

Die Lagerbuchsen müssen die Scheibe radial und je nach Konstruktion auch axial exakt zur Dichtlinie positionieren. Die Lagerstellen sollten als Schutz vor Fremdstoffen zum Fluid abgedichtet werden. Die Werkstoffpaarung wird abhängig vom Fluid festgelegt; im wesentlichen Nirowelle und PTFE-Verbundlager.

Bild 7–32 zeigt eine Sicherheitsstopfbuchse für die Klappenantriebswelle mit unter Druck nachpackbarer Wellenabdichtung für warmgehende Rohrleitungen im Großrohrleitungsbau. Im Wellendurchgang der Haupt- oder Betriebsstopfbuchse ist eine Sperrstopfbuchse vorgeschaltet, die im Betrieb entlastet ist und erst im Bedarfsfall mit Spannschrauben von außen aktiviert wird. Vor dem Nachpacken der Hauptstopfbuchse ist die Dichtheit der Sperrstopfbuchse über den Prüfanschluß zu kontrollieren [7–1].

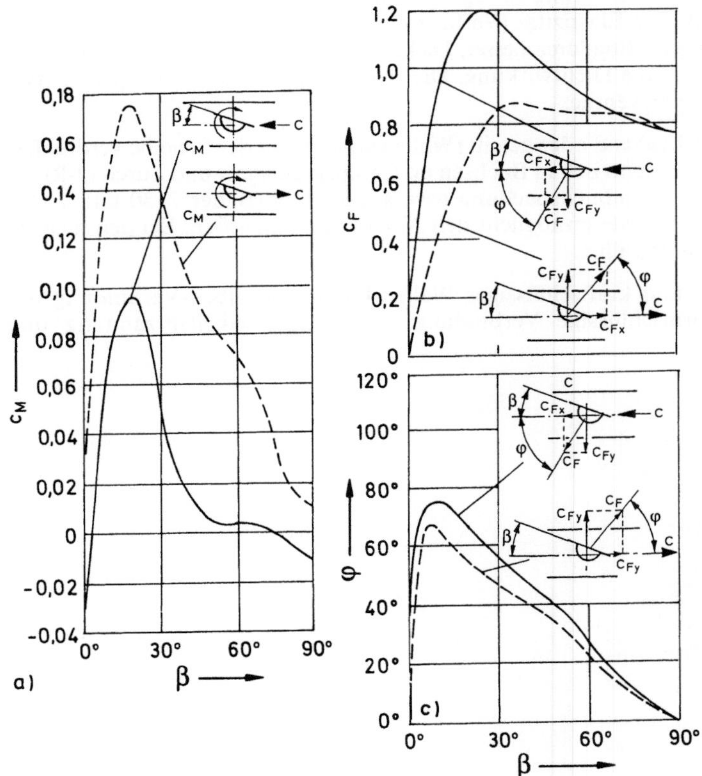

Bild 7–33. Beispiel für die Abhängigkeit des Drehmoment- und des Kraftbeiwertes (c_M, c_F) vom Schließwinkel [7–21].
a) $c_M = f(\beta)$;
b) $c_F = f(\beta)$;
c) Wirkungsrichtung von c_F in Abhängigkeit von β.
Aus diesem Bild lassen sich auch die von der Klappe auf die Rohrleitung wirkenden Kräfte bestimmen.

Betriebsverhalten, Einsatzbereiche und -grenzen. Einsatz als Absperr-, Stell- und Rückschlagklappen (letztere sind Sicherheitsarmaturen, s. Abschn. 7.4.3.2).

Die gebräuchlichsten Klappenkennziffern (Durchflußbeiwert, Kraft- und Momentenbeiwert, s. Abschn. 5.5.1) erlauben eine allgemeingültige Beschreibung des Betriebsverhaltens (Bild 7–33).

Absperrklappen haben eine gleichprozentige Grundkennlinie, die bei den standardmäßigen Ausführungen durch konstruktive Maßnahmen nicht verändert werden kann. Dies muß bei der Auslegung berücksichtigt werden, da die wirklichen Betriebsparameter selten mit der notwendigen Genauigkeit bekannt sind. Einschränkungen ergeben sich vor allem durch die zulässigen Differenzdrücke und Strömungsgeschwindigkeiten (Bild 7–34), somit durch das Kavitations- und Lärmverhalten. Hinsichtlich zulässiger Strömungsgeschwindigkeiten wird orientiert auf: Flüssigkeiten $\approx$ 4,5 m/s, Gase $\approx$ 100 m/s. Kavitation und Lärm sind eine wichtige Grenze für den Betrieb (Einsatz) der Klappen, vor allem als Stellarmatur (Bild 7–35). Sie ist nicht auf starke Drosselstellungen beschränkt (Bild 7–34b).

Zur Zeit können die zur Lärmberechnung für Klappen erforderlichen Kennwerte und Korrekturglieder noch nicht mit ausreichender Sicherheit genannt werden (s. VDMA 24 422). Es ist deshalb besonders bei Gasen Vorsicht geboten, wenn keine praktischen Erfahrungen unter vergleichbaren Betriebsbedingungen vorliegen [7–1].

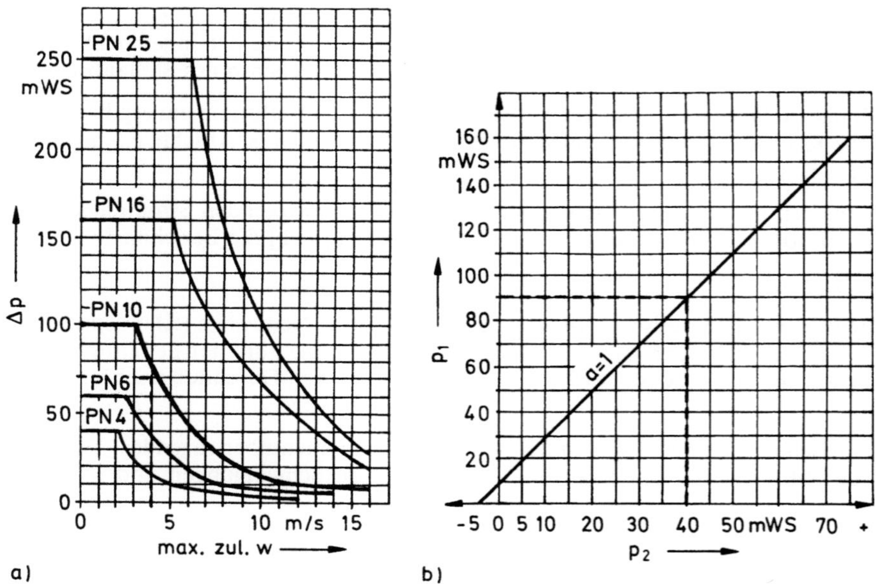

Bild 7–34. Betriebsgrenzen für Klappen, Beispiele (VAG-Armaturen) [7–1].
  a) in Abhängigkeit von der Durchflußgeschwindigkeit w. Beispiel: Für eine PN-10-Klappe ergibt sich bei $\Delta p_{max} = 70$ mWS ein $w_{zul} \approx 4$ m/s (gestrichelte Linie; entsprechend betriebsinternen Versuchen);
  b) zur Vermeidung von Kavitation mindestens erforderlicher Austrittsdruck p_2. Beispiel: $p_1 = 90$ mWS, bei jeder Klappenstellung mindestens erforderlich $p_2 = 40$ mWS (gestrichelte Linie). Das bedeutet, es können maximal $\Delta p = p_1 - p_2 = 50$ mWS gedrosselt werden.

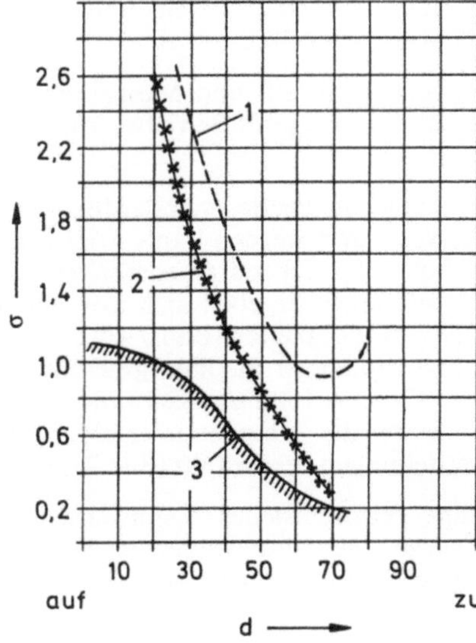

Bild 7–35.
Hilfskurven zur Beurteilung kavitationsbedingter
Lärm- und Vibrationsentwicklung bei Absperrklappen
(Betriebsgrenze Kavitation) [7–1].

1 erste Kavitationsgeräusche; 2 merkliche Vibration; 3 maximale
Vibration.

Mit Klappen ist neben dem Absperren auch das Drosseln grundsätzlich möglich; s. Abschn. 7.3.2. Der zunehmende Einsatz führt zur verstärkten Beachtung der inneren Dichtheit, des Stell- sowie auch des Kavitations- und Lärmverhaltens, ebenso des Stellantriebes.

Stellkraft und Stellmoment, Betätigung. Das erforderliche Antriebsmoment ergibt sich aus den auf die Klappenscheibe wirkenden Kräften und Momenten (s. Abschn. 5.5 und 5.5.2, auch Bild 7–33).

Für das aus den bei der Umströmung der Klappenscheibe wirkenden Strömungskräften resultierende sogenannte hydraulische Moment gilt nach [7–1] die Beziehung

$$M_H = c_M \cdot d^3 \cdot \Delta p \tag{7.2}$$

mit c_M Beiwert des hydraulischen Momentes (Bild 7–36), d Nennweite (Klappenscheibe), Δp Differenzdruck über der Klappe. Da Δp im wesentlichen eine Funktion der Durchflußgeschwindigkeit im Quadrat ist, wird M_H maßgebend von der Durchflußgeschwindigkeit bestimmt.

Bei exzentrischen Klappen kann Spiel zwischen den momentübertragenden Teilen im Bereich des Moment-Nulldurchganges (s. Bild 5–53) zu Schwingungen und Vibration führen.

Die zur Ermittlung des Antriebsmomentes übliche Methode der Bestimmung bei geschlossener Klappe (Öffnen gegen Nenndruck) ergibt nicht immer das Maximalmoment, und es ist nicht zu erkennen, in welchen Grenzen die in Zwischenstellung auftretenden hydraulischen Momente noch beherrscht werden. Bild 7–34a zeigt ein Beispiel für Betriebsgrenzen, die der konstruktiven Bemessung der Klappenachse und der Getriebe bei den entsprechenden listenmäßigen Druckstufen noch genügt.

Je nach Klappenart sind die Herstellerangaben für die Antriebsmomente unterschiedlich [7–10]. Metallisch dichtende Klappen: Angabe meistens in Abhängigkeit von β und Δp,

188

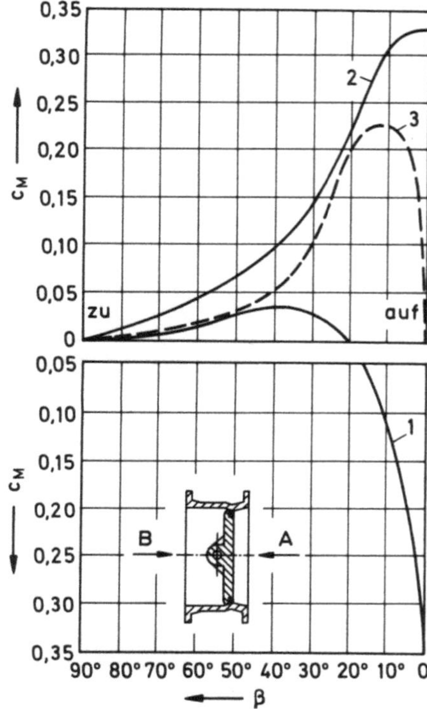

Bild 7–36.
Charakteristischer Verlauf des c_M-Beiwertes des hydraulischen Momentes in Abhängigkeit von der Lagerung und der Anströmrichtung [7–1].
1 exzentrische Lagerung Anströmung A; 2 exzentrische Lagerung Anströmung B; 3 zentrische Lagerung.

d. h. Antriebsmoment = Tabellenwert × Δp_{vorh}. Bei weichdichtenden Klappen muß mit großen Schließ- und Öffnungskräften gerechnet werden.

Betätigungsmöglichkeiten:

- manuell mit Handhebel (mit Rasten oder stufenlos feststellbar), bis ca. 200 N·m, der Handhebel zeigt die Klappenstellung direkt an (sollte deshalb nicht versetzt auf die Welle aufgesteckt werden können);
- manuell mit selbsthemmenden Getrieben (Spindel-, Schnecken- und Stirnradgetriebe mit einstellbaren Endlagen und Stellungsanzeige; wegen der spielfreien Kraftübertragung vorrangig Schneckengetriebe), Handkraft $\leq$ 3 kN, *Vorteile*: stufenlose Verstellung, Auflösung der Schwenkbewegung für Stellzwecke, Verlängerung der Schließzeit;
- Elektro-Schwenkantriebe mit Getriebe und Elektro-Stellantrieb;
- Pneumatik- oder Hydraulik-Schwenkantrieb;
- Sonderantriebe.

Beim Betätigen mit Handhebel ist zu beachten: Bei flüssigem Fluid können durch schnelles Betätigen erhebliche Druckstöße erzeugt werden, und das Strömungsmoment versucht die Klappenscheibe in Schließstellung zu schlagen. Letzteres ist auch bei der Handnotbetätigung von pneumatischen Schwenkantrieben mit Handhebel zu beachten.

Heute werden eine Vielzahl von Antrieben mit 90°-Drehausgang für Auf-Zu- und Regelbetrieb angeboten, die ohne Gelenke oder andere aufwendige Verbindungsstücke auf Klappen montiert werden können [7–10] (kompakt, platzsparend). Für Membranan-

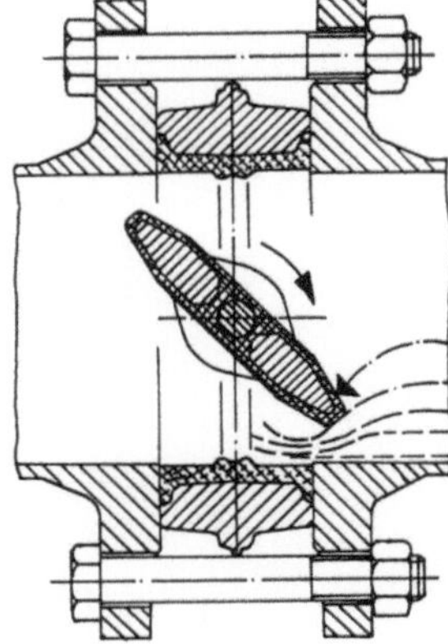

Bild 7–37.
Auf die Klappenscheibe wirkende Strömungskräfte und Selbstreinigungseffekt [7–14].

triebe, sie werden vorzugsweise für Stellbetrieb verwendet, ist eine Alternative in Kompaktbauweise z. Z. nicht vorhanden.

Einsatzhinweise. *Vorteile*: kurze Betätigungszeiten, geringer Raumbedarf, geringe Masse, einfacher konstruktiver Aufbau, keine Toträume, beliebige Einbaulage und Durchflußrichtung, Werkstoffvielfalt, gutes Selbstreinigungsverhalten (Ablagerungen werden beim Öffnen und Schließen mitgerissen, Bild 7–37). *Nachteile*: Druckbereich ≤ 4 MPa, große Differenzdrücke erfordern große Betätigungsmomente, nicht molchbar.

Die Klappe erfüllt die Absperrfunktion – wertanalytisch betrachtet – für einen breiten Einsatzbereich mit dem geringsten Aufwand. Die genannten Vorteile sollten jedoch nicht zu einem pauschalen Einsatz verleiten.

Die Langzeitbewährung in der Praxis beschränkt sich z. Z. noch vorrangig auf Betriebsdrücke bis 2,5 MPa und Temperaturen bis 200 °C. Darüber, mit erforderlicher metallischer Abdichtung, ist der Einsatz noch weitestgehend in der Erprobungsphase [7–1]. Der Einsatz als Stellarmatur ist begrenzt durch Kavitation und Geräuschentwicklung.

Anwendung: Allgemein mittlerer Druck- und Temperaturbereich und bei geringen Strömungsgeschwindigkeiten, insbesondere bei reinen Fluiden (Wasser, Dampf, Gase, viskose Flüssigkeiten, Kohlenwasserstoffe, Säuren, Laugen). Bei langfaserigen Beimischungen zum Fluid sammeln sich diese Teile im Bereich der Drehpunkte der offenen oder sich in Zwischenstellung befindlichen Klappenscheibe und beeinträchtigen die sichere Schließfunktion (Zopfbildung). Alternative: vorwiegend Scheibenabschlußschieber, Einsatzgrenzen s. Abschn. 7.2.5.

Bei Betrieb in fast geschlossener Stellung kann, auf Grund des niedrigen x_{krit}-Wertes, bei Gasen und Dämpfen frühzeitig Durchflußbegrenzung eintreten (gegebenenfalls mit Verdichtungsstößen) und dadurch hohe Belastung der Dichtelemente, ebenso bei Flüssigkeiten Kavitation.

Klappen sollten nicht in unmittelbarer Nähe von Rohrbögen, Pumpeneintritt oder -austritt und Verzweigungen angeordnet werden (Schwingungsgefahr).

Tabelle 7–10. Gehäuseherstellung (typbezogen, allgemein).

Typ	PN	DN	Herstellungsverfahren, Werkstoffe		
			gegossen	geschmiedet	geschweißt
Ventile	16/25	alle	Grauguß, Sphäroguß		
	>25	bis 50		Stahl	
		ab 65	Stahlguß		aus geschmiedeten Schalen u. Formstücken
Schieber	≤16	≤500	Gußeisen		
		>500		Stahl	aus gedrückten Schalen
	16 bis 40		Stahlguß		geschmiedete u. gedrückte Schalen
	ab 25	>250	bevorzugt Stahlguß		
		≤300		Stahl	aus Schmiedeteilen u. mit gegossenem Mittelteil
Hähne (Küken- und Kugel- hähne)		alle	Grau-, Stahl-, Rot- u. Messingguß	Stahl (korro- sionsbeständig)	aus Schmiedeteilen
		≤50	auch Preß- messing		
Klappen	≤40	alle	Grau- u. Stahlguß	Stahl	aus Schmiedeteilen und Halbzeugen
			Auskleidungen erweitern die Einsatzmöglichkeiten		

– Werkstoffqualität entsprechend den Betriebsverhältnissen
– Die Dimensionierung und Formgebung erfolgt aufgrund von Berechnungen, Spannungsmessungen und unter Berücksichtigung der Gestaltfestigkeit sowie der Strömungstechnik.

7.1.5 Gehäusegestaltung und -fertigung (Grundsätzliches)

Ein wichtiges Bauteil ist das Gehäuse, i. allg. ergänzt um den Abschlußdeckel. Die Gestaltung ist stark vom Herstellungsverfahren abhängig und wechselt mit der Nennweite und dem Nenndruck (Tabelle 7–10).

Somit ist auch eine Ordnung der Armaturen nach dem Herstellungsverfahren möglich (Bild 7–38). Man kann sich dabei auf das Gehäuse beschränken; die Fertigung der Deckel erfolgt zumeist nach den gleichen Herstellungsverfahren.

Gußgehäuse. Für komplizierte Gehäuseformen und Gehäuse aus Sonderwerkstoffen werden bevorzugt folgende Gießtechnologien genutzt: bis PN 16/25 Grauguß oder Sphäroguß, bis zu höchsten Drücken Stahlguß.

Schmiedestahlgehäuse. Gehäuse für Kleinarmaturen (≤ DN 50) werden kostengünstig im Gesenk geschmiedet. Hochdruckgehäuse, insbesondere für Kraftwerksarmaturen, werden teilweise im Freiformverfahren oder im Gesenk geschmiedet und anschließend mechanisch ausgearbeitet (PN > 160). Die Weiterentwicklung der Fertigungsmethoden führt zum verstärkten Einsatz von Schmiedestahl auch im Nieder- und Mitteldruckbereich, vor allem dann als Schweißkonstruktionen aus gedrückten oder geschmiedeten Schalen und Formstücken.

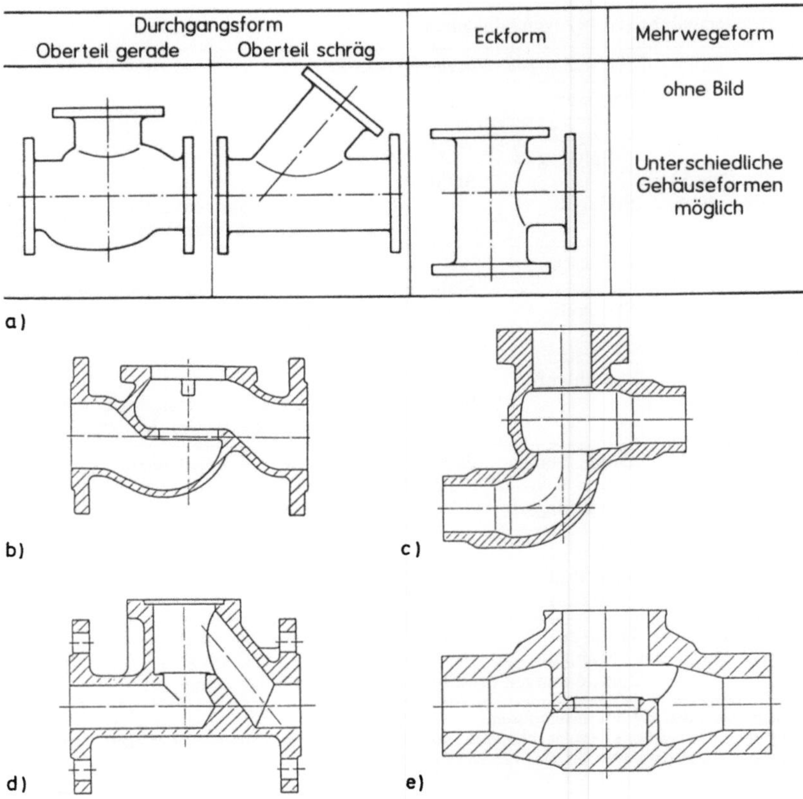

Bild 7–38. Ventilgehäuseformen, Herstellungsvarianten.
a) Gehäusegrundformen;
b) und c) gegossene Gehäuse;
d) geschmiedete Ausführung mit gebohrten Kanälen;
e) aus zwei geschmiedeten Bauteilen, dem vollgeschmiedeten Gehäuserohling und dem Gehäuseflansch. Die Innenkontur wird durch Zerspanen hergestellt, der Gehäuseflansch angeschweißt.

Bild 7–39. Schiebergehäuseformen, Herstellungsvarianten.
a) bis c) Gußeisen oder Stahlguß, Gehäuseform allgemein:
a) flach bis PN 10,
b) oval PN 10 bis 25,
c) rund $\geq$ PN 25 (Flach-, Oval- und Rundschieber);
d) bis g) aus geschmiedeten und gedrückten Schalen geschweißt mit angeschweißten Flanschen;
h) im ganzen hohlgeschmiedetes Mittelteil mit angeschweißten Flanschen (nur zwei Rundnähte);
i) Stahlgußgehäuse [7–6];
k) Stahlgußgehäuse mit Werkstoffübergangsringen [7–6];
l) Gehäuse mit gegossenem Mittelteil [7–6];
m) Schmiedestahlgehäuse, Grundkörper einteilig im Gesenk geschmiedet oder aus einem Schmiedeblock hergestellt, Oberteil und Rohranschlußstücke als geschmiedete Büchsen mit dem Grundkörper verschweißt [7–6];

192

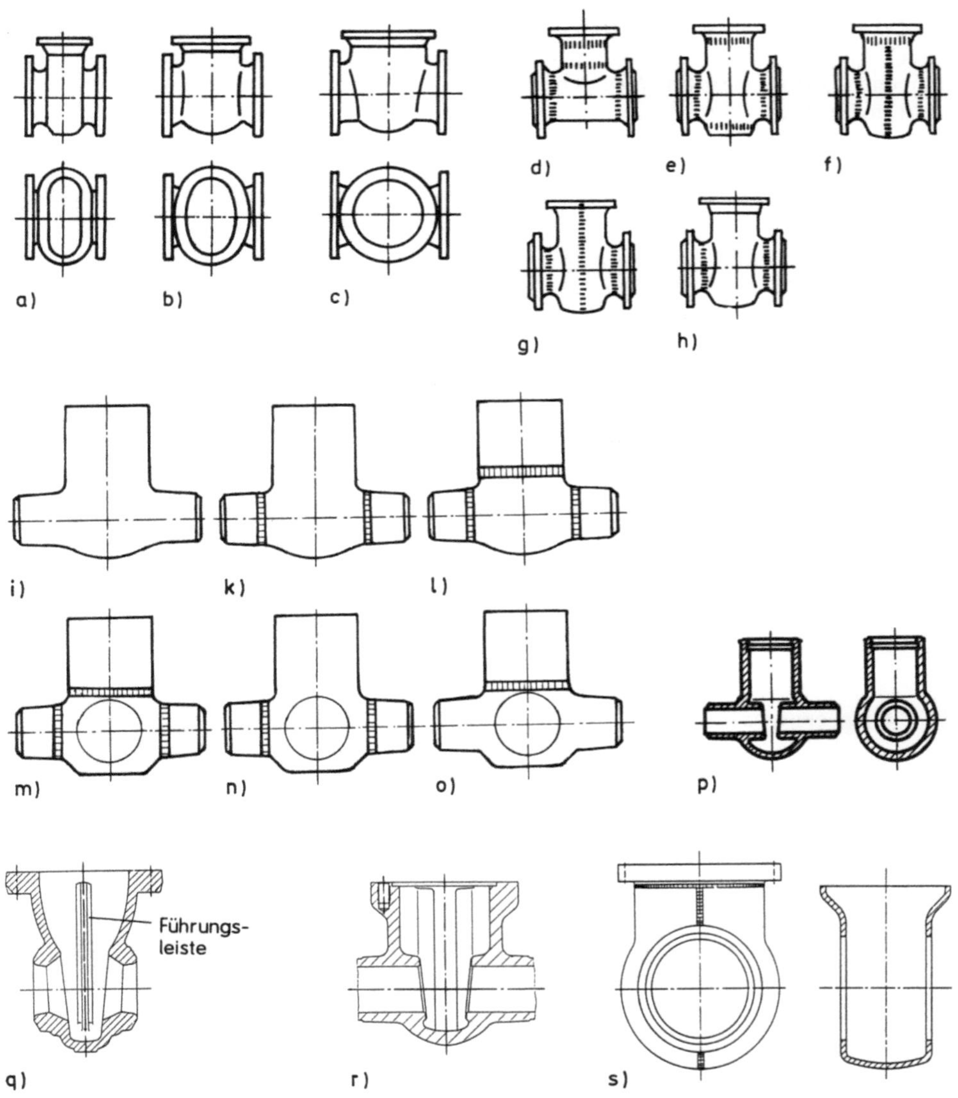

n) Schmiedestahlgehäuse mit senkrechtem Block, Grundkörper einteilig im Gesenk geschmiedet oder aus einem Schmiedeblock hergestellt, Rohranschlußstücke als geschmiedete Büchsen mit dem Grundkörper verschweißt [7–6];
o) Schmiedestahlgehäuse mit waagerechtem Block (in Längsrichtung durchgehendes Schmiedestück), Grundkörper einteilig im Gesenk geschmiedet oder aus einem Schmiedeblock hergestellt, Oberteil als geschmiedete Büchse aufgeschweißt [7–6];
p) Gehäuse in Kugelform mit besonders abgestimmten Wanddicken für extreme Belastungen infolge hoher Betriebsparameter und schneller Temperaturwechsel (Fa. Sempell);
q) einstückig hohlgeschmiedetes Gehäuse (Fa. Persta);
r) geschmiedete Halbschalen für Schiebergehäuse (Fa. Persta);
s) aus gedrückten Schalen geschweißtes Gehäusemittelteil (Fa. Persta).

Die Entwicklung von Schmiedestahlgehäusen > DN 300 gilt als noch nicht abgeschlossen, jedoch sind hier, wegen der großen Umformkräfte beim Schmieden und der damit verbundenen Größe der Schmiedemaschinen, Grenzen gesetzt. Auch werden Großarmaturen nicht in den Stückzahlen benötigt, um eine wirtschaftliche Fertigung zu sichern.

Durchgesetzt haben sich folgende drei Schmiedemethoden:

Massivschmieden. Vorwiegend Gehäuse $\leq$ DN 50 und Spezialarmaturen, insbesondere Ventile für kerntechnische Anlagen ($\leq$ DN 300, Bild 7–38d und e).

Hohlschmieden. Einstückig hohlgeschmiedet werden vorrangig Schiebergehäuse bis DN 300 und PN 100 (Bild 7–39q). Die Anschlußflansche oder Einschweißstutzen werden mittels Rundnaht angeschweißt (Bild 7–39h).

Schalenschmieden und -verschweißen. Geschmiedete Schalen, z. B. zwei Halbschalen für Schiebergehäuse (PN 160, DN 50 bis 250, Bild 7–39r), werden durch Schweißen zusammengefügt (austenitische Werkstoffe vorteilhaft durch das Elektronenschweißverfahren). Vor dem Schweißen werden die Halbschalen bearbeitet (Sitzflächen gepanzert, gedreht und geschliffen).

Stahlblechgehäuse. Bild 7–39s zeigt als Beispiel ein aus zwei Halbschalen und einem Deckelflansch geschweißtes Gehäusemittelteil, an das Flansche oder Stutzen angeschweißt werden. Die günstige Teilungsebene in Rohrleitungsachse ergibt eine kürzere Schweißnaht als quer dazu; die Schweißnähte für Führungsleisten treffen nicht mit dieser Naht zusammen. Alle Schweißnähte sollten für Röntgen- und Ultraschallprüfungen zugänglich sein.

7.2 Absperrarmaturen

7.2.1 Absperrventile, Bauarten und ihre Anwendung

Ist ein geringer Druckverlust nicht entscheidend, so sind Ventile ideale Absperrorgane und universell einsetzbar.

7.2.1.1 Aufsatzventile

Sie sind für höchste Belastungen geeignet, Bild 7–40 zeigt die wichtigsten Ausführungen. Die Entwicklung führte vom *DIN-Ventil* a über Zwischenlösungen, z. B. b und c, zur strömungsgünstigen Ausführung d($\zeta \approx 2{,}7$). Wesentliche Merkmale der Gestaltung sind: Verlauf des Strömungsquerschnittes, zweckmäßige Kegelausführung und -befestigung, stabiler Aufsatz zur Spindelführung, langer Stopfbuchsraum.

Für hohe Drücke kommen bis DN $\leq$ 50 Ventile nach Bild 7–40e und f zur Anwendung ($\zeta = 6{,}5$ bis 8,5); bei DN > 50 selbstdichtender Gehäuseverschluß, s. Abschn. 8.1.

Auch auf die Ausführung als Eckventil ist zu verweisen (Bild 7–40g).

Die Bilder 7–40h bis 7–40n zeigen weiterentwickelte Gehäuseformen (auch festigkeitsmäßig), selbstdichtender Deckelverschluß sowie auch nichtdrehende Spindelausführung. Die Ausführungen nach Bild 7–40k und l zeigen besonders strömungsgünstig gestaltete Ventile. *Vorteile*: geringe Druckverluste, wenig Toträume und Ablagerungsmöglichkeiten, gutes Leerlaufen. *Nachteile*: großer Hub (Kegel wird aus der Strömung gezogen). Das Gehäuse nach Bild 7–40k bewirkt kaum Umlenkung (Freiflußventil); Schrägsitzventile s. auch Bild 7–2. Das Gehäuse nach Bild 7–40l ist einem Rohrbogen nachgebildet (Formstückarmatur).

Mit kugelförmigem Gehäuse und strömungsgünstig geformtem Kegel erreichen die Ventile nach Bild 7–40m und n nach [7–6] mit $y = 35$ bis 40% des Sitzdurchmessers geringe Druckverluste.

Die Bilder 7–40o und p zeigen Wechselventile: o in Durchgangs-Eckausführung, p als Doppeleckform [7–6], s. auch Bilder 7–2 und 7–41.

7.2.1.2 Kopfstückventile

Kopfstückventile sind Kleinventile ($\leq$ DN 15), ohne Bügelaufsatz mit innenliegendem Spindelgewinde, Gehäuse allgemein Schmiedestahl (Bild 7–42). *Gehäuseabschluß* durch einen in das Gehäuse ein- oder auf dieses aufgeschraubten Deckel (Kopfstück).

Bei der Stopfbuchsausführung (deckellose Spindelabdichtung s. Abschn. 8.1) wird die Stopfbuchspackung über einen Stopfbuchsring mit Hilfe der Spindelmutter, die über Gewinde mit dem Kopfstück axial nachstellbar ist, angepreßt, und diese über eine außen aufgeschraubte Kontermutter in ihrer Stellung gesichert.

Anwendung: bis PN 400 und 450 °C für Entwässerung, Entlüftungs- und Meßleitungen in Kraftwerken, Kaltwasser-, Gas- und Heizungsanlagen.

Bei Ventilen > DN 15 ist der Deckel aufgeflanscht (s. Tafel 7–3, „innenliegendes" Spindelgewinde); bis etwa DN 200 und PN 25.

7.2.1.3 Absperrventil mit Faltenbalg

Spindelabdichtung durch Faltenbalg s. auch Abschn. 8.1.1. Die Einordnung des Faltenbalges führt zu einigen konstruktiven Besonderheiten, s. Bild 7–43; ein Zwischenflansch trennt gegebenenfalls den durchströmten Raum vom balgaufnehmenden Raum (Faltenbalg nicht im Fluidstrom, Bild 7–43a).

Im Bild 7–43b ist der Faltenbalg direkt mit dem Kegel verschweißt, die Spindel ist drehend angeordnet. Das Drehen der Spindel im nichtdrehenden Kegel muß gewährleistet sein; der Faltenbalg wirkt als Verdrehsicherung für den Kegel. Bild 7–43c zeigt ein Ventil mit nicht drehender Spindel (mit Verdrehsicherung 8) und Stopfbuchse. Die auf dem Bügelarm auf und ab gleitende Traverse 8 dient auch als Stellungsanzeige und kann Endschalter betätigen.

Bevorzugte Durchströmrichtung gegen die Schließrichtung (der Balg sollte nicht angeströmt werden); zu bevorzugende Einbaulage waagerecht mit dem Faltenbalg nach oben. Anwendung s. Abschn. 8.2.3.1.

7.2.1.4 Kolbenabsperrventile

Ein in einer Laterne geführter Kolben bildet mit der Laterne und zwei den Kolben abdichtenden elastischen Ringen die *Absperrbaugruppe*. Der obere Ring dichtet nach außen (Gehäuse und Spindel), der untere den Durchgang ab (Bild 7–44). Der durch die Deckelschrauben erzeugte axiale Druck wird von den elastischen Ringen in radiale Pressung gegen den Kolben und die Gehäusewand umgesetzt (Bild 7–44d, Stopfbuchswirkung).

Bei der Variante Bild 7–45 (Absperrkörper zum Kolben ausgebildet) sperrt ein am Absperrkörper angeordneter Dichtring ab, der von einer beweglichen Ringfeder unter Druck gehalten wird. Beim Schließen gleitet der Kolben in die zylindrische Gehäusedichtfläche, bis die Ringfeder aufsetzt und auf den Dichtring drückt, der dann radial gegen die Dichtfläche abdichtet (Bild 7–45a). *Vorteile*: gutes Dichtverhalten, weitgehend schmutzunempfindlich durch Abstreifwirkung, für beide Durchflußrichtungen geeignet. *Nachteile*: begrenzter Druck- und Temperaturbereich; bis PN 40 und 400 °C.

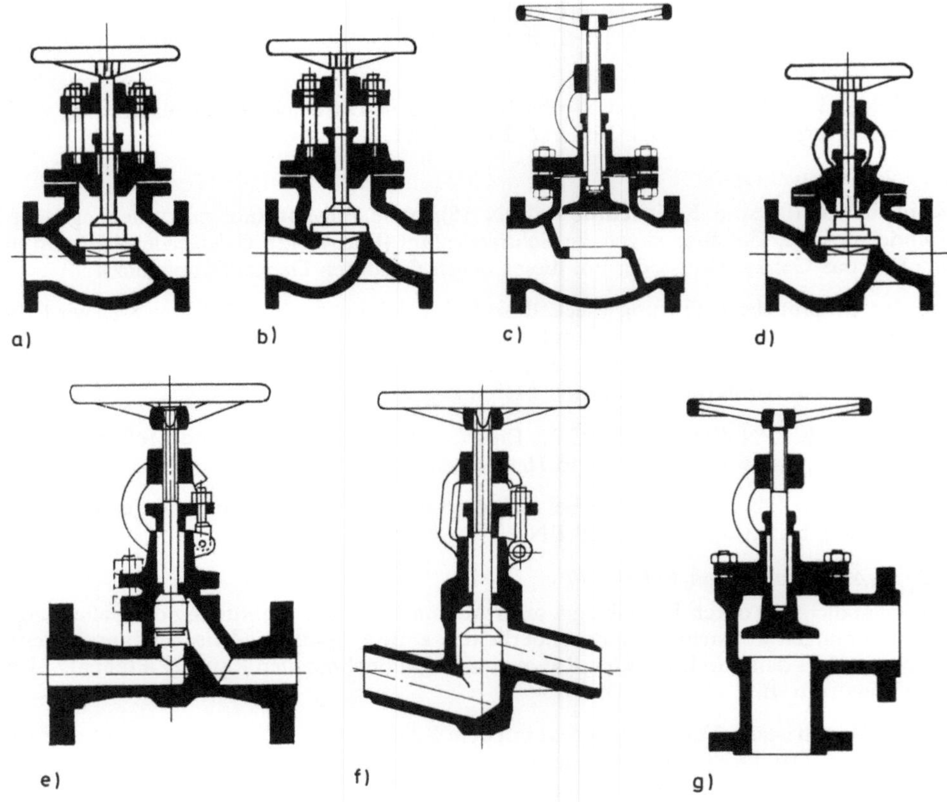

a) b) c) d)

e) f) g)

7.2.1.5 Magnetventile

Magnetventile (s. auch Abschn. 7.1.1.1) gibt es mit und ohne Stopfbuchse. Es überwiegen die Magnetventile mit integriertem Magnet. Bild 7–46 zeigt ein Beispiel für ein Magnetventil mit extern angeordnetem Magneten. Bei den stopfbuchslosen Magnetventilen befindet sich der Anker im Druckraum, das Ankerführungsrohr schließt diesen nach außen ab; die Stellkraft wird magnetisch übertragen. Ein *Kurzschlußring* sichert bei Wechselstrombetrieb geräuscharmes Einschalten. Die *Druckfeder* soll die Massenkräfte der bewegten Teile aufnehmen (schneller Abbau von Schwingungen) und das Schließen unterstützen. Die Notbetätigung sollte nur bei Notbetrieb (Stromausfall, defekter Magnet) benutzt werden.

Elektromagnete. Üblich sind Wechselstrom- und Gleichstrommagnete. Bei der Umrichtung von Wechselstrom auf Gleichstrom nehmen Magnetkraft und beherrschbare Druckdifferenz ab, bei maximaler Temperatur um 10 bis 15%. Jeder Magnet ist mit seinen speziellen Eigenschaften der jeweiligen Konstruktion anzupassen.

Wechselstrommagnet. Der induktive Widerstand und damit der Gesamtwiderstand sind bei geschlossenem Ventil am kleinsten (größter Polabstand). Beim Einschalten fließt sofort ein starker Strom und erzeugt eine Zugkraft, die den Anker stark beschleunigt. Reicht die Kraft nicht, den Anker anzuziehen, kommt es zur Überhitzung.

196

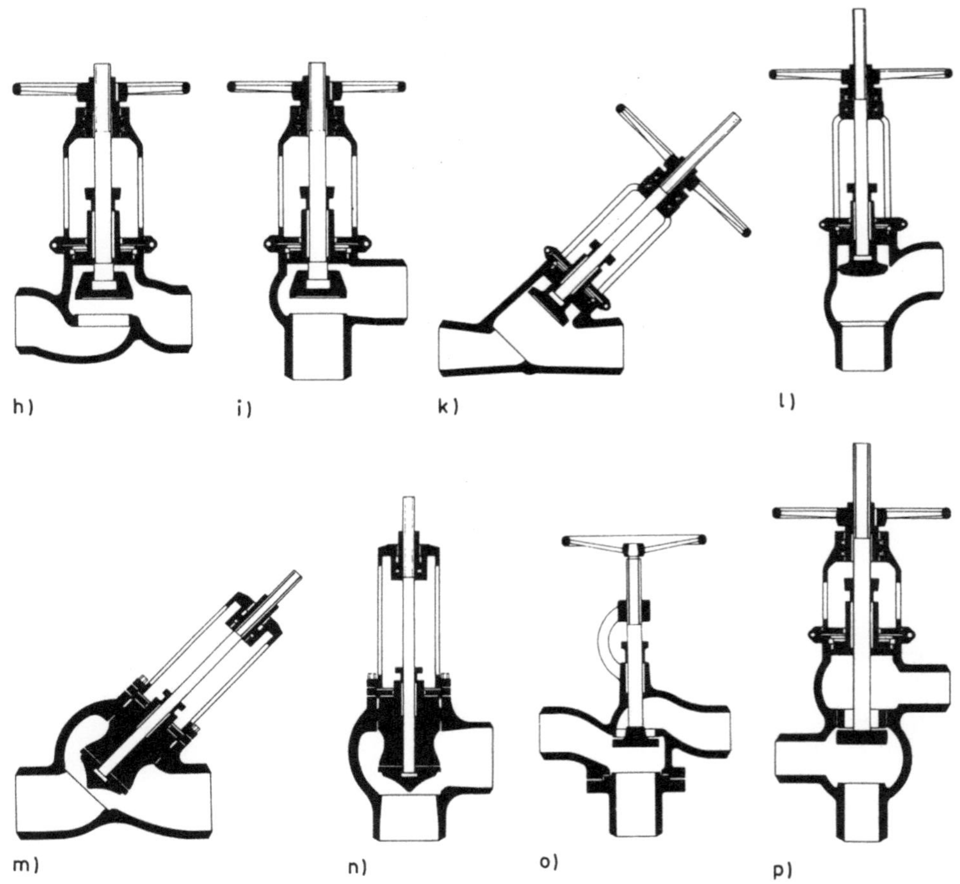

Bild 7–40. Absperrventile. Erläuterungen im Text.

Gleichstrommagnet. Die Zugkraft ist bei geschlossenem Ventil (größter Polabstand) am kleinsten, der Anker wird gering beschleunigt. Durch die in der Regel große Induktion des magnetischen Kreises wird das magnetische Feld nur langsam aufgebaut (weitere Verzögerung). Diese Nachteile könen durch zusätzlichen Aufwand eingeschränkt, aber nicht vermieden werden. *Vorteile*: absoluter Überhitzungsschutz (Stromstärke ist vom Polabstand unabhängig und nur vom ohmschen Widerstand festgelegt).

Elektronische Ansteuerung. Bei geöffnetem Ventil ist der magnetische Widerstand (kleinster Polabstand) stark reduziert, die Erregerleistung kann somit gegenüber dem Öffnungsvorgang reduziert werden (s. auch Abschn. 7.1.1.1 Funktionsverhalten). Das ist möglich durch eine entsprechende Elektronik, meist in der Gerätesteckdose untergebracht (Bild 7-47; ein Verhältnis Anzugsleistung/Halteleistung = 200 ist realisierbar [7-9]. *Vorteile*: geringe Leistungsaufnahme und Eigenerwärmung, höhere zulässige Fluid- und Umgebungstemperatur sowie Druckdifferenz, größere direkt- und zwangsgesteuerte Magnetventile

197

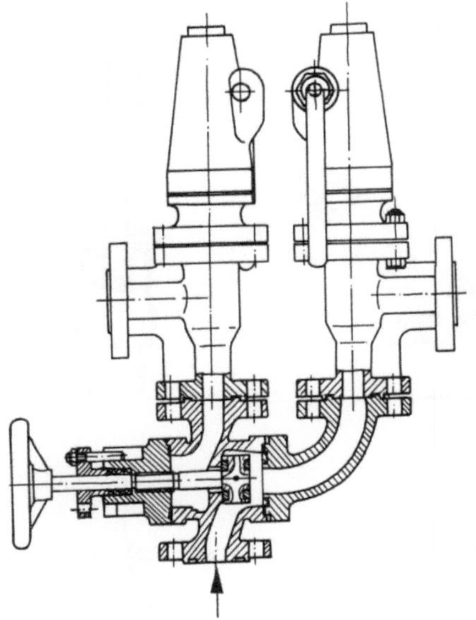

Bild 7–41.
Wechselventil mit zwei Sicherheitsventilen (Herl). Der abgesperrte Stutzen entlastet ein Sicherheitsventil (Undichtheit, Überprüfung). Das zweite bleibt zwangsläufig mit dem Drucksystem verbunden.

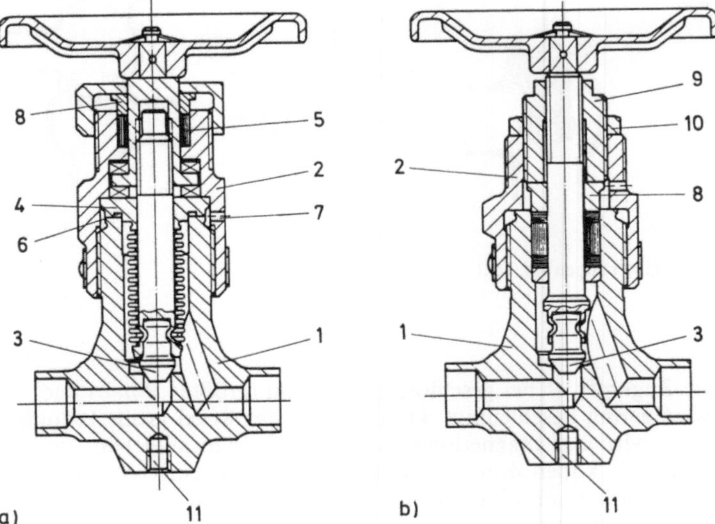

a)   b)

Bild 7–42.   Kopfstückventile. Geschmiedetes Gehäuse, Kanäle gebohrt, der Kegel ist mit seinem Befestigungskragen im unteren hohlgebohrten Teil der Spindel unlösbar, jedoch drehbar befestigt. Rohrleitungsanschlüsse als Schweißmuffe (Fa. Persta).
a) mit Faltenbalg und Sicherheitsstopfbuchse;
b) mit Stopfbuchse.

1 Gehäuse; 2 Kopfstück; 3 Kegel mit Drosselansatz; 4 Balgflansch; 5 Sicherheitsstopfbuchse; 6 Metalldichtring (z. B. vorgespannter O-Ring); 7 Dichtschweißstelle (die Formgebung von Balgflansch und Gehäuse ermöglichen zusätzliches Dichtschweißen); 8 Stopfbuchsring; 9 Spindelmutter; 10 Kontermutter; 11 Gewindebohrung zur Befestigung z. B. an Hilfsrahmen.

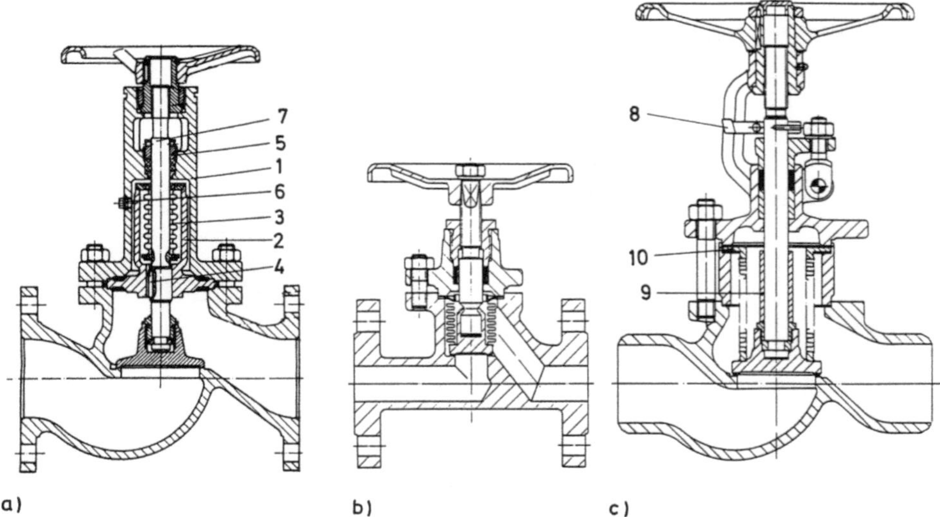

Bild 7–43. Absperrventile mit Faltenbalg.
a) für hohe Anforderungen, z. B. KKW (steigende, nicht drehende Spindel, MAW);
b) für maximal PN 40, DN 10 bis 40 (Fa. Persta) und
c) für größere Nennweiten (geringe Anforderungen, Fa. Persta).

1 Aufsatz; 2 Zwischenflansch; 3 Faltenbalg; 4 Paßfeder (verhindert Drehen der Spindel); 5 Sicherheitsstopfbuchse; 6 Kontrollanschluß; 7 Stellungsanzeige; 8 Traverse; 9 Hubbegrenzung; 10 oberer Faltenbalgflansch (zwischen Gehäuse und Deckel dichtend eingespannt).

mit kleinen Magneten. *Nachteile*: Die erreichbaren Vorteile werden geringer, je länger die notwendige Öffnungzeit und je höher die Schalthäufigkeit sind.

Bauarten. Neben den Durchgangsventilen (s. Bilder 7–9, 7–46 und 7–47) gibt es auch Drei-, Vier- und Fünfwegemagnetventile (3/2-, 4/2- und 5/2-Wegeventile), vor- und direktgesteuert, vorrangig $\leqq$ DN 50 (Bild 7–48).

Magnetventilbatterien mit einem gemeinsamen Gehäuse oder aus zusammengeflanschten Einzelventilen

Sonderausführungen als halbautomatische Magnetventile in den Varianten

1. bei erregter Spule geschlossen, bei Stromausfall öffnend, Schließen von Hand;
2. bei erregter Spule offen, bei Stromausfall schließend, Öffnen von Hand;
3. stromlos geschlossen, bei erregter Spule öffnend, Schließen von Hand;
4. stromlos offen, bei Erregen der Spule schließend, Öffnen von Hand.

Da diese Ausführungen für stopfbuchslose Magnetventile ungünstig sind, verlieren sie an Bedeutung. Halbautomatische Funktionen können bei Einbeziehung von Rückmeldekontakten auch mit vollautomatischen Typen erreicht werden.

Weitere Sonderausführungen sind Ventile mit Grund- und Hauptmengeneinstellung, mit Bypass, mit Hilfskontrollrelais, für extreme Temperaturen mit Kühlaufsatz usw.

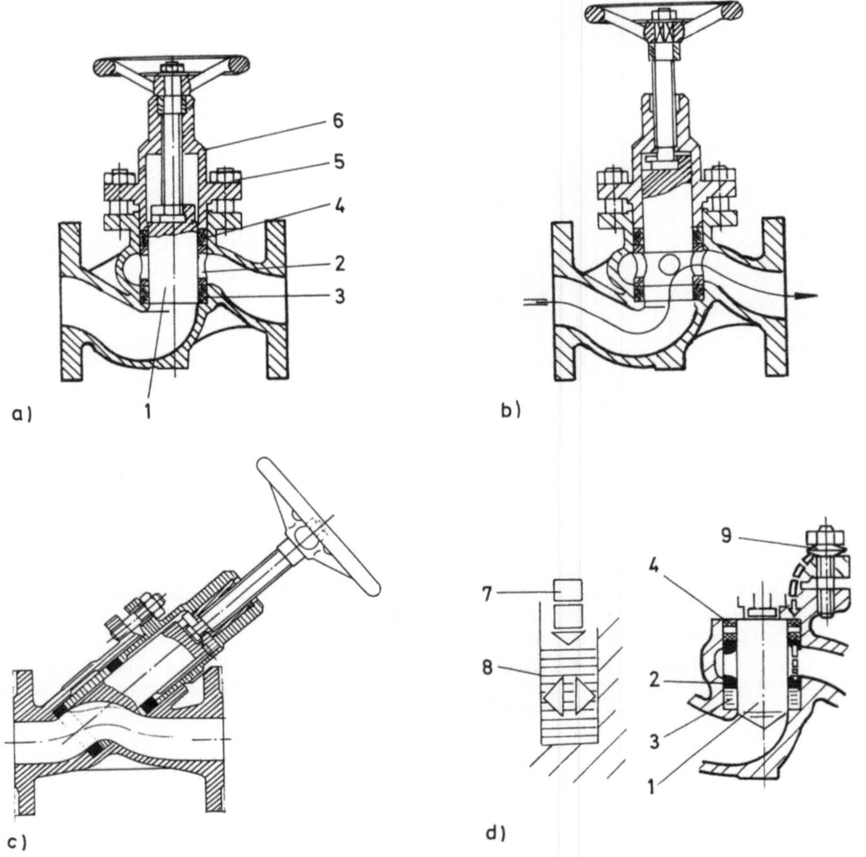

Bild 7–44. Kolbenabsperrventil DN 10 bis 100 (MAW).
a) geschlossen;
b) geöffnet;
c) Schrägsitzausführung, Form des Kolbens sichert schwachgekrümmten Durchgang und geringe Druckverluste;
d) Wirkungsweise [7–12].

1 Edelstahlkolben; 2 Laterne; 3 unterer Dichtring; 4 oberer Dichtring; 5 Schrauben; 6 Oberteil; 7 Druck durch Oberteil; 8 Kolbendichtfläche; 9 Tellerfedern, pressen die Dichtringe automatisch nach.

Einsatzhinweise. *Vorteile*: niedriger elektrischer Anschlußwert, hohe Schalthäufigkeit, kurze Betätigungszeiten, einfacher Aufbau, geringe Masse. *Nachteile*: geringe Stellkraft, dadurch Druck- und Nennweitenbeschränkung (allgemein nur bis PN 40 und DN 150), differenzdruckabhängige Dichtheit am Sitz, Explosionsschutz erfordert besondere Maßnahmen; Zähigkeit, Druck, Temperatur und Durchsatz beeinflussen Schaltzeit und Funktionssicherheit. *Grundsatz*: Nur für vom Hersteller zugelassene Betriebsverhältnisse, insbesondere Druckdifferenz und Fluidtemperatur, einsetzen. Allgemein nicht geeignet für Fluide mit kinematischer Zähigkeit $> 10^{-3}\,\mathrm{m^2/s}$ (1000 cSt), verkrustende, absetzende, klebende oder feststoffbehaftete Fluide (Anteil $> 20\,\mathrm{mg/l}$). Bei Verschmutzungsgefahr ist

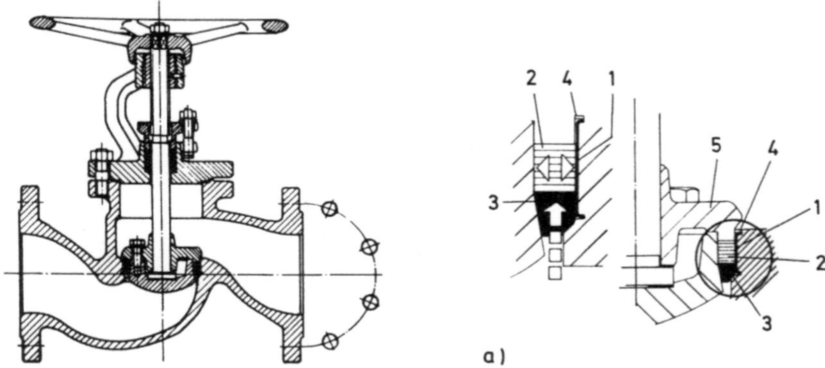

Bild 7–45. Kolbenabsperrventil $\geq$ DN 65 [7–12].
a) Wirkungsweise.

1 Dichtfläche am Gehäusesitz; 2 Dichtring (Hauptdichtung); 3 Ringfeder (Nachdichtung); 4 Dichtkante (Reservedichtung); 5 Kolben.

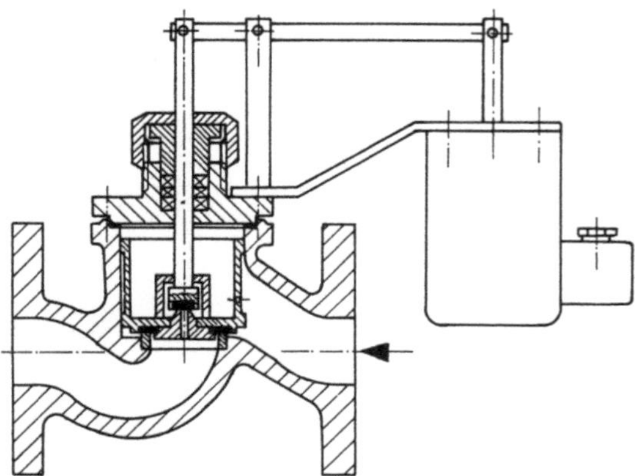

Bild 7–46. Magnetventil mit Stopfbuchse und Hebel (MAW). Der Magnet arbeitet unabhängig von den Verhältnissen im Ventil (kaum noch üblich).

ein Schmutzfänger anzuordnen. Richtwerte für Strömungsgeschwindigkeit bei maximalem Massestrom: Flüssigkeiten $\approx 2\,\mathrm{m/s}$, Gase und Dämpfe ≈ 30 bis $60\,\mathrm{m/s}$.

Die *Betriebsspannung* darf i. allg. $\pm\,5$ bis $\pm\,15\,\%$ von der Nennspannung abweichen (bei größerer Abweichung Überhitzung der Spule).

Zusammenhang zwischen *Umgebungstemperatur, Einschaltdauer, Schalthäufigkeit und Fluidtemperatur*: Im Betrieb erwärmt sich die Spule infolge Leistungsaufnahme (Bild 7–49). Bei Gleichstrommagneten bestimmt die Einschaltdauer die Erwärmung. Bei Wechselstrommagneten führt eine hohe Schalthäufigkeit zu einer stärkeren Erwärmung als bei Dauerbetrieb. Warme Fluide bedeuten eine zusätzliche Belastung. Der Effekt wird bei stopfbuchslosen Magnetventilen durch Pumpwirkung noch erhöht. Die Spulen sind

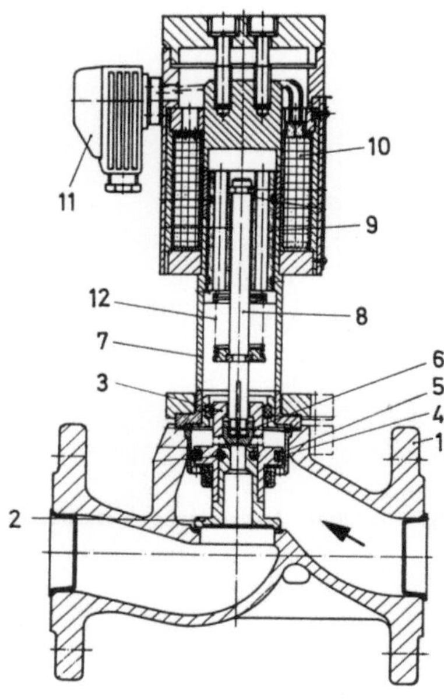

Bild 7–47.
Zwangsgesteuertes Magnetventil in Arbeitsstromausführung mit elektronischer Ansteuerung (MAW). Der Hauptabsperrkegel mit Hubscheibe wird durch einen Dicht- und Spreizring gegen die Führungsbuchse abgedichtet und zweifach geführt. Die untere Führung ist enger als die obere, der Kegel kann sich auf dem Sitz ausrichten (Drehpunkteffekt). Vorteil: weniger anfällig gegen Viskosität und Verschmutzung.

1 Gehäuse; 2 Hauptabsperrkegel; 3 Haube mit Hubscheibe; 4 Dichtring;
5 Spreizring; 6 Steuerkegel (Hilfskegel); 7 Magnethülse; 8 Spindel;
9 Anker; 10 Spule; 11 Elektronikgerätestecker; 12 Feder.

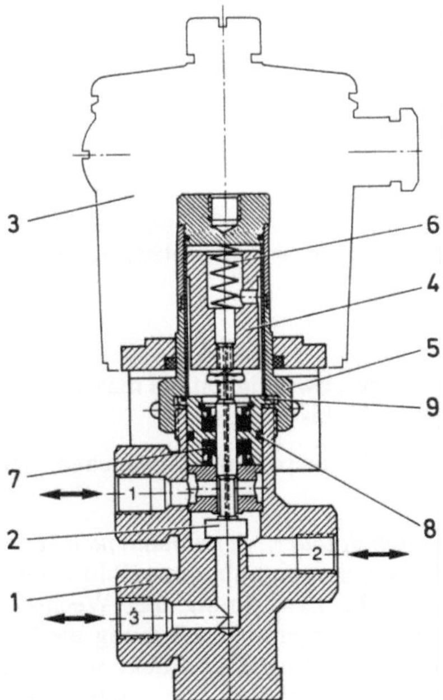

Bild 7–48.
Absperrsystem eines Dreiwegemagnetventiles (Herion).

1 Gehäuse; 2 Spindel komplett; 3 Magnet; 4 Magnetanker;
5 Magnetschlußhülse; 6 Druckfeder; 7 Nutring; 8 O-Ring; 9 O-Ring.

202

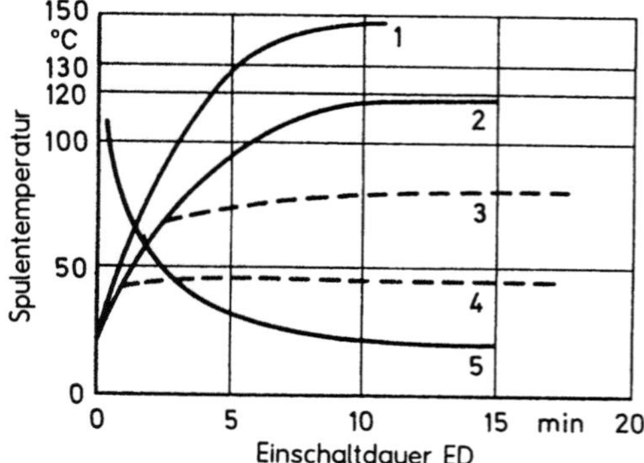

Bild 7–49.
Zusammenhang zwischen Einschaltdauer ED und Spulentemperatur bei gleichbleibender Umgebungstemperatur [7–9].

1 Erwärmungskurve bei 100 % ED und 30 % Überspannung; 2 Erwärmungskurve bei 100 % ED und 10 % Überspannung; 3 Erwärmungskurve bei 50 % ED; 4 Erwärmungskurve bei 20 % ED; 5 Abkühlkurve.

allgemein für 100 % ED bei bestimmten Umgebungs- und Fluidtemperaturen ausgelegt. Je niedriger die Umgebungstemperatur, Einschaltdauer und Schalthäufigkeit, um so höher darf die Fluidtemperatur sein und umgekehrt. *Wichtig*: gute Belüftung, Schutz vor Wärmestrahlung.

Ursachen für das Versagen von Magnetventilen [7–4]. *Ventil öffnet trotz erregter Spule nicht*: falsche Nennspannung und Frequenz, zu große und zu lang andauernde Spannungsschwankungen, falsch montierter Magnetteil (Anker wird nicht weit genug angezogen), Ankerführungsrohr ist verbogen oder beschädigt (Anker behindert), zu hohe Druckdifferenz, Druckdifferenz zum Öffnen zu gering (Vorsteuerung), zu hohe Fluidviskosität, Verschmutzung. *Ventil schließt trotz unterbrochenem Stromkreis nicht*: Druckstöße vor dem Ventil, Fremdkörper auf Sitz- oder Kegeldichtung, Anker oder Kolben sitzen fest (Verschmutzung), Ausgleichsbohrung verstopft (Vor- und Zwangssteuerung). *Magnetisierbare Verunreinigungen im Fluid*: Das Magnetfeld zieht diese Verunreinigungen wie ein Magnetabscheider an, das Ventil versagt vollständig.

7.2.2 Absperrschieber, Bauarten und ihre Anwendung

Der Stellkörper bestimmt die Gestaltung der Absperrbaugruppe (s. Bild 7–13) sowie die Bauart und die Anwendung der Schieber.

7.2.2.1 Keilschieber

Die Dichtpressung wird durch die Keilwirkung der Absperrbaugruppe und den Differenzdruck erzeugt (s. Abschn. 7.1.2). Keilneigung: 1:10 bis 1:18 (Neigungswinkel $\alpha = 4$ bis $7°$).

Öffnungs- und Schließkräfte. Sie sind gleich, solange der gleiche Differenzdruck herrscht und zwischen Schließen und Öffnen keine negative Gehäusedehnung erfolgt (nicht gewährleistet), z. B. bei Temperaturänderung. Allgemein ist die erforderliche Öffnungskraft größer als die Schließkraft, die Wirkung des *idealen Keiles* wird nicht erreicht.

Nach der Kräftebilanz (Bild 7–50) ist die Öffnungskraft kleiner als die Schließkraft (idealer Keil) [7–13]. F_{NY} und F_{RY} wirken F_S entgegen. $F_S = 2F_{NY} + 2F_{RY} = 2F_N \cdot \sin\alpha + 2F_R \cdot \cos\alpha = 2F_N \cdot \sin\alpha + \mu \cdot 2F_N \cdot \cos\alpha$. Daraus folgt für den Schließvorgang

$$F_S = 2F_N(\sin\alpha + \mu \cdot \cos\alpha). \tag{7.3}$$

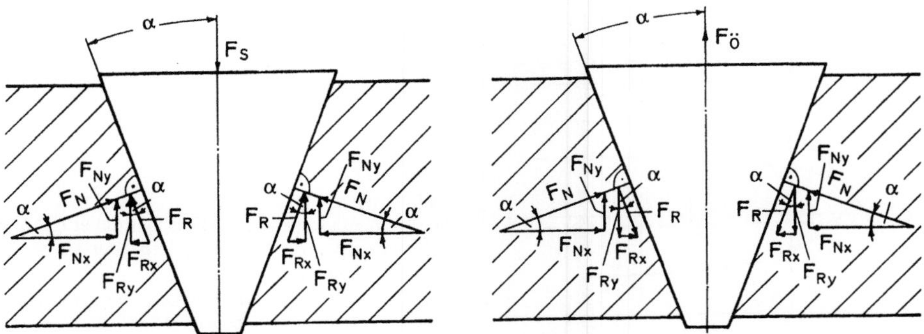

Bild 7–50. Kräftebilanz am Schieberkeil [7–13].
F_S Schließkraft (Druckkraft am Keil); $F_{\ddot{O}}$ Öffnungskraft (Zugkraft am Keil); F_N Anpreßkraft (Dichtkraft); F_R Reibkraft; α Keilwinkel.

Beim Öffnen wirkt nur F_{RY} der Öffnungskraft entgegen:

$$F_{\ddot{O}} = -2\,F_{NY} + 2\,F_{RY} = -2\,F_N \cdot \sin\alpha + 2\,F_R \cdot \cos\alpha$$

$$= -2\,F_N \cdot \sin\alpha + \mu \cdot 2\,F_N \cdot \cos\alpha.$$

Daraus folgt für das Öffnen

$$F_{\ddot{O}} = 2\,F_N(-\sin\alpha + \mu \cdot \cos\alpha). \tag{7.4}$$

Somit gilt:

$$F_{\ddot{O}} = F_S(-\sin\alpha + \mu \cdot \cos\alpha)/(\sin\alpha + \mu \cdot \cos\alpha)$$

$$= -F_S(\mu - \tan\alpha)/(\mu + \tan\alpha).$$

Da $(\mu - \tan\alpha)/(\mu + \tan\alpha) > 1$, folgt $F_{\ddot{O}} < F_S$.

Voraussetzung: Die Reibwerte μ für Gleit- und Haftreibung unterscheiden sich nicht wesentlich. Bei angenommenen $\mu = 0,4$ und $\alpha = 5°$ wird $F_{\ddot{O}} = 0,64\,F_S$ [7–13].

Keilführung. Führungsleisten und -nuten am Keil bzw. im Gehäuse übernehmen nach 8 bis 10% Hub die Keilführung, der Keil hebt dann vom Sitz ab (s. Abschn. 7.1.2 Absperrbaugruppe). *Unbearbeitete* Führungen sind ungeeignet, den Keil bei Differenzdruck zu führen (großes Spiel, nur Keildrehung wird verhindert). *Bearbeitete* Führungen entlasten die Dichtflächen bereits bei geringem Hub (vorrangig bei höheren Anforderungen, z. B. Hochdruckschieber).

Schieber mit starrem Keil (Bild 7–51). Sie werden vorrangig als Flach- und Ovalschieber bis zu mittleren Drücken und Temperaturen eingesetzt, als obere Temperaturgrenze gilt 225 °C (viele Hersteller empfehlen darunter zu bleiben); für hohe Drücke und Temperaturen ungeeignet.

Der *starre Keil* (s. Bild 7–12) ist gegossen oder geschmiedet. *Vorteile*: einfach, keine beweglichen Teile. *Nachteile*: nicht elastisch verformbar, Winkelabweichungen der Dichtflächen können nur sehr begrenzt durch elastische Verformung des Gehäuses ausgeglichen werden. Gefahr des Festklemmens durch Temperaturänderungen und Rohrleitungskräfte.

204

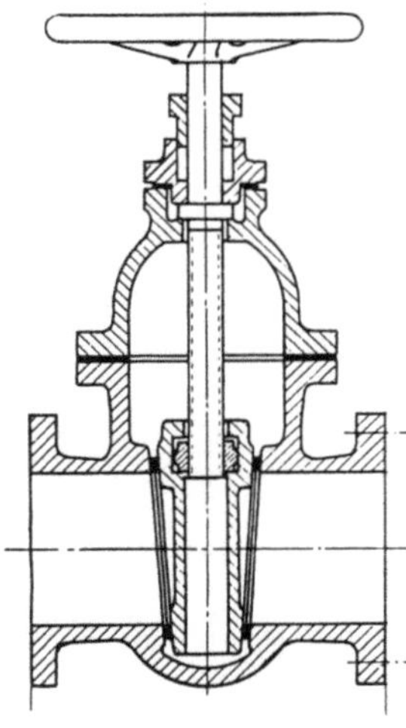

Bild 7–51.
Keilovalschieber mit starrem Keil, innenliegendem Spindelgewinde, drehender, nicht steigender Spindel (MAW) s. Tabelle 7–7). Schieber mit innenliegendem Spindelgewinde haben meistens einen starren Keil.

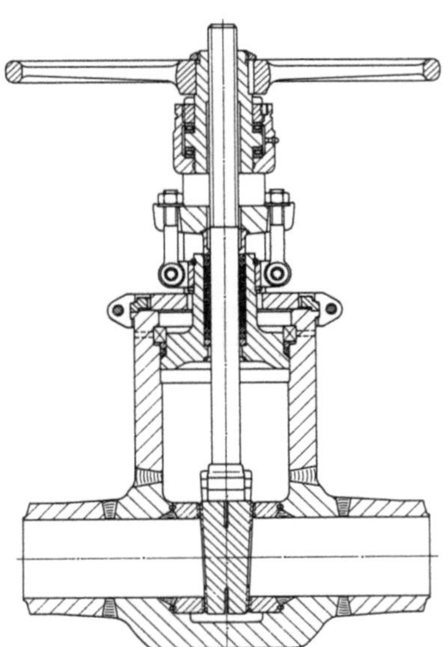

Bild 7–52.
Schieber mit elastischem Keil, außenliegendem Spindelgewinde, steigender, nicht drehender Spindel (MAW).

Schieber mit elastischem Keil (Bild 7–52). Sie haben sich als Standardlösung für mittlere und höhere Drücke und Temperaturen durchgesetzt.

Der *elastische Keil*, gegossen oder geschmiedet mit „Elastizitätsspalt", ist zum Ausgleich von Winkelabweichungen elastisch verformbar; Größenordnung: hundertstel Milimeter. *Vorteile*: einfach, keine beweglichen Teile. *Nachteile*: Gefahr ungleichmäßiger Verspannung mit örtlich hoher Flächenpressung.

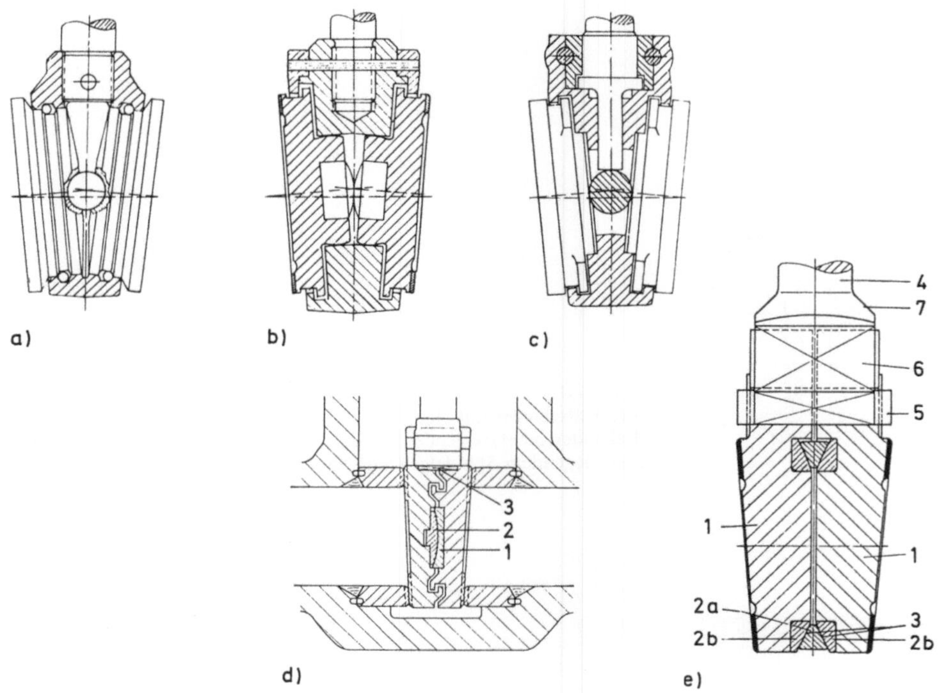

Bild 7–53. Plattenkeilbaugruppen.

    a) Auflagepunkt ist eine Kugel mit Lockerung der Dichtplatten beim Öffnen. Die Keilplatten sind gut austauschbar; veränderter Dichtflächenabstand, z. B. durch Nacharbeit, kann durch eine größere Kugel ausgeglichen werden.

    b) ballige Druckstücke als Auflagepunkt. Beim Öffnen rutschen sie durch gegenseitiges Verschieben der Platten von ihrem tragenden Punkt, der Kraftfluß der Abstützung löst sich.

    c) zwischen den Platten angeordnete Rolle als Auflagepunkt, ohne Lockerung der Dichtplatte beim Öffnen (die dem Druck abgewandte Platte erfährt beim Öffnen die höchste Belastung).

    d) linsenförmiges Druckstück 1 und Kalotte 2 bilden den Auflagepunkt, die Paßfeder 3 hält die Platten zusammen (Fa. Sempell);

    e) Keilplattensystem mit elastischem Kugelring (Babcock).

1 Dichtplatte; 2 dreiteiliger Kugelring (a beweglich, b unbeweglich); 3 kugelige Ringfläche; 4 Spindel; 5 Haltebügel (hält die Platten zusammen); 6 Hammerkopf; 7 Rückdichtung.

Keilplattenschieber. Der Anwendungsbereich entspricht dem des Schiebers mit elastischem Keil. Er vereint i. allg. die Vorzüge der Keil- und Parallelschieber in sich, ohne ihre Nachteile zu besitzen.

Der *Plattenkeil* besteht aus zwei beweglich geführten Platten, die sich gegeneinander abstützen (Bild 7–53). Bei starr mit der Spindel verbundenem Plattenhalter (z. B. Bild 7–53a) ist das ganze Paket verschiebbar, oder die Platten sind in ihren Halterungen axial beweglich. Die Platten können in Zwischenstellungen und bei großen Strömungsgeschwindigkeiten flattern.

Mit dem System Bild 7–53e wird nach [7–11] die Wirkung des *idealen Keiles* erreicht. Die kugeligen Ringflächen des Kugelringes lassen eine gegenseitige Verschiebung der

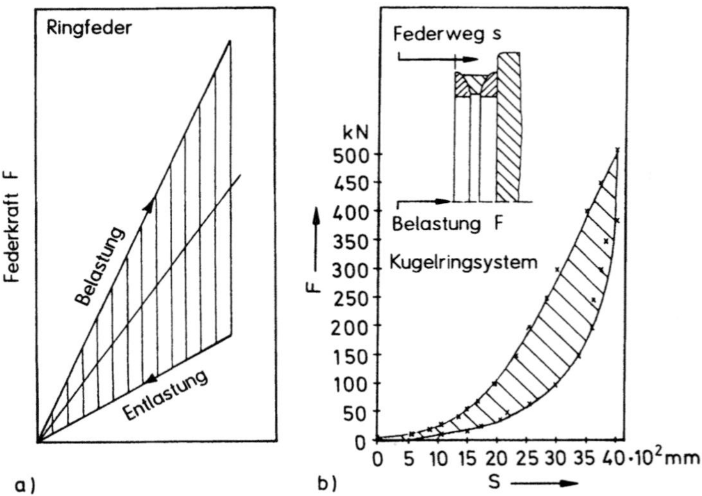

Bild 7–54. Kraft-Weg-Diagramm [7–13].
  a) Ringfeder;
  b) elastisches Kugelringsystem (ein Teil der eingeleiteten Energie wird durch Reibung vernichtet).

Platten zu, sie legen sich ohne Vorspannung gegen die Sitze (geringe Öffnungs- und Schließkräfte). Die Dichtkräfte wirken über den Kugelring auf den mittleren Dichtflächendurchmesser. Biegebeanspruchungen durch in Plattenmitte eingeleitete Dichtkräfte (Bilder 7–52 und 7–53a bis d) und die damit verbundenen Verformungen der Platten treten nicht auf.

Der Ring 2a im Bild 7–53 e wird bei Belastung gespannt (Ringfeder). Durch die Reibung wird Arbeit vernichtet (Dämpfungseffekt, Bild 7–54). Dadurch werden große Schließkräfte, z. B. bei Endschalterausfall, besser abgefangen und Kräfte aus Wärmespannungen kompensiert. Das Moment zum Lösen des Spindelgewindes (nicht zum Lösen des Keiles) bestimmt die Öffnungkraft (Bild 7–55).

Vorteile: Keilplatten können Keilneigungsfehler im Bereich von Zehntelmillimeter ausgleichen; hohe Dichtwirkung. *Nachteile:* bewegliche Teile (störanfällig), hoher Fertigungsaufwand.

7.2.2.2 Parallelschieber

Die Dichtpressung wird durch den Differenzdruck, einen Spreizmechanismus oder Federn erzeugt. Die abströmseitigen Dichtflächen gleiten bei Differenzdruck über den ganzen Hub aufeinander (parallele Stellkörper werden nur selten geführt). Schließkraft = Öffnungskraft, solange Δp gleich bleibt.

Einplattenschieber mit festen Gehäusesitzen (Bild 7–56). Die nur abströmseitig wirkende Dichtkraft und damit auch die Dichtheit werden durch die Druckdifferenz bestimmt. Durch die Spindel kann keine Dichtkraft erzeugt werden.

Einplattenschieber mit beweglichen Gehäusesitzen (Bild 7–57). Axial verschiebbare Sitzringe werden durch elastische O-Ringe oder Federn an die Platte gepreßt. *Abdichtung:* metallisch,

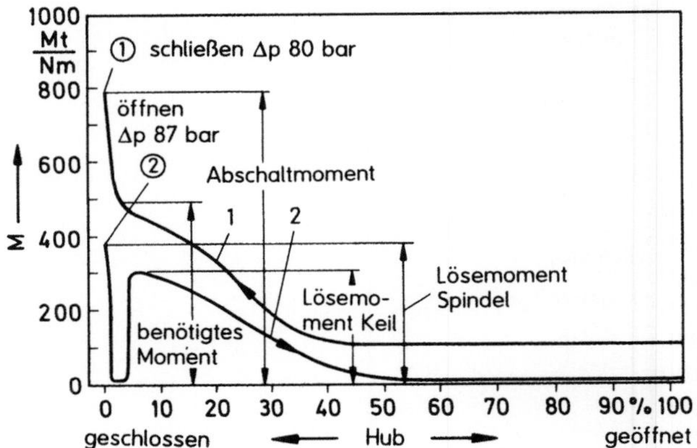

Bild 7–55. Drehmomentverlauf für Auf-Zu-Vorgang eines Schiebers mit elastischem Kugelringsystem nach Bild 7–53e, Beispiel [7–13].

1 Schließmomentverlauf; 2 Öffnungsmomentverlauf.

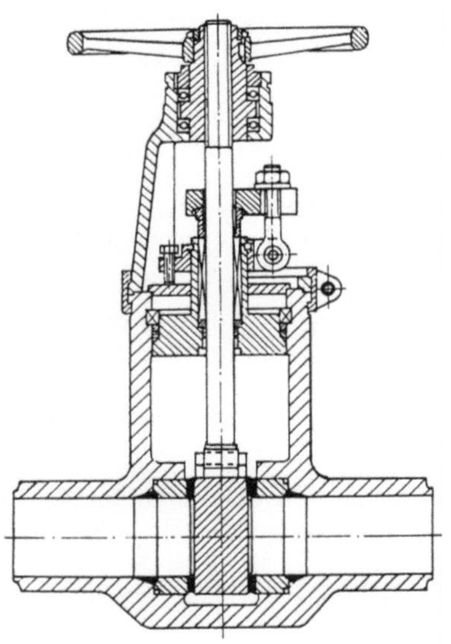

Bild 7–56.
Einplattenschieber mit planparalleler, geschliffener Abdichtplatte [7–6].

zusätzliche Feinabdichtung durch Elastomere; Differenzdruck erhöht die Dichtpressung (gasdicht), beliebige Durchflußrichtung, kein Verklemmen.

Der Schieber nach Bild 7–57 ist darüber hinaus eine Leitrohrausführung. Der glatte Durchgang ermöglicht das Molchen der Rohrleitung; gleichzeitig wird die Ablagerung von Schmutzteilchen im Schiebersack unterbunden, ein geringer Druckverlust wird gewährleistet. Häufige und längere Drosselstellungen sind wie bei allen Schiebern zu vermeiden (Strahlverschleiß). Zur Entleerung des Schiebersackes möglichst senkrechter Einbau. Anwendung: vorrangig spezielle Aufgaben, s. Abschn. 7.5.

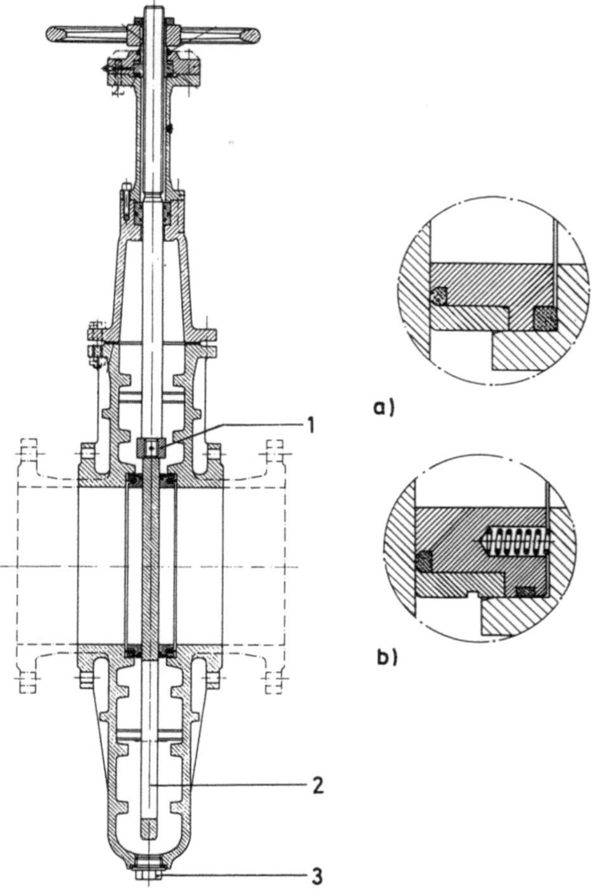

Bild 7–57. Einplattenschieber mit Leitrohr, axial beweglichen Sitzringen und wartungsfreier Spindelabdichtung (VAG-Armaturen), s. Abschn. 8.2.
a) elastische O-Ringe bewirken dichtes Anliegen der Gehäusesitze an der Absperrplatte;
b) Dichtpressung durch Federn.

1 Abschlußplatte; 2 Bohrung (Leitrohr); 3 Ablaßschraube.

Parallelplattenschieber werden vorrangig bei hohen Dichtheitsforderungen eingesetzt (für alle Belastungen verwendbar). Der *Stellkörper* besteht aus zwei parallelen, in einem Plattenhalter beweglich geführten Platten mit Spreizmechanismus (Bild 7–58a,b,c) oder mit Druckfedern (Bild 7–58d,e). Die Spindelkraft wirkt über das Druckstück und den Spreizmechanismus als Dichtkraft auf die Platten. Eine Verriegelung bewirkt erst in der Endlage Kraftschluß mit der Spindel, so daß die Platten nicht schon vorher gegen die Sitze gepreßt werden. Die Spreizkräfte werden mit dem Lösen der Spindel wieder aufgehoben, während der Hubbewegung wirkt nur die Kraft aus der Druckdifferenz auf die abströmseitigen Dichtflächen.

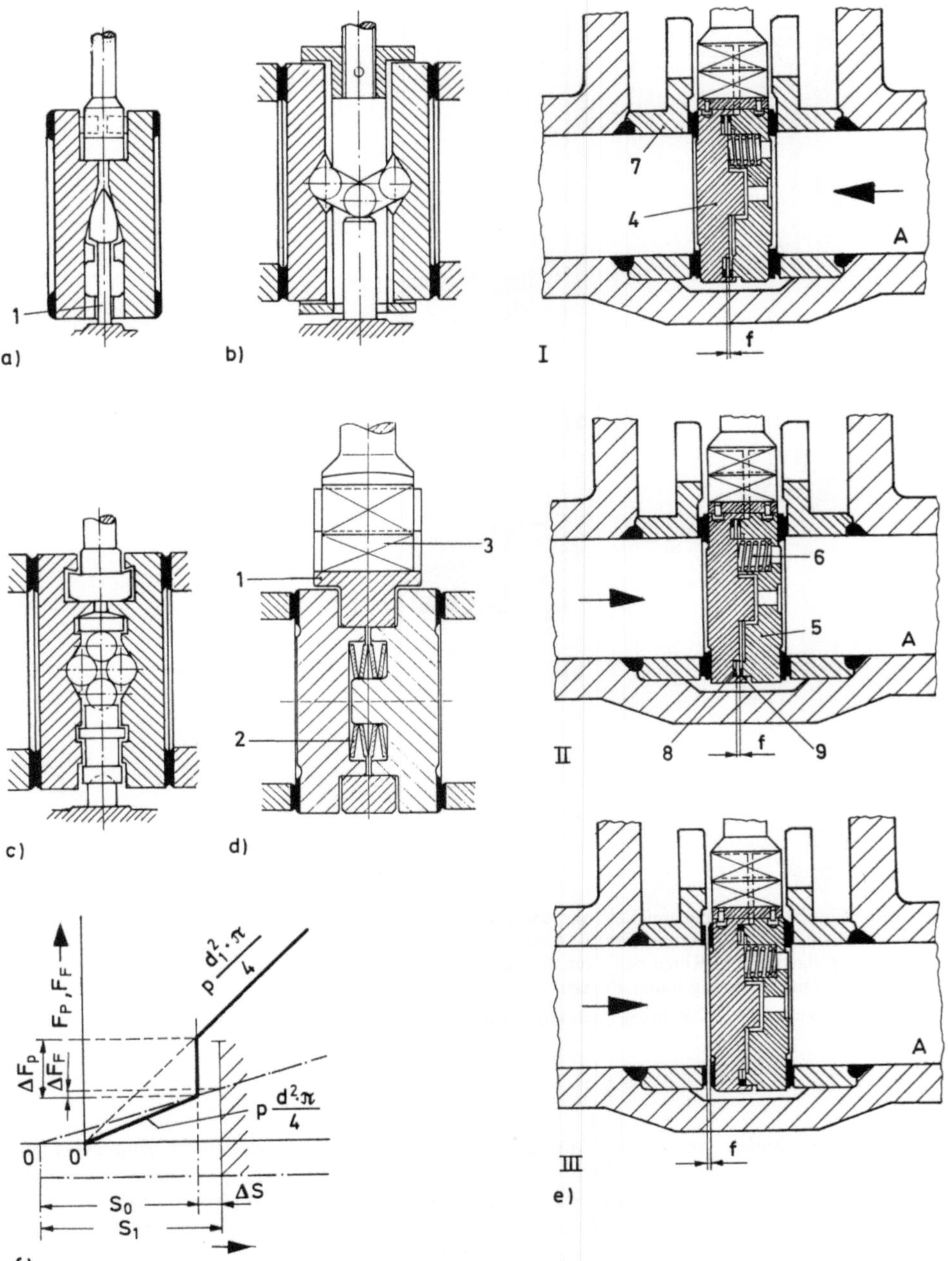

1
a)
b)
c)
d)
3
1
2
f)
$\frac{d_1^2 \cdot \pi}{4}$
p
F_P, F_F
ΔF_P
ΔF_F
$p \frac{d^2 \pi}{4}$
0
0
S_0
S_1
ΔS
I
7
4
A
f
II
6
5
A
8
f
9
III
A
f
e)

Gemäß Bild 7–58d und e werden die Platten durch Druckfedern vorgespannt, die Dichtflächen stehen während des gesamten Hubes unter Federdruck. Federn und Differenzdruck
bewirken die Dichtpressung; durch die Spindel kann keine Dichtkraft erzeugt werden.
Bei mäßigen Druckdifferenzen sind Zwischenstellungen möglich, ohne daß die Platten
flattern.

Vorteile: hohe Dichtwirkung, allgemein geringe Öffnungskräfte (leicht lösbar). *Nachteile:*
bewegliche Teile (störanfällig), Platten können in Offenstellung flattern, hoher Fertigungsaufwand.

Die Konstruktion nach Bild 7–58e verhindert zusätzlich einen Druckaufbau im Gehäuse
(s. Abschn. 7.1.2.2). Bei nach I anstehendem Druck wird die Platte 4 gegen den Sitzring
7 gepreßt; Platte 5 ist druckausgeglichen. Zwischen den Platten ist ein Spalt „f“. Über
die Zentrierung der Bohrungen in Platte 5 wird der Druck zwischen der Eintrittsseite A
und dem Gehäuse ausgeglichen.

II und III zeigen umgekehrte Druckbeaufschlagung. In Abhängigkeit vom Differenzdruck
folgt:

Fall 1. $(d^2 \cdot \pi/4)p < F_F$ (Federkraft). Die Platte 4 wird an den Sitzring 7 gepreßt (Absperren
druckseitig); Druckausgleich zwischen der Austrittsseite A und dem Gehäuse.

Fall 2. $(d^2 \cdot \pi/4)p \geqq F_F$. Die Platte 4 wird zur Platte 5 gedrückt; die druckbeaufschlagte
Fläche vergrößert sich von $A = d^2 \cdot \pi/4$ auf $A_1 = d_1^2 \cdot \pi/4$, die größer werdende Druckkraft
preßt die Platte 4 gegen die Federkraft an die Platte 5 (Bild 7–58f zeigt deutlich den
Belastungssprung beim Übergang von d auf d_1). Der austrittsseitige Sitz und die Dichtflächen 8 und 9 dichten ab. Das Gehäuse ist über „f“ mit der Druckseite verbunden.

7.2.2.3 Schieber mit Faltenbalg

Besondere Probleme folgen beim Schieber aus dem beträchtlichen Hub. Zur Reduzierung
der Schieberhöhe werden die Faltenbälge zweckmäßig teleskopartig angeordnet (Bild
7–59). Dabei wird der Hub auf zwei oder mehrere ineinandergeschachtelte Bälge verteilt.
Diese sind jeweils außendruckbeansprucht; Anschläge verhindern Überdehnen und zu
starkes Stauchen (s. Abschn. 8.1.2). Im Bild 7–59a ist die Balgkombination mit einem
geschlossenen Hubrohr und dem Balgflansch verschweißt. Das Hubrohr überträgt die
Hub- und Torsionskräfte über einen Sperrbolzen auf den Keil, der die Torsionskräfte auf
die Keilführung überträgt (Verdrehsicherung). Vor unzulässigem Druck werden die Bälge
durch eine Überdrucksicherung geschützt (s. Abschn. 7.1.2.2). Diese aufwendige und
störanfällige Konstruktion findet keine breite Anwendung.

Bild 7–58. Parallelplattenbaugruppe.
  a) ein Spreizkörper preßt die Platten gegen die Gehäusesitze, sobald der Bolzen 1 auf dem
  Gehäuseboden aufsetzt und die Spindelkraft weiter erhöht wird;
  b) Kniehebel bewirken das Anpressen der Platten;
  c) Kugeln oder Rollen werden von einem am Gehäuseboden aufsetzenden Dorn
  auseinandergedrückt.
  d) und e) ein Federsystem 1 preßt die Platten ständig gegen die Sitze [7–13] (Deutsche
  Babcock-Werke).

  1 Plattenhalter; 2 Feder; 3 Hammerkopf; 4 und 5 Platte; 6 Feder; 7 Sitzring; 8 and 9 Dichtflächen; I dichtring-
  seitig anstehender Druck (Eintrittsseite A); II und III dichtplattenseitig anstehender Druck (Austrittsseite).
  f) Kraftverlauf der Druckfedern und die Plattenbelastung in Abhängigkeit vom Sitz-
  flächendurchmesser.

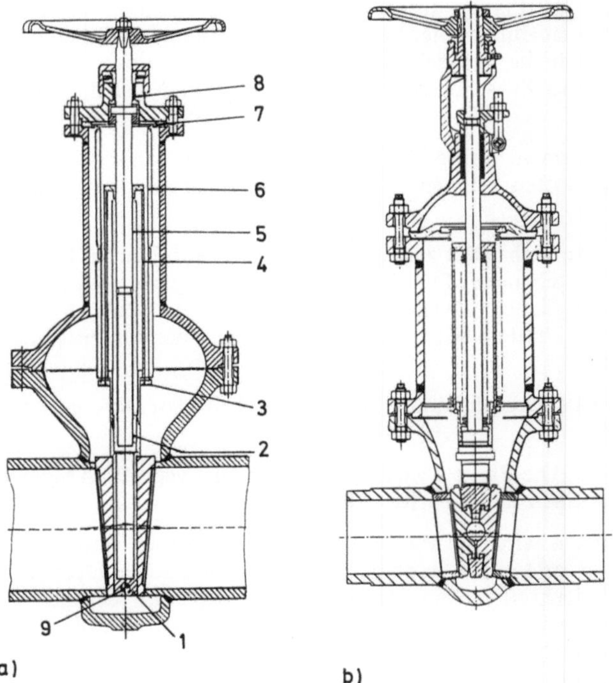

Bild 7-59. Faltenbalgschieber mit zweifacher Balgverschachtelung ($\geq$ Höhe der Normalschieber mit Stopfbuchse) [7-12].
a) mit innenliegendem Spindelgewinde;
b) mit Plattenkeil und außenliegendem Spindelgewinde.

1 Hubrohr; 2 Spindelmutter; 3 Anschlußstück; 4 Stützrohr; 5 innerer Faltenbalg; 6 äußererFaltenbalg; 7 Balgflansch; 8 Sicherheitsstopfbuchse; 9 Sperrbolzen.

7.2.3 Absperrhähne, Bauarten und ihre Anwendung

Der Stellkörper bestimmt die Gestaltung der Absperrbaugruppe (s. Bilder 7-26 und 7-27) sowie die Bauart und Anwendung der Hähne.

7.2.3.1 Kükenhähne

Hähne einfacher Bauart (s. Bild 7-24). Das Küken wird durch eine Mutter, aber auch durch eine Druckfeder, in das Gehäuse gezogen (vorgespannt) und dichtet auch nach außen ab. Üblich sind ovale und rechteckige Durchgänge. *Anwendung*: kleine DN, niedrige Drücke und Temperaturen.

Hähne mit Stopfbuchse. Bei der Bauart nach Bild 7-60a wird das Küken durch die Stopfbuchsbrille über die Packung in das Gehäuse gepreßt. Die Packung muß den vollen Betriebsdruck aufnehmen, Packungsaußendurchmesser = größter Gehäuseinnendurchmesser. *Anwendung*: bis DN 100, PN 10 und 120 °C.

Bei der Bauart nach Bild 7-60b nimmt der Deckel den Druck auf. Die Stopfbuchse ist kleiner und im Deckel angeordnet. *Anwendung*: bis DN 200, PN 16 und 120 °C.

212

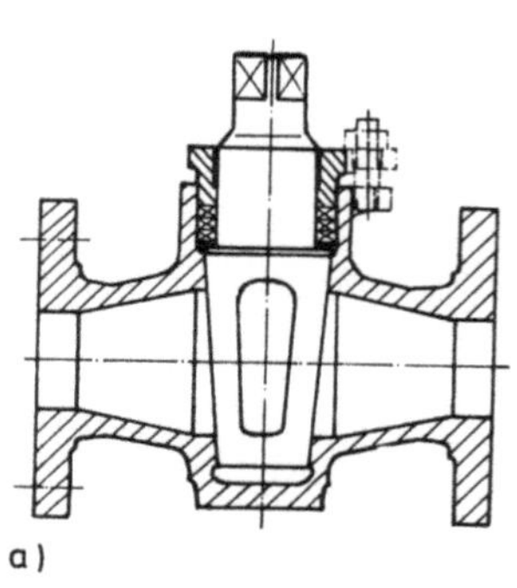 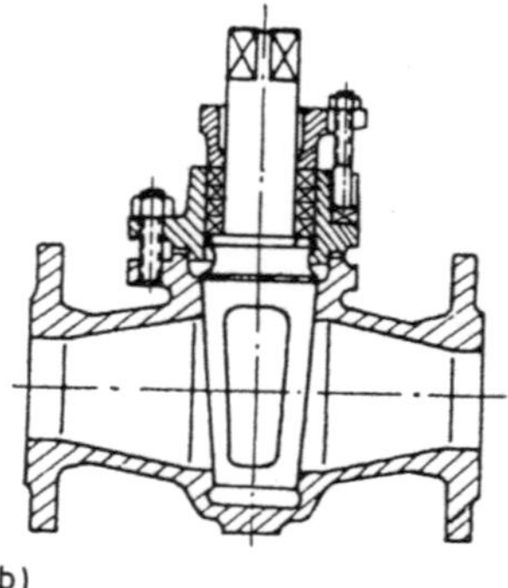

Bild 7–60. Hahn mit Stopfbuchse.
a) ohne Deckel (Packhahn, Fa. KSB);
b) mit Deckel (Stopfbuchshahn, MAW).

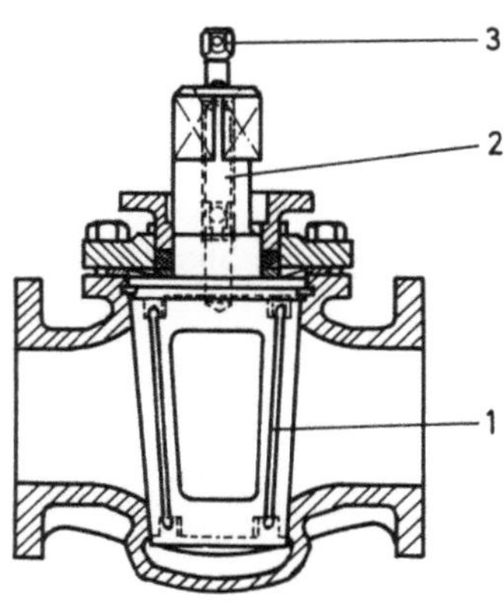

Bild 7–61.
Schmierhahn (MAW).
1 Schmiernut; 2 Schmiermittelkammer; 3 Druckschraube.

Schmierhähne (Bild 7–61). Zur Vermeidung von Schwergängigkeit müssen, vor allem größere Hähne, geschmiert werden (s. auch Abschn. 7.1.3 Betätigungsmoment). Aus einer Kammer wird Schmiermittel in auf dem Küken befindliche Nuten gedrückt, das Küken wird „leicht angehoben", und es bildet sich ein Schmierfilm, der bei jeder Drehung des Kükens erneuert wird. In den Endstellungen deckt die Gehäusewand die Nuten ab. Das Schmiersystem ist so gestaltet, daß bei der Lage einer Nut im Fluid das Nachdrücken des Schmiermittels verhindert wird. Eindringen des Fluids in die Kammer wird durch ein Rückschlagventil verhindert. Große Kükenhähne sind fast immer geschmiert.

Anlüfthähne (Bild 7–62). Das Küken wird zum Betätigen angehoben, „berührungslos" gedreht, und in der Endstellung wieder in das Gehäuse gepreßt. *Vorteile*: geringes Betätigungsmoment, geringer Dichtflächenverschleiß, kein Festsitzen, Einsatz bei zähflüssigen und klebenden Fluiden möglich.

Eckhähne (Bild 7–63). Sonderkonstruktion, weichen nur hinsichtlich der Anschlußanordnung von den erläuterten Varianten ab.

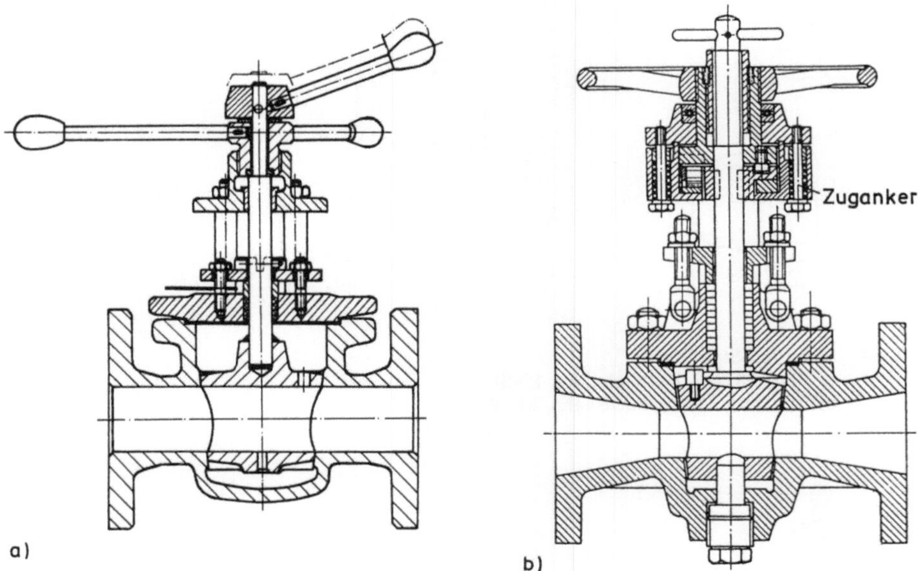

Bild 7–62. Anlüfthähne (Anlüftprinzipien).
a) Anlüften und Absenken mittels Spindel und Griffkreuz, Drehen mit Hebel (MAW);
b) Anlüften über Rollen oder Nocken und schiefe Ebene (aufwendig, bietet aber, besonders bei großen Hähnen, mehr Sicherheit) [7–11].

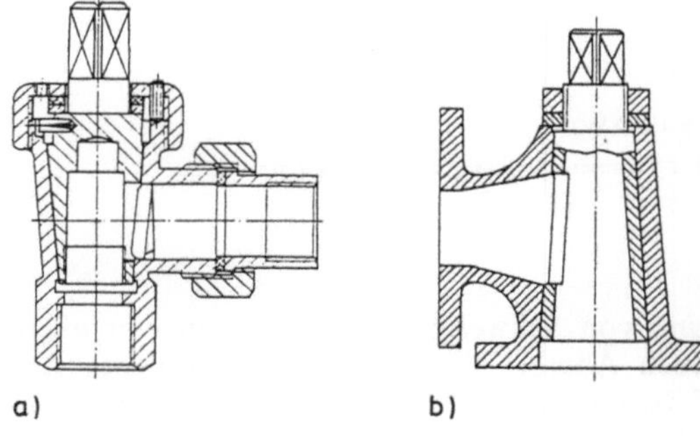

Bild 7–63.
Eckhähne.
a) Ausführung für kleine DN (z. B. Hausgas-Absperrhahn, MAW);
b) Ausführung für große DN, schematisch.

Mehrwegehähne (Bild 7–64) werden auch als Eckhahn (Unterlaufhahn, Bild 7–65) und anlüftbar angeboten.

Hähne mit zylindrischem Küken können zusätzliche Abdichtelemente haben (Bilder 7–66 und 7–67); ein Einschleifen des Kükens entfällt dann. Bei der Bauart nach Bild 7–67 besteht das Küken aus zylindrischen Segmentpaaren, die durch einen von außen nachspannbaren Drehkeil gegen die Gehäusewand gepreßt werden. Der rechteckige Durchgang befindet sich im Drehkeil. Dichtstreifen (PTFE) auf den Segmentflächen dichten ab und sollen Leichtgängigkeit gewährleisten. In Offenstellung sind die Segmente aus der Strömung geschwenkt. *Anwendung*: bis DN 150 und PN 16.

214

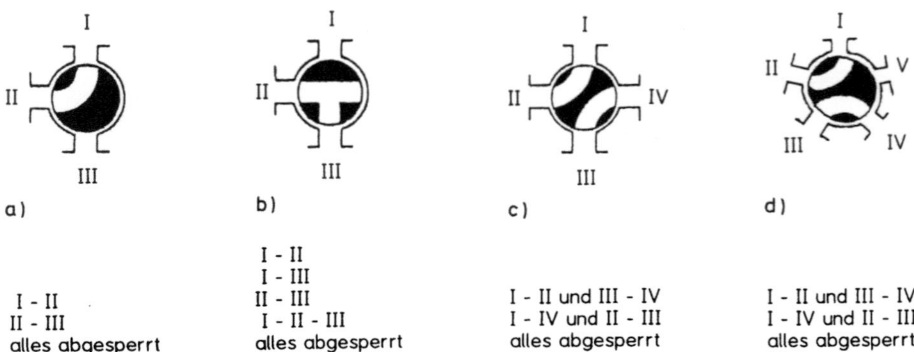

Bild 7–64. Schaltmöglichkeiten mit Mehrwegehähnen.
a) und b) Dreiwegehahn mit L- oder T-förmigem Kükendurchgang;
c) Vier- und d) Fünfwegehähne haben zwei L-förmige Durchgänge.

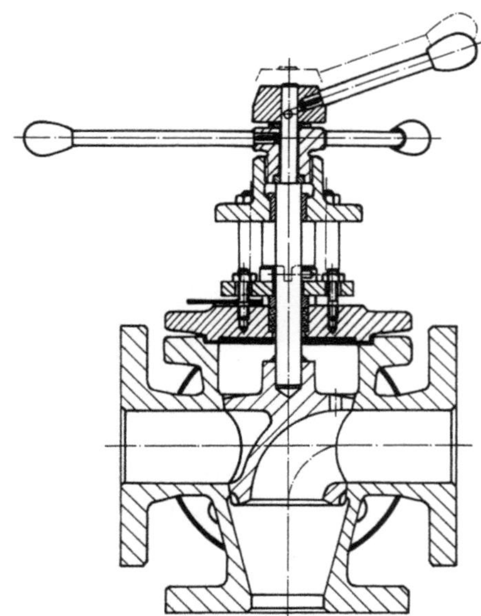

Bild 7–65.
Mehrwegehahn mit drei seitlichen und einem nach
unten gehenden Anschluß, anlüftbar, sogenannter
Unterlaufhahn (MAW).

7.2.3.2 Kugelhähne

Kugelhähne mit schwimmend gelagerter Kugel. Die Kugel ist *schwimmend* (in Achsrichtung beweglich) zwischen den Sitzringen gelagert (s. Bild 7–25) und mit dem Betätigungszapfen formschlüssig verbunden (Bild 7–68); die Kugel fixiert sich selbst. Flexible Sitzringlippen bewirken ständigen Kontakt mit der Kugeloberfläche (s. Tabelle 7–8, wirken auch selbstreinigend).

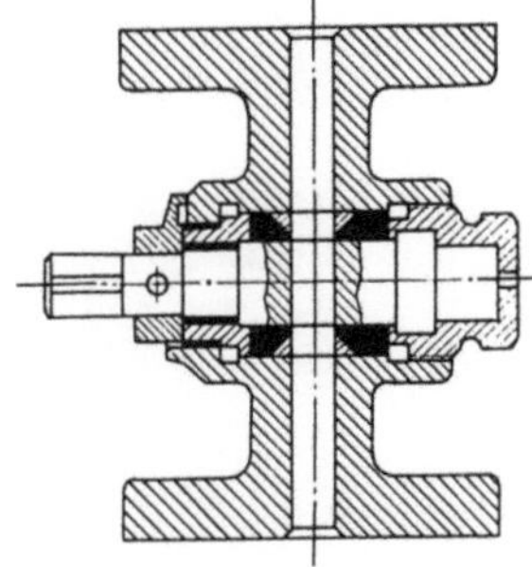

Bild 7-66.
Absperrhahn mit zylindrischem Küken [7-11].

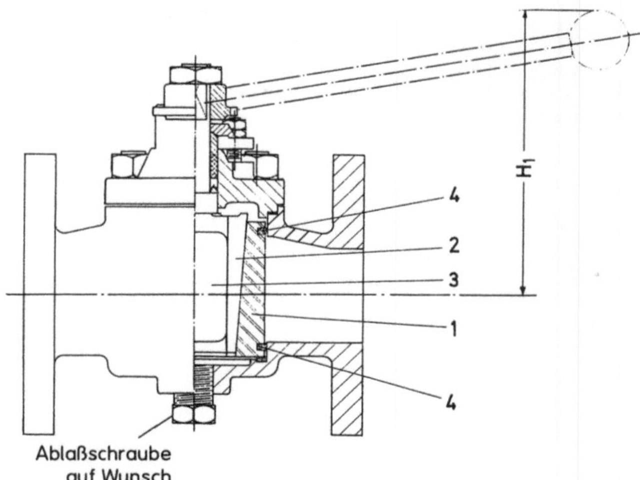

Bild 7-67. Hahn mit zylindrischen Segmentpaaren (Deutsche LANGLEY ALLOYS).
1 Segment; 2 Drehkeil; 3 Durchgang; 4 Dichtstreifen.

Offenstellung: zuström- und abströmseitig gleiche Dichtpressung und Auflageflächen.

Schließstellung: Der Differenzdruck schiebt die Kugel in den abströmseitigen Sitzring; Erhöhung der Dichtpressung und Vergrößerung der Dichtfläche (s. Tabelle 7-8), aber auch höhere Belastung und stärkere Abnutzung. Der Betätigungszapfen ist *ausblasesicher* angeordnet (Bund).

Bei der Ausführung nach Bild 7-68 werden die Sitzringe durch Federelemente gegen die Kugel gepreßt (Kugel und Sitzringe schwimmend), Zapfenabdichtung durch Stopfbuchse; Zapfenführung im Stopfbuchsgrund und Lager im Bügel. Das Lager nimmt axiale und seitliche Kräfte auf und verhindert Zapfendruck auf die Kugel. *Vorteile*: Mit zunehmendem Differenzdruck erhöht sich die Dichtfunktion, beliebige Durchflußrichtung. *Nachteile*: Gefahr unzulässiger Sitzringverformung.

Ausführung für höhere Temperaturen (s. Bild 7-68a und b). Sitzringe aus Graphit oder Stahl (Stahlringe und Kugel z. B. mit Hartlegierung auf Nickelbasis beschichtet, HRC ca.

216

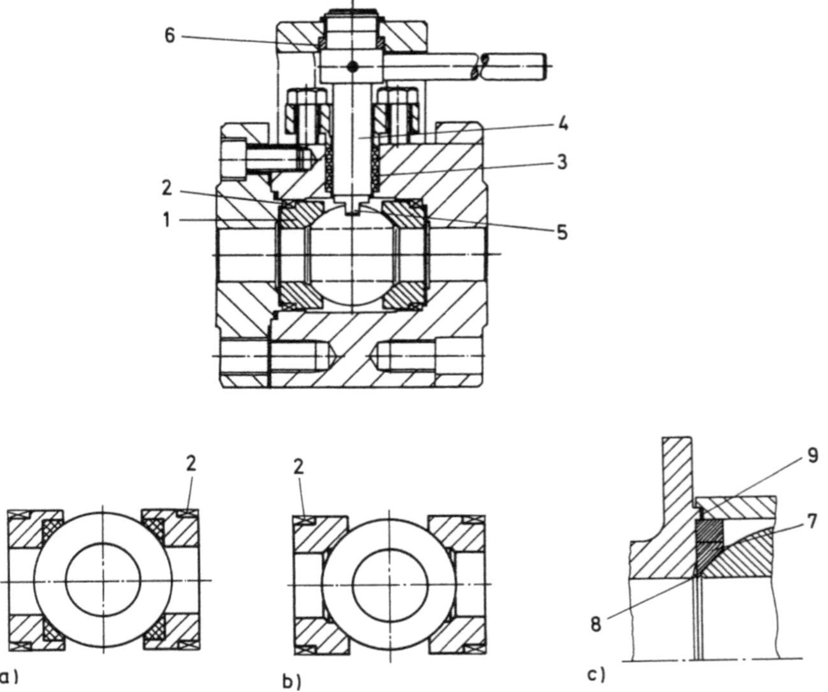

Bild 7-68. Kugelhahn mit zweiteiligem Gehäuse und schwimmender Kugel (Fa. Burgmann).
1 Sitzring; 2 Federelement (Sekundärdichtung); 3 Stopfbuchse; 4 Betätigungszapfen; 5 formschlüssige Kugel-Zapfenverbindung; 6 Lager im Bügel.
a) Sitzringe aus Graphit; b) Sitzringe aus Stahl; c) feuersichere Ausführung.
7 Metallsitzring; 8 metallische Dichtlippe; 9 temperaturstabile Flachdichtung.

50). Die Sekundärdichtung 2 bewirkt die Dichtpressung. Temperaturgrenzen allgemein − 200 °C bis 500 °C.

Feuersichere Ausführung (s. Bild 7-68c). Werden die weichdichtenden Sitzringe zerstört, preßt der Druck die schwimmende Kugel gegen metallische Dichtlippen (Linienberührung). Bei zerstörter Zapfendichtung wird der Zapfenbund dichtend gegen die Zapfenführung gepreßt. Die Gehäusetrennstellen (Nut und Feder) werden mit temperaturstabiler Flachdichtung abgedichtet.

Kugelhähne mit zapfengelagerter Kugel. Die Kugel ist über Zapfen im Gehäuse stabil gelagert (Bild 7-69), Dicht- und Lagerfunktion sind getrennt. Die axial verschiebbaren, gegen das Gehäuse abdichtenden Sitzringe werden durch Federelemente, durch den Fluiddruck unterstützt, gegen die Kugel gepreßt (s. auch Abschn. 7.1.3.2). Unerwünschter Druckaufbau wird durch Abheben der Sitzringe von der Kugel verhindert. *Vorteile*: keine unzulässige Verformung der Sitzringe, geringe Betätigungsmomente unter Druck. *Nachteile*: keine druckdifferenzabhängige Dichtfunktion (s. schwimmende Kugel). *Anwendung*: vorrangig große Nennweiten und hohe Drücke bis DN 1500 (s. Abschn. 7.5.6).

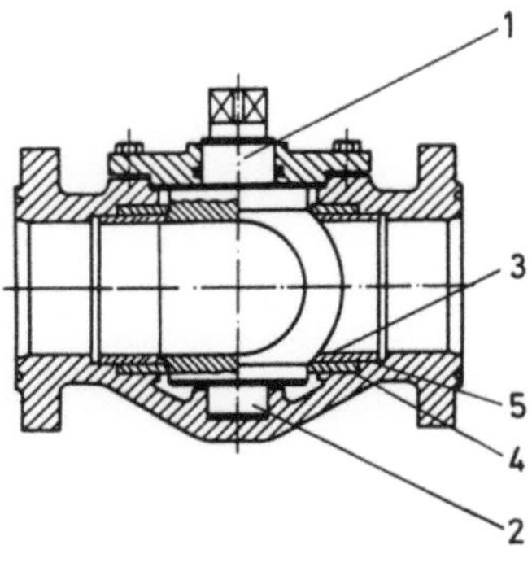

Bild 7–69.
Kugelhahn mit zapfengelagerter Kugel [7–5].

1 Betätigungszapfen; 2 Lagerzapfen; 3 Sitzringe; 4 Feder; 5 Abdichtung gegen das Gehäuse (O-Ring).

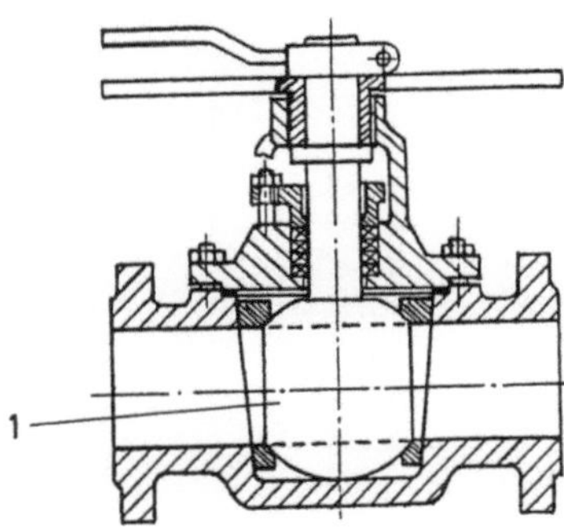

Bild 7–70.
Anlüftbarer Kugelhahn [7–5].

1 keilförmiger Sitzring zum Anlüften.

Anlüftbarer Kugelhahn (Bild 7–70). Keilförmige Sitzringe ermöglichen das Anlüften. Beim Betätigen wird die Kugel mit den Sitzringen angehoben, „berührungslos" gedreht, und über Exzenter wieder in das Gehäuse gepreßt.

Dreiwegekugelhähne. Die Kugelbohrungen sind L- und T-förmig angeordnet (Bild 7–71). Bei T-Bohrungen ist der mittlere Anschluß nicht abgedichtet, s. Bild 7–71e.

Anmerkung: Störungen, wie Undichtheit durch Sitzringverformung oder -verschleiß (Merkmal: gegebenenfalls Leichtgängigkeit) oder eine beschädigte Kugeloberfläche, sind nur nach Demontage feststellbar. Nacharbeit ist meistens nicht möglich.

Bei Kugelhähnen mit mehrteiligem Gehäusen soll die Rohrleitung leichten Druck auf die Gehäuse ausüben (Zug unbedingt vermeiden), Einbau mit entsprechender Vorspannung.

7.2.4 Absperrklappen, Bauarten und ihre Anwendung

Die Lagerung der Klappenscheibe bestimmt die Bauart (s. Bild 7–31), die Absperrbaugruppe (s. Tabelle 7–9) und die Anwendung. Für den dichten Abschluß sind die Dichtungskinematik und die Absperrbaugruppe maßgebend (s. Bilder 7–30 und 7–31).

7.2.4.1 Klappen mit zentrisch gelagerter Klappenscheibe

Diese Bauart findet vor allem für einfache Drosselaufgaben Anwendung (s. Abschn. 7.3.2). Mit Weichdichtungen ausgerüstet, eignet sie sich ebenso für Absperraufgaben. Eine geteilte Welle vergrößert den Durchströmquerschnitt in Offenstellung (Bilder 7–72 und 7–74).

218

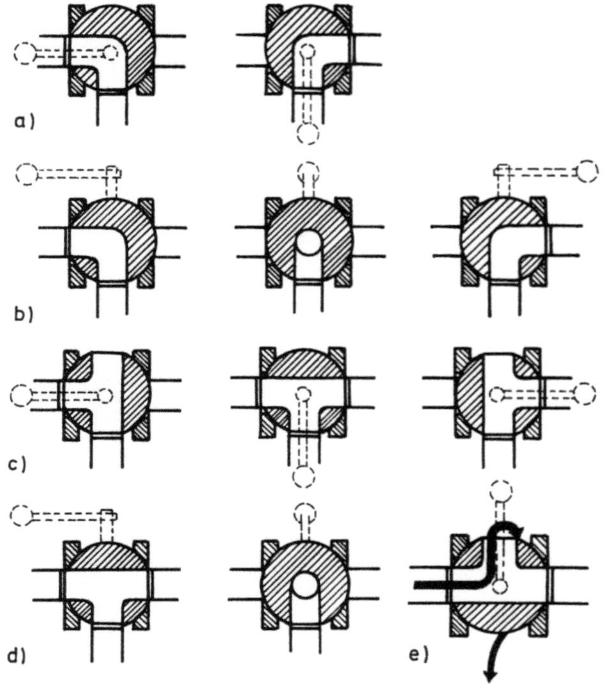

Bild 7–71. Schaltmöglichkeiten mit Dreiwegekugelhahn.
a) L-Bohrung, mittlerer Anschluß horizontal;
b) L-Bohrung, mittlerer Anschluß vertikal;
c) T-Bohrung, mittlerer Anschluß horizontal;
d) T-Bohrung, mittlerer Anschluß vertikal;
e) T-Bohrung, mittlerer Anschluß horizontal. Das Fluid kann die Kugel umströmen und durch den mittleren Anschluß austreten.

Bild 7–72 zeigt die konstruktive Ausführung einer Absperrklappe mit zentrischer Lagerung in Klemmbauweise. Die wichtigsten Teile, ihre Merkmale und Eigenschaften sind [7–1]:

Gehäuse: einteilig, nicht fluidberührt, Ringgehäuse mit Anbauflansch, GGG 40, Stahlguß, Edelstahl.

Manschette: einteilig demontierbar, übernimmt den Korrosionsschutz des Gehäuses sowie die Abdichtung im Abschluß, zu den Rohrleitungsflanschen und an den Wellendurchführungen. Die Verstärkung im Mittenbereich (Bild 7–72a) bewirkt mechanische Verankerung gegen Querkräfte beim Schließen, Formstabilität gegen Strömungskräfte, großes elastisches Volumen, geringe prozentuale Verformung und große Rückstellreserve. Die zur Scheibe kugelförmig und zur Welle mit großem Ringwulst ausgebildete Wellendurchführung (Bild 7–72b) ergibt eine kontinuierliche Dichtungslinie am Umfang und doppelte Abdichtung der Wellendurchführung nach außen. Im Bereich der Flansche (Bild 7–72 a und b) konzentrisch verlaufende Rillen an den Stirnseiten zu den Gegenflanschen; zusätzliche Abdichtung durch einen ringförmigen im Gehäuse gekammerten Wulst; Anzug der Rohrleitungsflansche durch metallische Auflage am Ringgehäuse begrenzt. Werkstoff: Elastomervarianten.

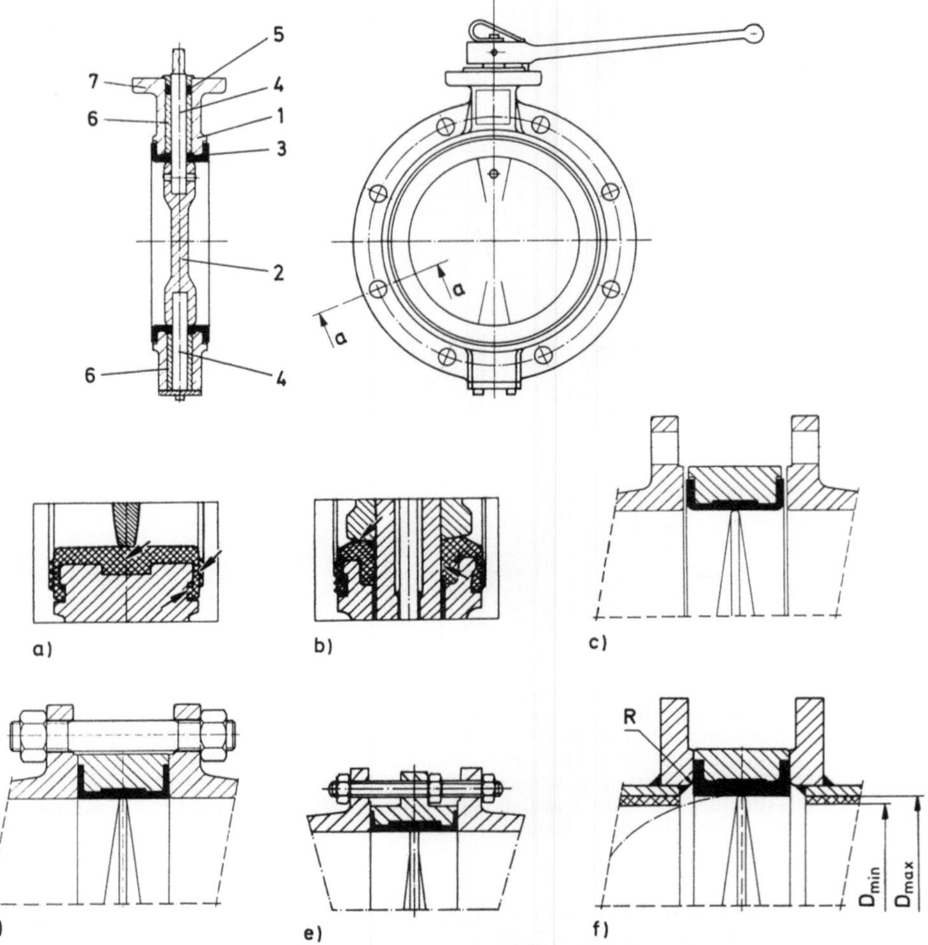

Bild 7–72. Ringabsperrklappe in Klemmbauweise mit zentrisch gelagerter Klappenscheibe und ausgekleidetem Gehäuse (Fa. Wouter Witzel, Holland).

1 Gehäuse; 2 Klappenscheibe; 3 Manschette (Gehäuseauskleidung mit integrierter Flanschdichtung); 4 geteilte Welle; 5 Rundring; 6 Lagerbuchse; 7 Flansch (Antriebsanschluß).

a) Abdichtung im Abschluß (Einzelheit);
b) Wellenabdichtung durch Manschette (Einzelheit);
c) vor der Montage;
d) nach der Montage;
e) mit Zentrierlöchern und als Monoflanschklappe (leichte Montage, Endarmatur);
f) Einbau in eine ausgekleidete Rohrleitung: D_{max}, D_{min} und R der Rohrleitung beachten.

Klappenscheibe: kugelförmig am Umfang, strömungsgünstig durch linsenförmigen Querschnitt und geteilte Welle, GGG 40 (Rilsan, Epoxid, vernickelt, gummiert). Edelstahl, Edelstahl poliert.

Welle: zentrisch angeordnet, durch die Klappenscheibe geführt oder geteilt, vom Fluid unberührt, form- oder kraftschlüssig mit der Scheibe verbunden (s. Abschn. 7.1.4, Klappenwelle), Edelstahl, Sonderwerkstoffe, Alu-Bronze.

Wellenlager: selbstschmierend, z. B. PTFE mit Sinterbronze.

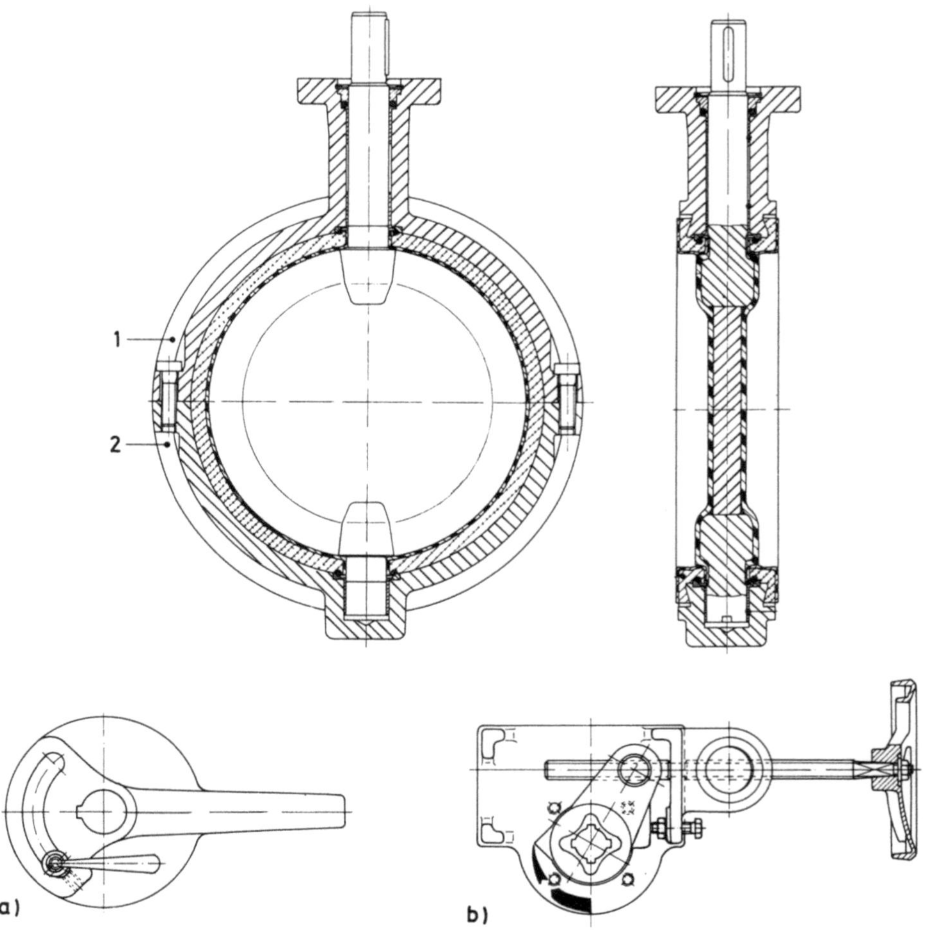

Bild 7–73.   Ringklappe mit geteiltem Gehäuse und verlängertem Lagerhals (z. B. für Isolierung). Gehäuse (1 und 2) vorrangig bei Auskleidungen (nicht einvulkanisiertes Futter). Das Futter tritt beiderseitig aus dem Gehäuse heraus, Flanschdichtungen sind nicht erforderlich (Fa. Wouter Witzel, Holland).
a) Handhebel mit Feststelleinrichtung;
b) Spindelgetriebe.

Anwendung: DN 40 bis 400 PN 16, DN 450 bis 1000 PN 10, bis DN 1600 PN 6; − 10 bis 160 °C.

Absperrbaugruppe: weichdichtend, metallischer Scheibenrand und weicher Gehäusesitz oder umgekehrt (immer ein weiches Dichtelement). Gleich gute Dichtheit in beiden Durchflußrichtungen.

Die einfachste Ausführung ist die *Ringklappe* (Bilder 7–72 und 7–73). Nur die Gehäuseauskleidung und Klappenscheibe kommen mit dem Fluid in Berührung; am Wellendurchtritt wird die Auskleidung durchbrochen (Grund für Druckbegrenzung ≦ PN 16).

Die Flanschschrauben zentrieren die Klappe, > DN 350 Zentrierlöcher (Bild 7–72d und e). Die freie Bewegung der Klappenscheibe und die Abdichtung an den Flanschen müssen gewährleistet sein (Bild 7–72f). *Vorteile*: sehr geringe Abmessungen und Massen: 1/3 bis 1/6 der Baulänge und 1/3 bis 1/9 der Masse vergleichbarer Ventile, Schieber und Kugelhähne. *Anwendung*: DN 40 bis 1600, bis PN 16, − 40 bis 140 °C, als Absperr- und Drosselklappe (s. Abschn. 7.1.4).

Bild 7–74 zeigt eine Klappe mit an den Wellen geteiltem und an der Klappenscheibe versetzt angeordnetem Profildichtring, der in Schließstellung wechselseitig gegen den dachförmigen Sitz gepreßt wird (Bild 7–74a). Die Welle ist separat durch Wellendichtringe abgedichtet. Profilring und Dichtring sollen eine endlose elastische Dichtung gewährleisten [7–14]. Die antriebsseitig befindliche Fettkammer kann mit Sperrflüssigkeit gefüllt werden

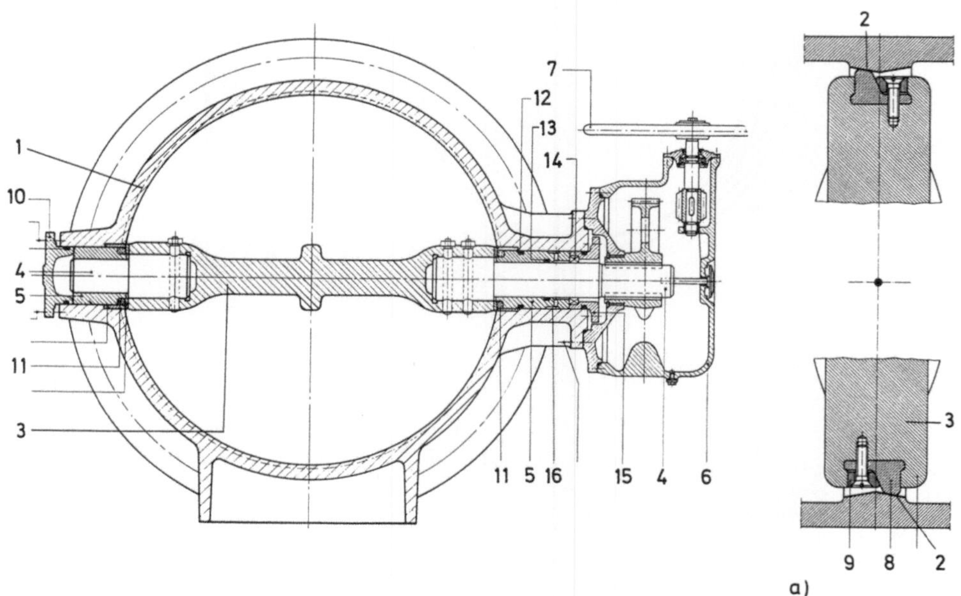

Bild 7–74. Absperrklappe mit zentrisch gelagerter Klappenscheibe (VAG-Armaturen).

1 Gehäuse; 2 dachförmiger Gehäusesitz; 3 Klappenscheibe; 4 geteilte Klappenwelle; 5 Wellenlager; 6 Getriebe; 7 Handrad; 8 Profildichtring (z. B. Perbunan), geteilt und in der Scheibe versetzt angeordnet; 9 Anpreßring (Keilringsegment); 10 Wellenlagerdeckel; 11 Wellendichtring (Gleitdichtring); 12 und 13 O-Ring; 14 Nutring; 15 Manschettendeckel; 16 Fettkammer.
a) Einzelheit Abdichtung Klappenscheibe/Gehäusesitz.

222

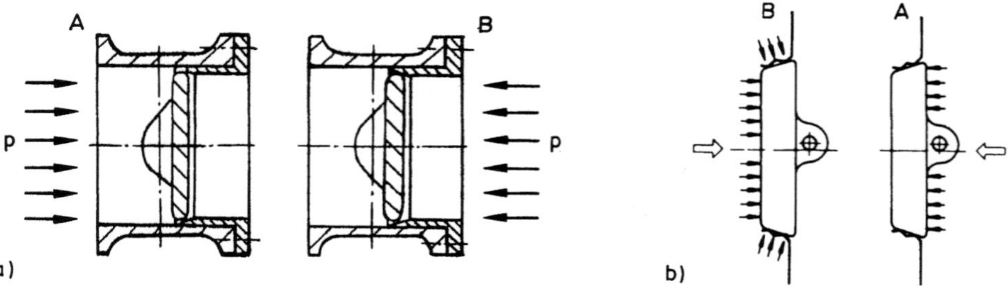

Bild 7-75. Durchflußrichtung bei exzentrisch gelagerter Klappenscheibe.
a) Vorzugsdurchflußrichtung A: die Scheibe wird durch den Druck auf der Wellenseite infolge des Lagerspieles, der Wellen- und Klappendurchbiegung (Klappenatmung) in den Gehäusesitz gedrückt und unterstützt die Dichtpressung;
b) Vorzugsdurchflußrichtung B: der Druck erhöht die Anpressung der Sitzdichtung (Wellendichtelement) an die Klappenscheibe. Bei dieser Durchflußrichtung wird gleichzeitig die Wellendichtung entlastet. In entgegengesetzter Richtung versucht der Fluiddruck, das Dichtelement von der Scheibe wegzudrücken [7-21].

(u. a. für Vakuum). *Anwendung*: DN 300 bis 2400, PN 2,5 bis 25, vorrangig in der Wasserversorgung und Abwasserbehandlung (s. Abschn. 7.5.6.1), gummiert auch für aggressives Rohwasser, Meerwasserentsalzung, alkalische und saure Fluide.

7.2.4.2 Klappen mit exzentrisch gelagerter Klappenscheibe

Die exzentrische Lagerung (s. Bild 7-31) bewirkt beiderseitig der Klappenscheibe unterschiedliche Durchflußquerschnitte und unterschiedliche Momentenverteilung an der Klappenscheibe (unterdrückt Flattern, vorteilhaft für Drossel- und Regelklappen). Der einseitige Flächenüberschuß bewirkt auch Selbstzentrierung im Drosselbereich.

Absperrbaugruppe: verstärkt lamellierte Verbundsysteme und metall-elastische Dichtelemente (s. Tabelle 7-9).

Durchflußrichtung: für beide Durchflußrichtungen geeignet; häufig werden, abhängig von der Absperrbaugruppe, eine Vorzugsdurchflußrichtung vorgegeben und unterschiedliche Differenzdrücke zugelassen (Bild 7-75).

Anwendung: DN 150 bis 2400 (3000), bis PN 40; doppelexzentrische Lagerung überwiegt.

Klappen mit **einfachexzentrisch gelagerter Klappenscheibe** werden nur noch selten angewendet (s. auch Abschn. 7.1.4).

Doppelexzentrisch gelagerte Klappenscheibe. Der doppelte Versatz des Drehpunktes bewirkt einen günstigen Momentenverlauf; der Freiwinkel (Bild 7-76d) gewährleistet ein sicheres Anfahren der Endstellung bei kurzem Reibweg (reibungsarmes Öffnen und Schließen). *Vorteile*: gutes Absperrverhalten, geringe Öffnungs- und Schließmomente (vor allem bei großen Klappen).

Bild 7-76 zeigt die konstruktive Ausführung einer Absperrklappe mit doppelexzentrischer Lagerung in Flanschbauweise. Wesentliche, die Funktion bestimmende Teile, ihre Merkmale und Eigenschaften sind [7-1]:

Gehäusesitz: korrosionsfeste, gegen mechanische Beanspruchung unempfindliche Auftragsschweißung; ein Freiwinkel an der Sitzfläche garantiert in Verbindung mit der doppelex-

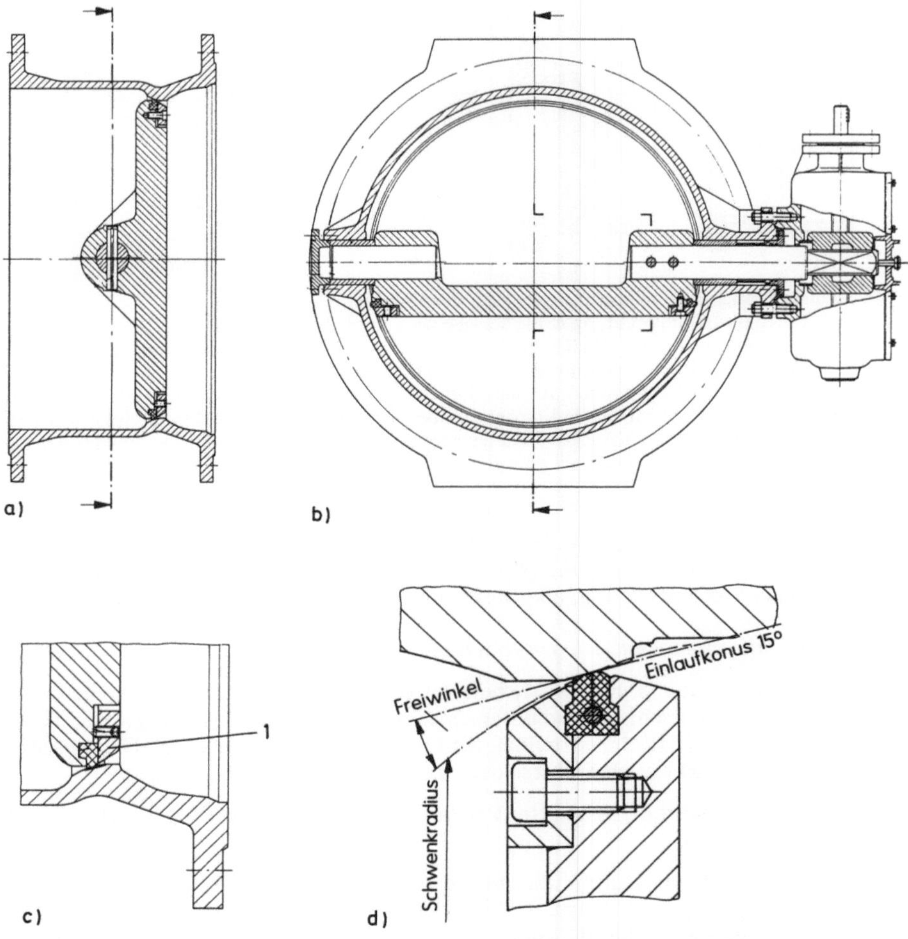

Bild 7–76. Klappe mit doppelexzentrisch gelagerter Klappenscheibe (VAG-Armaturen).
a) Scheibe in Schließstellung;
b) Scheibe in Offenstellung;
c) Abdichtung im Abschluß.
1 Anpreßring (Haltesegment);
d) Freiwinkel bei doppelexzentrisch gelagerter Klappenscheibe.

zentrischen Lagerung der Klappenscheibe einen kurzen Reibweg und minimale mechanische Beanspruchung der Dichtung.

Elastomer-Dichtelement: eigenstabiles Profil, schub- und zugfest gekammert, in Offenstellung vollkommen entlastet, ohne Demontage der Klappenscheibe austauschbar.

PTFE-Compound-Profildichtung: formelastische Dichtlippe mit metallischer Rückstell-federung, hohe thermische und chemische Beständigkeit, gute Dichtwirkung bei wechselden

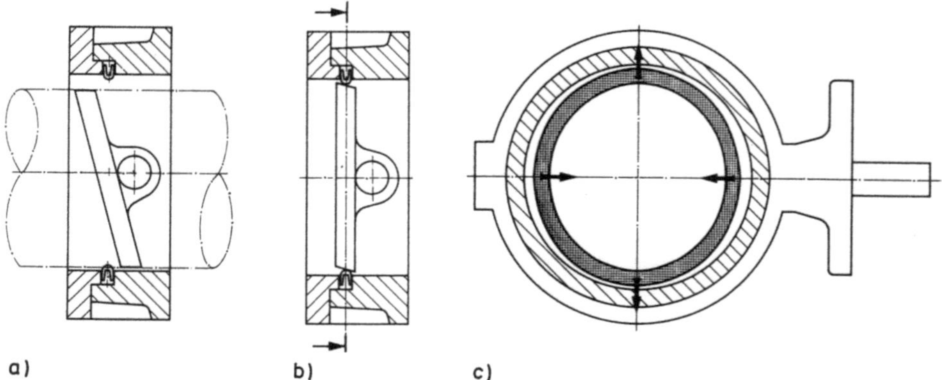

Bild 7–77. Absperr- und Regelklappe mit metallelastischer Absperrbaugruppe (Fa. Neles, Finnland).
a) leicht geöffnete Scheibe (Kippwinkel zum Drehen der Scheibe);
b) Schließstellung;
c) elastische Verformung des Sitzringes in Schließstellung zu einer Ellipse.

Temperaturen bis 200 °C, kein Verklemmen im Sitz, verhältnismäßg niedrige Antriebsmomente erforderlich, ohne Demontage der Klappenscheibe austauschbar.

Anwendung: DN 150 bis 4000, PN 6 bis 25, − 10 bis 120 °C (200 °C).

Bild 7–77 zeigt als Beispiel eine interessante Konstruktion. Die unter einem Winkel zylindrisch gedrehte Klappenscheibe hat eine elliptische Fläche (kleine Achse parallel zur Welle). Der runde, metallische Sitzring ist in einer Gehäusenut leicht vorgespannt, aber radial beweglich (schwimmend) angeordnet. Beim Schließen berührt die Klappenscheibe den Sitzring zuerst mit ihrem größeren Durchmesser; dieser verformt sich radial und paßt sich der elliptischen Form an. Die größere Ellipsenachse bewirkt eine Umfangsvergrößerung (elastische Aufweitung); der Sitzring wird auch im Bereich der kleinen Ellipsenachse an die Klappenscheibe gepreßt (Bild 7–77c). Beim Öffnen lösen sich die Dichtflächen schon bei kleinem Winkel voneinander: reibungsarmes Öffnen und Schließen, geringe Öffnungs- und Schließmomente, der Sitzring nimmt wieder seine runde Form an.

Dreihebelklappe (Bild 7–78). Die Klappenscheibe wird über einen Betätigungshebel parallel (reibungsfrei) vom Sitz abgehoben (und aufgesetzt), und durch zwei Lenker um 90° in die Offenstellung gedreht. *Anwendung*: DN 200 bis 2000, vorzugsweise für niedrige Drücke, bis 800 °C, als Absperr- und Regelklappe für gasförmige Fluide, auch mit größerem Staubgehalt.

7.3 Stellarmaturen

Neben den nach wie vor dominierenden Hubventilen werden Drehkörperarmaturen und auch Schieber zum Stellen eingesetzt. k_{vs}-Wert, Stellverhältnis und Kennlinie charakterisieren das Leistungsvermögen (s. Abschn. 5, Kennwerte im Abschn. 5.3). Durch die Gestaltung des Drosselkörpers kann weitestgehend jede beliebige Öffnungscharakteristik $A = f(y, \beta)$ erreicht werden (s. Abschn. 3.1).

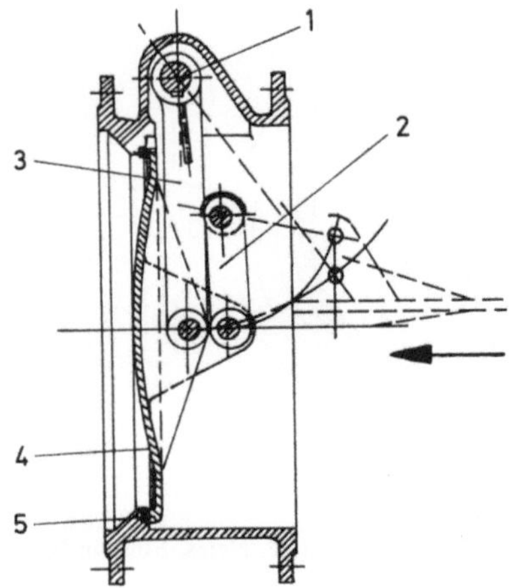

Bild 7–78.
Dreihebelklappe (Fa. Jansen).
1 Antriebswelle; 2 Betätigungshebel; 3 Lenker; 4 Klappenscheibe;
5 Sitz.

Darüber hinaus gehende Forderungen können sein: Beherrschung großer Druckdifferenzen, Strömungsgeschwindigkeiten und Stellbereiche, hohe Stellgenauigkeit, geringe Geräuschemission und Kavitationsgefahr sowie hohe Betätigungszahl, gegebenenfalls noch in geringem Stellbereich.

Innere Dichtheit, Leckage. Für Stellarmaturen werden allgemein große $\dot{V}_L$ zugelassen und in Prozent vom k_{vs}-Wert angegeben (Tabelle 7–11).

7.3.1 Stellventile

Grundsätzlicher Aufbau s. Abschn. 7.1.1; zusätzlich Stellbaugruppe und definierte Stellkörperführung.

7.3.1.1 Bauarten

Üblich sind Einsitz-, Doppelsitz- und Dreiwegeventile. Maßgebend für die Auswahl sind der k_{vs}-Wert, die Kennlinie, das Stellverhältnis, Kavitations- und Geräuschverhalten und der Antrieb.

Einsitzventile (Bild 7–79). *Vorteile*: gute Anpassung an die Regelstrecke (stabile Kennlinie), großer k_{vs}-, PN- und DN-Bereich, einfacher Aufbau (s. auch Abschn. 7.3.1.2). *Nachteile*: große Stellkräfte (außer druckentlasteter Kegel).

Im Standardbereich hat sich das Einsitz-Durchgangsventil (Bild 7–79a) mit austauschbarem Sitz, einseitiger Spindelführung, federbelasteter PTFE-Ringführung, flachem pneumatischem Antrieb mit Rollmembrane und Rückstellfeder oder elektrischem Antrieb durchgesetzt. Für höhere Anforderungen ab DN 50 zweiseitige Spindelführung (Bild 7–79b und c).

Doppelsitzventile (Bild 7–80). Vorzugsweise Parabolkegel; bei ziehender Spindel öffnend oder schließend; zweiseitig geführt. Der untere Kegel ist meistens kleiner (Bild 7–80a), muß bei Montage den oberen Sitz passieren. Fertigungs- bzw. montage- und betriebsbedingter Spalt *s* verursacht relativ große Leckage (s. Tabelle 7–11). Im Bild 7–80b wird *s* nur von zwei Durchmessern bestimmt (gut prüfbar) und ist somit weniger temperaturabhängig. Bevorzugte Durchströmrichtung s. Bild 7–80a und b. *Vorteile*: geringe Stellkräfte

226

Tabelle 7-11. Übliche Leckagen $\dot{V}_L$ in % vom k_{vs}-Wert für die gebräuchlichsten Stellarmaturen [7-16] [7-17].

Armatur			$\dot{V}_L$ in % von k_{vs}	
			metallisch dichtend	weich dichtend
Ventil	Einsitzstell-ventile	nicht druck-entlastet	$\leq 0,05$ $\leq 0,001^1)$	$\leq 0,001$
		druck-entlastet	$\leq 0,05$	$\leq 0,001$
	Doppelsitz-stellventile		$\leq 0,5$	
	Dreiwege-stellventile		$\leq 0,05^2)$	
Klappen	Stellklappen	durchschlagend	0,5 bis 2 0,5 bis $1,5^3)$	
		anschlagend$^4)$	0,25 bis 1	0,01 bis $0,25^5)$
	Absperrklappen$^4)$		0,05 bis 0,5	$\leq 0,0005$
Drehkegelventile			0,001 bis 0,01	
Kugelhähne			0,001 bis 1	

[1]) metallisch eingeschliffen
[2]) Werte für den jeweils geschlossenen Weg
[3]) Temperaturen $> 400\,°C$
[4]) DN 150 bis DN 400
[5]) Temperaturen bis $\approx 250\,°C$

Die kleineren Werte gelten allgemein für weich dichtend mit begrenzten Betriebstemperaturen, die Einzelwerte für den zulässigen Druck- und Temperaturbereich.

(durch entgegengesetzte Kegelanströmung weitgehend druckentlastet), vorteilhaft bei hohen Drücken. *Nachteile*: größere Bauhöhe, aufwendigere Konstruktion. Deshalb zunehmend Übergang auf Einsitzventile mit z. B. druckentlastetem Kegel.

Dreiwegeventile. Vorrangig Parabol- und Schlitzkegel; übliche Anordnung s. Bild 7-81; mindestens ein Kegel ist im Sitz geführt.

Antrieb und Dämpfung. Membranantriebe können ohne besondere Maßnahmen, gegebenenfalls gekoppelt mit hydraulischer Bremse, eingesetzt werden. Vor allem bei pneumatischen Antrieben kann intermitierender Betrieb oder Anströmen in Schließrichtung zu beschleunigten Drossel- und Schließvorgängen führen. Dämpfungseinrichtungen bewirken in den kritischen Bereichen progressiv gedämpfte Hubbewegungen (Bild 7-82). Die Regelung wird nicht beeinträchtigt.

Der k_{vs}-Wert gilt für einen Weg, er ist allgemein für beide Wege annähernd gleich. Bei linearer Kennlinie ist die Summe der k_v-Werte beider Wege über den Hub annähernd gleich, d. h. $k_{v1} + k_{v,2} \approx k_{vs} \cdot \dot{V}_L = \dot{V}_L$ für Einsitzventile (Tabelle 7-11).

Anwendung: bevorzugt Flüssigkeitssysteme mit intermitierendem Betrieb, Wasserversorgung mit bedarfsweiser Verbraucherzuschaltung, Tankfüllanlagen, Übergabestationen, Kühlsysteme.

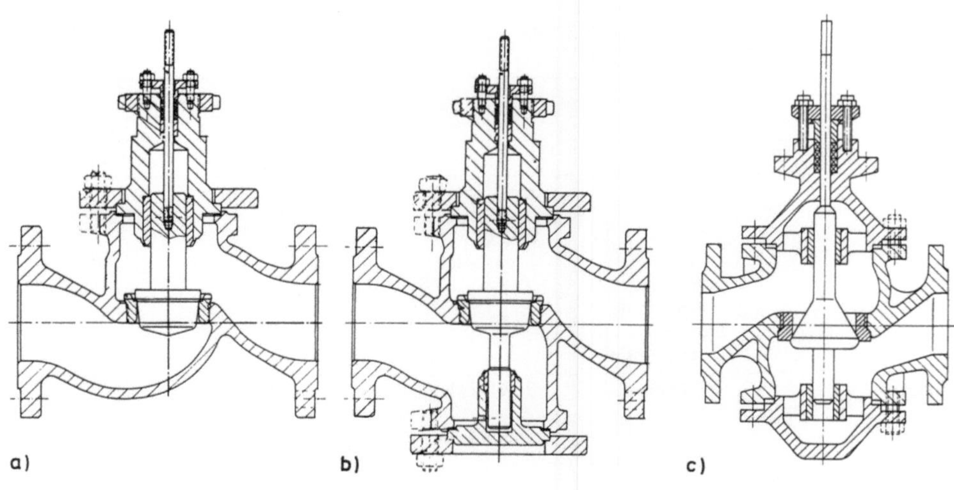

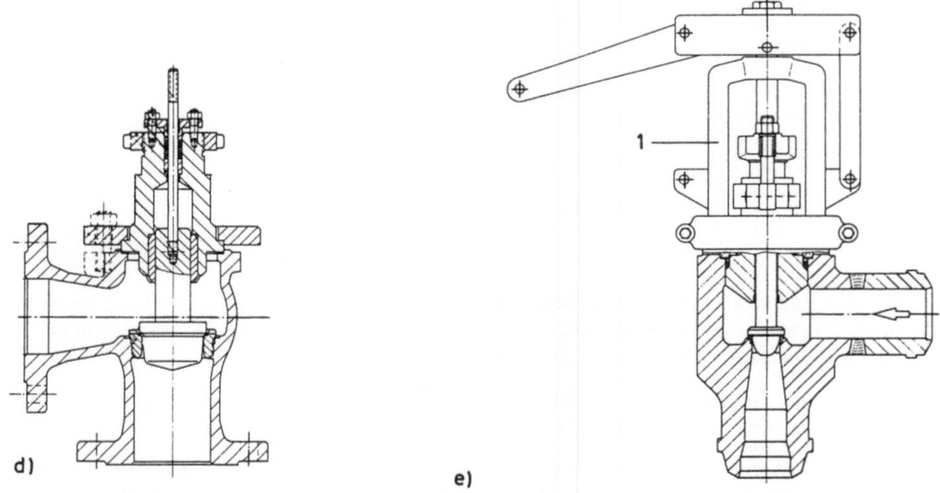

Bild 7–79. Einsitzstellventile.
a) einseitige Spindelführung (Dreiflanschgehäuse), öffnet bei Spindelzug (Fa. R. Schmidt, Österreich);
b) zweiseitige Spindelführung (Vierflanschgehäuse), öffnet bei Spindelzug (Fa. R. Schmidt, Österreich);
c) zweiseitige Spindelführung (Vierflanschgehäuse), schließt bei Spindelzug (IAL Leipzig);
d) Eckform (Fa. R. Schmidt, Österreich);
e) Eckstellventil mit Stellhebelaufsatz für kurze Betätigungszeiten für Hochdruck (DN 65 bis 300, PN 160 bis 400); 1 Stellhebelaufsatz (Fa. Sempell).

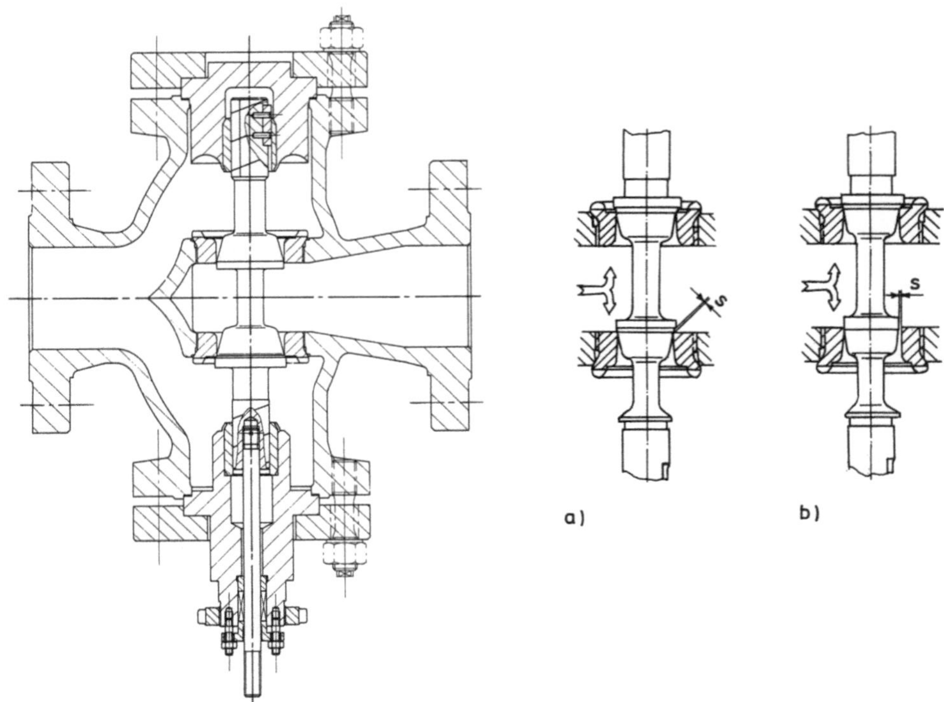

Bild 7–80. Doppelsitzventil, öffnet bei Spindelzug (Fa. R. Schmidt, Österreich).
a) größerer Kegel oben (konventionelle Ausführung);
b) gleiche Kegeldurchmesser, unten zylindrischer Sitz- und Kegeldichtfläche; s Ringspalt.

7.3.1.2 Stellbaugruppen

Die Form, Anordnung und Anströmrichtung bestimmen die Kennlinie, das Stellverhältnis, den zulässigen Differenzdruck und die Stellkraft (Tabelle 7–12). Kegel und Sitz werden oftmals gepanzert (Tabelle 7–13) und sind meistens auswechselbar (hoher Verschleiß).

Parabolkegel (Bild 7–83a). Die nach wie vor gebräuchlichste Form, für alle Stellaufgaben geeignet, Einsatz in Einsitz-, Doppelsitz- und Dreiwegeventilen. *Vorteile*: einfaches Prinzip, große Konturenvielfalt, geringe Schmutzempfindlichkeit.

Nachteile: kann bei einmaliger Führung unter erschwerten Bedingungen schwingen [7–18]. Deshalb werden zunehmend asymmetrische (V-Port-ähnliche) Kegel eingesetzt.

Anströmrichtung. Bei Einsitzventilen ist Anströmen gegen die Schließrichtung auf Grund des sich allmählich verengenden Ringquerschnittes und seiner sprunghaften Erweiterung hinter dem Sitz vorteilhaft: stabile Arbeitsweise, geringe Kavitationsgefahr (eindeutiger Zusammenhang zwischen Hub und z-Wert; $z = 0,2$ bis $0,8$; die höheren Werte bei kleinem Hub).

Bei umgekehrter Strömung bewirkt der diffusorartige Austrittskanal einen beträchtlichen Druckrückgewinn. Unstetigkeiten und Instabilität besonders im Schließbereich ($\leqq 10\%$ Hub).

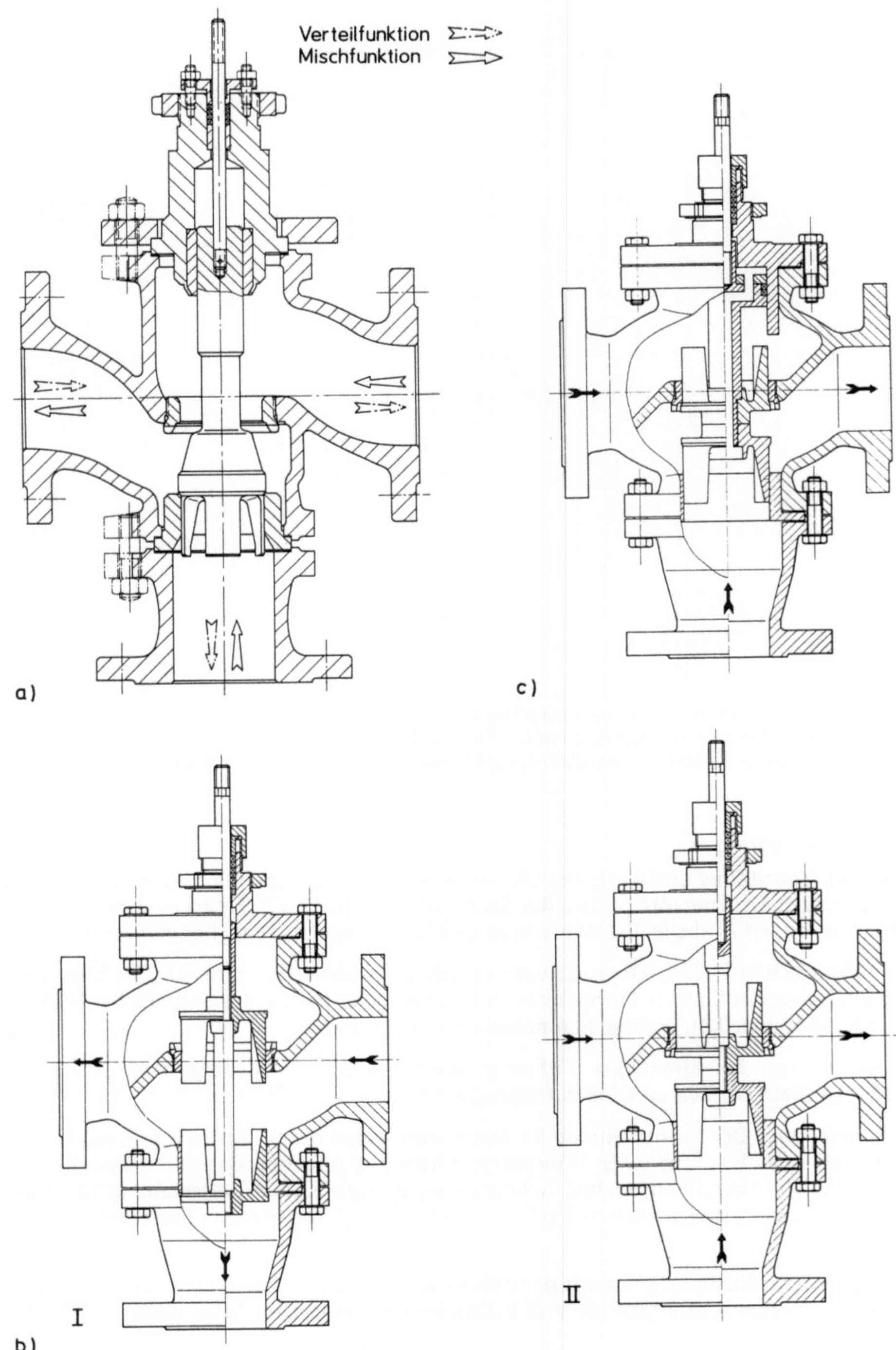

Verteilfunktion
Mischfunktion
a)
b)
I
c)
II

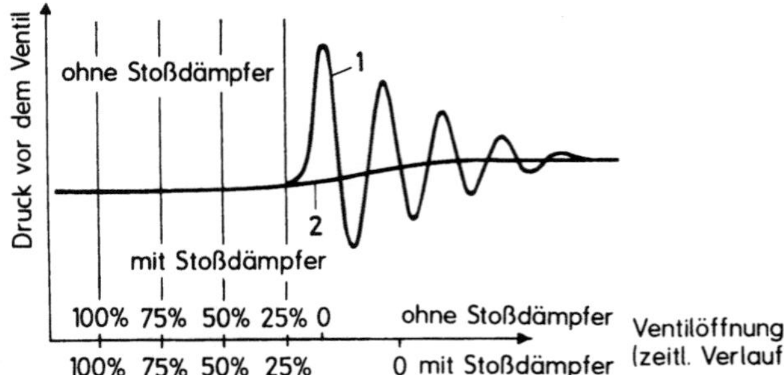

Bild 7–82. Prinzipieller Druckverlauf beim Schließen eines flüssigkeitsdurchströmten Regelventiles (Fa. R. Schmidt, Österreich).

1 ungedämpft; 2 gedämpft.

Günstigere Kegelformen für Anströmen in Schließrichtung sind z. B. Lochkegel oder die Stellkontur im Sitz.

Anströmen bei Doppelsitzventilen s. Abschn. 7.3.1.1.

Stellkontur im Sitz (Bild 7–83b). Umkehrung der Verhältnisse genenüber dem Parabolkegel betreffs der Auswirkungen der Anströmrichtung.

Schlitz- und V-Portkegel (Bild 7–83c). Die *Asymmetrie* stabilisiert die Strömung und die Lage des Kegels (kein Schwingen); geringe Lärmemission auch bei Anströmen in Schließrichtung. Die Schlitze halten den Sitz bei der Hubbewegung sauber.

Lochkegel (Bild 7–83d). *Prinzip*: Aufteilung des Massestromes in einzelne Strahlen, dadurch günstiges Lärm- und Kavitationsverhalten, Kegelführung über den gesamten Hub (erhöhte Reibung); verschmutzungsanfällig.

Die *Anströmrichtung* beeinflußt das Regelverhalten nicht entscheidend. Bei Flüssigkeiten ist Durchströmen von außen nach innen vorteilhaft (das Aufeinandertreffen der Strahlen dient der Energieumwandlung, geringere Kavitationsgefahr), bei Gasen und Dämpfen von innen nach außen (Volumenzunahme).

Die z-Werte sind praktisch hubunabhängig (bei kleinem y schlechter, bei $y = 100\%$ besser als beim Parabolkegel).

Für größere Druckdifferenzen haben sich Lochkegel mit nachgeschalteten Widerstandsstrukturen bewährt (s. Abschn. 5.6.3); zu beachten ist jedoch ihre weitgehende Unwirksamkeit im Teillastgebiet.

Mehrstufige Drosselkörper (Bild 7–83f und g). *Prinzip*: Entspannung hoher Drücke durch Aufteilung in mehrere Drosselstufen. Durchgesetzt haben sich:

a) *Mehrstufenkegel*. Reihenschaltung von Drosselstellen (Entspannung bei Gasen beachten: Flächenzunahme mit jeder Stufe); die Druckdifferenz bestimmt die Stufenanzahl (bereits

Bild 7–81. Dreiwegeventil (Fa. R. Schmidt, Österreich und [7–15]).
    a) doppeltwirkender Kegel;
    b) zwei separate Kegel; durch Umkehren der Kegel ist ein Umbau von Verteilfunktion I auf Mischfunktion II möglich;
    c) druckentlastete Kegel.

Tabelle 7–12. Wahl des Stellkegels, der Kegelführung und der Anströmrichtung. Beispiel: für Stellventile für universellen Einsatz in der Prozeßtechnik bei einfachen bis mittelschweren Betriebsbedingungen, für nahezu alle Fluide geeignet [7–18].

Fluid	empfohlener Stellkörper	Anströmrichtung	Führung des Stellkörpers	Sitzdurchmesser d mm	max. Δp_{zul} bei voll geöffnetem Ventil; bei Flüssigkeiten Kavitationsgefahr[1]
Wasser, Öle, zähe Flüssigkeiten sowie Flüssigkeiten mit geringen Feststoffanteilen	Parabolkegel	gegen die Schließrichtung	einmalig (nur oben)	$\leqq 50$ 65 und 80 100 und 125 150	2,0 MPa 0,4 MPa 0,1 MPa 0,05 MPa
			zweimalig (oben und unten)	$\geqq 20$	4, 0 MPa
Gase und Dämpfe (bei hoher Anforderung bezüglich Geräuschdämpfung Lochkegel wählen)	Parobolkegel	gegen die Schließrichtung	ein- oder zweimalig	$\leqq 150$	$< 0, 3\, p_1$
Wasser und Flüssigkeiten ohne Feststoffanteile	Lochkegel	in Schließrichtung	einmalig (oben), Lochkegel wird zusätzlich im Sitz geführt	$\leqq 150$	4,0 MPa
Gase und Dämpfe	Lochkegel	in Schließrichtung		$\leqq 150$	$\leqq 0, 5\, p_1$ $> 0, 5\, p_1$ auf Anfrage

[1] Richtwerte für das Auftreten von Kavitation bei Flüssigkeiten mit dem Verdampfungsdruck p_v bei Betriebstemperatur: $\Delta p \geqq 0.3\, (p_1 - p_v)$ bei Parabolkegel; $\Delta p \geqq 0, 5\, (p_1 - p_v)$ bei Lochkegel.

Tabelle 7-13. Panzerung von Kegel und Sitz, abhängig vom Differenzdruck Δp bei geöffnetem Ventil und der Betriebstemperatur T (Richtwerte); schematische Darstellung [7-17].

Stellkörper	Fluid	$\Delta p = 1{,}5$ MPa bei $T < 350\,°C$	$\Delta p = 1{,}5$ bis 3 MPa bei $T < 350\,°C$	$\Delta p = 1{,}5$ bis 4 MPa bei $T < 350\,°C$
Parabolkegel	Flüssigkeit ohne Feststoffe	ohne Panzerung; wenn Kavitation oder Erosion möglich, dann Panzerung 1	Panzerung 1	Panzerung 2
	Flüssigkeit mit Feststoffen	Penzerung 2	Panzerung 2	
	Gase und Dämpfe	ohne Panzerung	ohne Panzerung	Panzerung 2
Lochkegel	Flüssigkeiten, Gase und Dämpfe	keine Panzerung nötig bis $\Delta p = 4$ MPa		

Schematische Darstellung:

Parabolkegel Panzerung 1	Panzerung 2	Lochkegel Grundausführung	Ort der Panzerung
Dichtkante gepanzert	Dichtkante, Kontur und Schäfte gepanzert	Grundwerkstoff	Regelkegel
Dichtkante gepanzert	Dichtkante gepanzert	Dichtkante gepanzert	Sitz

Panzerungswerkstoff: z. B. CoMo 35

8 Stufen realisiert). Zusätzlich können Widerstandsstrukturen (s. Abschn. 5.6.3) vor- oder nachgeschaltet werden. *Nachteile*: großer Platzbedarf, nur für geringe Durchsätze gut geeignet.

b) *Lochdrosselgarnitur.* Ebenfalls Reihenschaltung von Drosselstellen; die konzentrische Anordnung führt zu einer stärkeren Lärmminderung; Bohrungsabmessungen und -anordnung sind zu optimieren (Druckabbau, Massestrom, Lärmemission).

Druckentlastete Kegel (Bild 7-83e). Entlastung des Kegels zur Reduzierung der Stellkraft. Dadurch sind große Druckdifferenzen mit pneumatischen Antrieben beherrschbar. Zusätzliche Führung durch den Entlastungskolben; für verschmutzte Fluide ungeeignet.

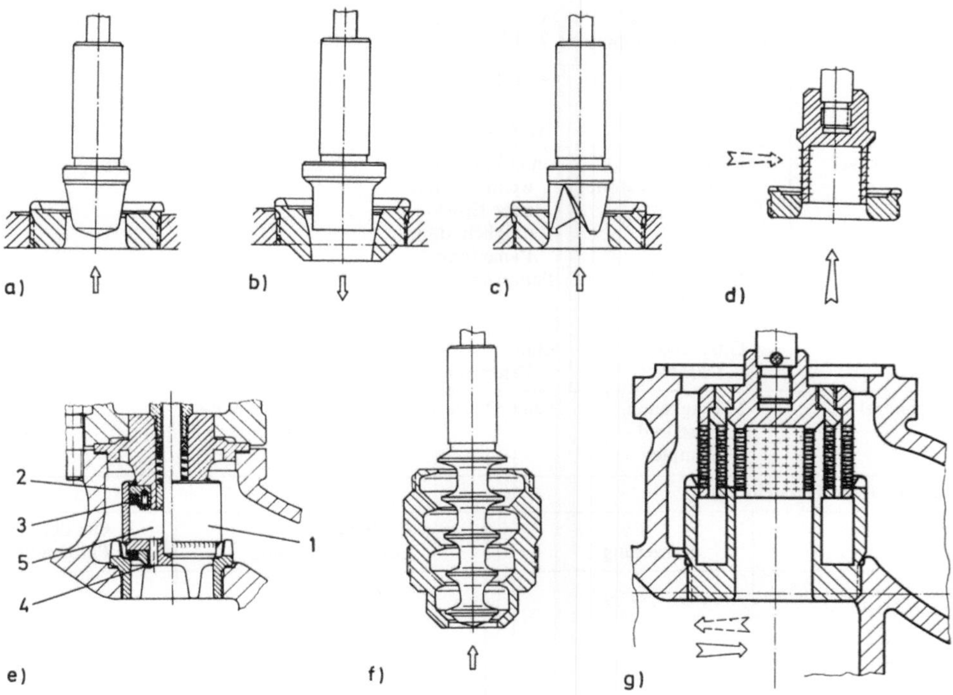

Bild 7–83. Gebräuchliche Stellbaugruppen.
  a) Parabolkegel;
  b) Stellkontur im Sitz;
  c) Schlitz- oder V-Portkegel;
  d) Lochkegel, Prinzip des Strömungsteilers;
  e) druckentlasteter V-Port ähnlicher Kegel.

  1 Entlastungskolben; 2 Führung; 3 Abdichtung; 4 Ausgleichsbohrung; 5 Entlastungsraum.

  f) mehrstufiger Axialkegel (Stufenkegel);
  g) Lochdrosselgarnituren.

7.3.2 Stellklappen

Grundsätzlicher Aufbau, Betriebsverhalten, Einsatzbereiche und -grenzen von Klappen s. Abschn. 7.1.4. In Schließstellung steht die Klappenscheibe senkrecht oder geneigt zur Rohrachse.

Die *Regelcharakteristik* wird i. allg. durch die Öffnungskennlinie bestimmt. (charakterisiert die Abhängigkeit der freien Fläche A von der Klappenscheibenstellung); zu beachten sind der Einfluß des Wellendurchmessers d und der Klappenscheibendicke h (Bild 7–84). Sobald die Klappenscheibe im „Strömungsschatten" der Welle liegt (Bild 7–84a), kann sich die freigegebene Fläche A nicht mehr vergrößern. Die maximale freie Fläche ist dann

$$A_{max}/A_1 = 2/\pi\left[\arccos(d/D) - (d/D)\sqrt{1 - d^2/D^2}\right]. \tag{7.5}$$

Bei einer Klappenscheibe mit endlicher Dicke h (Bild 7–84b, als aus der Mitte einer Kugel geschnittene Scheibe denkbar) berühren alle Punkte des äußeren Randes in einer bestimmten

234

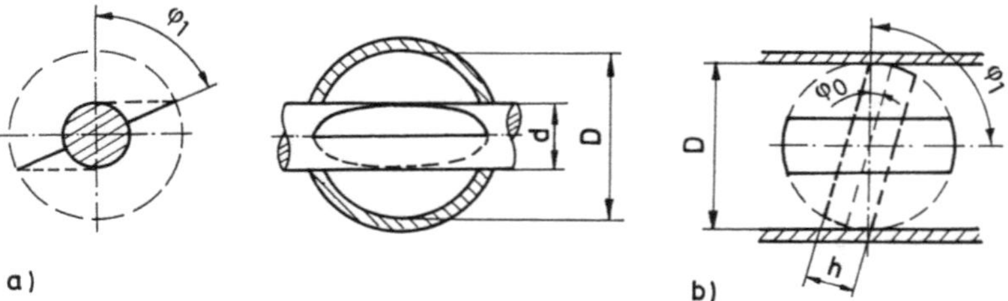

Bild 7-84. Einfluß der Klappenwelle und Klappendicke auf den Durchflußquerschnitt (schematisch).
a) dicke Welle;
b) dicke Klappenscheibe.

Stellung die Rohrwand. Deshalb wird erst bei einer Klappenstellung $\beta > \beta_0 = \arcsin(h/D)$ ein Durchfluß freigegeben; bei $\beta < \beta_0$ ist die Klappe geschlossen. Der maximale Öffnungswinkel beträgt $\beta_{max} = \pi/2$. Die maximale freie Fläche ist dann

$$A_{max}/A_1 = 2/\pi[\arccos(h/D) - (h/D)\sqrt{1 - h^2/D^2}]. \tag{7.6}$$

Klappen weisen i. allg. in einem bestimmten Stellbereich $\beta_0 \leqq \beta \leqq \beta_1 (\beta \approx 60$ bis $80°$; z. B. Bild 7-85) nahezu gleichprozentige Kennlinien auf.

Wird mit Handhebel oder linearen Stellantrieben (z. B. Schneckenrad- oder Spindelgetriebe) betätigt, ändert sich β proportional zur Stellbewegung. Durch Verwendung spezieller Stellantriebe (spezielle Getriebe, nichtlineare Zwischenglieder oder Stellungsregler) können die Kennlinien in gewissen Grenzen beeinflußt, z. B. linearisiert, werden. Dabei ist die Abhängigkeit der Stellkraft vom Stellwinkel zu beachten, d. h., je größer die Nichtlinearität, desto größer werden für einen bestimmten Bereich die Stellkräfte (Klappen für stetige Regelung erfordern i. allg. große Stellkräfte; s. auch Abschn. 5.5.2). Eine große Steilheit der Öffnungskennlinie bewirkt z. B. abnehmende Stellgenauigkeit (geringe Antriebsverstellung bewirkt größere Verstellung der Klappenscheibe) und sehr große Stellkräfte. Zu beachten ist auch, daß die Kennlinie nicht willkürlich verändert werden kann, wie z. B. bei einem Stellventil durch Auswechseln von Kegel und Sitz. Deshalb ist die geforderte Kennlinie bereits bei der Auswahl zu berücksichtigen (Korrekturen sind aufwendig). Dabei ist es durchaus möglich, in erster Näherung die Öffnungskennlinien der „idealen" Klappe (zweidimensional; unendlich kleine Klappenscheibendicke und gedachte, dimensionslose Welle) zu verwenden.

Einsatzhinweise. Klappen sollten vorrangig im Druckbereich $\Delta p_{100}/p \leqq 0,3$ betrieben werden ($\Delta p_{100}/p > 0,3$ bevorzugt Stellventile). Wird $\Delta p_{100}/p \ll 0,1$ verschiebt sich die Regelfähigkeit zu kleinerem β (und die Zuschläge für k_{vs} müssen größer werden) [7-19]. Wird die Klappe für $\beta_{100} = 30°$ bis $40°$ ausgelegt, läßt sich der Einsatzbereich i. allg. ohne k_{vs}-Wertreduzierung erweitern (der Druckbegrenzungsfaktor steigt mit abnehmendem β). *Allgemeine Einsatzgrenzen* [7-19]: Flüssigkeiten $\Delta p \leqq 0,25(p_1 - p_s)$ für $p_2 > p_s$ und $\Delta p \leqq 0,15 p_1$ für $p_2 < p_s$ (flashing); Gase und Dämpfe $\Delta p \leqq 0,15 p_1$. Dabei bedeuten $\Delta p =$ Differenzdruck bei $\dot{m}_{norm}$ oder $\dot{m}_{max}$ bei 60 bis 70 % Klappenöffnung, $p_s =$ Siededruck.

Bei der Auslegung muß auch beachtet werden, das Stellklappen meistens einen wesentlich größeren k_{vs}-Wert als z. B. Stellventile gleicher Nennweite haben. Wird ein Stellventil durch eine Klappe ersetzt, muß diese den für den Prozeß notwendigen Druckabfall erzeugen (eingeschränkter Stellbereich). Nach [7-20] ist die Einziehung und diffusorartige Erweiterung außerhalb der Klappe eine strömungsgünstige Variante.

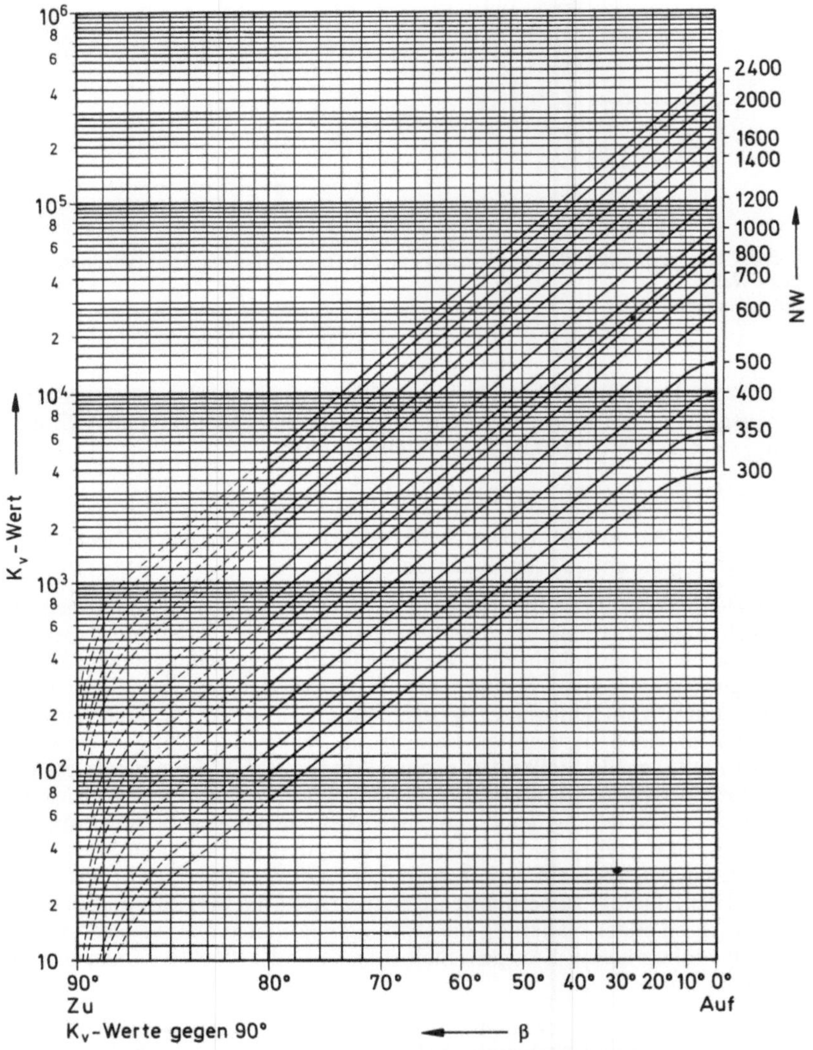

Bild 7–85. Kennlinien für Absperr- und Regelklappen, Beispiel (VAG-Armaturen).

Der geringe Druckverlust der Klappen sollte nicht überbewertet werden. Spürbare Energieeinsparung ist nur möglich, wenn der Druck des Druckerzeugers sowie der Druckabfall der Prozeßstrecke und der Klappe aufeinander abgestimmt sind.

Bauarten. Große Variantenvielfalt (s. Abschn. 7.2.4). Zentrisch gelagerte Klappen eignen sich besonders gut zum Regeln. Bei Drücken $\leqq 1,6\,\mathrm{MPa}$ und niedrigen Temperaturen können für bestimmte Betriebsverhältnisse auch ausgekleidete Klappen zum Regeln und Drosseln eingesetzt werden (s. auch Abschn. 7.2.4.1).

236

Ausgesprochene Stellklappen haben durchschlagende, zentrisch gelagerte und beiderseitig gewölbte Klappenscheiben (günstiger Strömungsverlauf; das Antriebsmoment soll vermindert werden). Sie sind zum Absperren nicht geeignet.

Bei Stellklappen dominiert i. allg. der pneumatische Stellantrieb (s. Abschn. 9.6).

7.3.3 Stellkugelhähne

Grundsätzlicher Aufbau, Betriebsverhalten, Einsatzbereiche und -grenzen s. Abschn. 7.1.3. Es werden verstärkt mit Hartmetall gepanzerte Sitzringe eingesetz ($\dot{V}_{\mathrm{L}} \cong 0{,}001\,\%$ vom k_{v}-Wert erreichbar); vorrangig zapfengelagerte Kugel (geringeres Spiel als schwimmende Lagerung, besseres Regelverhalten).

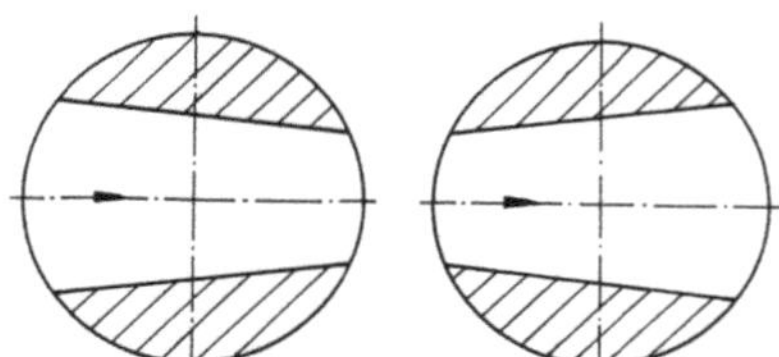

Bild 7–86.
Profilierter Kugeldurchgang, Beispiel.

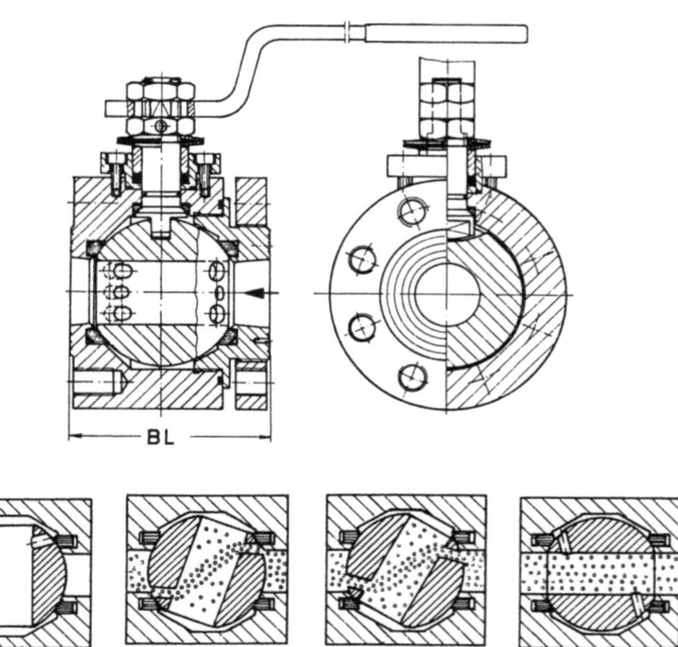

Bild 7–87. Stellkugelhahn mit „integrierter Bypassschaltung" (Fa. Pfannenschmidt). Veränderung der Stellcharakteristik durch unterschiedliche Bohrungsdurchmesser; weitestgehender Schutz der Dichtungen (z. B. PTFE, Hartkohle) beim Stellen (Zwischenstellungen) vor dem Fluidstrom.

Die Kennlinien werden durch einen profilierten Durchgang oder einen entsprechenden Stellantrieb realisiert, z. B. Stellungsregler mit Kurvenscheiben. Dabei werden i. allg. zwei Konstruktionen angewendet:

- Profilierung des Kugeldurchganges (Bilder 7–86 und 7–87) und
- Einsatz von profilierten Regeleinsätzen (vor, in oder hinter der Kugelbohrung, Bilder 7–88 und 7–89).

Die zweite Variante hat sich weitestgehend durchgesetzt. *Vorteil*: Austauschbarkeit verschieden profilierter Scheiben zur Anpassung der Kennlinie an die Anlagenbedingungen.

Entsprechend ausgebildete Einsätze und vor- oder nachgeschaltete Strömungsteiler vermindern die Lärmemission und Kavitationsneigung, z. B. Bild 7–90. Parallel angeordnete Lochplatten im Kugeldurchgang bewirken, vorrangig in Zwischenstellungen, stufenweisen Druckabbau und verringern dadurch die örtlichen Strömungsgeschwindigkeiten und damit Lärmbildung und Kavitation (Bild 7–91). Zu Öffnungsbeginn trifft der Fluidstrom auf erhöhten Widerstand, der mit zunehmender Öffnung abnimmt, das Fluid strömt zunehmend an den Platten vorbei.

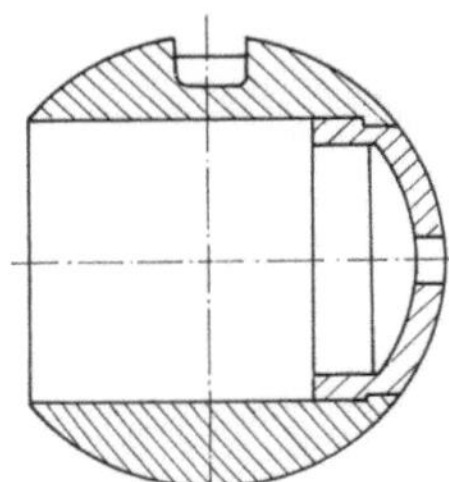

Bild 7–88.
Regeleinsatz in der Kugelbohrung, Beispiel.

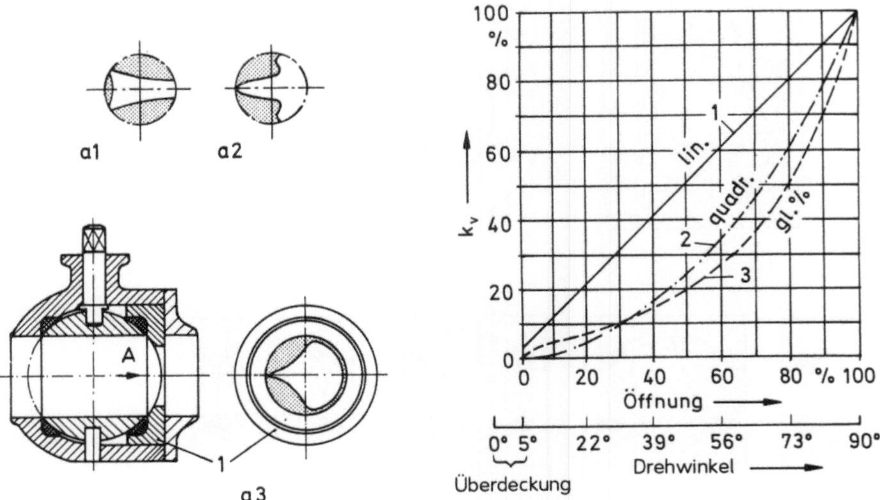

Bild 7–89. Stellkugelhahn mit ausgangsseitiger Drosselscheibe [7–22]. Drosselscheiben-Kennlinienzuordnung: a1 linear (1); a2 gleichprozentig (2); a3 quadratisch (3).

238

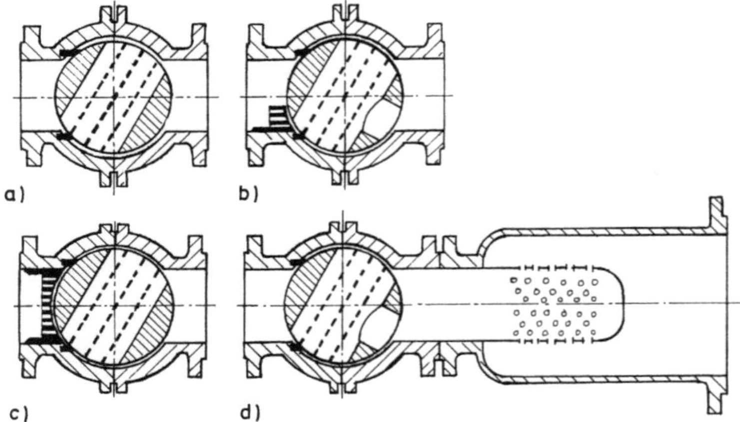

Bild 7-90. Regeleinsätze und Strömungsteiler zur Vermeidung der Lärmemission und Kavitationsneigung, Beispiele (schematisch; Fa. Neles, Finnland).
a) drei parallele Lochplatten;
b) drei parallele Lochplatten und partieller Eingangsströmungsteiler;
c) drei parallele Lochplatten und vorgeschalteter Strömungsteiler;
d) drei parallele Lochplatten und nachgeschalteter Strömungsteiler mit Diffuser (bewirkt weitere Absenkung des Lärmpegels).

Einsatzhinweise. *Vorteile*: großer Stellbereich, allgemein große Durchflußkapazität, weitestgehend selbstreinigend. *Nachteile*: niedriges Stellverhältnis, kleine z-Werte (Vor- und Nachteile s. auch Abschn. 7.1.3.2 und 7.2.3.2).

Kugelhähne erfüllen häufig regelungstechnische Kriterien, wo es auf weitgehend „totraumfreie" Durchströmung ankommt, z. B. feststoff- und faserhaltige Fluide, Zellstoff- und Aluminiumindustrie, kerntechnische Anlagen.

7.3.3.1 Sonderbauarten

Bild 7-92 zeigt einen „totraumfreien" Kugelhahn mit Halbkugel als Stellkörper.

Die als *Drehkegelventil* (Bild 7-93) bekannte Bauart ist ein Kugelhahn mit einem exzentrisch angeordnetem Kugelsegment als Stellkörper, das beim Schließen in den Sitz geschwenkt wird; kein Dichtflächenkontakt vor dem Absperren (Stellwinkel 50 bis 70°): Der Stellkörper wird durch „elastische" Verformung der Arme auf den Sitz gepreßt; die Wellenlagerung erlaubt begrenzte Selbstzentrierung des Stellkörpers [7–23]. Ein eingeschraubter Sitz ermöglicht unterschiedliche Strömungsquerschnitte bei gleichem Stellkörper.

Das Strömungsmoment (Bild 7-93b) ist gering, in beiden Durchflußrichtungen nahezu gleich, und wirkt meistens nur in eine Richtung; beliebige Durchflußrichtung. Der Flügel soll Momentumkehr verhindern (dynamische Stabilität verbessern).

Kennlinie: modifiziert linear, für beide Durchflußrichtungen fast gleich (Bild 7-93c); gleichprozentige Kennlinie nur mit Stellungsregler erreichbar. Stellverhältnis $> 1:80$ ($1:150$ ist erreichbar). Die Kennlinie ändert sich bei kritischen Druckverhältnissen nur wenig; z-Werte wie Einsitzregelventile mit Parabolkegel (Bild 7-93d). *Vorteile*: totraumarm, Selbstreinigungseffekt, Einbaulage beliebig, weiter Regelbereich. *Nachteil*: geringer Druckrückgewinn. *Anwendung*: DN 25 bis 300, bis PN 40 (100), $-200\,°\text{C}$ bis $400\,°\text{C}$. Vorerst

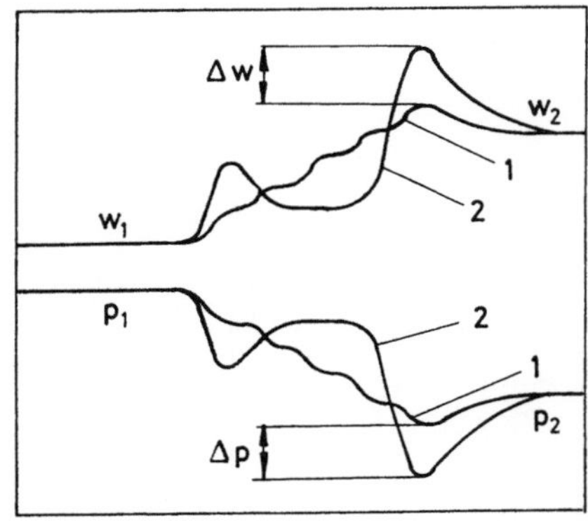

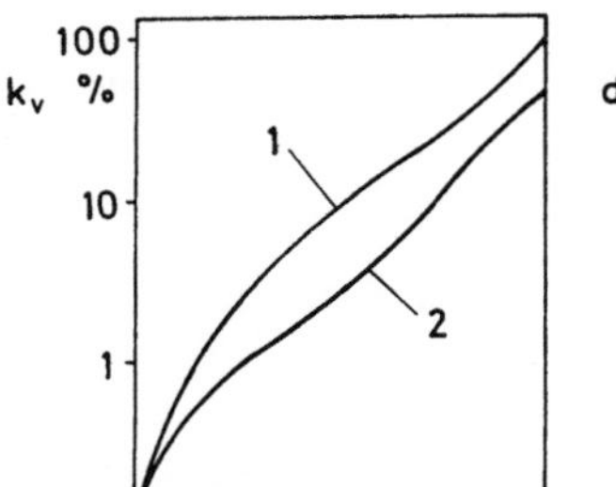

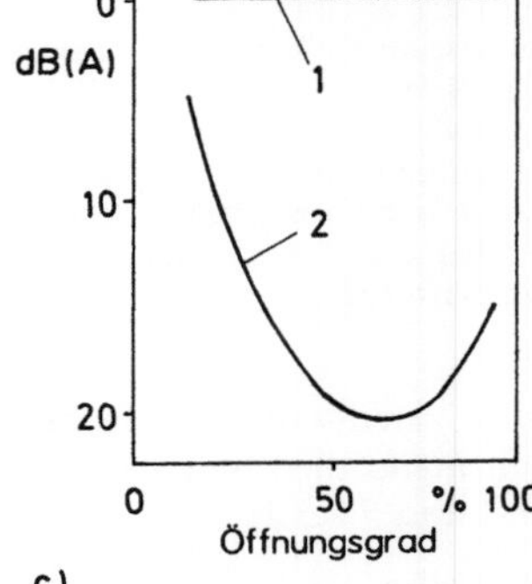

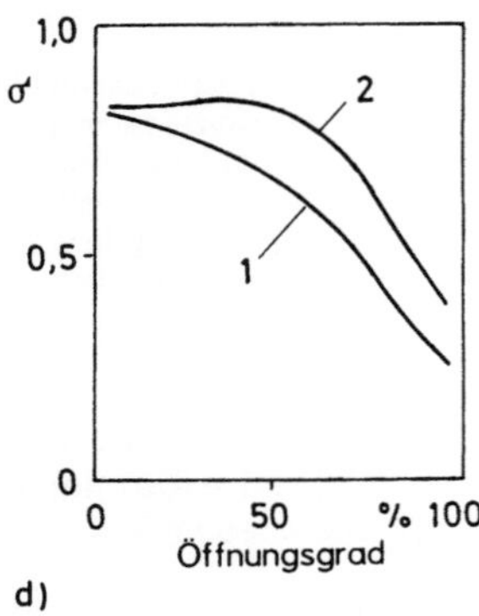

Bild 7–91. Kennlinien eines Stellkugelhahnes mit Regeleinsätzen nach Bild 7–90a (Fa. Neles, Finnland).
a) Geschwindigkeits- und Druckverlauf;
b) K_v-Wertkennlinien (große Durchflußkapazität und Kennlinienverlauf bleiben erhalten);
c) Lärmverhalten;
d) Kavitationsverhalten (Platteneinsatz ermöglicht höheren Differenzdruck bei geringerer Kavitationsneigung).

1 Standardkugelhahn; 2 Kugelhahn mit Regeleinsatz.

Rauchgasentschwefelung, zur Polimerisation neigende Fluide, mineralische Schlämme, Suspensionen, Rohölemulsionen.

Das Drehkegelventil wird auch als Dreiwegeventil angeboten.

7.3.4 Stellschieber

Nur Sonderkonstruktionen eignen sich als Stellarmatur. Gründe sind die ungünstige Drosselcharakteristik (Bild 7–94; Beispiel Einplattenschieber), große, instabile Ablösegebiete, Verschleißgefährdung, hohe Lärmemission und große Kavitationsgefahr.

Die notwendige stabile Lagerung des Stellkörpers läßt im wesentlichen nur Balken- bzw. Einplattenschieber zu. Die vorgegebenen linearen oder gleichprozentigen Kennlinien sind erreichbar durch

240

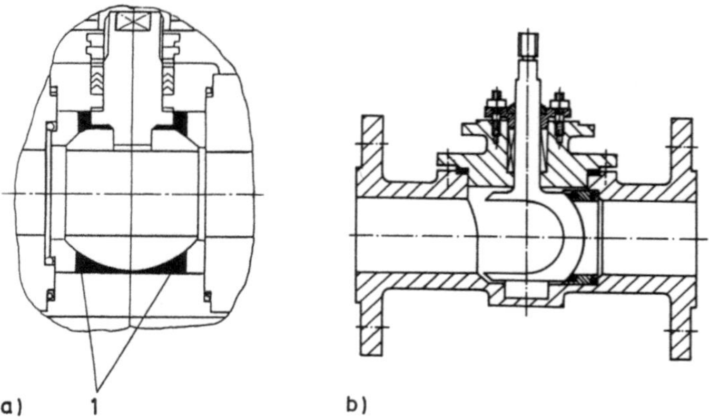

Bild 7–92. Stellkugelhahn „totraumfrei".
a) Totraum mit Füllmasse [7–23];
b) Halbkugel, totraumfrei [7–22];
1 Totraum.

– Profilierung des Stellkörpers (Bild 7–94a, b) und
– zusätzliche, im Gehäuse gelagerte Drosselscheiben (mit Bohrungen oder angepaßter Schlitzform).

Das verdeutlicht auch die aufwendige Umrüstung eines Absperrschiebers zum Stellschieber nach Bild 7–95. Eine Stützkonsole hält einen Halter zwischen den Sitzen. Durch zwischen Halter und Stützkonsole eingelegte Paßscheiben und dem sich spreizenden Druckring wird der Halter zwischen die Sitzflächen gepreßt (Ausgleich von Fertigungstoleranzen). Die am Hammerkopf befestigte Platte gleitet über die Drosselscheibe und verändert so den Durchflußquerschnitt.

7.3.5 Auswahlkriterien für Stellarmaturen

Bei der Auswahl sind die eigentliche Armatur, der Stellantrieb und die Meß- und Steuereinrichtung gleichermaßen wichtig. *Wichtige Kriterien*: Typ (Ventil, Hahn), Werkstoff (Fluid und Betriebszustand), Druckbereich, Kennlinie und Stellverhältnis. Der Antrieb kann erst nach der Wahl des Armaturentyps festgelegt werden (Stellkörperbewegung, Stellkraft usw.).

Meistens erfolgt die Auswahl nach bereits eingesetzten und nach sich in entsprechenden Anlagen bereits bewährten Armaturen (vorliegende Erfahrungen, Ersatzteilhaltung usw.); *Beispiele* [7–25]: Für vorzugsweise vorkommende Fluide, Parameter und gestellte Anforderungen haben sich in Chemieanlagen Stellventile bewährt, sind in Hütten- und Stahlwerken Stellklappen und in der Papier- und Zellstoffindustrie (feststoff- und faserhaltige Fluide) Kugelhähne und Klappen vorteilhaft.

Für viele Anlagen gibt es wegen stark unterschiedlicher Forderungen keine bevorzugten Stellarmaturentypen; z. B. Kraftwerke (Verbrennungsluft, Heißdampf usw.).

Tabelle 7–14 zeigt Anwendungsbereiche für Stellarmaturen. Die Parameter sind nicht beliebig kombinierbar; so gibt es z. B. keine Klappe DN 1000 für PN 100 und 1000 °C.

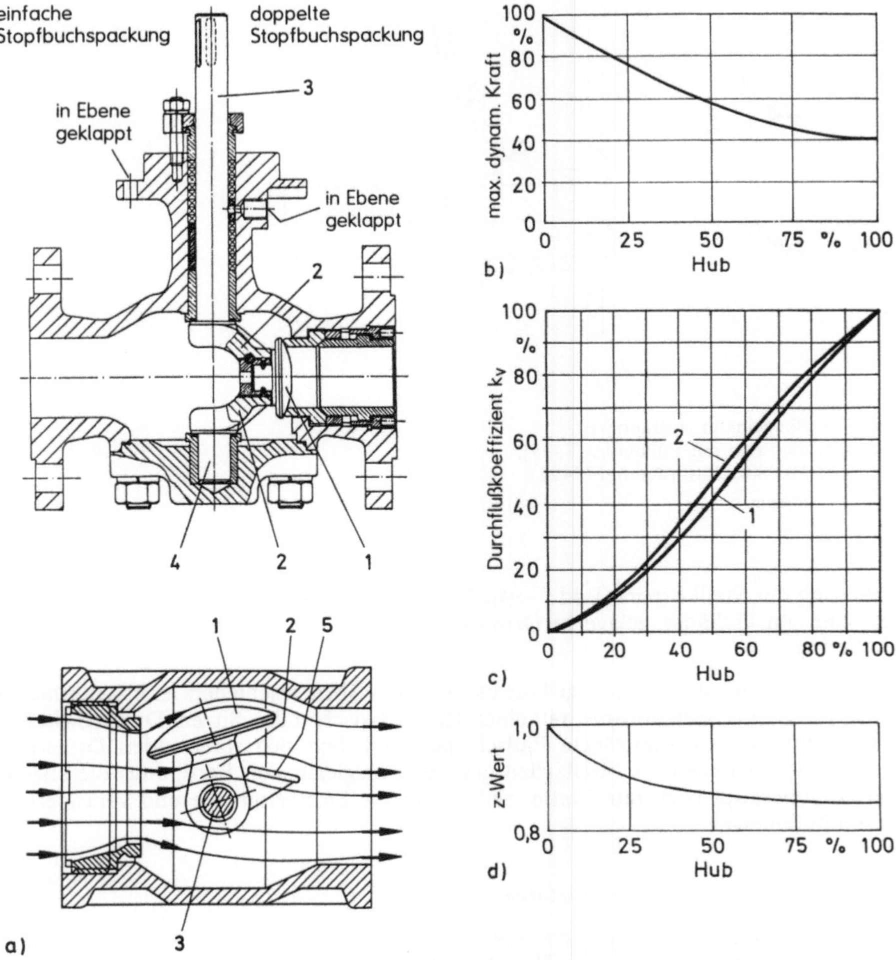

Bild 7–93. Stellkugelhahn mit exzentrischem Kugelsegment „Drehkegelventil" [7–23].
  a) prinzipieller Aufbau (Strömungsverlauf).

  1 Kugelsegment (Drehkegel); 2 Arm; 3 Antriebswelle; 4 Gegenlager; 5 Stabilisierungsflügel.

  b) Verlauf der maximalen dynamischen Kraft;
  c) Durchflußkennlinie (1 Öffnungsrichtung, 2 Schließrichtung);
  d) z-Wert-Verlauf.

Typenkonkurenz gibt es nur im Bereich DN 50 bis 500 bei PN $\leq$ 100, $\Delta p \leq 6{,}4$ MPa und -60 bis 550 °C (Tabelle 7–15).

Da der Anteil der Drehkörperarmaturen als Stellarmaturen steigt, ist ein dies bezüglicher Vergleich mit den Hubventilen von Interesse. *Hubventile*: vielfältige Ausführungen (s. Abschn. 7.3.1.1) ermöglichen sehr gute Anpassung an nahezu alle Betriebsverhältnisse (Volumenstrom, Kennlinien, Leckage usw.). Für gute und kontinuierliche Regelung ist Druckabfall notwendig, geringer Druckrückgewinn (sollten bevorzugt im Betriebskenn-

242

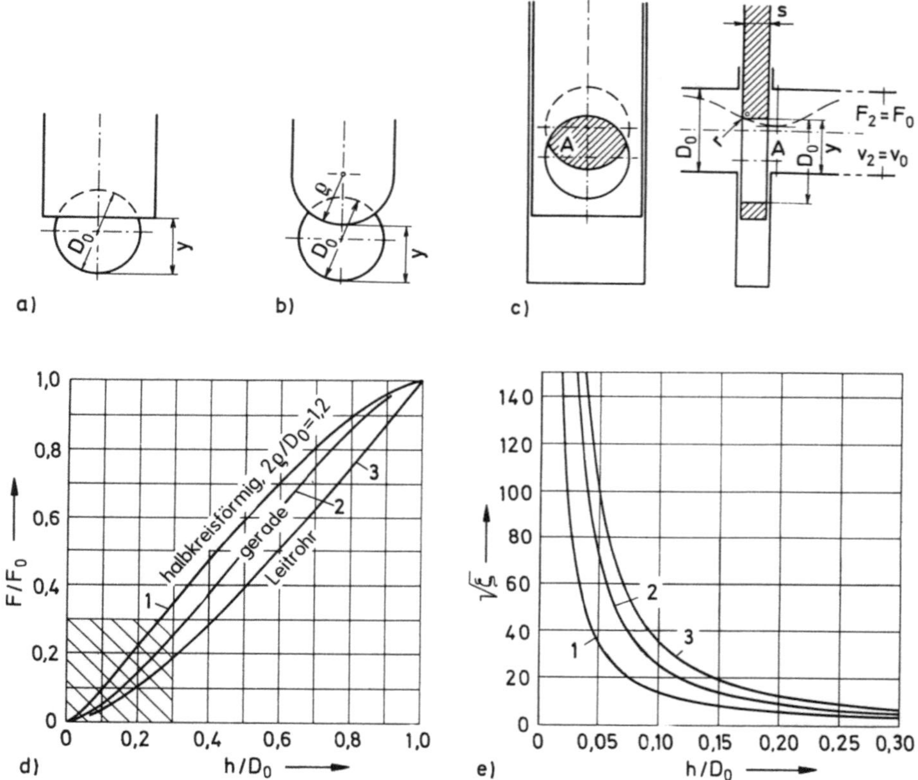

Bild 7-94. Einplattenschieber [7-24].
- a) gerade Abschlußkante;
- b) halbkreisförmige Abschlußkante;
- c) Leitrohr; A Querschnitt der Schieberöffnung; y Hub; d_r Rundungsdurchmesser; r Rundungsradius (wesentlich für die Strahlkontraktion);
- d) Flächencharakteristik (prozentuelle Schieberöffnung);
- e) Drosselcharakteristik;
- 1 halbkreisförmige Abschlußkante; 2 gerade Abschlußkante; 3 Leitrohr.

linienbereich $\Delta p_{100}/p \geqq 0,3$ eingesetzt werden); für geräusch- und verschleißarmen Betrieb (Kavitation) ist geringer Druckrückgewinn günstiger; Bauteile für geräusch- und verschleißarmen Betrieb sind nachrüstbar. Für Stellventile kann angenommen werden: $k_v \cong$ maximal 0,7 bis 0,8 k_{vs}, mit Strömungsteiler $k_v \cong 0,75$ bis 0,85 k_{vs}. Die Stellkörperbewegung erlaubt die direkte Kopplung mit Schubantrieben.

Drehkörperarmaturen: große k_v-Werte, geringer Druckabfall und großer Druckrückgewinn (für Regelbetrieb nicht immer vorteilhaft, sollten vorrangig im Bereich $\Delta p_{100}/p \leqq 0,3$ eingesetzt werden); kritische Betriebszustände werden schnell erreicht ([7-15] und Abschn. 5); molchbar.

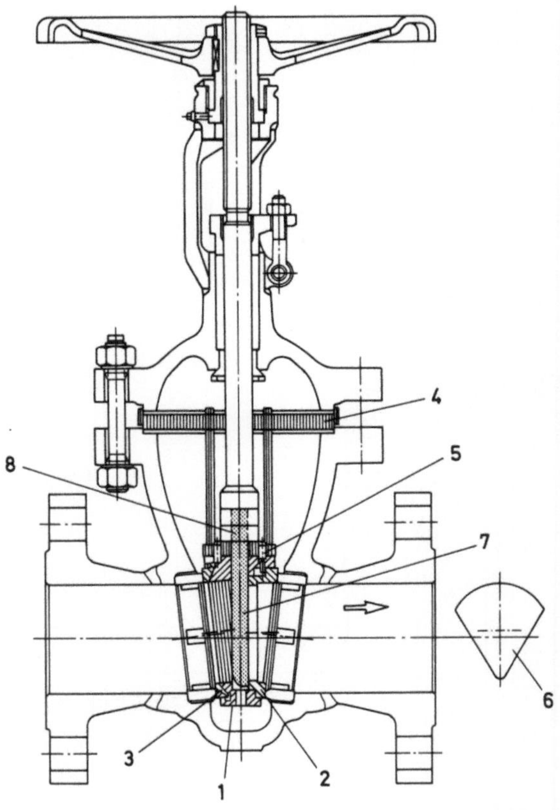

Bild 7–95. Stellschieber (Fa. Persta), umgerüsteter Keilschieber.

1 Halter; 2 austauschbare Regelscheibe; 3 geschlitzter Druckring; 4 Stützkonsole; 5 Paßscheiben; 6 möglicher Regelscheibenquerschnitt; 7 Stellplatte; 8 Hammerkopf.

Tabelle 7–14. Anwendungsbereiche für Stellarmaturen; Beispiele [7–25]. Die Parameter sind Mittelwerte aus Datenblättern wichtiger Hersteller.

Stellarmatur		Stellventil	Stellklappe	Drehkegelventil	Kugelhahn
DN	min.	3	50	25	50
	max.	500	$\geqq 1600$	400	600
PN	max.	< 0*) bis 5000	100	40/64	40
Δp in bar	max.	5000	40	40/64	40
zul. Temp.	min.	−273	−60	−100	−60
in °C	max.	550	$\geqq 1000$	400	400

*)Vakuum

244

Tabelle 7–15. Vergleich technischer Parameter von Stellarmaturen im Bereich der Typenkonkurrenz (Ergänzung zur Tabelle 7–14) [7–25].

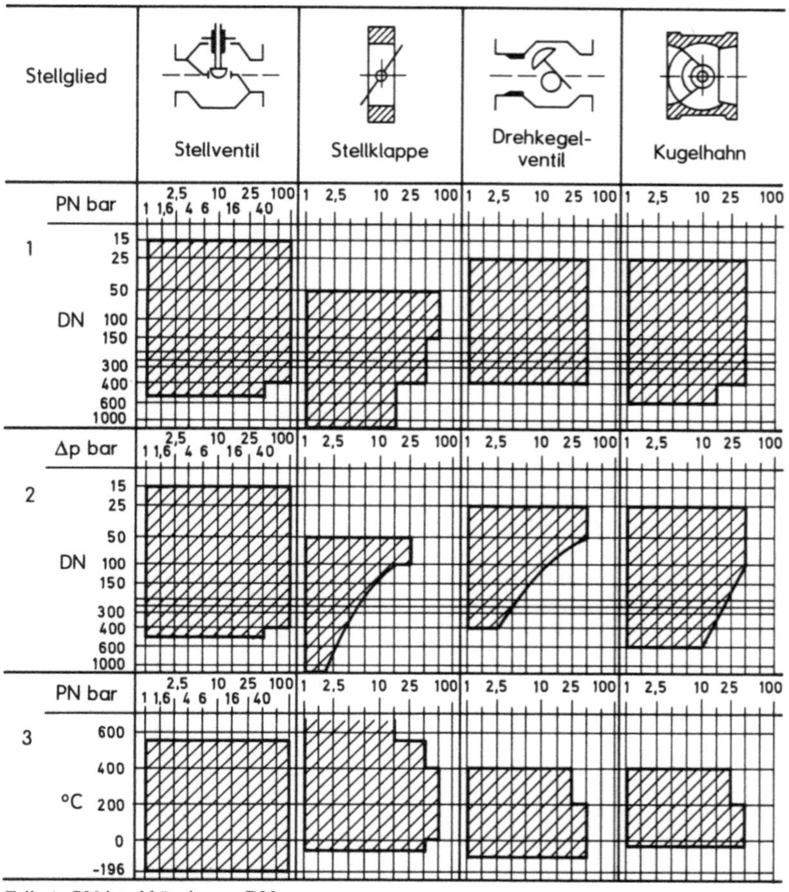

Zeile 1: PN ist abhängig von DN.
Zeile 2: zulässiger Differenzdruck $\Delta p = p_1 - p_2$ bei 0% oder 100% Offenstellung, abhängig von DN
Zeile 3: Zuordnung von Betriebstemperatur und PN

7.4 Komplettierung zur Regeleinrichtung

Die Stellarmaturen (Abschn. 7.3.1 bis 7.3.4) werden zu Regeleinrichtungen, wenn sie mit Meß- und Steuergeräten sowie einem zugehörigen, ansteuerbaren Antrieb komplettiert werden (Bild 7–96). Das Meßgerät erfaßt den Istzustand (zu regelnde Größe), z. B. Druck, Temperatur. Das Steuergerät, z. B. Stellungsregler, stellt die Abweichung vom Sollwert fest und gibt einen Stellbefehl an den Stellantrieb; dieser verstellt die Armatur (mit oder ohne Hilfsenergie).

245

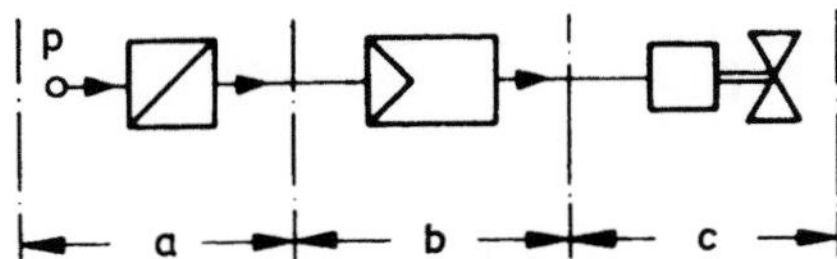

Bild 7–96.
Blockschaltbild einer Regeleinrichtung [7–26].

7.4.1 Regler ohne Hilfsenergie

Aufgabe: Selbsttätiges Konstanthalten eines Sollwertes (Vor- oder Nachdruckregeleinrichtung). Regeleinrichtungen (kurz: Regler) ohne Hilfsenergie werden heute hauptsächlich in der Gas-, Dampf- und Wasserversorgung eingesetzt; in der Verfahrenstechnik treten seit Jahren zunehmend pneumatisch betätigte Stellarmaturen an ihre Stelle.

Grundsätzlicher Aufbau und Funktion. Die Stellkräfte werden von der zu regelnden Prozeßvariablen (Druck, Temperatur, Durchfluß), selbst beeinflußt (insbesondere Eigenmediumsteuerung); proportionales Verhalten (Proportional- oder P-Regler: jeder Abweichung vom Sollwert ist eine bestimmte Stellung des Stellkörpers zugeordnet); lineare Kennlinie (gleichprozentige nicht realisierbar). Die Regelgenauigkeit (bleibende Regelabweichung) und die Stabilität der Regelung sind von den auftretenden Störungen (z. B. Vor- oder Differenzdruck, Durchflußänderung) abhängig. P-Regler weisen immer eine im wesentlichen von der Größe des P-Bereiches X_p bestimmte, bleibende Abweichung vom eingestellten Sollwert auf. Das Stellverhältnis (Verhältnis des maximal möglichen zum minimal zulässigen Massestrom) ist kleiner als bei Reglern mit Hilfsenergie (bei zu geringem Stellverhältnis kann durch eine Parallelanlage mit geringer Leistung günstiges Betriebverhalten erreicht werden, periodischer Betrieb).

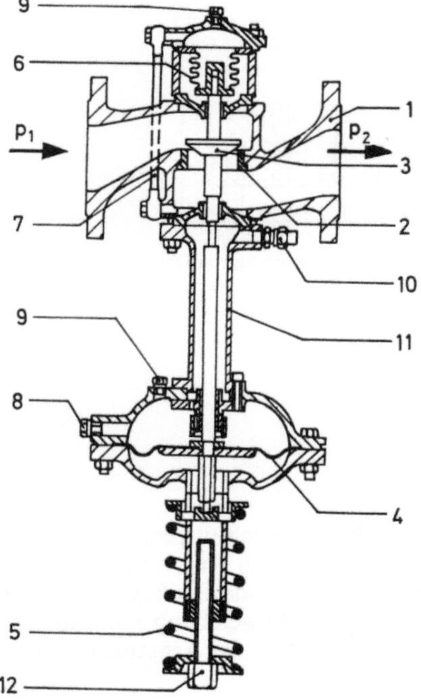

Bild 7–97.
Regler ohne Hilfsenergie, grundsätzlicher Aufbau eines Nachdruckreglers (Druckminderventil) (MAW).

1 Gehäuse; 2 Sitz; 3 Stellkörper (Kegel); 4 Stellmembrane (Antrieb); 5 Druckfeder (Meß- und Steuerglied); 6 Entlastungsfaltenbalg zur Druckentlastung (vom Vordruck p_1 unabhängig, verhindert den Einfluß von Druckschwankungen); 7 Ausgleichsbohrung; 8 Entleerungsschraube; 9 Entlüftungsschraube; 10 Impulsanschluß; 11 Gehäuseverlängerung; 12 Sollwerteinstellung; 13 Spindel.

Funktionsglieder (Bild 7–97, Beispiel Nachdruckregler): Gehäuse, Stellkörper und Spindel als Stellarmatur; Stellantrieb mit integriertem Meß- und Steuerglied (Stellmembrane und Druckfeder).

Die Stellkraft wird vom konstant zu haltenden Fluiddruck erzeugt. Das Meßsignal des zu regelnden Druckes p erzeugt auf der Membrane die Kraft $F_M = P \cdot A$. Diese dem Istwert (Regelgröße x) entsprechende Kraft wird mit der Federkraft $F_C (\hat{=}$ Sollwert w) verglichen. F_C wird am Sollwerteinsteller eingestellt (der Sollwert kann üblicherweise nur vor Ort eingestellt werden). Bei Kräftegleichgewicht befindet sich die Membrane und damit der Kegel in Ruhelage. Ändert sich p und damit auch F_M, ist das Gleichgewicht gestört; der Kegel wird solange verstellt, bis $F_M = F_C$ (Kräftegleichgewicht). Die Membranfläche und die Federkonstante bestimmen den Nennhub sowie den Proportionalbeiwert K_p und den Proportionalbereich X_p.

Hinweis: P-Regler neigen hauptsächlich in Regelstrecken mit kurzen Ausgleichszeiten und langen Totzeiten (Ausgleichszeit kürzer oder in Größenordnung der Totzeit) zu Instabilität.

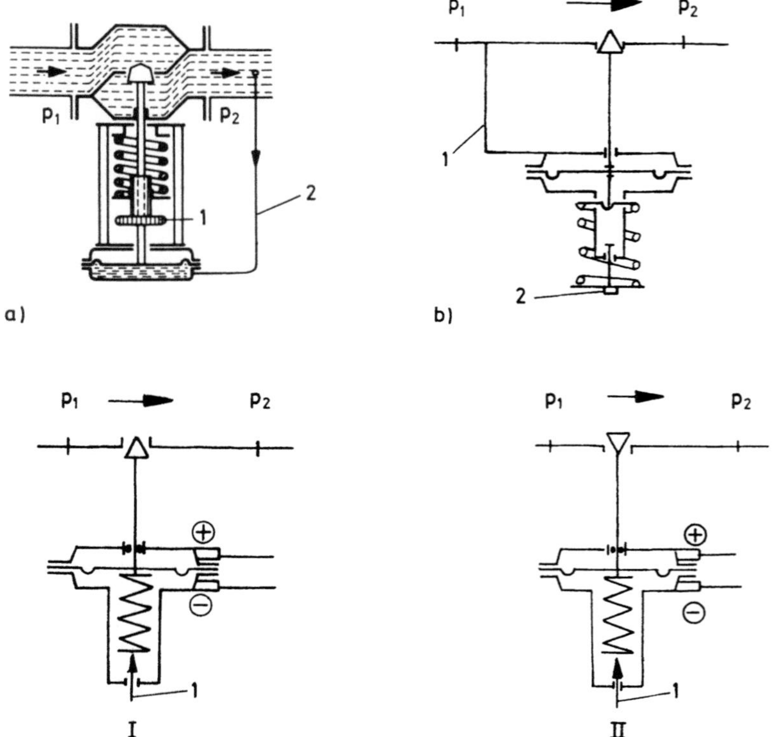

Bild 7–98.   Druckregler ohne Hilfsenergie.
     a) Druckminderer [7–26];
     b) Überströmregler;
     c) Differenzdruckregler (I Öffnungsfunktion; II Schließfunktion).

1 Sollwerteinsteller; 2 Impulsleitung; p_1 Vordruck; p_2 Nachdruck; $\oplus$ Impulsanschluß von p_1; $\ominus$ Impulsanschluß von p_2.

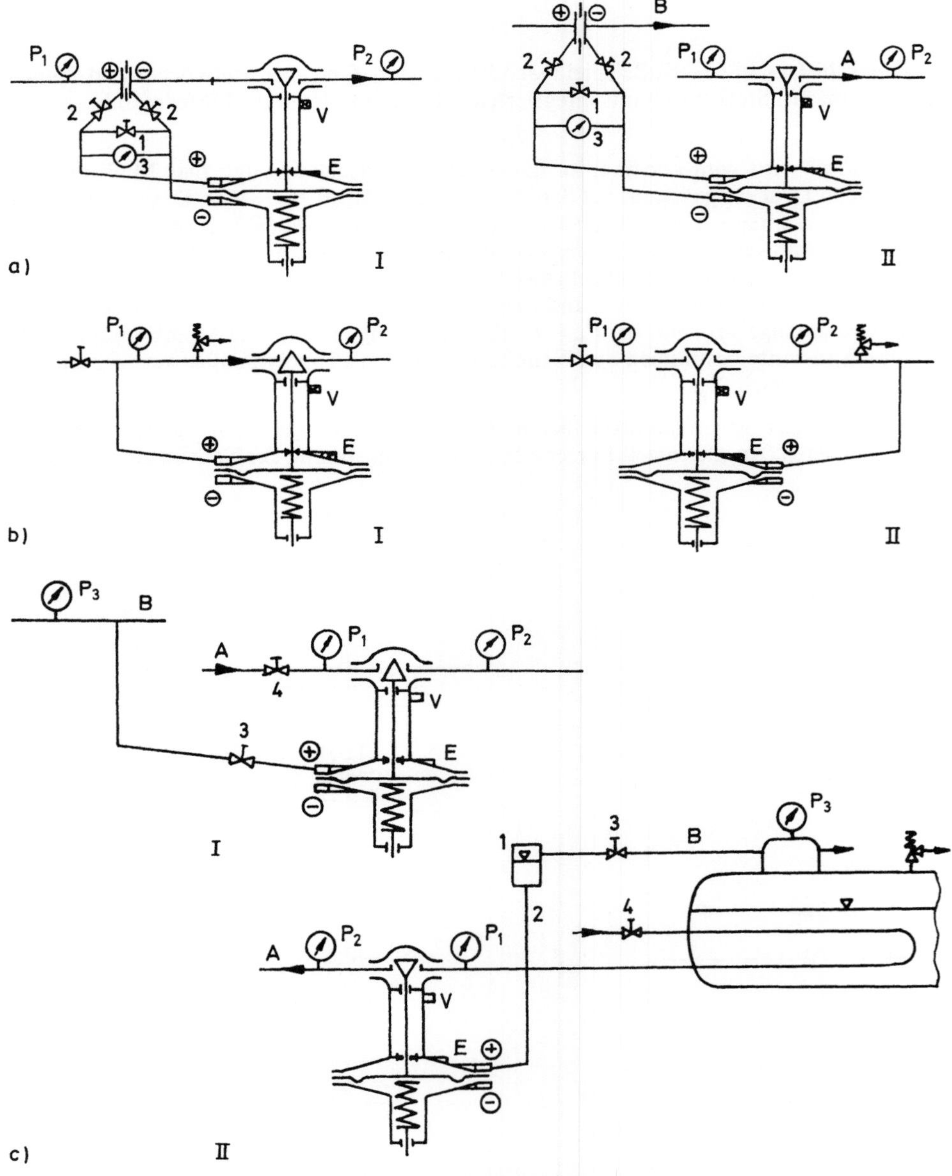

Bild 7–99. Einsatzmöglichkeiten der Differenzdruckregler (MAW).

a) Mengenregler: Stelleinrichtung in Kombination mit einem Wirkdruckgeber: I vor dem Differenzdruckregler; II in einem anderen Anlagenteil; 1 Absperrventil; 2 Drosselventil; 3 Manometer; 4 Wirkdruckgeber (z. B. Normdüse, Normblende);

b) als Druckregler bei Impulsnahme vor oder hinter der Stelleinrichtung: I als Überströmregler (Ausführung Kegel von unten, öffnet bei steigendem Differenzdruck); II als Druckregler (Kegel von oben, schließt bei steigendem Differenzdruck);

c) als Druckregler bei Impulsentnahme aus einem anderen Anlagenteil. I Bei steigendem Impulsdruck soll der Durchfluß im Anlagenteil AI ansteigen (Ausführung Kegel von unten, öffnet bei steigendem Impulsdruck p_3); II Bei steigendem Impulsdruck soll der Durchfluß im Anlagenteil AI absinken (Ausführung Kegel von oben, schließt bei steigendem p_3. Das Beispiel zeigt die Steuerung des Heißwasserdurchflusses in Abhängigkeit vom Dampfdruck p_3 aus einem Niederdruckdampferzeuger);

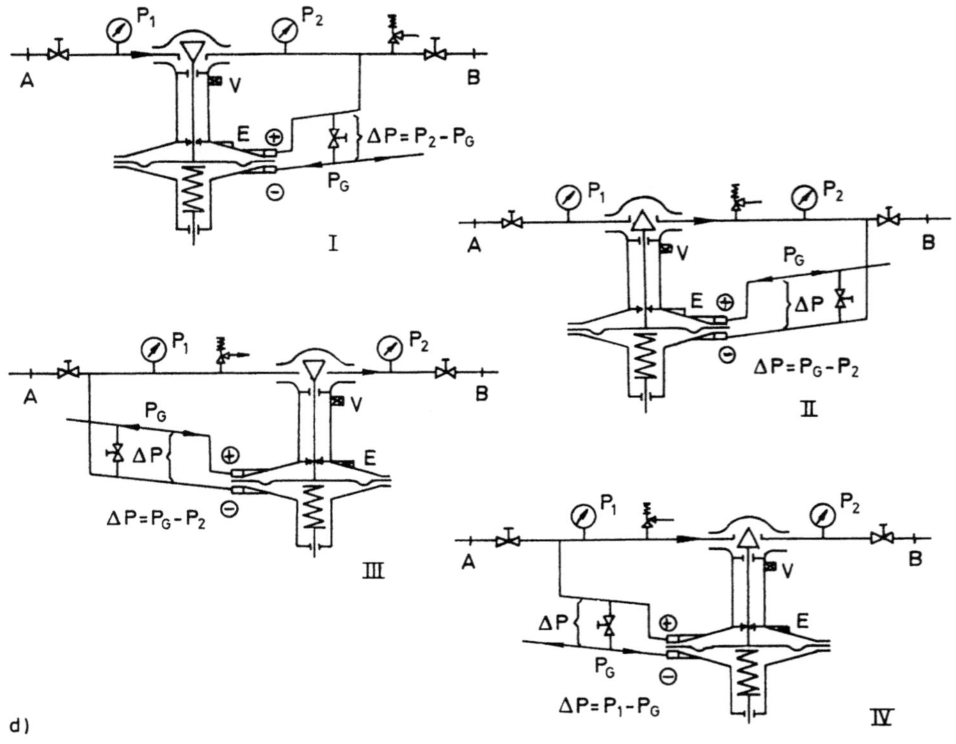

d)

d) als Druckregler mit Gegendruckbelastung: I Druckminderer (Ausführung Kegel von oben, schließt bei steigendem p_2, öffnet bei Membranschaden); II Druckminderer (Ausführung Kegel von unten, schließt bei steigendem p_2 und Membranschaden); III Überströmregler (Ausführung Kegel von oben, öffnet bei steigendem p_1 und Membranschaden); IV Überströmregler (Ausführung Kegel von unten, öffnet bei steigendem p_1, schließt bei Membranschaden).

Sind Regelabweichungen, Zeitverhalten oder Stellverhältnis nicht anpaßbar, müssen Stellarmaturen mit Hilfsenergie eingesetzt werden.

7.4.1.1 Druckregler

Anwendung: Konstanthalten des Druckes vor oder hinter dem Regler oder eines Differenzdruckes.

Ausführung, Aufgaben (Bild 7–98)

– Druckminderer (Regler für Nachdruckkonstanz) drosseln den Vordruck p_1 auf den austrittsseitigen Druck p_2 und halten diesen konstant. Das Stellventil schließt, wenn p_2 steigt und umgekehrt.

– Überströmregler halten den Vordruck p_1 (Eintrittsseite) konstant. Das Stellventil schließt, wenn p_1 steigt und umgekehrt.

– Differenzdruckregler halten eine Druckdifferenz $\Delta p = p_1 - p_2$ konstant. Wird Δp z. B. durch abnehmenden Vordruck p_1 kleiner, nimmt die Kraft auf der Membranoberseite $\oplus$ ab; die Feder verstellt den Kegel, bis die Solldruckdifferenz wieder erreicht ist.

Differenzdruckregler als kombinierte Regler:

– Mengenregler (Bild 7–99a): Übersteigt $\Delta p = p_1 - p_2$ eines Wirkdruckgebers den Sollwert, bewegt sich der Kegel in Schließrichtung (Massestrombegrenzer). Bei Anordnung nach II kann der Massestrom im Anlagenteil A abhängig vom Durchfluß im Anlagenteil B begrenzt werden.

– Druckregler mit getrennter Impulsnahme dient zum Regeln von p_1 oder p_2; arbeitet als Druckminderer oder Überströmregler (Bild 7–99b).

– Druckregler mit entfernter Impulsentnahme: Der Massestrom im Anlagenteil A kann von einem Druck p_3 im Anlagenteil B beeinflußt werden. Abhängig von der Kegelanordnung (I oder II) wird der Massestrom bei steigendem p_3 größer oder kleiner (Bild 7–99c).

– Druckregler mit Gegendruckentlastung: Dem Solldruck auf der einen Membranseite wirkt ein möglichst konstanter Druck p_G auf der anderen Membranseite entgegen. Bei

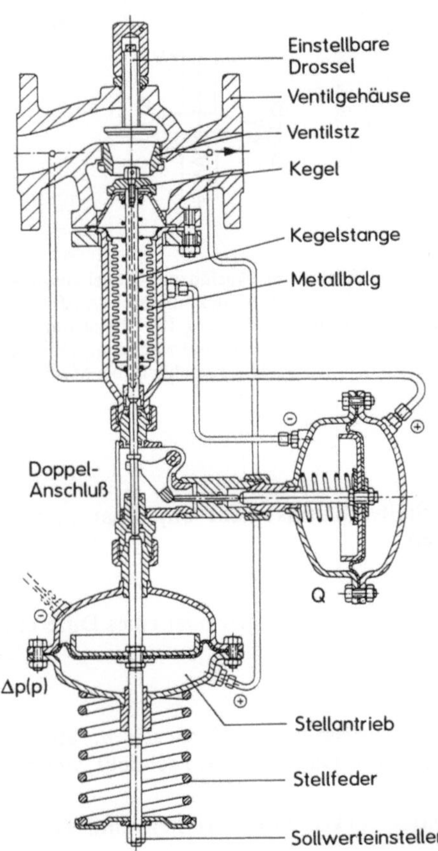

Bild 7–100.
Durchfluß- und Differenzdruckregler mit Doppelanschluß und zwei Stellantrieben (Fa. Samson).

Differenzdruck wird der Kegel bewegt (p_G muß um die Solldruckdifferenz kleiner oder größer als der zu regelnde Vor- oder Nachdruck sein).

- Durchfluß- und Differenzdruckregler (Bild 7–100): zur getrennten Erfassung von Durchfluß und Differenzdruck oder Druck.
- Differenzdruckregler mit Thermostat (Bild 7–101) für zusätzliche Temperaturregelung oder -begrenzung.

Vorteile der kombinierten Regler: Sie reduzieren die Instrumentierungs-, Montage- und Betriebskosten; bei mittleren und höheren Drücken sind geringere Regelabweichungen als mit separaten Druckminderern und Übertrömreglern zu erreichen (trifft bei kleinen DN nicht in jedem Fall zu); Einsatz nur für mittlere und große DN sinnvoll; Sicherheitsstellung bei Membranschäden durch Federkraft.

Merkmale der Neu- und Weiterentwicklungen: vorgeformte Membrane aus faserverstärktem Kunststoff und „dichtschließende" Einsitzventile mit Vordruckentlastung. Die vielfach verwendeten druckentlasteten Doppelsitzventile sind nicht mehr marktüblich. Gründe: kleine Leckagen sind kaum vermeidbar, Kegelanordnung neigt zum Schwingen.

Besondere Einsatzfälle, Aufgabenstellungen. Neben universell anwendbaren Baureihen (flüssige, dampf- und gasförmige Fluide) gibt es für besondere Betriebsverhältnisse ausgelegte Druckregler, z. B. für Fernwärmeversorgungsanlagen oder ausgedehnte Heizungssysteme (letztere sind nur für den speziellen Anwendungsfall ausgelegt).

Dampfdruckminderer dienen z. B. zur Regelung und Reduzierung des Dampfdruckes in Verteilungs- und Versorgungsnetzen bei Wärmetauschern, Wärmespeichern und anderen dampfbeheizten Anlagen und Prozessen (s. Bild 7–101). Ein austrittsseitiges Ausgleichsgefäß

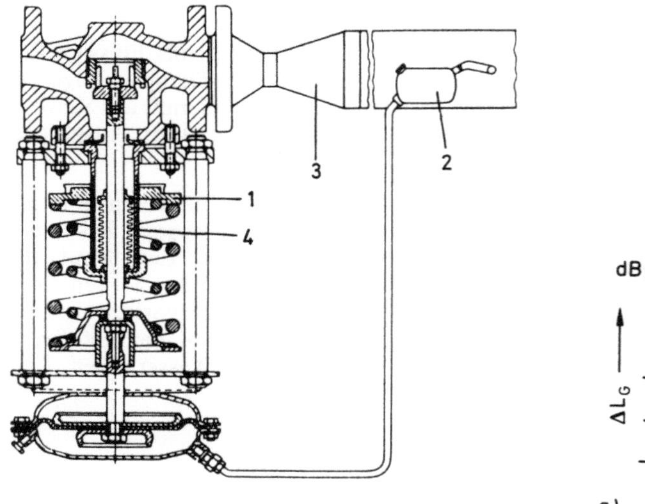
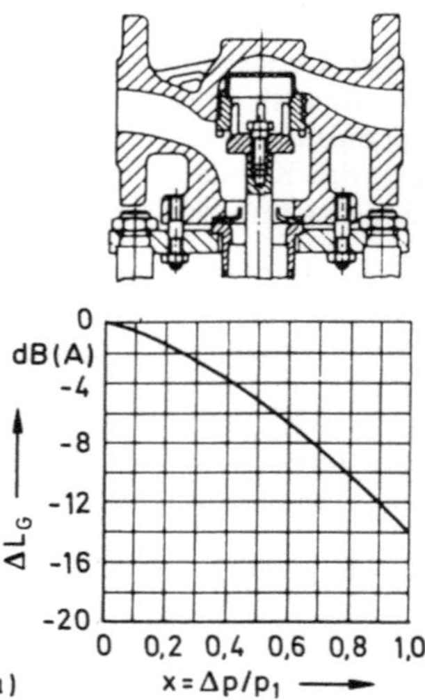

Bild 7–101. Dampfdruckminderer mit Zubehörteilen [7–26], Druckentlastung und Spindelabdichtung durch Faltenbalg.

1 Sollwerteinsteller; 2 Ausgleichsgefäß; 3 konisches Erweiterungsstück; 4 Faltenbalg; a) mit einem Strömungsteiler aus Lochblech zur Senkung des Schalldruckpegels nach dem unten stehenden Diagramm (≈ 14 dBA).

gewährleistet eine konstante Kondensathöhe und schützt das Membransystem vor hohen Temperaturen. Die bei der Dampfdruckminderung auftretende Volumenvergrößerung erfordert oft eine Vergrößerung der Rohrleitung hinter dem Regler (konisches Erweiterungsstück).

Ein Beispiel für einen speziellen Anwendungsbereich sind auch für Übergabestationen von Fernwärmeanlagen ausgelegte Regler. Der Aufbau entspricht weitgehend den erläuterten Ausführungen. Als sogenannte Sicherheitsregler haben sie zwei Membranen, von denen eine im Normalbetrieb weniger belastet wird.

Einbauhinweise. *Vorzugsweise*: Orte beruhigter Betriebszustände, hängende Feder, waagerechte Rohrleitungen. *Dampfdruckregelung*: ungestörte Einlaufstrecke ≥ 5 DN, Auslaufstrecke ≥ 5 DN; analog zu beachten bei getrennter Impulsentnahme. Vor dem Druckregler Absperrarmatur und Schmutzfänger anordnen, die nachgeschaltete Leitung absichern (z. B. durch Sicherheitsventil). An den tiefsten Punkten des Systems sind Entwässerungen vorzusehen. Druckregler und Impulsleitung nicht isolieren und vor Strahlungswärme schützen. Pendeln des Mindestdruckes bei ruhender Entnahme zeigt Kondensatbildung auf der Abströmseite an. Kondensation bewirkt Druckabfall; der Regler öffnet, bis nachströmender Dampf wieder Schließdruck erzeugt.

Impulsentnahme: seitlich aus der Zuström- oder Abströmleitung und mit Gefälle zum Regler. Abstand vom Reglerflansch bei Dampfdruckregelung: > 5 DN, möglichst 15 DN; Überströmregler 5 DN bei erweiterter Abströmleitung hinter der Querschnittsänderung. Bei Wasser und Strömungsgeschwindigkeiten $\leq 2\,\text{m/s}$ ist kürzerer Abstand zulässig. Bei Druckminderern direkt vor Verteilern ist Impulsentnahme direkt aus dem Verteiler möglich. Mindestabstand zwischen Druckminderer und Verteiler $= 5$ DN. Mindestdurchmesser des Verteilers $1{,}5 \times$ Durchmesser der Abströmleitung, bei *Flüssigkeiten* mit Gefälle direkt zum Druckregler (Vermeidung von Luftpolstern). Zur evtl. notwendigen Drosselung Regelventil vorsehen.

Beachten: Geodätischer Höhenunterschied zwischen A und B bewirkt bei Flüssigkeiten in der Impulsleitung eine scheinbare Sollwertverstellung (auch bei Dampf infolge der notwendigen Wasservorlage). Bei geringen Drücken (z. B. Niederdruckdampf) aus Schwankungen des Kondensatspiegels resultierende Regelabweichungen mit einem Ausgleichsgefäß in der Impulsleitung vermeiden.

Bei *Gasen* Impulsleitung vom Druckminderer senkrecht nach oben und von dort mit Gefälle zur Rohrleitung führen (Vermeidung von Leck- und Schwitzwasser). Bei *Dampf* vor Inbetriebnahme Gehäuseverlängerung (s. Bilder 7–97 und 7–101) zum Schutz der Membrane mit Wasser füllen, bei geringen Drücken Ausgleichsgefäß vorsehen (Vermeidung zusätzlicher Regelabweichungen, Aufrechterhaltung der Wasservorlage auch bei Temperaturen $> 350\,°\text{C}$). Bei Differenzdruckreglern Impulsleitung vor dem *Meßwerk* vorsehen. Meßwerk, Ausgleichsgefäß und Gehäuseverlängerung mit Wasser füllen.

Abweichung der Regelgröße. Maximal zu erwartende Abweichung X_B:

$$X_\text{B} = \pm\,0{,}5(X_\text{E} + X_\text{U}) \text{ in MPa.} \tag{7.7}$$

Werden Überströmregler als zusätzliche Sicherheitseinrichtung eingesetzt, gilt

$$X_\text{B} = X_\text{E} + X_\text{D} + X_\text{U}.$$

Bleibende Abweichung X_E bei Entnahmeschwankungen als Störgröße:

$$X_\text{E} = X_\text{P} \cdot \Delta k_\text{v}/k_\text{vs}. \tag{7.8}$$

Darin ist $k_{vs} = k_{vmax}$ mit k_{vmax} und k_{vmin} ein rechnerischer k_v-Wert, der sich für betrieblich auftretende $\dot{m}_{max}$ bzw. $\dot{m}_{min}$ bei den zugehörigen Betriebsdrücken ergibt (minimal bzw. maximal mögliche Δp berücksichtigen).

Bleibende Abweichung X_D bei Druckschwankungen als Störgröße: Ungeregelte Drücke (Störgrößen) sind bei Druckminderern p_1, Überströmreglern p_2 und Differenzdruckreglern $\Delta p = p_1 - p_2$. Bleiben die Schwankungen im Bereich $\Delta p/2\,p \le 0{,}3$, ergibt sich die bleibende Regelabweichung aus

$$X_D = X_P \cdot \Delta p/2\,p + X_D \cdot \Delta p. \tag{7.9}$$

X_D ist der Kennwert für den Einfluß von Schwankungen des ungeregelten Druckes, bezogen auf eine Druckschwankung von 0,1 MPa (ermittelt aus Herstellerangaben), p mittlerer ungeregelter Projektdruck, Δp mögliche Schwankung des ungeregelten Druckes.

Sind bei der Ermittlung von X_E die Vor- und Hinterdruckänderungen bei der Berechnung von Δk_v bereits berücksichtigt, gilt vereinfacht $X_D = X_D \cdot \Delta p$.

Bleibende Abweichung X_U durch Unempfindlichkeitseinfluß: ermittelt aus Herstellerangaben.

7.4.1.2 Temperaturregler

Aufgabe: Konstanthalten von Temperaturen. Charakteristisch: nach dem Flüssigkeitsausdehnungsprinzip fluidgesteuert.

Grundsätzlicher Aufbau und Funktion (Bild 7–102). Die Fluidtemperatur bewirkt Ausdehnung oder Kontraktion der Fühlerfüllung; dadurch werden Stellkolben und Stellkörper in Schließ- oder Öffnungsrichtung verschoben (Rückstellung durch Rückstellfeder). Ein im Fühler angeordneter, mit Inertgas gefüllter Faltenbalg 4 wirkt als Temperatursicherung. Überdruck infolge zu hoher Temperatur wird so teilweise ohne Schaden für das System kompensiert. Die Sollwerteinstellung erfolgt am Thermostat, am Ventil oder separat von Thermostat und Ventil. Mögliche Temperatureinstellung allgemein von 0 °C bis 100 °C.

Handversteller können an Stelle des Reglers zur Funktionsprüfung (z. B. Drosselventil für Temperaturregelung mit konstanter Last) oder zusätzlich zum Regler zur Gewährleistung

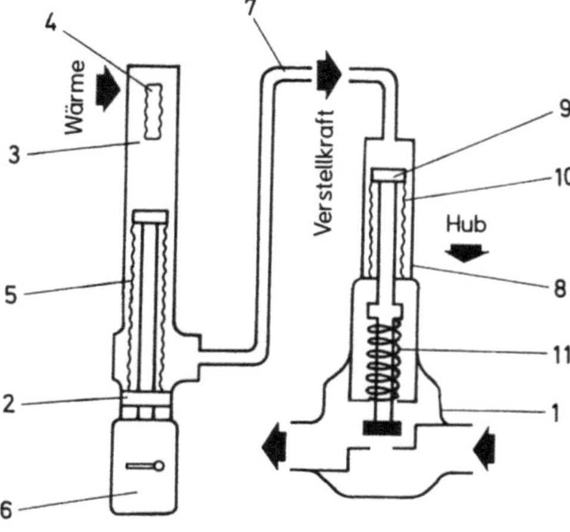

Bild 7–102.
Temperaturregler ohne Hilfsenergie, grundsätzlicher Aufbau (Fa. SPIRAX SARGO).
1 Ventil (ohne oder mit Druckentlastung);
2 Regelthermostat; 3 Temperaturfühler (Fühlerfüllung: Flüssigkeit mit linearer Volumenänderung);
4 Übertemperatursicherung; 5 Faltenbalgabdichtung;
6 Sollwerteinsteller; 7 Kapillarrohr; 8 Stellelement;
9 Stellkolben; 10 Faltenbalg; 11 Rückstellfeder.

von Mindestdurchflußmengen (insbesondere bei Kühlvorgängen) oder zur Durchflußmengenbegrenzung bei Heizvorgängen angeordnet werden.

Varianten: Mit steigender Temperatur schließend (insbesondere für Heizprozesse) oder öffnend (Kühlprozesse). Dreiwegeventile für Heiz-, Kühl- und Mischprozesse.

Anwendung: vorrangig Wasser, Dampf, Öl und Kühlmittel, z. B. Temperaturregelung in Wärmetauschern und bei Kühlvorgängen (Kondensatortemperatur). Dampfdruckschwankungen im Wärmetauscher infolge Öffnen und Drosseln des Reglers bei Kondensatableitung berücksichtigen! Bei *kondensatseitiger* Regelung ist der Druck im Wärmetauscher konstant (Ausnutzung der Kondensatwärme möglich); merkbar trägere Arbeitsweise als bei dampfseitiger Regelung (wasserschlagsichere Heizflächen erforderlich). Ein Kondensatableiter zwischen Wärmetauscher und Regler verhindert bei voll geöffnetem Regler (z. B. Anfahren) einen Frischdampfaustritt.

Sicherheitstemperaturregler (Bild 7–103). Sie unterbrechen die Energiezuführung bei Erreichen der Grenzsolltemperatur, Kapillarrohrbruch oder Undichtheit des Systems. Bei einer der o. a. Fälle wird die Federverriegelung im Auslöseelement aufgehoben, und der Regler schließt oder öffnet das Ventil. Fernüberwachung, z. B. mit Mikroschalter im Auslöseelement, ist möglich.

Der Sicherheitstemperaturbegrenzer kann mit dem Temperaturregler gemeinsam an ein Ventil angeschlossen oder auf ein separates Ventil geschaltet werden (erhöht die Sicherheit).

Anwendung: Schutz vor Übertemperatur in Heizungsanlagen und Wassererhitzern, Sieden und Überkochen von Industriebädern, Verderben von Produkten durch Übertemperatur in Wärmetauschern, Kochkesseln und bei Kühlvorgängen usw.

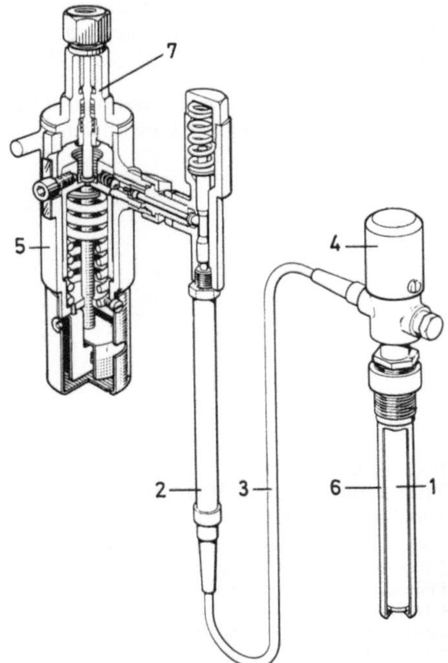

Bild 7–103.
Sicherheitstemperaturregler ohne Hilfsenergie
(Fa. SPIRAX SARGO).

1 Fühler; 2 Stellelement; 3 Kappillarrohr; 4 Sollwerteinstellung;
5 Ventil; 6 Schutzrohr; 7 Auslöseelement mit Druckfeder.

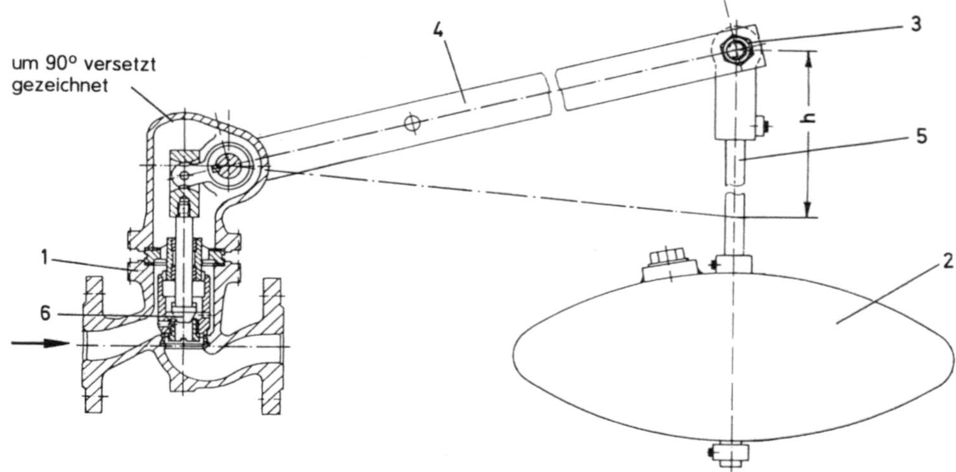

Bild 7-104. Schwimmergesteuerter Regler, Einsitzausführung (MAW).
1 Ventil; 2 Schwimmer; 3 Drehpunkt; 4 Hebel; 5 Schwimmerstange; 6 Ventilkegel.

7.4.1.3 Schwimmergesteuerte Regler

Aufgabe: Halten eines Flüssigkeitsniveaus.

Grundsätzlicher Aufbau und Funktion (Bild 7-104). Der Schwimmer befindet sich im Flüssigkeitsbehältnis und ist über einen Hebel mit dem Ventil verbunden. Steigt die Flüssigkeit, wird der Schwimmer angehoben und umgekehrt. Der *Zuflußregler* schließt bei steigendem Schwimmer; die Flüssigkeit tritt über dem Kegel ein. Der *Abflußregler* öffnet bei steigendem Schwimmer.

Schwimmergesteuerte Regler werden als Einsitz- und Doppelsitzausführung in Durchgangs- und Eckform angeboten.

7.5 Sicherheitsarmaturen

Zu den Sicherheitsarmaturen gehören Sicherheitsventile, Rückflußverhinderer, Kondensatableiter und selbsttätige Be- und Entlüftungsventile; im erweiterten Sinne auch Druck- und Temperaturregeleinrichtungen (ohne Hilfsenergie, auch schwimmergesteuert), Schnellschlußarmaturen (s. Abschn. 7.5.3) und auch Berstsicherungen. Über Problemstellungen und Absicherungsaufgaben s. Abschn. 6.3.

7.5.1 Sicherheitsventile

Hinsichtlich Aufgaben, Anforderungen, Problemstellung, Vorschriften, Auslegung, Beiwerte, Kennlinien und Auswahlkriterien s. Abschn. 5.3, 5.4, 5.5 und 6.3.1.

Grundsätzlicher Aufbau (Bild 7-105). Bei nahezu allen Sicherheitsventilen ist der Sitz eingezogen; Abdichtung wird zumeist mit Metall auf Metall vorgenommen, z. T. auch elastischer Dichtring am Kegel. Vollhubventile haben generell eine Hubbegrenzung, Proportionalventile werden zunehmend damit ausgerüstet. Der Anlüfthebel dient zur Funktionsprüfung durch Anlüften von Hand (meistens erst ab 85 % von p_{An} möglich).

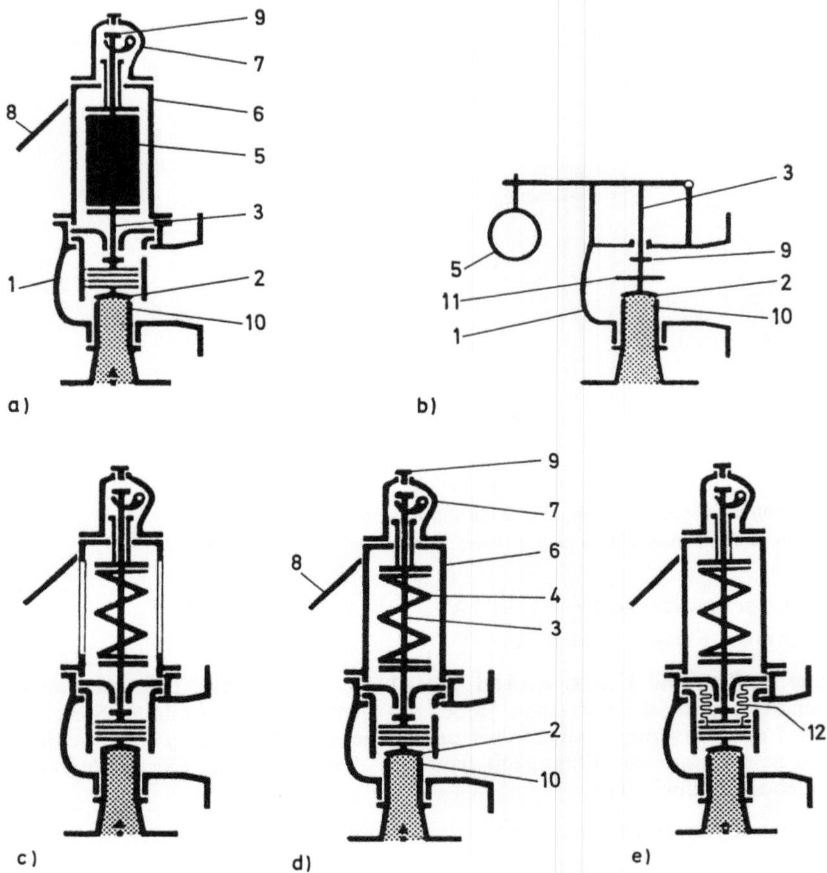

Bild 7–105. Grundformen der unmittelbar (direkt) wirkenden Sicherheitsventile [7–6].
      a) mit Gewicht;
      b) mit Hebel und Gewicht;
      c) mit Feder und offener Haube;
      d) mit Feder und geschlossener Haube;
      e) mit Feder und Faltenbalg.

1 Gehäuse; 2 Ventilkegel; 3 Spindel; 4 Feder; 5 Gewicht; 6 Haube; 7 Kappe, 8 Anlüfthebel; 9 Hubbegrenzung; 10 Ventilsitz; 11 Hubhilfe; 12 Faltenbalg.

Vorschriften. Zu den wichtigsten für Sicherheitsventile verbindlichen Vorschriften gehören in Deutschland das AO-Merkblatt A2 und die SR Sicherheitsventile (Sicherheitstechnische Richtlinien gegen Drucküberschreitung). Dazu kommen Festlegungen der verschiedenen Industriezweige, Verbände und Überwachungsvereine. Die Festlegungen betreffen vor allem

– Bemessung und Auswahl: Sicherheitsventile müssen so bemessen und eingestellt werden, daß eine Überschreitung des Sicherheitsdruckes (zulässiger Betriebsdruck + Ansprechtoleranz in Prozent vom Einstelldruck p_{An}) verhindert wird; Bemessungs- bzw. Berechnungsverfahren sind angegeben.

- Mindestquerschnitte und Mindesthübe (abhängig vom Systemdruck), Mindestausfluß-
ziffern α (abhängig von der Bauart).

- Ansprechtoleranzen: Differenz zwischen Einstelldruck (Ansprechdruck p_{An}) und dem
Druck, bei dem die volle Abblasemenge durchgesetzt wird, in Prozent vom Einstelldruck
(abhängig von der Höhe des Ansprechdruckes).

- Schließtoleranzen: Differenz zwischen Einstelldruck und Schließdruck in Prozent vom
Einstelldruck (abhängig von der Bauart, dem Ansprechdruck und der Art des Fluids:
kompressibel, inkompressibel).

- Zuverlässigkeit und Eignung: Nachweis der Eignung für den bestimmungsmäßigen
Einsatz durch den Hersteller nach spezifizierten Prüfungen und Verfahren (Zweckmäßigkeit
der Konstruktion, Betriebs- und Strömungscharakteristik; Funktionsfähigkeit durch
Rechnungen, Versuche und Erprobungen, Bauteilprüfung für den Verwendungsbereich:
Druck, Temperatur, Fluid).

- Einteilung: in den einzelnen Vorschriften unterschiedlich bezüglich Einteilung und
Bezeichnung; i. allg. nach der Öffnungscharakteristik (Normal-, Vollhub- und Proportionalsicherheitsventile), der Bauart (direktwirkende Sicherheitsventile: feder- und ge-
wichtsbelastet; gesteuerte Sicherheitsventile einschließlich Sicherheitsventile mit Zusatzbelastung) s. AD-Merkblatt A2.

- Definition der Bauarten und der Anforderungen an diese: direktwirkende, zusatzbelastete, mittelbar wirkende Sicherheitsventile, Sicherheitsüberströmventile.

- Funktionsprinzipien der Hauptventile (Belastungs- und Entlastungsprinzip) und Steuereinrichtungen (Ruhe- und Arbeitsprinzip).

- Forderungen an Steuersysteme (zusatzbelastete und mittelbar wirkende Sicherheitsventile)
und bei Eigenmediumsteuerung (Steuerventile, Steuerleitungen).

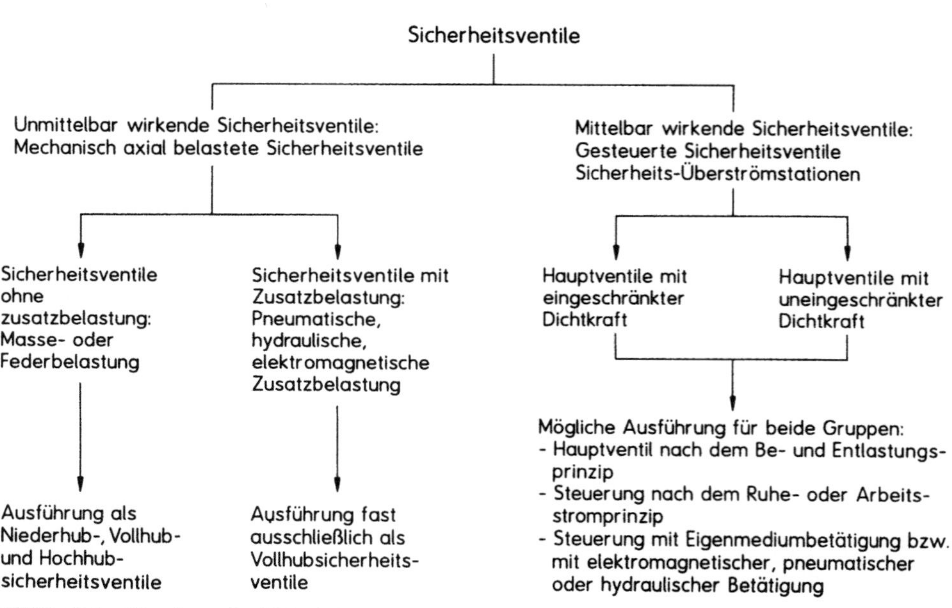

Bild 7-106. Einteilung der Sicherheitsventile [7-4].

– Einbaubedingungen.

– Kennzeichnung der Sicherheitsventile.

– Vom Hersteller mitzuliefernde Dokumentation.

7.5.1.1 Einteilung der Sicherheitsventile

Nach der Kegelbelastung: unmittelbar und mittelbar wirkend (Bild 7–106). *Belastung*: Gewicht mit und ohne Hebel oder Feder. *Zusatzbelastung* erhöht die Schließkraft, bewirkt hohe Dichtheit und Ansprechgenauigkeit (s. Abschn. 7.4.1.3 und 7.4.1.4).

Nach der Öffnungscharakteristik (Bild 7–107). *Normalsicherheitsventile* erreichen nach dem Ansprechen bei maximal 10 % Druckanstieg den für den abzuführenden Massestrom erforderlichen Hub. An die Öffnungscharakteristik werden keine Forderungen gestellt.

Proportionalsicherheitsventile öffnen proportional zum Druckanstieg und erreichen bei maximal 10 % Druckanstieg den für den abzuführenden Massestrom erforderlichen Hub. Der Hub ist gegenüber Vollhubventilen klein (Niederhubventile). Bei Ausführungen ohne Hubbegrenzung öffnet das Ventil bei weiter steigendem Druck über den der zulässigen Öffnungsdruckdifferenz entsprechenden Hub hinaus.

Vollhubsicherheitsventile öffnen nach dem Ansprechen innerhalb von 5 % Drucksteigerung „schlagartig" bis zum konstruktiv begrenzten Hub. Der Anteil bis zum schlagartigen Öffnen (Proportionalbereich) darf nicht mehr als 20 % des Gesamthubes betragen.

7.5.1.2 Masse- und federbelastete Sicherheitsventile

Anwendung: Massebelastete Sicherheitsventile werden vorrangig bei Ansprechdrücken $p_{An} < 0,2$ MPa (federbelastete Sicherheitsventile sind ungeeignet), kleinen Leistungen und in mobilen Anlagen eingesetzt.

Ausführungen (s. Bild 7–105). *Geschlossene Haube* für giftige, ätzende, brennbare und radioaktive Fluide. Schutz der Feder vor äußeren Einflüssen. *Offene Haube* bei hohen Temperaturen. Die durch die nicht abgedichtete Spindelführung bei geöffnetem Ventil austretende Dampfmenge ist ungefährlich. *Faltenbalg*: Abdichtung der Spindelführung,

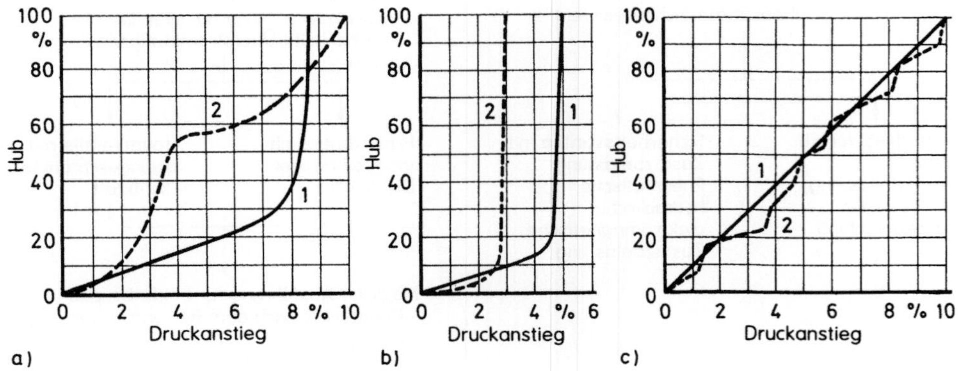

Bild 7–107. Öffnungscharakteristiken [7–27].
  a) Normalsicherheitsventil;
  b) Vollhubsicherheitsventil;
  c) Proportionalsicherheitsventil;
  1 und 2 mögliche Kurven, die die Anforderungen erfüllen.

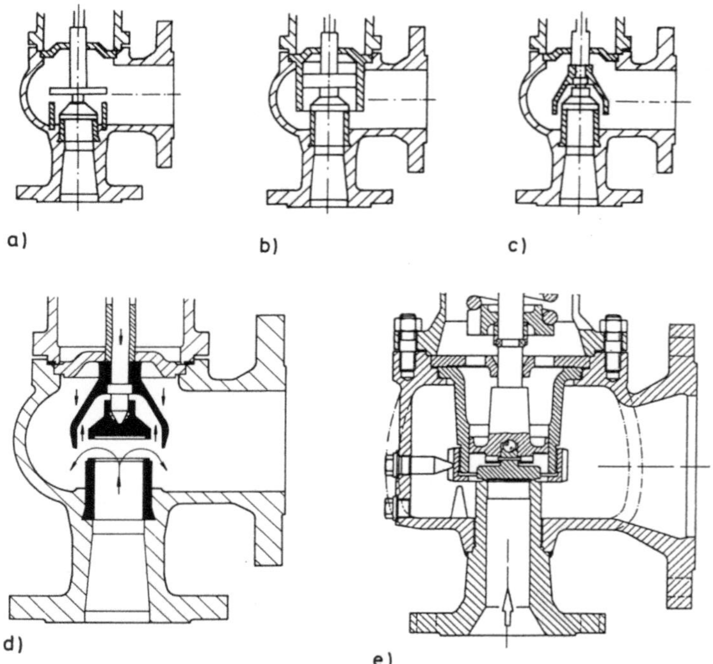

Bild 7-108. Hubhilfen, Ausführungsbeispiele.
a) Hubplatte: das Druckmittel wird durch einen düsenförmigen Austritt gegen eine größere Platte gelenkt;
b) Hubkolben: das Druckmittel trifft auf einen in einer Buchse beweglichen Kolben, der Buchsenrand bildet eine feststehende Umlenkkante, meistens als Stellring ausgebildet (s. Ausführung e);
c) Hubglocke: das Druckmittel trifft auf eine ihre Lage mit dem Hub verändernde Glocke (bewegliche Umlenkkante, s. Ausführung d);
d) Druckverhältnisse bei einer Hubglocke [7-6];
e) Druckverhältnisse bei einem Hubkolben mit Buchse und Stellring [7-6].

Gegendruckausgleich (s. Abschn. 7.4.1.6), Schutz der Feder vor dem Fluid. Der Faltenbalg ist vor der Strömung angeordnet.

Öffnungs- und Schließvorgang (s. Abschn. 6.3.1). In Schließstellung wirkt der Schließkraft F_S (Federkraft) die aus dem Systemdruck resultierende Kraft $F_{St} = p \cdot A_S$ entgegen; bei Gleichgewicht schwimmt der Kegel. Weiterer Druckanstieg führt zum Öffnen. Zum Öffnen muß die Öffnungskraft stärker ansteigen als die Federkraft. Das wird mit Hubhilfen erreicht (Bild 7-108). *Prinzip*: Umlenkung der Strömung und Wirken auf eine größere als die Kegelfläche, bei auch Ausnutzung eines speziellen Entspannungsverlaufes. Die Berechnung der die Kraftkennlinien beeinflussen Parameter ist nur bedingt möglich. Vor allem die Kegelformen müssen experimentell ermittelt und optimiert werden.

Die Federn werden dann nach der Kraftkennlinie festgelegt (Bild 7-109a). Mit größer werdender Federkonstante c_F wird die zum Öffnen notwendige Druckerhöhung größer. Bei flacherer Federkennlinie (C) muß die zum Schließen erforderliche Druckabsenkung anwachsen. Änderungen der Federvorspannung (Bild 7-109b) bewirken vor allem eine

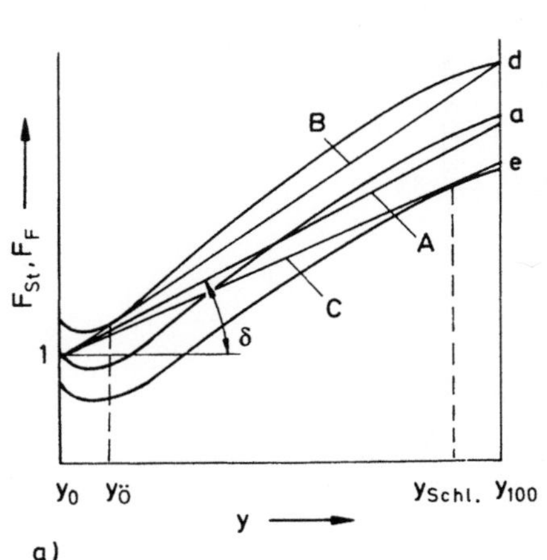
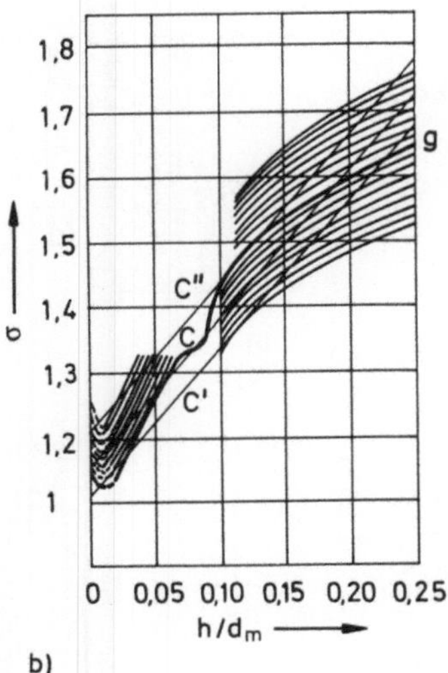

Bild 7–109.   Kraftkennlinien für Vollhubsicherheitsventile.
  a) mögliche Zuordnungen [7–4] von Federkennlinien (A, B, C) bei Kraftkennlinien für a
     Ansprechdruck, d zulässige Öffnungsdruckdifferenz, e zulässige Schließdruckdifferenz;
  b) gemessene Kraftkennlinien [7–6];
  c Federkennlinie für eine bestimmte Federkonstante und einen bestimmten Ansprechdruck (Kennlinie g);
  c' und c'' Auswirkungen bei Variation der Federvorspannung.

Verschiebung des Ansprechdruckes. Unsicherheiten treten z. T. hinsichtlich der wirksamen
Kegelfläche A_S auf: Neuzustand $d_{i,min}$, Zunahme von A_S mit der Betriebsdauer. Wird das
damit verbundene Absinken des Ansprechdruckes (vorerst auch verbunden mit einer
Zunahme der Undichtheit, quasi Kennlinie c' im Bild 7–109b) durch eine Erhöhung der
Federvorspannung ausgeglichen, ändern sich auch die Öffnungs- und Schließdruck-
differenzen, s. Bild 7–109a.

Bei *Proportionalsicherheitsventilen* liegen die Verhältnisse etwas anders. Die Konsequenzen
bei Änderung der Federkennlinie, der Vorspannung oder auch der wirksamen Sitzfläche
sind aus Bild 7–110 abzuleiten.

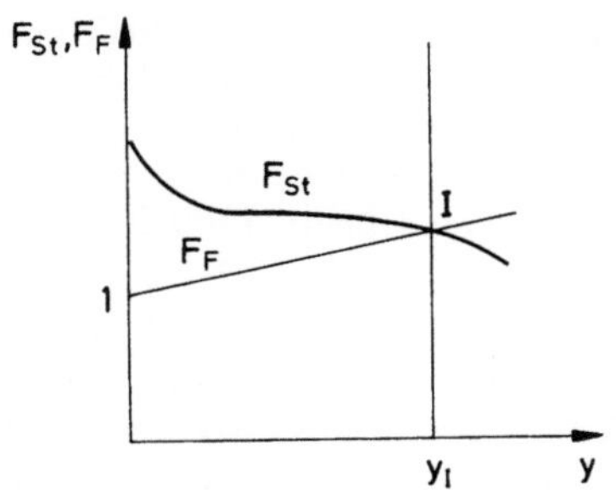

Bild 7–110.
Kraftkennlinie für ein Proportionalsicherheitsventil [7–4].

260

Tabelle 7-16. Einsatzkriterien für Steuerart und Steuermedium [7-27].

Steuerart	Steuerenergie	Größe der Zusatzkraft	Eigenschaften	Anwendung
Fremdenergie	Pneumatik	klein bis mittel	problemlos, ungefährlich, robustes Arbeitsverhalten	chemische Industrie, Kraftwerke
	Hydraulik	sehr groß	feinregelbar, nicht schwingungsanfällig, kompakte Bauweise	Kraftwerke
	elektromagnetisch	gering	leicht verfügbar, einfache Energiezuführung	Kernkraftwerke
Eigenmedium	eigen	groß	immer vorhanden, gesicherte Energiezuführung	Kernkraftwerke

Hubbegrenzung. Die Abblaseleistung kann durch Hubbegrenzung angepaßt werden; gekoppelt ist das meistens auch mit einer α-Wertverminderung; Hubbegrenzungen $< 1\,\text{mm}$ sind unzulässig.

7.5.1.3 Sicherheitsventile mit Zusatzbelastung

Eine Zusatzbelastung soll die Dichtkraft bis zum Ansprechpunkt erhöhen, sie wird bei Erreichen des Ansprechdruckes abgeworfen. Sie muß so gewählt werden, daß bei Versagen des Entlastungssystems das Ventil seine Abblaseleistung erreicht, bevor die zulässige Öffnungsdruckdifferenz überschritten wird (lt. Richtlinie 20% zusätzliche Belastung; Öffnen des Ventiles bei $1{,}2\,p_{An}$ ist dann noch möglich).

Die *Zusatzbelastung* wird durch Fremdenergie (pneumatisch, hydraulisch, elektromagnetisch) und/oder durch Eigenmedium aufgebracht (Einsatzkriterien s. Tabelle 7-16), und bei Überschreiten des Ansprechdruckes selbständig aufgehoben oder soweit verringert, daß das Hauptventil durch den Fluiddruck oder eine andere Kraft öffnet. Die Zusatzbelastung ist begrenzt (z. B. 6% von p_{An}) oder unbegrenzt. Wird mit dem Abwurf der Zusatzlast gleichzeitig eine Hubsteuerung aktiviert, hält Hubluft das Ventil solange geöffnet (stabile Endlage), wie p_{An} überschritten bleibt.

Sicherheitsventile mit Zusatzbelastung sind also gesteuerte Sicherheitsventile (s. Abschn. 7.4.1.4) mit verbleibendem Charakter einer Regeleinrichtung (bei Versagen der Steuerung). Verbreitet sind magnetische und pneumatische Zusatzbelastungen (Bild 7-111).

Vorteile [7-27]: erhöhte Dichtheit, Ansprechgenauigkeit und Genauigkeit der Arbeitstoleranzen; Reproduzierbarkeit des Ansprechdruckes, kleine Öffnungs- und Schließdruckdifferenzen, stabiler Abblasevorgang, gesteuertes Abblasen unterhalb des Ansprechdruckes, geregeltes Überströmen mit Druckhaltung.

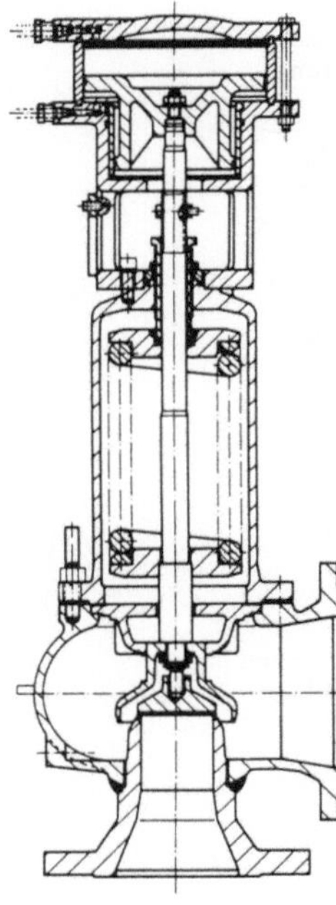

Bild 7–111.
Sicherheitsventil mit pneumatischer Zusatzbelastung (Fa. Bopp und
Reuther). Bei $p_0 \geqq p_{An}$ baut die Steuerung den Druck über dem Kolben ab.
Das Ventil öffnet wie ein normales federbelastetes Sicherheitsventil, es
schließt mit zusätzlicher Dichtkraft (Federkraft + Zusatzbelastung).

7.5.1.4 Mittelbar wirkende Sicherheitsventile

Diese hilfsgesteuerten Sicherheitseinrichtungen bestehen aus dem Hauptventil und der
Steuereinrichtung (gesteuerte Sicherheitsventile), s. Bild 7–111. Es stehen acht Wirkprinzipien zur Verfügung (Bild 7–112). *Belastungsprinzip*: Das Ventil öffnet bei Aufbringen
der Belastung. *Entlastungsprinzip*: Das Ventil öffnet bei Aufheben der Belastung. Eigenmediumgesteuerte Sicherheitsventile werden i. allg. dem Entlastungsprinzip zugeordnet.

Hilfsgesteuerte Sicherheitsventile (Bild 7–112, Pos. 1 bis 4, und Bild 7–113). Wird der
Ansprechdruck p_{An} erreicht, baut die Steuerung die Zusatzlast ab. Das Ventil öffnet, je nach
Schaltung mit (Bild 7–112, Pos. 1 bis 4) oder ohne Hubluft, nach geringem Druckanstieg
(Proportionalbereich) schlagartig bis zur Hubgrenze (Öffnungscharakteristik wie Vollhub-
sicherheitsventile). Sinkt der Druck unter p_{An}, wird die Zusatzbelastung wieder zugeschaltet;
das Ventil schließt mit erhöhter Dichtkraft. Üblich sind drei voneinander unabhängige
Steuerungen.

Die Ausführung mit fliegendem Doppelkolben (Bild 7–113c) öffnet innerhalb vorgeschrie-
bener Grenzen, auch gegen Zusatzbelastung (Zusatzbelastung über Kolben 9). Seine
Anordnung verhindert kraftschlüssige Verbindung mit der Spindel. Kolben 10 ermöglicht
das Anlüften des Ventiles unterhalb p_{An} (gegen große Federkraft). Die Kolben 9 und 10
sind voneinander unabhängig. Die Hubluft kann über die Steuerung gemeinsam mit der
Belastungsluft anstehen oder bei Abwurf der Belastungsluft zwangsweise unter den Kolben
10 geführt werden. Ist keine Belastungsluft vorhanden, hält die Spreizfeder 11 beide Kolben
so, daß sie die Funktion des „federbelasteten Sicherheitsventiles" nicht beeinflussen. Bei
Ausschalten der Zusatzbelastung stützt sich Kolben 9 auf Kolben 10 ab; die Spreizfeder
wird auf eine bestimmte Kraft vorgespannt, die als Zusatzbelastung wirksam wird [7–29].

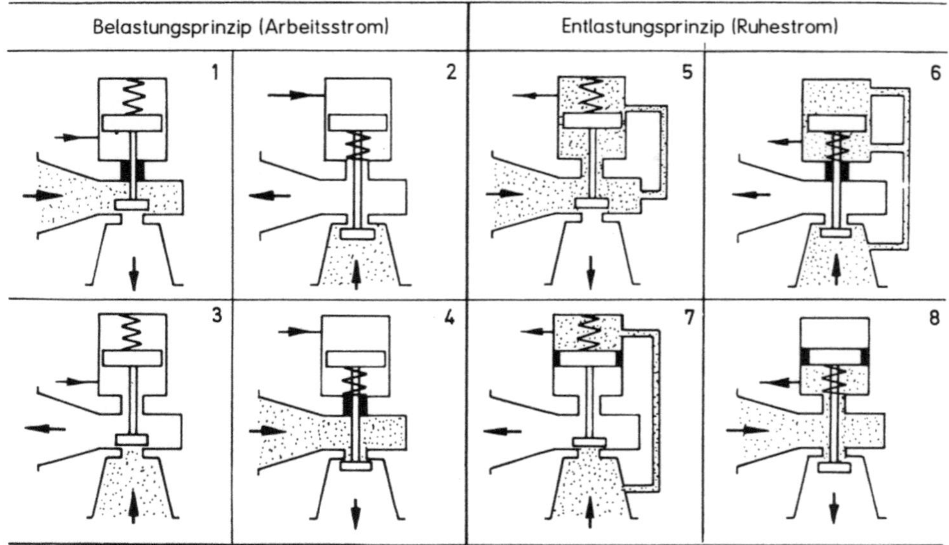

Bild 7-112. Wirkprinzipien gesteuerter Sicherheitsventile [7-28].

Vorteile: Schnellöfffnung ist möglich, lastabhängige Stellungsregelung (elektropneumatische Steuerung über Magnetventile), Stellungsanzeige. *Haupteinsatzgebiete*: Sattdampf, Heißdampf, konventionelle Kraftwerke (Trommel, Überhitzer, Zwischenüberhitzer), Kernkraftwerke.

Eigenmediumgesteuerte Sicherheitsventile (Bild 7-112; Pos. 5 bis 8, und Bilder 7-114 und 7-115). Diese Ventile arbeiten nach dem Belastungs- oder dem Entlastungsprinzip.

Belastungsprinzip (Bild 7-114): Das durch den Seitenstutzen eintretende Fluid preßt den Kegel auf den Sitz. Ist p_{An} erreicht, öffnet das Steuerventil, und Fluid strömt in Raum 8. Der Druck hebt den Kegel an (Kolbenfläche > Sitzfläche); der Austritt wird freigegeben. Der nun auch auf die Kegelunterseite wirkende Druck bewirkt schnelles Öffnen. Die Eintrittsstutzen, i. allg. drei, haben Rückschlagsicherungen, so daß auch bei Abreißen einer Steuerleitung das Öffnen über die verbleibenden Leitungen gesichert ist. Fällt der Systemdruck unter p_{An}, schließt das Steuerventil (selbsttätig oder mit Fremdmedium). Der Druck im Raum 8 baut sich über die Entlastungsdrossel ab, das Hauptventil schließt.

Entlastungsprinzip (Bild 7-115): Bei geschlossenem Steuerventil ist das Hauptventil geschlossen. Öffnet das Steuerventil (das Ventil 3 spricht an und öffnet Ventil 4), baut sich der Druck über dem Kolben ab; der Fluiddruck öffnet das Hauptventil. Reißt die Steuerleitung ab, öffnet das Hauptventil. *Vorteile*: sehr geringe Stellzeiten (ab 50 ms möglich), vom Systemdruckverhalten unabhängiges Öffnen und Schließen, Anpassung des Hubzeitverhaltens möglich, kurze Totzeit, mehrfache Ansteuerung durch Steuerventile, induktive Stellungsanzeige möglich. *Haupteinsatzgebiete*: Sattdampf, Heißdampf, Dampferzeuger und Frischdampfleitungen im Druckwasserreaktor, Reaktordruckgefäß und Frischdampfleitungen im Siedewasserreaktor, Drehzahlschutz für Dampfturbinen.

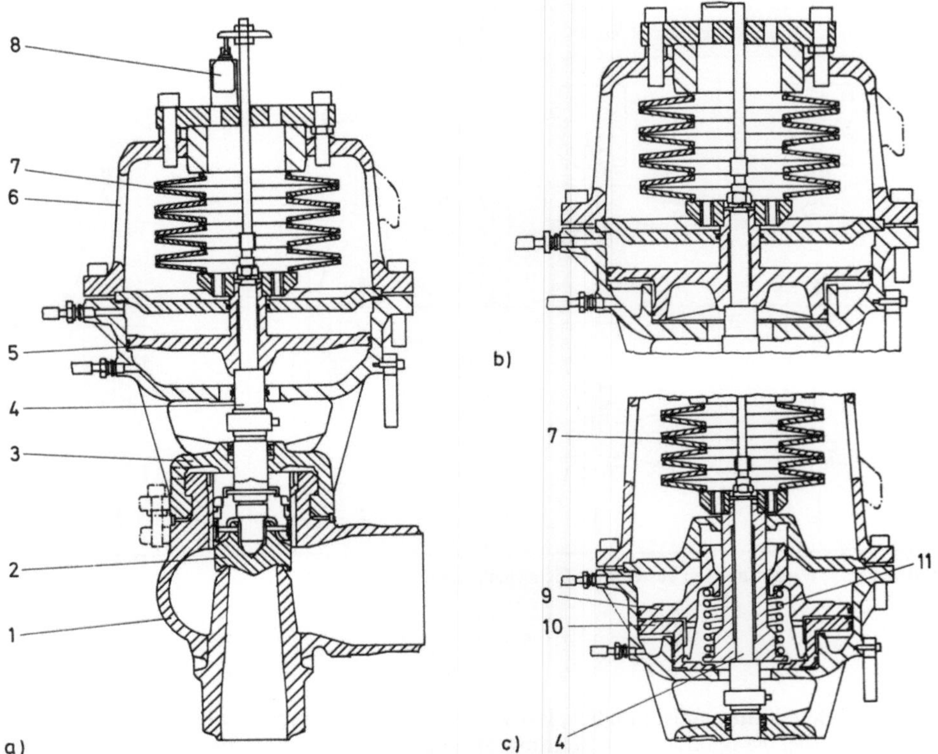

Bild 7–113. Federbelastetes Sicherheitsventil, steuerbar durch Fremdmedium (Fa. Bopp und Reuther).
a) Sicherheitsventil mit Einfachkolben;
b) mit Differentialkolben für unbegrenzte Zusatzbelastung.
c) mit fliegendem Doppelkolben für begrenzte Zusatzbelastung.

1 Gehäuse; 2 Kegel mit Hubkragen; 3 Laterne; 4 Spindel; 5 Kolben; 6 Haube; 7 Tellerfeder; 8 Grenztaster;
9 Belastungskolben; 10 Hubluftkolben; 11 Spreizfeder.

Steuereinrichtungen: gewichts- oder federbelastete Sicherheitsventile mit und ohne pneumatischer Zusatzbelastung und magnetischer Anlüftung; pneumatisch und hydraulisch betätigte Ventile; komplette Steuereinrichtungen.

Dichtheit, Genauigkeit der Toleranzen und die gute Reproduzierbarkeit des Ansprechdruckes pneumatischer, hydraulischer und magnetischer Steuerventile ist mit federbelasteten Sicherheitsventilen nicht erreichbar; die Steuerung mit ihnen ist aber sicher. Die Dichtheit und die Ansprechgenauigkeit federbelasteter Steuerventile können durch Zusatzbelastung verbessert werden.

Anwendung: große Ventileinheiten, wenn gleichzeitig das dynamische Verhalten des Systems ein besonders schnelles Reagieren des Sicherheitsventiles verlangt (elektropneumatische Steuerung), z. B. Dampferzeuger mit kleiner Speicherzeitkonstanten, kleinvolumige Leitungssysteme mit großer Zuflußkapazität.

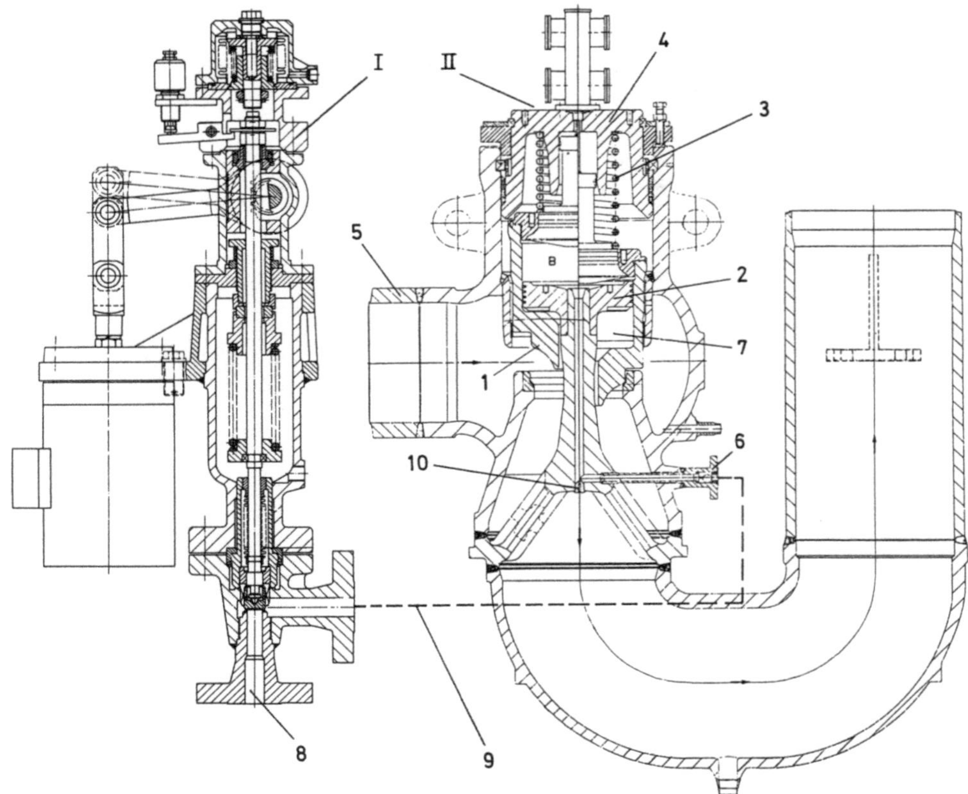

Bild 7–114. Eigenmediumgesteuertes Sicherheitsventil nach dem Belastungsprinzip (Fa. Bopp und Reuther).

I Hauptventil; II Steuerventil; 1 Kegel; 2 Kolben; 3 Feder; 4 Deckel; 5 Seitenstutzen; 6 Eintrittsstutzen der Steuerleitung; 7 Raum zwischen Kolben und Kegel; 8 Eintrittsstutzen Steuerventil; 9 Steuerleitung; 10 Entlastungsdrossel.

7.5.1.5 Auswahl, Größenbestimmung und Einstellung

Zur Bestimmung des Abblasequerschnittes s. Abschn. 6.3.1. Der Ansprechdruck p_{An} (einschließlich Ansprech- und Schließtoleranzen) ist in verbindlichen Vorschriften (s. auch Abschn. 7.4.1) i. allg. industriezweigabhängig festgelegt. Diesbezüglich ist folgende Systematisierung sinnvoll:

– Kraftwerke: konventionelle Kraftwerke (Trommel, Überhitzer, Vorwärmer, Kondensator, Rohrsysteme usw.) und Kernkraftwerke (Druckhalter, Notkondensator, Wasserbereiter, Schleifen usw.).

– Heizungstechnik, Sanitärtechnik, Wasserversorgung (Heizkessel, Rohrsysteme, Behälter, Druckerzeuger usw.).

– Verfahrenstechnik: allgemeine chemische Technik, Hochdruckchemie, Gastechnik, Erdöl- und Erdgastranport und -verarbeitung, Flüssigkeitstransport und -lagerung, Hydraulik, Kältetechnik (Behälter, Kolonnen, Rohrsysteme, Tankanlagen usw.).

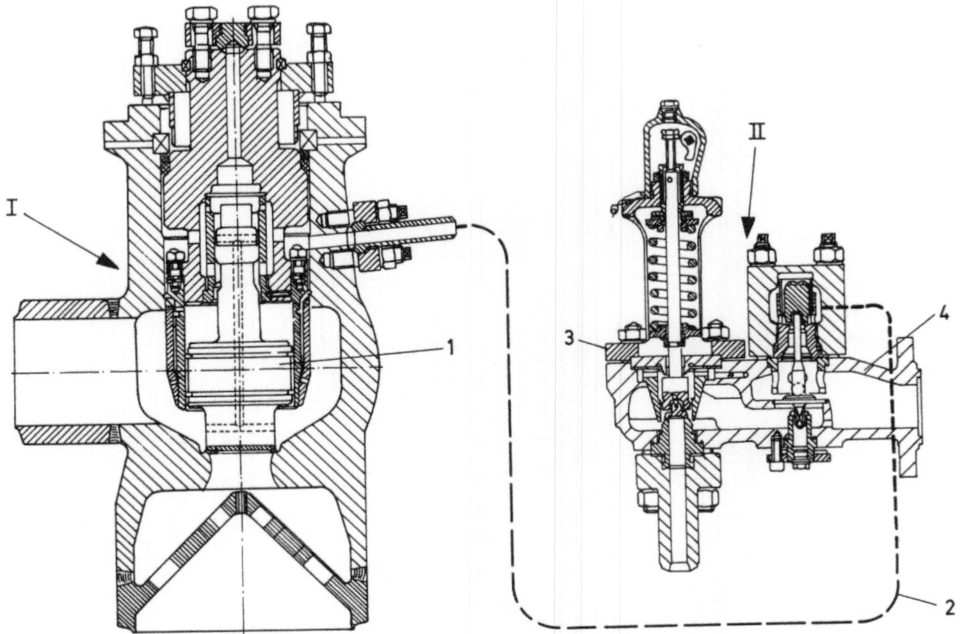

Bild 7–115. Eigenmediumgesteuertes Sicherheitsventil nach dem Entlastungsprinzip (Fa. Bopp und Reuther).

I Hauptventil; II Steuerventil (vergrößert zum Hauptventil dargestellt); 1 Kolben; 2 Steuerleitung; 3 federbelastetes Sicherheitsventil; 4 Auslaßventil.

Der Ansprechdruck liegt um die Arbeitsdruckdifferenz („Respektabstand") über dem Betriebsdruck (Bild 7–116).

Allgemeine Orientierung. *Ansprechdruck*: Bei kleinen Ansprechdrücken soll die Arbeitsdruckdifferenz i. allg. größer sein als bei hohen p_{An}. *Sitzdurchmesser*: Kleine Sitzdurchmesser; z. B. $d_i = 6$ mm, haben eine so geringe abzudichtende Fläche, daß bereits die erreichbaren Fertigungstoleranzen wesentlichen Einfluß auf p_{An} und die Dichtheit nehmen; die Arbeitsdruckdifferenz sollte vergrößert werden. *Äußere Einflüsse*, z. B. mechanische Schwingungen, Temperaturwechsel und pulsierende Strömung, erfordern ebenfalls größere Arbeitsdruckdifferenzen.

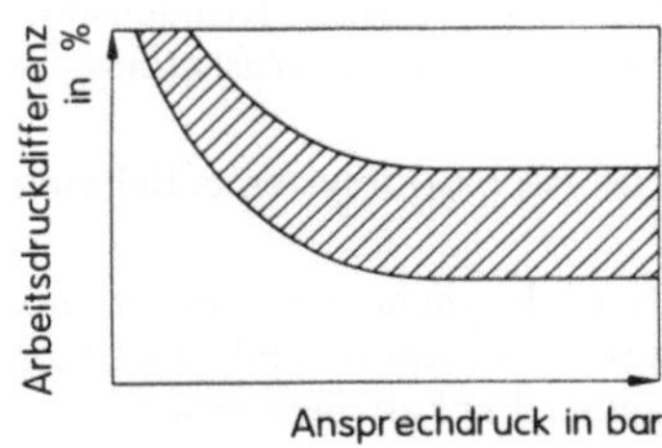

Bild 7–116.
Empfohlene Arbeitsdruckdifferenzen nach [7–30]. Das Bild zeigt die zur Dichtheit der Sicherheitsventile notwendigen Arbeitsdruckdifferenzen in ihrem ungefähren Verlauf.

266

Für die **Abblaseleistung** und die Arbeitsweise ist gegebenenfalls der Einfluß vor- oder nachgelagerter Anlagenbauteile zu beachten (s. Abschn. 5.3 und 5.4). *Verluste vor dem Ventilsitz* (Druckverlust) verringern die Öffnungskraft (massestromabhängig) [7–31]. Treten mehrere negative Einflüsse gleichzeitig auf, kann die Funktion eines Sicherheitsventiles beeinflußt werden: Die Strömungskraft nimmt mit größer werdendem Hub weniger zu als für stabiles Öffnen erforderlich; pulsierende Arbeitsweise kann die Folge sein.

Überdimensionierung. Ursachen können sein: Addition der Zuschläge für alle möglichen Störfälle (z. B. Mehrleistungsreserven bei Rohrleitungsnetzen), Sicherheitszuschläge (s. Abschn. 6.3.1), Abstufung der Leistungsbereiche bei Baureihen. Auch hierdurch kommt es leicht zu einer zyklischen Arbeitsweise (Flattern, Pulsieren).

Bei **wechselndem Masseangebot** sollten an Stelle eines großen Ventiles mehrere kleine Sicherheitsventile eingesetzt werden. Je unsicherer die Bestimmung der abzublasenden Masse ist, um so mehr Ventile, wenn möglich mit Stufung des Ansprechdruckes, sollten zum Einsatz kommen.

Einstellen der Sicherheitsventile. Zu Auslegungs- und Installationsfehlern können Einstellfehler hinzukommen. Sicherheitsventile sollten unter Störfallbedingungen eingestellt oder geprüft werden. Andernfalls ist eine sorgfältige Erfassung der Verhältnisse notwendig. Bei mittelbar wirkenden Sicherheitsventilen können die Probleme z. T. leichter berücksichtigt werden. So können durch Druckverluste auftretende Abweichungen z. B. durch Impulsabnahme vor der ihn verursachenden Strecke umgangen werden.

7.5.1.6 Zuführungs- und Abblaseleitung, Gegendruck

Druck- und Strömungsverhältnisse und damit der Fluidzustand vor und hinter dem Sicherheitsventil beeinflussen die Funktion.

Zuführungsleitung. *Proportionalsicherheitsventile.* Ihre Funktion wird durch die Zuführungsleitung selten grundsätzlich gestört. Durch den Druckabfall wird sich die Öffnungsdruckdifferenz vergrößern; bei zumeist $A_{\ddot{O}} \gg A_R$ ist die Auswirkung gering.

Vollhubsicherheitsventile. Bei solchen schlagartig öffnenden Ventilen kann ein großer Druckverlust und damit quasi eine Vergrößerung der Öffnungsdruckdifferenz dazu führen, daß das Ventil nur anlüftet und nicht weiter öffnet (Flattern des Kegels). Bei weiterem Druckanstieg bis zum vollen Öffnen besteht die Gefahr zu großer Abblaseleistung und damit einer zyklischen Arbeitsweise. Die Auswirkungen werden z. T. auch im Sinn einer Deformation der Kraftkennlinien gedeutet [7–6]: $F_{St} = f(\Delta p_v, w_0)$.

Orientierend gibt [7–27] an: Der Druckverlust in der Zuführungsleitung soll kleiner sein als die Schließdruckdifferenz s des Sicherheitsventiles, maximal 3% vom Systemdruck. Für die zulässige Länge der Zuleitung wird genannt (Bild 7–117):

$$l_e = d_e/\lambda [0,03(A_e/1,1\alpha \cdot A_0 \cdot \psi)^2 - \sum \zeta_i] \text{ in mm} \tag{7.10}$$

mit ζ_i Druckverlustbeiwert für Leitungs- und Einbauteile. Ein direkter Anbau am abzusichernden System ist also, wenn möglich, vorzusehen.

Bei der Anordnung mehrerer Sicherheitsventile auf einem Strang kann andererseits durch ungleiche Abstände und/oder unterschiedlich lange Eintrittsleitungen der Druckverlusteffekt positiv, quasi indirekt zur Stufung der Abblaseleistung, genutzt werden.

Abblaseverhältnisse. Beim Abblasen stellt sich bei nachgeschalteten Elementen immer ein Gegendruck ein (s. Abschn. 6.3.1). Im einzelnen gilt für die Auswirkung am Beispiel der Konstruktion nach Bild 7–105:

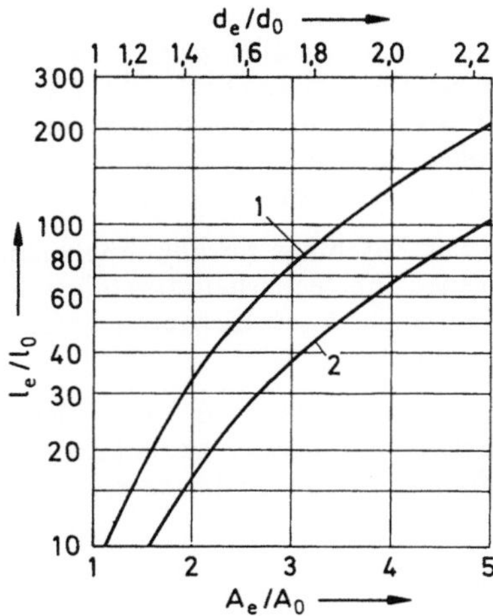

Bild 7–117.
Druckverlustdiagramm für Zuführungsleitungen (zur überschläglichen Dimensionierung der Zuführungsleitungen) [7–6]. A_e Eintrittsquerschnitt in mm²; A_0 Strömungsquerschnitt in mm²; l_e Leitungslänge in mm; d_e Eintrittsdurchmesser in mm; d_0 Strömungsdurchmesser in mm; 1 Gase und Dämpfe; 2 Flüssigkeiten.

Geschlossene Haube (Bild 7–105d): Der Gegendruck auf Kegel und Kolben kann ansteigen; der Öffnungsvorgang wird dann behindert. *Offene Haube* (Bild 7–105c): Der Gegendruck auf die Kolbenunterseite, nur z. T. kompensiert durch die Kegeloberseite, kann ansteigen, der Öffnungsvorgang wird hier beschleunigt. *Faltenbalg* (Bild 7–105e): Entspricht die Wirkfläche des Faltenbalges der Sitzfläche, dann werden Veränderungen weitgehend kompensiert. Für Faltenbalgventile können so Gegendrücke bis 0,5 p_{An} zugelassen werden. Bei Serienventilen begrenzt die Gehäusefestigkeit den Gegendruck.

Natürlich ist bei diesen Verhältnissen zwischen sogenanntem Eigengegendruck (massestrombedingt: Abblaseleitung, Krümmer, Schalldämpfer usw.) und Fremdgegendruck (konstant oder variabel; unabhängig vom Arbeiten des Sicherheitsventiles) zu unterscheiden. Konstanter Gegendruck ist gut zu beherrschen (Feder auf Differenzdruck einstellen), variabler Gegendruck ist mit den oben erläuterten Auswirkungen verbunden. Blasen z. B. mehrere Sicherheitsventile in ein Standrohr oder einen Schalldämpfer ab, hängen Funktion und Abblaseleistung ab von der Ventilkonstruktion, dem Druckniveau (gleicher Strang, gestaffeltes Ansprechen), der Zuführung zum Standrohr (gegenseitiges Anblasen), dem Gegendruck und dem Schalldämpfertyp [7–27].

Abblaseleitungen. Hohe Austrittsgeschwindigkeit verursacht meist hohen, von der Entfernung zum Ventilaustritt abhängigen Druckverlust. Das System ist berechenbar. Eine Näherung gibt [7–27] für den Gegendruck am Ventil folgende Beziehungen an: für Wasserdampf

$$p_{St} = 0,0188(\dot{m}_m/d_i^2)\cdot(3,734 + \sqrt{l_g})\cdot(0,00831\,h - 3,54), \tag{7.11}$$

für Gase und Dämpfe

$$p_{St} = 0,0337(\dot{m}_m/d_i^2)\cdot(3,74 + \sqrt{l_g})(\sqrt{(T_a\cdot Z/M)/\psi}) \tag{7.12}$$

mit $\dot{m}_m$ abgeblasener Massestrom in kg/h, d_i Innendurchmesser der Abblaseleitung in mm, l_g Entfernung von der Mündung der Abblaseleitung (gerade Rohrlänge in m; für jeden Rohrbogen ist eine „gleichwertige Rohrlänge", z. B. 10 d_a für einen 90°-Bogen, hinzuzufügen; für Abblasen direkt in die Atmosphäre ist $l_g = 0$ zu setzen), h Enthalpie des Fluids am

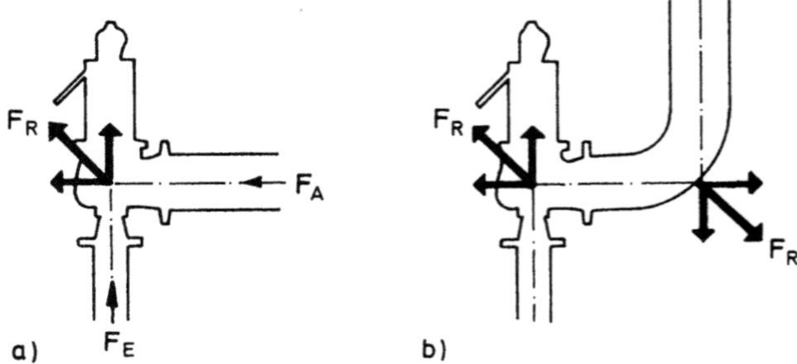

Bild 7–118. Reaktionskräfte beim Abblasen [7–6].
a) am Sicherheitsventil;
b) an Sicherheitsventil und Abblaseleitung.

Ventilaustritt in kJ/kg, T_a Temperatur an der Abblaseleitung in K.

$$T_a = T_0(p_1/p_{An})\cdot(k - 1)/k \tag{7.13}$$

mit T_0 Temperatur am Ventilaustritt in K, p_1/p_{An} kritisches Druckverhältnis, Z Realgasfaktor, M molare Masse in kg/Mol, ψ Ausflußfunktion. Die Gleichungen gelten für den in der Regel zutreffenden Fall „Mündungsgeschwindigkeit = Schallgeschwindigkeit".

Hinzuweisen ist auf ventil-, entspannungs- und systembedingte Schwingungen (Gassäulenschwingungen), mögliche Schwingungsanregungen und Lärmquellen, die in solchen Abblaseleitungen erhebliche Schwierigkeiten bereiten können. Ebenso ist Kondensatansammlung zu unterbinden. Die Leitungen sind gegen Einfrieren zu schützen.

7.5.1.7 Abblasekräfte an Sicherheitsventilen und Abblaseleitungen

Neben den *Rohrleitungskräften* (durch Montage und Wärmedehnungen) müssen beim Abblasen wirksam werdende Reaktionskräfte F_R abgefangen werden (Bild 7–118). Stationäre Verhältnisse ($\dot{m}_m$ = konst.), Faustformel nach [7–6]: für Gase und Dämpfe $F_R = 1/2\,\dot{m}_m$, für Flüssigkeiten $F_R = (\dot{m}_m/100)\sqrt{\Delta p}$ mit $\dot{m}_m$ in kg/h, Δp in MPa, F_R in N. Kann Wasser an Stelle von Dampf abgeblasen werden, ist die Formel für Flüssigkeiten zu benutzen (extreme Störfälle).
Die jeweilige Gesamtkraft auf einen Rohrleitungsquerschnitt läßt sich leicht mit dem Impulssatz bestimmen, Es gilt

$$F = F_p + F_J = p\cdot A + m\cdot w. \tag{7.14}$$

Zumeist besteht größere Unklarheit über die Kräfte am Austritt. Die Kräfte am Eintritt werden bei der rohrstatischen Berechnung berücksichtigt. Da sich die Richtung von F_R mit den Betriebsverhältnissen ändert, ist es oft zweckmäßig, F_A und F_E getrennt abzufangen.

Instationäre Verhältnisse (z. B. Druckwellen und Pulsationen infolge kurzer Stellzeiten) können kurzzeitig höhere Kräfte bewirken. Hierüber sind konkrete Aussagen schwierig; folgende Orientierung wird in [7–27] angegeben:

$$F_i = C\cdot F_A \tag{7.15}$$

mit F_A nach Gl. (7.14) und $C = f(t\cdot f)$ nach Bild 7–119. Gleichung (7.15) berücksichtigt nicht den Einfluß der Beschleunigungskraft bei schnellem Öffnen und möglichen Eigengegendruck.

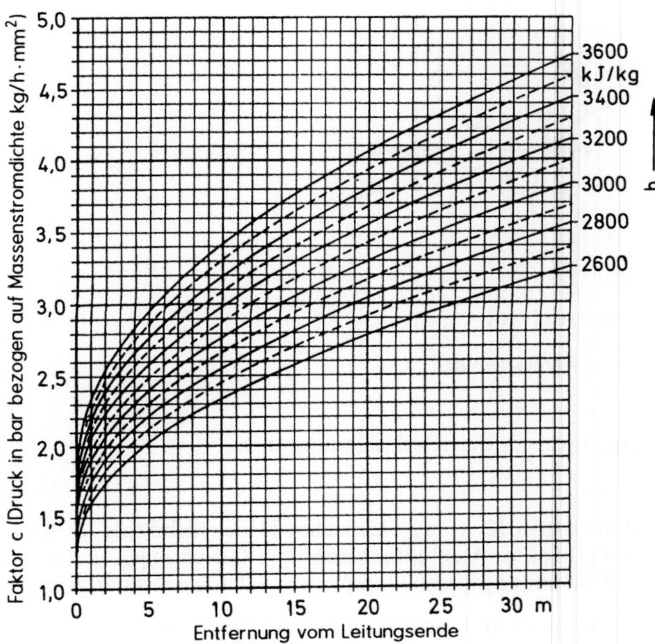

Bild 7–119.   Diagramm für Faktor C [7–6].

C instationäre Kraft/stationäre Kraft; t Stellzeit des Sicherheitsventiles; f Eigenfrequenz des die Strömung abfangenden Systems, Näherung ohne Masseeinfluß $f = 16\,H/y$ (y Auslenkung der Ausblaseöffnung unter der Wirkung der stationären Kraft F_a).

Bei der Auslegung für den ungünstigsten Fall ist davon auszugehen, daß die gesamten Beschleunigungskräfte kurzzeitig vom System aufgenommen werden müssen.

7.5.1.8 Sonderbauarten

Sonderbauarten werden meist Sonderforderungen gerecht. Die wichtigsten sind: blockierbar, Druckprobe möglich, Einstellbarkeit des Ansprechdruckes (insbesondere bei Anordnung mehrerer Ventile am gleichen Drucksystem), Hubanzeige mit elektrischem Kontaktgeber, Zwischenaufsatz (Schutz der Feder vor hohen und tiefen Fluidtemperaturen). Heizmantelanordnung. Dampfspülung/Dampfbeheizung (Freispülen von Sitz und Gehäuse, insbesondere bei chemischen Anlagen), Membrane (Schutz des Federraumes und der Führungen). Auf zwei Ausführungen sei hier hingewiesen:

Foliensicherheitsventile sind extrem gas- und vakuumdicht. Die Folie (Blei, Aluminium, Nickel, Metall-PTFE-Kombination usw.) ist eintrittsseitig eingespannt und wird beim Ansprechen zerstört. Das Ventil schließt wie ein normales Sicherheitsventil.

Sicherheitsüberströmventile sind kombinierte Sicherheitsstellventile, vorrangig hydraulisch gesteuert. *Aufgabe*: Überström- und Druckregelventil mit Sicherheitsfunktion in Dampfkraftwerken (Absicherung gegen Überdruck sowie Reduzieren und Kühlen des überströmenden Dampfes). Bei Erreichen des Ansprechdruckes wird der hydraulische Druck vermindert, das Ventil öffnet durch Dampfdruck und Öffnungsfeder. Abhängig von der Betriebsart wird Kühlwasser in den Dampfstrom gespritzt. Nachgeschaltete Lochblenden

270

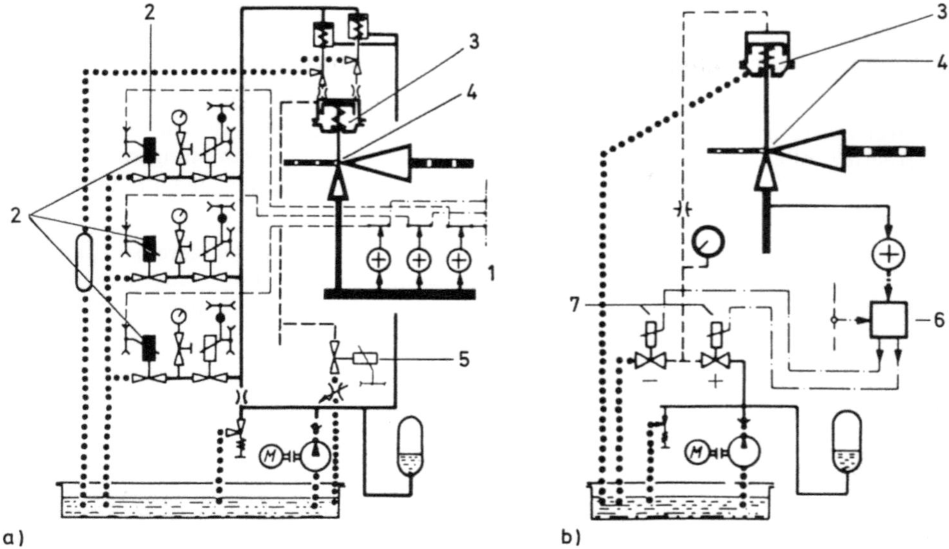

Bild 7-120. Steuerung an Sicherheitsüberströmventilen (Fa. Bopp und Reuther). Schaltschema; der Aufbau ist bei den verschiedenen Fabrikaten ähnlich.
a) Sicherheitssteuerung;
b) Überströmregelung.

1 Dreifach-Sicherheitsdruckschalter; 2 Magnetventil; 3 Hydraulikzylinder mit Kolben; 4 Ventil; 5 Magnetventil; 6 Regelsystem für Druck und Temperatur; 7 Magnetventile.

dienen dem weiteren Druckabbau und senken den Lärmpegel. Bei sinkendem Systemdruck wird der Druck auf dem Kolben wieder aufgebaut, das Ventil schließt.

Funktion der Sicherheitssteuerung (Bild 7-120a): Auslösung durch Drucküberwachung (Sicherheitsschalter), Schnellschluß der Turbine (elektrisches Signal), Leistungssprung der Turbine (Relais).

Die Dreifach-Sicherheitsdruckschalter sind mit den drei Magnetventilen in Ruheprinzip (s. Abschn. 7.4.1.4) geschaltet, die bei Erreichen des Ansprechdruckes öffnen und den Öldruck über dem Kolben abbauen. Das Ventil öffnet als Sicherheitsventil. Das Magnetventil 5 wird über Signale vom Turbinenschnellschluß, Leistungssprung und Druckmonitor der Regelung betätigt und bewirkt Öffnen des Ventiles im Schnellgang.

Funktion der Überströmregelung (Bild 7-120b): Die Funktionen Reduzieren, Kühlen, An- und Abfahren werden durch Sollwertabweichung ausgelöst (elektronische Schrittregelsysteme). Das Regelsystem bewirkt durch Signale auf die Magnetventile (+ und −) Öldruckänderung in den Steuerleitungen. Das Ventil und Einspritzstellventil öffnen und schließen.

7.5.2 Rückflußverhinderer

Zu den Aufgaben und der Arbeitsweise s. auch Abschn. 6.3.2. Grundsätzlich läßt sich sagen, daß Rückflußverhinderer im Idealfall geschlossen sein sollen, bevor das Fluid zurückzuströmen beginnt. *Schnelles* aber auch zu *langsames* Schließen können hartes Zuschlagen, große Kräfte und Druckstöße verursachen (s. Abschn. 6.3.1). Somit ergeben sich zusätzlich untersetzende Anforderungen an den Schließverlauf.

Das Schließverhalten kann durch Zusatzeinrichtungen, z. B. Schließfedern, Gewichte, Hubverringerungen und Dämpfungseinrichtungen, beeinflußt werden. Flüssigkeiten erfordern i. allg. Federn oder Gewichte als Zusatzbelastung. Dämpfungseinrichtungen sind vor allem in Schließrichtung (kurz vor dem Schließen), häufig auch in Öffnungsrichtung kurz vor der Endstellung einzusetzen.

Bei pulsierender Strömung oder Arbeit bei Teilöffnung sind, insbesondere bei Gasen und Dämpfen, gedämpfte Rückschlagarmaturen notwendig. Kurze Rohrleitungen, Windkessel oder Parallelbetrieb mehrerer Pumpen stellen besondere Anforderungen; vorrangig sind nur schnellschließende Armaturen einsetzbar.

Bauarten. Tabelle 7–17 zeigt die zwei Prinzipien, wesentliche Variationsmöglichkeiten und Zusatzeinrichtungen sowie typische Sonderausführungen. Jede Bauart hat besondere Vorteile, aber auch Grenzen.

7.5.2.1 Rückschlagventile

Grundsätzlicher Aufbau s. Tabelle 7–17. *Stellkörper*: Kegel, Kolben oder Kugel; Hub $y = 30\%$ vom Sitzdurchmesser. Zur Vermeidung einer hohen Strömungsgeschwindigkeit wird der Sitz oft eingezogen. Die Stellkörperführung und die Ausgleichsbohrung werden zur Beeinflussung der Öffnungs- und Schließgeschwindigkeit genutzt. *Deckelverbindung*: bis PN 160 allgemein Flanschrauben, > PN 160 bevorzugt selbstdichtend.

Schließkräfte: Eigengewicht der Stellkörper, Differenzdruck bsw. Strömungskraft, und wenn vorgesehen eine Druckfeder als Zusatzbelastung (s. Tabelle 7–17; stellt auch einen zusätzlichen Störfaktor dar).

Einsatzhinweise: Öffnungsbeginn allgemein bei $\Delta p \approx 0,005\,\mathrm{MPa}$, volle Öffnung bei Betriebsparametern (wirtschaftliche Geschwindigkeit) vorgesehen. *Ohne Feder*: nur mit senkrecht fallendem, höchstens bis 45° geneigtem Stellkörper. *Mit Druckfeder*: nicht mit dem Deckel nach unten und in abwärtsführende Leitungen, für höhere Temperaturen spezielle Ausführung [7–5]. *Senkrechte Leitungen*: bevorzugt Axialrückschlagventile.

Bauarten und ihre Anwendung. *Schrägsitzventile* mit und ohne Feder. Ohne Feder in stehender Lage, auch in senkrechten Leitungen einsetzbar. *Eckventile* meistens ohne Feder, als Eckpunkte in Steigleitungen einsetzbar. *Axialventile* (Bild 7–121): allgemein höhere Druckverluste; mit Feder für waagerechte Leitungen geeignet. Fallgewichtsbetätigte Axialventile als Rückschlagventile s. Abschn. 7.5.6. *Kugelrückschlagventile* (Bild 7–122) sind nur in Steigleitungen einsetzbar.

Rückschlagventil mit innerer Dämpfungsvorrichtung. Bild 7–123 zeigt ein Beispiel. Die Spaltgestaltung $s = f(y)$ ermöglicht eine hubabhängige Anpassung der Dämpfungswirkung an die Einsatzanforderungen. Das kann insbesondere zur Minderung von Druckstoßerscheinungen herangezogen werden (Bild 7–124).

7.5.2.2 Rückschlagklappen

Grundsätzlicher Aufbau s. Tafel 7–17. Der Stellkörper (Klappenscheibe) ist an einer exzentrisch gelagerten Welle im Gehäuse aufgehängt (Dichtflächen werden nicht unterbrochen). Die Lage des Klappenscheibenschwerpunktes zur Welle beeinflußt die Beweglichkeit und Auflage der Klappenscheibe auf den Sitz. Klappen sprechen i. allg. schneller an als Rückschlagventile, schließen aber nicht so dicht.

Tabelle 7–17. Rückflußverhinderer, Grundprinzipien und Variationsmöglichkeiten; Anwendung.

Grundbauarten, Grundprinzipien	Variationsmöglichkeiten
Rückschlagventile vorrangig bis DN 300, für alle Druckbereiche 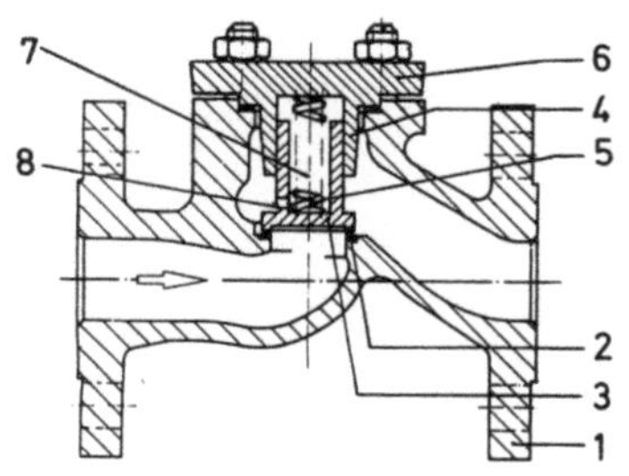 *Geradsitzventil* mit Schließfeder 1 Gehäuse; 2 Sitz; 3 Kegel; 4 Buchse; 5 Schließfeder; 6 Deckel; 7 Kammer; 8 Ausgleichsbohrung 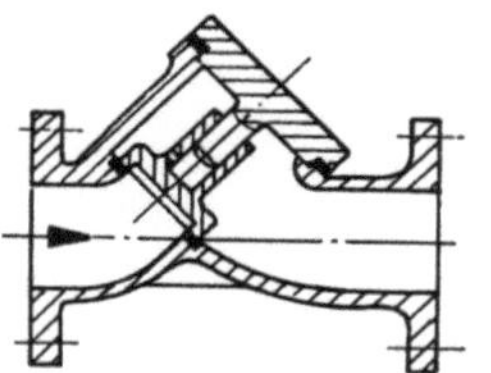 *Schrägsitzventil* ohne Feder in stehender Lage (auch in steigenden Leitungen) 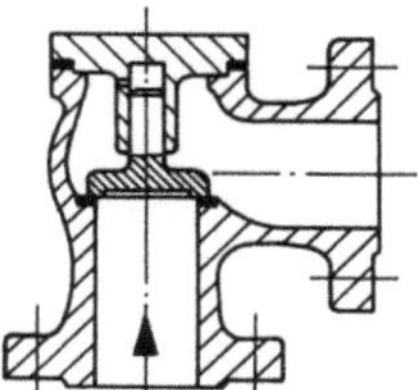 *Eckventil* meistens ohne Feder, vorrangig als Fixpunkte in Steigleitungen. *Axialventil* (s. Bild 7–121) Steigleitungen, mit Feder für waagerechte Leitungen geeignet	*Stellkörper*: Kegel, Kolben, Kugel oder Sonderformen (z. B. Bild 7–123), Membranen (Bild 7–133); ein und mehrere Stellkörper (z. B. Bild 7–121d). *Abdichtung Stellkörper-Sitz*: hart oder weich, Kegeldichtringe, elastische Lippendichtung (Bild 7–130c und d), elastische Absperrkörper (z. B. Kugel, Bild 7–122), Sonderformen (s. Bild 7–130b), Gummimembrane (Bild 7–133). *Stellkörperführung*: Zapfen und Zylinder bzw. Buchse, Gehäuserippen (Bild 7–122b) *Zusatzbelastung für Schließen*: vorrangig Druckfeder, Fallgewicht (fast ausschließlich bei Axialventilen (Abschn. 7.6.4.1) *Dämpfung der Stellkörperbewegung*: Ausgleichsbohrung, Passung der Absperrkörperführung, Druckfeder (in Öffnungsrichtung; dämpft zumeist auch bei pulsierender Strömung), Sonderausführungen (z. B. Bremskolben, Bild 7–123) *Stellungsanzeige*: Rückschlagventile haben i. allg. keine Stellungsanzeige (wird aber zunehmend bei Spezialausführungen angewendet)

(Fortsetzung)

Tabelle 7-17. (Fortsetzung)

Grundbauarten, Grundprinzipien	Variationsmöglichkeiten
Rückschlagklappen ab DN 100, allgemein bis PN 16 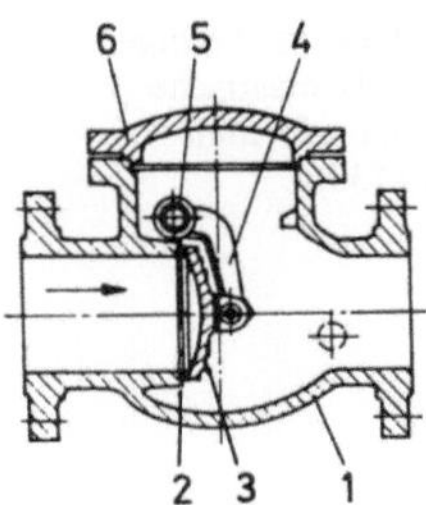 *Rückschlagklappe* (einfache Ausführung) 1 Gehäuse; 2 Sitz; 3 Klappenscheibe; 4 Hebel; 5 Welle; 6 Deckel 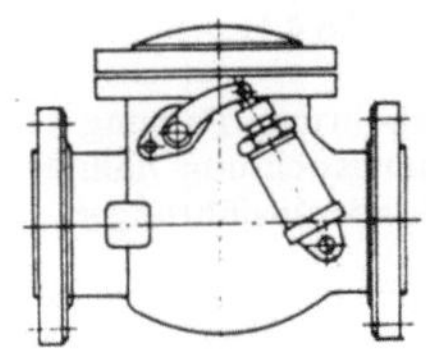 Rückschlagklappe mit Dämpfungszylinder 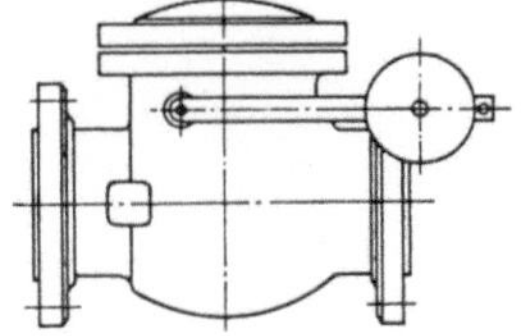 Rückschlagklappe mit Schließgewicht 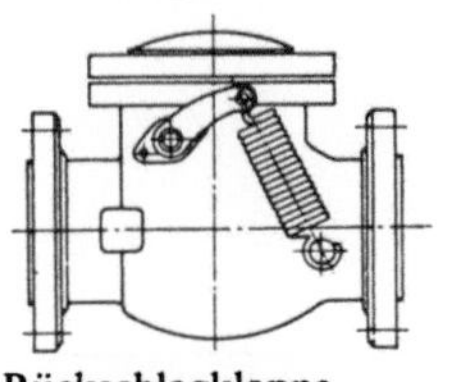 Rückschlagklappe mit Schließfeder	*Stellkörper*: Klappenscheibe (eine und mehrere, z. B. Bilder 7–126 bis 7–128 und 7–132) *Abdichtung Klappenscheibe – Sitz*: hart oder weich (z. B. gummiumkleidete Klappenscheibe, Bild 7–132) *Absperrkörperführung, Aufhängung*: vorrangig exzentrisch gelagerte Welle im Gehäuse (s. Abschn. 7.5.2.2); innenliegende Welle bewirkt geringe Reibungsmomente (keine Stopfbuchse), Vibrationsgefahr bei voller Öffnung; weitere Bauarten s. Bilder 7–126; 7–127 und 7–128 *Zusatzbelastung*: vorrangig Schließgewicht und Schließfeder (s. nachfolgende Bilder) *Dämpfung der Klappenscheibenbewegung*: Dämpfungszylinder (Luft, Öl), Dämpfung vorrangig kurz vor den Endstellungen (Öffnungs- oder Schließstellung), auch bei pulsierender Strömung; Gewicht und Feder (Dämpfung in Öffnungsrichtung) *Stellungsanzeige*: Gewichts- oder Federhebel, Zeiger |</p>

Sonderbauarten: s. Abschn. 7.5.2.3, Bilder 7–129 bis 7–132. Dazu gehören z. B. auch fallgewichtsbetätigte Axialventile (Abschn 7.6.4.1) und Schnellschlußarmaturen (Abschn. 7.6.2). Rückschlagklappen werden durch Aufbringen eines Drehimpulses auf die Welle (Druckluft, Hydraulik, Federspeicher) häufig zu Schnellschlußarmaturen modifiziert [7-6].

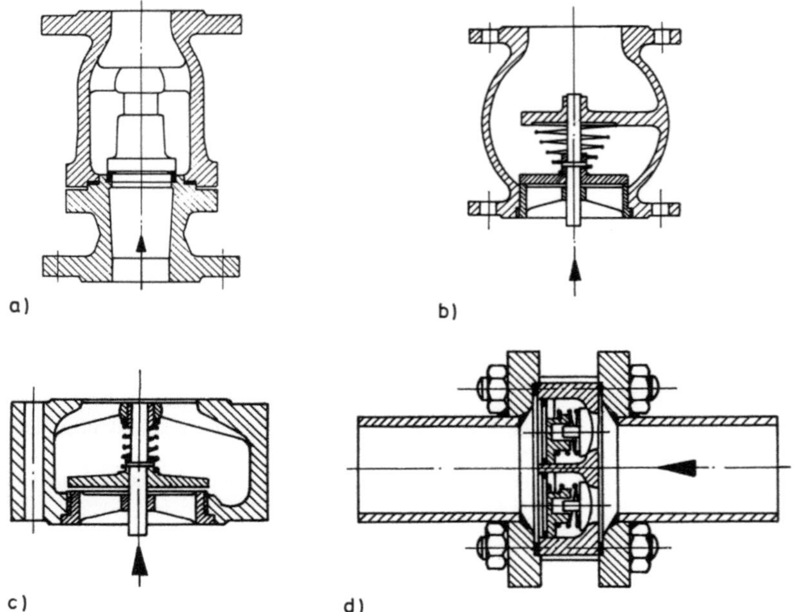

Bild 7–121. Axialrückschlagventile.
a) bevorzugt für Steigleitungen (IAL Leipzig);
b) bis DN 600 und PN 10, mit Schließfeder für jede Einbaulage geeignet [7–56];
c) Klemmbauweise, ausgelegt für großen Hub [7–56];
d) mehrere Kegel (Fa. Grasso, Holland).

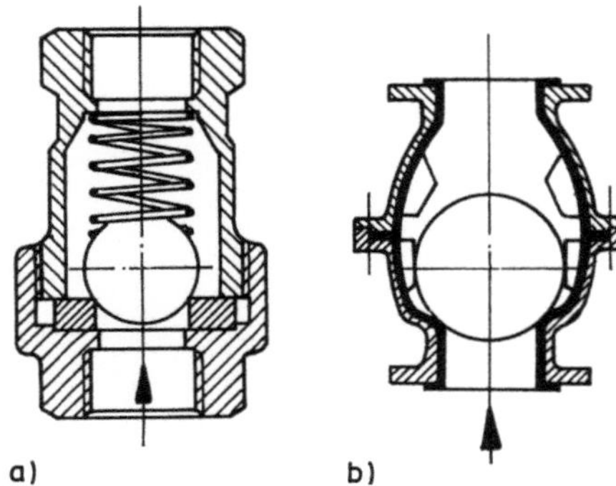

Bild 7–122.
Kugelrückschlagventile [7–56].
a) für kleine DN und höchste Drücke, mit Feder für jede Lage geeignet;
b) für große DN und niedrige Drücke, Kugel hohl und durch Rippen geführt, nur in Steigleitungen einsetzbar.

Arbeitsweise. Die auf die Klappenscheibe wirkenden Momente bestimmen das Schließ- und Öffnungsverhalten, die Klappenstellung in stationärer und ihre Bewegung in instationärer Strömung. Herrscht Momentengleichgewicht, verharrt die Klappenscheibe in Ruhestellung. Es gilt nach [7–33] (Bild 7–125):

$$M_{\text{Str}} + M_{\text{Tr}} + M_{\text{E}} + M_{\text{S}} + M_{\text{R}} + M_{\text{Dämpf}} = 0. \tag{7.16}$$

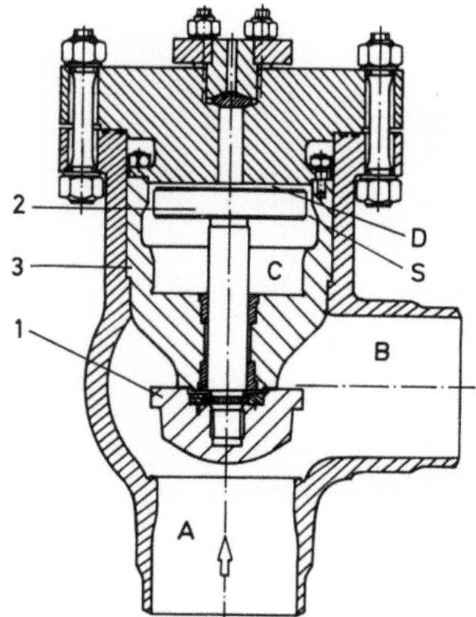

Bild 7–123. Rückschlagventil mit Dämpfungskolben und Profilkegel [7–32].

1 Profilkegel; 2 Dämpfungskolben; 3 Zylinder; S Spalt zwischen Kolben und Zylinder; C und D Ausgleichskammern.

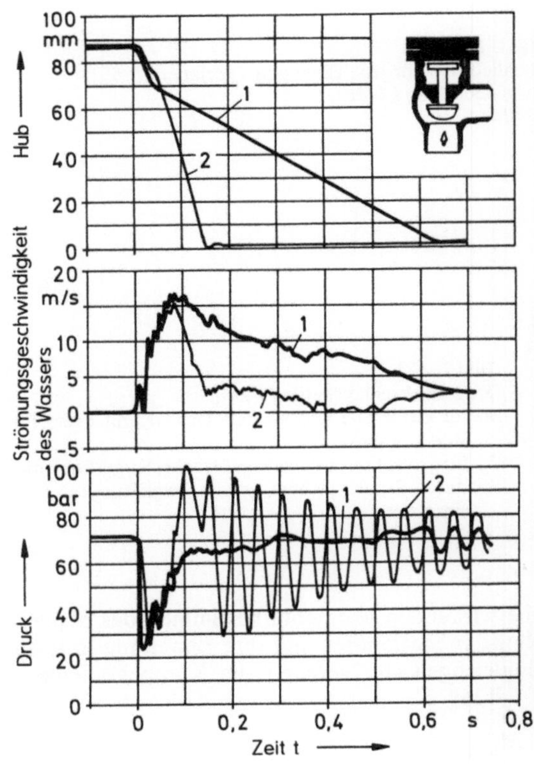

Bild 7–124.
Ventilhub, Strömungsgeschwindigkeit und Druck auf der Rückströmseite des Ventiles als Funktion der Zeit bei einem Rohrbruchversuch [7–32].

1 gedämpft; 2 fast gedämpft.

276

Darin sind

$-\ M_{\text{Str}}$ das Strömungsmoment

$$M_{\text{Str}} = e \cdot A_{\text{k}} \cdot \zeta(\varphi) \cdot (c - e \cdot \varphi')^2, \tag{7.17}$$

wobei $\zeta = \zeta(\varphi)$ für $c > e \cdot \varphi'$ und $\zeta =$ konst. für $c \leqq e \cdot \varphi'$. Das Strömungsmoment hängt von der Relativgeschwindigkeit zwischen Fluid und Klappenscheibe ab (vektorielle Summe aus Fluid- und Klappenscheibengeschwindigkeit $w = c - e \cdot \varphi'$). Richtig ist auch $\zeta = f(\varphi'')$, doch liegen darüber kaum Kenntnisse vor.

$-\ M_{\text{Tr}}$ das Trägheitsmoment

$$M_{\text{Tr}} = -\ \theta \cdot \varphi''. \tag{7.18}$$

$-\ M_{\text{E}}$ das Eigengewichtsmoment

$$M_{\text{E}} = \dot{m}_{\text{k}} \cdot g(p_{\text{K}} - p_{\text{F}})e \cdot \sin(\beta + \varphi + \gamma) - f \cdot \cos(\beta + \varphi + \gamma). \tag{7.19}$$

Es kann, abhängig von der Exzentrizität e und von f, seine Wirkungsrichtung während der Klappenbewegung ändern.

$-\ M_{\text{S}}$ das Schließmoment

$$M_{\text{S}} = \dot{m}_{\text{S}} \cdot g \cdot l \cdot \cos(\beta + \varphi + \delta + \gamma). \tag{7.20}$$

$-\ M_{\text{R}}$ das Reibungsmoment

$$M_{\text{R}} = (K_{\text{RS}} \cdot d^2/2 + d/2 \cdot \mu \cdot F_{\text{RL}}) \sin \varphi'. \tag{7.21}$$

Es ist durch

$$F_{\text{RL}} = \{[M_{\text{Str}}/e \cdot \sin(\varphi + \gamma) - K_{\text{L}}]^2 + [M_{\text{Str}}/e \cdot \cos(\varphi + \gamma)]^2\}^{1/2}$$

mit $K_{\text{L}} = (\dot{m}_{\text{K}} + \dot{m}_{\text{S}})g \cdot A$ von der Strömungskraft und der Klappenscheibenstellung abhängig. Die Haftreibung hält die Klappenscheibe solange in Ruhestellung, bis das resultierende Moment sie überwindet. Die Klappenbewegung wird durch die Gleitreibungswerte beeinflußt.

$-\ M_{\text{Dämpf}}$ das Dämpfungsmoment, abhängig von der eingesetzten Dämpfungseinrichtung.

Der vorstehende Ansatz kann zum Studium der einzelnen Einflußparameter herangezogen werden; für eine exakte Berechnung reicht der derzeitige Kenntnisstand nicht aus. Somit ist man weitestgehend auf experimentelle Untersuchungen angewiesen.

Bild 7–125 vermittelt einige wesentliche Abhängigkeiten:

- Exzentrizität: Eine Vergrößerung von e erhöht M_{E} und damit die Schließgeschwindigkeit, auch das Strömungsmoment wird vergrößert (s. Bild 7–125c); eine Vergrößerung von f kann zur Umkehr von M_{E} nahe der Schließstellung führen (Bremswirkung).
- Eigengewicht und Zusatzbelastung: Ihre Vergrößerung führt zur Erhöhung des Schließmomentes M_{S} (s. Bild 7–125b), behindert aber auch ein vollständiges Öffnen; bei großen Beschleunigungen wirkt die Trägheitskraft bremsend, bei schnellerer Abnahme der Geschwindigkeit kann somit ein relativ langsames Schließen eintreten [7–33].
- Strömungsgeschwindigkeit: Bei Abnahme von w vorerst langsames Schließen (aus Momentengleichgewicht heraus).

Zu beachten ist vor allem auch der Einfluß der Lager- und Stopfbuchsreibung. Die Haftreibung (aus der Ruhelage heraus) kann ein Vielfaches der Gleitreibung betragen, die Folge ist eine Verzögerung des Schließbeginns.

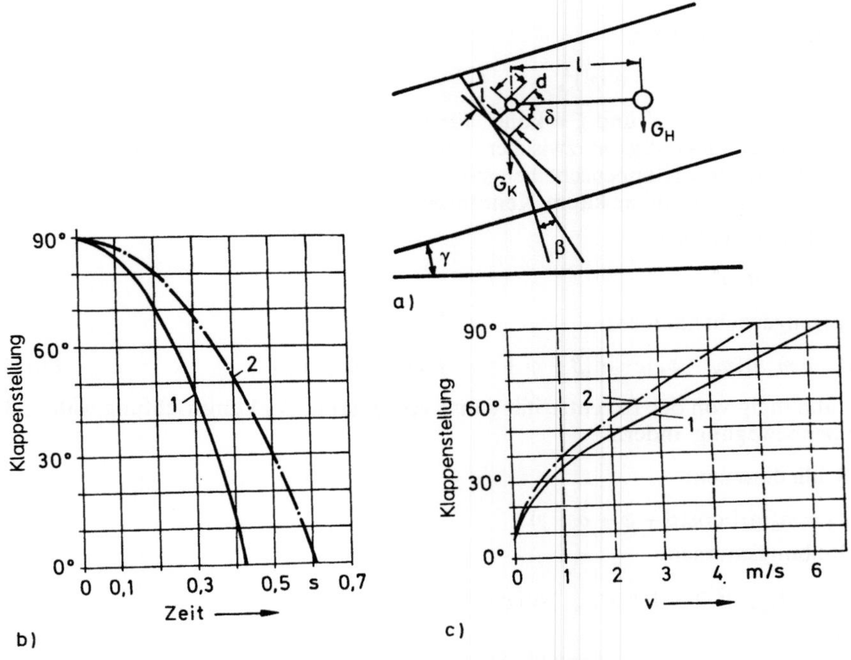

Bild 7–125. Öffnungs- und Schließverhalten einer Rückschlagklappe [7–33].

Hubbegrenzung: Eine 90°-Offenstellung ist ohne Schließgewicht oder -feder nicht günstig (nur geringe Angriffsfläche zur Ausbildung von Strömungsschließkräften). Durch Anschläge wird ein maximaler Öffnungswinkel < 90° gewährleistet. Zum Feststellen der Klappe werden Steck- und Schraubvorrichtungen vorgesehen.

Bauarten und ihre Anwendung (s. auch Tafel 7–17). *Kipprückschlagklappen* (Bild 7–126). Die Klappenscheibe ist doppelexzentrisch gelagert; dadurch geringe Druckverluste (Öffnungswinkel ≈ 85°), kurze Baulängen, Verringerung des Schließweges, träges Schließverhalten (Dämpfungseffekt). Ein meist konischer Sitz gewährleistet gute Abdichtung. Anwendung: gut geeignet zur Vermeidung starker Klappenschläge und -schwingungen in langsam reagierenden Systemen. Bei schnell reagierenden Systemen können sie den Strömungsänderungen nicht schnell genug folgen. Folge: hartes Zuschlagen, Druckstoßgefahr; Kipprückschlagklappen mit Dämpfungseinrichtung (Bild 7–126c) einsetzen. DN 150 bis 2000, ≦ PN 16.

Eine als Tragflächenprofil ausgebildete Klappenscheibe bewirkt empfindliches Ansprechen (Bild 7–126d).

Doppel- und Gruppenrückschlagklappen. Aufteilung großer Nennweiten in kleine Einzelklappen. Vorteile: leichte Einzelklappen (durch Parallelschaltung Weg- und Momentverkleinerung), kurze Schließzeiten, z. T. niedrige Druckverluste. Nachteile: größere Dichtungslänge, größere Gefahr der Undichtheit.

Doppelrückschlagklappe (Bild 7–127). Bevor die Rückschlagklappe nach Bild 7–127b öffnet, heben die Klappenscheiben um die Größe des Spieles zwischen Klappenauge und

278

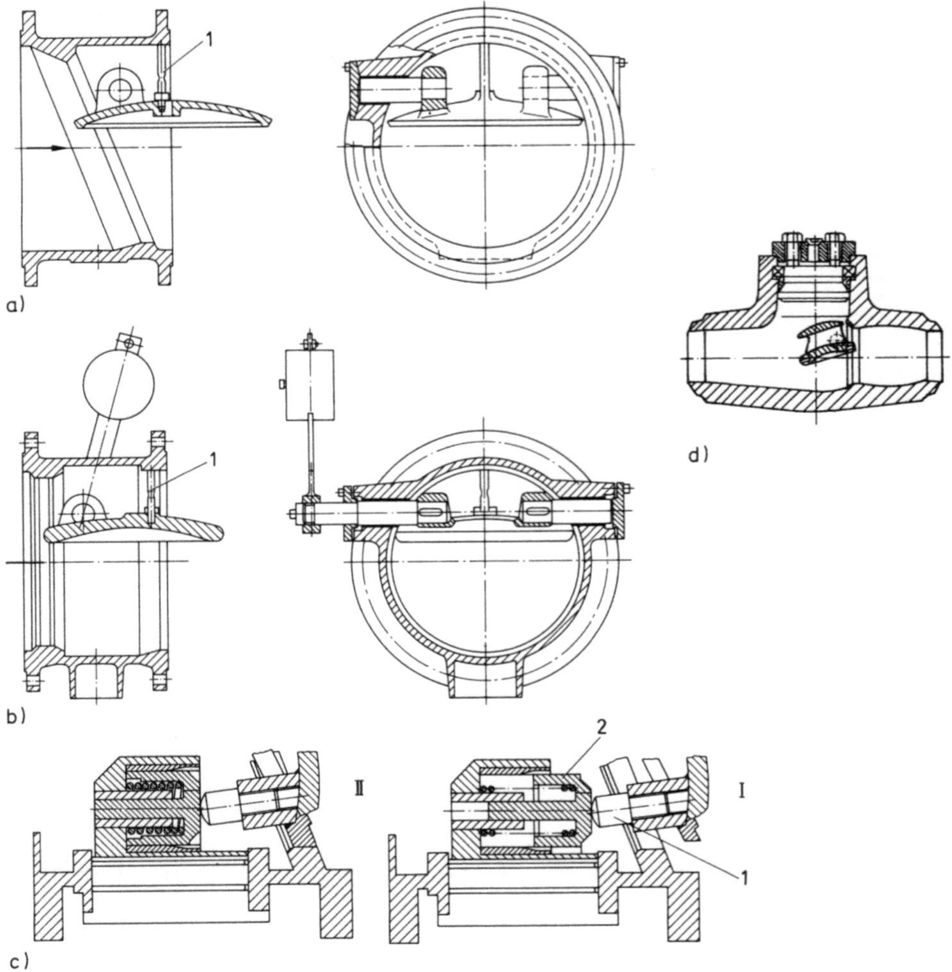

Bild 7-126. Kipprückschlagklappen.
a) in Schrägausführung, 1 Anschlag;
b) in Geradsitzausführung mit Schließgewicht, 1 Anschlag;
c) innenliegende Dämpfungseinrichtung: I Dämpfungsbeginn, II Dämpfungsende (Schließstellung). Der Stößel 1 an der Klappenscheibe wirkt erst im letzten Teil der Schließbewegung auf den Dämpfungskolben 2 ein;
d) Klappenscheibe mit Tragflächenprofil [7-6].

Welle vom Mittelsteg ab (wird durch Einleitung der Federkraft außerhalb des Angriffspunktes der Strömungskraft erzwungen). Ein maximaler Öffnungswinkel von 80° gewährleistet eine wirksame Angriffsfläche der Rückströmung zum Schließen.

Gruppenrückschlagklappe (Bild 7-128). Trotz niedriger Druckverluste der Einzelklappen ($\zeta \approx 0{,}5$) insgesamt hoher Druckverlust. In Pumpendruckleitungen sind Beruhigungsstrecken oder Strömungsgleichrichter erforderlich (Pendelneigung). *Anwendung:* $\geq$ DN 300, $\leq$ PN 10.

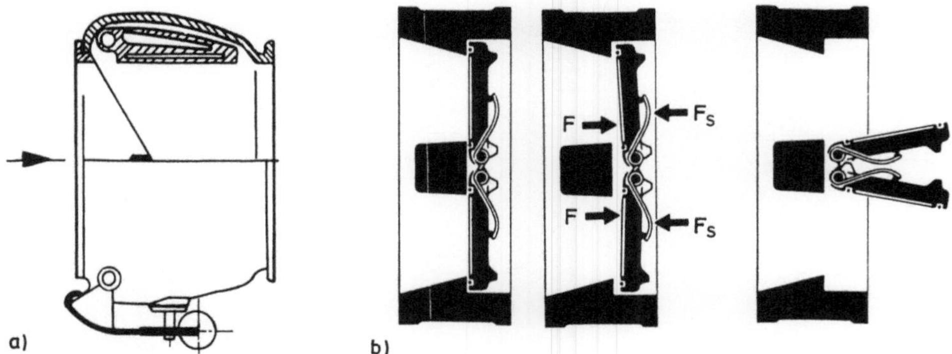

Bild 7–127.   Doppelrückschlagklappen (Zweiflügel- oder Schmetterlingsrückschlagklappen).
a) zwei gewichtsbelastete zur Mitte schließende Klappenscheiben, liegen bei geöffneter Klappe in Nischen (geringer Druckverlust), rechteckiger Gehäusesitz [7–56];
b) zwei halbkreisförmige Klappenscheiben, an einem Mittelsteg separat aufgehängt (größerer Druckverlust), federbelastet (Gestra AG).

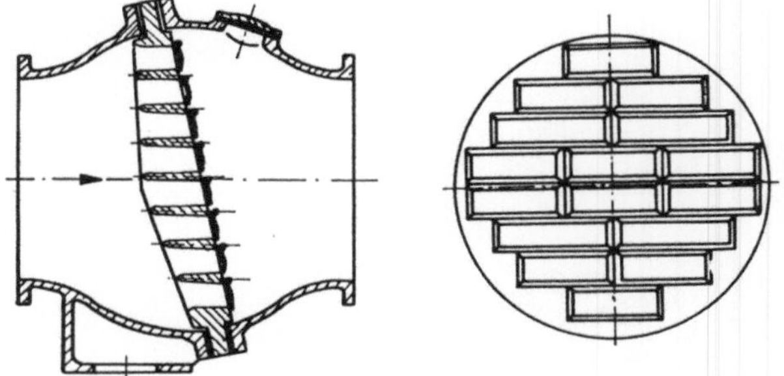

Bild 7–128.   Gruppenrückschlagklappe mit jalousieartig angeordneten rechteckigen Einzelklappen (MAW).

7.5.2.3 Sonderbauarten

Rückschlagventile. *Absperrbare Rückschlagventile* (Bild 7–129). Normale Funktion als Rückschlagventil: Spindel in der oberen Endlage, der Kegel ist lose auf ihr geführt. Absperrventil: Die Spindel preßt den Kegel auf den Sitz; Rückschlagfunktion ist nicht möglich.

Düsenrückschlagventile (Bild 7–130). Kleine Hübe, schnelles, mitunter schlagfreies Schließen, teilweise geringe Druckverluste.

Fußventile (Bild 7–131). Anordnung an Pumpensaugleitungen, um das Leerlaufen von Kreiselpumpen zu unterbinden. Anforderungen: große Querschnitte, geringe Druckverluste, unempfindlich gegen Verschmutzung.

Rückschlagklappen. *Gummiumkleidete Klappenscheibe* (Bild 7–132). Keine Lager und Gelenke, keine Reibung und Gefahr der Schwergängigkeit, kein Eingriff von außen möglich. Anwendung: bis maximal PN 10 und 80 °C (120 °C).

280

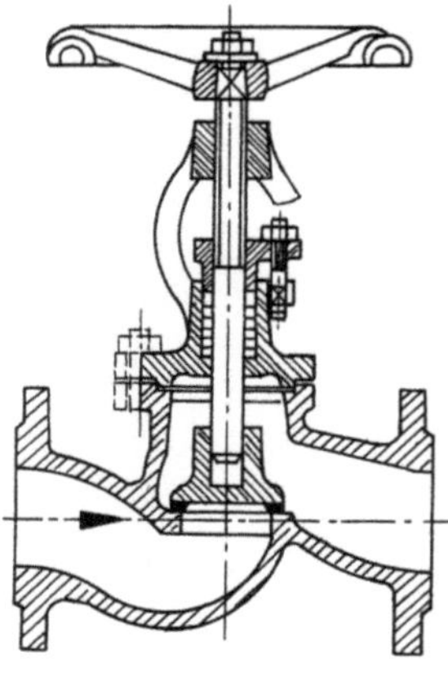

Bild 7–129.
Absperrbares Rückschlagventil, ohne Feder (auch mit Feder); fast
ausschließlich Geradsitzventil, bis DN 300 und PN 40 (IAL Leipzig).

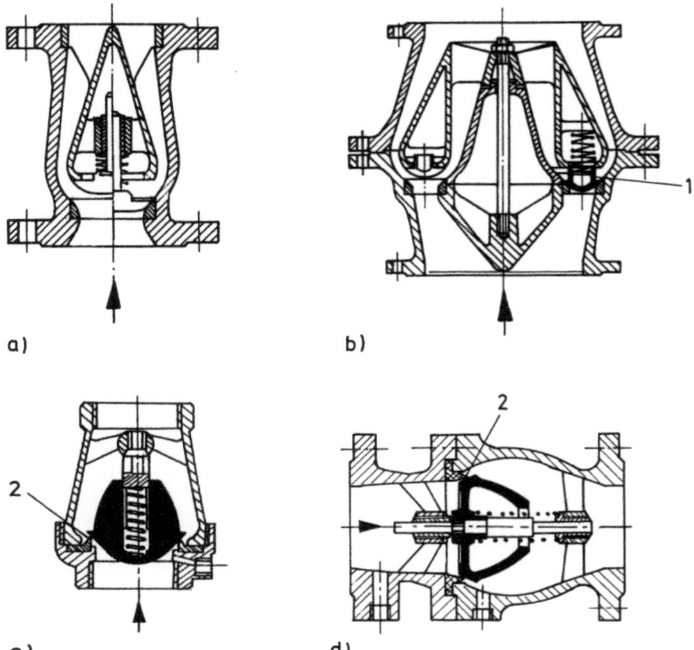

Bild 7–130.   Düsenrückschlagventile, vorrangig für die Wasserwirtschaft [7–56].
a) und b) bis DN 200 ungeteiltes Gehäuse, DN 200 bis 1400 mit geteiltem Gehäuse, bis PN
16 mit Plastikkegel; 1 ringförmiger Stellkörper (schließt schnell, schlag- und geräuscharm);
c) und d) mit elastischer Lippendichtung 2, bei größeren DN wird der Kegel schwer, wodurch
die Beweglichkeit leidet, insbesondere bei Verkrustung der Führung und Sedimentbildung
im Kegel.

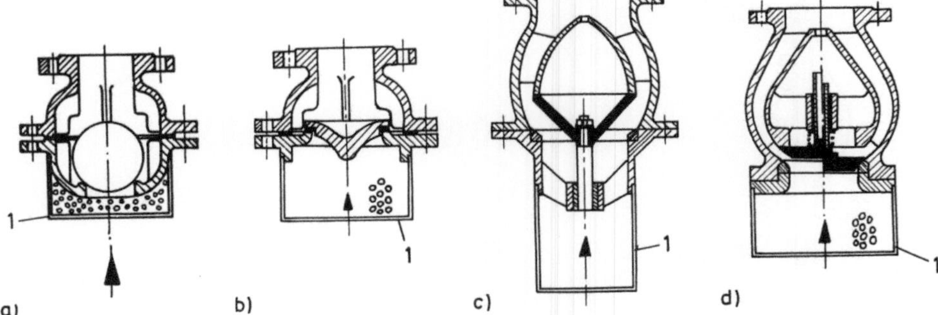

Bild 7–131. Fußventil mit Seier (1) [7–56].
   a) mit Kugel;
   b) und c) mit Kegel;
   d) als Ringventil.

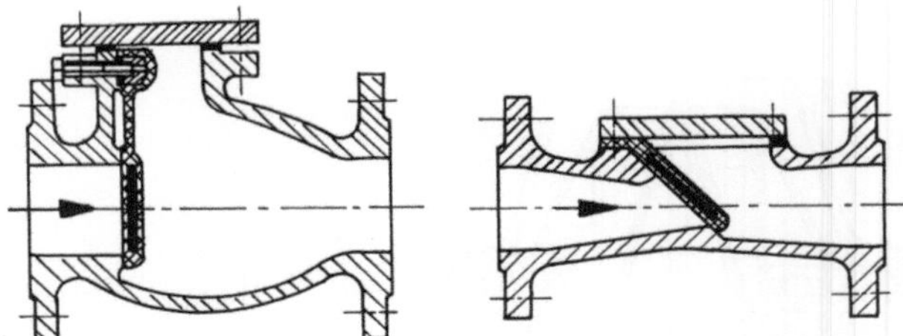

Bild 7–132. Rückschlagklappe mit gummiumkleideter Klappenscheibe [7–56].

Vollöffnungseinrichtungen. Wirksamwerden zumeist mit Stromausfall gekoppelt; dienen zur Verringerung des Druckverlustes. Elektrisch: Öffnen durch Elektromotor, Abschaltung durch Endschalter. Bei Stromausfall schließt die Klappe selbsttätig. Freilauf gewährleistet bei eingeschalteter Kupplung freie Bewegung in Öffnungsrichtung. Hydraulisch oder pneumatisch: Öffnen durch von einem Magnetventil gesteuerten Kolben. Der Zylinder kann zugleich als Bremse ausgebildet werden. Zum schnellen Schließen wird der Kolben in Schließrichtung beaufschlagt.

Kleine Klappen werden über Gewichtshebel von Hand geöffnet und verklinkt; Schließen bei Stromunterbrechung oder -einschaltung.

Membranrückflußverhinderer. Der Fluiddruck drückt eine Membrane, gegebenenfalls mit Vorspannung, an einen Mittelkörper (Bild 7–133); der erforderliche Öffnungsdruck ist relativ hoch. Die Auslegung kann so erfolgen, daß bei Strömungsstillstand die Armatur bereits geschlossen ist; sehr kurze Schließzeit (nahezu trägheitslos).

7.5.3 Kondensatableiter

Hinsichtlich Aufgabe, Arbeitsprinzipien, Belastung und Betriebsverhalten s. Abschn. 6.3.3.

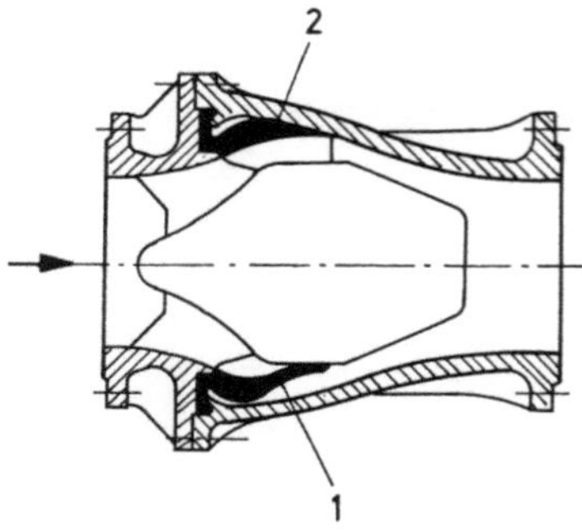

Bild 7–133.
Membranrückflußverhinderer in geschlossenem (1) und
geöffnetem (2) Zustand, Gummimembrane (Einsatzbereich
bis ≈ 70 °C) bis DN 700, Betriebsdrücke von 1,6 bis 0,45 MPa,
nennweitenabhängig [7–56].

Die grundsätzliche Forderung der verzögerungsfreien Kondensatableitung muß im konkreten Fall präzisiert werden. Dabei sind zu beachten:

– die Art der Kondensatwirtschaft bei der konkreten Anlage: Kondensatanfall und -nutzung;
– die Anlagenbedingungen bzw. -parameter: Zeitabhängigkeit des Kondensatanfalls, Druck bzw. Differenzdruck, Temperatur bzw. Temperaturunterschied, mit abzuführendes Inertgas;
– Einbaubedingungen: Umgebungsbedingungen, Einbaulage.

Daraus sind zumeist konkrete Schlußfolgerungen für die Eignung der einen oder anderen Armaturenbauart möglich, andernfalls wäre auch die Vielfalt der am Markt befindlichen Typen nicht zu rechtfertigen. Im folgenden sollen die einzelnen Bauarten näher erläutert werden.

7.5.3.1 Beschreibung der Bauarten

Schwimmerkondensatableiter. Die schwimmkörperbedingte Hubbewegung, auch leicht zur Drehbewegung umformbar, läßt jede Absperrarmaturenbauart für den eigentlichen Ablaß zu; das kann weiterhin mit Durchflußkennlinien wie bei Stellarmaturen verbunden werden. Gebräuchlich ist vor allem das Ventilprinzip mit Modifikationen im Hinblick auf die Entspannung bzw. Ausdampfung (Bild 7–134). Neben Zusatzeinrichtungen, wie Anlüfthebel oder Dauerentlüftungsvorrichtung, sind auch Kombinationen mit anderen Kondensatableiter-Arbeitsprinzipien möglich.

Verbreitet ist insbesondere der einfache *Kugelschwimmerableiter* (Bild 7–134a). Wie alle Ableiter dieses Typs ist er gegendruckunabhängig (bei Bemessung für Δp_{max}), kann mit Leistungsreserven zum Einsatz kommen, verarbeitet einwandfrei unterschiedlichen Kondensatanfall und ist dampfdicht. Nachteilig sind die Frostempfindlichkeit, die vorgegebene Einbaulage und die relativ großen Abmessungen.

Kombinierte, sogenannte schwimmergeregelte Ableiter (Bild 7–134c) nutzen neben dem Dichteunterschied den Temperaturunterschied. Der Schwimmerregelung ist eine thermische Regelung (Bimetall) überlagert. Beträgt die Kondensattemperatur ≈ 20 °C, ist das Auslaßventil geöffnet; die Öffnung nimmt mit steigender Temperatur ab. Bei Sattdampftemperatur ist der vorgegebene „thermische" Hub des Reglers kompensiert; nur noch druckunabhängige Schwimmerregelung. Gase können zusätzlich durch ein im Schwimmerraum angeordnetes, in Strömungsrichtung vor dem Auslaßventil in eine Venturidüse einmündendes Entlüftungsröhrchen automatisch ausgeschleußt werden. *Vorteile*: für große Leistungen und bei niedrigen Drücken einsetzbar; geeignet für kleinen und großen Konden-

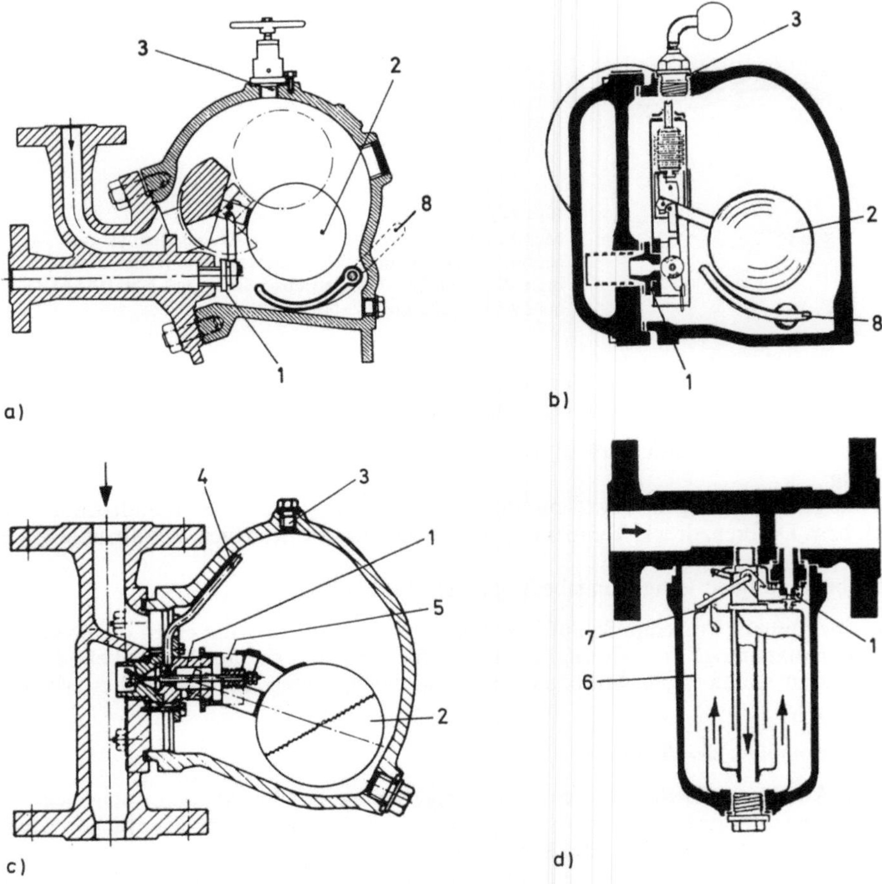

Bild 7–134.   Schwimmerkondensatableiter.
a) Kugelschwimmerableiter (MAW);
b) Kugelschwimmerableiter mit thermischer Dauerentlüftung (Gersta AG);
c) schwimmergeregelter Ableiter (MAW);
d) Glockenschwimmerableiter (schematische Darstellung).

1 Auslaßventil; 2 Kugel (Schwimmer); 3 Entlüftungseinrichtung; 4 Entlüftungsröhrchen; 5 Regelscheibe; 6 Tauchglocke; 7 Bohrung; 8 Handanlüftung.

satanfall; unabhängig von Kondensattemperatur und Druckschwankungen; schmutzunempfindlich, auch für vertikale Leitungen geeignet; Bypass verhütet Dampfstau; vorteilhaft für geregelte Wärmetauscher und wasserdampfbetriebene Anlagen, wobei gleichzeitig ein gewünschtes Niveau eingehalten werden kann.

Glockenschwimmerableiter (Bild 7–134d) benötigen Steuerdampf (funktionsbedingte Dampfverluste). Der untere Glockenrand muß als Abdichtung gegen Dampfaustritt immer in Kondensat getaucht sein (bei Inbetriebnahme beachten, Wasserfüllung vorsehen). Sind Gehäuse und Tauchglocke mit Kondensat gefüllt, ist das Auslaßventil geöffnet. Dampf verdrängt das Kondensat, die Glocke steigt, das Ventil schließt. Der Dampf unter der

284

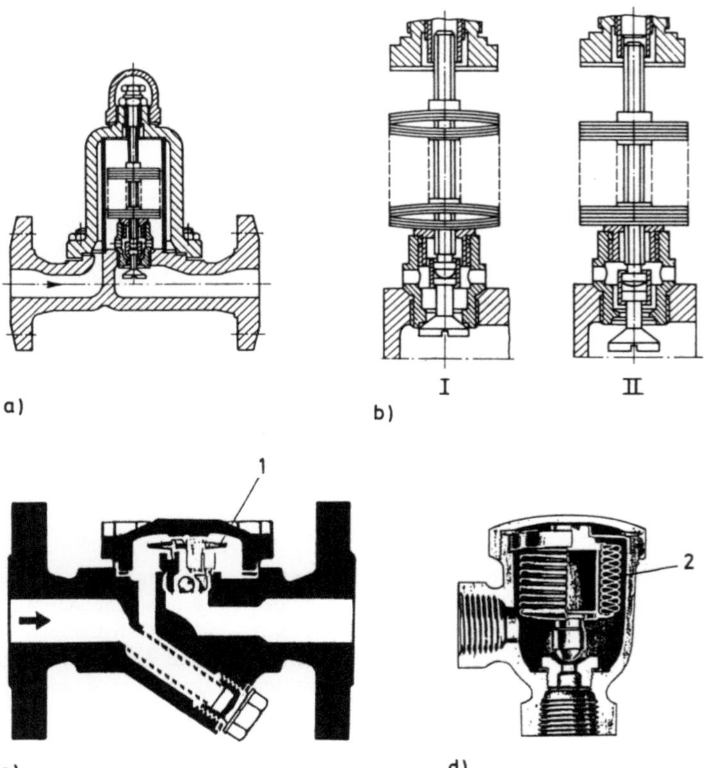

Bild 7–135. Thermische Ableiter
    a) Bimetallableiter mit Bimetallsäule (Armaturenwerk Reichenbach);
    b) Stellung durch Bimetallsäule (I abgesperrt; II geöffnet);
    c) Membranableiter (Gersta AG);
    d) Schnellentleerer;

1 Regelmembrane; 2 Faltenbalg.

Glocke kondensiert teilweise, teilweise entweicht er durch die Bohrung 7 in das obere Gehäuse. *Merkmale*: öffnet verzögert, diskontinuierliche Ableitung, unempfindlich gegen Wasserschlag, automatische Entlüftung, bei überhitztem Dampf funktionsuntüchtig. *Vorteilhaft* bei rauhen Bedingungen und wenn verzögerte Ableitung zulässig ist.

Thermische Kondensatableiter (Bild 7–135). Steuerung durch Temperatur (minimale Dampfverluste). Der Kondensatabfluß wird in Abhängigkeit von einer vorgegebenen Differenz zur Sattdampftemperatur bei dem jeweiligen Druck gesteuert (beginnt mit steigender Temperatur zu schließen und soll, zur Vermeidung von Dampfverlusten, etwas unterhalb der Sättigungstemperatur geschlossen sein). Der Dampfdruck beeinflußt die Schließ- und Öffnungstemperatur praktisch nicht (unabhängig von Druck- und Leistungsschwankungen). Heißes Kondensat wird angestaut und abgekühlt, Kühlstrecke erforderlich!

Merkmale: öffnen verzögert (erst nach Kondensatunterkühlung), frostunempfindlich, gegendruckunabhängig, unempfindlich gegen Wasserschlag und Vibration, selbsttätige Entlüftung, Kondensatstau, beliebige Einbaulage.

Bimetallableiter (Bild 7–135a) werden durch Bimetallelemente (Pakete, Säulen, Bügel, Teller) gesteuert. Die zum Öffnen erforderliche Unterkühlung ist einstellbar ($\Delta T \leq 40\,\text{K}$ möglich). Mit Hochhubeffekt erfolgt spontanes Öffnen schon bei geringer Kondensatunterkühlung (großer Heißwasserdurchsatz). Als Kondensatabflußtemperaturbegrenzer ausgebildet, leiten sie das Kondensat mit Temperaturen $< 100\,°\text{C}$ ab, sinnvoll bei Ableitung ins Freie. Vorteilhaft, wenn Kondensat siedeheiß oder unterkühlt werden soll; bei Druck-, Temperatur- und Masseschwankungen, zum schnellen Anfahren, zum automatischen Be- und Entlüften dampfbetriebener Anlagen, bei erforderlicher Rückflußsicherung, Einsatz als Entlüfter möglich. Wenig bzw. ungeeignet bei stark wechselndem Gegendruck und bei Wärmetauschern, die wasserfrei gehalten werden müssen.

Membranableiter (Bild 7–135c) werden durch eine Membrane mit Düseneinsatz gesteuert. Die Charakteristik entspricht praktisch der Sattdampfkurve. Merkmale: hohe Ansprechgenauigkeit, reagieren nahezu verzögerungsfrei, keine Verstellmöglichkeit (Membrane austauschen). Vorteilhaft bei niedrigem Druck und kleinen bis mittleren Masseströmen; wenn die Funktion der Anlage schon durch geringen Kondensatstau gestört wird; einsetzbar für Entlüftungsaufgaben.

Schnellentleerer (Bild 7–135d) werden durch einen mit leichtsiedender Flüssigkeit gefüllten Faltenbalg gesteuert. Bei steigender Temperatur dehnt sich der Balg aus, der Ableiter schließt bei der eingestellten Temperatur. Merkmale: gute Anfahr- und Entlüftungseigenschaften, großer Druck- und Leistungsbereich, gleichbleibende geringe Unterkühlung. Vorteilhaft bei niedrigen Drücken. Ungeeignet für überhitzten Dampf, wasserschlagempfindlich.

Thermodynamische Ableiter. Folgende Prinzipien sind vor allem gebräuchlich (Bild 7–136):

- Die Prinzipien a) und b) beruhen darauf, daß bei gleichem Vor- und Gegendruck im Raum zwischen zwei in Reihe geschalteten Düsen der Druck bei Dampfaustritt höher als bei Kondensataustritt ist.

- Bei Prinzip c) wird genutzt, daß die Summe aus statischem Druck und Staudruck immer konstant ist. Ist der Ableiter geschlossen, deckt Scheibe 1 den Einlaßkanal und den ringförmigen Auslaßkanal ab. Zuströmendes Kondensat hebt die Scheibe und fließt ab (I). Zwischen Scheibe und Sitz erhöht sich die Strömungsgeschwindigkeit, der Druck sinkt. Nähert sich die Kondensattemperatur der Sattdampftemperatur (bis auf $\approx 1\,\text{K}$), bringt die Druckabsenkung das Kondensat zum Verdampfen. Die Volumenvergrößerung erhöht die Strömungsgeschwindigkeit weiter, im engsten Querschnitt entsteht Unterdruck. Die Scheibe wird schlagartig gegen die Ringsitze gezogen (tickendes Geräusch, Arbeitsanzeige). Gleichzeitig baut sich in Kammer 4 Dampfdruck auf. Auf Grund der Flächenunterschiede ist die so entstehende Schließkraft größer als die vom Dampfdruck im Einlaßkanal erzeugte Öffnungskraft. Der äußere Ring verhindert den Druckabbau in Kammer 4. Durch Wärmeabgabe nach außen und an das Kondensat kondensiert der Dampf in Kammer 4, bis die Öffnungskraft überwiegt und die Scheibe abhebt. Kondensat fließt ab, und der Kreislauf beginnt erneut. Der Ableiter öffnet abhängig von der Kondensationsgeschwindigkeit in Kammer 4, aber unabhängig davon, ob Dampf oder Kondensat anstehen. Dampf verzögert die Kondensation, niedrige Umgebungstemperatur beschleunigt sie, durch Isolieren kann die Öffnungsfrequenz verzögert

286

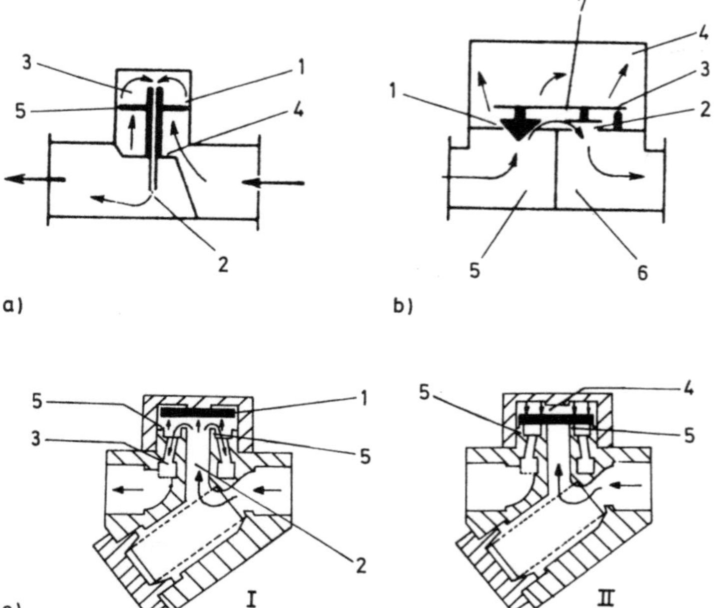

Bild 7-136. Thermodynamische Kondensatableiter, schematische Darstellung.

    a) Spalt 1 ist die erste, Bohrung 2 die zweite Düse. Der Druck im Raum 3 steuert die Bewegung des Kolbens 5. Bei kaltem Kondensat ist der Druck in 3 niedrig; der Differenzdruck hebt den Kolben an, der Ableiter ist geöffnet. Hat das Kondensat annähernd Siedetemperatur, findet in 3 Verdampfung statt; der Druck steigt und drückt den Kolben in Schließrichtung. Bei abgesperrtem Sitz hält Bohrung 2 die zur Funktion notwendige Strömung aufrecht. Fällt kein Kondensat an, entsteht durch 2 Dampfverlust. Fließt etwas mehr Kondensat zu als durch 2 ab, tritt kein Dampfverlust auf.

    b) Zwei unterschiedliche Ventile 1 und 2 sind hintereinander geschaltet, deren Kegel an der um Punkt 3 drehenden Schwinge 7 angeordnet sind. Beide Ventile sind nicht dicht und ermöglichen so eine Steuerströmung. Die Druckdifferenzen zwischen den Räumen 4 und 5 und 6 wirken auf die Kegel. Sinkt der Druck in 4 unter einen bestimmten Wert, öffnet der Ableiter; steigt er über diesen Wert an, schließt der Ableiter.

    c) I geöffnet; II geschlossen; 1 Scheibe; 2 Einlaßkanal; 3 Auslaßkanal; 4 Kammer; 5 Ringsitz.

werden, Umgebungsverhältnisse (Temperatur, Wind, Niederschläge) beeinflussen die Arbeitsweise; ungünstig für Außenanlagen.

Merkmale: klein, leicht, wartungsarm, Einstellung nicht erforderlich, unempfindlich gegen geringe Überhitzung, Wasserschläge, Frost und Vibration. Großer Druck- und Leistungsbereich, kein Kondensatstau, allgemein geringe Verluste (bei $\Delta p = 1\,\mathrm{MPa} \approx 1,6\%$ der Heißkondensatleistung [7-5]). Vorteilhaft, wenn Kondensat ohne Verzögerung abzuleiten ist. Ungünstig bei Betriebsdrücken $< 0,1\,\mathrm{MPa}$, hohem Gegendruck ($> 80\%$ vom Vordruck); bei höheren Gegendrücken ständig geöffnet, schließt auch bei Defekten nicht.

Einbau bevorzugt waagerecht, andere Einbaulagen möglich; bei Einfriergefahr senkrecht mit Strömungsrichtung nach unten; günstige Entfernung vom Dampfraum 0,2 bis 1 m.

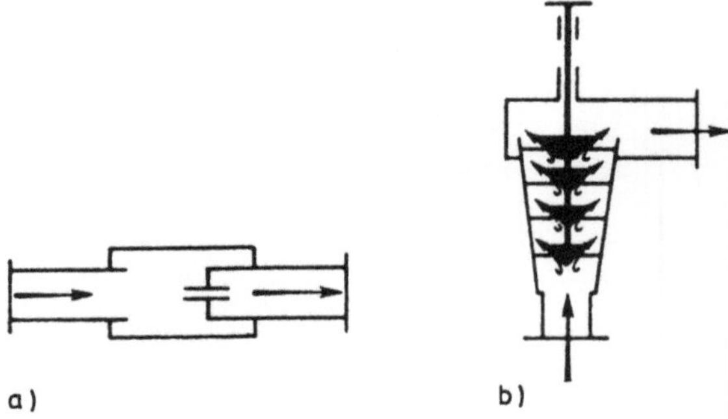

Bild 7–137. Düsenableiter, schematische Darstellung.
a) Kurzdüsenableiter;
b) Mehrstufendüse.

Starre Kondensatableiter (Düsenkondensatableiter, Bild 7–137). Modifizierte Blenden sind die ältesten Ableitungsorgane. Sie sind lediglich geeignet für Anlagen mit konstantem Kondensatanfall. Ausführung als Einstufen- oder Mehrstufendrossel (bei größerem Differenzdruck).

Bei Mehrstufendrosseln verdampft heißes Kondensat in Ringkammern und engt so den Kondensatdurchfluß ein. Dadurch verringern sich auch Dampfverluste im Teillastbereich; Stufenquerschnitte und Anzahl bestimmen die Leistung. Durch eine verstellbare Düsennadel kann die Anpassung verbessert werden.

Merkmale: Einbaulage beliebig, frostunempfindlich, gute Entlüftung, kontinuierliche Kondensatableitung, ständige Dampfverluste, wenn kein Kondensat anfällt (5 bis 10% der Heißdampfkondensatleistung [7–5]). Vorteilhaft bei kontinuierlichem Kondensatanfall und konstantem Betriebsdruck, vorzugsweise bei ständiger Sattdampfkondensation in einer Anlage.

7.5.3.2 Einsatz und Betrieb von Kondensatableitern

Kriterien für die Auswahl [7–34] [7–35]. Anfallende Kondensatmasse (konstant oder schwankend), Arbeitsdruck, Druck im Kondensatnetz, zweckmäßiges Steuersignal (Kondensatpegel, Temperatur), Umgebungstemperaturen, Kondensatstau (erwünscht oder zulässig), gewünschtes Stellverhalten, notwendiges Entlüften usw.

Bemessung. Die Durchsatzkennlinien der Hersteller gelten i. allg. für Sattdampf (Bild 7–138). Ableiter sollten niemals an der äußersten Grenze ihrer Leistungsfähigkeit betrieben werden. Zu geringe Reserve führt zu Kondensatstau. Folgen: evtl. unerwünschte Unterkühlung, Einfriergefahr, Rückstau in nicht hierfür zugelassene Bereiche, auch Gefahr von Wasserschlägen. *Überdimensionierung* gefährdet die Betriebssicherheit, führt zu großen Dampfverlusten. Wird ein Ableiter bei unstetigem Anfall für das 2- bis 3fache der durchschnittlichen Dauerleistung ausgewählt, ergeben sich in den meisten Fällen befriedigende Ergebnisse. Weiterhin sind Druckbegrenzungen zu beachten: Die Durchsatzkennlinien enden bei der höchsten für den Ableiter zulässigen Druckdifferenz Δp. Besonders bei Kugel- und Glockenschwimmerableiter beachten, da der zulässige Gehäusedruck höher sein kann.

288

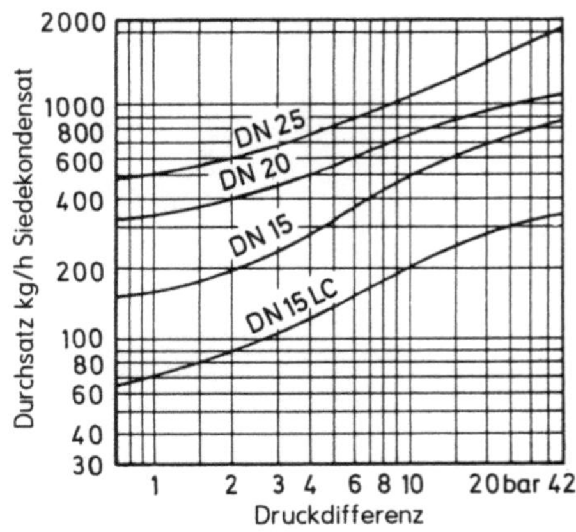

Bild 7–138.
Durchsatzkennlinien für Kondensatableiter, Beispiel [7–35].

Kontrollmöglichkeiten und Ausfallursachen. Die Kontrolle, ob Ableiter gut funktionieren, Kondensat anstauen oder Frischdampf entweichen lassen, wird viel diskutiert. Die zur Anwendung kommenden Methoden haben sehr unterschiedliche Aussagewerte [7–34].

Optische Kontrolle: Die Funktionsbeurteilung nach der Größe der austretenden Dampffahne ist die unsicherste Kontrolle. Entspannungs- und Frischdampf sind nicht zu unterscheiden, die Dampffahne hängt von Betriebsdruck und Kondensatmenge ab.
In üblichen Schaugläsern bewirken geringe Dampfmengen bereits hohe Strömungsgeschwindigkeiten. Bei intermittierend arbeitenden Ableitern ist Öffnen und Schließen zu erkennen, aber schwierig zu beurteilen, ob Frischdampf entweicht. Einsetzbar sind Reflexions-, Transparent- und Magnetanzeiger.

Reflexionsanzeiger: Prismenartige Rillen auf der dem Fluid zugewandten Seite des Reflexionsglases bewirken bei anstehendem Wasser eine Absorbtion der Lichtstrahlen (Anzeige i. allg. schwarz), bei Dampf werden sie reflektiert (Anzeige i. allg. silberglänzend). *Temperaturanzeiger*: Das auf die Oberfläche des zwischen zwei Schaugläsern befindlichen Wassers fallende Licht wird reflektiert (bei Wasser und Dampf ist für eine gute Ablesung Beleuchtung erforderlich). *Magnetanzeiger*: Ein mit Dauermagneten ausgestatteter Schwimmer betätigt dem Wasserstand entsprechend in einer Anzeigeleiste befindliche Blättchen (Anzeige). Dieses Prinzip ermöglicht die Überwachung und in weiterer Folge die Steuerung von Prozeßabläufen.

Das *Schauglas* nach Bild 7–139 ermöglicht dagegen eine gute Kontrolle.

Temperaturmessung. Bei Systemen ohne Kondensatstau ermöglicht eine einfach zu verwirklichende Oberflächentemperaturmessung an verschiedenen Punkten (vor dem Ableiter, hinter dem Wärmetauscher usw.) Rückschlüsse auf die Arbeitsweise des Ableiters. Beachten: Abhängigkeit der Temperatur vom Druck, vom Gas im Dampf, von der Beschaffenheit der Oberfläche usw. Messungen hinter dem Ableiter ermöglichen nur schwierig eine Kontrolle.

Geräuschmessung (schon mit einfachem Stethoskop möglich) ist nur bei intermittierend arbeitenden Ableitern praktikabel. Aussagefähiger, aber auch aufwendiger ist eine anspruchsvolle Körperschallerfassung; bei entsprechender Analyse ist dann eine eindeutige Zuordnung zum Betriebszustand, auch zu Störungen, möglich. Bei einiger Erfahrung sind Dampfverluste ab 1 bis 4 kg/h erkennbar.

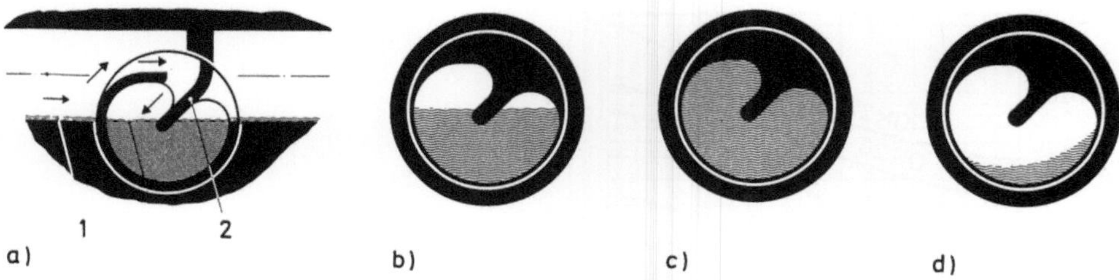

Bild 7–139. Schauglas für optische Ableiterkontrolle, schematische Darstellung [7–34].
a) Kondensat und Dampf (Gase) in der Zuströmachse 1 müssen die Wasservorlage an der starren Umlenklippe 2 passieren. Dampf drückt den Kondensatspiegel nach unten.
b) Normalbetrieb: Umlenklippe taucht in den Kondensatspiegel ein.
c) Kondensatrückstau: Bei völliger Überflutung des Schauglases ist Kondensat in der Leitung (Rückstau beachten).
d) Dampfdurchschlag: Dampf drückt den Kondensatspiegel nieder. Dampf, selbst nicht sichtbar, füllt den Raum zwischen Umlenklippe und Kondensatspiegel.

Weiterhin wäre auch auf die Messung an Hand der unterschiedlichen Leitfähigkeit von Wasser und Dampf zu verweisen.

Ausfallursachen: ungeeigneter Ableiter, Verschmutzung, Wasserschlag, Einfrieren. Dampfabschluß bei zu großer Entfernung vom Verbraucher; der Ableiter bleibt für einige Zeit geschlossen (Stau). Ableiter gegebenenfalls mit einstellbarem Bypass bei vorliegender konstanter Grundlast einsetzen. Luftabschluß bei ungenügender Entlüftung.

Kondensatableitung. Allgemeine Grundregeln werden im Bild 7–140 gezeigt.

Einzelentwässerung: staufreie Ableitungen, selten Wasserschläge, individuelle Regelung ist möglich. *Sammelentwässerung* über einen Ableiter kann z. B. bei mehreren parallelgeschalteten Kondensatanfallstellen vorteilhaft sein (die Anfallstellen sind kondensatseitig kurzgeschlossen, gegenseitige Beeinflussung durch unterschiedliche Drücke ist möglich, Sammelstationen nach Druckstufen trennen). Bei Kondensatentspannerschaltung ist die Trennung nach Druckstufen immer erforderlich. *Reihenschaltung*: Entwässern in Reihe geschalteter Wärmetauscher mit einem Ableiter ist bei kleinen, gleichartigen Wärmetauschern möglich, wenn stetiges Gefälle bis zum Ableiter vorhanden ist. Kondensatstauansammlung im Dampfraum ist vielfach nur durch „Dampfschlupf" des Ableiters (starrer Ableiter bzw. Bypass) zu vermeiden.

Kondensatleitungen [7–34]. Zum Ableiter allgemein DN des Ableiters; vom Ableiter zum Sammelbehälter muß die Nachverdampfung berücksichtigt werden (z. B. beträgt das Entspannungsvolumen von mit Siedetemperatur abgeleitetem Kondensat bei Entspannung von 0,12 MPa auf 0,1 MPa das rd. 17fache des Flüssigkeitsvolumens).

Entlüftung. Thermische Ableiter reagieren bei Abnahme der Dampftemperatur und gleichbleibendem Druck wie auf unterkühltes Kondensat; sie bleiben bei Abströmen des Dampf-Gas-Gemisches solange offen, bis die Soll-Schließtemperatur erreicht ist.

Thermische Entlüfter (z. B. in Kugelschwimmerableitern) öffnen, wenn die Temperatur am Steuerelement durch sich ansammelnde Gase sinkt. Nähert sich die Temperatur des Dampf-Gas-Gemisches der Sattdampftemperatur, schließen sie kurz von deren Erreichen.

290

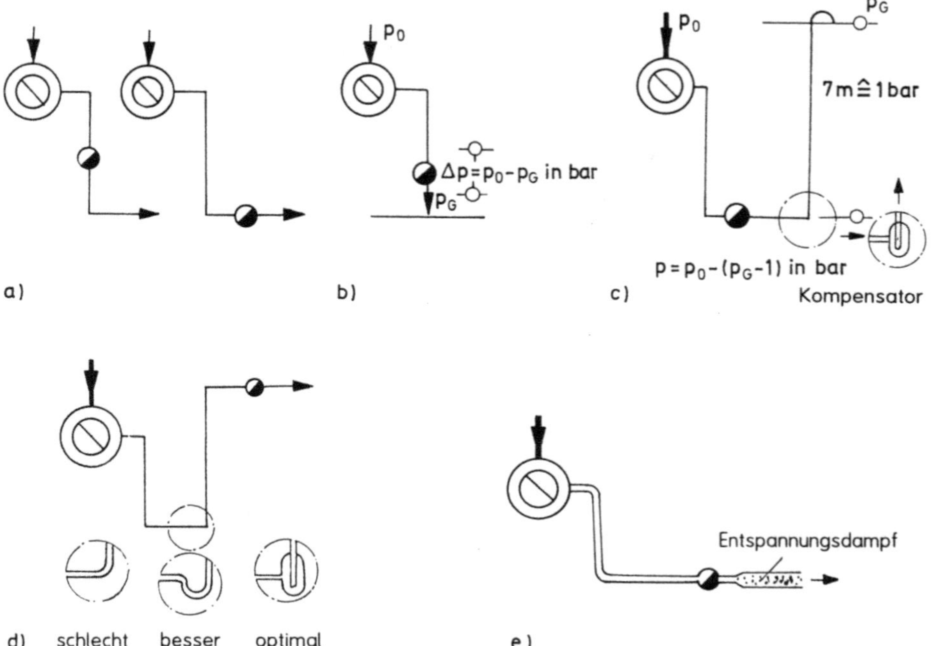

Bild 7-140. Allgemeine Grundregeln für die Kondensatableitung, Beispiele [7-34].

    a) Kondensat muß gut aus dem Wärmetauscher ablaufen können;

    b) Kondensatableiter erfordern eine Mindestdruckdifferenz;

    c) steigt die Leitung hinter dem Ableiter, verringert sich Δp entsprechend;

    d) muß das Kondensat vor dem Ableiter gehoben werden, sind besondere Maßnahmen erforderlich;

    e) Leitung hinter dem Ableiter darf keinen überhöhten Gegendruck durch Entspannungsdampf erzeugen.

Glockenschwimmer- und thermodynamische Ableiter entlüften auf Grund des ständigen Dampfschlupfes in begrenztem Umfang (ohne Entlüfter), auch wenn Entlüften nicht mehr erforderlich ist.

Ausnutzung der Kondensatwärme. Thermische Ableiter: Die Kondensatablauftemperatur ist regulierbar.

Mit Zweikammer-Schwimmerableitern kann Wärmeenergie aus dem Kondensat zurückgewonnen werden, z. B. über Wärmetauscher.

Kann es zur Vakuumbildung kommen, sind „stauende" Ableiter nicht geeignet; zu bevorzugen sind Kugelschwimmerableiter mit automatischer Entlüftung.

7.5.4 Selbsttätige Be- und Entlüftungsventile

Aufgabe: Be- und Entlüften von Flüssigkeitssystemen. Dabei wird unterschieden zwischen Entlüften beim Füllen und Entlüften oder Belüften beim Betrieb. Es sollen Gasansammlungen oder unzulässige Druckabsenkungen unterbunden werden (Bild 7-141).

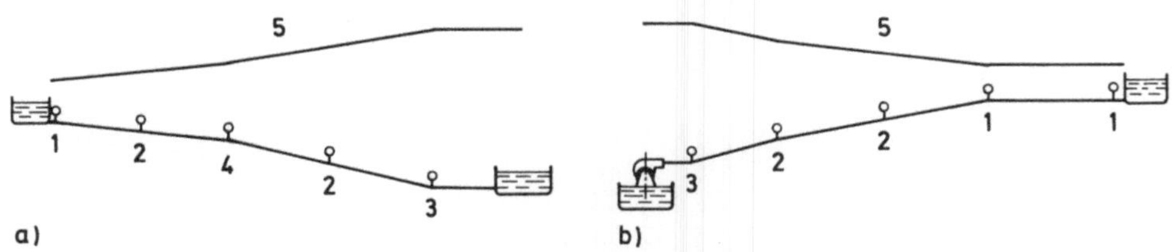

Bild 7–141. Anordnung von Be- und Entlüftungsventilen in Rohrleitungssystemen [7–36].
a) fallende Leitung;
b) ansteigende Leitung.

1 Entlüftung an Hochpunkten (insbesondere bei Inbetriebnahme); 2 Entlüftung ggf. auf langen, fallenden oder steigenden Strecken (in Abständen von ca. 800 m) 3 Entlüftung ggf. an Knickpunkten der Leitung; 4 bei Gefahr durch Unterdruck; 5 Drucklinie: $(p_0 + \rho \cdot g \cdot y_0) - \rho \cdot g \cdot y$.

Aufbau und Funktion. Es werden fast ausschließlich Armaturen nach dem Schwimmerprinzip eingesetzt; grundsätzlicher Aufbau s. Bild 7–142. Bei nicht gefülltem System ist das Ventil geöffnet. Wird gefüllt, drückt das zufließende Wasser die Luft durch den Ventilsitz aus. Steigt Wasser in das Ventil, erhält der Schwimmer Auftrieb und sperrt bei Erreichen des „Schwimmpunktes" ab. Dieser ist so festgelegt, daß kein Wasser bis zum Sitz vordringt und auch in Offenstellung die Luft möglichst kein Wasser mitreißt.

Sich während des Betriebes im Ventil ansammelnde Luft senkt den Wasserspiegel. Bei Erreichen des Schwimmpunktes sinkt der Schwimmer, das Ventil öffnet. Der Schwimmer fällt auch ab, wenn der Außendruck größer wird als der Innendruck einschließlich Auftrieb; das System wird in diesem Fall belüftet.

Bauarten. *Einkammer- und Doppelkammerventile* für Inbetriebnahme und Arbeit während des Betriebes (Bild 7–142): Beim Doppelkammerventil liegt eine Kombination vor. Die Kammer mit der großen Auslaßöffnung hat einen nicht druckausgeglichenen Querschnitt, so daß Überdruck die Kugel auf den Sitz preßt, auch wenn kein Auftrieb vorhanden ist (Betriebsentlüftung). Sie fällt nur ab, wenn Unterdruck entsteht. Die Kammer mit der kleinen Auslaßöffnung dient der Be- und Entlüftung während des Betriebes. Doppelkammerventile sind zumeist absperrbar. Allgemein bis DN 200 und 0,1 MPa.

Einkammerventile nach Bild 7–143 erfüllen alle drei Funktionen [7–37]. Bei geöffnetem Ventil liegt der Schwimmer am Boden der Führungsschale, die Absperrglocke auf dem Schwimmer. Auftretende Luft strömt zwischen Gehäusewand und Führungsschale zum Auslaß. Mit steigendem Wasser füllt sich die Führungsschale durch die Bohrung 9. Der Schwimmer drückt die Absperrglocke gegen den Sitz. Betriebsentlüftung: Die sich im Ventil ansammelnde Luft drückt den Schwimmer nach unten. Dabei wird die von der Dichtscheibe 10 geschlossene kleine Bohrung 7 geöffnet, die Luft strömt ab. Die Absperrglocke bleibt durch den Innendruck an den Sitz 8 gepreßt. Der wieder steigende Wasserspiegel hebt den Schwimmer an, die Dichtscheibe sperrt die Bohrung ab.

Tellerventile (Bild 7–144) dienen zum Belüften großer Rohrleitungen (DN 300 bis DN 1000). Der zulässige Unterdruck wird durch eine Feder, die den Ventilteller in Schließstellung hält, eingestellt. Ein Bremszylinder bewirkt verzögertes Schließen. Mitgerissenes Wasser wird von der Fangschale aufgenommen und separat abgeleitet. Ein Schwimmerventil im Nebenschluß (rd. 10 % des DN des Tellerventiles) entlüftet beim Füllen und während des Betriebes.

292

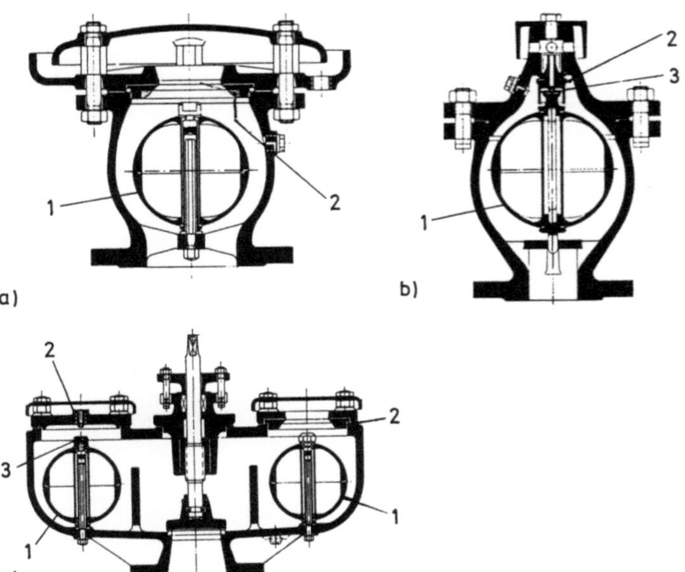

Bild 7–142. Selbstätiges Be- und Entlüftungsventil mit kugelförmigem Schwimmer [7–36].
a) Einkammerventil mit großer Auslaßöffnung; kann nicht für Betriebsentlüftung verwendet werden, da der Ventilsitz unter Leitungsdruck nicht öffnet;
b) Einkammerventil mit kleiner Auslaßöffnung für die Anforderungen der kontinuierlichen Be- und Entlüftung (kleiner Massestrom). Die Auslaßöffnung ist so bemessen, daß das Produkt aus Sitzfläche und Innendruck geringer ist als das Gewicht des teilweise eingetauchten Schwimmers. Der Schwimmer senkt sich, wenn der Auftrieb kleiner ist als sein Gewicht.
c) Doppelkammerventil für Füllen, Entleeren und Betriebsentlüftung.

1 Schwimmer; 2 Ventilsitz; 3 Ventilkegel (bei den Bildern a) und c) sperrt die Kugel ab).

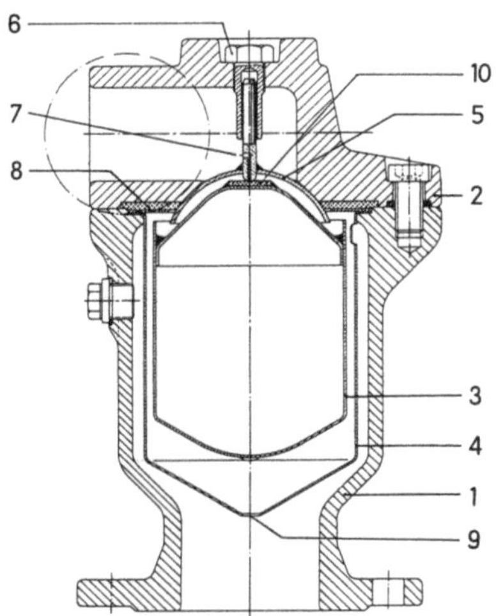

Bild 7–143.
Einkammerventil für Füllen, Entleeren und Betriebsentlüftung (Hochleistungsventil) [7–37].

1 Gehäuse; 2 Haube; 3 Schwimmer; 4 Führungsschale; 5 Absperrglocke; 6 Führungsbolzen; 7 kleine Bohrung; 8 Sitz; 9 Bohrung; 10 Dichtscheibe.

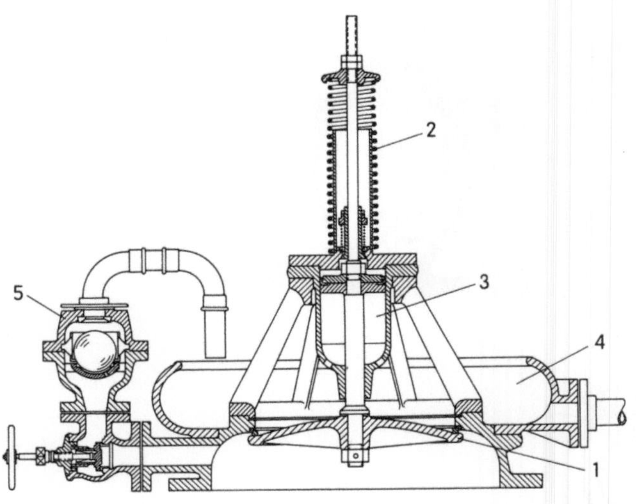

Bild 7–144. Be- und Entlüftungsventil für große Rohrleitungen [7–3].
1 Ventilteller; 2 Feder; 3 Bremszylinder; 4 Fangschale; 5 Schwimmerventil.

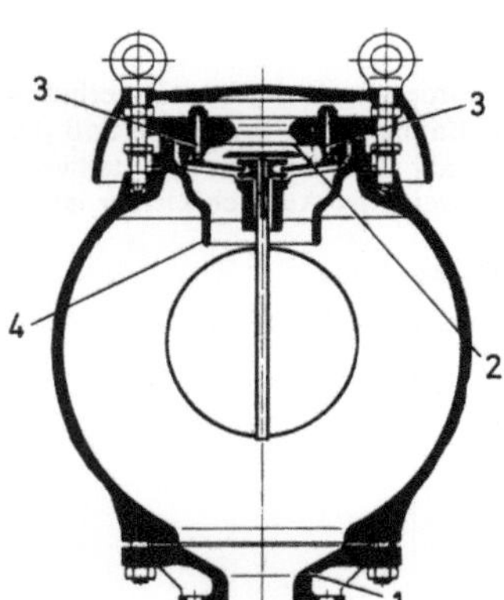

Bild 7–145.
Be- und Entlüftungsventil für Schmutz- und Abwasseranlagen
[7–36].
1 Einlaufstutzen; 2 Sitz; 3 Düse; 4 reduzierter Stutzen.

Be- und Entlüftungsventile für Schmutz- und Abwasser (Bild 7–145). Ein großer Abstand zwischen Schwimmer und Gehäuse soll das Blockieren durch Schwebestoffe verhindern, der trichterförmige Einlaufstutzen wirkt Ablagerungen entgegen. Im Deckel sind ein großer Auslaß und zwei Düsen untergebracht. Davor ist ein Stutzen angeordnet, gegen den der Schwimmer bei geschlossenem Ventil fast anliegt; so soll das Vordringen von Schmutz zu den Auslaßöffnungen verhindert werden. Bild 7–146 zeigt die Arbeitsweise. Dimensionierungshinweise: Im allgemeinen ist für den wirksamen Ventilquerschnitt das Belüften beim Entleeren maßgebend. Die Differenz zwischen dem atmosphärischen Druck und dem für eine Rohrleitung zulässigen Unterdruck ist gering (Richtwert: $\Delta p = 0{,}04\,\mathrm{MPa}$ sollte nicht überschritten werden). Beim Entlüften ist der zugeführte Volumenstron maßgebend; es soll kein vorzeitiger Abschluß durch Hochreißen des Schwimmers im Luftstrom auftreten.

294

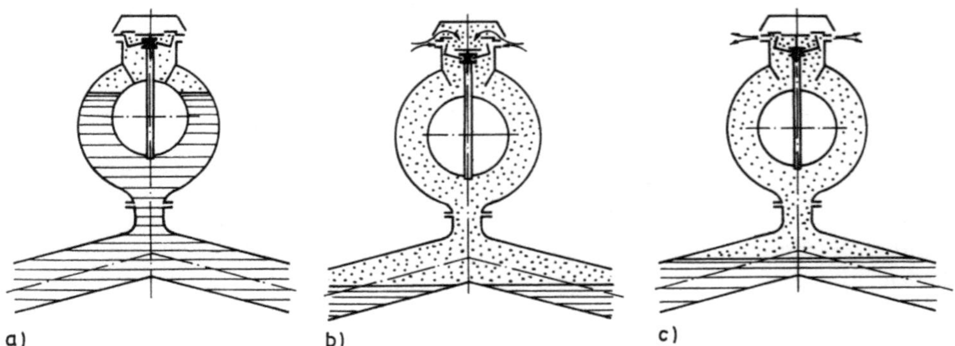

Bild 7–146. Arbeitsweise des Be- und Entlüftungsventiles für Schmutz und Abwasser [7–36].
a) normaler Betriebszustand: Ventil geschlossen;
b) Unterdruck: Ventil öffnet, Flüssigkeitsspiegel sinkt ab;
c) Druckanstieg (z. B. positive Druckwelle): der mittlere Ventilteller verschließt die große Öffnung (Rückschlagventil), die Luft kann durch die kleinen Düsen noch langsam austreten.

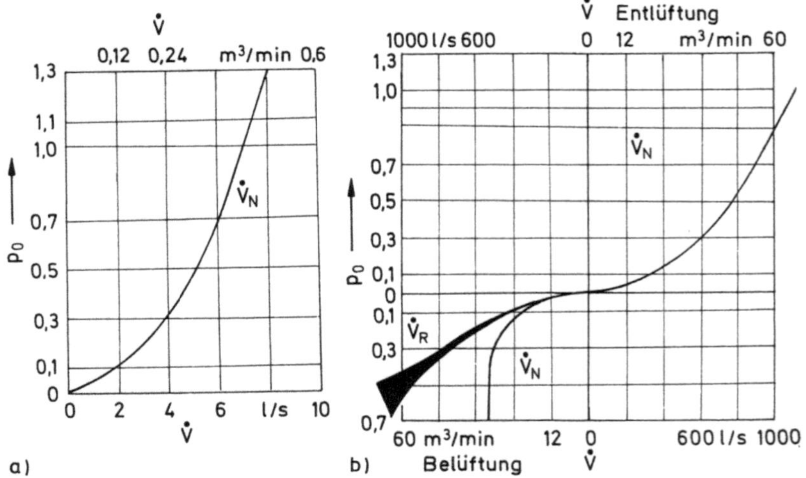

Bild 7–147. Leistungsdiagramme für Be- und Entlüftungsventile; Beispiele [7–36].
a) Entlüften über kleine Düsen;
b) Ent- und Belüften über große Düsen.

p_0 Überdruck in der Rohrleitung in bar; $\dot{V}_N$ Luftdurchsatz, bezogen auf den Normzustand; $\dot{V}_B$ Luftdurchsatz, bezogen auf Betriebsbedingungen.

Die Hersteller geben oftmals Grenzgeschwindigkeiten an, die in Verbindung mit dem Ausflußquerschnitt die Leistung bestimmen. Zusätzlich ist die Vereisungsgefahr am Ventilsitz zu beachten.

Leistungsdiagramme für Be- und Entlüftungsventile beziehen sich meistens auf den Normzustand ($T_N = 273{,}15$ K, $p_N = 0{,}101325$ MPa, Bild 7–147). Die Diagrammwerte ($\dot{m}_N$)

sind auf den Luftdurchsatz bei Betriebsbedingungen umzurechnen (zwischen Be- und Entlüften unterscheiden).

7.6 Armaturen für spezielle Einsatzgebiete (Spezialarmaturen)

Es ist zu unterscheiden zwischen Konstruktionen, die für spezielle Anforderungen vorteilhaft sind oder bestimmte Prozesse überhaupt erst ermöglichen und Armaturen, deren Konstruktion sich von den im Abschn. 7.1 beschriebenen Ausführungen ableitet, Erweiterungen des Sortimentes sind und vorerst zumeist auch industriezweigspezifisch Anwendung finden.

Oftmals finden solche Spezialarmaturen im Laufe der Zeit eine breite Anwendung, dies auch gekoppelt mit einer Erweiterung der Einsatzparameter. Das trifft z. B. auf die Membranventile zu.

7.6.1 Membranventile

Das absperrende Teil (Stellkörper) ist eine Membrane oder ein Schlauch (Bilder 7–148, 7–149 und 7–150). Dieses Bauteil übernimmt gleichzeitig die Abdichtung nach außen (Werkstoff: Plaste und Elaste).

Membranventil. Nur das Gehäuse, meistens ausgekleidet (Kunststoff, Emaille), und die Membrane sind dem Fluid ausgesetzt. Die Membrane ist am Rand eingespannt und an einem in der Haube geführten Druckstück befestigt; in den Endlagen ist sie ausgebeult (abgestützt). Ein Steg oder die Gehäusewand bilden den Sitz. Die Spindel ist drehend oder nicht drehend angeordnet.

Sonderausführungen: für Vakuum mit verstärkter Membrane, für Nukleartechnik mit gekammerter Membrane, Bügelhaube und Stopfbuchse.

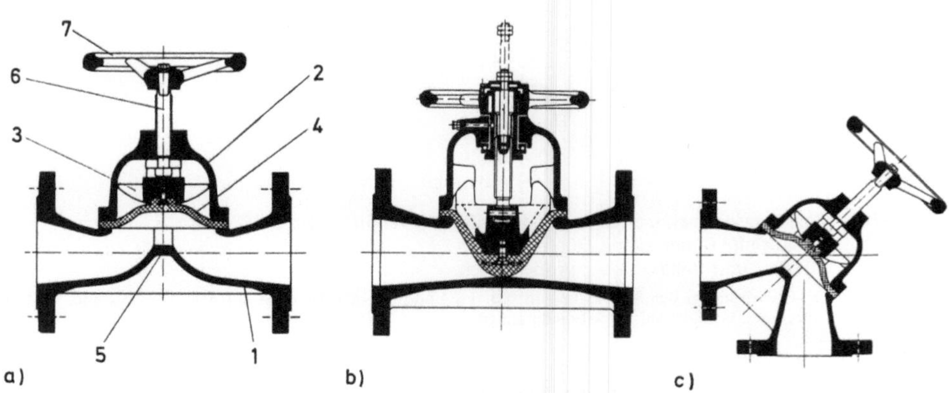

Bild 7–148. Membranabsperrventil (Prinzip Saunders, Fa. Erhard-Armaturen).
a) Durchgangsform mit Steg;
b) Gehäuse mit geradem, freiem Durchgang;
c) Eckform;
1 Gehäuse; 2 Haube; 3 Druckstück; 4 Membrane; 5 Steg (Sitz); 6 Spindel; 7 Handrad.

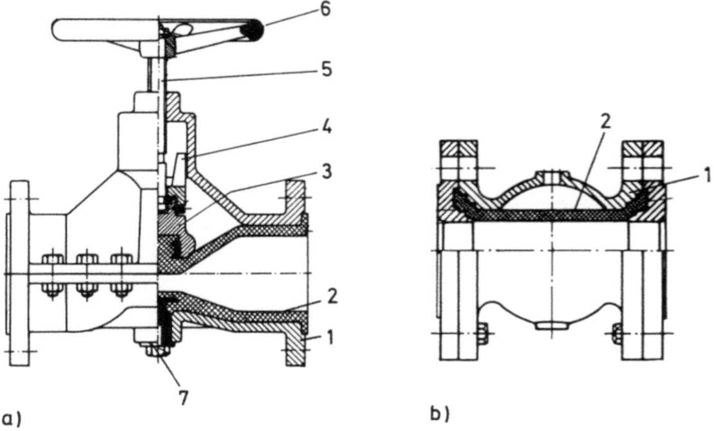

Bild 7–149. Schlauchmembranventil (Prinzip Esco, Fa. Dürholdt).
a) zweiteiliges Gehäuse, Schlauch an Spindel und Gehäuse befestigt;
b) pneumatisch/hydraulisch beaufschlagt.

1 Gehäuse; 2 Schlauch; 3 Druckstück; 4 Führung; 5 Spindel; 6 Handrad; 7 Halteschraube.

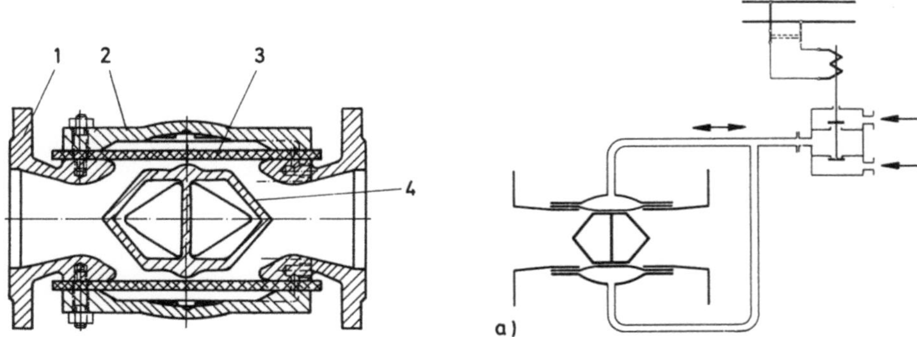

Bild 7–150. "Duplex"-Membranventil [7–36].

1 Gehäuse; 2 Deckel; 3 Membrane; 4 Innenkörper.

a) Steuerung durch ein Dreiwegemagnetventil, schematisch.

Schlauchmembranventil. Dem Fluid ist nur der Schlauch ausgesetzt, der beim Absperren verformt (gefaltet) wird (Quetscharmatur).

„Duplex"-Membranventil. Zwei Membranen werden durch ein Steuermedium gegen einen Zentralkörper gepreßt. Sinkt der Steuerdruck, drückt das Fluid die Membranen ab, der Durchfluß ist frei. Steuerdruck: 0,1 bis 0,15 MPa über Betriebsdruck (minimal 0,05 MPa). *Vorteil*: auch hier keine mechanischen Teile.

Anwendungshinweise: Durchflußkennlinie annähernd linear; oberhalb 20 % k_{vs} mit auf die Armatur abgestimmtem Antrieb gutes Regelverhalten. *Vorteile*: geringer Druckverlust, schmutzunempfindlich, selbstreinigend; entleeren sich in jeder Einbaulage, in Schließstellung keine mit der Rohrleitung verbundenen Hohlräume; stopfbuchslos, mechanische Teile vom Fluid getrennt; vorteilhaft für dickflüssige, feststoffhaltige, kristallisierende und pulverförmige Fluide. *Nachteile*: allgemein niedrige Drücke ($\leq$ 1,6 MPa) und Temperaturen ($-$ 60 bis 200 °C).

7.6.2 Schnellschlußarmaturen

Aufgabe: bei Rohrbruch, Brand, Drucküber- und Druckunterschreitung usw. schnell absperren (Sicherheitsfunktion); Schließzeit $\leq$ 1 s. *Steuerung*: Fremdsteuerung oder selbsttätige Auslösung.

Einige Ausführungen sollen im folgenden erläutert werden.

Magnetbetätiges Schnellschlußventil (Bild 7–151). Auslösung durch Stromstoß, der Magnet zieht den Stützhebel an. Die Hebel 3 geben die Klinken, und diese den durch die Feder gespannten Zylinder frei, der Schließvorgang wird unmittelbar eingeleitet. Die Ölbremse verhindert hartes Zuschlagen.

Eigenmediumgesteuerte Rohrbruchventile (Bild 7–152): Betätigung wie gesteuerte Sicherheitsventile (s. Abschn. 7.4.1).

Belastungsprinzip: Die Differenz zwischen dem Druck unter und über dem Kolben, durch die Rückdichtung am Kegel aufrechterhalten, hält das Ventil offen. Die Feder ist gespannt. Bei „Schließbefehl" bewirkt die Steuerung (Wechselventilanordnung) Druckaufbau über und gleichzeitig Druckabsenkung unter dem Kolben. Die Schließgeschwindigkeit wird durch Veränderung der Steuerquerschnitte beeinflußt. Allgemein kann das Ventil nur mit dem Differenzdruck über dem Ventil schließen (bei geeignet großem Kolben auch dagegen).

Entlastungsprinzip. Während des „normalen" Betriebes wird das Ventil durch den Pneumatikantrieb 10 offengehalten; die Steuerventile 14 sind geschlossen (am Kegel wirkt

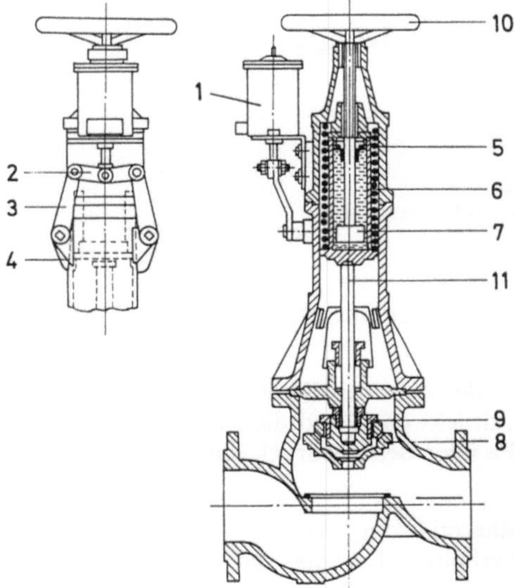

Bild 7–151.
Magnetbetätigtes Schnellschlußventil [7–11].

1 Magnet; 2 Stützhebel; 3 Hebel; 4 Klinke; 5 Feder; 6 Zylinder;
7 Ölbremse; 8 Kegel; 9 Entlastungskegel; 10 Handrad
zum Öffnen; 11 Spindel.

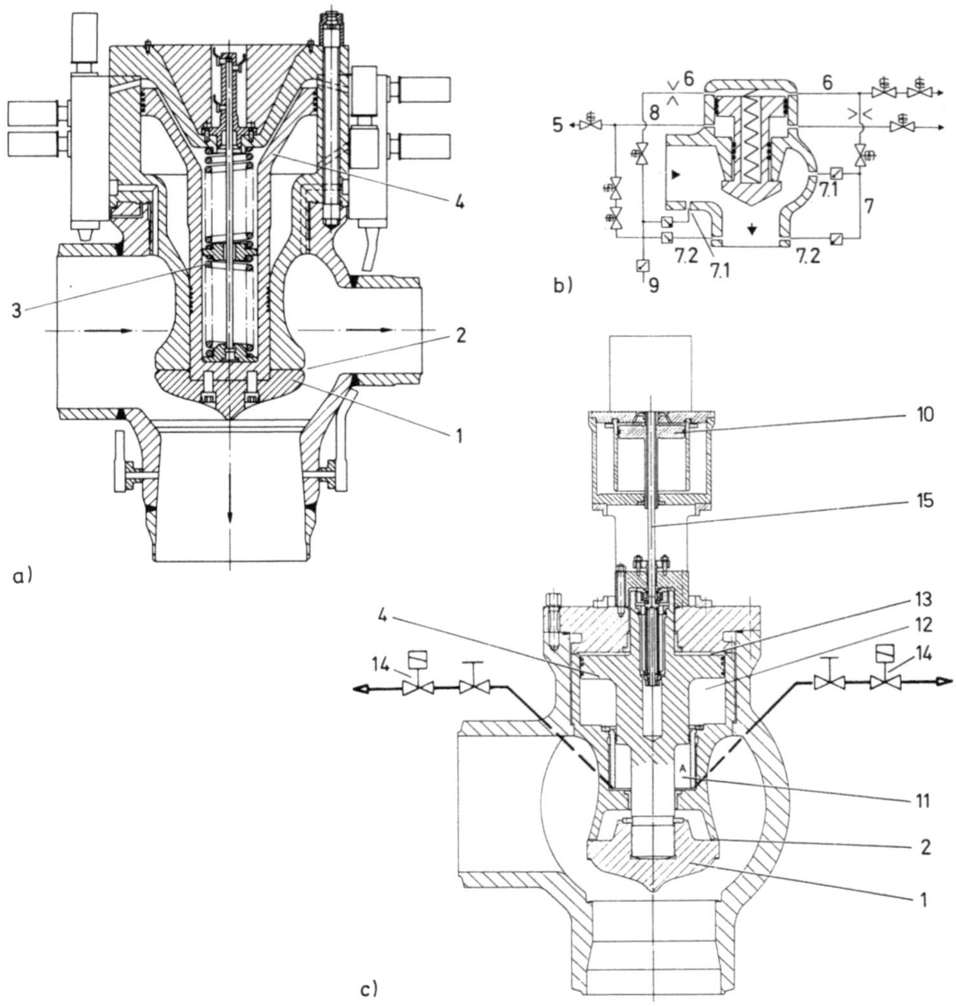

Bild 7–152. Eigenmediumgesteuerte Rohrbruchventile.
a) Belastungsprinzip (Fa. Sulzer, Schweiz);
b) Steuerschema zu a);
c) Entlastungsprinzip (Fa. Sempell).

1 Kegel; 2 Rückdichtung; 3 Feder; 4 Kolben; 5 Absaugung; 6 Verbindung zum oberen Kolbenraum; 7 Druckversorgung (7.1 im Normalfall; 7.2 bei Rückdruck); 8 Verbindung zum unteren Kolbenraum; 9 Fremdmedium; 10 Pneumatikantrieb; 11 Raum; 12 Raum; 13 Raum; 14 Steuerventil (Magnetventil, pneumatische oder hydraulische Ventile); 15 Spindel.

zusätzlich eine Rückdichtung 2; alle Innenräume des Ventiles stehen unter Druck). Zum Schließen werden die Steuerventile 14 geöffnet; der Druck in den Räumen 11 und 12 wird abgebaut (12 steht mit 11 über einen nicht gezeichneten Bypass in Verbindung). Gleichzeitig wird auch der Pneumatikantrieb druckentlastet. Der Raum 13 wird über einen nicht gezeichneten Bypass (mit Rückschlagventil) von der Ventileintrittsseite druckbeaufschlagt;

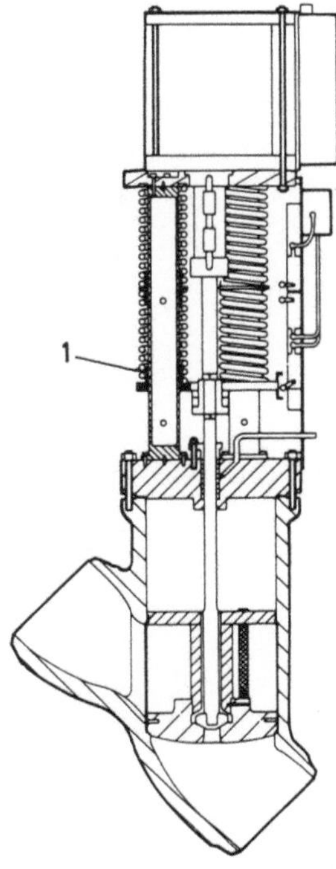

Bild 7-153.
Schnellschlußventil mit Federspeicher (Fa. Rockwell).
1 Federsäule.

infolge der Druckdifferenz oberhalb und unterhalb des Kolbens 4 schließt das Ventil. Dabei wirkt Raum 12 nach einem Teilhub als Dämpfung, die Schließgeschwindigkeit wird verzögert.

Wegen der Druckdifferenz oberhalb und unterhalb des Kegels bleibt das Ventil geschlossen, auch wenn die Steuerventile wieder geschlossen sind. Erst wenn annähernd Druckausgleich zwischen Ventileintritt und -austritt besteht, kann das Ventil mit dem Pneumatikantrieb geöffnet werden. Das Ventil sperrt in beiden Richtungen ab, gleichgültig, ob der Druck über oder unter dem Kegel ansteht. Schließzeit < 5 s. Anwendung auch als Reaktorschnellschlußarmatur.

Schnellschlußventil mit Federspeicher (Bild 7-153). Zum Schließen werden drei oder vier gespannte Federsäulen durch Entlasten eines Hydraulik- oder Pneumatikzylinders freigegeben. Schließzeit ≈ 3 s. Bei einer neuen Ausführung sind die Schraubenfedern durch eine Gasfeder (Stickstoff) ersetzt [7-6].

Schnellschlußschieber. Sie werden vorrangig bei großen Nennweiten eingesetzt. Betätigung: Handhebel, bei höheren Drücken und größeren DN Elektroantrieb oder Eigenmedium (Bild 7-154) [7-6].

Scheibenschnellschlußarmatur (Bild 7-155). Sie werden durch Drehen einer Scheibe „schnell" geöffnet und geschlossen. Bevorzugt werden immer mehr die Schnellschlußventile: kürzere Schließwege, geringere Massen, keine besonderen Anforderungen an die Sitzwerkstoffe. Sie können bei Rohrbruch hinter dem Ventil teilweise auch ohne Betätigung schließen.

300

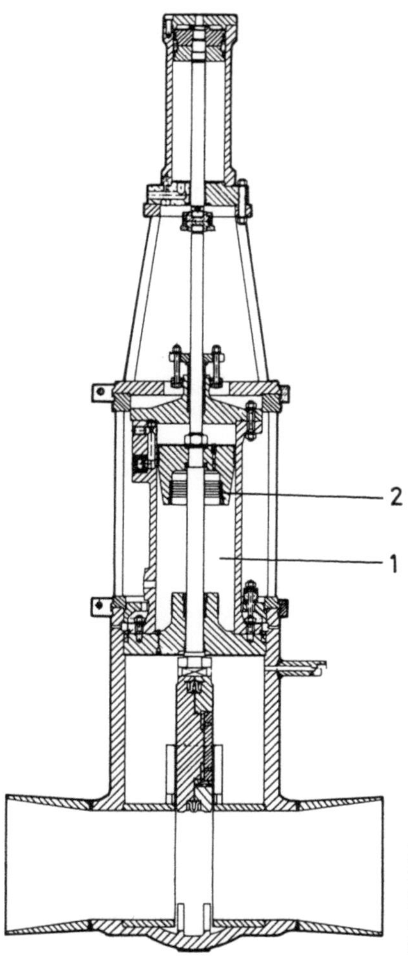

Bild 7–154.
Eigenmediumbetätigter Parallelplattenschieber als
Schnellschlußschieber (Fa. Babcock). Eine Hydraulik hält
den Schieber geöffnet. Wird Raum 1 entlastet, schließt Kolben
2 den Schieber.

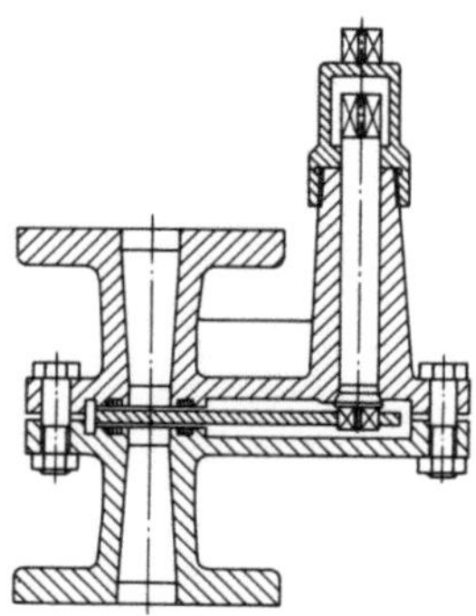

Bild 7–155.
Scheibenschnellschlußarmatur mit drehbarer Scheibe (IAL Leipzig).

7.6.3 Lenz- und Ballastventile

Das sind fernbedienbare, hydraulisch betätigte Schiffsarmaturen (Bild 7–156). Bei Hydraulikausfall schließt sie eine Druckfeder. Elektrischer Kontaktstößel als Stellungsanzeige. Einbaulage beliebig. Ausführung als Absperr- und Rückschlagventile, Eck- und Ausgußventile, fern- und direktbedienbarer Ventilkasten.

Anwendung: Lenz- und Ballastsysteme, Seewasserkühlsysteme, Wasch- und Frischwassersysteme, Speigatt-, Abfluß-, Treibstoff- und Schwerölleitungen, Flüssigkeitsladeleitungen, Schmutz- und Seewasser mit Öl und Sand, Reinigungszusätze usw.

7.6.4 Armaturen für Gas-, Wasser- und Abwassersysteme, Fernleitungen

Zum Einsatz kommen ein Großteil der bisher behandelten Armaturentypen (konstruktiv und werkstoffseitig auf den speziellen Einsatz abgestimmt) und spezielle Bauarten, wie Axialventile, Hydranten, Anbohrschellen, Talsperrenschieber, Endklappen, spezielle Abwasserarmaturen (z. B. Steck-, Rinnen-, Gleit-, Regulier- und Absenkschieber, Rinnenabsenk- und Absperrschütze, Rückstauklappen), Filter usw. Hier sollen nur einige spezielle Probleme und Typenvertreter behandelt werden.

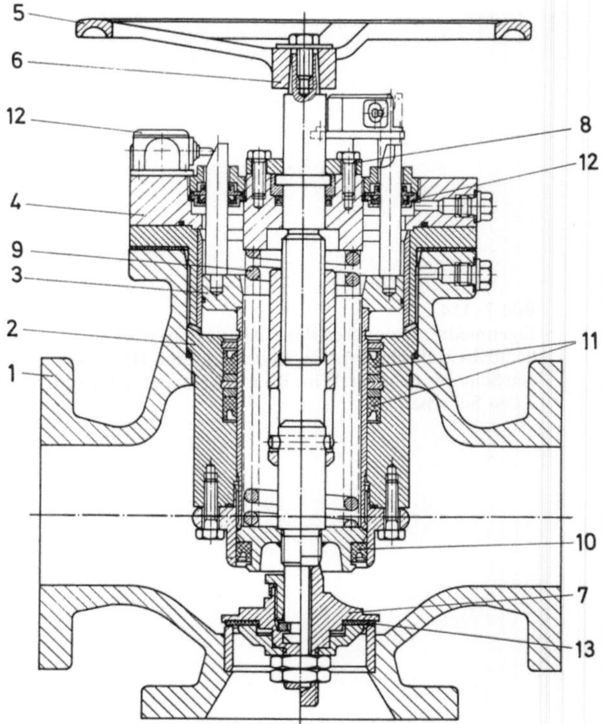

Bild 7–156. Lenz-Ballastventil (Armaturenwerk Prenzlau).

1 Gehäuse; 2 Zylinder; 3 Federkopf (Kolben); 4 Deckel; 5 Handrad; 6 Spindel; 7 Kegel; 8 Druckplatte; 9 Druckfeder; 10 Außenlippenring; 11 Innenlippenring; 12 Kontaktstößelschalter; 13 Kegeldichtring (Gummi).

Als Absperrarmaturen haben sich Kugelhähne (bis DN 50 für beliebige Drücke, > DN 50 bis ca. DN 200 für PN 10; ab etwa DN 600 für alle Drücke im Fernleitungsbetrieb) und Schieber durchgesetzt.

Anforderungen, Probleme. Eignung für Roh-, Brauch- und Trinkwasser (Ozon, Chlor, freie Kohlensäure), See-/Meerwasser, kommunale Abwässer, Kokereigas (staub- und benzolhaltig), Erdgas und Erdöl unterschiedlicher chemischer Zusammensetzung, Raffinerie- und Spaltgase.

Probleme ergeben sich durch Ablagerungen, z. B. Schwefel und Eisenstaub, im Gas sowie Inkrustierungen von Eisen- oder Manganoxiden, Kalk im Wasser, Erdbodenfeuchtigkeit, Bodenaggresivität, Erd- und Verkehrslasten, Bodenbewegungen, Erschütterungen, Schwitzwasserbildung, hinsichtlich der Erhaltung der Betriebstauglichkeit über große Zeiträume, besonders bei erdverlegten Armaturen. Dem wird u. a. entsprochen durch vorrangig elastische und federnde Abdichtungssysteme, weichdichtende Stellkörper, glatte Durchgänge (molchbar) und Oberflächen. Beispiele: weichdichtende Schieber mit glattem Durchgang, Klappen mit elastischen Dichtelementen; selbstdichtende, wartungsarme Spindelabdichtung (s. Abschn. 8.2); neue Werkstoffe und Verfahren für die Innen- und Außenbeschichtung, z. B. Rundumemaillierung.

Rohrleitungsanschlüsse. Neben Flanscharmaturen (Undichtheiten infolge korrodierender Schrauben, Biege- und Zugbeanspruchungen durch Erd- und Verkehrslasten und Bodenbewegungen usw.) kommen verstärkt flanschlose Armaturen zum Einsatz, z. B. Einschweißenden für Gas und Öl, Muffen und Einsteckenden für Wasser.

7.6.4.1 Armaturen für Wasser und Abwasser

Normen legen für einen Großteil dieser Armaturen Prüfungen und Qualitätsforderungen fest, z. B. für Trinkwasser [7–38].

Werkstoffe und Oberflächenschutz: vorrangig Gußeisen (GGL-25, GGG 40, GGG 50) mit Oberflächenschutz. Anforderungen: z. T. hygienische, bakteriologische, physiologische und toxikologische Unbedenklichkeit, abrieb- und verschleißfest.

Als Oberflächenschutz kommen zur Anwendung:

- Aktiver Korrosionsschutz durch *Dünnschicht-Zementmörtelauskleidung*. Passivierung der Gußoberfläche, Selbstheilung (z.B. Abdeckung von Rissen oder Beseitigung hohler Stellen bei Wassereinwirkung); Sielhautbildung (verhindert Ablagerungen); Einschränkung der Schutzwirkung bei Wasser mit kalkaggressiver Kohlensäure [7–39].
- Organische Schutzschichten aus Bindemitteln (Alkydharz, Epoxidharz, PVC) und Pigmenten (z. B. Mennige). Neigung zur Permeation von Wasserdampf und Sauerstoff führt zur Unterrostung.
- *Einschicht-Direktemaillierung*. Email ist physiologisch und toxikologisch für Trinkwasser ohne Einschränkung geeignet [7–39]. Die glatte Oberfläche verhindert das Festsetzen mineralischer Bestandteile und Einnisten von Bakterien; in Kaltmedien ($< 70\,°C$) unbegrenzt haltbar. Durch Rundumemaillierung entfallen ungeschützte Stellen. Allerdings gibt es Übergangs- und Zunderprobleme.

Nachfolgend einige Ausführungsbeispiele:

Weichdichtender Schieber (Bild 7–157). Glatter Gehäusedurchgang, der ummantelte Keil dichtet unten und seitlich gegen die Gehäusewand (unbearbeitet oder ausgekleidet), im oberen Drittel axial gegen Gehäusedichtleisten. Die Dichtflächenausführung sowie steil

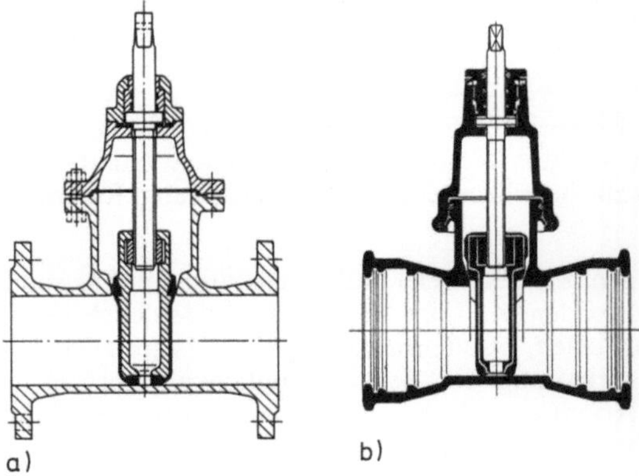

Bild 7–157.
Schieber für Gas-, Wasser- und Abwasser (Fa. Erhard-Armaturen).
a) weichdichtender Flachschieber mit innenliegendem Spindelgewinde aus Gußeisen mit Kugelgraphit;
b) schraubenloser Schieber mit Steckmuffen.

und ohne Taschen auslaufende Keilführungen sollen Absetzen und Festpressen von Schwebestoffen verhindern. Ablagerungen werden beim Schließen von den Dichtflächen abgeschoben und weggespült; wartungsfreie Spindelabdichtung.

Bild 7–157b zeigt eine Sonderausführung: Gehäuse-Deckel-Verbindung durch Tangentialkeile, Abdichtung durch O-Ring und Vergießen mit Bitumen.

Anwendung bis DN 300, PN 16 und 70 °C, Wasser, Gas, nichtaggressive Fluide. *Zu beachten*: Zu Inkrustierungen neigende Wässer bereiten auch bei weichdichtenden Schiebern Probleme an der Absperrung. Dünne, flächig gleichmäßige Schichten werden weitgehend beherrscht, dicke Schichten mit kraterartigen Unterbrechungen nicht. Auch Wässer, die nur in stagnierenden Schieberräumen Ablagerungen verursachen, im durchströmten Bereich nicht absetzen, verändern die Dichtgeometrie ungleichmäßig, was zur Undichtheit führt [7–40]. Gute Erfahrungen liegen für Email- und Epoxidharzbeschichtungen vor.

Trinkwasserkugelhahn. Die bekannten Kugelhähne (Abschn. 7.1.3.2, 7.2.3.2 und 7.3.3.2) sind nur bedingt für Trinkwasser geeignet; die Dichtringe werden durch mineralische Ablagerungen beschädigt. Bild 7–158 zeigt eine Lösung mit *umströmter Kugel*. Der durchspülte Ringspalt (Selbstreinigung) und eine Abkratzkante verhindern Belagbildung, Ablagerungen und

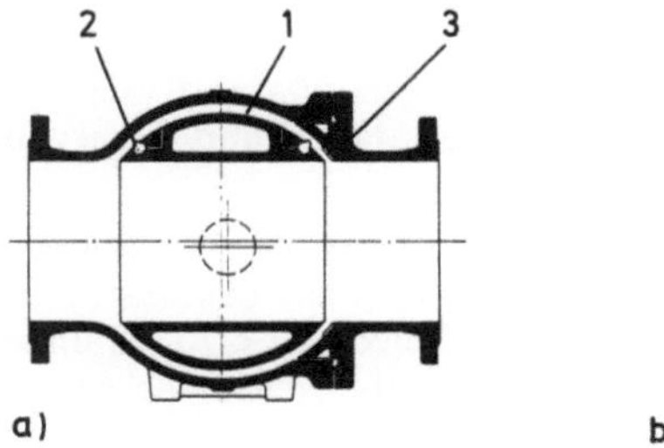
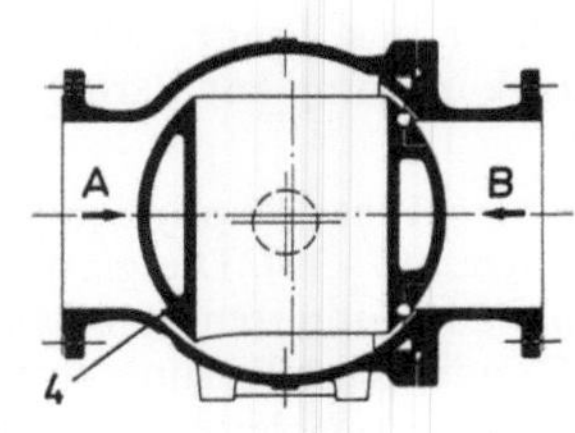

Bild 7–158.   Spezial-Kugelhahn für den Trinkwasserbereich [7–41].
a) geöffnet;
b) geschlossen;

1 Ringspalt; 2 elastischer Profildichtring; 3 Gehäusesitz, großradige Übergänge auf beiden Seiten gewährleisten schonendes Eingreifen des Profildichtringes; 4 Kratzkante.

304

Zusammenbacken. Die Abkratzkante reicht über den Schwenkradius hinaus, wirkt nur als Linienberührung und verschafft der Kugeloberfläche freien Schwenkraum. Die Dichtelemente sind fest angeordnet. Die exzentrische Lagerung der Kugel beschränkt die Reibung an den Dichtflächen [7–41].

Varianten, z. B. als Rohrbruchsicherung mit Fallgewicht und Ölbremse, oder als Absperrarmatur mit Rückflußverhinderung (Elektroantrieb-Fallgewicht-Ölbremse), sind möglich.

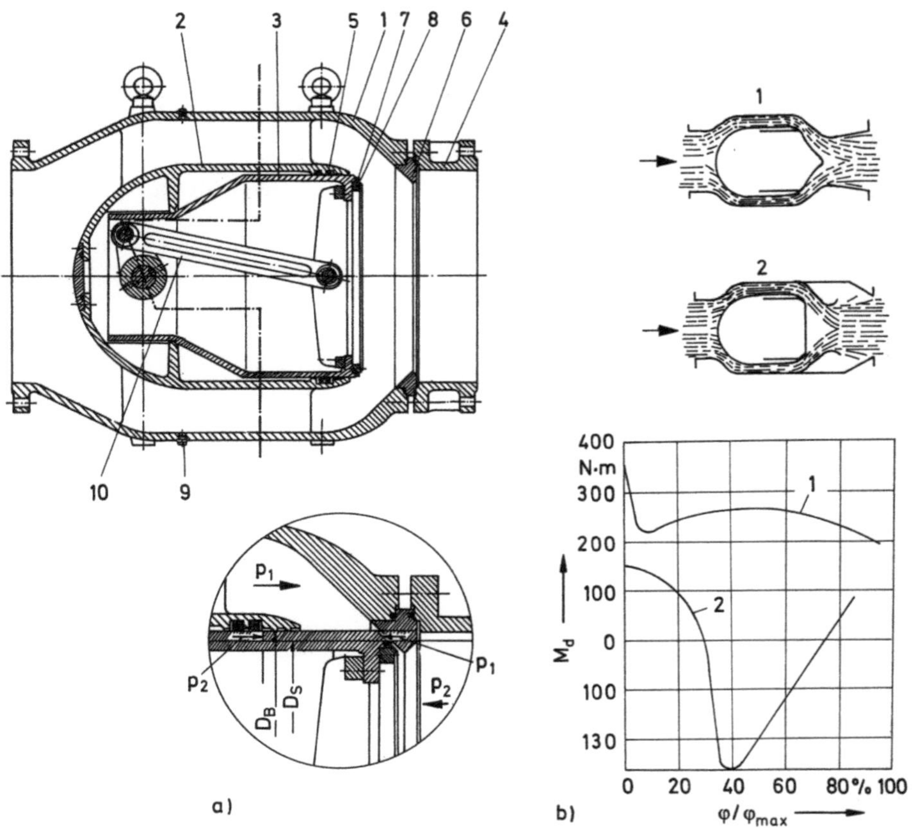

Bild 7–159. Axialventil (VAG-Armaturen).

1 Gehäuse; 2 Führungskörper, durch Rippen mit dem Gehäuse verbunden; 3 kolbenförmiger Abschlußkörper; 4 Auslaufrohr; 5 (meistens) Manschette; 6 metallischer Sitzring; 7 metallischer Kolbenring; 8 Profildichtring; 9 Entleerungsstopfen; 10 Kurbelantrieb.

a) Druckverhältnisse und deren Wirkung bei geschlossenem Axialventil; Kräftebilanz: $\Delta p = p_1 - p_2$ wirkt nur auf eine durch D_B und D_S begrenzte Ringfläche (weitgehend druckausgeglichen); D_B Dichtungsdurchmesser des Abschlußkörpers; D_S Sitzdurchmesser.

b) charakteristischer Verlauf der Antriebsmomente [7–43]. 1 Kolben mit innerer Strahlführung (bei dieser Ausführung kehrt die Richtung des Antriebsmomentes u. U. um; das ist besonders bei hydraulischen und pneumatischen Antrieben von Bedeutung); 2 offener Kolben mit Abreißkante.

Axialventile (Bild 7–159). Zum Sitz kontinuierlich abnehmender Ringquerschnitt; lineare Kolbenbewegung; achsensymmetrisches Strömungsbild bis zur Schließstellung; Endanschlag metallisch, Abdichtung elastisch.

Der *Auslauf* kann den Betriebsbedingungen angepaßt werden (beeinflußt den k_v-Wert und das Kavitationsverhalten, Bild 7–160). Ablösung, Kavitation und Diffusorverluste können durch einen Schaufelkranz vor dem Sitz beeinflußt werden (ggf. Drall bewirkend). Entgegengerichtete Durchströmung sollte vermieden werden [7–42].

Vorteile: geringer Druckverlust, hohe kritische Durchflußkapazität, niedrige Kavitationsziffer, veränderbare Durchflußcharakteristik, geringe Betätigungskräfte, beliebige Einbaulage.

Axialventile sind geeignet als Absperrarmatur bis zu hohen Durchflußgeschwindigkeiten; als Stellarmatur bei Pumpenbetrieb, im Kühlwassersystem und in der Verfahrenstechnik; für die Einspeise-Regelung in Versorgungsnetzen und die Niveauregelung bei Behältereinspeisung; als Filter in der Zulauf und Ablaufregelung; bei der Grundablaßregelung bei Stauseen; als Rückschlagarmatur in Pumpendruckleitungen mit gesteuerter Schließbewegung; als Sicherheitsarmatur mit automatischer Öffnungs- und Schließbewegung als sogenannter Nebenablaß mit automatischer Auslösung als Rohrbruchsicherung; als Durchflußmesser bei großen Durchflußmengen nach dem Venturiprinzip [7–43].

Hydranten dienen der Wasserentnahme aus erdverlegten Leitungen.

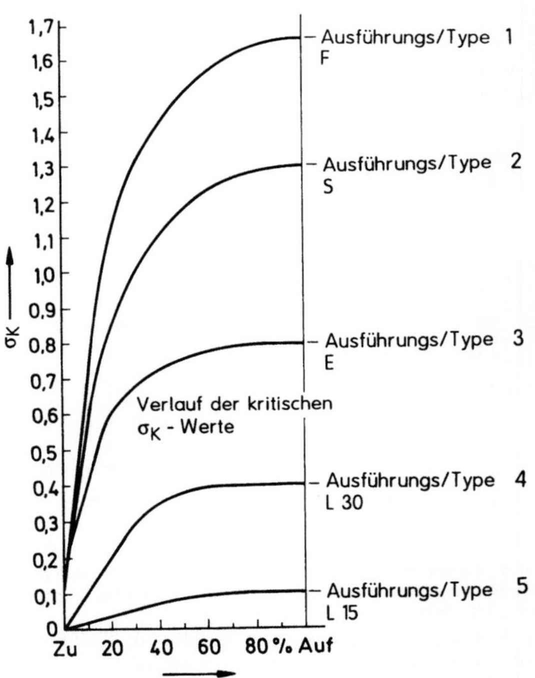

Bild 7–160. Verlauf der kritischen σ-Werte für verschiedene Auslaufpartien von Axialventilen, mittels Schallabstrahlungs- und Durchflußmessungen ermittelt [7–43].

1 Auslaufrohr mit Kurzdiffusor; 2 Schlitzhülle; 3 Abreißkante, sprunghafte Querschnittserweiterung; 4 Lochzylinder.

Wichtige Bauelemente und ihre Funktion (Bild 7–161)

– Absperrung. Der radial wirkende Absperrkegel bewirkt Schutz gegen Ablagerungen und geringe Betätigungskräfte. Festanschläge verhindern Überlastung. Durch Öffnen gegen die Strömung werden Verschmutzungen ausgespült. Einfachabsperrung erfordert eine Absperrarmatur vor dem Hydranten. Doppelabsperrung gewährleistet Abdichtung gegen Rückfluß und ermöglicht Auswechseln von Bauteilen, z. B. Mantelrohr, Absperrung und Dichtungen bei Betriebsdruck. Keine Beeinträchtigung oder Unterbrechung des Rohrnetzes bei Beschädigung z. B. der Überflursäule.

– Entwässerung. Vermeidet Restwasser über der Absperrung, Verkeimen und Einfrieren.

– Steinfalle. Zone verminderter Strömungsgeschwindigkeit; Fremdstoffe werden nicht zwischen Sitz und Kegel gespült.

– Sollbruchstelle. Sie befindet sich oberhalb der Flurkante (Überflurhydrant) und wird bei unzulässiger Krafteinwirkung zerstört (z. B. beim Anfahren). Dadurch wirkt keine unzulässige Kraft auf den Säulenunterteil (kein Aufgraben erforderlich). Eine Kupplung verhindert die Zerstörung des Druckrohres und der Absperrung.

Anwendungshinweise: allgemein PN 10 und PN 16. Hydranten sind Absperr-, keine Stellarmaturen. Höhe: Unterflurhydranten für 0,75–1,0–1,25 und 1,50 m. Überflurhydranten für 1,25 und 1,50 m Rohrdeckung.

Schutz gegen Bodenbewegung infolge Frost durch Einbetten in tonfreie Sand-, Kies- oder Schotterpackung zur schnellen Wasserabführung aus der Entwässerung. Bei Grundwasser Hydranten ohne Entwässerung verwenden (Mantelrohr leerpumpen).

7.6.4.2 Armaturen für Gas- und Ölfernleitungen

Vorrangig Schieber und Kugelhähne mit „wartungsfreier" Absperrbaugruppe und Spindelabdichtung.

Einplattenleitrohrschieber (Bild 7–162). Zwei axial bewegliche und gegen das Gehäuse abgedichtete Schutzplatten werden durch Federn dichtend gegen die Abschlußplatte gepreßt, Abdichtung metallisch (korrosionsgeschützte Dichtflächen mit hoher Härte). Ablagerungen und Inkrustierungen an der Anschlußplatte sollen beim Öffnen an den Kanten der Schutzplatten abgestreift werden. Die Spezialölfüllung schmiert, konserviert und gewährleistet hohe Dichtheit zwischen den metallischen Dichtflächen. Gehäuse und Deckel verschweißt.

Anwendungshinweise: wartungsarm; besonders geeignet für staubhaltige Gase und Fluide; mit Außenschutz auch für Erdeinbau [7–44].

Hochdruckkugelhahn (Bild 7–163). Zweiteilige, bewegliche Sitzringe werden durch Federn an die Kugel gepreßt, eingangsseitig erhöht der Strömungsdruck, ausgangsseitig erhöht der Gehäuseinnendruck die Anpressung (s. Abschn. 7.1.3.2). Abdichtung metallisch (Kugel und Sitzringflächen korrosionsgeschützt mit hoher Härte, verschleißfest), Feinabdichtung durch O-Ringe. Die Sitzflächen und O-Ringe sind in beiden Endstellungen völlig abgedeckt, vor Ablagerungen geschützt, dem Strömungsabrieb entzogen und vor Beschädigungen durch den Molch geschützt. Das Gehäuse ist verchweißt, der Kugelhahn ist „wartungsfrei".

7.6.5 Kraftwerksarmaturen

Priorität haben die Zuverlässigkeit und vor allem die Sicherheit, bei Kernkraftwerken vorrangig auch die Vermeidung der Freisetzung von Radioaktivität (Unterbindung von Leckage). Dabei handelt es sich vorrangig um Hochdruckarmaturen.

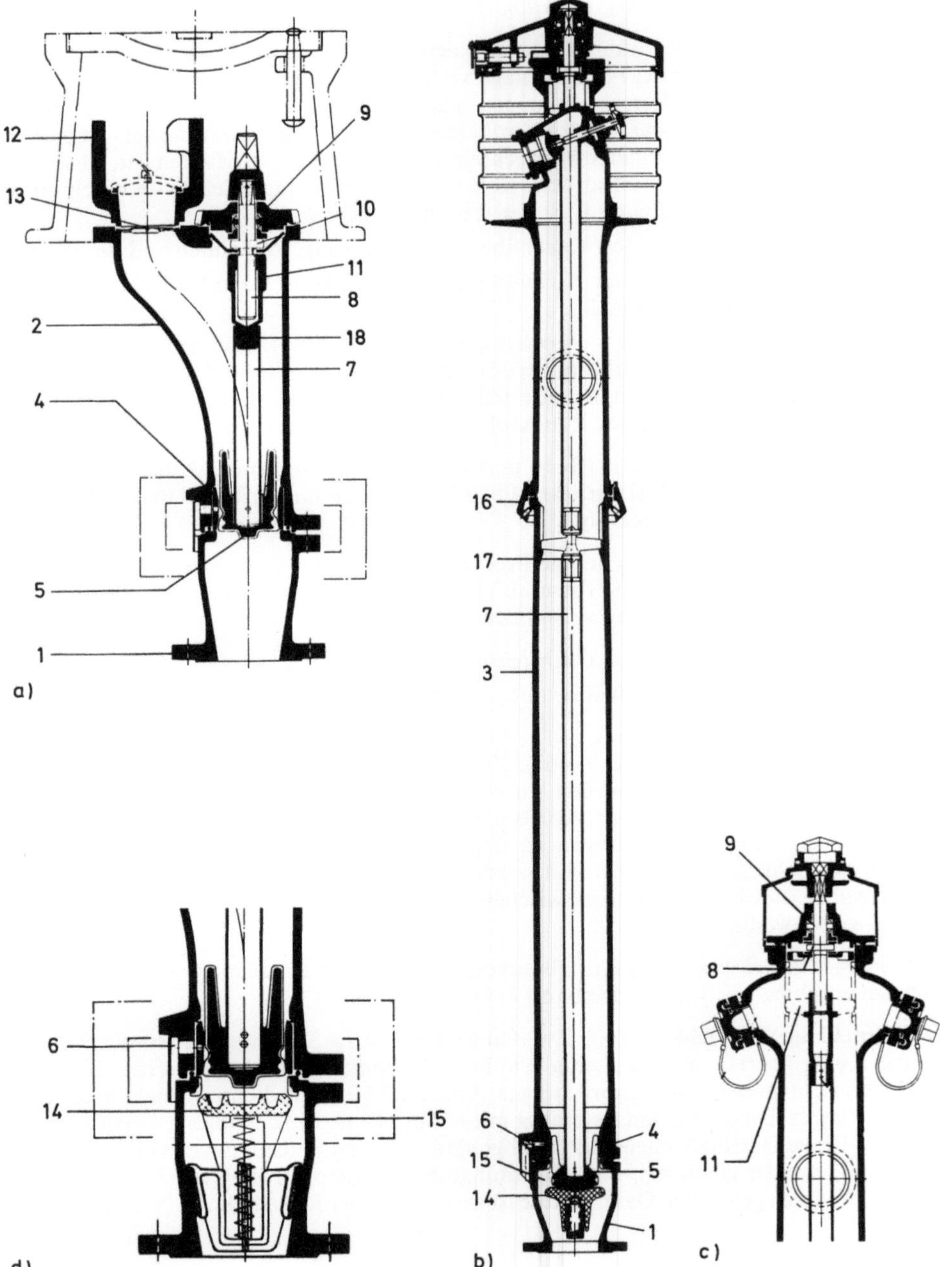

a)
12
13
2
4
5
1
9
10
11
8
18
7
b)
16
17
7
3
6
15
14
4
5
1
c)
9
8
11
d)
6
14
15

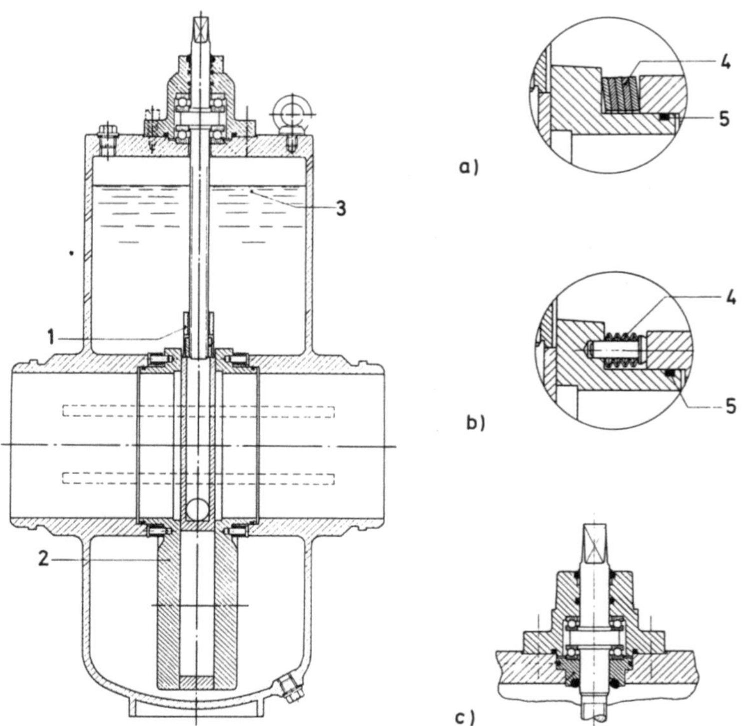

Bild 7–162. Einplattenschieber mit seitlich angepreßten Dichtplatten (VAG-Armaturen).
a) und b) Absperrbaugruppe;
c) wartungsfreie Spindelabdichtung.

1 Abschlußplatte; 2 Dichtungsschutzplatte; 3 Spezialölfüllung; 4 Feder; 5 O-Ring.

Absperrarmaturen. Die konstruktiven Lösungen sind für Dampf und Speisewasser ähnlich und entsprechen den in den Abschn. 7.1. und 7.2 beschriebenen Armaturen (vorrangig Ventile und Schieber); Unterschiede: druck- und temperaturabhängige Werkstoffe und Dichtungsmaterialien (z. B. Bild 7–164).

Zur Entwässerung und Entlüftung werden aus Sicherheitsgründen oft zwei Ventile hintereinander eingebaut (Bild 7–165); das erste dient zum Absperren, mit dem zweiten wird gedrosselt.

◄───

Bild 7–161. Hydranten (Fa. Erhard-Armaturen).
a) Unterflurhydrant;
b) Überflurhydrant mit Fallmantel (aufgeflanschter Ventilkopf mit getrennt abstellbaren Abgängen);
c) ohne Fallmantel;
d) Doppelabsperrung.

1 Anschlußgehäuse; 2 Mantelrohr (Unterflurhydrant); 3 mehrteiliges Gehäuse (Überflurhydrant); 4 Sitzbuchse aus Kunststoff, alterungsbeständig; 5 Absperrkegel, vollgummiert; 6 selbsttätige Entwässerung; 7 Druckrohr; 8 Spindel; 9 Spindelabdichtung, wartungsfrei; 10 Spindelbund, kunststoffgelagert; 11 Festanschläge für beide Endstellungen; 12 Anschlußklaue; 13 Verschluß gegen Verschmutzung; 14 Doppelabsperrkegel aus Kunststoff mit Feder; 15 Steinfalle; 16 Sollbruchstelle; 17 Kupplung.

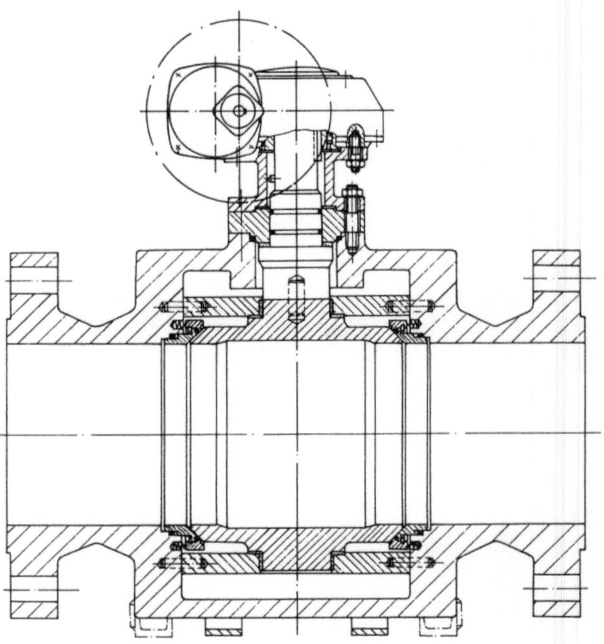
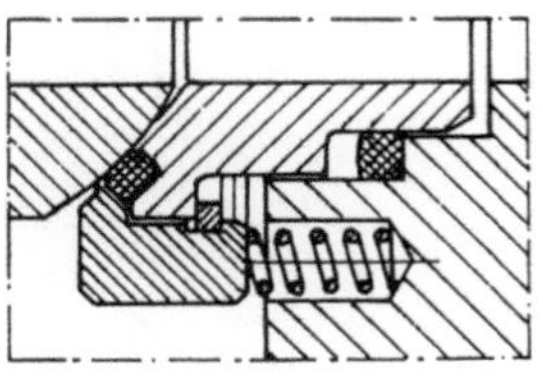

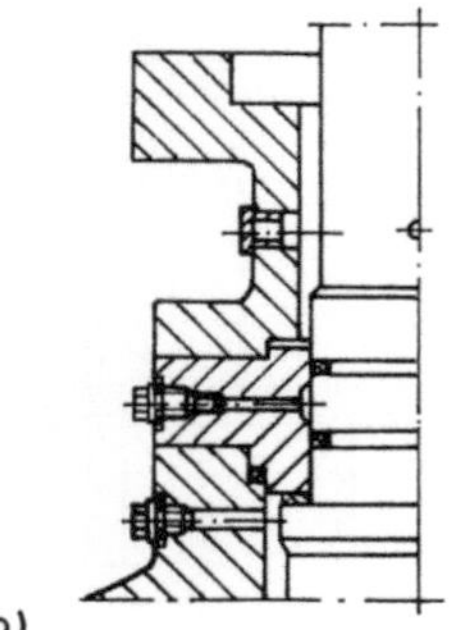

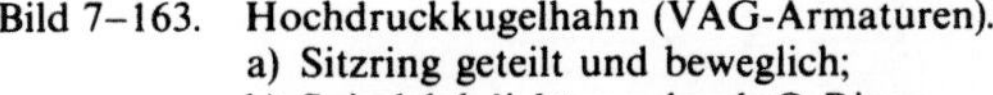

Bild 7–163. Hochdruckkugelhahn (VAG-Armaturen).
a) Sitzring geteilt und beweglich;
b) Spindelabdichtung durch O-Ringe.

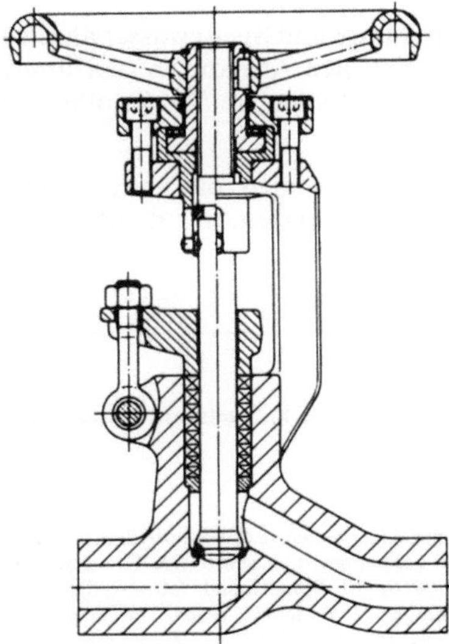

Bild 7–164.
Deckelloses Hochdruck-Absperrventil, DN 10 bis 65 (Fa.
Babcock). Gehäuse geschmiedet; drehende Spindel mit
außenliegendem Spindelgewinde; konische Sitze sind üblich;
ausgelegt und getestet für maximale Erdbebenbelastung.

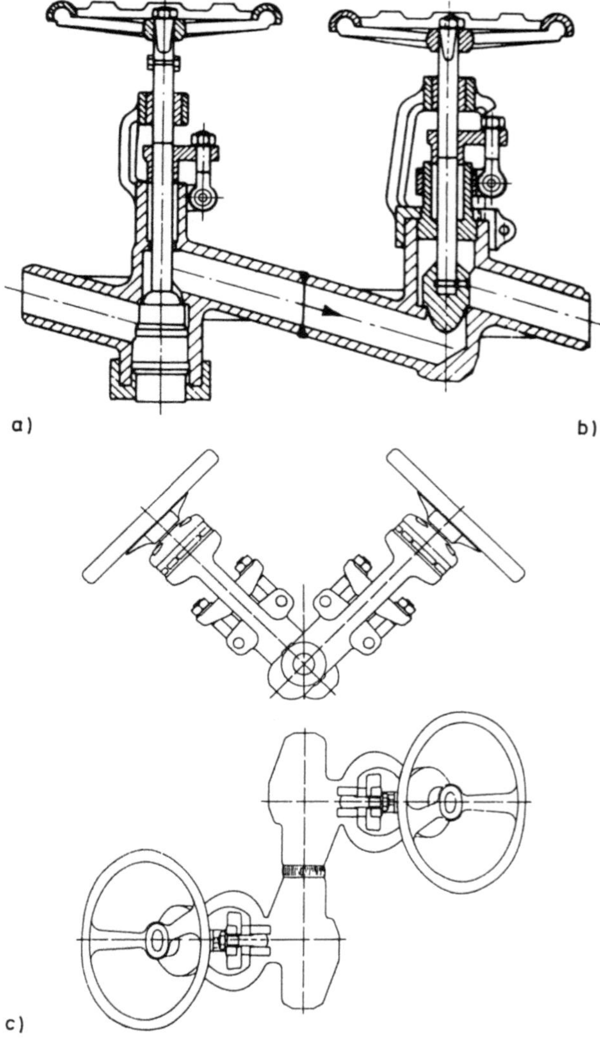

Bild 7–165. Ventilkombination, Beispiel [7–6] [7–45].
   a) Absperrventil mit ziehender Spindel;
   b) Drosselventil;
   c) zweckmäßige Anordnung von zwei Ventilen mit vergrößerten Handrädern, direkt aneinander geschweißt.

Stellarmaturen: vorrangig spezielle Damfdruckreduzierventile, z. B. Bild 7–166. Stufenweise, jeweils unterkritische Entspannung (s. Abschn. 7.3.1).

Dampfumformventil (Bild 7–167). „Dampfumformung" bedeutet Druckreduzierung und Kühlen des Dampfes. Kühlwasser wird unmittelbar am Sitz über eine Ringkammer eingespritzt und bei der hohen Geschwindigkeit der kritischen Entspannung zerstäubt

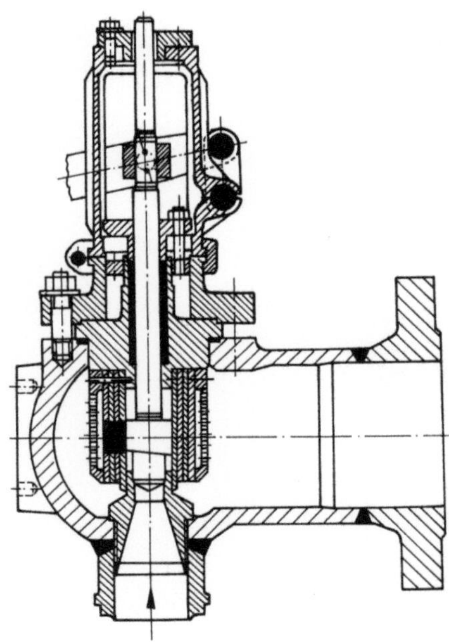

Bild 7–166.
Dampfdruck-Reduzierventil, Stellventil mit
nachgeschaltetem Drosselpaket (Fa. Zikesch).

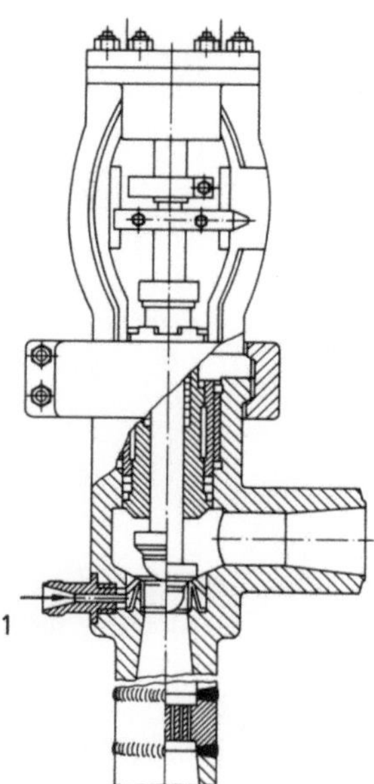

Bild 7–167. Dampfumformventil (Siemens-
Schuckert-Werke AG).

1 Kühlwasser

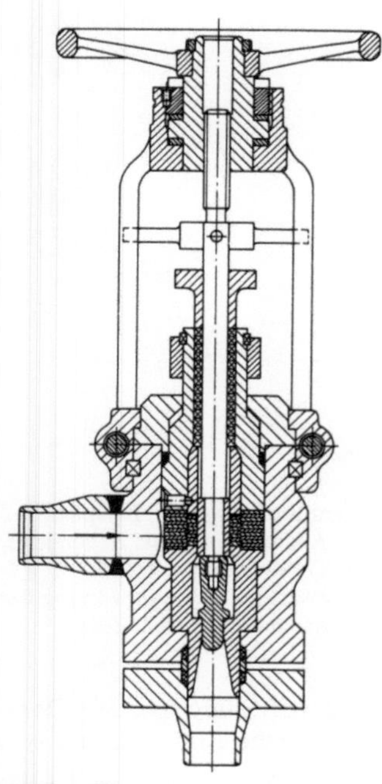

Bild 7–168.
Widerstandsregelventil, vereinfachte Darstellung
(Fa. Sempell).

(schnelle Verdampfung). Eine hinter dem Sitz angeordnete Lochblende dient der stufenweisen Entspannung und der Geräuschdämpfung. Bei vielen anderen Konstruktionen wird das Wasser erst hinter dem Sitz, auch noch im Bereich hoher Geschwindigkeit, eingespritzt. Darüber hinaus sind Anlagen bekannt, bei denen die Reduzierung (Stellventil) und Kühlung (Kühlstrecke) getrennt vorgenommen werden.

Einspritzventile sind Ventile zum Entspannen von unter hohem Druck stehendem Wasser ($\Delta p > 5\,\text{MPa}$). Bei niedrigem Gegendruck ist die Gefahr hohen Kavitationsverschleißes gegeben. Verschiedene Spezialkonstruktionen sollen das unterbinden. Ein verbreitet genutztes Prinzip ist die stufenweise Drosselung. Bild 7–168 zeigt ein Beispiel: Das Stellventil ist mit einer nachgeschallteten Teildrossel gekoppelt; Besonderheiten sind die durch den Kolben hubabhängig gekoppelte Freigabe des Nachdrosselpaketes und eine hohe Drosselwirkung durch kleine Kanäle (Kapillaren).

Sicherheitsarmaturen. Neben den im Abschn. 7.4 erläuterten Sicherheitsventilen sowie Rückschlagventilen und -klappen kommen spezielle Sicherheitsarmaturen zum Einsatz.

Schnellschluß- und Rückschlagventil (Bild 7–169). Geringer Druckverlust und kurze Schließzeit; für das druckverlustempfindliche Zwischenüberhitzernetz besonders geeignet. Durch eine Bohrung ist der Kolben beiderseitig druckbeaufschlagt. Ein Impuls vom Turbinenschnellschluß öffnet das Entlastungsventil V_1, der Raum a wird entspannt, und Druck im Raum b schließt das Ventil; der Rückstrom aus dem Zwischenüberhitzernetz zur Turbine wird verhindert.

Vorwärmerabsicherung (Bild 7–170): Steigt das Wasser im Vorwärmer durch Rohrbruch, bewirken Niveauwächter das Schalten des Wechsel- und Rückschlagventiles. Die Handbetätigung dient zum Blockieren der Ventile bei Außerbetriebsetzung und zur Inbetriebnahme.

Armaturen für Kernkraftwerke. Besondere Anforderungen werden vor allem an die Armaturen im Primärkreislauf, in den Sicherheitssystemen von Primär- und Sekundär-

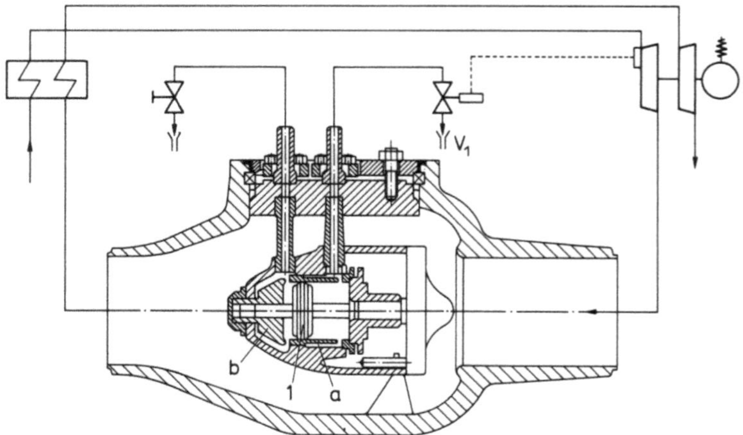

Bild 7–169.
Axiales Schnellschluß- und Rückschlagventil (Fa. Sempell).
1 Kolbenring; V_1 Entlastungsventil; a und b Raum.

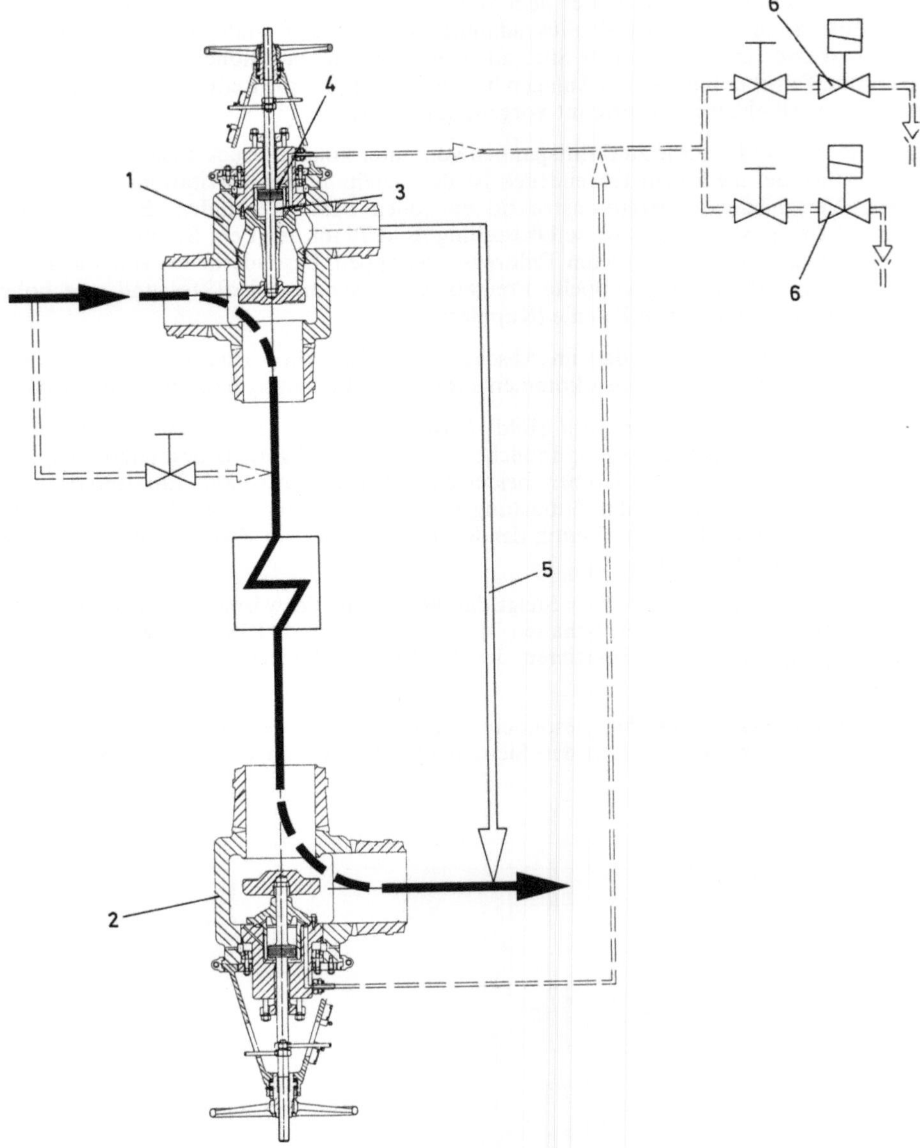

Bild 7–170. Vorwärmerabsicherung (Fa. Sempell).

1 Schnellschlußventil; 2 Schnellschluß-Rückschlagventil.

Die Ventile sind während des Betriebes geöffnet, alle Innenräume stehen unter Betriebsdruck, am Kolben herrscht Druckausgleich. Sie schließen, sobald Raum 3 unter dem Kolben über von einem Niveauwächter gesteuerte Entlastungsventile 6 entspannt wird, durch den Druck im Raum 4 (Schließzeit <1 s). Das Rückschlagventil sperrt ab, das Wechselventil gibt den Bypass 5 frei. Eine durch die Spindelführung erzeugte, in Öffnungsrichtung wirkende Kraft (Druckdifferenz zur Atmosphäre) verhindert das Zuziehen durch die Strömung.

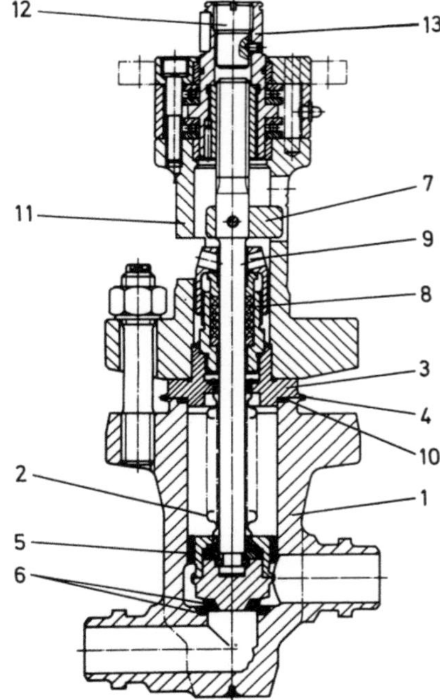

Bild 7–171.
KKW-Absperrventil mit Faltenbalg (MAW).

1 Gehäuse; 2 Faltenbalg; 3 Zwischenflansch; 4 Schweißlippen;
5 Kegelführung; 6 Auftragsschweißung; 7 Verdrehsicherung und
Stellungsanzeige; 8 Notstopfbuchse; 9 Überwurfmutter; 10 Dichtring;
11 Haube; 12 Hubbegrenzung; 13 Antriebsbuchse.

kreislauf sowie an die Schutz- und Schnellbetätigungsarmaturen gestellt. Das betrifft insbesondere eine mögliche Erdbebenbeanspruchung (steht neben der Festigkeitsberechnung im Vordergrund), die Forderung nach hoher Dichtheit nach außen (im Bereich von 10^{-8} mbar·l/s) sowie Dichtheit der Absperrung im Dauerbetrieb (mindestens 30 000 h mit 3000 Arbeitszyklen bei einer Zuverlässigkeit von 0,985), die Wahrscheinlichkeit ausfallfreier Arbeit für Schutz- und Sicherheitsarmaturen = 0,995, und die erforderliche Beständigkeit von Armatur und Antrieb gegenüber äußerem Druck-, Temperatur-, Fluid- und Strahlungseinflüssen.

Diese Forderungen führten zu KKW-Spezialarmaturen, was am Beispiel eines Absperrventiles gezeigt werden soll (Bild 7–171):

– Alle dem aktiven Fluid ausgesetzten und die Dichtheit nach außen gewährleistenden Teile bestehen aus austenitischem Cr-Ni-Stahl mit eingeschränktem P-, S- und Co-Gehalt ($\leqq 0{,}2\%$);

– Gehäuse und Deckel geschmiedet; innen bearbeitet (Rauhtiefe $\leqq 40\,\mu$m); Gehäuse in Z-Form gewährleistet vollständiges Leerlaufen;

– Dichtflächen an Sitz, Kegel und Führungsflächen aus artgleichen Schweißzusatzwerkstoffen wie der Grundwerkstoff;

– mehrwandige Faltenbälge aus austenitischem Feinblech;

– Deckeldichtung: gekammerte Spiraldichtung auf Graphitbasis (hohe Strahlungs- und Temperaturbeständigkeit, engtolerierte Vorspannung) im Kraftnebenschluß und Schweißlippen;

– Sicherheitsstopfbuchse: Graphitringe, Dichtheit 10^{-2} bis 10^{-3} mbar·l/s;

315

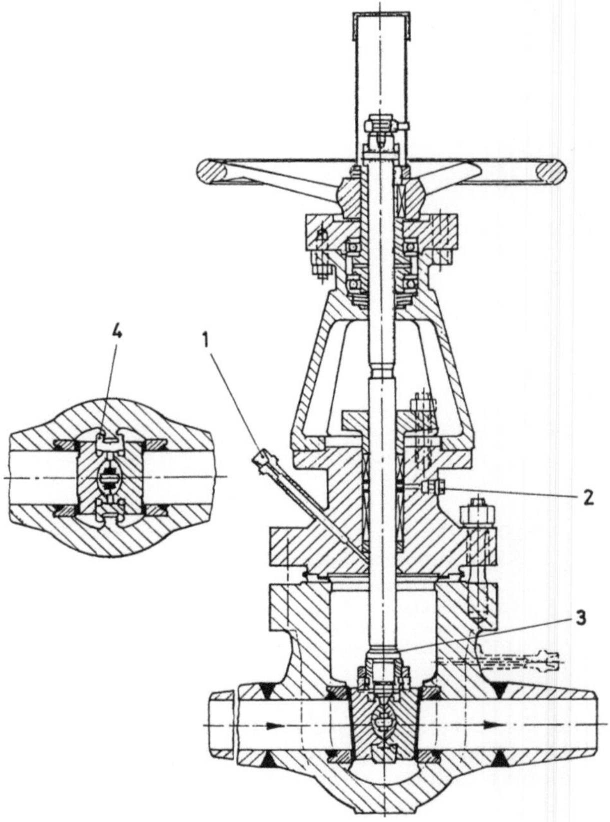

Bild 7–172. Reaktor-Absperrschieber (KSB).

1 Absaugung am Deckel; 2 Stopfbuchsabsaugung mit Sperrkammer; 3 Rückdichtung; 4 Keilführung.

– saubere Oberfläche außen (Rauhtiefe $\leqq 160\,\mu$m) zur Vermeidung von Korrosion, Gewährleistung der Rißprüfung und Dekontamination;

– konische Sitz- und Kegeldichtflächen mit Linienberührung;

– Bügelkopf gestattet Montage aller Antriebsarten und Schalter (Kombi-Kopf).

Weitere Beispiele: *Reaktor-Absperrschieber* (Bild 7–172) mit Absaugung am Deckel und Stopfbuchse (PTFE-Seide oder Reingraphit, teilweise mit Federvorspannung). *Rückschlagventil* (Bild 7–173) gedämpft, mit Stellungsmelder (im Normalfall induktive Geber), vorrangig Eckform. *Wechselventil* (Bild 7–174) vorrangig als Schnellschlußarmatur für das Sicherheitseinspeisesystem und das Notkühlsystem von Druckwasserreaktoren.

7.6.6 Hochdruckarmaturen für die chemische Industrie

In Hochdruckanlagen sind wie allgemein Absperrventile, Schieber, Regel-, Sicherheits- und Rückschlagventile üblich. Rohrleitungsanschlüsse: öfters Flanschverbindung mit Dichtlin-

316

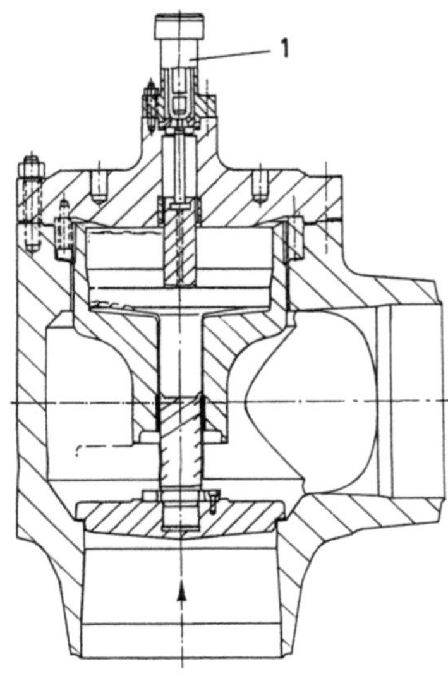

Bild 7–173.
Reaktor-Rückschlagventil, geschmiedet (KSB).
1 Stellungsmelder.

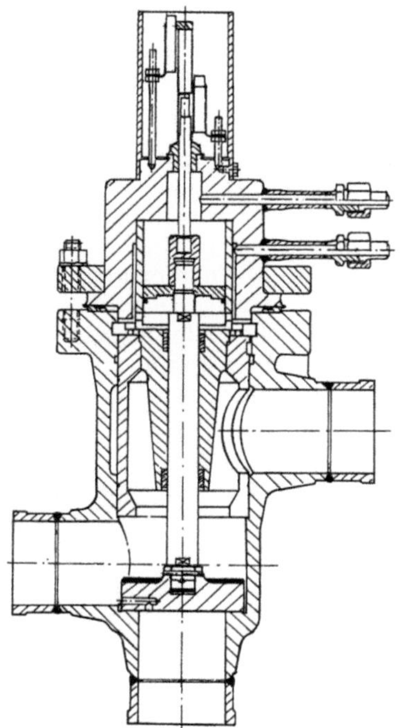

Bild 7–174.
Reaktor-Wechselventil mit Kolbenantrieb (KSB).

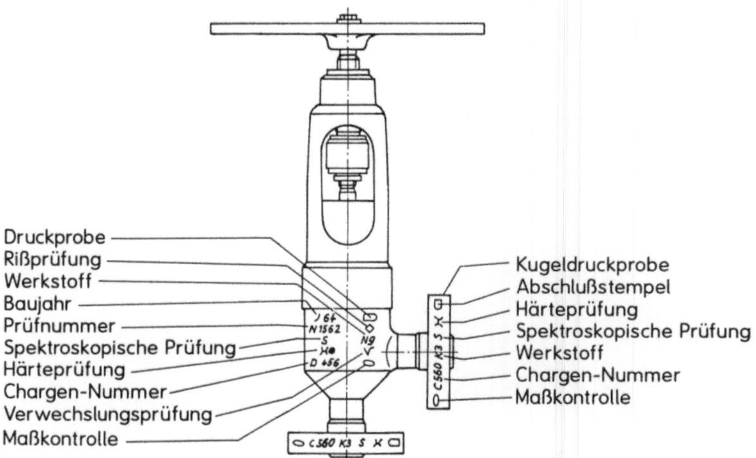

Bild 7-175. Prüfungen und Prüfstempel am Beispiel eines Eckventiles [7-46].

sen, die balligen Dichtlinsen gleichen Winkelabweichungen aus; wo möglich, wird auch mit Einschweißarmaturen gearbeitet.

Der *Werkstoff* wird im wesentlichen vom Druck, der Temperatur und der Korrosionsbeanspruchung bestimmt; zu beachten sind gegebenenfalls auch die Gefahr der Wasserstoffversprödung und der Erosionsbeanspruchung. So kommen ausschließlich rostfreie Stähle zum Einsatz. Mit Rücksicht auf die Warmfestigkeit und Druckwasserbeständigkeit ist die Betriebstemperatur allgemein betriebsdruckabhängig begrenzt, z. B. bis 300 MPa auf 300 °C, bei 400 MPa auf 100 °C. Zur Gewährleistung der Sicherheit werden umfangreiche Werkstoff-, Fertigungs- und Abnahmeprüfungen durchgeführt (Bild 7-175).

Allgemeine Orientierung. *Gehäuse*: geschmiedet und mechanisch bearbeitet, vorwiegend Eckventile mit aufgeschraubten Flanschen; bei Betriebsdruck ≤ 70 MPa in der Regel aus einem Stück, Sitz aus Gehäusewerkstoff, eingeschraubt oder aufgeschweißt; bei Betriebsdruck > 70 MPa Gehäuseunterteil eingeschraubt, Sitz und Kegel gepanzert. *Spindel*: zweiteilig; drehbarer Gewindeteil oben, unterer Teil nur steigend (minimale Reibung, bessere Dichtheit, geringere Betätigungskräfte). *Stopfbuchse*: Nutringe und Dachmanschetten aus Polyamid, PTFE oder Reingraphit, zunehmend Faltenbalg. *Betätigung*: in der Regel von Hand, bei größeren DN über Getriebe oder Ratschen. Besonders geeignet sind Elektroantriebe, für größere Ventile und hohe Drücke hydraulische Antriebe.

Absperrventile. Für alle Druckstufen grundsätzlich ähnliche Ausführung (Bild 7-176).

Stellventile. Grundsätzliche Ausführung wie Absperrventile. Spindel und Sitz leicht auswechselbar, aus verschleißfesten Werkstoffen, z. B. Sintermetall, Keramik. Für jede Nennweite sind mehrere Sitzdurchmesser üblich. Betätigung allgemein durch pneumatische Antriebe.

Absperrschieber. Vorrangig Parallelplattenschieber mit Leitrohr (Bild 7-177). Vor dem Öffnen ist Druckausgleich erforderlich (absperrbare Umgehungsleitung).

Rückschlagventile. Allgemein ohne zusätzliche Federbelastung, für senkrechte Leitungen (Durchfluß von unten nach oben). Bei kleinen Nennweiten Kugelrückschlagventile. Für

318

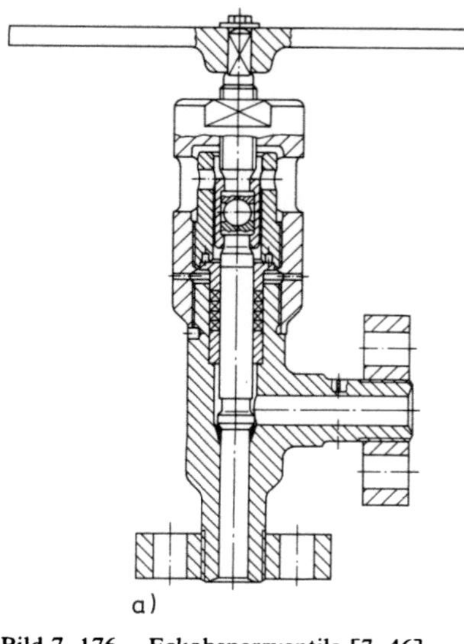

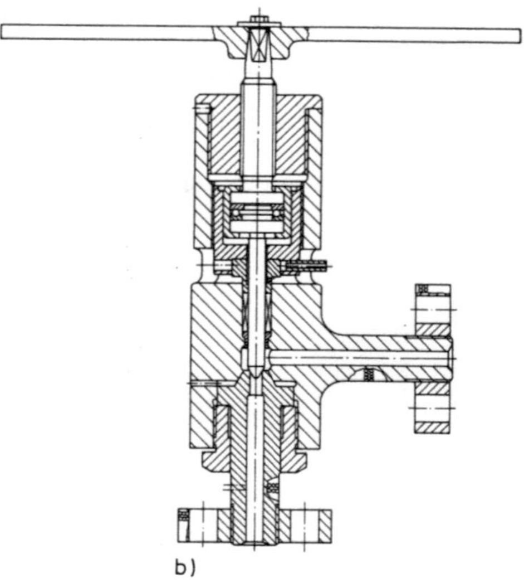

Bild 7–176.   Eckabsperrventile [7–46].
a) PN 325;
b) PN 3600.

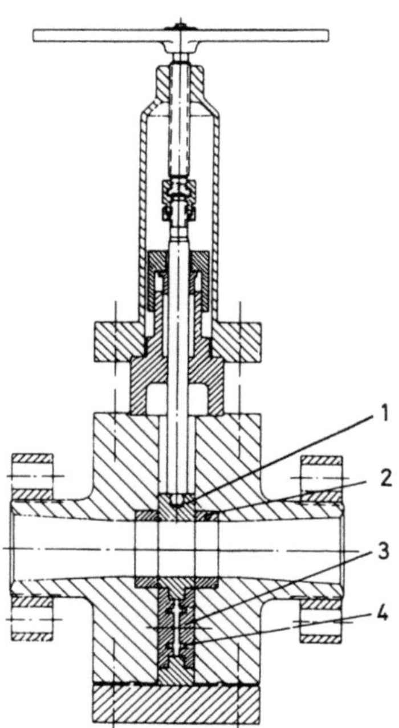

Bild 7–177.
Hochdruckschieber PN 325 [7–46].
1 Führungsstück; 2 Sitzring; 3 Abdichtplatten; 4 Druckfeder.

feststoffhaltige Fluide Tropfenformkegel. Linsenformrückschlagventile (Bild 7–178) können bis 70 MPa an Stelle von Dichtungslinsen eingeflanscht werden, Einbaulage beliebig.

Sicherheitsventile. Aufbau wie Proportionalventile (s. Abschn. 7.4.1.2). Bei größerem Massestrom Vollhubsicherheitsventile mit Kugelabdichtung (Bild 7–179); Hubglocke zur Gewährleistung des entsprechenden Öffnungsverhaltens. Mit zusätzlichem Hubmagneten kann vor dem Ansprechdruck geöffnet werden: Entspannungsventil.

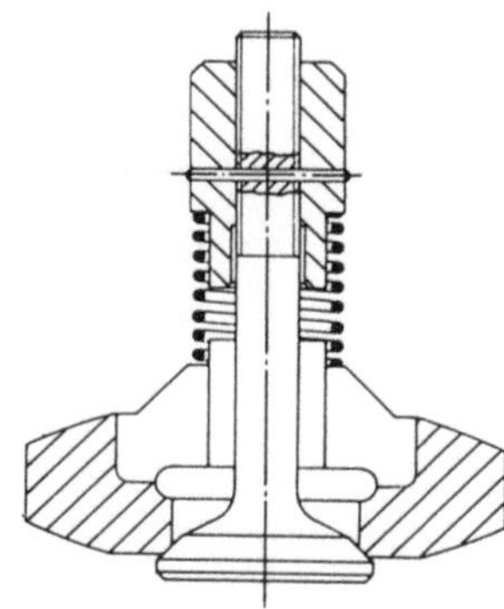

Bild 7–178.
Rückschlagventil in Linsenform [7–46].

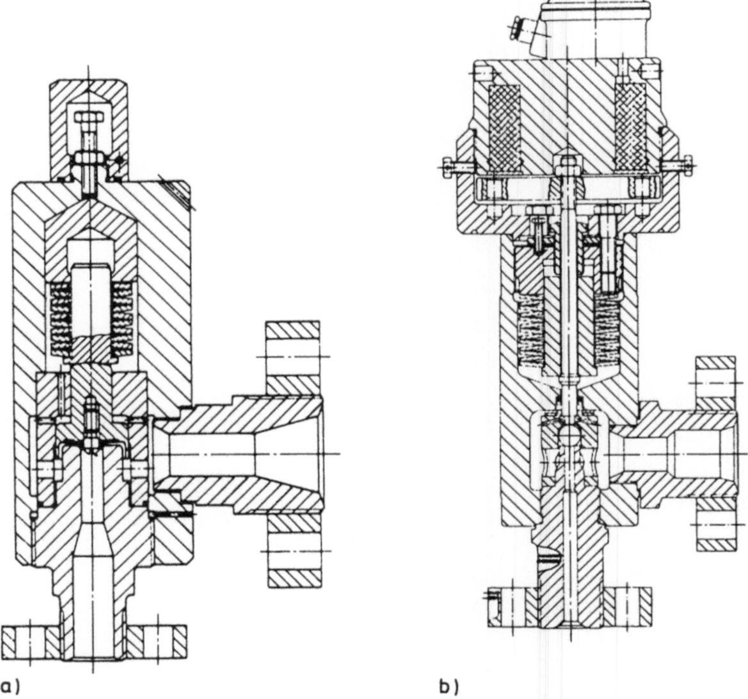

a)   b)

Bild 7–179.   Vollhubsicherheitsventil [7–46].
              a) mit Kugelabdichtung;
              b) Hubmagnet.

7.6.7 Armaturen für den Feststofftransport

Bei hydraulischen und pneumatischen Transportanlagen oder ähnlichen Prozeßleitungen sollte ein Minimum von Armaturen zum Einsatz kommen.

Die Armaturen müssen dem jeweiligen Anwendungsfall angepaßt sein. Die größten Probleme sind Erosionsverschleiß, Beschädigung und Einklemmen von Feststoffpartikeln zwischen den Dichtflächen, Verkokung, Kristallisation oder Plattierungen an den Dichtflächen, Ablagerung in Toträumen und Blockieren der Armatur.

Vorrangig werden Drehverschlüsse, Schieber und Kugelhähne eingesetzt; auch speziell gestaltete Klappen kommen zur Anwendung. Gewünscht ist eine Selbstreinigung der Funktionselemente; bei schwierig auszutragenden Schüttgütern ist gegebenenfalls antistatische Innenbeschichtung notwendig.

Beispielhaft einige angebotene Konstruktionen:

Drehverschluß (Bild 7–180). Die Abschlußplatte wird auf einer geschliffenen Sitzfläche um rd. 90° geschwenkt und durch eine Feder angepreßt; die Dichtflächen haben in jeder Stellung Kontakt. Sich auf der Sitzfläche bildende Kristalle, Verkokungen usw. werden von der scharfkantigen Abschlußplatte abgeschert. Die Form soll leichtes Eindringen in Feststoffansammlungen gewährleisten. Gleichzeitig führt die Abschlußplatte eine Eigenrotation aus; das „Schleifen" soll eine Riefenbildung auf den Dichtflächen verhindern. Die Platte dichtet nur einseitig; für beiderseitige Druckbelastung werden Drehverschlüsse mit zwei Abschlußplatten angeboten. Anwendung bis DN 800, PN 420 und 760 °C (bei geringen Drücken bis 900 °C; Spülanschlüsse sind möglich [7–47].

Schieber. Die Absperrkörper sind vor allem platten- oder scheibenförmig. *Grobabsperrschieber* (Bild 7–181) mit in Schienen geführter Absperrplatte. Ihre konkave Form und die Schienen sollen Verklemmen verhüten und ruckfreies Betätigen ermöglichen; große Teile werden beim Schließen zur Mitte bewegt und zerbrochen. An die Dichtheit wird keine Anforderung gestellt.

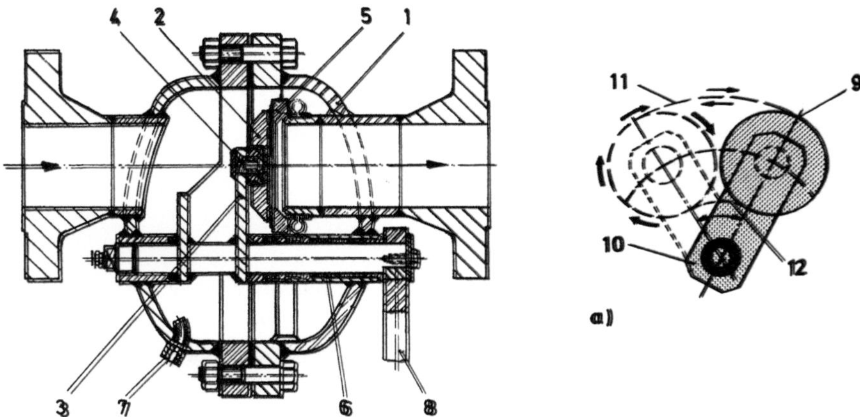

Bild 7–180. Drehverschluß, Beispiel [7–47].
      a) Arbeitsweise.

1 Gehäuse (Schweißkonstruktion); 2 Abschlußplatte; 3 Hebel; 4 Feder; 5 Sitzfläche; 6 Stopfbuchse; 7 Spülanschluß; 8 Betätigungshebel; 9 Schieberplatte; 10 Halter für Schieberplatte; 11 langer Weg; 12 kurzer Weg.

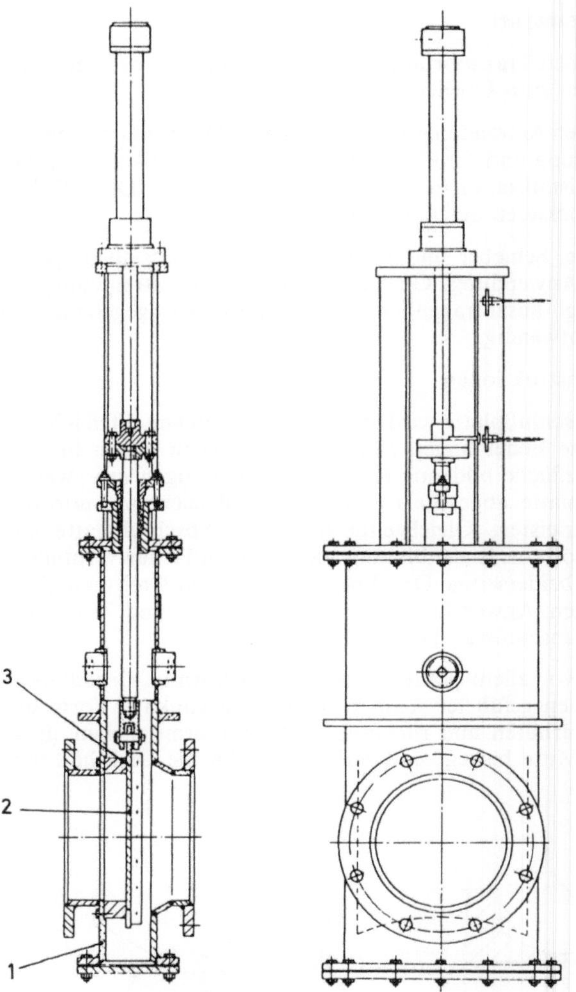

Bild 7–181. Grobabsperrschieber [7–48].

1 Gehäuse; 2 Absperrkörper (an der Stirnseite konkave Platte); 3 Sitz.

Kugelhähne werden wegen ihres glatten, molchbaren Durchganges (auch als „selbstreinigende" Drosselarmatur mit Profileinsätzen; s. Abschn. 7.3.3 und Bild 7–90) eingesetzt.

Absperrklappe (Bild 7–182): Für dichten Abschluß sind im Augenblick des Schließens staubfreie Dichtflächen Voraussetzung, Das soll durch das im Bild 7–182 dargestellte Absperr- und Abblasesystem erreicht werden. Die Schließbewegung wird kurz vor Erreichen der Schließstellung gestoppt, und das Abblasesystem wird zugeschaltet. Die innere Zargenhülse lenkt das Spülfluid über die Dichtflächen.

Häufig werden auch zwei Armaturen in Reihe geschaltet, z. B. der Schieber Bild 7–181 zur „Grobabsperrung" und die Klappe Bild 7–182 zum „dichten" Absperren.

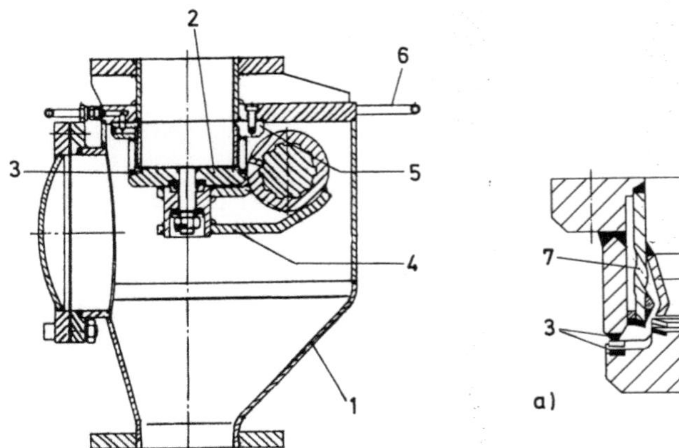

Bild 7–182. Absperrklappe für Feststoffe [7–48].
a) Abdichtsystem mit Abblaseeinrichtung.

1 Gehäuse; 2 Klappenscheibe; 3 Dichtung; 4 Innenhebel; 5 Welle; 6 Ringleitung für Abblasesystem;
7 Abblaseeinrichtung; 8 innere Zargenhülse.

7.6.8 Armaturen für die Lebensmittel- und Getränkeindustrie [7–49]

Eingesetzt werden vorrangig Ventile, Hähne und Klappen, mit Rohrverschraubung, gefordert im wesentlichen bis 1,6 MPa, 160 °C bzw. 220 °C und Strömungsgeschwindigkeiten $\leq$ 50 m/s. *Werkstoffe*: vorwiegend Chromnickelstahl, z. B. X12CrNi1810, sowie Silikonkautschuk und PTFE.

Die *Anforderungen* ergeben sich aus den Festlegungen zur Hygiene, Sauberkeit und Reinigung in entsprechenden Vorschriften und Normen: keine Beeinflussung des Produktes, rückstandsfreie Reinigung, einfache Handhabung und Selbstüberwachung.

Rückstandsfreie Reinigung erfordert totraum- und spaltarme Konstruktionen, Oberflächenrauhtiefen $\leq$ 2 μm (Reinigung mit sauren und alkalischen Lösungen, Sterilisierung z. T. mit Dampf) und polierte Außenflächen (äußere Reinigung durch Abspritzen). Die Armaturen müssen für turnusmäßige Säuberungen ohne Spezialwerkzeug in leicht zu reinigende Baugruppen zerlegt werden können, z. B. durch lösbare Spannringe.

Bild 7–183 zeigt als Beispiel Getränke-Regelventile. *Wesentliche Merkmale*: Kugelgehäuse aus Edelstahl, keine Pfützenbildung (lichte Gehäusehöhe gleich dem Innendurchmesser des Anschlußstutzens), Baugruppenverbindung durch Spannringe, leicht und schnell zu lösen (einfache Demontage), freie Richtungswahl der Anschlußstutzen möglich, Ventilsitz austauschbar (eingeklemmt: Anpassungsmöglichkeit an die Regelstrecke), wahlweise Weichdichtung im Kegel (austauschbares Verschleißteil), Ventildichtungen u. a. EPDM ($-$ 50 °C bis 135 °C, beständig gegen 2- bis 5 %ige Laugen und Säuren bis 85 °C, Dampf bis 135 °C), Viton für Öle und Fette usw.

7.6.9 Armaturen für tiefe Temperaturen

Es ist üblich, zwischen Kältetechnik (Bereich unterhalb Raumtemperatur bis $-$ 150 °C) und der Kryotechnik (Cryogenic: Verfahren mit verflüssigten permanenten Gasen wie

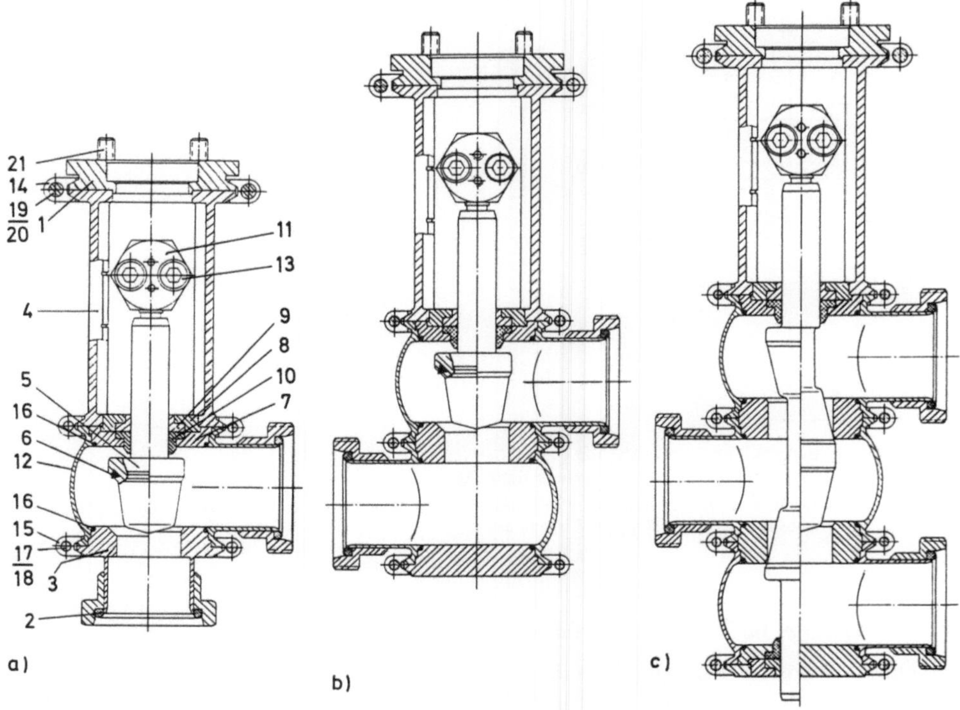

Bild 7–183. Getränke-Regelventile, Beispiele (Fa. ARCA-Regler).
a) Eckform;
b) Durchgangsform;
c) Dreiwegeform.

1 Übergangsstück; 2 Dichtung; 3 Gehäuseanschluß (Sitz); 4 Laterne; 5 Kegel; 6 V-Ring-Dichtung (Sonderausführung); 7 Dichtscheibe; 8 Lagerscheibe; 9 Lager; 10 Dichtring; 11 Kupplung; 12 Kugelgehäuse; 13 Zylinderschraube; 14, 15 Spannring-Rohrverbindung; 16 O-Ring; 17, 19 Sechskantschraube; 18, 20 Sechskantmutter; 21 Zylinderschraube.

Stickstoff, Sauerstoff, Wasserstoff, Helium, Methan usw.) zu unterscheiden. Somit ergeben sich unterschiedliche Anforderungen, vor allem bzgl. Werkstoffeinsatz und Konstruktion.

Werkstoffe. Für den Einsatz im Minusbereich ist die Zähigkeit bei der jeweils tiefsten Betriebstemperatur maßgebend (Beurteilung durch Kerbschlagbiegeversuch mit ISO-Spitzkerbprobe). Sie ist von der Legierungszusammensetzung und der Wärmebehandlung abhängig (s. Abschn. 11.2). Bei Schweißverbindungen mit nicht artgleichen Zusatzwerkstoffen sind die Kergschlag- und Festigkeitswerte der Schweißverbindung zugrunde zu legen.

Moderne Luftzerlegungsanlagen bestehen weitestgehend aus Alu-Legierungen (Bild 7–184). Zunehmend werden Kunststoffe, z. B. PTFE, für den Einsatz bei tiefen Temperaturen empfohlen.

Dichtheit: $V_L = 10^{-5}$ bis 10^{-8} cm^3/s nach außen und an der Absperrung. Der negative Einfluß der durch den großen Temperaturbereich verursachten unterschiedlichen Schrump-

324

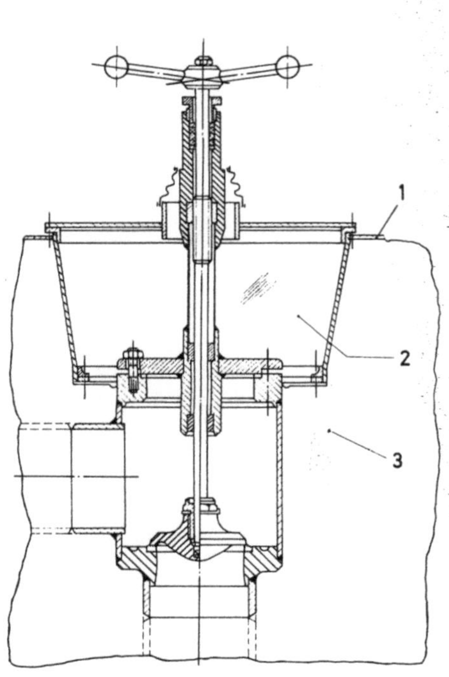

Bild 7–184.
Isoliertes Aluminiumventil mit Schweißanschluß.
1 Behälter; 2 Mineralwolle; 3 expandiertes Perlit.

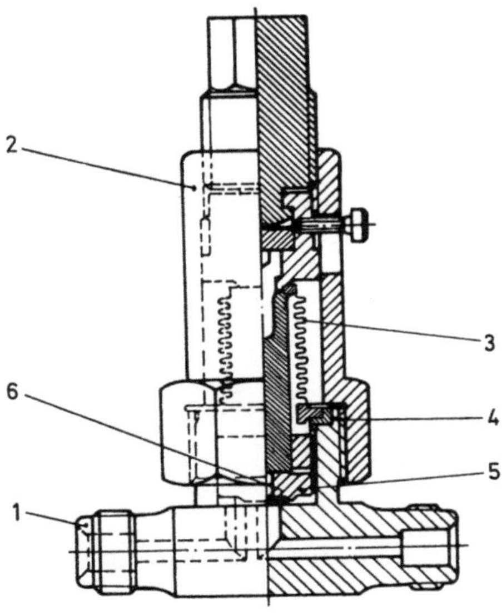

Bild 7–185.
Stopfbuchsloses Ganzmetall-Ultrahochvakuumventil
für den Einsatz bei tiefen Temperaturen, Beispiel.
1 Gehäuse; 2 Ventilmantel; 3 Metallfaltenbalg; 4 Flachdichtung aus Weichaluminium; 5 Ventilkegel; 6 eingebördelte
Kegeldichtung (z. B. 0,6 mm dicke Edelmetallscheibe).
Der Ventilsitz ist aufgepanzert. Temperaturein-
satzbereich 77 bis 450 K. Die zulässige Leckage wird
mit $\dot{V}_L \leqq 10^{-10}\,\text{cm}^3/\text{s}$ angegeben.

fungen und Dehnungen auf die Dichtheit an den Dichtstellen muß durch Werkstoffwahl und Abdichtungsprinzip abgebaut werden. *Bewährte Dichtungsprinzipien:* Schneidendichtung, die Passung Kugelkalotte- Folie sowie Dichten durch plastische Verformung (Bild 7–185). *Spindelabdichtung* durch Stopfbuchse (häufig mit Absaugring, s. Abschn. 8.2) oder Metallfaltenbalg. Als Packungswerkstoffe haben sich PTFE-Dachmanschetten und Reinstgraphit bewährt.

Spindelverlängerung (Bild 7–186). Grundsätzlich sollte kaltes flüssiges Fluid nicht mit der Stopfbuchse in Berührung kommen (Auslaugen). Im Raum der Verlängerung verdampft das flüssige Fluid, am höchsten Punkt bildet sich ein „warmes" Gaspolster. Dabei muß die Fläche des Stopfbuchsrohres so groß sein, daß die Umgebungstemperatur ein Unterschreiten der 0-°C-Grenze verhindert, (Schwierigkeit: Festlegen der Umgebungstemperatur). Häufig wird die Oberfläche durch Rippen vergrößert. Die Fluidverdichtung am unteren Ende verhindert Zirkulation von tiefkaltem Fluid im Spindelraum und damit Kälteverluste.

Der lange Isolierschaft verhindert das Vereisen der bewegten Teile und des Handrades, ermöglicht Isolieren der Armaturen (s. Bild 7–184). Die Stopfbuchse bleibt durch die Spindelverlängerung außerhalb der Anlagenisolierung.

Kältemittelarmaturen haben wegen der Vereisungsgefahr innenliegendes Spindelgewinde.

Isolierung. Vorrangig Vakuumisolierung; die Armatur ist von einem Mantel umschlossen, der Hohlraum ist evakuiert.

Die Innenteile der Armatur sollten ohne Demontage der gesamten Anlagenisolierung ausgebaut werden können (s. Bild 7–184).

Rohrleitungsanschlüsse. Schweiß- und Lötanschlüsse haben sich durchgesetzt; Flansch- und Schraubanschlüsse sind noch üblich.

Sauerstoffarmaturen. An Armaturen für Fluide mit einem Sauerstoffgehalt $\geq$ 23 Vol.-% sind besondere Forderungen zu stellen:

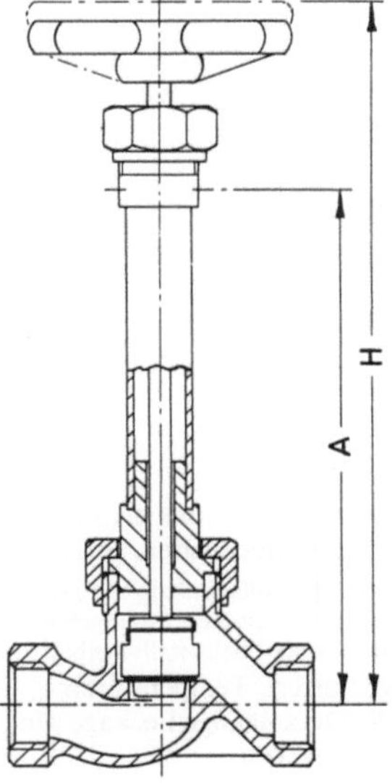

Bild 7–186.
Tieftemperaturventil mit Spindelverlängerung und innenliegendem Spindelgewinde für den Temperaturbereich von Flüssig-Stickstoff (Fa. HEROSE).

– Die mit Sauerstoff in Berührung kommenden Flächen müssen rost-, zunder- und fettfrei
sowie frei von Anstrichmitteln sein. Gußteile aus Cr-Ni-Stahl sind zu beizen.

– Dichtflächen der Absperrelemente müssen aus korrosionsbeständigen Werkstoffen
bestehen. Alle Dichtflächen, auch die der Anschlußflansche, bleiben frei von Anstrichmitteln.

– Die mit Sauerstoff benetzten Teile müssen gratfrei sein. Spitzwinklige Kanten < 90°
sind unzulässig.

– Funktionsbehindernde oder zerstörende Vereisung muß ausgeschlossen sein. Organische
Ablagerungen auf der Armaturenoberfläche sind zu vermeiden.

– Vorgelege sind mit geeigneten Gleitmitteln auszurüsten. Bei hydraulischen und pneumatischen Antrieben sind Steuerfluide einzusetzen, die mit Sauerstoff nicht gefährlich
reagieren. Elektrische Antriebe mit drehender Abtriebswelle dürfen nicht direkt aufgebaut
werden, Fernbetätigung über Gestänge.

– Sicherheitsventile sind nur in geschlossener Bauart zulässig.

Die *Anwendung* wird vor allem durch den Einsatzbereich der sauerstoffbeständigen
Packungs- und Dichtungswerkstoffe sowie Gleitmittel bestimmt. Armaturen aus nicht
korrosionsbeständigen Werstoffen dürfen allgemein nur für Betriebsdrücke $\leq 4,0$ MPa
verwendet werden. Besteht durch den Feuchtegehalt des Sauerstoffes Korrosionsgefahr,
sind sie nicht zulässig.

7.6.10 Kunststoffarmaturen

Nahezu alle Armaturentypen werden heute auch aus Kunststoff hergestellt und in allen
Bereichen der Industrie angewendet; die Bilder 7–187 bis 7–193 zeigen eine Auswahl.

Für Abmessungen, Anforderungen und Prüfungen liegen Normen vor [7–51] bis [7–54].

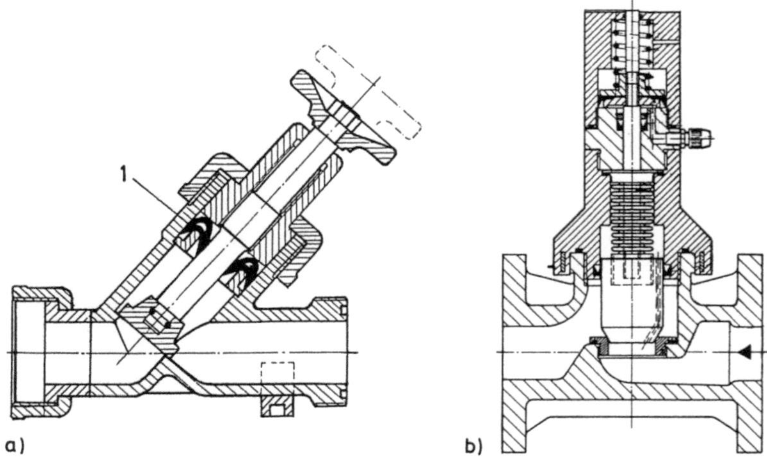

Bild 7–187.   Kunststoff-Absperrventile.
      a) Schrägsitz-Handabsperrventil aus PP mit zwei Dachmanschetten 1 (PB, PTFE) zur
         Abdichtung des Ventiloberteiles, DN 15 bis 200 [7–50];
      b) mit pneumatischem Kolbenantrieb und PTFE-Faltenbalg, DN 15 bis 100 (Exner
         Spezialarmaturen).

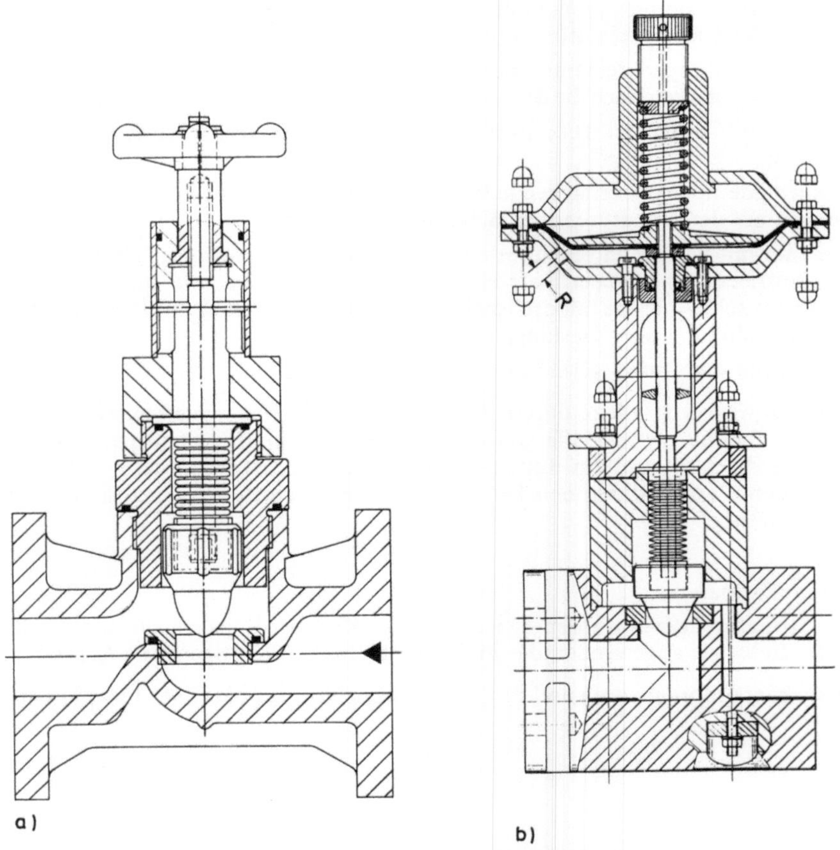

Bild 7–188.   Kunststoff-Regelventile mit PTFE-Faltenbalg, DN 15 bis 100 (Exner Spezialarmaturen).
a) Handregelventil;
b) mit pneumatischem Membranantrieb.

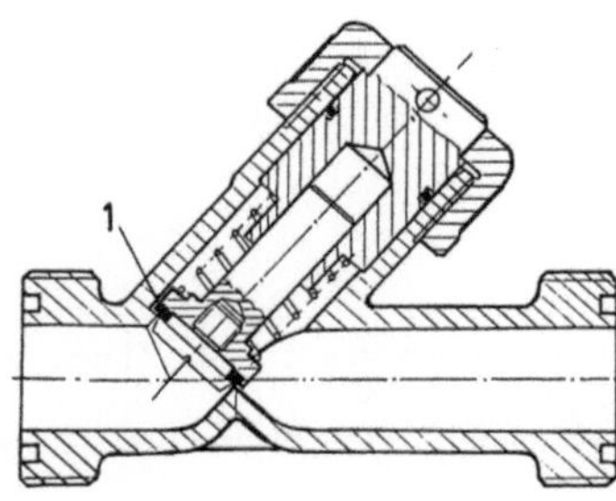

Bild 7–189.
Kunststoff-Rückschlagventil [7–50]. Kegel wahlweise PTFE oder
O-Ring, DN 15 bis 200.

328

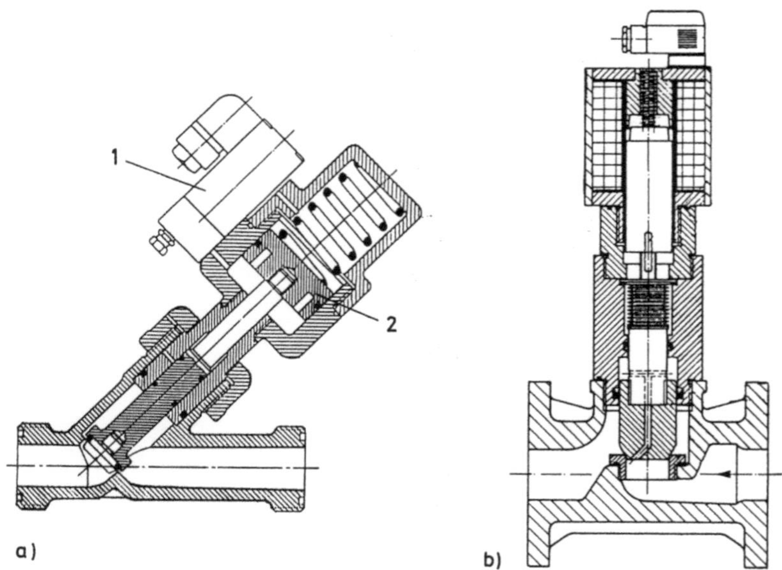

Bild 7–190. Kunststoff-Magnetventile.
a) Schrägsitzausführung, über ein Vorsteuerventil 1 wird der Kolben 2 mit dem Steuermedium (Luft, Wasser) beaufschlagt, DN 15 bis 200 [7–50];
b) mit PTFE-Faltenbalg (Exner Spezialarmaturen).

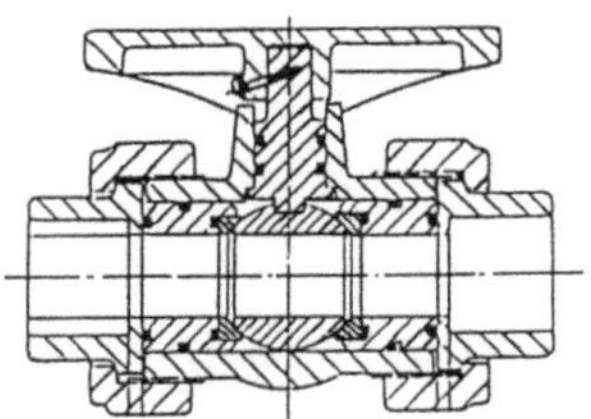

Bild 7–191.
Kugelhahn, DN 10 bis 100 [7–50]. Auch in Dreiwege- und Vierwegeausführung aus PE, PP, PVC und PVDF.

Da die Belastbarkeit thermoplastischer Kunststoffe mehr oder weniger ausgeprägt zeitabhängig ist, wird der Langzeitprüfung besondere Bedeutung beigemessen. Dabei wird zwischen *Werkstoffprüfung* und *Bauteilprüfung* unterschieden. Werkstoffprüfung: Zeitstand-Innendruckversuch mit Prüfdruck und erhöhter Temperatur (60 °C) am definierten Prüfkörper. Bauteilprüfung: an drucktragenden Armaturenteilen mit Prüfdruck bei 20 °C.

Werkstoffe: Für Gehäuse PE, PP, PVC, PVDF; PTFE aus Verarbeitungsgründen für Blockventile mit kleinem DN; allgemein bis DN 50 spritzgegossen, ab DN 65 aus Halbzeugen geschweißt. Für Spindel und Welle PE, PVC, PVDF, Cr-Ni-Stahl, kunststoffbeschichteter Stahl. Für Sitz und Kegel PE, PP, PVC, PVDF, EPDM, FPM und Cr-Ni-Stahl.

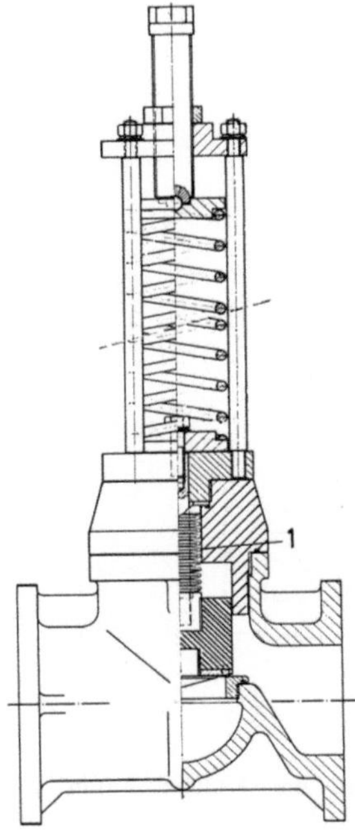

Bild 7–192.
Kunststoff-Sicherheitsventil mit PTFE-Faltenbalg, DN 15 bis 100 (Exner Spezialarmaturen).

1 Faltenbalg.

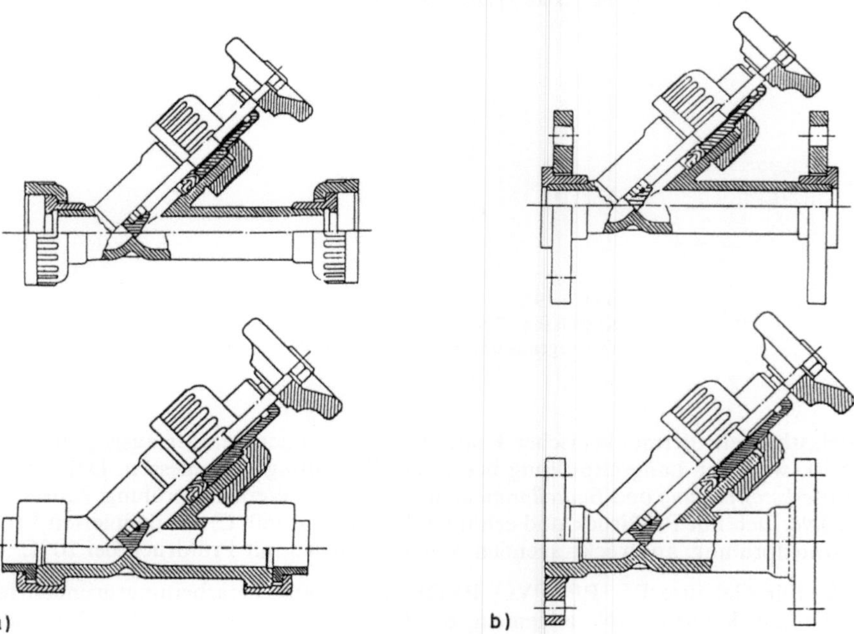

a)

b)

Bild 7–193. Rohrleitungsanschlüsse für Kunststoffarmaturen.
a) Verschraubungen;
b) Flansche (oben aus PVC, unten aus PP).

330

Gehäuse- und Spindelabdichtung: FPM- und CSM-Dichtungen. Rundringe aus PB, FPR und KPDM, PTFE- Dachmanschetten, PTFE-Faltenbälge.

Rohrleitungsanschlüsse: bis DN 50 Klebe- und Schweißstutzen, Verschraubungen und Flansche, ab DN 65 Flansche (Bild 7–193).

Anwendung: Niederdruckbereich bis 0,6 MPa (1 MPa); hinsichtlich Temperaturen und chemische Beständigkeit s. Tabelle 11–2.

8 Konstruktionselemente, universelle Baugruppen

Dazu gehören Gehäuseverschlüsse, Spindel- und Wellendurchführungen, Absperrbaugruppen und Rohrleitungsanschlüsse. Ursachen für Belastungen sind vor allem: Das *Fluid* durch seine chemische und physikalische Wirkung. Der *Druck* versucht das Fluid zwischen Dichtung und abzudichtender Fläche herauszudrücken, durch den Querschnitt der Dichtung zu drücken und die Dichtung aus ihrem Sitz zu drücken (s. Bild 8–1c). *Temperatur* kann Verhärtung oder Versprödung, Form- und Lageveränderungen bewirken.

8.1 Gehäuseverschlüsse

Ausführungen: Flansch-, Schraub- und selbstdichtender Deckel und deckelloser Verschluß (Tabelle 8–1). Bei Spindelarmaturen sind die Spindelabdichtung und -führung im Deckel angeordnet. Flansch- und Schraubdeckel tragen auch den Aufsatz mit Betätigungskopf, Antrieb und Stellungsanzeiger (Ventile, Schieber); Deckel und Bügelaufsatz (zwei Bügelarme und der Betätigungskopf) bilden eine Einheit. Beim selbstdichtenden Deckel und deckellosen Verschluß ist der Bügelaufsatz am Gehäuse befestigt.

Ventildeckel sind vorwiegend flach und rund oder quadratisch. *Schieberdeckel* sind entsprechend der Gehäuseform (s. Abschn. 7.1.2) kugelig oder ellipsoidförmig mit runden, ovalen oder rechteckigen Flanschen. *Selbstdichtende Deckel* sind flach und rund. Sie sind aufgrund ihrer Konzeption nicht ohne Probleme. Bei Weichdichtungen ist nach Inbetriebnahme schnelles Nachziehen der Spannschrauben zum Ausgleich des Setzens notwendig, da sie sonst durch austretendes Fluid beschädigt werden. Nachziehen oder steigender Druck haben dann keinen Erfolg mehr.

Höchste Dichtheit wurde mit metallischen Dichtungen erreicht, die bei Temperaturänderungen aber auch zur Undichtheit neigen. Überhöhter Druck, z. B. durch Aufheizen im Gehäuse eingeschlossener Flüssigkeit, wird nicht abgebaut. Überdrucksicherungen werden notwendig (s. Abschn. 7.2.1.8 und 8.5). Bei Flanschverschluß wird die Dichtung herausgedrückt, er wird zur Überdrucksicherung.

8.1.1 Deckeldichtung

Sie sind im Krafthaupt- und Kraftnebenschluß angeordnet (Bild 8–1). Die Dichtung soll sich den Unebenheiten der Dichtflächen vollkommen anpassen, aber keine weitere Verformung aufweisen, sich unter Betriebsbedingungen nicht verändern; fluidbeständig sein, keine Veränderungen der Dichtflächen bewirken (z. B. Korrosion, darf mit dem Dichtflächenwerkstoff kein Lokalelement bilden), nur geringe Leckage zulassen, das statische und festigkeitsmäßige Verhalten der gesamten Konstruktion nicht negativ beeinflussen [8–1].

Ausführung und Anwendung (allgemein). Flanschverschluß bis PN 40 mit Flachdichtung, bis PN 160 mit Spiraldichtung oder kammprofiliertem Metalldichtring (für kerntechnische Anlagen mit Schweißlippen, die in der Anlage dichtgeschweißt werden können, s. Abschn. 7.6.5 und Bild 7–171.

Die *Spiraldichtung,* meist Spiral-Asbest- oder Spiral-PTFE-Dichtung, hat sich bewährt; Voraussetzung: vierseitige Kammerung (z. B. Nut und Feder). Bei Vor- und Rücksprung

Tabelle 8–1. Armaturengehäuseverschlüsse, Ausführungen.

Gehäuseverschluß	Beschreibung Aufbau, Anwendung, Bemerkungen
Flanschverschluß Flachdichtung im Krafthauptschluß	Die im unteren und mittleren Druckbereich (bis PN 64) übliche Lösung, einfachste Form der Abdichtung.
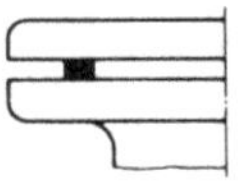	Dichtung nicht gekammert, Zentrierung des Deckels durch Flanschschrauben
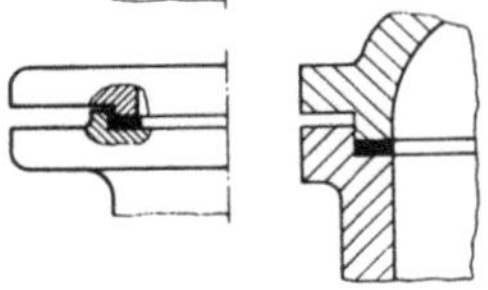	Dichtung gekammert, z. B. Nut und Feder, Vor- und Rücksprung, gleichzeitig Zentrierung des Deckels Gute Dichtflächen und dünne Dichtungen sind besser als mäßige Dichtflächen und dicke Dichtungen. Durchgehende Schrauben sind für die Abdichtung vorteilhafter (große Vorspannlänge) und können während des Betriebes ausgewechselt werden. Stiftschrauben sind platzsparender (kleinerer Schraubenkreisdurchmesser möglich).
Dichtung im Kraftnebenschluß 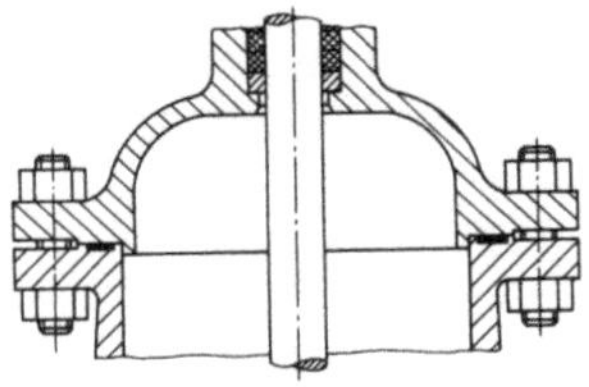	Dichtheit ist nur gewährleistet, wenn die Rückfederkraft der Dichtung erhalten bleibt und auch Verformungen der Flanschpartie ausgleichen kann. Wichtig: genau bemessene Nut und Dichtung. Verhältnis von Dichtungs- zum Nutvolumen ist vom Dichtungswerkstoff abhängig, z. B. $b_D/b_N \approx 0,86$ für Reingraphit.
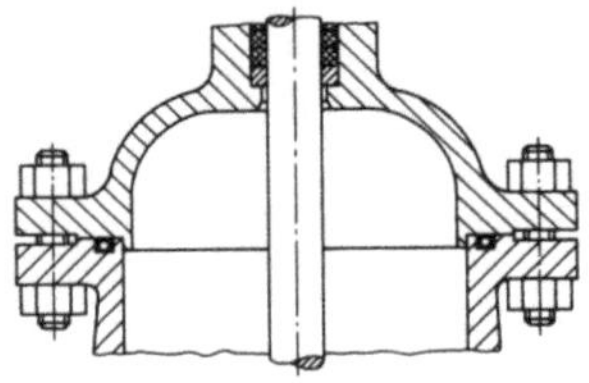	Weichdichtende und metallische O-Ringe gewährleisten bei maßgenauer Nut und guten Dichtflächen eine hohe Dichtheit, Anwendung s. Tabelle 8–2.
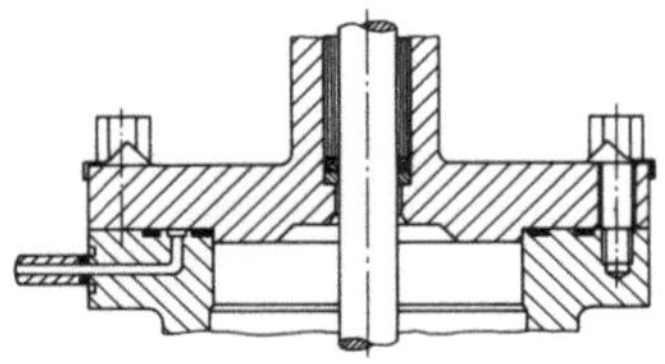	Flanschverschluß mit Doppeldichtung und Zwischenabsaugung
Schraubverschluß 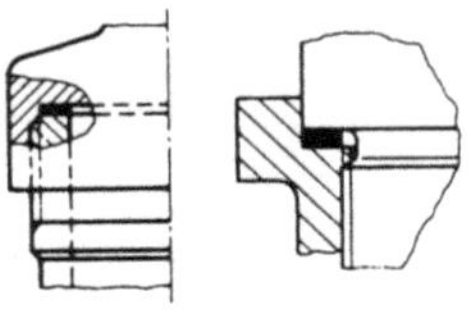	Der Deckel (Kopfstück) wird auf- bzw. eingeschraubt oder mittels Überwurfmutter befestigt. Vorrangig Flachdichtungen im Krafthauptschluß (Kraftnebenschluß ist möglich). Nennweiten ≦ DN 50

Tabelle 8-1. (Fortsetzung)

Gehäuseverschluß	Beschreibung Aufbau, Anwendung, Bemerkungen
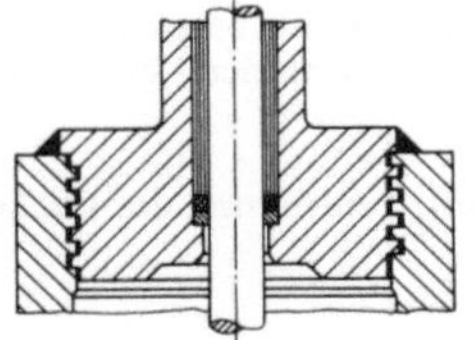	Der Gewinde- und Steckgewindeverschluß mit Dichtschweißung ist in Freiluftanlagen bei klimatisch schlechten Verhältnissen vorteilhaft.
selbstdichtender Deckelverschluß 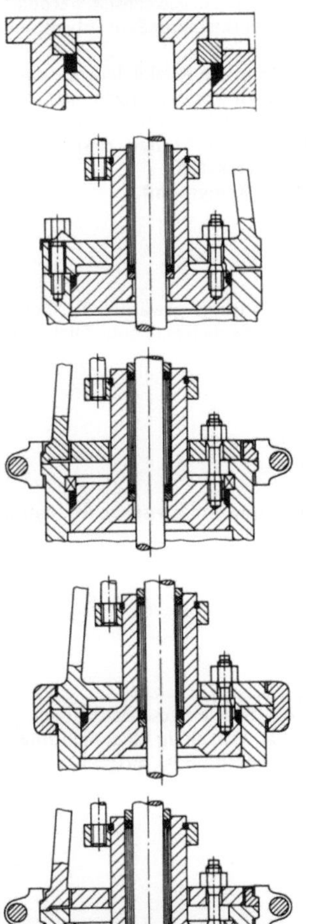	Ein in das Gehäuse eingeführter Deckel nimmt eine Dichtung auf, die im Krafthaupt- oder Kraftnebenschluß gegen ein Widerlager (geteilter Ring, Flanschdeckel) gepreßt wird. Die Dichtung wird mit Schrauben vorgespannt (gleichzeitig Abdichtung bei geringem Innendruck). Die eigentliche Dichtpreßung erfolgt durch den Innendruck; die Abdichtung paßt sich dem Innendruck selbsttätig an. Durch Schrägteilung bzw. Innen- oder Außenschräge der Dichtringe werden die Anpreßkräfte an die Gehäusewand und/oder den Deckel weitergeleitet (Abdichtung durch „Stopfbuchswirkung"). Anwendung $\geqq$ PN 250. 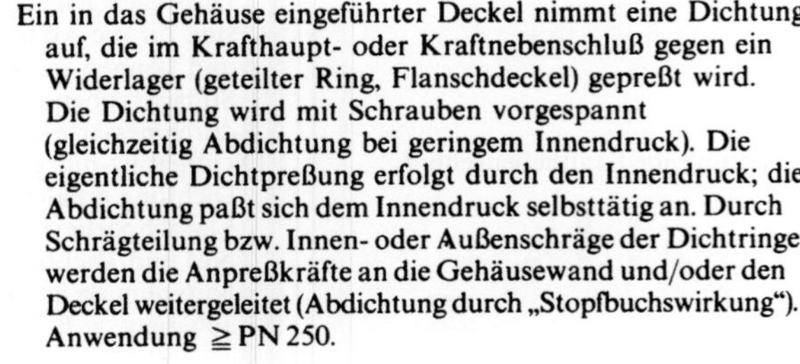Der Bügelaufsatz ist mit dem Gehäuse durch Flanschdeckel, Bajonettansatz, Schelle oder Klammer (schnelle Montage und Demontage) u. ä. verdrehsicher verbunden. *Schelle* und *Klammerverschluß* können unter Druck demontiert werden. Diese Gefahr sollte durch eine zwingend zu betätigende Vorrichtung, die Drucklosigkeit erkennen läßt, beseitigt werden. Selbstdichtender Deckelverschluß mit Zwischenabsaugung

Tabelle 8-1. (Fortsetzung)

Gehäuseverschluß	Beschreibung Aufbau, Anwendung, Bemerkungen
deckelloser Verschluß 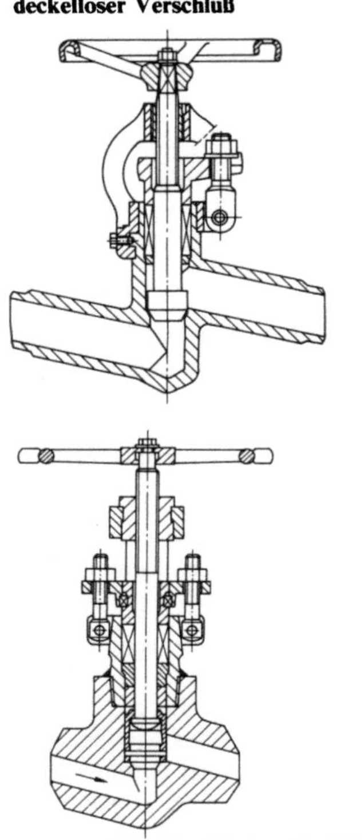	Bei diesem Verschluß wird auf einen Deckel verzichtet; die Stopfbuchse dichtet Gehäuse und Spindel ab. Der Bügelaufsatz wird mit Bajonettverschluß aufgesetzt, aufgeschraubt; zwei Zapfen des Bügels sind durch Tangentialstifte befestigt, der Bügel wird durch einen eingesetzten Ring gehalten. Bei neueren Ausführungen sind Gehäuse und Bügel aus einem Stück geschmiedet. Anwendung: Ventile $\leq$ DN 50, für hohe Drücke und Temperaturen.

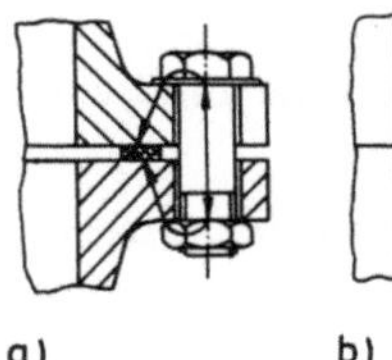

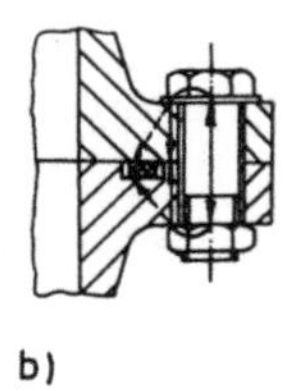

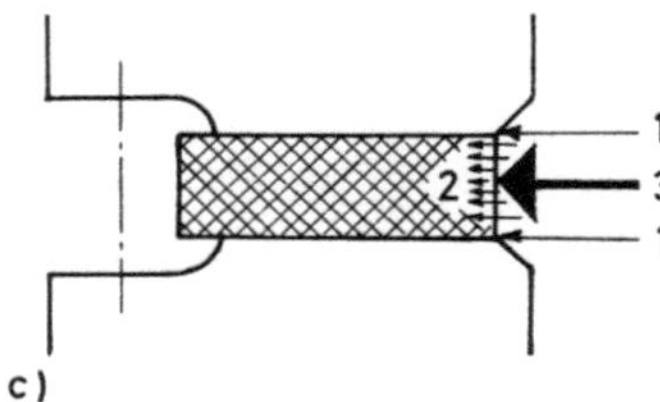

a) b) c)

Bild 8-1. Beanspruchung einer Gehäuseverschlußdichtung, Beispiel Flansch mit Flachdichtung [8-1].
a) Dichtung im Krafthauptschluß: Alle Kräfte werden von der Dichtung übertragen, Nachziehen möglich;
b) Dichtung im Kraftnebenschluß; Gehäuse- und Deckelflansch berühren sich (metallischer Anschlag), Nachziehen nicht möglich. Auf die Dichtung wirken nur die zum Abdichten notwendigen Kräfte;
c) Innendruckbeanspruchung der Dichtung: 1 Oberflächenleckage; 2 Dichtwerkstoffleckage; 3 Schubkraft.

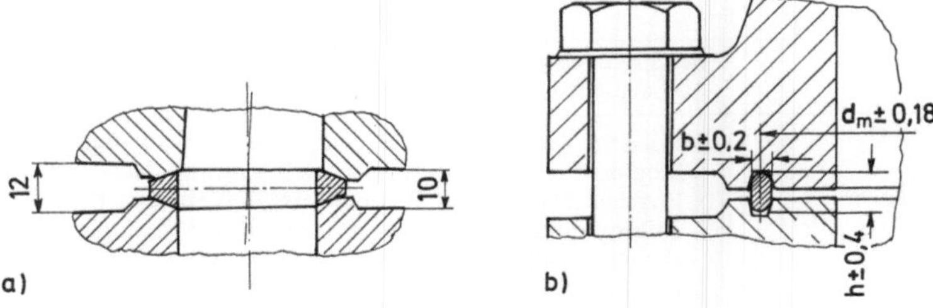

Bild 8-2. Spezielle Hochdruckdichtungen [8-6].
   a) verkantete Linsendichtung;
   b) RTJ-Dichtung (mit Einbautoleranzen).

(s. Tabelle 8-1, nur dreiseitige Kammerung) sollte eine Spiraldichtung mit Innenring verwendet werden. Ohne Innenring besteht die Gefahr, daß sich bei der Pressung der Dichtung während der Montage die Verbindung am Ende der letzten Wicklung löst und die Dichtung sich teilweise abwickelt (an der Abdichtung nicht zu merken). Der abgewickelte Teil hängt in die Armatur und kann zwischen die Dichtflächen der Absperrung kommen, die Armatur schließt nicht mehr dicht.

Bei *kammprofilierten Dichtungen* (metallische Dichtung, auch mit Auflagen, wie Reingraphit, It, PTFE usw.) besteht diese Gefahr nicht, auch wenn sie nur dreiseitig gekammert sind. Auf Grund ihrer Form dichten sie sicher ab, auch bei Metall auf Metall.

Besonders in der Hochdruckchemie werden häufig *Linsendichtungen* vorgeschen (s. Abschn. 7.6.6). Für die Anschlußflansch-Abdichtung haben sie Vorteile, u. a. werden geringe Winkelabweichungen aufgenommen. Aber gerade dieser Vorteil ist für die Deckeldichtung unangebracht. Die Gehäuse-Deckel-Verbindung wird bei einer Winkelabweichung zwar abgedichtet, aber der Deckel mit Aufsatz und Spindel einschließlich Kegel stehen nicht mehr unter 90° zum Gehäusesitz (Bild 8-2a). Das tritt insbesondere bei der Überholung im Einsatz auf. Dadurch wird die Spindel neben Zug und Druck auch auf Biegung beansprucht. Nimmt die Kegel-Spindel-Verbindung diese Winkelabweichung nicht mehr auf, ist der Abschluß undicht. Versuche, durch höhere Kräfte am Handrad (gegebenenfalls mit Verlängerung), eine Abdichtung zu erzielen, führen zur Beschädigung der Spindel.

Kann keine metallische Flachdichtung verwendet werden, sollte eine sogenannte. *Ring-Joint-Dichtung* (Bild 8-2b) vorgesehen werden. Bei den dafür in Frage kommenden höheren Druckstufen sind die Flansche so ausgelegt, daß die erforderliche Eindrehung möglich ist.

Schweißdichtungen. Deckel und Gehäuse werden so verschweißt, daß sie wieder zu trennen sind, gleichzeitig aber keine Dichtung im üblichen Sinne besteht. Sie werden vorrangig bei Faltenbalgventilen verwendet, wenn alle Möglichkeiten einer Undichtheit auszuschließen sind (z. B. KKW). Der Balg ersetzt an sich eine Spindelabdichtung, und es besteht die Gefahr, daß eine den Balg zum Gehäuse abdichtende Dichtung (s. Bild 7-43) undicht werden kann.

Die einfachste Art ist die Membran-Schweißdichtung (Bild 8-3a). Sie muß aber bereits vor der Druck- und Dichtheitsprüfung beim Hersteller verschweißt werden. Zeigen sich bei der Prüfung Fehler, die im Innern der Armatur liegen, muß die Schweißung wieder getrennt werden.

336

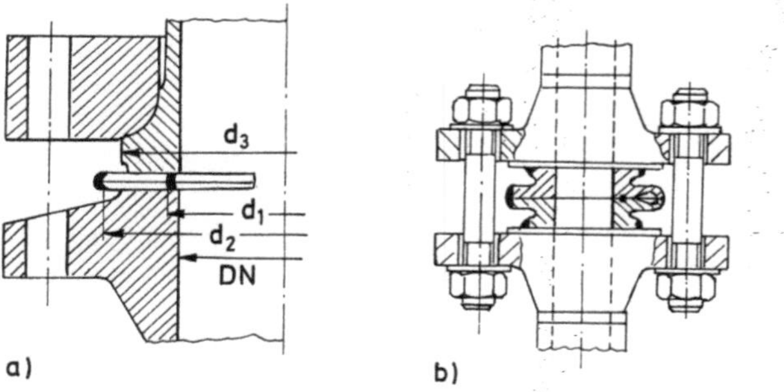

Bild 8–3. Schweißdichtungen [8–6].
a) Membranschweißdichtung;
b) Schweißringdichtung ohne (links) und mit (rechts) Weichdichtung.

Bei Schweißringen (Bild 8–3b) wird zusätzlich eine Dichtung eingelegt, die ein Verschweißen vor der Dichtheits- und Endprüfung erübrigt. Das Ventil kann so bei Dichtheit auch ohne Verschweißung eingebaut und bei später auftretender Undichtheit in der Anlage verschweißt werden.

Ab PN 250 und besonders DN > 200 sind die Entscheidungen unterschiedlich. Der *selbstdichtende Deckelverschluß* ist ein mechanisch sicherer Verschluß; er wird ab PN 64 neben dem Flanschverschluß verwendet und ist ab PN 160 bereits Standard. Er scheint nach Abwägung aller Vor- und Nachteile neben dem Flanschverschluß die beste Alternative zu sein. Im Kernkraftwerksbereich wird der „zweckmäßige" Verschluß wieder diskutiert. Seit neue Dichtungen zur Verfügung stehen (z. B. Reinstgraphit) hat der Flanschverschluß wegen seiner Übersichtlichkeit bereits wieder Anhänger gefunden.

Die Vielzahl der Dichtungsarten läßt eine Zuordnung (Art des Verschlusses, Betriebsbedingungen) nur bedingt zu (Tabelle 8–2): bis PN 64 vorrangig Weichdichtungen, über PN 64 herrschen metallische Dichtungen vor (z. B. Linsen- und Spiraldichtungen, kammprofilierte Dichtungen).

8.1.2 Bemessungshinweise

Eine wichtige Voraussetzung für sicheres Abdichten ist die richtige Pressung der Dichtung. *Parameter:* Kraft aus dem Innendruck, die gleichgerichtete Spindelkraft (Schließkraft, Wärmedehnung), die erforderliche Vorspannkraft der Dichtung (Dichtungswerkstoff, -abmessung und -art) und die von der Dichtung zu ertragende Kraft.

Die verschiedenen Berechnungsmethoden gehen im wesentlichen von der Berechnung der Flansche und Schrauben aus. Für die Dichtung werden der erforderlichen Spannung entsprechende, form- und werkstoffspezifische Werte eingesetzt. Nach den derzeitigen Kenntnissen, vor allem über die Dichtungsfaktoren, lassen sich Dichtverbindungen insgesamt ausreichend genau überprüfen, die Bestimmung einer *optimalen Dichtung* ist aber kaum möglich.

Nach dem Verspannen nimmt die Schraubenkraft wieder ab. Ursachen: Viskoseelastizität der Werkstoffdichtungen, Spannungsabbau an den Schrauben (Relaxation), Dickenabnahme der Dichtung (Kriechen). Weitere Einflußfaktoren: Dichtungsgeometrie (Dicke, Breite), Anfangspressung, Vorbehandlung und Konditionierung des Dichtungswerkstoffes usw.

Tabelle 8–2. Bevorzugte Dichtungen für Armaturengehäuseverschlüsse.

Dichtungsart (Beispiele)	Werkstoff, Aufbau, Anwendung	Bemerkungen
Flachdichtung Flachdichtung (rechteckiger Querschnitt) asbestummantelte Dichtung ummantelte Dichtung, außen offen, einteilig vollummantelte Dichtung, einteilig, mit geschlossenem Stoß Metalldichtung (nur Wicklung)	Elastomere (Naturkautschuk bis fluoriertes Syntheseelastomer, 100 bis 150 °C (250 °C), < 1,0 MPa, imprägnierte Asbestgewebe, It-Werkstoffe (Gummi-Asbest-Basis, sehr großer Anwendungsbereich: bis 500 °C und 10 MPa), PTFE (auch als Ummantelung, bis ≈ 220 °C), expandierter Graphit. Kupfer, Aluminium, Weicheisen, weiche Edelmetalle (> 500 °C und 4,0 MPa, meist nur bei kleineren Abmessungen, Kräfteverhältnisse der Dichtverbindung beachten), Kombinationen aus Weichstoffen und Metallen (metallische Einfassung, Ummantelung, Spiraldichtungen, vielfältige Kombinationen möglich). Spiraldichtungen z. B. erreichen bei sorgfältiger Montage sehr hohe Dichtheit ($\dot{V}_L = 10^{-13}$ mbl/s), für Dämpfe und heiße Gase besonders geeignet sind Spiralasbest- und Spiralgraphitdichtungen (bis PN 160).	Flachdichtungen sind die auch heute noch am meisten verwendete Dichtungsart (planparallele Dichtflächen erforderlich). Einfachste Form: aus Halbzeug (Platten, Folien) geschnitten. Flachdichtungen bestehen ausschließlich aus Werkstoffen, die weicher als die abzudichtenden Flächen sind. Trägerwerkstoffe (It, Stahlgewebe, Blech usw.) dienen der Stabilität und besseren Handhabung, z. B. 1 mm It-Träger mit beiderseitiger Graphitauflage. Metallische Dichtungen stellen höhere Anforderungen an die Genauigkeit und Sauberkeit der Dichtflächen und sind sehr empfindlich gegen unsachgemäße Behandlung, z. B. Kratzer in radialer Richtung können irreparable Undichtheit verursachen. Bei sachgemäßem Einbau sehr gute Dichtheit. Spiraldichtungen: Durch wechselseitiges Anliegen von Metall und Weichstoff an der Dichtfläche entsteht die gute Dichtwirkung (Labyrinthprinzip).
Profildichtungen kammprofilierte Dichtung Linsendichtung für selbstdichtenden Deckelverschluß mit Rechteck profil	Elastomere, Kunststoffe, Metalle, z. B. kammprofilierte, Dichtung spezielle Profile zur Erzeugung der Stopfbuchswirkung s. Tabelle 8–1	Profilringe werden in axialer Richtung verformt. Die Dichtungsnut richtet sich nach der Profilform und muß eine Aufweitung (radiale Verformung) durch Zugbeanspruchung ausschließen.

Tabelle 8-2. (Fortsetzung)

Dichtungsart (Beispiele)	Werkstoff, Aufbau, Anwendung	Bemerkungen
Profil mit Innenschräge		
Schweißdichtungen Schweißringdichtung	Schweißlippen für höchste Anforderungen an Dichtheit und höchste Beanspruchung, häufig zusammen mit Spiraldichtungen (z. B. für KKW)	Schweißdichtungen gewährleisten hohe Dichtheit. Beschwerliche Demontage hat sie nach anfänglicher Begeisterung (im nuklearen Bereich) wieder in den Hintergrund treten lassen, s. Abschn. 8.1.1.
Schweißringdichtung mit Kammprofil		
sonstige Dichtungen Einlegeringe		Verwendung meistens für spezielle Einsatzbedingungen, s. Abschn. 7.6 und 8.1.1.
Rundringe (O-Ring)		
Spießkantdichtung		
Deltadichtung		

Auf Grund der geringen Kenntnisse über die nach der Montage wirklich vorhandenen Schraubenkräfte wird ihre Abnahme pauschal berücksichtigt, mit z. B. 20%. Die o. a. dichtungssezifischen Merkmale bleiben dabei unberücksichtigt.

Die Berechnung von Flanschverbindungen mit Dichtungen im Krafthauptschluß ist weitestgehend genormt. Die Auslegung der selbstdichtenden Deckeldichtung ist abhängig von Druck und Abmessung (Angaben des Herstellers).

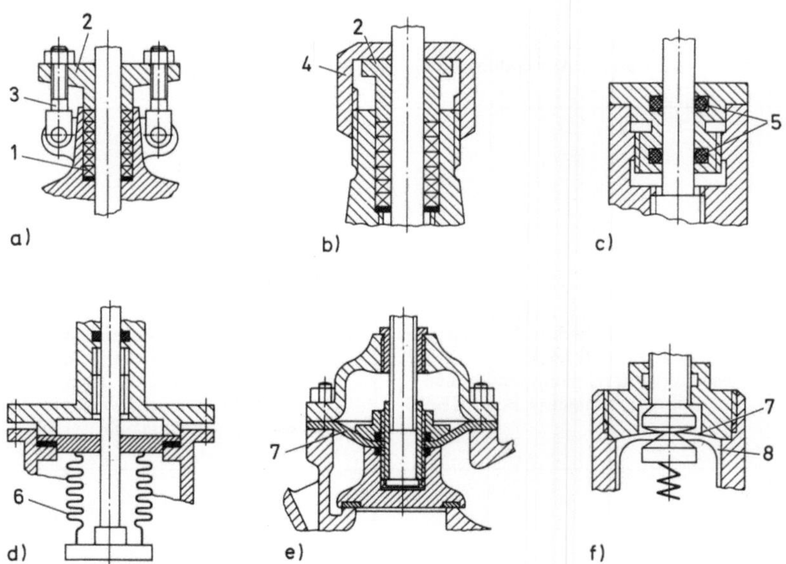

Bild 8–4. Formen der Spindelabdichtung.
a) und b) Stopfbuchse;
c) Ringabdichtung;
d) Faltenbalg;
e) und f) Membrane.

1 Stopfbuchspackung; 2 Stopfbuchsbrille; 3 Stopfbuchsschrauben (klappbar); 4 Überwurfmutter; 5 Formring; 6 Faltenbalg; 7 Membrane; 8 Führungsfeder.

8.2 Spindelabdichtung

Bild 8–4 zeigt die wichtigsten Abdichtungsformen. *Beanspruchungen* entstehen durch

– die Spindel- und Wellenbewegung,
– den Druck und die Reibung an der Packungswand,
– die thermische Wechselbeanspruchung und
– das Fluid.

8.2.1 Stopfbuchspackung

Die Kenntnis der Konstruktion, Wirkungsweise, Eigenschaften und wesentlichen Einsatzbedingungen ist Voraussetzung für richtige Auswahl, Dichtheit und Standzeit. Bild 8–5 zeigt den grundsätzlichen Aufbau. Die Kraft wird durch zwei Klapp- oder feststehende Bolzenschrauben (s. Bilder 8–4a und 7–45) oder eine Überwurfmutter aufgebracht. Die früher üblichen Hammerkopfschrauben (Bild 7–1) werden kaum noch verwendet. Die Überwurfmutter zieht zentrisch an, vermeidet einseitigen Druck und damit eine Erhöhung der Reibungskräfte (Anwendung vorrangig bei Kleinventilen).

Die Entwicklung ist dadurch gekennzeichnet, mit wenigen Packungssystemen immer höhere Anforderungen in allen Einsatzbereichen sicher zu beherrschen.

340

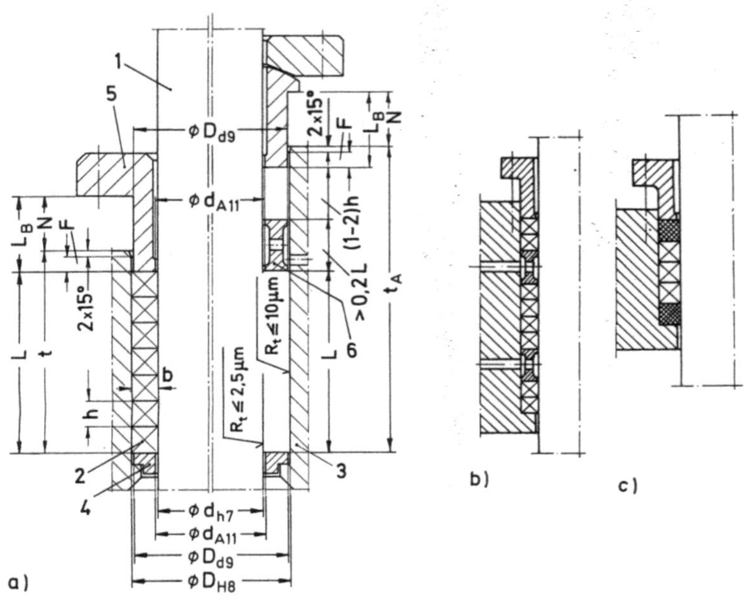

Bild 8-5. Stopfbuchse [8-3].

    a) linke Bildhälfte: Normalstopfbuchse, Stopfbuchsbrille einteilig; rechte Bildhälfte: mit Leckageabführung (Sicherheitsstopfbuchse), Stopfbuchsbrille zweiteilig (Anwendung: Leckageabsaugung, Schmierung, Sperrung mit Über- oder Unterdruck, Kühlung. Da in der Absaugleitung höchstens geringer Druck anstehen darf, sollten zwischen Absaugung und Brille bei geschlossenem Packungsring nur ein, bei geteiltem zwei Packungsringe eingesetzt werden);

    b) mit zwei Absaugringen (Anwendung: ein Ring zur Schmierung, ein Ring zur Absaugung, oder Sperrung mit verschiedenen Fluiden);

    c) mit verschiedenartigen Packungsringen (Anwendung: Kammerung einer plastischen Packung durch Geflechtspackungen als Antiextrusionsvorlage, hartverpreßte Ringe zur Überbrückung großer Spaltweiten, hochverdichtete Kammerungsringe als Ersatz für metallische Führungen).

1 Spindel; 2 Packungsring; 3 Stopfbuchsgehäuse; 4 Grundring (Verbesserung der Auflagefläche des unteren Packungsringes, Verkleinerung des Spaltes zwischen Spindel und Stopfbuchsgehäusegrund, nicht immer erforderlich); 5 Stopfbuchsbrille mit Schaft; 6 Absaugring (Laternenring); L Einbaulänge; t Stopfbuchstiefe; F Führung; N Nachstellweg; L_B Länge des Brillenschaftes; b Packungsbreite.

8.2.1.1 Wirkungsweise (Bild 8-6)

Montagezustand. Die Packung wird durch die Kraft F_B von L auf l zusammengepreßt (verdichtet). Der dadurch in der Packung erzeugte Druck wirkt als Flächenpressung nach allen Seiten, nimmt mit der Entfernung von der Brille ab und wird von einem Umsetzungsfaktor K bestimmt (abhängig vom Packungswerkstoff, dem Verdichtungsgrad und dem Verhältnis Höhe/Breite des Packungsringes). $K = 0$ für starre, $K = 1$ für vollkommen elastische Körper. Für $K = 0,5$ bis $0,7$ sollte $h/b = 1,0$ bis $1,2$ sein (ideales Verhältnis).

Die radiale Flächenpressung beträgt

$$q_x = p_x \cdot K \tag{8.1}$$

mit $p_x = p_B \cdot e^{-2\mu \cdot K(l-x)/b}$ und μ Reibbeiwert zwischen Packung und Spindel bzw. Stopfbuchsgehäuse $(\mu_1 = \mu_2 = \mu)$.

Betriebszustand. Der Innendruck p_i wird in der Packung auf den Außendruck p_a abgebaut (Bild 8–6c) und verändert den Druckverlauf in der Packung (Bild 8–6d). Bild 8–7 zeigt den Zusammenhang zwischen l und p_i [10–3]:

$$l \cong (A/K) \cdot \ln p_i. \tag{8.2}$$

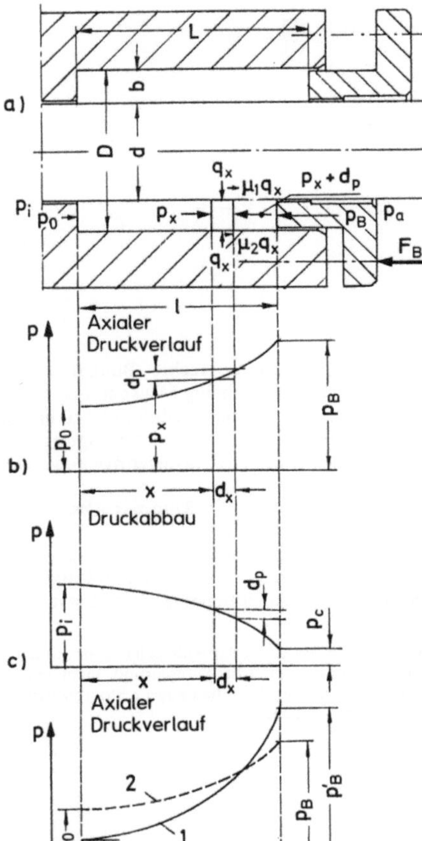

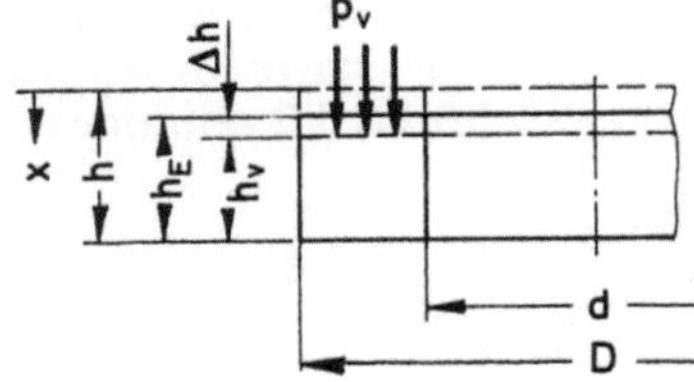

Bild 8–6.
Kräfte am Packungselement mit Druckverlauf in der Stopfbuchse [8–3].
a) Montage;
b) axialer Druckverlauf im Montagezustand
   (ruhende Spindel);
c) Druckabbau;
d) axialer Druckverlauf im Betriebszustand.

1 Betriebszustand; 2 Montagezustand; L Stopfbuchslänge im Einbauzustand; l Stopfbuchslänge im verdichteten Zustand; b Packungsbreite; F_B Kraft an der Brille (Schraubenkraft); p_B axiale Flächenpressung an der Brille im Montagezustand; p_0 axiale Flächenpressung im Stopfbuchsgrund im Montagezustand; p_x axiale Flächenpressung an der Stelle x; d Spindeldurchmesser; D Stopfbuchsgehäusebohrung; p_B' axiale Flächenpressung an der Brille im Betriebszustand; p_0' axiale Flächenpressung im Stopfbuchsgrund im Betriebszustand.

Bild 8–7.
Ringhöhe und Flächenpressung [8–3].

h vor der Belastung; h_V bei Vorpressung mit p_V; h_E nach Entlastung; Rückfederung $\Delta h = h_E - h_V$.

342

Der Faktor A wird von der Konstruktion bestimmt (schwierig zu ermitteln).

Reibung. *Montagezustand*
Reibkraft bei nicht drehender Spindel

$$F_R = 1/2\, d \cdot \pi \cdot b \cdot p_B (1 - e^{-2\mu \cdot K \cdot l/b}). \tag{8.3}$$

Reibmoment bei drehender Spindel

$$M_R = 1/2\, d^2 \cdot \pi \cdot b \cdot p_B (1 - e^{-\mu \cdot K \cdot l/b}). \tag{8.4}$$

Die Gleichungen ergeben praxisnahe Werte; Bedingungen sind [8–3]: vorgepreßte Ringe ($p_B > 5$ N/mm^2), l und k für durch P_B verdichtete Packung, μ im „trockenen Reibzustand" gemessen. Die maximale Reibkraft ist mit μ_0 (Haftreibung) zu berechnen.

Der *Reibbeiwert* μ wird hauptsächlich vom Packungswerkstoff und der Spindeloberfläche beeinflußt und unterliegt, abhängig von der Belastungsdauer, starken Schwankungen (kann sich z. B. bei intermittierendem Betrieb um das 2- bis 3fache erhöhen). Der Einfluß der Flächenpressung, Flechtart und Gleitgeschwindigkeit sind gering [8–3].

Betriebszustand. Unter der Voraussetzung $p_B \geqq 2\,p_i$ (s. Abschn. 8.2.1.2) gelten die Gln. (8.3) und (8.4) näherungsweise.

Die Reibkräfte und -momente sind nur durch Messung bei den entsprechenden Bedingungen genau zu bestimmen.

8.2.1.2 Konstruktion und Auslegung

Bei der Konstruktion wird allgemein vom Spindeldurchmesser d ausgegangen (s. Bild 8–5). *Einbaulänge* $L = l/K_V$ (Verdichtungsfaktor $K_V = 0,8$ bis $0,9$). Bei schwenkender Spindel (Hahn, Klappe) reicht $L = (0,6$ bis $0,7)\,L$. Damit die Stopfbuchse über die ganze Länge l dichtet, sollten l und b dem Spindeldurchmesser im Verhältnis $l/b = 5$ bis 7 zugeordnet werden. Breite Packungen besitzen größere Elastizität, aber auch größere Reibung. Soll der untere Ring noch abdichten, muß $q_0 \geqq p_i$ sein; dafür ist $p_B \approx 2\,p_i$ im allgemeinen ausreichend (Tabelle 8–3).

Über die Packungslänge und damit über die Anzahl der Packungsringe gibt es ausreichend Hinweise und Berechnungsbeispiele in den Unterlagen der Hersteller von Packungen.

Es war in der Vergangenheit üblich, für Armaturen die Länge mit dem dreifachen Spindeldurchmesser festzulegen (dies hatte eine gewisse Berechtigung bei Packungen aus Graphitasbest, PTFE-Asbest und ähnlichen Werkstoffen). Heute wird für Armaturen allgemein empfohlen: $l = 4$ bis 7 Ringe oder $(0,8$ bis $1,5)d$, $b = (1$ bis $1,4)\sqrt{d}$.

Tabelle 8–3. Erforderliche Flächenpressung für die Auslegung der Stopfbuchse, das Vorpressen und das Verdichten der Packungsringe.

Diese Richtwerte sind Minimalwerte. Bei Forderung nach hoher Dichtheit muß die Flächenpressung erhöht werden [8–3].

erforderliche Flächenpressung	Auslegung der Brille und Schrauben	Vorpressung der Packungsringe	Verdichtung der Packungsringe
flüssiges Medium	$p_B \geqq 5$ PN, mind. 20 N/mm^2	$p_V \approx 1,5\,p_i$, mind. 10 N/mm^2	$p_B \geqq 2\,p_i$, mind. 5 N/mm^2
gasförmiges Medium	$p_B \geqq 10$ PN, mind. 40 N/mm^2	$p_V \approx 3\,p_i$, mind. 20 N/mm^2	$p_B \geqq 5\,p_i$, mind. 10 N/mm^2

Tabelle 8–4. Spindelwerkstoffe.

Werkstoff	Bemerkung
X10 CRNiMoTi 18.10	rost- und säurebeständig
X3 CrNiMo N 17135	bei chloridhaltigen Fluiden
X8 CrNiMo Nb 1616	hochwarmfester Stahl
X8 CrNiMo B Nb 1616K	hochwarmfester Stahl

Stopfbuchstiefe $t = L + F +$ Fase am Stopfbuchsgehäuse (Sicherheitsstopfbuchse entsprechend). Nachstellweg $N = (0,2$ bis $0,3)$ L bei vorgepreßten Ringen. Länge des Brillenschaftes $L_B = N + F +$ Fase $(2 \times 15°)$. *Führung* $F =$ mindestens $0,15$ b.

Um Reibung und Verschleiß gering zu halten, sollten die R_t-Werte nach Bild 8–5 nicht überschritten werden, Spindel bei Stellarmaturen $R_t \leq 1$ μm. Brille und Grundring müssen geführt werden, ermöglicht kleinere Spalte (verhindern Eindringen von Packungswerkstoff). Passungsbeispiele s. Bild 8–5.

Spindelwerkstoffe sollten gegenüber anderen Teilen immer aus den „edleren" Metall sein. Im Packungsbereich können trotzdem Loch-Spannungsriß- und Spaltkorrosion auftreten. Bei graphitierten Packungen ist Kontaktkorrosion möglich. Zur Bildung einer „Passivschicht" muß der Spindelwerkstoff ausreichend Chrom, Nickel und Molybden enthalten (Tabelle 8–4).

Über die *Dichtheit* (Leckrate) der Packungswerkstoffe gibt es unterschiedliche Auffassungen und Angaben. Nach [8–3] gilt folgende Reihenfolge: Graphit, PTFE-imprägnierte Asbestpackung, Reingraphit- und PTFE-Packung. Für eine Beurteilung sind zur Leckrate mindestens noch Druck, Temperatur, Fluid, Spindeldurchmesser und Betätigungszahl anzugeben.

Packungspezifische Werkstoffeigenschaften (s. auch Tabellen 8–5 und 8–6)
Asbestpackungen: Flechtpackungen und direkt aus Fasern hergestellte Ringe. Ringe haben eine geringere Festigkeit (Bruchgefahr, Kammerungsringe erforderlich, s. Bild 8–5) und sind dichter als Flechtpackungen. Passend vorgepreßte Ringe gewährleisten bei geringem Brillendruck hohe Dichtheit, geringen Verschleiß und Reibungswärme.

PTFE-Packungen: Kaltfluß und hoher Ausdehnungskoeffizient; Einsatz ist bei häufigem Temperaturwechsel ($\Delta T > 50$ bis $100\,°C$) nicht zu empfehlen (Spannen mit Feder erforderlich).

Reinstgraphitpackungen (geschlossen oder geteilte Ringe): hohe chemische und thermische Beständigkeit (universell von -200 bis $550\,°C$, bei Dampf bis $700\,°C$, inerte Umgebung

Tabelle 8–5. Dichtungswerkstoffe

Werkstoff	chemische Formel	max. Dichte (Mittelwert) g/cm³	Längenausdehnungskoeffizient $10^6 \cdot 1/K$
Weißasbest	$Mg_3(OH)_4(Si_2O_5)$ (Chrysotilasbest)	2,4	
Blauasbest	$Na_2MgFe_5''(OH)_2(Si_4O_{11})_2$	2,4	
Reingraphit	C	2,3	8 bis 12
PTFE	C_2F_4		

344

Tabelle 8–6. Packungen – Einsatzgrenzen und Kennwerte.

Packung	Temperatur °C	Beständigkeit pH	Dichte g/cm^3	K-Wert[1]	Reibbeiwert[2] μ	(μ_0)	Rückfederung[3] $\Delta h/h_v$ %	Spannungsabbau $\Delta\sigma/\sigma$ %
Graphit, imprägniert								
Weißasbest	−50 bis 500	5 bis 14	1,3 bis 1,5	0,4 bis 0,6	0,10 bis 0,20	(0,2)	5	10 bis 25
Blauasbest	−50 bis 500	0 bis 8	1,3 bis 1,5	0,4 bis 0,6	0,10 bis 0,20	(0,2)	5	10 bis 25
PTFE, imprägniert								
Weißasbest	−150 bis 300	5 bis 14	1,4 bis 1,6	0,5 bis 0,7	0,10 bis 0,15	(0,2)	5	10 bis 30
Blauasbest	−150 bis 300	0 bis 8	1,4 bis 1,6	0,5 bis 0,7	0,10 bis 0,15	(0,2)	5	10 bis 30
PTFE	−200 bis 300	0 bis 14	1,8 bis 1,9	0,5 bis 0,8	0,10 bis 0,15	(0,1)	2 bis 4	5)
Reingraphit	−200 bis 500	0 bis 14	1,2 bis 1,8[4]	0,5 bis 0,7	0,10 bis 0,20	(3)	10	3 bis 5

[1] Für vorgepreßte Ringe $>5\,\text{N/mm}^2$ und $h-b$
[2] Reibbeiwerte Packung im Trockenlauf gegen Stahl $R_t < 2{,}5\,\mu\text{m}$
[3] Rückfederung Δh bei einer Flächenpressung $p > 10\,\text{N/mm}$
[4] Reingraphitdichtringe können auf die gewünschte Dichte vorgepreßt werden.
[5] Spannungsabbau bei PTFE mit zunehmender Belastung (Druck, Temperatur und Dauer) steigend ("Fließen")

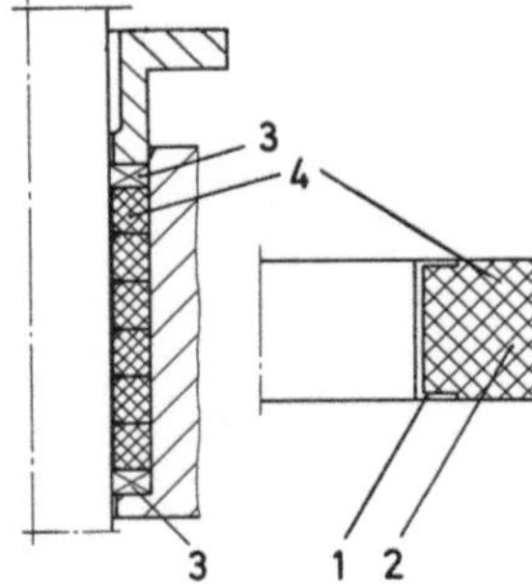

Bild 8-8.
Packungskombination aus Reinstgraphit und PTFE [8-3].
1 PTFE-Hülle; 2 Reinstgraphit; 3 Kammerungsring (z. B. PTFE imprägnierte Weißasbestpackung); 4 Dichtring.

bis 3000 °C, Sauerstoff bis 200 °C und 100 MPa), kein Volumenschwund, Aushärten und Altern; dauerelastisch (auch bei extremen Temperaturwechseln, Rückfederung ca. 10 %), gute Querschnittsdichtheit (Leckraten von 10^{-8} mbar·l/s sind erreichbar); hohe Standzeiten. Nachteile: geringe Scherfestigkeit, bei Spindelbewegung Abscheren feiner Graphitteile, Aufschmierungen an der Spindel (erhöhte Reibung). Abhilfe: Werkstoffkombinationen mit PTFE (Bild 8-8) und Kammerungsringe (s. Bild 8-5c). PTFE verhindert Spindelberührung, Kammerungsringe verhindern Fließen des PTFE, Reinstgraphit gewährleistet Dauerelastizität, PTFE bestimmt Temperaturgrenzen.

Asbest- und PTFE-Packungen passen sich auf Grund ihres Verformungsvermögens den Unebenheiten nicht besonders glatt bearbeiteter Wandungen im Stopfbuchsraum an, was die Dichtwirkung noch verbessert. Man konnte feststellen: Bei geringer Undichtheit einer Packung trat die Leckage größtenteils an der Spindelseite aus (Oberfläche der Spindel ist meistens prägepoliert). Bei Reingraphitpackungen ist die Verformbarkeit entschieden geringer, der Stopfbuchsraum muß sauber bearbeitet sein und die Toleranzen müssen genau eingehalten werden. Bei $l > 1,5d$ wird die Dichtwirkung der Reingraphitpackung i. allg. nicht besser, aber die Reibung kann so groß werden, daß die Armatur kaum noch betätigt werden kann [8-6].

Leckage tritt z. B. auf bei konischer und bei verbogener Spindel (maximal zulässiger Spindelschlag allgemein $\leq 0,001 d$).

8.2.1.3 Eigenschaften und Einsatzgrenzen

Das *Trägermaterial* bestimmt die chemische und thermische Beständigkeit; die *Imprägnierung* verbessert die chemische Beständigkeit, die Querschnittsdichte und die Gleiteigenschaften; die *Geflechts-* und die *Materialstruktur* bestimmen Druckstandsfestigkeit, Funktionssicherheit und Lebensdauer. Durch Vorpressen (s. Abschn. 8.2.1.1) werden Unterschiede im Werkstoff ausgeglichen, das Porenvolumen verringert und die Oberfläche geglättet; die Stopfbuchse wird dichter.

Elastizität. Die Spindelbewegung verursacht an der Packung Verschleiß; die radiale Pressung q_x muß durch Rückfederung der Packung oder Nachziehen aufrechterhalten werden. Beim Vorpressen wird die Packung elastisch und plastisch verformt und federt nach Entlastung nur teilweise zurück (s. Bild 8-7). Die Elastizität ist abhängig von Werkstoff, Belastungsdauer, Spannungsabbau, Kriechverformung; sie verringert sich bei Temperaturbelastung und -wechsel meist stark.

Einsatzgrenzen. Eine Vorauswahl ist nach dem pH-Wert möglich (s. Tabelle 8-6). *Druck:* Asbest-, PTFE- und Reingraphitpackungen allgemein bis 50 MPa, unter bestimmten

346

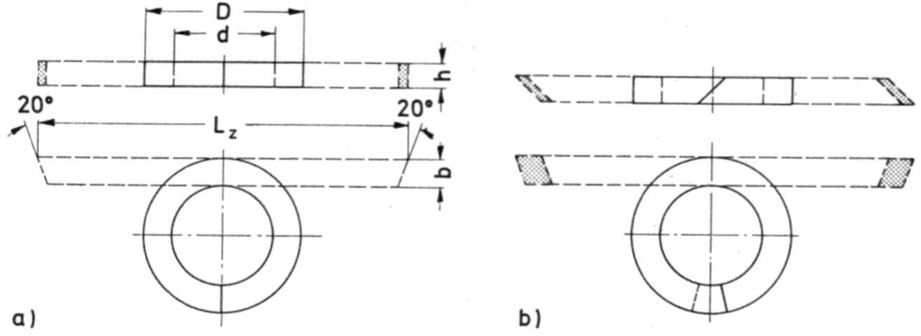

Bild 8-9. Schnittarten.
a) Geradschnitt;
b) Schrägschnitt (ca. 20° Schrägschnitt, damit der Ring am ganzen Schnitt schließt).

Voraussetzungen (kleinste Spalte, Vorlagerung usw.) auch wesentlich höher. *Temperatur*: Beispiele s. Tabelle 8-6.

8.2.1.4 Montage und Wartung

Packungsformen: Meterware, Ringe und Buchsen. *Zuschnitt*: Gerad- und Schrägschnitt sind am gebräuchlichsten und gleichwertig (Bild 8-9). Zuschnittlänge $L_z = [d + (1,3$ bis $1,4)b]\pi$; L_z mit einem vorgepreßten Probering testen (unterschiedliches Werkstoffverhalten).

Einbau. Packungsringe müssen vorgepreßt werden, da die Kraft der Stopfbuchsbrille nicht ausreicht, die unteren Ringe ausreichend zu spannen. Flächenpressung beim Vorpressen $\geq 10\,\text{N/mm}^2$, bei PTFE-Packungen $\geq 20\,\text{N/mm}^2$. Ringe einzeln mit versetzten Schnittstellen mittels Montageschalen oder der Brille einsetzen (Bild 8-10).

Die vorgepreßten Ringe sind durch Anziehen der Brille bis zum Erreichen der erforderlichen Flächenpressung zu verdichten (mindestens 5 bis 10 %, abhängig vom Packungstyp): Brille anziehen, bis *l* fast erreicht ist. Spindel in Packungsrichtung verstellen und Brille (geringfügig) nachziehen. Bei Stellarmaturen ist die Brille so weit zu lockern, daß gerade noch keine Leckage austritt (Verringerung der Reibung).

Wartung. Stopfbuchspackungen müssen gewartet werden, insbesondere muß das Setzen (s. Abschn. 8.2.1.3, Elastizität) durch Nachziehen ausgeglichen werden.

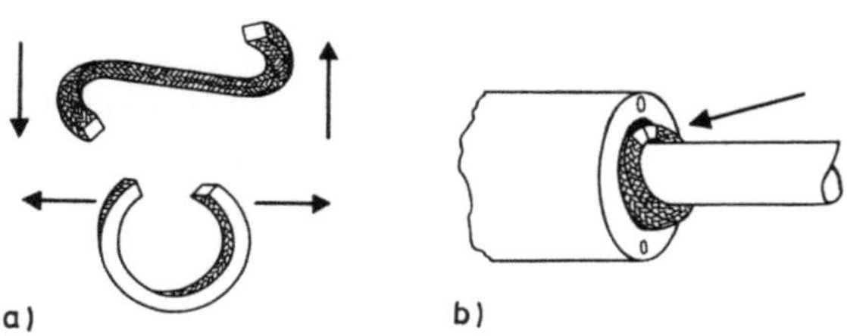

Bild 8-10. Einbau der Packungsringe.
a) erst axial, dann radial aufbiegen;
b) mit der Schnittstelle voran einführen.

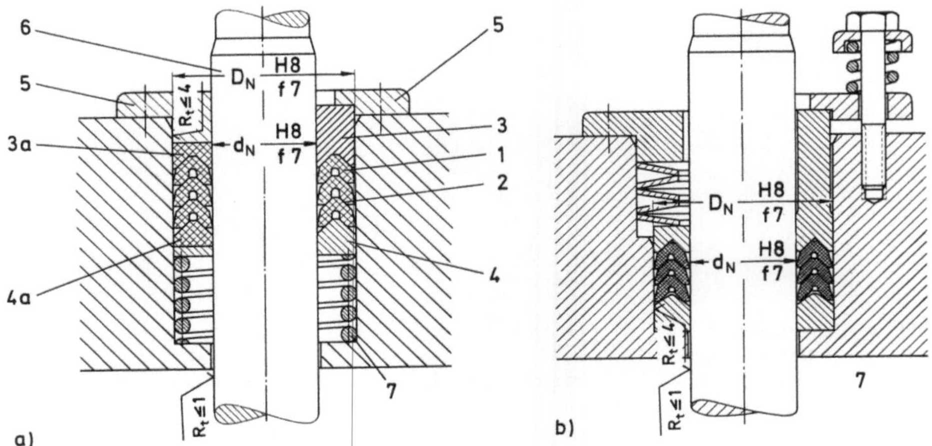

Bild 8–11. Stopfbuchse mit Manschettenringen (Fa. Curl Freudenberg).
  a) Feder auf der Druckseite, allgemein für höhere und schwankende Temperaturen und drehende Spindel;
  b) Feder auf der druckabgewandten Seite (für aggressive Fluide).

1 Manschettenring; 2 Dichtlippe; 3 Sattelring aus Metall; 3a Sattelring aus PTFE; 4 Gegenring aus Metall; 4a Gegenring aus PTFE; 5 Druckstück mit Bund (Stopfbuchsbrille); 6 Spindel; 7 Druckseite.

Für das Erneuern der Packung sind Klappschrauben günstiger, da sie zumindest um 90° gedreht werden können und nicht wie feststehende Schrauben im Wege stehen. Die Stopfbuchsbrille hat Schlitzlöcher, damit die Muttern nicht ganz abgenommen werden müssen. Die neuen Ringe müssen mit der Brille in den Stopfbuchsraum geschoben werden. Bei geringem Spiel zwischen Brille und Spindel kann das ohne Schrauben geschehen, denn häufig wird argumentiert, daß feststehende Schrauben auch Vorteile hätten. Bei geteilter Brille (s. Bild 8–5a) ist es gleichgültig, da der zylindrische Teil immer senkrecht zur Spindel steht.

8.2.1.5 Stopfbuchse mit Manschettenringen

Für bestimmte Einsatzfälle, z. B. in der Hochdruckchemie, erfolgt die Spindelabdichtung durch Manschetten. Der grundsätzliche Aufbau ist aus Bild 8–11 zu ersehen. Der Bund am Druckstück verhindert zu starkes Pressen der Manschettenringe. Die Anzahl der Manschettenringe ist druckabhängig: bis 3 MPa sind drei Ringe üblich, bis 10 MPa vier, darüber fünf Ringe.

Für tiefe Temperaturen sind Manschettenringe wenig geeignet (Gefahr des Aufschrumpfens auf die Spindel).

Werkstoffe: vorrangig Gummi, Elastomere und PTFE, für Sattel- und Gegenringe Metalle und PTFE.

Spindeloberfläche, Spindelgeschwindigkeit: Auf der Spindelseite $R_t = 1\ \mu$m, im Einbauraum $R_t \leq 4\ \mu$m. Gleitgeschwindigkeiten bei Hubbewegungen für Dauerbetrieb $\leq 0,5$ m/s, für intermittierenden Betrieb $\leq 1,5$ m/s. Umfangsgeschwindigkeiten bei drehenden Spindeln für Dauerbetrieb $\leq 0,2$ m/s, für aussetzenden Betrieb $\leq 0,5$ m/s.

348

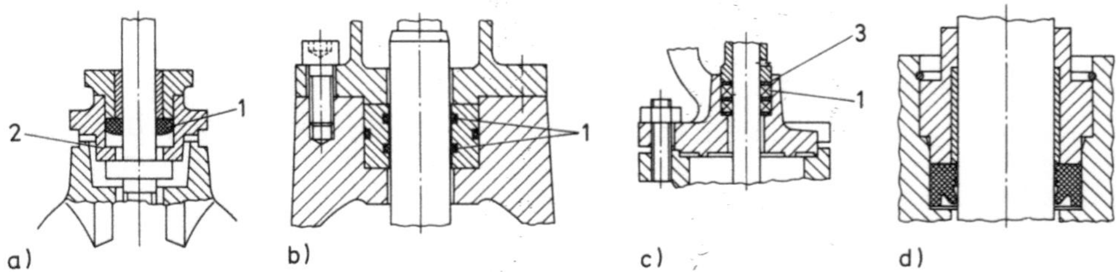

Bild 8–12. Spindelabdichtung durch Rundringe (Fa. Carl Freudenberg).
   a) mit einem Rundring 1. Durch ein in entsprechenden Toleranzen gehaltenes Stopfbuchsfutter 2 wird eine gute Spindelführung erreicht;
   b) mit zwei Rundringen 1;
   c) zwei Rundringe 1 (NBR 70) und drei PTFE-Scheiben 3;
   d) Speziallippendichtring aus EPDM-Kautschuk.

8.2.1.6 Spindelabdichtung mit Ringen

Der grundsätzlicher Aufbau geht aus Bild 8–12 hervor. Die Ringnut ist meistens rechteckig mit einer Erstreckung radial $\approx 0,9\,d$, axial mindestens $1,3\,d$ (d = Durchmesser des freien Ringes). V-förmige und runde Nuten sind weniger geeignet.

Forderungen: korrosionsgeschützte Oberflächen des die Ringe aufnehmenden Raumes, Edelstahlspindeln (Oberfläche möglichst gehont), Gleitmittelbehandlung im Dichtungsbereich, Schutz gegen Feuchtigkeit und Schmutz (z. B. durch Abstreifringe), gute Spindelführung.

Allgemein soll an jeder Dichtstelle nur ein O-Ring vorgesehen werden. Bei zwei Ringen (Bild 8–12b) dichtet der untere Ring gegen das Fluid ab, der obere verhindert das Eindringen von Schmutz und Feuchtigkeit.

Wirkungsweise der Rundringe. Der eingebaute Ring ist leicht vorgespannt. Der Fluiddruck verformt den Ring so, daß er gegen Spindel und Nutrand gepreßt wird. Verformungsgrad und Dichtwirkung hängen von der Härte des Ringwerkstoffes und dem Fluiddruck ab. *Beispiele*: Bei 60° Shore drücken 1,7 MPa den Ring teilweise, 7 MPa vollständig an. Bei 90° Shore sind dafür 7,7 bzw. 31 MPa notwendig.

Bild 8–12d zeigt eine weitere, als wartungsfrei bezeichnete Spindelabdichtung.

Werkstoffe: Gummi, Elastomere, PTFE und PTFE-ummantelte Gummiringe.

Diese Spindelabdichtungen sind wartungsarm, sollten aber trotzdem regelmäßig überwacht werden.

8.2.2 Stopfbuchslose Spindelabdichtung

Elastische, in axialer Richtung bewegliche Dichtelemente erlauben die Bewegung der Spindel zwischen zwei Druckräumen. Gleichzeitig werden die Spindel und andere bewegte Teile vom Fluid getrennt. Rundringe oder Stopfbuchsen bieten Schutz vor Feuchtigkeit und Schmutz von außen.

8.2.2.1 Abdichtung mit Faltenbalg

Faltenbälge sind dünnwandige Rohre mit radialer Wellung (mit und ohne Naht, ein- und mehrwandig). Sie müssen den Hub durch elastische Verformung ermöglichen; Hubbegrenzungen verhindern unzulässige (plastische) Verformung. Die Balglängen nehmen mit größer werdender Nennweite zu; häufig werden zwei oder drei Bälge gekoppelt (gegen seitliches Ausknicken sichern).

Wegen des begrenzten zulässigen Balghubes und der dadurch notwendigen Balglängen (große Armaturenhöhe) werden Faltenbälge gegenwärtig fast ausschließlich in Ventilen eingesetzt; Schieber s. Abschn. 7.2.2.3 und Bild 7–59.

Faltenbalganordnung und Sicherheitsstopfbuchse (s. Abschn. 7.2.1.3 sowie Bilder 8–4d und 7–43). Der Faltenbalg ist mit der Spindel oder dem Kegel und einem Zwischenflansch oder einer Kapsel dicht verschweißt; Belastung durch den Fluiddruck von außen oder innen ist möglich. Die Spindel ist nicht drehend angeordnet (keine Torsionsbelastung für den Balg). Der Balg ist vor dem strömenden Fluid geschützt oder er ragt in den Gehäuseraum und ist der Strömung ausgesetzt (Zwischenflansch oben, Ventile bauen kleiner).

Die Sicherheitsstopfbuchse soll bei defektem Balg den sofortigen Fluidaustritt verhindern. Ein zusätzlicher Kontrollanschluß (s. Bild 7–43a) ermöglicht die Balgüberprüfung. Heute werden für Faltenbälge 20 000 Doppelhübe bei Nenndruckbelastung als Mindestlebensdauer zugelassen, so daß nicht immer eine Sicherheitsstopfbuchse erforderlich ist (selbsthemmendes Spindelgewinde ist notwendig).

Bei Faltenbalgventilen sollte der Kegel von unten angeströmt werden (Strömung trifft nicht auf den Balg). Faltenbalgarmaturen sollten senkrecht mit dem Balg nach oben eingebaut werden.

Vorteile: optimale Dichtheit, wartungsarm. Nachteile: begrenzter Hub, teilweise große Bauhöhe und Masse, ungeeignet für absetzende und kristallisierende Fluide. *Vorrangige Anwendung*: aggressive, giftige, ätzende, brennbare, toxische, übelriechende und radioaktive Fluide.

Faltenbalgwerkstoffe: überwiegend Chrom-Nickelstahl, Tombak (niedrige Drücke) und Kunststoffe, z. B. PTFE.

8.2.2.2 Abdichtung mit Membrane

Grundsätzliche Ausführungen s. Bild 8–4e und f, Abschn. 7.6.1, Bilder 7–148 bis 7–150. *Membranwerkstoffe*: Gummi, Elastomere, Metalle. Zur Vergrößerung des Hubes sind sie vorgeformt. Der Membranrand ist zwischen Gehäuse- und Deckelrand eingespannt und dichtet gleichzeitig den Gehäuseverschluß ab. Metallmembranen sind oft mehrlagig und ermöglichen nur einen geringen Hub (vorrangig kleine Ventile). Bei der im Bild 8–4f gezeigten Ausführung sind Spindel und Kegel (im Gehäuse durch eine Führungsfeder geführt) durch die Membrane getrennt, Öffnen durch Feder und Fluiddruck.

Vorteile: optimale Dichtheit, wartungsarm, geringe Bauhöhe. *Nachteile*: allgemein geringe Drücke und Temperaturen, teilweise geringe Hübe. *Anwendung*: wie Faltenbalg, s. auch Abschn. 7.6.1.

8.3 Spindelrückdichtung

Die Rückdichtung entlastet die Spindelabdichtung bei geöffneter Armatur. Meistens ist die Spindel konisch abgesetzt und legt sich gegen eine entsprechende Andrehung innen im Oberteil an (Bild 8–13). Bei sachgerechter Ausführung ist eine derartige Rückdichtung sehr wirksam. Teilweise wird auch im Oberteil ein Sitz eingeschraubt, oder es werden

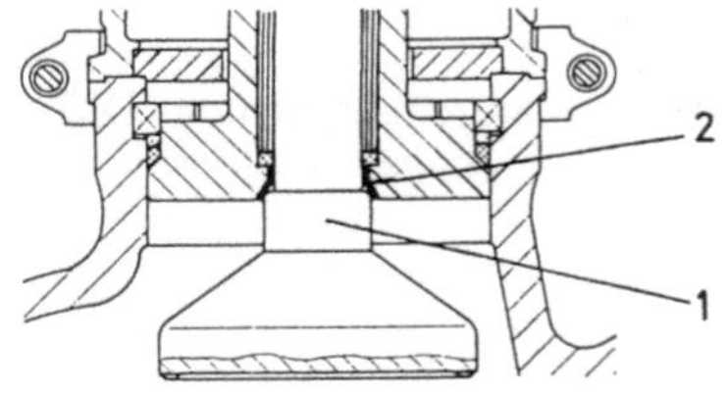

Bild 8–13.
Spindelrückdichtung [8–2].
1 Bund an der Spindel; 2 Sitz auf der Druckseite (am Deckel).

Weichdichtungen eingesetzt. Bei Ventilen wird die Dichtfläche häufig am Kegel vorgesehen. Kegelverschraubungen sollten nicht als Rückdichtung vorgesehen werden, da sie unwirksam sind.

Im allgemeinen genügen legierter Spindel- und normaler Deckelwerkstoff. Bei höheren Ansprüchen muß die Deckeldichtfläche ebenfalls aus Spezialwerkstoff bestehen (aufgepanzert, eingeschraubter, verstemmter oder eingeschweißter Ring). Dabei sollten die Rückdichtflächen zur Aufnahme der aufbringbaren Spindelkräfte (große Absperrkräfte) dimensioniert und die möglichen Temperatureinflüsse (Dehnung, Schrumpfung) berücksichtigt werden, z. B. Federelemente im Antriebskopf (Bild 8–14; große DN und hohe Temperaturen). Bei normalen Einsatzbedingunen genügt i. allg. die Elastizität der Deckelaufbauten.

Damit eine Rückdichtung ihren Zweck erfüllt, muß die Armatur bis zum Anschlag geöffnet werden. Vielfach wird die Armatur nach dem Öffnen bis zum Anschlag wieder um eine Handradumdrehung geschlossen, damit bei Wärmedehnung keine Verkeilung stattfindet; die Rückdichtung ist dann unwirksam. In dieser Stellung besteht auch die Gefahr, daß sich auf den Sitzflächen Belag oder Ablagerungen bilden, die die Rückdichtung im Bedarfsfall unwirksam machen. Deshalb ist bei gefährlichen oder heißen Fluiden dringend davon abzuraten, die Stopfbuchspackung auszuwechseln, wenn die Armatur unter Druck steht und nur die Rückdichtung wirksam sein soll.

Bei *elektrischen Antrieben* sind Rückdichtungen nahezu wirkungslos. Bei wegabhängigem Abschalten kommen die Dichtflächen kaum zur Anlage. Bei drehmomentabhängigem Abschalten können die allgemein kleinen Dichtflächen das zum Auffahren notwendige Moment nicht aufnehmen. Mit hydraulischen und pneumatischen Antrieben ist die Problematik leichter zu lösen.

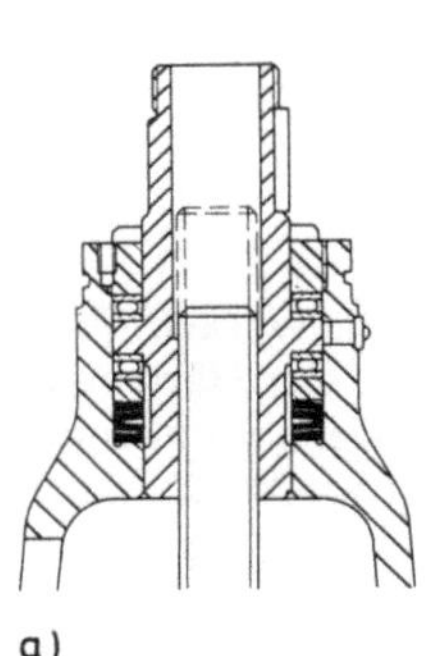

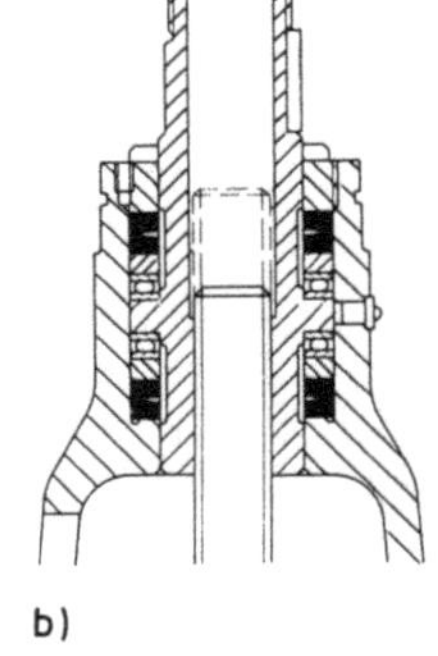

a)

b)

Bild 8–14.
Antriebskopf mit Federelementen [8–2].
a) Unterfederung;
b) Doppelfederung.

8.4 Dichtungen der Absperrbaugruppe

Das sind die Stellkörper- und Gehäusesitzdichtungen der Armaturenabsperrung. Dichtprobleme sind komplexer Natur; es liegen umfangreiche Erfahrungen vor, ergänzend werden objektspezifische Experimente zur Lösung des jeweiligen Problems herangezogen. In den meisten Fällen bestimmen Dichtungsdurchmesser, Betriebsdruck, Betriebstemperatur und das Fluid die Absperrbaugruppe. Zu berücksichtigen sind auch unterschiedliche Verformungen von Gehäuse und Absperrkörper durch Druck und Temperatur.

Die folgenden Erläuterungen ergänzen die entsprechenden Aussagen im Abschn. 7.

Die auf unlegiertem oder niedriglegiertem Grundmaterial aufgeschweißten Dichtflächen haben sich durchgesetzt. Dabei werden Hartlegierungen (z. B. Stellite) bevorzugt, wenn höhere Temperaturen und vor allem Verschleiß durch Erosion zu erwarten sind. Gegen Fremdkörper im Fluid verhält sich Stellit günstiger als andere Aufpanzerungen. Sie sind auch besonders widerstandsfähig gegen Reibverschleiß bis $\approx 600\,°C$.

Es gibt eine große Anzahl von Stellitequalitäten, teilweise mit Härten bis 600 HB. Als Dichtringe in Armaturen sind diese Härten wegen Rißempfindlichkeit nicht geeignet. Das Gefüge der Dichtungen muß nach dem Schweißen bzw. nach der Bearbeitung der Schweiße homogen sein (Risse bewirken Undichtheit im Abschluß). Deshalb sollten Stellite-Dichtringe nur maximal 400 HB Härte haben [8-6].

Stellit kann auf beinahe alle Stahlqualitäten aufgetragen werden. Bei hochlegierten Stählen ist die Aufpanzerung schweißtechnisch einfacher als auf unlegierten oder niedriglegierten Stählen. Bei letzteren und bei großen Stellitflächen empfiehlt sich eine Pufferung aus hochlegiertem Stahl (s. Bild 7-18b; austenitische Zwischenschicht mit guten Dehneigenschaften), vor allem, wenn die Stellitqualität große Härte bringen soll.

Es ist von Fall zu Fall zu prüfen, ob mehrere Lagen immer erforderlich sind, denn mindestens 1 mm, höchstens 2 mm Stelliteauflage ist in jedem Fall ausreichend; eine Härte von 370 bis 380 HB kann gegebenenfalls auch mit einer Lage erreicht werden [8-6].

Für den Reibverschleiß unter hoher Flächenpressung bei meist relativ geringen Gleitgeschwindigkeiten aufeinander gleitender Dichtflächen (insbesondere bei Schiebern, Kugelhähnen und Klappen) sind neben der Werkstoffqualität und der Härte die Oberflächengüte, die Reaktionsschichtausbildung usw. entscheidend.

Je nach Beanspruchung (Temperatur, Fluid, Flächenpressung, Gleitgeschwindigkeit) kommen die unterschiedlichsten Werkstoffpaarungen zum Einsatz, z. B. Messingringe oder korrosionsbeständige hochnickellegierte Plasmaspritzschichten bei Gußeisenschiebern oder plasmapulverauftragsgeschweißte Kobaltbasislegierungen (Stellite) bei Hochdruckschiebern aus warmfestem Stahlguß. Neueren Datums sind sogenannte selbstoptimierende metallische Werkstoffe (metastabile austenitische Werkstoffe), deren Oberfläche durch Energieaufnahme beim Reiben in eine martensitische, verschleißfeste Schicht umgewandelt wird, die durch Neubildung erhalten bleibt und so geringe Reibung und Verschleiß bewirken [8-6].

Zu große Härten haben sich nicht bewährt. Die Annahme, daß gleiche Werkstoffe für gleitende Dichtflächen schlecht geeignet sind, trifft nur begrenzt zu [8-4]. Der Härteunterschied der Stellkörper- und Gehäusedichtflächen sollte etwa 50 HB betragen (vor allem bei Schiebern und metallisch dichtenden Klappen). Bei Stellit kann das durch unterschiedliche Qualitäten erreicht werden. Dabei ist die härtere Fläche im Gehäuse günstig, da der Stellkörper i. allg. leichter zu reparieren ist.

In den Vorschriften ANSI und ASTM (USA) wird darauf verwiesen, daß bei Hartpanzerungen ein Härteunterschied entfallen kann, weil kein „Fressen" mehr möglich wäre [8–6].

Die o. a. Werkstoffe werden auch als massive Ringe eingeschraubt oder eingewalzt. Teilweise ist es vorteilhaft, Ringe einzusetzen und zu verschweißen.

Eingestemmte Bleiringe, PTFE, Elastomere, Gummi, Emaille usw. werden verstärkt angewendet. Bei *Elastomeren* beruht die Dichtwirkung auf ihrer Verformung und der dabei erzeugten „gummielastischen" Rückstellkraft. Nach seiner Verformung geht das Elastomer gegebenenfalls durch innere Reibung verzögert, wieder in seine ursprüngliche Form zurück. Ein z. T. auftretender Formänderungsrest hängt ab vom Aufbau der Mischung, vom Verformungsgrad und von der Temperatur. Da Elastomere praktisch inkompressibel sind, beruht die Verformung auf einer Gestaltänderung und nicht auf einer Volumenänderung. Deshalb gilt nach [8–7]:

– Die konstruktive Gestaltung und der Einbau dürfen die Dehnung nicht behindern.
– Die Rückstellkraft ist vom verformbaren Volumen abhängig. Es sollten nicht mehr als 10 % des aktiven Dichtungsvolumens vorformt werden.
– Bei gekammerten Dichtungen sind die unterschiedlichen Ausdehnungskoeffizienten von Kammerungswerkstoff und Elastomer zu berücksichtigen.
– Die Formstabilität muß möglichst gewährleistet sein, besonders dann, wenn die Elemente direkt umströmt werden.
– Mit steigender Temperatur nimmt die Elastizität stark ab, die Elastomere werden zunehmend plastisch verformt, verlieren ihre Rückstellkraft und damit die Dichtwirkung. Auf Grund der Inanspruchnahme der Elastizität und der mechanischen Beanspruchung muß der Einsatzbereich unterhalb der eigentlichen Temperaturbeständigkeit der Elastomere begrenzt werden: $\approx$ 1,6 MPa und $-$ 10 bis 120 °C (200 °C).

8.5 Entlastungskegel und Umführungen bei Armaturen

Entlastungskegel und Umführungen (Bypass mit Entlastungsventil) sollen eine Entlastung bewirken, d. h., die Armatur muß nicht gegen den maximalen Differenzdruck geöffnet und u. U. geschlossen werden (s. auch Abschn. 7.1.1 und 7.1.2, Durchflußrichtung und Dichtkraft). Für Absperrventile ist der maximale zulässige Differenzdruck i. allg. bereits in den Normen festgelegt.

Die beiden genannten Möglichkeiten, den Differenzdruck zu reduzieren, werden aber nur wirksam, wenn entsprechende Verhältnisse im Gesamtsystem gegeben sind. Liegt konstanter statischer Druck an, z. B. bei einer Armatur unmittelbar am Behälter, werden diese Entlastungen wenig wirksam. Ähnlich kann die Problematik sein, wenn mit Kreiselpumpen gearbeitet wird; bei steiler Pumpenkennlinie kann die gedachte Entlastung durch das Ansteigen des Differenzdruckes bei abnehmendem Volumenstrom ausgeglichen werden.

Es kann also nicht grundsätzlich davon ausgegangen werden, daß Entlastungskegel und Umführung immer eine Minderung des Differenzdruckes bewirken [8–6].

Umführungen dienen gegebenenfalls auch zum Entleeren, z. B. an Rückschlagklappen.

Wahl der Nennweite für Umführungen: DN 15 als kleinste Nennweite; darüber 10 % DN der Grundarmatur.

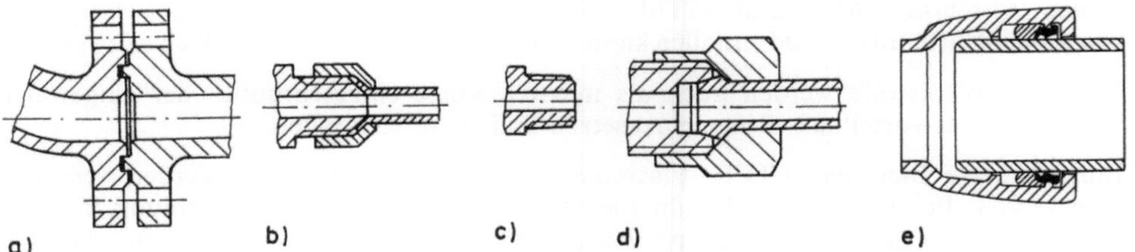

Bild 8–15. Lösbare Rohrleitungsanschlüsse.
a) Flansch mit Nut, Gegenflansch mit Feder;
b) Bördelanschluß (-verschraubung);
c) Einschraubzapfen;
d) Kugelbuchsanschluß und Schneidringverschraubung;
e) Steckmuffe.

8.6 Rohrleitungsanschlüsse

Armaturen werden *lösbar* und *unlösbar* mit der Rohrleitung verbunden.

8.6.1 Lösbare Rohrleitungsanschlüsse

Bild 8–15 zeigt die üblichen Ausführungen. Armaturen haben vorrangig feste Flansche, die nach den genormten Rohrleitungsflanschen bemessen sind (PN-, DN- und industriezweigabhängig). Sie werden vorrangig mit Flachdichtungen abgedichtet (erforderliche Eigenschaften s. Abschn. 8.1.1). Bei Flanschen mit Nut nimmt diese die Dichtung auf. Der Rohrleitungsflansch hat dann eine sogenannte Feder, die in die Nut hineinragt und die Dichtung preßt.

Steckmuffen mit elastischem Dichtring machen die Verbindung beweglich (gelenkig) und entlasten die Armatur von den Einflüssen der Rohrleitungsbewegung. Einsatz vorrangig in der Wasserversorgung, z. B. erdeingebaute Rohrnetzschieber (durchgängige flanschlose Verbindung, keine Dichtungs- und Korrosionsprobleme der Flanschverbindung). Bei einem solchen Steckmuffenanschluß sollte die Spindel der Armatur unbedingt austauschbar sein, damit Spindelbeschädigungen, wie sie bei erdverlegten Armaturen häufig vorkommen (Verfüllen des Rohrgrabens, Straßenarbeiten usw.) nicht den Ausbau der ganzen Armatur erforderlich machen.

8.6.2 Unlösbare Rohrleitungsanschlüsse

Das sind Schweiß- und Lötverbindungen (Bild 8–16). Die Schweißenden entsprechen der Nahtvorbereitung am Rohr.

In unteren Druckbereichen ist das Einschweißen bereits üblich. Im Bereich PN 64 bis PN 160 werden Armaturen in großem Umfang eingeschweißt. Ab PN 160 ist das Einschweißen aller Nennweiten zweckmäßig. Nur wo es für Montage und Demontage notwendig ist, z. B. am Kompressor oder bei Brand bzw. Explosionsgefahr, werden Flansch- und Schraubverbindungen vorgesehen.

Von einer Beeinflussung der Funktion der Armaturen durch das Schweißen kann bei üblichen Baulängen und Einhaltung der Einbauvorschriften i. allg. abgesehen werden; evtl. Ausbau der Innenteile.

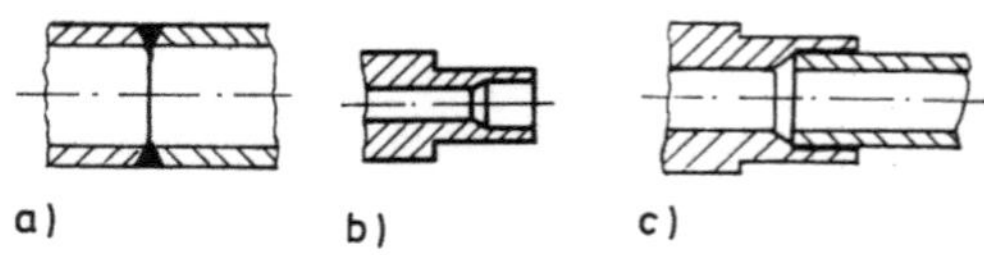

Bild 8–16.
Unlösbare Rohrleitungsanschlüsse.
a) Schweißanschluß;
b) Steckmuffe (Schweißmuffe, kleine DN);
c) Lötanschluß.

In Kupfer- und Messingleitungen werden Lötverbindungen angewendet: < DN 15 mit Weichlot, ≧ DN 15 mit Hartlot.

8.6.3 Einklemmen zwischen Rohrleitungsflansche

Die sogenannte Einklemmbauweise hat sich, besonders bei Klappen und Kugelhähnen, seit etwa 30 Jahren bewährt.

8.7 Armaturenverriegelungen

Aufgabe je nach Betriebszustand der Anlage; z. B. Armaturen, die während des Probe- und Anfahrbetriebes in Zu-Stellung verriegelt sind oder durch Verriegelung im Dauerbetrieb in Auf- oder Regel-Stellung. Zumeist kann nur eine Armaturenstellung verriegelt werden.

Es wurden und werden viele, z. T. einfache Lösungen angewendet, z. B. abnehmbare Handräder und Hebel, Ketten mit Vorhängeschlössern, Unterbrechung der Kraftver-

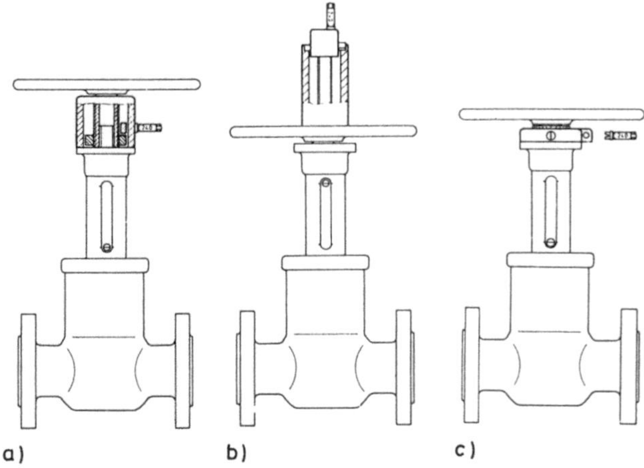

Bild 8–17. Verriegelungssysteme, Beispiele [8–5].
    a) Verriegelung mit Gewinderingen; Die parallele Verriegelung von Armaturenstellungen erfordert mehrere Gewinderinge übereinander (größere Bauhöhe). Wird versucht, die Armatur in verriegelter Stellung zu betätigen, belasten die Gewindekräfte die Sperriegel, und diese klemmen die Gewinderinge einseitig fest. Klemmende und längere Zeit nicht betätigte Gewinderinge erfordern große Betätigungskräfte und können sogar unlösbar festsitzen.
    b) Verriegelung mit Hubrohren: Die Spindel muß mindestens um den Hub aus der Armatur herausragen, und die Hubrohre müssen angepaßt werden (große Bauhöhe). Beim Versuch, die verriegelte Armatur zu betätigen, besteht vor allem bei großem Spindeldurchmesser infolge der abzufangenden Gewindekräfte Abrißgefahr.
    c) Einstellbare Verriegelung.

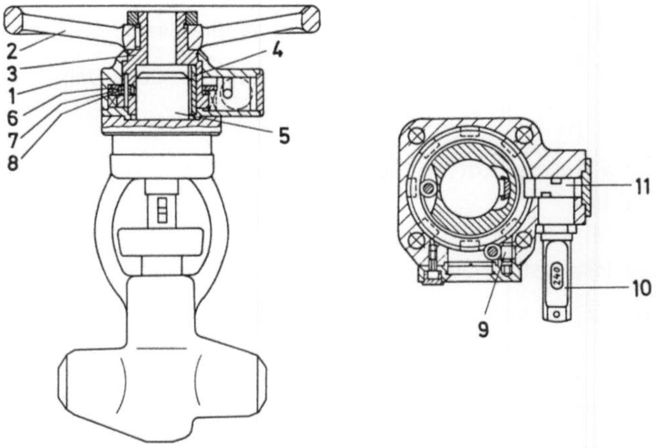

Bild 8–18. Aufbau und Funktion der einstellbaren Verriegelung [8–5].
1 Verriegelung. Die Handkraft 2 wird über die Welle 3 und Mitnehmer 4 direkt auf die Spindel 5 bzw. Gewindebuchse übertragen. Die Verriegelungsstellung wird mit den Zahnrädern 6 und 7 (unterschiedliche Zähnezahl) und dem Ritzel 8 eingestellt. Zahnrad 7 steht fest und wird nur für die Verstellung über das Schneckengetriebe 9 mit einem Einsteckschlüssel bewegt. Zahnrad 6 bewegt sich synchron mit dem Handrad. In der Verriegelungsstellung ist eine Steuernut deckungsgleich mit der Wellennut, und der Riegel kann mit dem Verriegelungsschlüssel 10 in die Nut geschoben werden; die Welle 3 ist kraftschlüssig verriegelt. Die Anzeige 11 verdreht sich je Handradumdrehung um eine Skaleneinheit.

bindung zwischen Bedienungsteilen. Letzteres betrifft u. a. Mitnehmerkupplungen oder Federbolzen zwischen Handrad und Spindel. Beim Entriegeln ist die herzustellende Kraftverbindung mit dem Handrad nicht immer kontrollierbar. Eine parallele Verriegelung mehrerer Armaturenstellungen ist nicht möglich. Elektromagnetische Verriegelungen erfordern eine gesonderte Ansteuerung und werden bei Stromausfall funktionsunfähig [8–5]. Bild 8–17 zeigt Beispiele für Verriegelungssysteme.

Wesentliche Forderungen an Armaturenverriegelungen:

– vielseitige Anwendungsmöglichkeiten (für unterschiedliche Armaturen und mehrere parallel zu verriegelnde Spindelstellungen), problemloser Umbau,
– raumsparende Bauweise, geringer Platzbedarf für die Anzeigen, Steuer- und Betätigungselemente,
– Unabhängigkeit von Durchmesser, Länge und Gewindekraft der Spindel, Unabhängigkeit von großen Spindelkräften,
– nachträgliche Montage auf Armaturen und Bedienungszubehör ohne Nacharbeiten und Betriebsunterbrechung,
– optisch kontrollierbare, spielfreie Einstellung und einfache Betätigung (nach dem Entriegeln Betätigen der Spindel ohne zusätzliche Kräfte und Fahren in jede Betriebsstellung), Anzeige der Verriegelungsstellung vor Ort und durch Fernanzeige,
– Funktionssicherheit, zuverlässiger und wartungsfreier Dauerbetrieb.

Beispiele für einstellbare Verriegelungen

Eine einstellbare Verriegelung (Bilder 8–17c und 8–18) wird direkt auf die Armatur aufgebaut. Sie soll die vielfältigen Verriegelungsaufgaben und die o. a. Forderungen erfüllen.

Tabelle 8–7. Verriegelungstypen.

Verriegelungstypen	Schließ-zylinder	Sperr-riegel	verriegelbare Armaturenstellungen
	1	1	„Auf" oder „Zu"
	2	1	oder eine wählbare Zwischen-Stellung
	2	2	„Auf" und „Zu" oder
	3	2	„Auf" und Zwischen-Stellung oder „Zu" und Zwischen-Stellung oder
	4	2	zwei wählbare Zwischen-Stellungen
	3	3	
	4	3	„Auf" und „Zu" und Zwischen-Stellung oder „Auf" und zwei Zwischen-Stellungen oder
	5	3	„Zu" und zwei Zwischen-Stellungen oder drei wählbare Zwischen-Stellungen
	6	3	

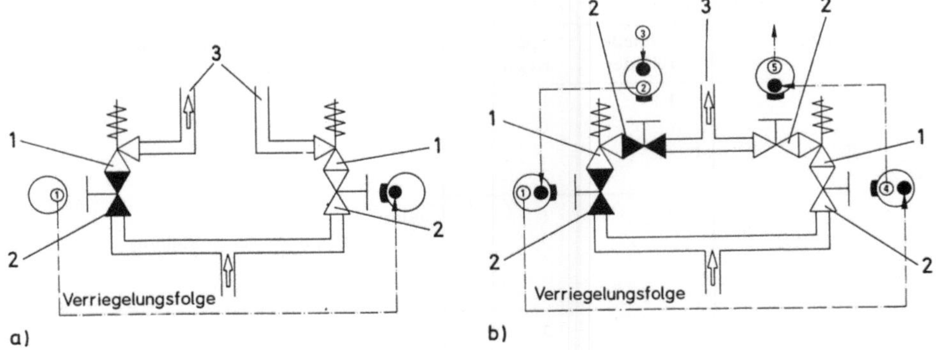

Bild 8–19.   Beispiele für die Anwendung einstellbarer Verriegelungen: Zwillings-Sicherheitsventile [8–5].
a) Mit getrennter Abblaseleitung. Verriegelungsfolge: Mit dem einen Schlüssel (1) kann wahlweise nur die eine oder andere Absperrarmatur entriegelt und geschlossen werden. Der steckende Schlüssel ist so lange blockiert, bis die Absperrarmatur wieder geöffnet und verriegelt ist.
b) Mit gemeinsamer Abblaseleitung. Die Inbetriebnahme des einen und Außerbetriebnahme des anderen Sicherheitsventiles läuft wie folgt ab:
– mit freiem Schlüssel (3) Austrittsventil entriegeln, öffnen und mit steckendem Schlüssel (2) verriegeln;
– mit freigewordenem Schlüssel (2) Eintrittsventil entriegeln, öffnen und mit steckendem Schlüssel (1) verriegeln;
– freigewordenen Schlüssel (1) unter Kontrolle nehmen oder das andere Sicherheitsventil absperren und verriegeln in der Reihenfolge 1–4–5.

1 Sicherheitsventil; 2 Absperrarmatur (-ventil); 3 Ausblaseleitung.

Mit verschiedenen Typen (Tabelle 8–7) können neben der Verriegelung von Betriebsstellungen einzelner Armaturen auch Armaturengruppen in vorgegebener Reihenfolge verriegelt werden (unverwechselbar, nur bei verriegelter Armatur abziehbarer Schlüssel mit verschiedenen Nummern). Einstellbare Verriegelungen mit zwei oder drei Sperriegeln, die sich nur mit zwei bzw. drei verschiedenen Schlüsseln zugleich entriegeln lassen, erweitern die Möglichkeiten (hohe Sicherheitsanforderungen).

Bild 8–19 zeigt Anwendungsbeispiele: Mindestens eines der beiden Sicherheitsventile muß betriebsbereit sein. Dabei unterscheidet sich die Verriegelung bei getrennten und gemeinsamen Ausblaseleitungen. Bei getrennter Ausblaseleitung genügen eintrittsseitig in Offenstellung verriegelte Absperrarmaturen. Bei gemeinsamer Ausblaseleitung werden die Absperrarmaturen zuerst eintrittseitig, anschließend austrittseitig abgesperrt und verriegelt.

9 Stellantriebe

Stellantriebe sind Bindeglieder in der Funktionskette Steuer- bzw. Regeleinrichtung – Antrieb – Armatur. Antrieb und Armatur bilden gerätetechnisch eine Einheit, das Stellgerät. Der Antrieb hat die Aufgabe, die Armatur in die vom Stellsignal vorgegebene Stellung zu bringen und zu halten, d. h. Wandlung einer Information in eine mechanische Größe.

Das Erfassen und Umformen der Meßgröße (mit Istwert-Sollwert-Vergleich) und das Bilden einer der Abweichung proportionalen Stellgröße erfolgt heute mit einer allen Anforderungen an Genauigkeit, Linearität und Reproduzierbarkeit genügenden Gerätetechnik. Zur Erhöhung der Betriebssicherheit und Stellgenauigkeit der Armaturen mit Stellantrieb werden diese mit Zusatzeinrichtungen ausgerüstet.

Elektronische Halbleiterelemente, besonders die Thyristortechnik, und Motoren mit trägheitsarmem Rotor ermöglichen schnelle, elektronisch gesteuerte Antriebe mit feiner Abstufung in allen benötigten Drehmoment-, Schub- und Schwenkbereichen. Es werden immer mehr komplette, kundenspezifische Problemlösungen angeboten.

Die Mehrzahl der Absperrarmaturen werden immer noch von Hand betätigt, während die in der Regel häufiger zu betätigenden Regelarmaturen bereits überwiegend mit Stellantrieben ausgerüstet sind. Schlecht zugängliche oder extremen Temperaturen ausgesetzten Armaturen werden über Fernantriebsteile betätigt (s. Abschn. 9.4.1).

Die folgenden Ausführungen beziehen sich auf Stellantriebe für mechanisch betätigte Armaturen; es wird nicht zwischen Antrieben in Steuerstrecken und in Regeleinrichtungen unterschieden. Auf abweichende technische Anforderungen und Eigenschaften wird besonders hingewiesen.

9.1 Stellkräfte

Alle an der Armatur wirkenden Kräfte müssen von der Antriebskraft überwunden werden, um das Stellen im Hubbereich und das Dichtschließen bei der Absperrung zu ermöglichen. Wegen der Vielzahl der Einflüsse ist eine exakte Berechnung oftmals nicht möglich. Im folgenden soll das am Beispiel der Stellkraftberechnung für ein Ventil gezeigt werden.

Stellkräfte am Ventil. Bei der Betätigung von Ventilen ist mit folgenden Kräften zu rechnen:

- Reibungskräfte F_R in der Stopfbuchse, an den Führungen und bei Druckentlastung in der Kolbendichtung,
- Schließkraft F_S an der Absperrung zur Gewährleistung der Dichtheit,
- statische bzw. dynamische Kraft F_P (aus p_1 und p_2) auf den Absperrkörper (sofern er nicht vollkommen druckentlastet ist), auf die Spindel oder bei Faltenbalgabdichtung auf die Balgfläche (plus der Federkraft F_B des Balges).

Die Summe der in Richtung Ventilspindel wirkenden maximalen Kräfte muß vom Stellantrieb sicher aufgebracht werden.

$$F_{\text{Antr}} \geqq \Sigma F = \Sigma F_R + \Sigma F_S + \Sigma F_P. \tag{9.1}$$

Die maximale Kraft ist zumeist in Schließstellung notwendig.

Reibungskräfte: An den Führungen ist F_R i. allg. vernachlässigbar.

Die Stopfbuchsreibung wird von folgenden Einflüssen bestimmt: Art der Packung, Reibungsverhalten (z. B. Haft- und Gleitreibung), Packungslänge, Pressung der Packung, Temperatur der Packung, Spindeldurchmesser und -rauhtiefe, Schmierfähigkeit des Strömungsmediums, statischer Druck in der Armatur.

Die Vielzahl der Einflüsse macht korrekte Angaben über die Reibung schwierig. Die Stopfbuchsreibung kann als aus einem Festanteil und einem druckabhängigen Teil zusammengesetzt angesehen werden, der Betrag ist von Spindeldurchmesser und -rauhtiefe abhängig [9–3]. Voraussetzung: Die Stopfbuchse ist nicht stärker als für ein sicheres Abdichten beim entsprechenden Druck erforderlich angezogen. Richtwerte bei einer Spindelrauhtiefe $\leq 1\ \mu$m ergeben sich für die Reinbungskraft F_{RSt} in der Stopfbuchse nach folgenden Faustformeln:

– für PTFE $\qquad F_{RSt} \approx 6\,d_{Sp} + 0{,}1\,d_{Sp} \cdot \Delta p \quad$ in N,

– für Graphitasbest $\quad F_{RSt} \approx 11\,d_{Sp} + 0{,}2\,d_{Sp} \cdot \Delta p \quad$ in N

mit d_{Sp} Spindeldurchmesser in mm, Δp Differenzdruck über der Stopfbuchse in bar.

Schließkräfte F_S sollen das dichte Absperren gewährleisten bzw. die Leckage in zulässigen Grenzen halten. Stark überdimensionierte Antriebe können die Sitz- und Kegelkontur unzulässig verformen. Als Richwerte gelten nach [9–3]:

– für Metall auf Metall $\quad F_S \approx 2{,}5\pi \cdot d_S \quad$ in N, $\hspace{4cm}$ (9.2)

– für Weichdichtung $\qquad F_S \approx 4\pi \cdot d_S \quad$ in N $\hspace{4.5cm}$ (9.3)

mit d_S Sitzdurchmesser in mm.

Es kann damit gerechnet werden, daß sich die Reibungskräfte im Schließzustand abbauen; dieser Stellkraftanteil steht dann als Schließkraft zur Verfügung.

Federkraft des Faltenbalges ist bei eingebautem Faltenbalg hubabhängig zusätzlich zu berücksichtigen; zur Berechnung ist die entsprechende Federkonstante heranzuziehen.

Statische Kräfte F_p in Schließstellung (grobe Abschätzung):

$$F_P = A_S \cdot \Delta p_0 = A_S(p_1 - p_2) \quad \text{in N.}$$

Bei genauerer Betrachtung ist die Spindel zu beachten:

– Kegel gegen seine Schließrichtung angeströmt (Bild 9–1a)

$$F_P = \Delta p_0 \cdot A_S + p_2 \cdot A_{Sp} \quad \text{in N.} \hspace{3cm} (9.4)$$

Die Kraft F_p wirkt der Schließrichtung entgegen.

– Kegel in seiner Schließrichtung angeströmt (Bild 9–1b)

$$F_P = \Delta p_0 \cdot A_S + p_1 \cdot A_{Sp} \quad \text{in N.} \hspace{3cm} (9.5)$$

Die Kraft F_P wirkt in Schließrichtung.

– Doppelsitz-Durchgangsventil (Bild 9–1c)
Der obere Kegel wird gegen seine Schließrichtung, der untere in seiner Schließrichtung angeströmt.

$$F_P = \Delta p_0(A_{S1} - A_{S2}) + p_2 \cdot A_{Sp} \quad \text{in N.} \hspace{2.5cm} (9.6)$$

360

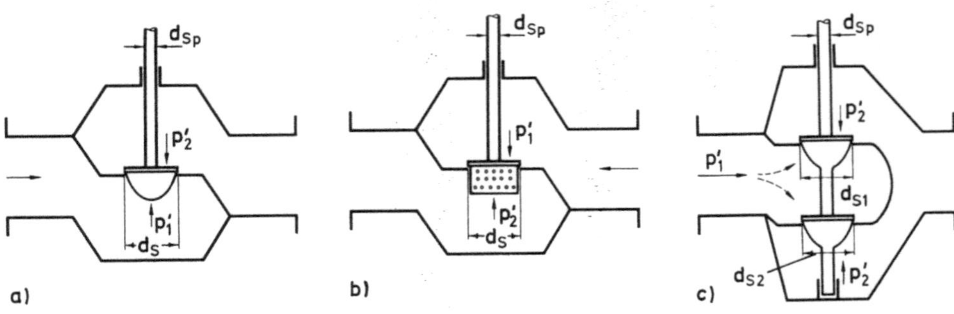

Bild 9–1. Kräfte am Ventilkegel, Beispiele [9–3].
a) Einsitz-Durchgangsventil mit Parabolkegel;
b) Einsitz-Durchgangsventil mit Lochkegel;
c) Doppelsitz-Durchgangsventil.

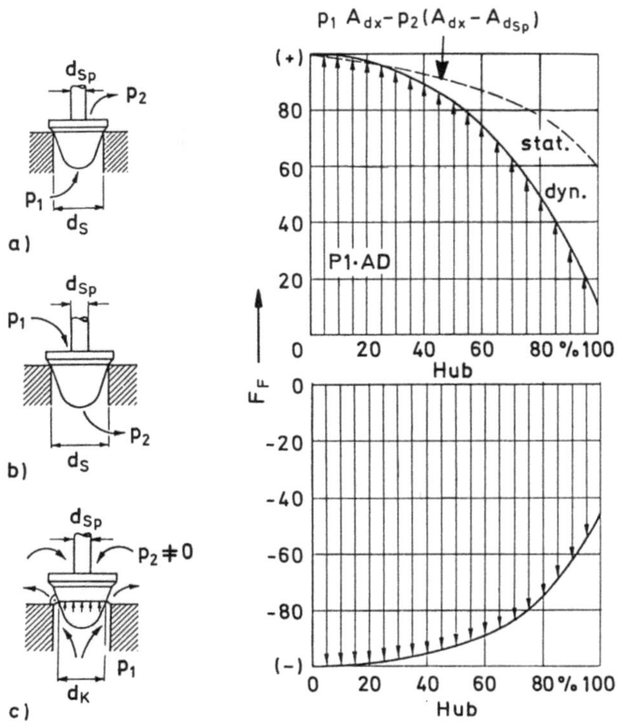

Bild 9–2. Fluidkraft in Abhängigkeit vom Hub (Messungen mit konstantem Δp) [9–10].
a) Anströmen gegen die Schließrichtung, Kraftabnahme $\approx 90\%$ bei 100% Hub;
b) Anströmen in Schließrichtung, Kraftabnahme $\approx 55\%$ bei 100% Hub;
c) hubabhängige wirksame Kegelfläche (Strömungsfläche); d_K wirksamer Kegeldurchmesser.

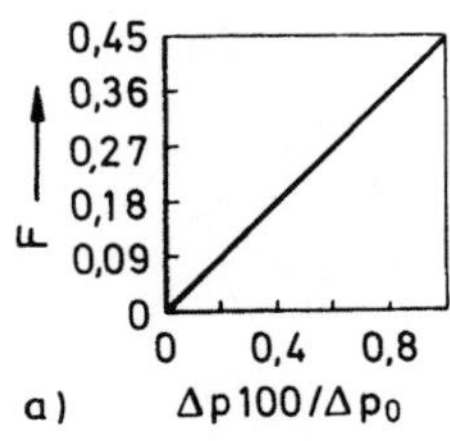
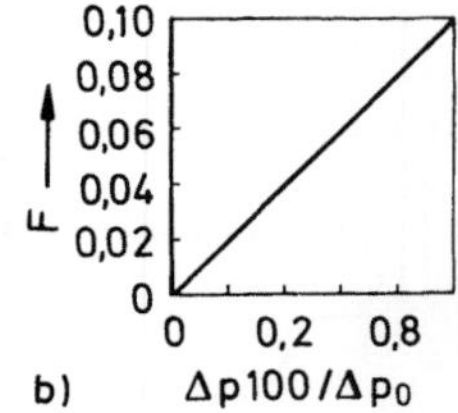

Bild 9-3.
Abhängigkeit des Korrekturfaktors F vom Druckverhältnis $\Delta p_{100}/\Delta p_0$ [9-10].
a) Fluid schließt;
b) Fluid öffnet.

In *Abhängigkeit vom Hub* ist F_P auf Grund der wirksamen Strömungsfläche und der dynamischen Strömungskräfte veränderlich; der Verlauf ist von der Kegelform abhängig (Bild 9-2). Zur Orientierung kann bei konstantem Δp über den Hub für alle Stellventile mit einem Korrekturfaktor F gearbeitet werden, der die Kraftabnahme bei 100% Hub angibt (z. B. für Einsitzventile in 1. Näherung bei Anströmen gegen Schließrichtung $F = 0,1$; in Schließrichtung $F = 0,45$) [9-10]. Nimmt Δp mit dem Hub ab, nimmt auch F_P weiter ab (in 1. Näherung linear). Nach Bild 9-3 ist eine erste diesbezügliche Abschätzung in Abhängigkeit von $\Delta p_{100}/\Delta P_0$ möglich.

9.2 Allgemeine Anforderungen, Auswahl- und Anwendungskriterien

Bei der Anpassung des Antriebes an die Armatur sind konstruktive und die Wirkungsweise betreffende Forderungen zu berücksichtigen. *Konstruktiven Forderungen* wird durch die Gestaltung der Anpassungselemente (Betätigungsköpfe) entsprochen. Die *Wirkungsweise* betreffende Forderungen sind kinematischer und dynamischer Art. *Kinematische Anpassung*: Stellart und -bereich müssen den Anforderungen der Armatur entsprechen (im wesentlichen konstruktive Anforderungen). *Dynamische Anpassung*: Erzeugen der erforderlichen Stellkraft; zum Stellsignal proportionale Verstellung mit vorgegebener Genauigkeit, trotz vorhandener Störgrößen wie Reibung, Fluidkräfte usw.; Verhinderung von Hysterese beim Stellvorgang.

Störgrößen sollen den durch die Stellgröße zu erreichenden Hub nicht beeinflussen. Das wird in der Regel durch *Nachlaufsteuerung* erreicht. Dabei stellt der Antrieb die Armatur entsprechend der Abweichungen einer Führungsgröße, die vom Regler vorgegeben wird, nach.

Auswahl- und Anwendungskriterien. Auf Grund der Eigenheiten, Vor- und Nachteile der verschiedenen Antriebsprinzipien haben sich bestimmte Anwendungsbereiche herausgebildet, die sich aber weitgehend überdecken und deren Grenzen fließend sind (Tabelle 9-1). *Kriterien* sind das zur Verfügung stehende Energieangebot, die erforderlichen Stellkräfte und -momente sowie die Stellzeit. Dabei ist die Stellbewegung hinsichtlich der Bediendauer und im zeitlichen Ablauf zu berücksichtigen. Hierbei ist auch zu beachten, daß längere Stillstandszeiten, Verschmutzungen und äußere Einflüsse (wie niedrige Temperaturen) zu Stellkrafterhöhungen führen können. Es ist zweckmäßig, Antriebe mit einer Einstellreserve von $\approx 20\%$ auszulegen.

Weitere Auswahlkriterien: Absperr- oder Stellarmatur (drehend, schwenkend, schiebend), Stellweg (Umdrehungen, Drehwinkel, Hub), Stellgeschwindigkeit (U/min, t/100% Stellweg), Verbindung mit der Armatur.

Bei Hilfsenergieausfall ist oftmals eine zusätzliche Betätigungsmöglichkeit erforderlich (Handnotbetätigung). Während in Kraftwerken traditionsgemäß elektrische, hydraulische und elektrohydraulische Antriebe eingesetzt werden, sind in der Verfahrenstechnik, be-

362

Tabelle 9–1. Die wichtigsten Antriebsprinzipien (Stellantriebe) für Armaturen.

Bezeichnung	Stellenergie (Hilfsenergie)	Wandler für die mechanische Stellgröße	mögliche Stellvorgänge	Anpassung an den Stellvorgang	Anwendung (vorrangig)
elektrischer Stellantrieb	elektrisch (Strom)	Elektromotor	Drehbewegung (U/Stellweg >1) Schwenkbewegung (U/Stellweg <1) Schubbewegung	*Getriebe* Stirnrad- und Kegelradgetriebe Schneckengetriebe Hebelgetriebe (Abtriebshebel) Schubstufe (Gewindemutter), Gelenkschubantrieb	Absperrventile, Schieber, Absperrklappen mit Kurbelgetriebe Kugelhähne, Absperrklappen, Regelklappen mit Gestänge Regelventile, Regelklappen, Absperrventile, Absperrklappen, Schieber
pneumatischer Stellantrieb	pneumatisch (Druckluft)	Membranantrieb Kolbenantrieb	Schubbewegung Schwenkbewegung	Dimensionierung des Membran- bzw. Kolbenantriebes Schubstange, Zahnstange Hebelgetriebe (Abtriebshebel)	Regelventile, Regelklappen, Absperrventile, Absperrklappen, Kugelhähne, Regelklappen mit Gestänge
hydraulischer Stellantrieb	hydraulisch (Drucköl, Emulsion)	Kolbenantrieb	vorrangig Schubbewegung, Schwenkbewegung über Hebelgetriebe, Zahnstange mit Zahnrad	Dimensionierung des Kolbenantriebes Schubstange Zahnstange Hebelgetriebe (Abtriebshebel)	Regelventile, Regelklappen Schieber Klappen, Kugelhähne Regelklappen mit Gestänge
elektromagnetischer Stellantrieb	elektrisch (Strom)	Elektromagnet	Zugbewegung (Auf – Zu)	Polschuhausbildung, Hebel	Ventile

sonders in der chemischen Industrie, pneumatische Antriebe dominierend. Zum Betätigen von Ventilen für ausschließliche Auf-Zu-Schaltung eignen sich in gewissem Umfang Elektromagnete (Magnetventile, s. Abschn. 7.1.1.1 und 7.2.1.5).

9.3 Zusatzeinrichtungen

Forderungen: drehmoment- und/oder wegabhängige Abschaltung, Signalisierungs- und Verriegelungsmöglichkeiten, mechanische und elektrische Stellungsanzeige.

Endschalter schalten den Antrieb weg- oder drehmomentabhängig ab, z. B. elektrische Endschalter als Grenzwert-, Sicherheits- oder Steuerschalter.

Wandler gewährleisten die Zuordnung von Stellsignal und Armaturenstellung. Signalumformer übertragen eine Signalart in eine andere, z. B. ein analoges elektrisches in ein pneumatisches Stellsignal.

Stellungsanzeiger und -rückmelder erfassen und signalisieren (mechanisch oder elektrisch) die Stellung oder Bewegung der Armatur. Die Signalisierung der Armaturenstellung ist nur über Wegschalter möglich. Bei der *mechanischen* Stellungsanzeige erfolgt die Anzeige vor Ort durch Zeiger, Scheibe, Hebel usw. Die *elektrische* Anzeige (Potentiometer, induktive oder elektronische Stellungsmelder, berührungslos oder als R/I-Umsetzer usw.) signalisiert die Armaturenstellung an einen Anzeiger, Schreiber oder Meßwertverarbeiter.

9.4 Betätigungsköpfe, Antriebsanschlüsse, Fernantriebsteile

Betätigungsköpfe sind bei Spindelarmaturen zu finden. Zunehmend werden sie als sogenannte Kombianschlüsse für Handbetätigung und/oder den Anschluß eines Antriebes ausgeführt (Bild 9–4). Für mechanische Antriebe sollte immer ein Betätigungskopf mit nichtdrehender Spindel verwendet werden, da er hohe Drehzahlen und die Übertragung großer Kräfte ermöglicht.

Fernantriebsteile. Ist unmittelbares Betätigen der Armaturen nicht möglich (schlecht zugänglich, extreme Bedingungen am Einbauort, zentrale Betätigung), müssen Fernantriebsteile zwischengeschaltet werden (Bild 9–5). Die Entfernungen werden durch Gestänge überbrückt.

Vorgelege dienen zur Kraftübersetzung, Drehzahl- und Drehsinnänderung und als Umlenkgetriebe. Kegelradgetriebe werden als „Schwenkblock" mit um 360° schwenkbarer Antriebswelle ausgebildet.

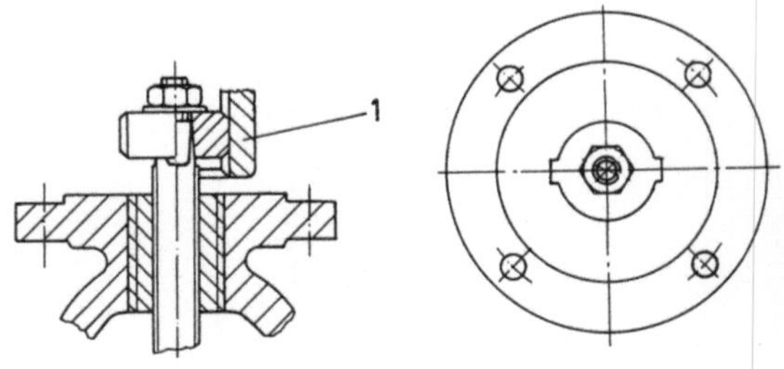

Bild 9–4.
Beispiel für einen Kombianschluß für drehende und steigende Spindeln, gehört zur Armatur (MAW).

1 Hohlwelle, ist Bestandteil des jeweiligen Antriebes.

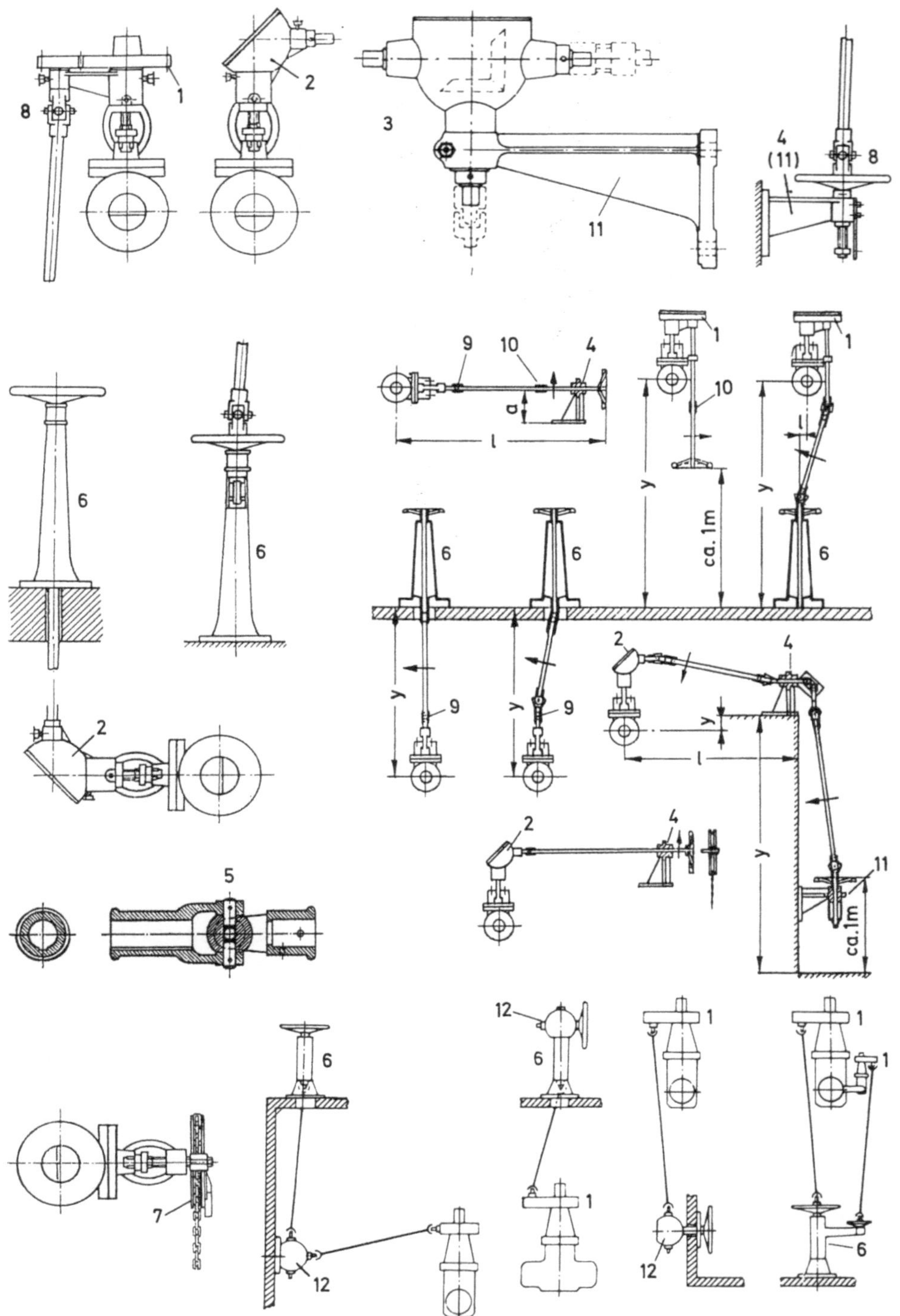

Bild 9–5. Fernantriebsteile, Beispiele [7–11].

1 Stirnradantrieb; 2 Kegelradantrieb; 3 Kegelradantrieb mit Stützbock; 4 Führungsbock; 5 Gleitkreuzgelenk; 6 Flursäule; 7 Kettenantrieb mit Kettenrad, Kettenführungsbügel und endloser Kette; 8 Kreuzgelenk; 9 Aufsteckmuffe; 10 Kupplungsmuffe; 11 Wandbock; 12 Kegelradschwenkblock.

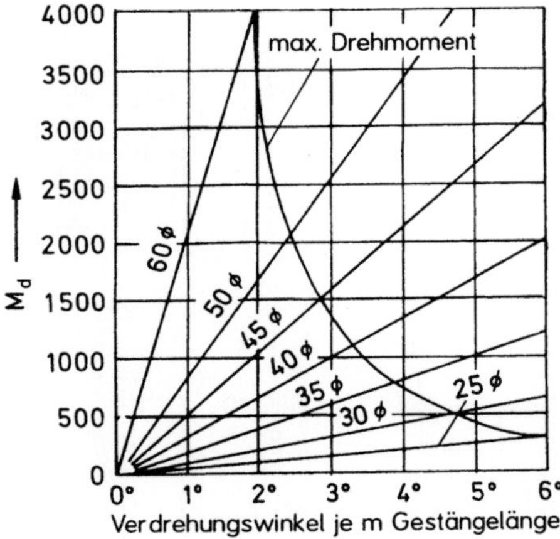

Bild 9–6.
Gestängeverdrehung an Armaturenfernantrieben
[9–2].

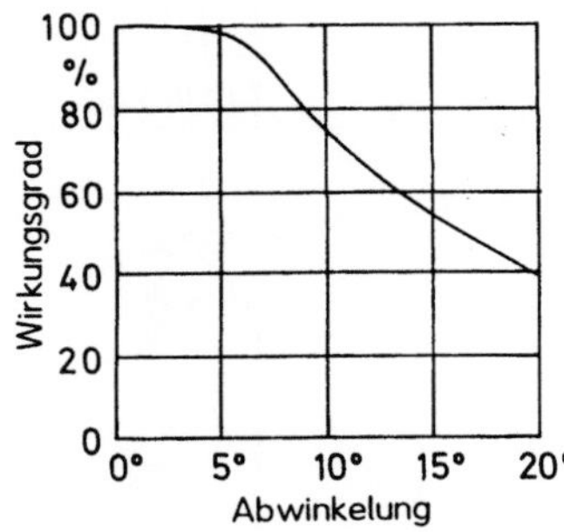

Bild 9–7.
Wirkungsgrad von Kreuzgelenken in Abhängigkeit von der
Abwinkelung [9–1].

Übertragungselemente sind hauptsächlich Führungs- und Kegelradwandböcke, Kreuz- und Gleitkreuzgelenke. Aufgaben: *Führungsbock* zur Führung, Lagerung und Unterstützung des Gestänges. *Kegelradwandbock* zum Halten der Umlenkgetriebe. *Kreuz- und Gleitkreuzgelenke* zum Anschließen und Verbinden des Gestänges und Ausgleichen der Winkelabweichungen, Gleitkreuzgelenke gleichen Gestängedehnungen, kleinere Spindelhübe und Armaturenbewegungen aus, allgemein bis 30 mm.

Fernbedienelemente sind Antriebswandböcke, Flursäulen, Einbaugarnituren (Gestänge und Kopplungsmuffe) und Kettenantriebe. *Gestänge* bestehen aus Rundstahl, Durchmesser 25 bis 60 mm, und sind bauseitig anzupassen.

Projektierungs- und Montagehinweise. Der Gestängeverdrehwinkel sollte 2°/m nicht überschreiten (Bild 9–6). *Abwinkelung β der Gestänge:* allgemein 20°, maximal 30°; bei Elektroantrieben 15°, maximal 20° (Kreuzgelenke können beim Anfahren reißen). Große Abwinkelung vermindert den Wirkungsgrad und erhöht das erforderliche Antriebsmoment (Bild 9–7).

Die freie *Gestängelänge* sollte 4 m nicht überschreiten (unterschiedlich für vertikale und horizontale Gestänge, Bild 9–8); über 4 m sind Führungsböcke vorzusehen. Der Gestängelauf und die Festigkeit der Kreuzgelenke werden von ihrer Anordnung entscheidend beeinflußt

366

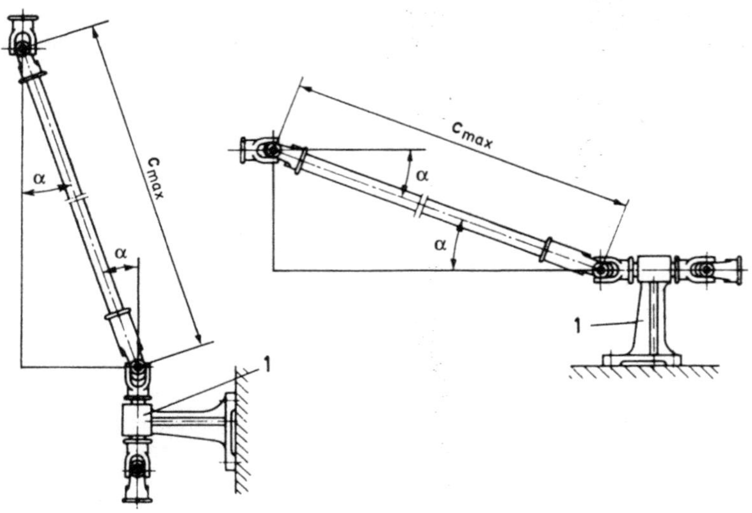

Bild 9–8. Anordnung von Führungsböcken, Gelenken und maximale Gestängelänge [9–2].
1 Führungsbock.

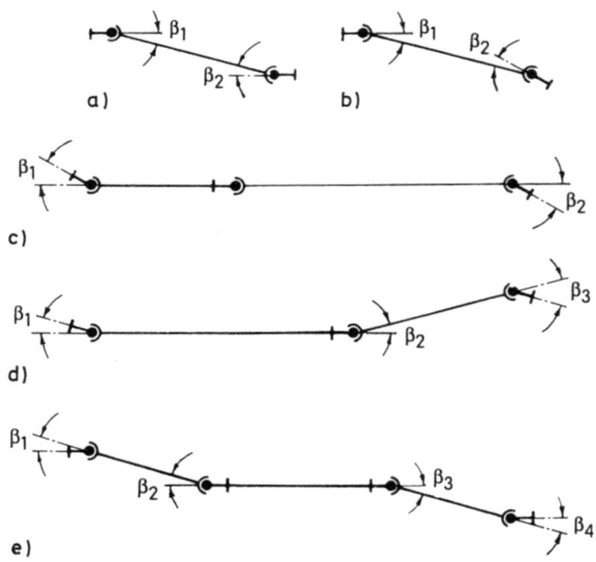

Bild 9–9. Anordnung von Kreuzgelenken [9–1].
   a) Z-Zuordnung, richtige Anordnung: $\beta_1 = \beta_2$;
   b) W-Anordnung, richtige Anordnung: $\beta_1 = \beta_2$;
   c) Ausgleich im vorderen und hinteren Gelenk: $\beta_1 = \beta_2$;
   d) das hintere Gelenk gleicht die Ungleichförmigkeit der beiden ersten Gelenke aus:
      $\beta_1 + \beta_2 = \beta_3$;
   e) gleichförmige Drehbewegung, wenn $\beta_1 = \beta_2$ und $\beta_3 = \beta_4$.

(Bild 9–9). Die Zylinderstifte zum Verbinden der Kreuzgelenke mit dem Gestänge müssen parallel zueinander liegen (Vermeidung ungünstiger Übertragungsverhältnisse und niedrigen Wirkungsgrades). Die Gabellasche muß zur Vermeidung ungleichförmiger Drehbewegungen in einer Ebene liegen.

Vertikale Gestänge sind an ihren oberen Enden mit Kreuzgelenken zu koppeln (Festpunkt). Gleitkreuzgelenke sind nur unten vorzusehen.

9.5 Handbetätigung

Betätigungselemente: Handrad, Hebel (fest und abnehmbar), Schlüssel, Knebel und Kurbel. Ihre Größe wird vom Spindeldurchmesser und dem erforderlichen Stellmoment M_{Antr} bestimmt.

$$M_{Antr} = F \cdot r_m \cdot \tan(\alpha + \delta) \quad \text{in N} \cdot \text{m} \tag{9.7}$$

mit F Stellkraft in N, r_m mittlerer Spindelgewinderadius in m, α Gewindesteigung in Grad, δ Reibungswinkel $= 9$ bis $14°$. Als mögliche Handkraft wird angenommen: $75\,kN$ für Handraddurchmesser $D > 200\,mm$ und $2 \times$ Durchmesser (in kN) für $D \leq 200\,mm$.

Vorgelege (Zusatzgetriebe) übersetzen die Handkraft auf das erforderliche Stellmoment, verlängern aber die Stellzeit. Insbesondere Schnellschlußarmaturen und Regelventile werden häufig durch Stellhebel betätigt.

9.6 Elektrische Stellantriebe

Bei elektrischen Antrieben muß die hohe Motordrehzahl in niedrige Spindeldrehzahlen untersetzt oder in geradlinige oder schwenkende Bewegung umgewandelt werden. Sie können durch analoge und diskrete (Zweipunkt- oder digitale) Stellsignale angesteuert werden. Die Konstruktionsmerkmale sind gleich; Unterschiede nur im Detail (s. Abschn. 9.6.8). Analoge und Zweipunktstellantriebe werden am häufigsten eingesetzt, in ihnen werden die gleichen Motore verwendet. Von den digitalansteuerbaren Antrieben hat nur der Schrittmotorantrieb praktische Bedeutung (s. Abschn. 9.6.6) [9–7].

9.6.1 Mechanische Auslegung und Anforderungen

Die Bilder 9–10 und 9–11 zeigen den grundsätzlichen Aufbau. Der Kraftfluß geht vom Motor über ein Stirnradvorgelege bzw. Planetengetriebe auf eine axial verschiebbare

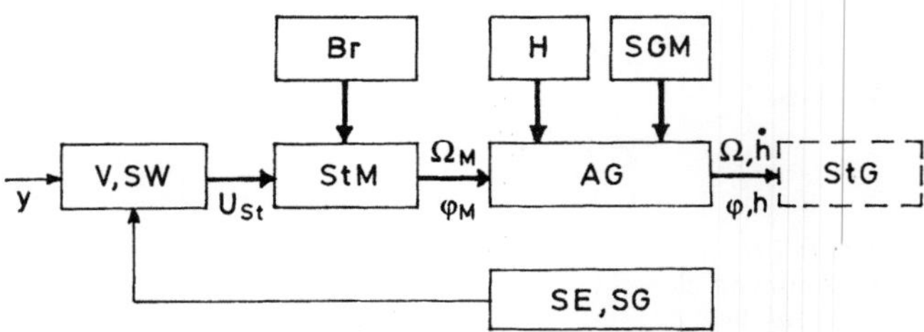

Bild 9–10. Wesentliche Funktionsgruppen elektrischer Stellantriebe für Armaturen [9–7].

StM Stellmotor; AG Anpassungsgetriebe; V Verstärker; SW Signalwandler; Br Bremse; H Handbetätigung; SGM Schnellgangmotor; SM Schalt- und Meldeeinrichtung (Stellungsgeber); StG Stellglied.

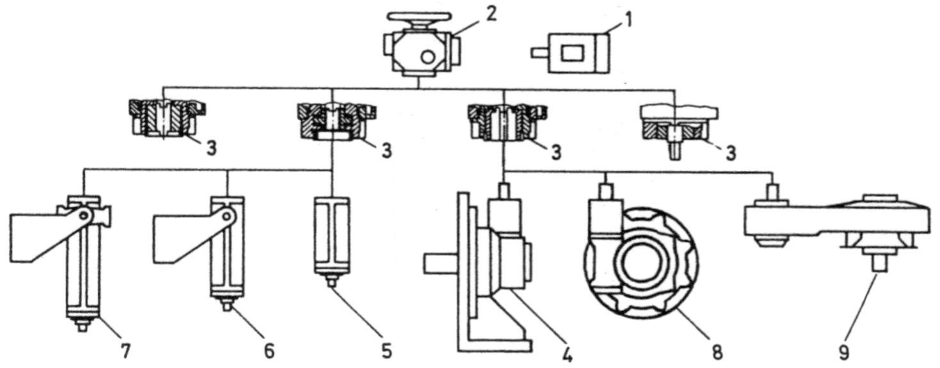

Bild 9-11. Elektrische Stellantriebsausführungen, Kombinationen [9-5].

1 Elektromotor; 2 Grundgetriebe (Drehantrieb); 3 Abtriebswellenausführungen; 4 Schwenkantrieb; 5 Axial-schubeinheit; 6 Gelenkschubeinheit; 7 Kardangelenkschubeinheit; 8 Aufsteckgetriebe; 9 Zusatzgetriebe.

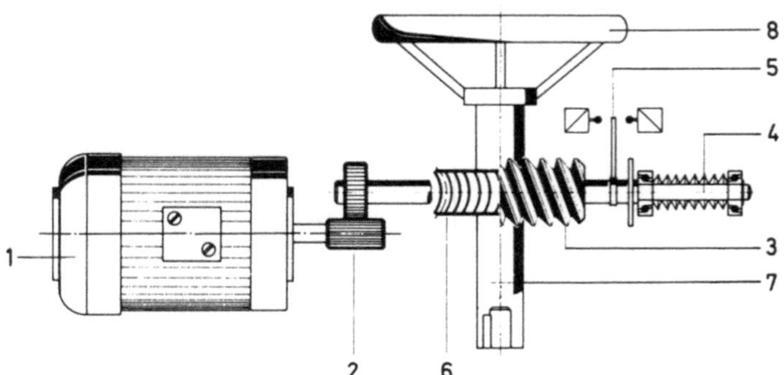

Bild 9-12. Grundsätzlicher Aufbau elektrischer Stellantriebe, Drehantrieb [9-5].

1 Motor; 2 Stirnradgetriebe (-untersetzung); 3 Schiebeschnecke; 4 Tellerfederpakete; 5 Hebel; 6 Schnecken-rad; 7 Abtriebswelle; 8 Handrad.

Schnecke, dann über das Schneckenrad zur Abtriebswelle (Bild 9-12). Durch Wahl verschiedener Polzahlen der Antriebsmotoren und der Untersetzung der Vorgelege sowie des Schneckengetriebes kann ein großer Drehzahlbereich erreicht werden (gestuft von etwa 2,5 bis $500\,\text{min}^{-1}$).

Wesentliche Baugruppen sind:

Verschiebeschnecke (Wanderschnecke). Sie wird durch Federn (eingestelltes Drehmoment) in Mittellage gehalten (Bild 9-13). Ist das Lastmoment größer als das eingestellte Moment, drückt das Schneckenrad die Schnecke und damit den Schwenkhebel aus der Mittellage, der Motor wird abgeschaltet. Wiederanlauf ist erst möglich, wenn die Ursache der Über-lastung beseitigt oder die Federvorspannung dem Lastmoment angepaßt ist.

Die *kinetische Energie* der umlaufenden Massen von Motor und Schnecke (Primärenergie) muß von der Feder und der Armatur aufgenommen werden. Dabei verschiebt sich die

369

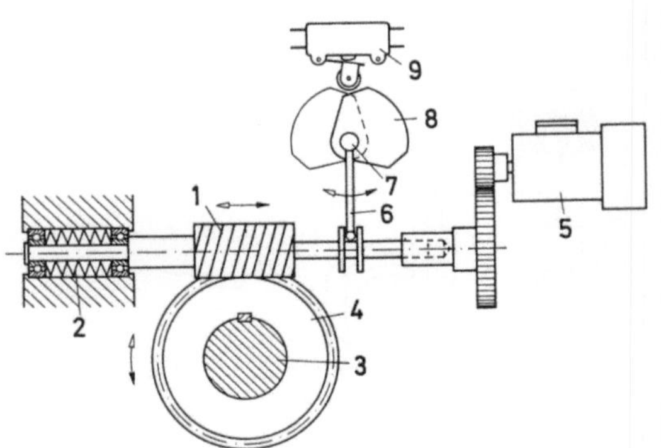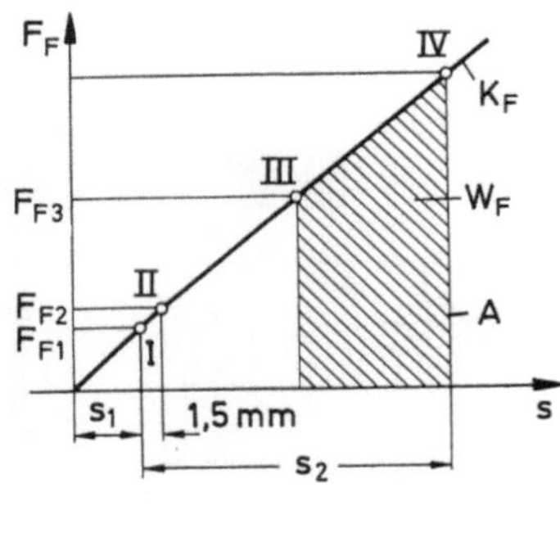

Bild 9-13. Prinzip eines Antriebes mit Verschiebeschnecke (drehmomentabhängige Abschaltung, Siemens).

1 Schnecke; 2 Tellerfederpaket (vorgespannt); 3 Abtriebswelle; 4 Schneckenrad; 5 Motor mit Vorgelege; 6 Schwenkhebel; 7 Achse des drehmomentabhängig betätigten Schalters; 8 Nockenschnecke; 9 Drehmomenttaster.

a) Abhängigkeit der Federkraft von der Auslenkung der Schnecke.

F_F Federkraft; s Auslenkung der Schnecke; s_1 Vorspannweg; k_F Federkennlinie; A Anschlag; W_F Federarbeit (aufgenommene Energie der Feder); I Drehmoment infolge Vorspannung; II Abschaltmoment; III maximales Abschaltmoment; IV Anschlag (IV − III = ΔM_D = Drehmomentüberhöhung).

Das Abschaltdrehmoment liegt im Bereich zwischen I und II. Der Bereich III bis IV steht zur Aufnahme der Primärenergie zur Verfügung.

Schnecke gegen die Feder und erhöht die Federkraft (Bild 9-13a). Das ergibt zwangsläufig ein größeres Abtriebsmoment, das die Armatur voll mitbelastet (bei der Antriebsauswahl und Festlegung der Abschaltmomente beachten).

Unabhängig vom eingestellten Abschaltmoment wird bei unbeabsichtigter Drehmomentüberhöhung (wenn z. B. bei Fehlschaltungen das Abschalten des Motors beim Einfahren in die mechanische Endlage verhindert wird) ein dem Motorkippmoment proportionales Drehmoment auf die Armatur übertragen. Diese Überhöhungen können ein Vielfaches des eingestellten Abschaltmomentes ausmachen und auch durch die Wahl beliebig langer elastischer Federn nicht von der Armatur ferngehalten werden. Dazu addieren sich die Überhöhungen aus der Primärenergie.

Reibungskupplung (Bild 9-14). Sie wird eingesetzt, wenn die Federn die Primärenergie nur schwierig oder gar nicht abfangen können, z. B. bei Antrieben mit größeren Motoren. Jeder Drehrichtung ist eine Kupplung zugeordnet. Wird das Abschaltmoment überschritten, verschiebt sich die Schnecke um einen kleinen Weg, die Lamellen werden gelüftet (Gleitreibung), die Energie der Schwungmassen wird in Reibungswärme umgeformt. Auf die Armatur wirkt dann nur das Gleitmoment (Bild 9-14b). Die Forderung muß aber sein, kein überhöhtes Moment auf die Armatur wirken zu lassen.

Handantrieb (Handnotbetätigung). Mit Hilfe eines Umschalthebels wird der Motor ab- und das Handrad an die Abtriebswelle angekoppelt. Bei Anlauf des Motors wird das Handrad automatisch ab- und der Motor und angekoppelt. „Motorantrieb hat stets Vorrang vor Handbetrieb". Es sind auch Getriebeausführungen bekannt, bei denen ein Umschalten von Motor- auf Handbetrieb nicht erforderlich ist. Das Handrad wirkt direkt oder über Getriebe auf den Abtrieb (Untersetzung bis 100:1).

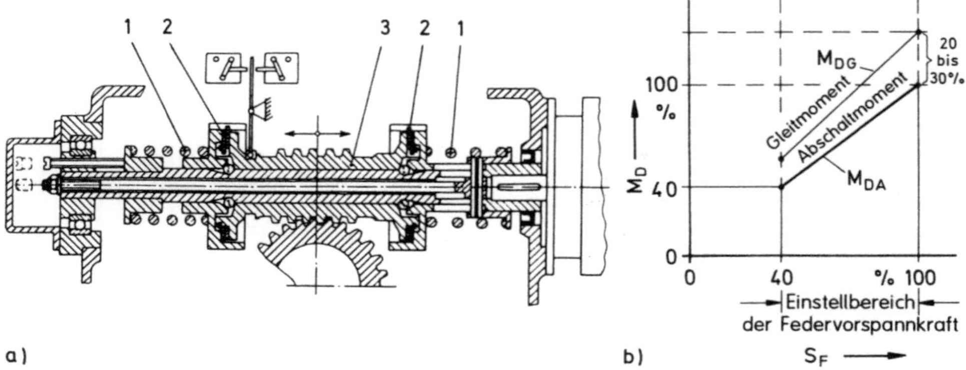

Bild 9-14. Gesteuerte Reibungskupplung eines elektrischen Stellantriebes [9-6].
a) Kupplung: 1 Feder; 2 Kupplung; 3 Schnecke;
b) Kennlinie der Reibkupplung: M_D Drehmoment, s_F Federweg, M_{DA} Abschaltmoment, M_{DG} Gleitmoment.

9.6.2 Betriebsarten

Steuerbetrieb. Allgemein nur Auf- und Zu-Stellung. Ein Arbeitszyklus (Übergang von einer in eine andere Betriebsstellung) kann wenige Sekunden bis mehrere Minuten lang sein. Zwischen zwei aufeinander folgenden Zyklen liegt eine vergleichsweise lange Stillstandszeit; Betriebsart $\triangleq$ Kurzzeitbetrieb (Bild 9-15a).

Stellbetrieb. Die Antriebe arbeiten meistens bei Vollast und kleinen Schritten in wechselnder Richtung, d. h., der Motor wird durch kurze Impulse eingeschaltet, um Regelabweichungen zu korrigieren (hohe Schaltzahl je Stunde). Neben den mechanischen sind besonders die elektrischen Belastungen (Erwärmung) zu berücksichtigen; Betriebsart $\triangleq$ Aussetzbetrieb (Bild 9-15b). Neben der Auslegung sind die Motoren durch eine direkte Temperaturüberwachungseinrichtung geschützt, Regelschritte $< 0,3\%$ vom Stellweg sind möglich. Die Getriebe müssen besonders losearm und ohne elektrische Glieder sein, der Antrieb muß abgebremst werden (zu großen Nachlauf vermeiden).

Zu beachten ist: Bei Übereinstimmung von Soll- und Istwert besteht i. allg. keine durchgeschaltete Verbindung zwischen Stellungsgeber und Antrieb (ausgenommen P-Regelung). Deshalb muß der Antrieb selbsthemmend sein, damit er von rücktreibenden Kräften der Armatur nicht verstellt werden kann.

Um bei verschiedenen Stellgeschwindigkeiten eine hohe Stellgenauigkeit einzuhalten, muß beim Einstellen des Reglers der kürzeste Schaltimpuls angepaßt werden, z. B. ist bei einer Stellzeit von 30 s der kürzeste Impuls von 100 ms erforderlich. Stellzeiten < 30 s erfordern elektronische Schalter und Bremsen (Bremsmotoren), oder die Stellgenauigkeit wird schlechter. Dabei ist zu beachten, daß die Schalthäufigkeit oft durch geringfügige Konzessionen an die Regelgüte wesentlich reduziert werden kann.

9.6.3 Bauarten

Bild 9-16 zeigt die wichtigsten Bauarten elektrischer Stellantriebe.

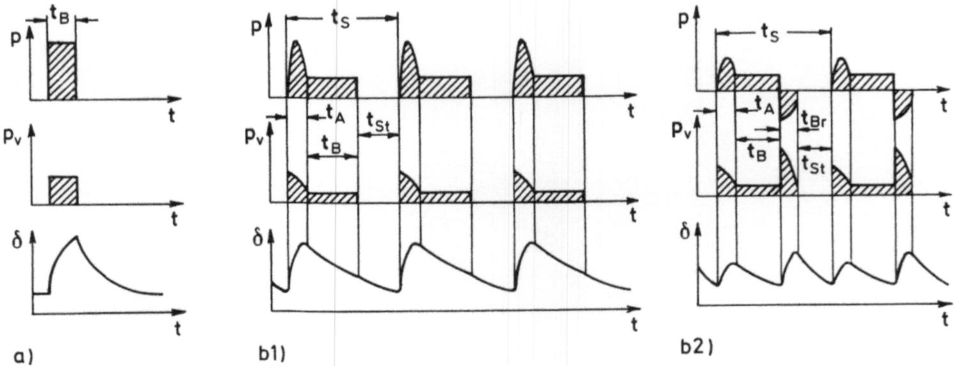

Bild 9–15. Betriebsarten [9–3].

    a) Kurzzeitbetrieb: Belastungszeit t_B ist so kurz, daß thermischer Beharrungszustand nicht erreicht wird. Der Motor kühlt während der Stillstandszeit t_{St} auf Umgebungstemperatur ab.

    b) Aussetzbetrieb: dauernde Folge gleichartiger Spiele (t_S Spieldauer): Anlaufzeit t_A – Belastungszeit t_B – Bremszeit t_{Br} – Stillstandszeit t_{St}. Die Summe dieser Zeiten reicht nicht, um innerhalb t_S den thermischen Beharrungszustand zu erreichen.

    b$_1$) mechanische Bremsung mit Einfluß des Auslaufes auf die Temperatur;

    b$_2$) elektrische Bremsung mit Einflusses des Auslaufes und der Bremsung auf die Temperatur. P Leistung; P_v elektrische Verlustleistung; δ Temperatur.

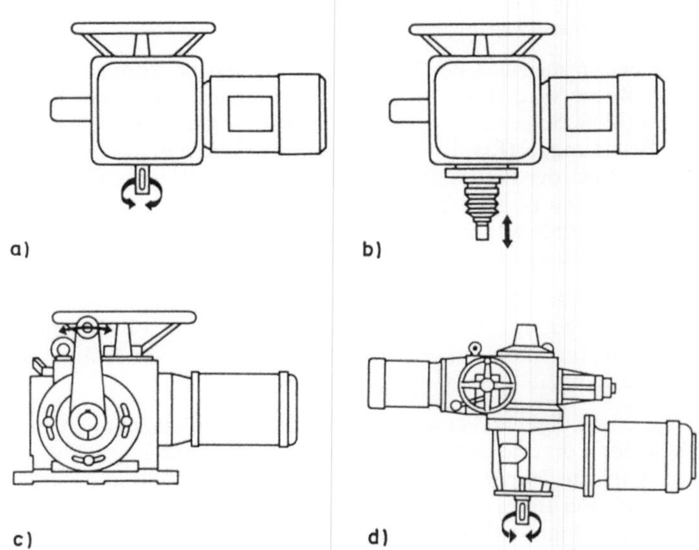

Bild 9–16. Die wichtigsten Bauarten elektrischer Stellantriebe [9–3].

    a) Drehantrieb, U/Stellweg > 1 (die schiebende Bewegung wird in der Armatur erzeugt);

    b) Schubantrieb (die schiebende Bewegung wird im Stellantrieb erzeugt);

    c) Schwenkantrieb (Drehbewegung 90° und 120°);

    d) Zweimotorenantrieb (die schiebende Bewegung wird in der Armatur erzeugt).

372

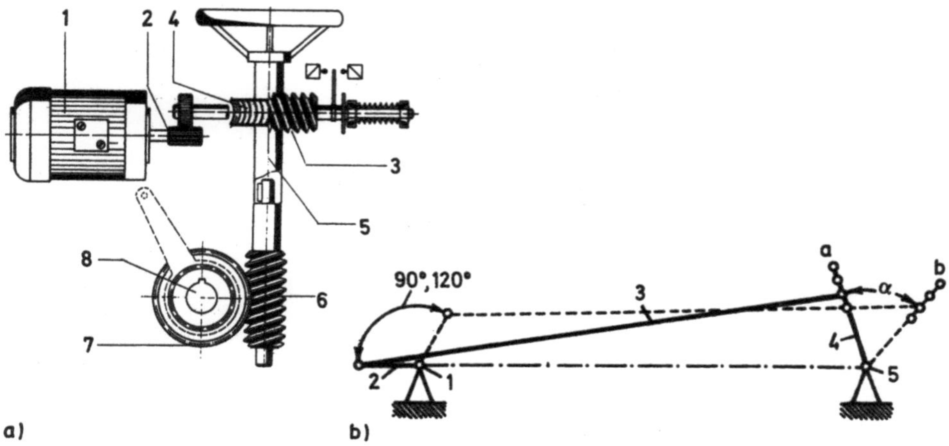

Bild 9-17. Elektrischer Schwenkantrieb [9-5].
a) Grundsätzlicher Aufbau.

1 Elektromotor; 2 Untersetzung; 3 Schnecke; 4 Schneckenrad; 5 Abtriebswelle; 6 Schneckenwelle; 7 Schneckenrad; 8 Steckbuchse.

b) Gestänge und Hebel für Schwenkantrieb, z. B. für Klappen.

Schema: 1 Abtriebswelle des Antriebes; 2 Antriebshebel; 3 Kupplungsstange; 4 Klappenhebel; 5 Klappenwelle; α Klappendrehwinkel.

Drehantriebe. Mit Zusatzgetriebe sind Drehmomente bis 80 000 N·m möglich. *Auswahl nach Drehmoment und Abtriebsdrehzahl bzw. Umdrehungen pro Arbeitsspiel.* Schaltzeit in Sekunden = (Umdrehung pro Spiel) × 60/Abtriebsdrehzahl (min^{-1}).

Schwenkantriebe (Bild 9–17). Das Nenndrehmoment steht für den gesamten Schwenkbereich, der i. allg. zwischen 80 und 120° beliebig eingestellt werden kann, zur Verfügung. Der Kraftfluß geht von der Abtriebswelle des Antriebes auf die Schneckenwelle und das Schneckenrad des Zusatzgetriebes. Je nach Ausführung (Zusatzgetriebe oder Hebel) entspricht die Drehzahl des Wellenendes oder der Steckbuchse dem Übersetzungsverhältnis des Zusatzgetriebes.

Schwenkantriebe können direkt auf die Armatur aufgebaut werden, z. B. Drehantrieb auf Schneckenzusatzgetriebe, oder gesondert aufgestellt werden. Durch Hebel und Gestänge, z. B. als Gelenkviereck (Bild 9–17b), kann die Kennlinie verbessert werden. Forderung: Die vom Gelenkviereck gebildeten Winkel müssen so wirken, daß sich z. B. bei 90° oder 120° Schwenkung der Abtriebswelle Drehwinkel von 60° bei durchschlagenden bzw. 45° bei anschlagenden Klappen ergeben.

Im Antrieb des Schwenkantriebes sind für jede Drehrichtung einstellbare Anschläge für die mechanische Stellbegrenzung eingebaut (z. B. zur Gewährleistung eines kantenfreien Durchganges bei Kugelhähnen).

Schubantriebe (Bild 9–18). Durch einen *Schubansatz* wird die Drehbewegung in eine lineare Bewegung umgesetzt. Der Kraftfluß geht von der Abtriebswelle des Antriebes auf die Gewindemutter, die Schubspindel ist gegen Verdrehen gesichert; die Schubkraft wird im Antrieb selbst aufgenommen. Bild 9–18b bis d zeigt die wichtigsten Ausführungen.

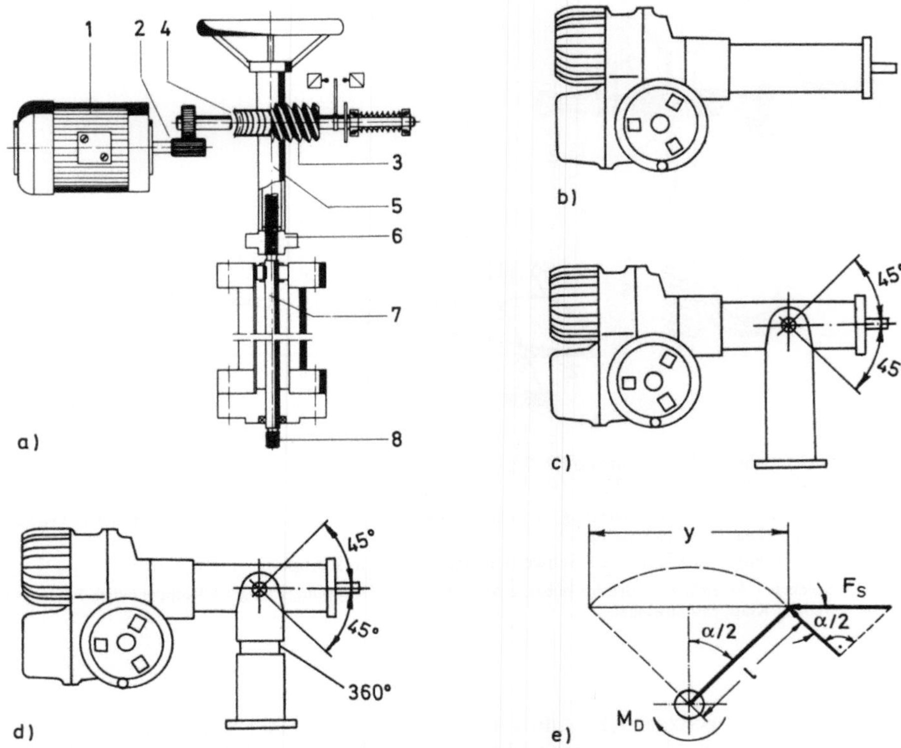

Bild 9–18. Elektrischer Schubantrieb [9–5].
a) Grundsätzlicher Aufbau.

1 Elektromotor; 2 Untersetzung; 3 Schiebeschnecke; 4 Schneckenrad; 5 Abtriebswelle; 6 Gewindemutter; 7 Schubspindel; 8 Gewindeanschluß.

b) für reine Axialbewegung, Aufbau direkt oder über Zwischenlaterne;
c) Gelenkschubantrieb mit Drehzapfenaufhängung im Lagerbock, erlaubt Schwenken des Antriebes in einer Ebene ($\pm 45°$);
d) Kardangelenkschubantrieb ermöglicht Schwenken in einer zweiten Ebene;
e) Bestimmung der Schubkraft: F_S Schubkraft; M_D Drehmoment; l Hebellänge; H Hublänge; α Drehwinkel.

Mit Gelenkschubantrieben können Montagetoleranzen und Temperaturschwankungen ausgeglichen werden; Anschluß durch Gabelköpfe und Kugelgelenke. Separate Aufstellung ist möglich. *Übliche Parameter*: Schubräfte bis 80 kN, Hub bis 500 mm, Stellgeschwindigkeit 30 mm/s. Schubstufen sind auch mit Stirnradgetrieben kombinierbar. Damit werden Schubkräfte bis 500 kN erreicht.

Für die Ermittlung von Schubkraft und Hublänge muß der Drehwinkel β bekannt sein. Die Schubbewegung verläuft nach einer trigonometrischen Beziehung. Nach Bild 9–18e ist die erforderliche Schubkraft

$$F_S = M_D/(l \cdot \cos \beta/2) \tag{9.8}$$

374

und die erforderliche Hublänge

$$H = 2\,l \cdot \sin \beta/2. \tag{9.9}$$

Zweimotorenantriebe sind als Spezialantriebe für Stell- und Steuerfunktion mit einem Stellmotor (mit für Stellbetrieb ausgelegtem Getriebe) und einem Schnellgangmotor (Drehzahlverhältnisse von mindestens 10:1) ausgerüstet. Ist die Sicherheitsstellung im Schnellgang erreicht, wird wieder auf Stellbetrieb geschaltet. *Abschaltung*: Stellmotor drehmomentabhängig, Schnellgangmotor nur wegabhängig.

9.6.4 Zusatzgetriebe

Zusatzgetriebe erweitern den Anwendungsbereich elektrischer Antriebe (z. B. Armaturen mit schwenkender Stellbewegung). Sie werden direkt an die Armatur angebaut und übersetzen das Antriebsmoment (Motor mit Grundgetriebe) auf das erforderliche Stellmoment. Die Kombination eines kleinen, schnellaufender Drehantriebes mit einem Zusatzgetriebe ist oft günstiger als ein großer Drehantrieb. Zusatzgetriebe erfordern keine Änderung der Einstellung der drehmoment- und wegabhängigen Schalter und Bausteine für die Fernanzeiger. Hauptsächlich gelangen drei Getriebearten zum Einsatz:

Stirn- und Kegelradgetriebe werden bei drehender Stellbewegung verwendet (U/Stellweg > 1). Mit Stirnradgetrieben ergeben sich bei Großarmaturen preisgünstige Lösungen.

Schneckengetriebe werden bei *schwenkender* Stellbewegung verwendet (U/Stellweg < 1), sind hoch untersetzt (große Abtriebsmomente), einstufig und selbsthemmend. Sie können bei großen Eingangsmomenten zusätzlich mit Vorgelege ausgerüstet werden. Die Endstellungen sind durch verstellbare Anschläge fixierbar. Übliche technische Daten der Getriebearten:

	Stirnradgetriebe	Kegelradgetriebe	Schneckengetriebe
Antriebsmoment in N·m	120 bis 16 000	120 bis 8000	450 bis 250 000
Schubkraft in kN	60 bis 1650	60 bis 820	
Untersetzung	2:1 bis 16:1	1:1 bis 8:1	20:1 bis 3300:1

Hammerschlageffekt. Durch eine „Lose" zwischen Schnecken- oder Planetenrad und Abtriebswelle kann, z. B. bei Umkehr der Drehrichtung, der Motor ohne Belastung seine Nenndrehzahl erreichen; erst dann wird die Abtriebswelle mitgenommen. Diese hammerschlagähnliche Wirkung auf die Abtriebswelle ermöglicht das Betätigen festsitzender Armaturen.

9.6.5 Antriebsmotoren

Die Motoren sind so zu dimensionieren, daß bei maximalem Antriebsmoment das Motormoment unter dem Nennmoment des Motors liegt. Der tatsächliche Motorstrom darf dabei den Nennstrom nicht überschreiten. Der Antrieb soll i. allg. innerhalb von

5 min viermal mit dem maximalen Antriebsmoment betätigt werden können, ohne daß
es zum Ansprechen des Motorschutzes kommt.

Wesentlich ist auch die Lastverteilung über den Stellweg. Bei Schiebern werden z. B. hohe
Anfahr- und Schließmomente, aber niedrige Laufmomente benötigt. Bei Kugelhähnen
erhöhen sich die Drehmomente in den Endlagen nur gering [9–6].

Unter Beachtung der erwähnten Anforderungen soll andererseits eine *Überdimensionierung*
der Motoren vermieden werden. Gründe: Ihre kinetische Energie (größere Schwungmassen)
kann sich nachteilig sowohl auf die Armaturen als auch auf die Antriebe selbst auswirken.
Größere Antriebsmotoren verursachen auch größere Einschaltströme [9–6].

Stellantriebe sind i. allg. serienmäßig für Umgebungstemperaturen von -20 bis $80\,^\circ\mathrm{C}$
einsetzbar. Sonderausführungen von -60 bis $180\,^\circ\mathrm{C}$ sind möglich.

Zum Einsatz kommen für Steuer- und Stellbetrieb ausgelegte Drehstrommotoren, auch
polumschaltbar (zwei verschiedene Drehzahlen), Wechsel- oder Gleichstrommotoren und
Einphasenmotoren für Reversierbetrieb. *Trend:* serienmäßige Ausrüstung der Stellantriebe
mit Drehstrom-Käfigläufermotoren (Schutzart IP 67). Ihre Wicklung ist für ein hohes
Anlauf- und Kippmoment ausgelegt.

Drehstrommotoren können ohne Änderung der Nennleistung auch dann betrieben werden,
wenn die Spannung bei gleichbleibender Frequenz oder die Frequenz bei gleichbleibender
Spannung bis zu $\pm 5\%$ vom Nennwert abweicht. Im ersten Fall kann die Grenztemperatur
bis 10% überschritten werden. Ändert sich die Spannung bei gleichbleibender Frequenz,
ändert sich das Anzugs- und Kippmoment etwa mit dem Quadrat der Spannung, der
Anzugsstrom proportional mit der Spannung. Ändert sich die Frequenz bei gleichbleibender
Spannung, ändert sich das Anzugs- und Kippmoment umgekehrt proportional mit dem
Quadrat der Frequenz, der Anzugstrom umgekehrt proportional mit der Frequenz, die
Drehzahl proportional mit der Frequenz. Die Leistung sinkt bei kleineren Frequenzen

Tabelle 9–2. Übersicht über eventuell vorkommende Fehler bei Drehantrieben mit
Gleichstrommotor.

Fehler	Ursache	Abhilfe
Stellzeit zu kurz	R_N eingeschaltet oder zu groß	R_N abschalten oder verkleinern
	Belastung zu gering	Belastung vergrößern oder R_V1 einschalten
Stellzeit zu lang	R_V1 eingeschaltet oder zu groß	R_V1 abschalten, oder falls Antrieb nicht voll belastet, R_N einschalten
	Belastung zu groß	Stellglied überprüfen, falls erforderlich größere Antriebe einsetzen
Drehzahl und Moment bei Rechts-Links-Lauf verschieden	falscher Anschluß der Motorwicklungen	Erregerwicklung ($I–K$) oder Hilfsreihenschlußwicklung ($E–F$) verpolt
Bremswirkung bei vorhandener Bremsschaltung zu klein (zu groß)	R_V1 zu groß	R_V1 anpassen

376

wegen der schlechten Kühlung stärker als proportional. Drehstrommotoren werden in beiden Drehrichtungen direkt eingeschaltet; Umkehr wird durch Vertauschen zweier Phasen erreicht.

Polumschaltbare Motoren werden für Steuer- und Stellbetrieb ausgelegt; sie haben zwei getrennte Wicklungen. Für Regelbetrieb ist der Motor 8polig geschaltet. Bei Störung ist auf 2polig umzuschalten, der Antrieb läuft dann mit vierfacher Drehzahl.

Schrittmotoren haben im Zusammenhang mit dem zunehmenden Prozeßrechnereinsatz praktische Bedeutung erlangt. *Vorteile:* einfacher, robuster Aufbau, hohe Stellgeschwindigkeit, gute Reproduzierbarkeit der Armaturenstellung. *Nachteile:* geringe Überlastbarkeit.

Gleichstrommotoren werden für Steuerbetrieb eingesetzt. In den Betriebspausen kann die Erregerwicklung als Heizung dienen, darf dann aber höchstens mit 50% der angegebenen Erregerleistung belastet werden. Gleichstrommotoren haben ein 5- bis 8fach größeres Schwungmoment als Drehstrommotoren. Deshalb muß bei drehmomentabhängigem Abschalten meistens gebremst werden, z. B. durch elektrische Bremsschaltung. Die Bremswirkung steigt mit kleinerem Widerstand und kann somit den Betriebsleistungen angepaßt werden. Bei Motorstillstand ist sie wirkungslos.

Antriebe mit Gleichstrommotor müssen am Einsatzort mit veränderlichen Widerständen den Betriebsbedingungen angepaßt werden. Tabelle 9–2 zeigt eine Übersicht möglicher Fehler.

Motorschutz ist notwendig gegen unzulässige Erwärmung infolge Blockieren des Läufers, Aussetzbetrieb, hoher Schalthäufigkeit, Überlastung, Phasenausfall, erhöhter Umgebungstemperatur und behinderter Kühlung:

- bei Steuerbetrieb durch auf Nennstrom eingestellte thermische Überstromauslöser,
- bei Stellbetrieb durch sogenannten Polschutz, z. B. drei bis sechs im Wicklungskopf untergebrachte, in Reihe geschaltete Thermoschalter (wirken direkt), oder Kaltleitertemperaturfühler; bei unübersichtlichen Betriebsverhältnissen (z. B. hoher Schalthäufigkeit, vielen Umkehrschaltungen, Schweranlauf) bietet eine Kombination aus Kaltleitertemperaturfühler mit Auslösegerät und thermisch verzögertem Überstromauslöser einen vollen thermischen Schutz.
- Für elektrische Stellantriebe gelten die für Elektromotoren verbindlichen Schutzarten und Explosionsschutz.

9.6.6 Abtriebswellen

Die Anbaumaße zwischen Armatur und Antrieb sind in Form und Abmessung genormt, z. B. ISO 5211 (Bild 9–19). Den Baugrößen sind Antriebsmomente bzw. Spindelkräfte zugeordnet. Die Wellenausführung zwischen Antriebsabtrieb und Armatur ist bisher nicht genormt, wodurch oft Zwischenadapter notwendig sind. Die Zuordnung der Betätigungsmomente wird von den Herstellern vorgegeben. Bei den Ausführungen a), b) und e) ist eine Querbelastung *nicht* zulässig.

9.6.7 Schalt- und Meldeeinrichtungen

Üblich sind zwei weg- und drehmomentabhängige Schalter je Stellrichtung. *Wegschalter:* Bis zu sechs unabhängig voneinander einstellbare Schalter für End- und Zwischenstellungen (wahlweise als Wechsler oder Trennschalter, frei wählbar und getrennt einstellbar). Weg-

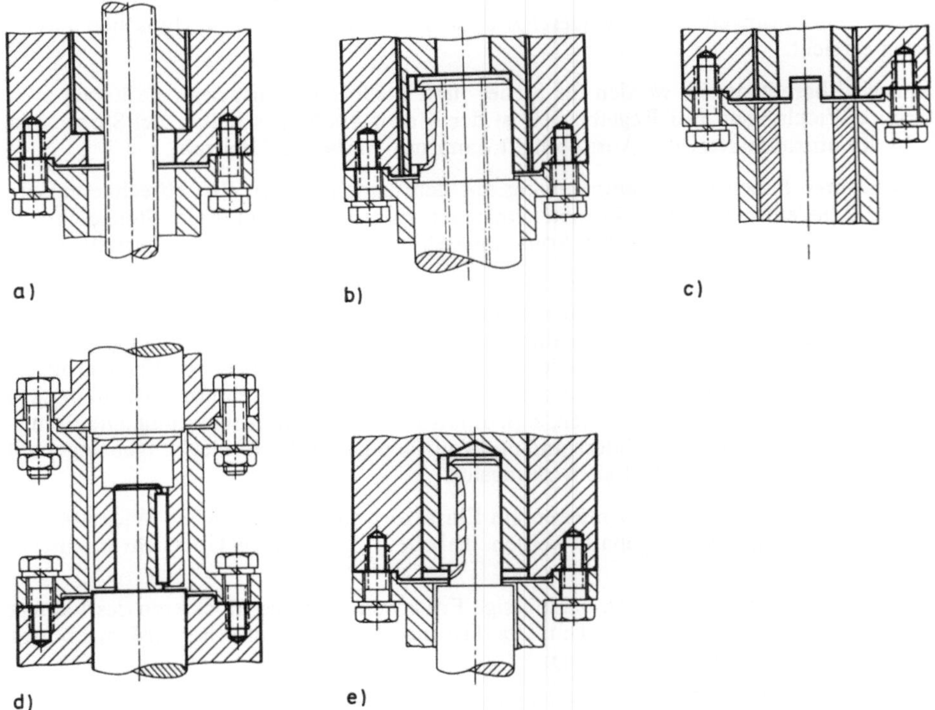

a)   b)   c)

d)   e)

Bild 9–19.   Abtriebswellenausführungen (Anbaubeispiele) [9–3].

a) *Hohlwelle mit Gewindebuchse*: Die Spindelmutter befindet sich im Antrieb. Schubkräfte werden von Drucklagern im unteren Flansch aufgenommen, so daß das Getriebegehäuse nicht von Druckkräften belastet wird.

b) *Hohlwelle mit Steckbuchse*: Der Spindelzapfen wird in der Steckbuchse fest aufgenommen. Bei nichtdrehender Spindel (Spindelmutter = Zapfen) muß das Drucklager in der Armatur angeordnet werden.

c) *Hohlwelle mit Klauenkupplung*: Die Klauenkupplung ist als Zwischenstück in der Ausführung wie b) angeordnet und überträgt die Drehbewegung des Antriebes auf die Spindelmutter.

d) *Wellenende mit Paßfeder*: Am freien Ende der Abtriebswelle können u. a. Zahnräder oder Kupplungen direkt befestigt werden. Armaturen werden über Zwischenstücke oder Gelenkwellen mit dem Antrieb verbunden. Querbelastungen des Wellenendes sind zulässig. Ausführungen mit beiderseitigem freien Wellenende sind möglich.

e) *Bohrung mit Paßfeder*: Ähnlich Ausführung b), jedoch mit kleinerem Bohrungsdurchmesser.

Die Ausführungen a), b) und c) eignen sich für durchsteigende Spindeln, d) und e) nicht.

schalter werden üblicherweise so eingestellt, daß sie kurz vor den Drehmomentschaltern ansprechen.

Drehmomentschalter erfüllen eine reine Sicherheitsfunktion bei Ausfall der Wegschalter oder Überlastung. In Sonderfällen findet nur eine drehmomentabhängige Abschaltung statt. Das Abtriebsmoment muß innerhalb des Einstellbereiches getrennt für jede Drehrichtung einstellbar und ablesbar sein. Ein nicht wirksamer Drehmomentschalter muß durch einen Wegschalter überbrückt werden. Bezüglich drehmomentabhängiger Abschaltung s. Abschn. 9.6.1.

378

Stellungsanzeige und -rückmeldung (s. auch Abschn. 9.2). Zur Signalisierung der Armaturenstellung werden zumeist über Rollen- oder Nockenschaltwerke betätigte Wegschalter herangezogen. Die Einstellfehler der Nockenschaltwerke betragen $\approx 0,35\%$ vom Stellweg, die der Rollenschaltwerke $\approx 15°$ an der Abtriebswelle, unabhängig vom Stellweg. Das bedeutet: Bei mehr als 5 Umdrehungen/Stellweg erzielt das Rollenschaltwerk eine große Einstellgenauigkeit (bevorzugt für große Stellwege); bei weniger als 5 U/Stellweg läßt sich der Schaltpunkt mit Nockenschaltwerken genauer einstellen (bevorzugt für kleine Stellwege). Zur Anzeige dienen mechanische und optische Signalgeber.

Wendeschützsteuerung. Wendeschütze können als Ergänzung der Ortssteuerstellen angeordnet werden. Ein Wahlschalter wird immer dann vorgesehen, wenn der Antrieb von der Warte und vor Ort gesteuert werden muß. Die Stellung „Aus" gewährleistet, daß der Antrieb weder von der Warte aus noch vor Ort betätigt werden kann. Neben dem elektrisch und mechanisch verriegelten Wendeschützschalter können Motorschutz, Steuertrafo, Koppelrelais, Phasenfolgeüberwachung, Heizung (bei Steuertrafo nicht erforderlich) usw. eingebaut werden.

9.6.8 Allgemeine Einsatzbedingungen

Einbaulage beliebig, aber Motor nicht unten. Senkrecht nach unten zeigende Abtriebswelle bzw. Schubstange ist vorteilhaft (bei waagerechter Schubstange sollten die Laternenstangen übereinander liegen); bei Schwenkantrieben Abtriebswelle waagerecht. Bei Gefahr der Kondensatbildung: Stillstandsheizung im Motor und Heizwiderstand in der Schalt- und Meldeeinrichtung.

Getriebenachlauf. Antriebe mit wegabhängiger Abschaltung haben bei Abschalten des Motors einen von Antriebsdrehzahl und Last abhängigen Nachlauf (Bild 9–20). Bei Bremsmotoren beträgt der Nachlauf 2 bis 10°, unabhängig von Last und Antriebsgröße.

Große Schwungmassen, wie Stirnradgetriebe, können beim Anfahren zum drehmomentabhängigen Abschalten führen. Ursache: sehr kurze Anlaufzeit (Beschleunigungsmoment $M_{D,B}$ + Lastmoment $M_{D,L}$ > Abschaltmoment $M_{D,A}$). Abhilfe durch Vergrößern der Anlaufzeit ($M_{D,B}$ wird kleiner); Armatur wegabhängig fahren oder Überbrücken der Drehmomentschalter beim Anfahren durch zusätzliche Wegschalter [9–3].

Für normalen Stellbetrieb ($t_S \geq 30\,\text{s}$) können die Antriebe durch Schützumkehrsteller gesteuert werden, für $t_S < 30\,\text{s}$ sind Thyristorumkehrsteller vorteilhaft (lassen $t_S \approx 10\,\text{s}$ zu). Allgemein werden elektrische Antriebe nach Stellzeit und Drehmoment ausgewählt. Betriebsverhältnisse (z. B. Staubanfall, Schmierung der Spindel), Schalthäufigkeit und Umgebungstemperatur beeinflussen den Wirkungsgrad und die Lebensdauer.

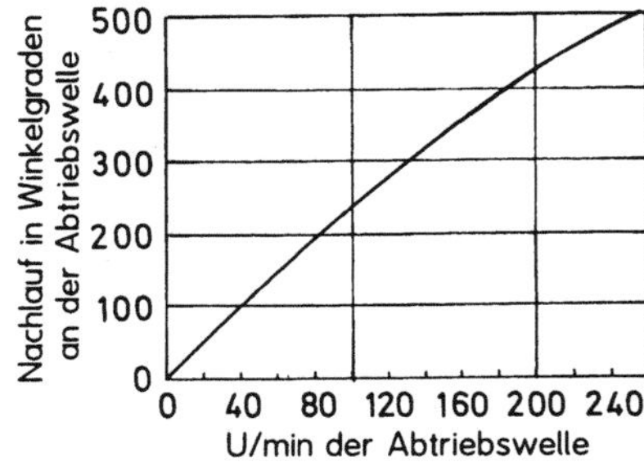

Bild 9–20.
Nachlauf an der Abtriebswelle für Stellantriebe mit normalem Drehstrommotor ohne Last (Leerlauf) [9–3]. Bei anhängiger Last sind die Kennwerte mit Lastfaktoren zu multiplizieren, Beispiel:

Antriebsmoment (Last)	25%	50%	75%	100%
Lastfaktor	0,6	0,4	0,25	0,15

Die Antriebsgröße ist ohne entscheidenden Einfluß.

Bei im Freien aufgestellten Antrieben sind besondere *Korrosionsschutzmaßnahmen* zu treffen. Es ist unzweckmäßig, die Antriebe bereits bei der Armaturenmontage aufzubauen, da sie dann oft lange Zeit unbeheizt und ohne elektrische Betätigungsmöglichkeit den Umgebungsbedingungen ausgesetzt sind. Vor allem in erdverlegten Rohrleitungen sollte aktiver Korrosionsschutz nach dem kathodischen Fremdstromverfahren vorgesehen werden.

9.7 Pneumatische und hydraulische Stellantriebe

Bei diesen Antrieben werden Druckmittel (Luft, Flüssigkeit) als Hilfsenergie verwendet. Ein beweglich geführtes Teil (Kolben, Membrane) formt den durch das Stellsignal beeinflußten statischen Druck p_{St} in eine analoge Stellkraft um.

9.7.1 Wirkungsweisen

Bild 9–21 zeigt die drei grundsätzlichen Wirkungsweisen. *Direkt wirkende Antriebe* formen p_{St} in eine in Schließrichtung wirkende Kraft um. Ist diese größer als die Gegenkraft (insbesondere eingestellte Federkraft), bewegt sich das Antriebselement in Schließrichtung. Wird die Schließkraft kleiner, drückt die Feder das Antriebselement in Öffnungsrichtung. Bei Druckausfall öffnet die Feder die Armatur. Anwendung z. B. bei Stellventilen, die bei Stelldruckausfall geöffnet sein sollen (Sicherheitsstellung).

Indirekt wirkende Antriebe werden durch Federkraft geschlossen. Zur Kompensation höherer Stellkräfte, z. B. durch Erhöhung des Differenzdruckes im Ventil, sind häufig Einstellringe zur Erhöhung oder Reduzierung der Federkräfte, ohne Demontage des Antriebes, vorgesehen (Bild 9–22). Anwendung: wenn die Armatur bei Stelldruckausfall geschlossen sein soll.

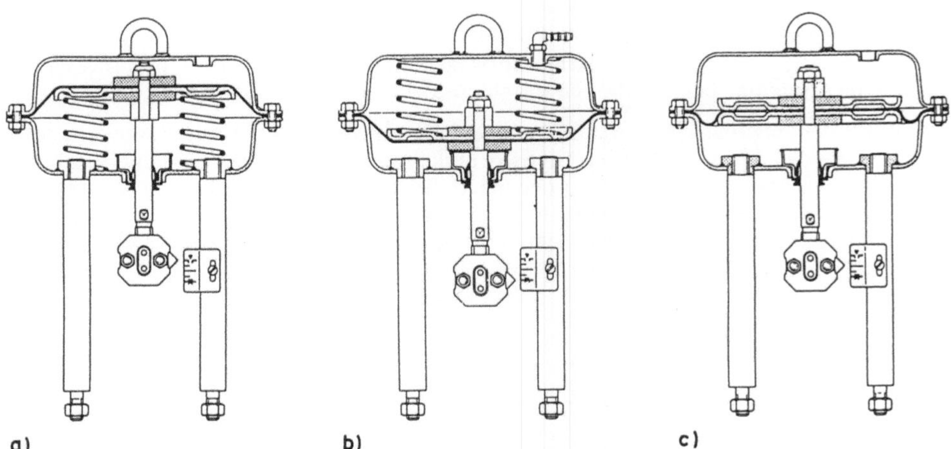

Bild 9–21. Wirkungsweise (Grundfunktion) pneumatischer und hydraulischer Antriebe (Beispiel pneumatische Antriebe) [9–8].
a) direkt wirkend (einseitig druckbeaufschlagt), mit Öffnungsfeder;
b) indirekt wirkend (einseitig druckbeaufschlagt) mit Schließfeder;
c) doppelt wirkend (beiderseitig druckbeaufschlagt), ohne Feder.

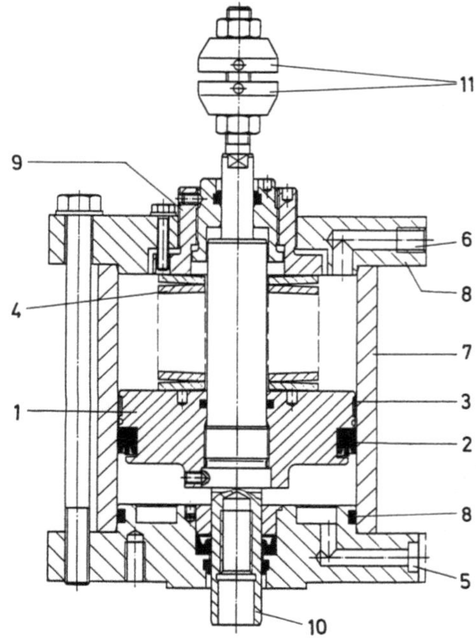

Bild 9–22.
Pneumatischer Kolbenantrieb, indirekt wirkend
(Fa. Persta).

1 Kolben; 2 Dichtmanschette; 3 Führungsband; 4 Feder
(Schließfeder); 5 Druckmittelanschluß; 6 Abluftanschluß;
7 Zylinderrohr; 8 Flansch; 9 Einstellring; 10 Kolbenstange
(Schubstange); 11 Endlagenkontaktbetätiger.

Doppeltwirkende Antriebe benötigen für die Druck-Hub-Zuordnung Stellungsregler oder
Magnetventile (außer Auf-Zu-Betrieb). Ändert sich der Eingangsdruck auf einer Seite,
verändert das Antriebselement seine Stellung, bis wieder Kräftegleichgewicht besteht, bzw.
Stellungsregler korrigieren den Eingangsdruck, bis die Ausgangsstellung wieder erreicht
ist. Doppeltwirkende Antriebe nehmen bei Druckmittelausfall keine Sicherheitsstellung
ein.

Schubantriebe werden direkt oder mittels Laterne aufgebaut (Bild 9–23). Der mögliche
Hub des Antriebes muß immer größer sein als der Hub der Armatur.

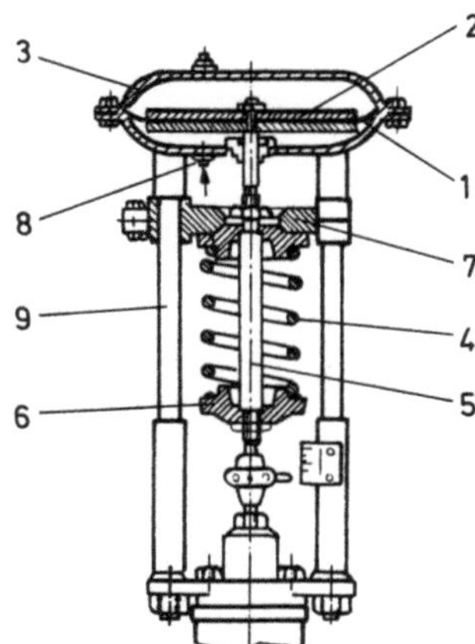

Bild 9–23.
Mittels Laterne aufgebauter Schubantrieb, indirekt wirkender
Membranantrieb, außenliegende Feder [9–9].

1 Membrane; 2 Membranteller; 3 Gehäuse; 4 Meßfeder; 5 Schubstange;
6 Federteller; 7 Federlager; 8 Druckmittelanschluß; 9 Laterne.

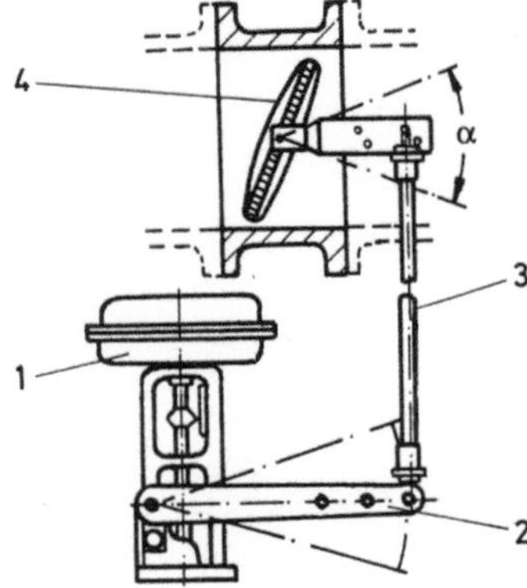

Bild 9–24.
Anordnung eines Schubmembranantriebes als Schwenkantrieb [9–9].

1 Membranantrieb; 2 Hebel; 3 Gestänge; 4 Klappe.

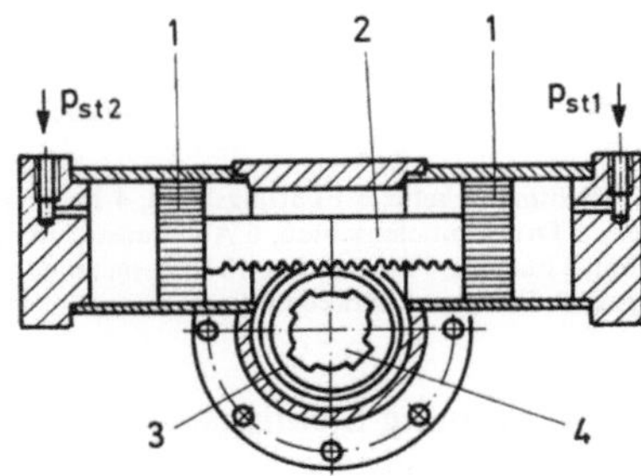

Bild 9–25.
Doppeltwirkender Kolbenschwenkantrieb für größere Stellkräfte [9–9].

1 Kolben; 2 Zahnstange; 3 Zahnrad; 4 Antriebswelle; Kolbendurchmesser 25 bis 250 mm, Hub 50 bis 500 mm, Drehmomente bis 5000 N·m.

Schwenkantriebe. Ausführung mit äußerem, zwischengeschaltetem oder innerem, integriertem Getriebe.

Schubantrieb mit Hebel (Bild 9–24): Schwenkbewegung i. allg. minimal 70°. Mit dem Gestänge kann der Stellwinkel verändert werden. Die Kennlinie kann am Einbauort eingestellt werden.

Antriebe für den direkten Anbau (Bild 9–25): Stellwinkel $\leq 120°$, i. allg. Kolbenantriebe.

9.7.2 Statisches und dynamisches Verhalten, Stellkraft

Das statische und dynamische Verhalten folgt aus der Kräftebilanz am Antriebselement (Bild 9–26):

$$F_A - F_C - F_F - F_R - F_P = 0 \quad \text{mit} \tag{9.10}$$

$F_A = A_{eff} \cdot p_{St}$; $F_C = c(y + y_0)$ mit y_0 Federvorspannung;
$F_F = m \cdot \ddot{y}$;
$F_R = \sigma \cdot \dot{y} + |F_R| \cdot \text{sgn } y$;
F_R und F_P s. auch Abschn. 9.1.

Nach Gl. (9.10) ergibt sich die lineare inhomogene Differentialgleichung, die das Stellverhalten beschreibt:

$$m \cdot \ddot{y} + \rho \cdot \dot{y} + |F_R| \cdot \text{sgn } y + c(y + y_0) = A_{eff} \cdot p_{St} - F_P. \tag{9.11}$$

382

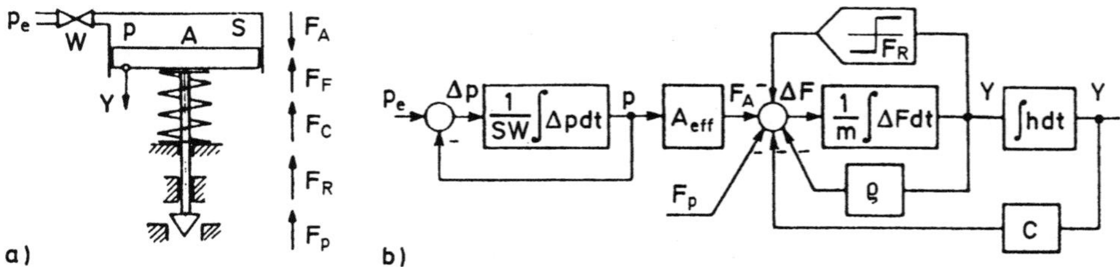

Bild 9–26. Statisches und dynamisches Verhalten pneumatischer und hydraulischer Stellantriebe; Beispiel direktwirkender Kolbenantrieb [9–7].
a) Kräfte am direktwirkenden Kolbenantrieb;
b) Blockschaltbild.

F_A Kraft aus dem Eingangsdruck p_E; F_F Massekraft; F_C Federkraft; F_R Reibkraft; F_P statische bzw. dynamische Kräfte; W Widerstand von Zuleitung und Verstärker.

Zu beachten ist der verzögerte Druckaufbau über dem Kolben (Hubabhängigkeit vernachlässigt) infolge des Widerstandes W:

$$SW \cdot dp/dt + p = p_e. \tag{9.12}$$

Das Blockschaltbild 9–26b verdeutlicht die Zusammenhänge [9–7].

Statisches Verhalten ($\ddot{y} = \dot{y} = 0$): Nach Gl. (9.11) ist die Zuordnung von y zu p_{St} von c, A_{eff}, F_R und F_P abhängig. Die durch F_R bewirkte Hysterese kann durch ein großes Verhältnis F_A/F_R gering gehalten werden, aber bei ökonomisch vertretbarer Dimensionierung noch bis 20 % betragen. Die Lastabhängigkeit wird für ein größeres Verhältnis F_A/F_P klein [9–7].

Das *dynamische Verhalten* kann als proportionalwirkend (direkt und indirekt wirkender Antrieb) bsw. integralwirkend gestaltet werden; Stellgeschwindigkeit $< 25\,mm/s$.

Stellkraft. Die Auslegung (Durchmesser des Antriebselementes. Federsteifigkeit und -vorspannung, gegebenenfalls auch Wahl von p_{St}) erfolgt fast ausschließlich nach F_R und F_P, u. U. auch nach der erforderlichen Schließkraft F_S (s. auch Abschn. 9.8.4). Die mit pneumatischen und hydraulischen Antrieben zu erzeugende Stellkraft wird berechnet nach

$$F_{Antr} = \pi/4 \cdot D^2 \cdot p_{St} \cdot \eta = A_{eff} \cdot p_{St} \cdot \eta \tag{9.13}$$

mit η Wirkungsgrad des Antriebes.

9.8 Pneumatische Stellantriebe

Druckmittel allgemein Luft, Eingangsdruckbereich $p_{St} = 0{,}02$ bis $0{,}6\,MPa$; Kolbenantriebe als „schwere" Antriebe bis $5{,}0\,MPa$. *Vorteile:* Stellkrafterzeugung auf kleinem Raum, einfacher Aufbau und Steuerbarkeit, ausreichende Stellgeschwindigkeit und -genauigkeit für die Mehrzahl der Stellaufgaben, geringe Abhängigkeit von erschwerten Bedingungen (Staub, Feuchtigkeit, Explosionsgefährdung, aggressive Atmosphäre usw.); relativ einfache Maßnahmen für den Havariefall (einfache Druckluftspeicherung, gefahrlose Endlagen, Feder ermöglicht Sicherheitsstellung bei Druckluftausfall); Druckluft ist leicht ableitbar. *Nachteile:* geringe Stellkräfte (Luftdruck, Membrane), schwierige Anpassung an erforderliche Stellzeiten, begrenzter Hub bei Membranantrieben.

9.8.1 Aufbau und Wirkungsweise

Membranantrieb. Wegen des verzögerten Druckaufbaus Gl. (9.12) werden die Membrankammern möglichst klein gehalten. Die *Membrane* ist praktisch reibungsfrei, Rollmembranen (Bild 9–27) und Hebelaufsätze (s. Bild 9–24) ermöglichen große Hübe. Zu beachten ist die Hubabhängigkeit der wirksamen Membranfläche. Werkstoffe: vorwiegend gewebeverstärkter Kunststoff.

Kolbenantriebe. Abdichtung zwischen Kolben und Zylinderwand durch am Kolben angeordnete Rundringe oder Dichtmanschetten; Führungsband zur Vermeidung metallischer Berührung (s. Bild 9–22). Die Zylinderlauffläche ist gehont, hartchrom- und rilsanbeschichtet usw. (um Reibkräfte, Verschleiß und Leckverluste gering zu halten, und um Funktion auch nach längeren Stillstandszeiten zu sichern). Wegen der trotzdem relativ hohen Reibung werden Kolbenantriebe meist doppeltwirkend mit Positionierung ausgeführt.

Stoßstange (Spindel, Kolbenstange). Abdichtung meistens mit Rundringen (Dichtbereich feinstgeschliffen oder prägepoliert). Die Dichtelemente sollen so ausgelegt sein, daß bei Druckluftausfall der Antrieb seine Position über mehrere Stunden nicht verändert.

Federn (Meß-, Schließ- und Rückstellfedern). Sie sind konzentrisch zur Spindel auf dem Membranteller verteilt, frei liegend, im Druckraum oder in einem separaten Gehäuse angeordnet.

Anpassung. Die Daten der Kolbenantriebe entsprechen bis auf den Hub (nahezu unbegrenzt, bis 500 mm üblich) etwa denen der Membranantriebe. Antrieb und Armatur werden i. allg. durch eine sogenannte Laterne verbunden. Die Umkehr der Wirkrichtung ist meistens ohne Zusatzteile möglich (Stellkräfte kontrollieren).

Der Hub ist i. allg. symmetrisch zur Hubmitte aufgeteilt (auch bei $y < y_{max}$), da sich der Anbau der Zusatzgeräte ebenfalls immer auf die Mittelstellung bezieht. Stellungsregler verbessern neben der Stellgenauigkeit auch die statischen und dynamischen Eigenschaften, es besteht aber Neigung zu Instabilität. Obwohl Stabilität nicht im engen Zusammenhang mit der Anpassung des Antriebes steht – ein richtig bemessener Stellungsregler arbeitet mit jedem Antrieb stabil –, muß darauf hingewiesen werden, daß bei Richtungsänderung hauptsächlich die Stopfbuchsreibung, bei größeren Armaturen auch die Masse der Drosselkörper, die Stabilität beeinflussen, s. auch Abschn. 9.8.2. Das i. allg. zur Steigerung der Stabilität bevorzugte *offene* System (Verringerung der Verstärkung) kann nicht uneingeschränkt angewendet werden, da die Regelabweichung wiederum vom Verstärkungsfaktor abhängt. Antriebe mit Stellungsregler bringen, vor allem für die Dynamik des Regelkreises,

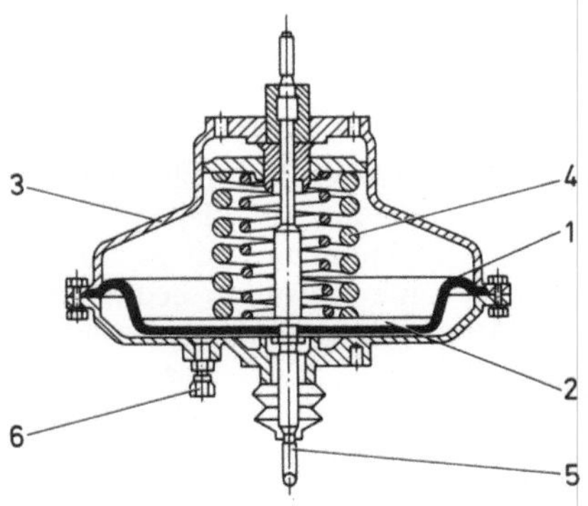

Bild 9–27.
Antrieb mit Rollmembrane und zentral angeordneten
inneren Federn [9–9].

1 Rollmembrane; 2 Membranteller; 3 Gehäuse; 4 Federn; 5 Schubstange; 6 Druckmittelanschluß.

Tabelle 9–3. Stellzeiten von Schnellschlußventilen mit pneumatischem Stellantrieb (Gerätezuordnung nach Bild 9–28) bei Zuluftdruck p_v, Übertragungsglied mit $k_\mathrm{v} = 1$ und Totzeit $t_\mathrm{d} = 0$ [9–9]

Stelldruckbereich Antrieb, Membranfläche	0,02 bis 0,1 MPa		0,04 bis 0,2 MPa	
	700 cm²	1400 cm²	700 cm²	1400 cm²
p_v in MPa	Stellzeit in Sekunden			
0,1	0,3	3,4	–	–
0,2	1,3	4,9	1,2	4,5
0,3	1,5	5,9	1,4	5,3
0,4	1,7	6,5	1,6	6,1
0,6	2,1	7,8	1,9	7,1

nicht immer Vorteile. Ist z. B. das Verhältnis der dominierenden Zeitkonstante der Regelstrecke zu der zum Durchfahren des ganzen Hubes benötigten Stellzeit kleiner als drei, ist ein leistungsfähiger Verstärker vorteilhafter als ein Stellungsregler.

Stellzeit, Endlagendämpfung. Die Stellzeit pneumatischer Antriebe ist nicht leicht zu definieren (Tabelle 9–3). Membranantriebe haben Stellzeiten von 1 bis 20 s. Mit Verstärker können auch bei großer Stellkraft Stellzeiten < 1 s und im Regelbetrieb von ≈ 10 s erreicht werden (Bild 9–28). Eine Möglichkeit, die Stellzeit den Anlagenbedingungen anzupassen, ist die Abluftdrosselung.

Zur Vermeidung mechanischer Schäden werden schnellbetätigte Antriebe mit Endlagendämpfung ausgerüstet. Beispiel: Eine Hülse auf der Kolbenstange taucht kurz vor Erreichen der Endlage in eine „Bremsmanschette" ein und verhindert weiteres schnelles Ausströmen der Abluft. Die restliche Abluft strömt über entsprechend kleinere Bohrungen aus, die Stellgeschwindigkeit wird verzögert.

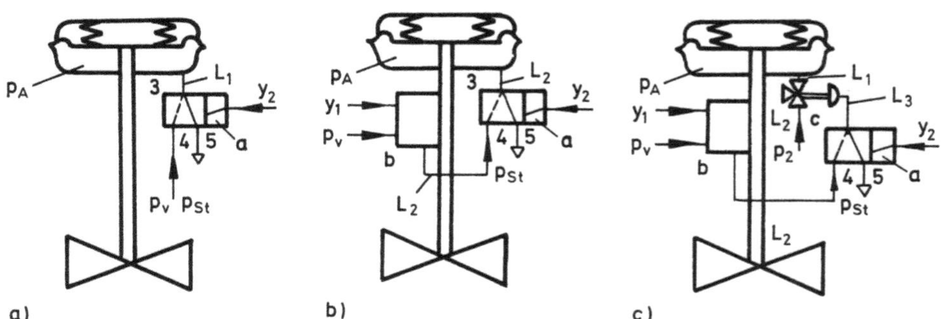

Bild 9–28. Beispiee für Betriebsschaltungen pneumatischer Membranantriebe [9–9].
    a) Schnellschlußbetrieb;
    b) Stell- und Schnellschlußbetrieb;
    c) gesonderter Stell- und Schnellschlußbetrieb.

a Magnetventil; b Stellungs- oder Feldregler; c Verstärker; L_1, L_2, L_3 Rohrleitungen; p_A Druck im Antrieb; p_v, p_z Zuluftdruck; $p_{\mathrm{St}1}$ Stellsignal-Regelung; $p_{\mathrm{St}2}$ Stellsignal-Steuerung.

9.8.2 Positionierung, Zusatzeinrichtungen

Neben pneumatischen sind elektrische Übertragungsglieder üblich. Die Umwandlung des Stellsignals in einen pneumatischen Stelldruck erfolgt am Stellort (Antrieb). Beispiele:

Stellungsregler (Bild 9–29) werden nach [9–9] eingesetzt zur

– Verminderung des Einflusses von Reibung und Last auf die statische Genauigkeit direkt und indirekt wirkender Antriebe;

– Realisierung einer Armaturenkennlinie durch Erzeugung eines nichtlinearen Verhaltens des Antriebes. Der Stellregelkreis erhält ein nichtlineares, hubabhängiges Einschwingverhalten;

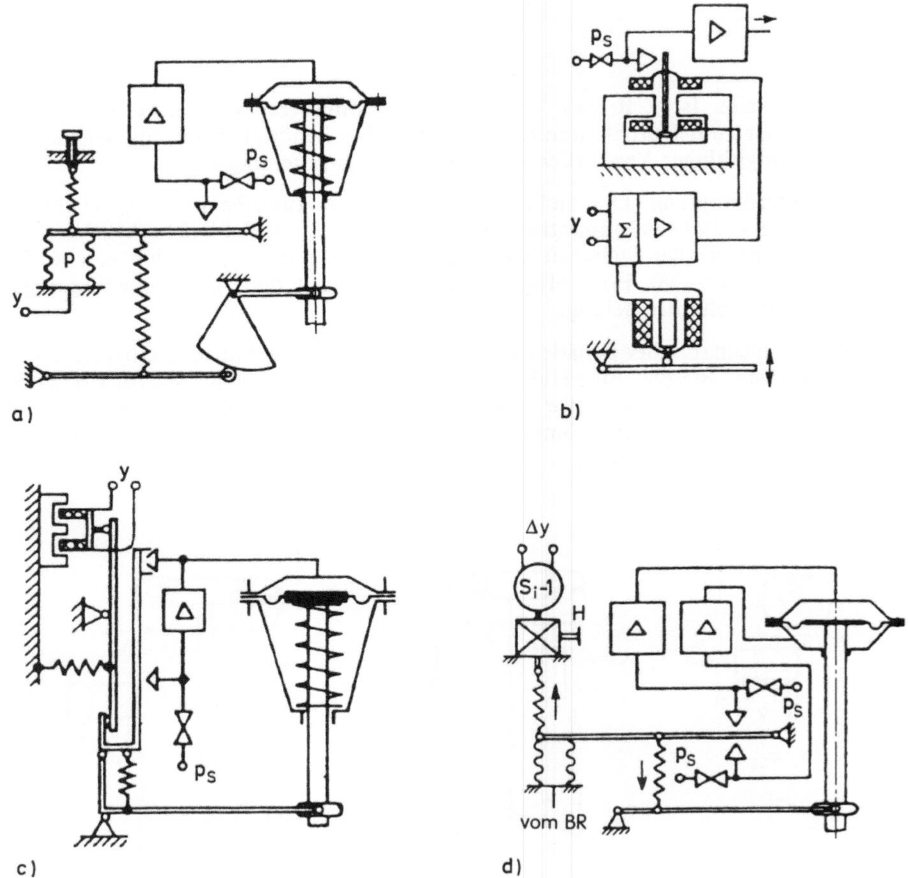

Bild 9–29. Stellungsregler (Positioner).
    a) pneumatisches Eingangssignal, Momentenvergleich (Fa. EED, Dresden);
    b) elektrisches Eingangssignal, Spannungsvergleich (Fa. EED, Dresden);
    c) elektrisches Eingangssignal, Wertvergleich (Fa. Samson);
    d) digitales Impulszahl-Inkrement-Eingangssignal (Fa. I.C. Eckart).

p_S Speiseluft; SM Schrittmotor; H Handeingriff; BR Bereitschaftsregler.

– Anpassung an verschiedene Stellsignale (Bild 9–29b und d);

– Verstärkung, z. B. eines Stellsignals im Normalbereich (0,02 bis 0,1 MPa) auf einen höheren Arbeitsdruck (z. B. 0,6 MPa), zur Stellkrafterhöhung;

– Ansteuerung eines doppeltwirkenden Antriebes zur Erzielung proportionalen Verhaltens.

Endlagenschalter und Stellungsregler (Beispiel Bild 9–30a, s. auch Abschn. 9.3). Bei pneumatischen Antrieben entspricht das pneumatische Stellsignal i. allg. der Armaturenstellung (der Stellungsregler gewährleistet Übereinstimmung); Stellungsregler werden häufig als Stellungsgeber eingesetzt (arbeiten wie pneumatische Meßumformer, messen Hub oder Stellwinkel und setzen den Meßwert in ein pneumatisches Ausgangssignal um).

Umsetzer und Verstärker dienen zur Umformung oder Verstärkung des Stellsignals auf einen dem Antrieb entsprechenden Stelldruck; z. B. formen elektropneumatische Umformer elektrische Binärsignale, z. B. 6-V-, 12-V- oder 24-V-Gleichspannungs- oder 20-mA-Gleichstromsignale, in Stelldrücke bis 0,6 MPa um.

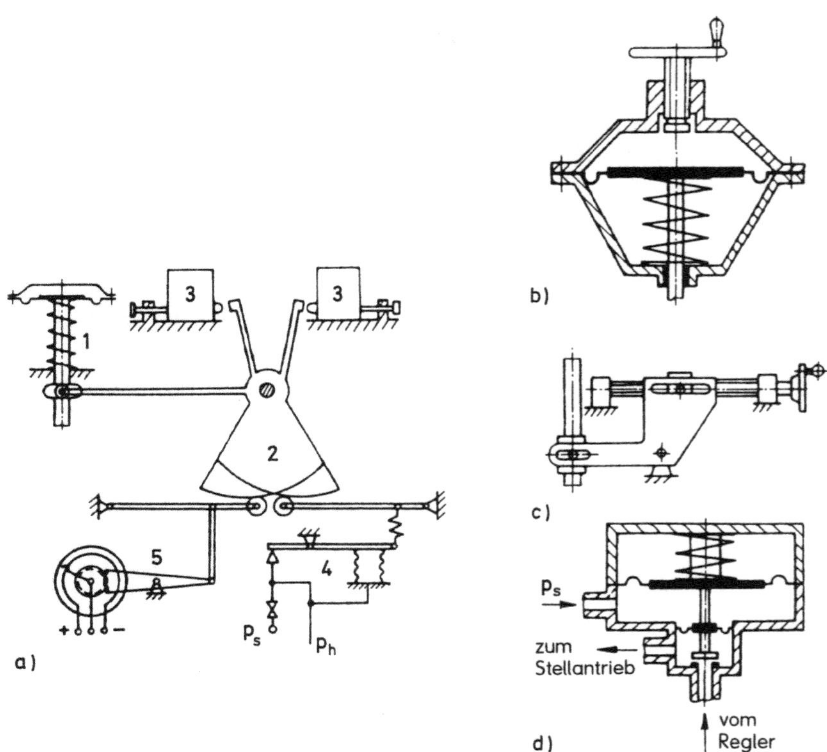

Bild 9–30. Zusatzeinrichtungen für pneumatische Antriebe [9–7].
a) Stellungsgeber;
b) obere Handbetätigung über Rückstellfeder;
c) über ein Hebelgetriebe an der Spindel angreifend;
d) Verblockventil.

1 Stellantrieb; 2 Getriebe; 3 Endlagenschalter; 4 pneumatischer Ferngeber; 5 elektrischer Ferngeber.

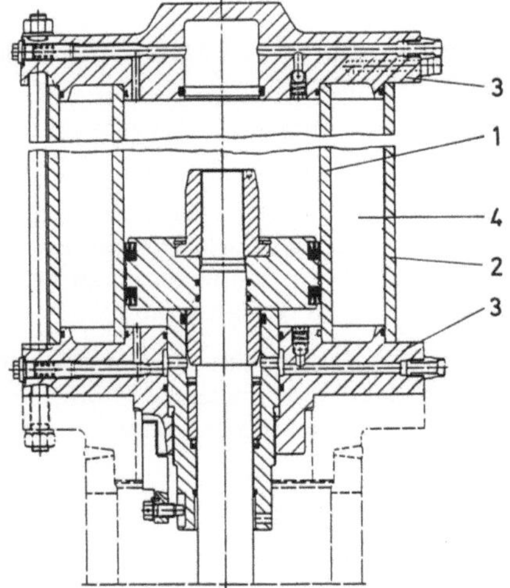

Bild 9–31.
Pneumatischer Kolbenantrieb mit Reserveluftbehälter;
bestehend aus einem zweiten im Vergleich zum
Zylinderrohr 1 größerem Druckbehälterrohr 2, das,
ebenfalls zwischen den dann größeren Flanschen 3
eingeklemmt, die entsprechend erforderliche
Reserveluftmenge in dem Reserveluftbehälter 4 aufnimmt
(Fa. Persta).

Handverstellungen können oberhalb des Antriebes (Bild 9–30b; i. allg. nur in eine Richtung verstellbar), oder seitlich im Bereich der Laterne (Bild 9–30c; gestattet Verstellen in beiden Richtungen) angeordnet werden. Bei pneumatischer Betätigung ist die Handverstellung in die Endlage zu bringen.

Zur Betätigung bei Druckluftausfall können pneumatische Antriebe auch mit Reservedruckluftbehältern ausgerüstet werden; als separate Druckbehälter je nach Größe direkt am Antrieb angeordnet bzw. separat aufgebaut, oder als Variante nach Bild 9–31 ausgebildet.

Für den Fall des Hilfsenergieausfalls und gegen unbeabsichtigtes Betätigen kann die *Verblockung* der Zuleitung durch ein Verblockventil (s. Bild 9–30d) erfolgen. Sie ist jedoch wegen kaum vermeidbarer Undichtheiten für längere Verblockung unsicher. Hier sind *mechanische Verstellsicherungen* sicherer (verhindern auch Verstellen bei unbeabsichtigter Betätigung).

9.8.3 Auslegung pneumatischer Stellantriebe

Die Auslegung erfolgt i. allg. nach den Reibungs-, Schließ- und statischen Kräften (F_R, F_S und F_P s. Abschn. 9.1, Bilder 9–1 und 9–2). Beispiel eines pneumatischen Membranantriebes für Stellventile: F_R und F_P wirken der Stellbewegung entgegen; F_S wird nur in der Schließstellung gefordert. Für die Schließbedingung $y = 0$ gilt nach [9–10]

$$p_{St} \cdot A_{eff} = F_P + F_R + F_{Cv} \tag{9.14}$$

mit F_{Cv} Federvorspannung in Schließstellung; F_R wird i. allg. für pneumatische Antriebe so gewählt, daß sich die Hysterese in Grenzen hält [9–10]: ohne Stellungsregler Hub 0 bis 100%, Reibeinfluß $\leqq$ 20 bis 5%, mit Stellungsregler $\leqq$ 20% von Nennhub.

Die Bedingung lautet dann bei Druckluftausfall $p_{St} = 0$ und Anströmen gegen die Schließrichtung für
„Federkraft schließt"

$$F_C \geqq F_P + F_R + F_S, \tag{9.15}$$

388

Tabelle 9–4. Dimensionierungskriterien für pneumatische
Membranantriebe [9–10].

Sicherheits-bedingung	Anströmung	Hubendlage des Kegels	Antriebskraft F_A
Federkraft schließt	gegen Schließ-richtung	unten	$F_A = p_{St} \cdot F_{Cv} \cdot A_M$
		oben	$2\,F_A = p_{St} \cdot F_{Ce} \cdot A_M$
	in Schließ-richtung	unten	$3\,F_A = p_{St} \cdot F_{Zv} \cdot A_M$
		oben	$4\,F_A = p_{St} \cdot F_{Ze} \cdot A_M$
Federkraft öffnet	gegen Schließ-richtung	unten	$4\,F_A = p_{St} \cdot F_{Ze} \cdot A_M$
		oben	$3\,F_A = p_{St} \cdot F_{Zv} \cdot A_M$
	in Schließ-richtung	unten	$2\,F_A = p_{St} \cdot F_{Ce} \cdot A_M$
		oben	$F_A = p_{St} \cdot F_{Cv} \cdot A_M$

A_M wirksame Membranfläche (Hubabhängigkeit vernachlässigt)
$p_{St} \cdot F_{Cv}$ Federvorspannung, in Stelldruck umgerechnet
$p_{St} \cdot F_{Ce}$ Federentspannung, in Stelldruck umgerechnet
$p_{St} \cdot F_{Zv}$ Zuluftdrucküberschuß bei Federvorspannung = Zuluft $- p_{St} \cdot F_{Cv}$
$p_{St} \cdot F_{Ze}$ Zuluftdrucküberschuß bei Federentspannung = Zuluft $- p_{St} \cdot F_{Ce}$

„Federkraft öffnet"

$$F_C \geqq F_R - F_P. \tag{9.16}$$

Wegen der möglichen unterschiedlichen Gestaltung pneumatischer Membranantriebe in Kombination mit dem Armaturenaufbau gibt es vier verschiedene erforderliche Kräftekombinationen (Tabelle 9–4), s. auch [9–11].

Bei Anströmen in Schließrichtung besteht z. B. die Gefahr der Instabilität (Berechnung der Stellkraft für beide Endstellungen genügt nicht). Die resultierende Streckenkennlinie (Bilder 9–32 und 9–33) muß auf Steigungsumkehr untersucht und diese vermieden werden. Näherungsgleichung für den ungünstigsten Betriebsfall:

$$(p_{St} \cdot F_{Ce} - p_{St} \cdot F_C)\,A_{eff} = 2F_P.$$

Für *Doppelsitz- und Dreiwegeventile* können die Kraftkennlinien durch Überlagerung der an den einzelnen Kegeln gemessenen Kennlinien leicht graphisch ermittelt werden (Bilder 9–32 und 9–33). Im Bild 9–32 ist die Federkennlinie S_C eines Membranantriebes mit Schließfeder mit der Differenzdruckkennlinie Δp überlagert, Ergebnis: resultierende Streckenkennlinie S_B. Das Beispiel zeigt, daß bei konstantem Δp die Kraft für die Offenstellung zunimmt. Deshalb muß bei Anströmen von innen (Bild 9–32a) die Antriebskraft für die Schließstellung und zum Öffnen bestimmt werden. Da Δp aber meistens über den Hub nicht konstant bleibt, ist F entsprechend zu korrigieren. Dazu werden von den Herstellern entsprechende Berechnungstabellen vorgelegt.

Bei Anströmen von außen (Bild 9–32b) erübrigt sich die Berechnung der Antriebskraft für die Schließstellung. Zum Öffnen ist Luftdrucküberschuß erforderlich.

Bild 9–33c zeigt die Streckenkennlinie S_B eines Dreiwegeventiles für Teilungsbetrieb (Beispiel). Die Ventilstellung „Kegel oben" erfordert die maximale Antriebskraft, die durch die gespannte Feder überwunden werden muß, Dimensionierungsgleichung:

$$F_A = p_{St} \cdot F_{Ce} \cdot A_{eff} \geqq F_{P100} + F_R + F_{Smin}$$

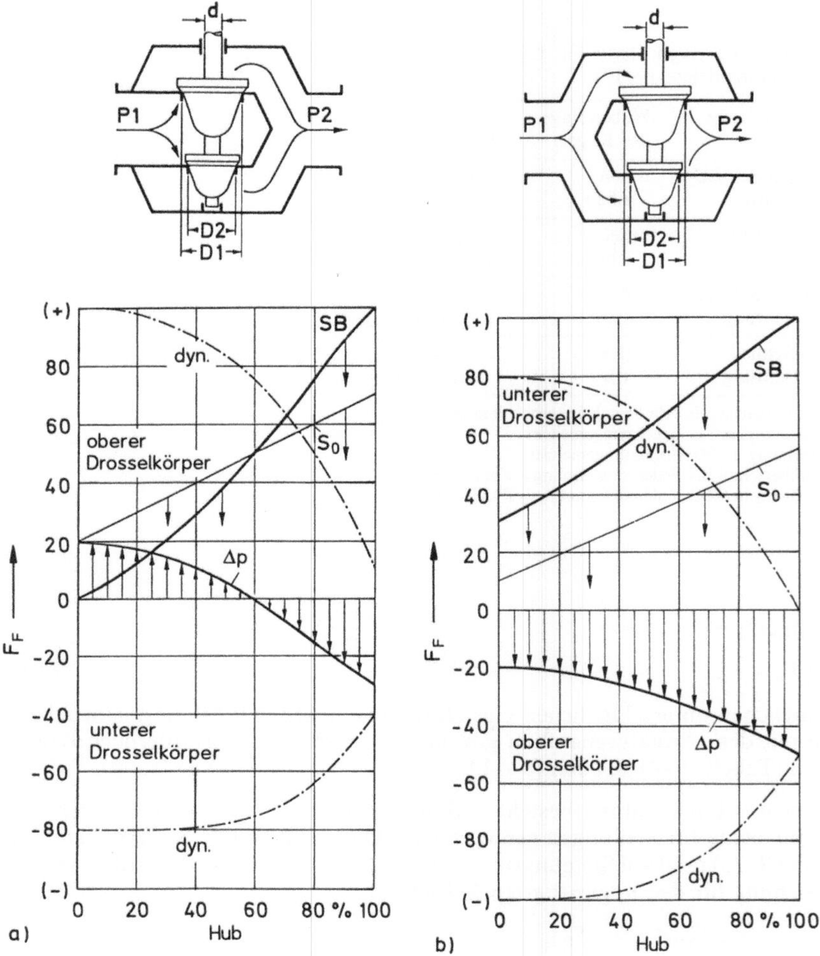

Bild 9–32. Kraftkennlinien bei Doppelsitzventilen [9–10].
a) Anströmen von innen;
b) Anströmen von außen.
S_0 Federkennlinie; S_B resultierende Streckenkennlinie; Δp Differenzdruckkennlinie.

mit $F_{P100} = \Delta p \cdot \pi/4 \cdot d^2 \cdot F$, $[F = f(\Delta p_{100}/\Delta p_0)]$ nach Bild 9–3. Bei Teilungsbetrieb (Kegel nach Bild 9–33a) und Mischbetrieb mit Doppelkegel ist eine Steigungsumkehr der S_B-Kennlinie zu verhindern. Näherungsgleichung für den ungünstigsten Betriebsfall $\Delta p_{100} = 0$:

$$(p_{St} \cdot F_{Ce} - p_{St} \cdot F_C) A_{eff} \geqq 4F_P.$$

9.8.4 Bauarten

Grundsätzliches s. Abschn. 9.7. Marktübliche Schubantriebe sind umkehrbar und werden vorwiegend mit vorgeformten Membranen oder Rollmembranen ausgerüstet (wirksame

390

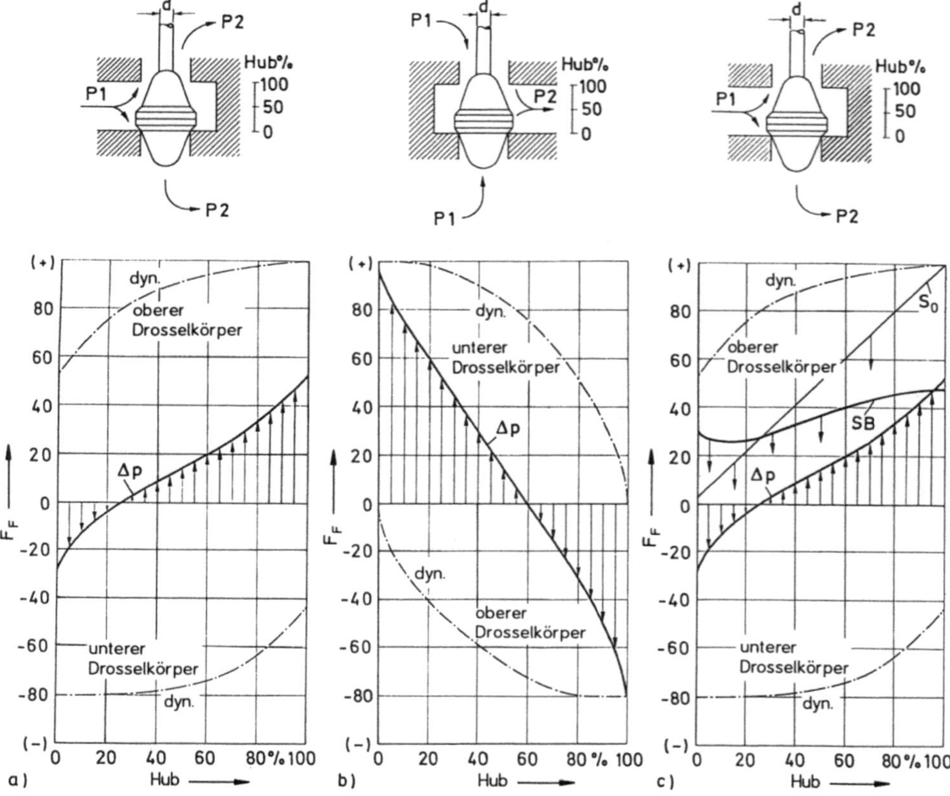

Bild 9–33. Kraftkennlinien bei Dreiwegeventilen [9–10].
  a) Teilungsbetrieb;
  b) Mischbetrieb;
  c) Teilungsbetrieb mit Streckenkennlinie S_B = Resultierende aus der Überlagerung von Δp und S_0.

Membranfläche 80 bis 2800 cm^2; Nennhub 5 bis 160 mm, Stelldrücke bis 0,6 MPa) [9–9]. *Wirkrichtungsumkehr*: Bei außenliegenden Federn (s. Bild 9–23) durch Anordnung des Federlagers über oder unter der Feder; bei zentral angeordneten Federn wird der gesamte Antrieb umgekehrt.

Zunehmend werden Antriebe mit dezentral angeordneten Federn verwendet (Bild 9–34). Vorteile: weitgehend lineare Kennlinie (auch bei großen Hüben), kurze Stellzeiten, größer Stelldruckbereich durch Veränderung der Anzahl und der Vorspannung der Federn. Zur Wirkrichtungsumkehr ist die obere Kappe abzunehmen und die Rollmembrane mit Federn umzukehren. Mit dem Tandemantrieb kann die Stellkraft verdoppelt werden.

Beispiele für die Umformung der Schubbewegung des Membran- und Kolbenantriebes in eine Drehbewegung werden in den Bildern 9–24, 9–25, 9–35 und 9–36 gezeigt. Bei der doppelten Ausführung (Bild 9–36) sind die Anschlüsse A und B mit dem doppeltwirkenden Stellungsregler verbunden.

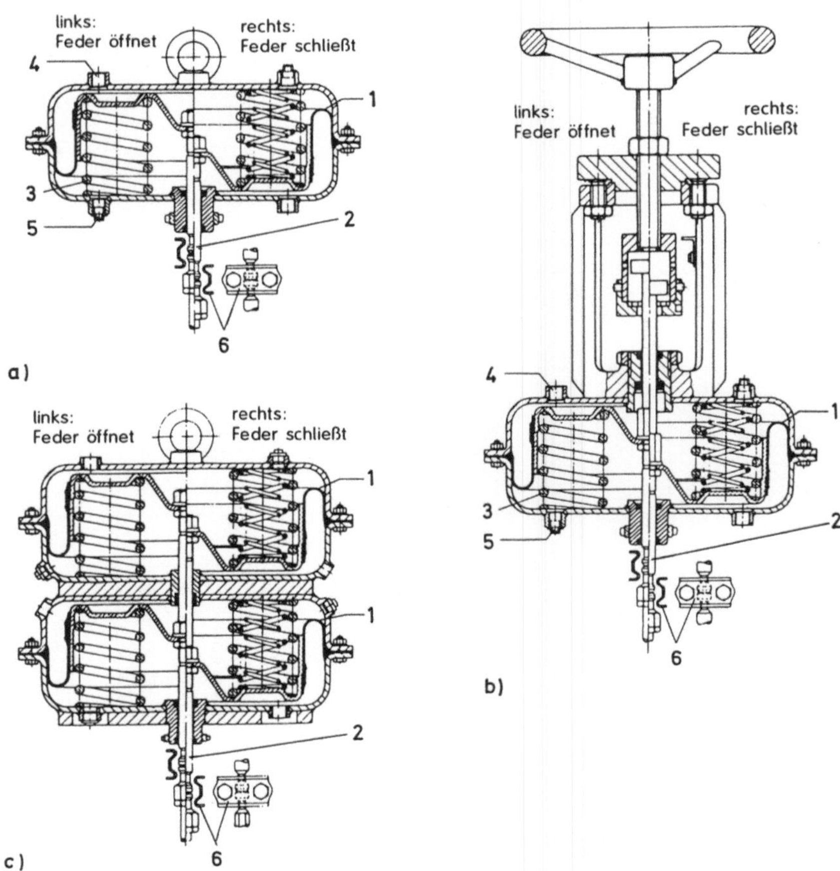

Bild 9–34. Membranantrieb mit dezentral angeordneten Federn [9–9].
     a) mit Rollmembrane und veränderlicher Federzahl (3 bis 30);
     b) wie a), jedoch mit Handantrieb;
     c) in Tandemausführung.

1 Rollmembrane; 2 Antriebsstange; 3 Federn; 4 Stelldruckanschluß; 5 Entlüftung; 6 Kupplung mit Hubanzeige.

9.8.5 Anwendungsbereiche

Pneumatische Stellantriebe werden vorwiegend in der Verfahrenstechnik und der Energiewirtschaft eingesetzt. Aus Sicherheitsgründen dominieren direkt und indirekt wirkende Antriebe (s. Abschn. 9.7) Membranantriebe finden wegen der geringen verfügbaren Stellkräfte insbesondere bei Stellarmaturen Anwendung. Kolbenantriebe kommen bei Hähnen, Klappen, kleinen und größeren Stellarmaturen zur Anwendung.

9.9 Hydraulische Stellantriebe

Hydraulische Antriebe erzeugen auf langen Stellwegen große Stellkräfte; Stellgeschwindigkeit geringer, Regelfähigkeit wie pneumatische Antriebe. *Vorteile*: Die Stellzeiten sind

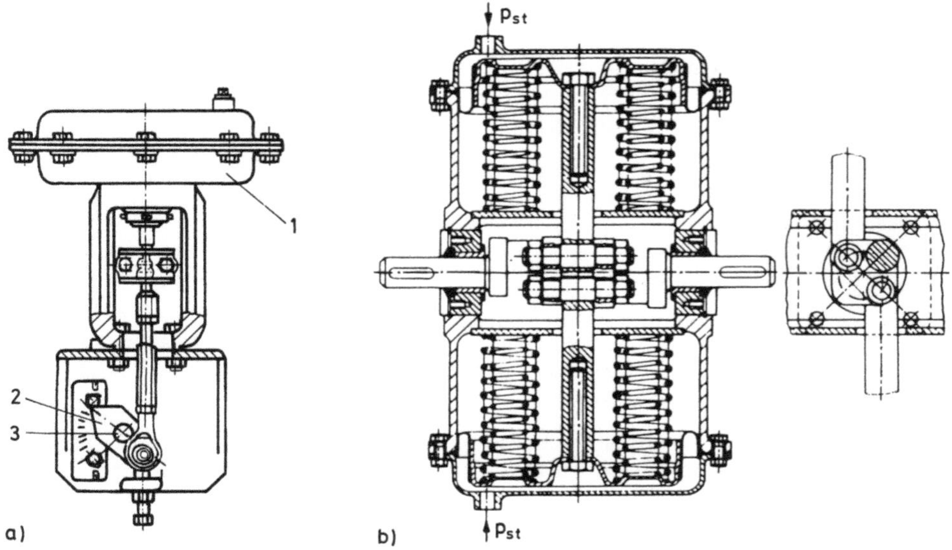

Bild 9–35. Schwenkspindelantrieb für direkten Anbau [9–10].

a) Membranbewegung wird über einen Hebel in Drehbewegung umgesetzt (übliche Stellwinkel: 0° bis 45°; 0° bis 90°); 1 Antrieb; 2 Hebel; 3 Welle der Armatur.

b) mit gegenläufigen Membranen, einfach wirkend (direkt oder indirekt). Membranbewegung wird im Antrieb auf eine kurbelwellenartige Antriebswelle übertragen und in Drehbewegung umgewandelt.

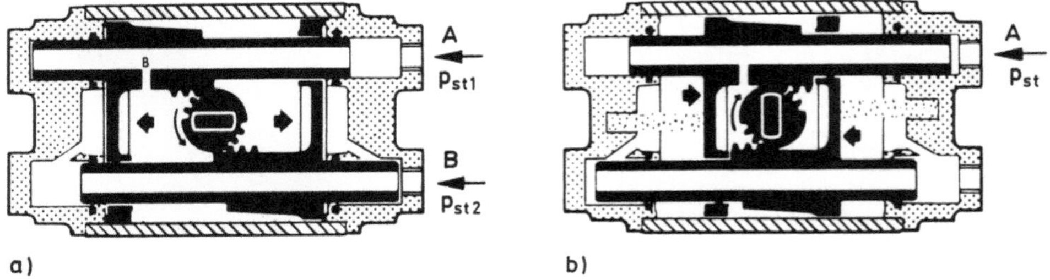

Bild 9–36. Doppelkolbenschwenkantrieb, Kompaktbauart [9–10].

a) ohne Federn, doppeltwirkend;

b) mit Federn, einfach wirkend (direkt oder indirekt).

leicht und genau anzupassen und in weiten Grenzen regelbar, vorteilhaft bei zentraler Druckölversorgung. *Nachteile*: relativ aufwendige Druckerzeugungsanlagen, Drucköl muß i. allg. zur Druckerzeugungsanlage zurückgeführt werden. *Anwendung*: vorrangig, wenn lange Stellwege und große Stellkräfte bei relativ kurzen Stellzeiten gefordert sind, z. B. bei Schiebern.

9.9.1 Aufbau und Wirkungsweise

Grundsätzliches s. Abschn. 9.7. Druckmittel Hydrauliköl (bis 4 MPa sind Emulsionen möglich). Stelldruckbereich:

$$p_{St} = 1,6 \text{ bis } 40\,MPa, \text{ üblich } p_{St} = 1,6 \text{ und } 16\,MPa.$$

Die Steuerventile werden von Hand, elektrisch oder pneumatisch gestellt (Stellvorgang mit konstantem Steuerquerschnitt), der Antrieb wirkt proportional. Elektrische Ansteuerung: Ausgangssignal 0 (4) bis 20 mA; pneumatische Ansteuerung: 0,02 bis 0,1 MPa. Fallen Steuerstrom oder -luft aus, fährt der Antrieb in die dem Signal 0 (4) mA bzw. 0,02 MPa entsprechende Endstellung.

Wegen der großen Stellkräfte haben hydraulische Antriebe i. allg. keine Rückstellfeder. Bei Druckölausfall bewirkt ein Verblockventil das Verharren (Verblockung) des Antriebes in der zuletzt innegehabten Stellung. Zum „Notverstellen" wird die Blockierung aufgehoben (Verstellen in Sicherheitsstellung).

Handbetätigung ist aufwendig und schwierig zu realisieren. Möglichkeiten: zweite Druckquelle (Notdruckquelle, sinnvoll bei zentraler Druckversorgung), Handpumpe am Stellzylinder oder Sicherheitsdruckspeicher am Antrieb (Antrieb fährt in die Sicherheitsstellung).

Bei direktem Anbau enpfiehlt sich zum Schutz des strömenden Fluids vor Verunreinigungen durch das Druckmittel eine Laterne mit Abdichtung (z. B. Stopfbuchse).

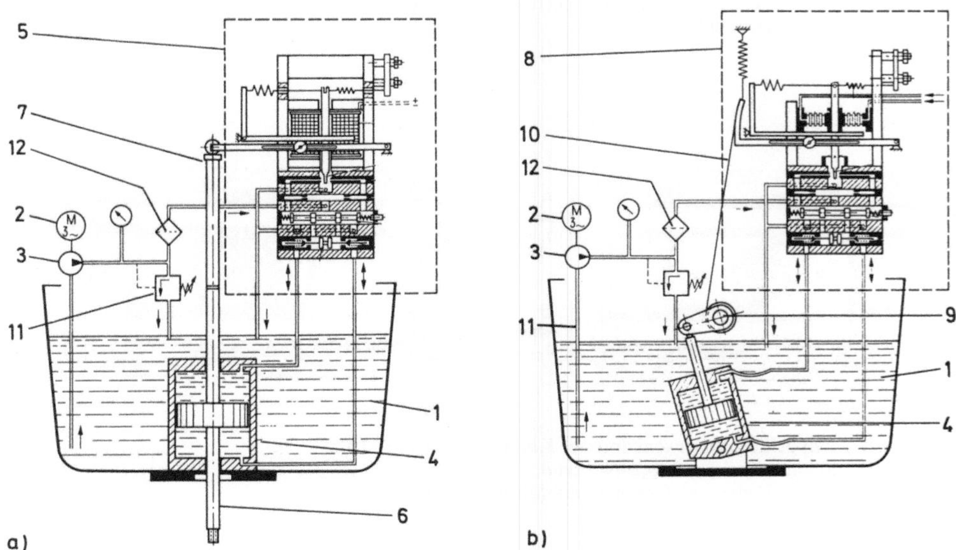

Bild 9–37. Hydraulischer Einzelantrieb, Schema (Siemens).
    a) Schubantrieb für elektrisches Eingangssignal;
    b) Schwenkantrieb für pneumatisches Eingangssignal.

1 Ölbehälter; 2 Elektromotor; 3 Pumpe; 4 Arbeitszylinder; 5 elektrohydraulisches Steuerventil; 6 Schubstange; 7 Rückführstange; 8 pneumatisch-hydraulisches Steuerventil; 9 Abtriebswelle; 10 Rückführband; 11 Druckbegrenzungsventil; 12 Druckfilter.

9.9.2 Bauarten

Grundkonzeption: Antrieb mit Einzelversorgung oder zentraler Drucköversorgung; Schub-
und Schwenkantrieb; Anbau wie pneumatische Antriebe (s. Abschn. 9.7 und 9.8).

Einzelantriebe (z. B. elektrohydraulische Antriebe). Grundsätzlicher Aufbau s. Bild 9–37a.
In den Endstellungen muß das Drucköl umgewälzt oder der Motor abgeschaltet werden.
Anbaulage: Die dargestellten Schubantriebe müssen mit der Schubstange senkrecht nach
unten, die Schwenkantriebe mit der Befestigungsfläche auf eine waagerechte, ebene Grund-
fläche montiert werden.

Antriebe mit zentraler Druckölversorgung. Grundsätzlicher Aufbau (Kolben, Zylinder,
Schubstange, Steuer- und Druckbegrenzungsventil, Druckfilter usw.) wie pneumatischer
Kolbenantrieb (s. Abschn. 9.8.1 und Bild 9–31).

In der zentralen Druckversorgungsanlage muß mindestens für einen Doppelhub aller
angeschlossenen Antriebe Öl bevorratet sein, damit Fehlschaltungen sofort rückgängig
gemacht werden können. Hohe Verluste in den Hydraulikleitungen (können bei kurzen
Stellzeiten entstehen) verhindern das Erreichen der vorgegebenen Stellzeiten. Zu große
Strömungsgeschwindigkeiten des Drucköles verursachen besonders bei langen Steuerleitungen und kurzen Stellzeiten gefährliche Druckstöße. Bei über dem Hub konstanter
Stellkraft ist auch die Stellbewegung gleichmäßig; wechselnde Stellkräfte verursachen sich
ändernde Stellgeschwindigkeiten.

Luft in der Steuerleitung beeinträchtigt die Stellkraft und die Stellgenauigkeit (Entlüftung
vorsehen). Die auf die Steuerleitungen und Hydraulikelemente einwirkende Temperatur
ist zu beachten. Grundsätzlicher Temperaturbereich: 5 bis 75 °C. Mit speziellen Hydraulik-
ölen kann dieser Bereich wesentlich erweitert werden.

10 Festigkeit

Armaturen sind zumeist durch eine komplizierte Geometrie gekennzeichnet. Sie folgt aus der funktionellen Aufgabenstellung (s. Tabelle 7–1). Die festigkeitsmäßige Berechnung stößt daher zwangsläufig auf Schwierigkeiten.

Üblich ist die Zurückführung auf einfache Geometrien (Zylinder, Kugel, Kegel usw.) und ihre angepaßte Modifizierung. Ebenso werden die im Maschinen-, Behälter- und Dampfkesselbau gültigen Berechnungs- und Konstruktionsregeln herangezogen, s. z. B. [10–1].

Erst in neuerer Zeit werden verstärkt die reale Geometrie berücksichtigende, armaturenspezifische Berechnungsmethoden entwickelt und eingeführt. Das betrifft vor allem die Finite-Elemente-Methode (FEM), die auch zunehmend das Werkstoffverhalten berücksichtigt. Damit wird auch die Beachtung aller auftretenden Beanspruchungen möglich, während nach den eingangs charakterisierten Methoden eine Berechnung vor allem nur auf den vorliegenden Betriebsdruck und einige weitere charakteristische Lastfälle insbesondere der verschiedenen Bauteile erfolgte.

Die traditionellen Berechnungsmethoden (s. Abschn. 10.2.1) werden für eine Reihe von Aufgaben weiterhin ihre Bedeutung behalten. Wichtig ist die Kenntnis der Grenzen der einzelnen Methoden.

Zu beachten sind nationale Unterschiede z. B. bei der Art der Ermittlung und Auswertung der Beanspruchung, der Werkstoffkennwerte und deren Sicherheitsfaktoren.

Die Armatur ist i. allg. ein Massenerzeugnis, das vielfältigen Einsatzbedingungen genügen muß. Deshalb ist besonders bei Armaturen zwischen der Dimensionierung (vorrangig bei der Erzeugnisentwicklung) und dem Nachweis der Tragfähigkeit zu unterscheiden. Dabei ist es schwierig, die Belastung für die Dimensionierung festzulegen, da die realen Belastungen im Betrieb von dieser stark abweichen können (Druck, Temperatur, Rohrlasten). Der Tragfähigkeitsnachweis ist stets eine Nachrechnung einer vorhandenen, in ihren Abmessungen vorgegebenen Armatur für einen bestimmten, eingrenzbaren Betriebsfall (Bedingung: Beanspruchung $\leq$ Beanspruchbarkeit, $B \leq [B]$).

Im folgenden soll diese Problematik kurz umrissen werden. Die Festigkeitsberechnung ist vor allem Angelegenheit des Herstellers; er hat dem Anwender die sichere Funktion und Betriebstüchtigkeit seiner Armaturen zu garantieren.

10.1 Wesentliche Belastungen und Beanspruchungen

Die tatsächliche Beanspruchung im Einsatz kann i. allg. nicht genau erfaßt werden (Komplexbeanspruchung mit Langzeitwirkung). Entscheidend für den Festigkeitsnachweis ist deshalb die Analyse der zu berücksichtigenden Belastungen. Dabei kann zwischen Innendruck-, Zusatz- und Wechselbelastungen unterschieden werden. Die wesentlichen sind:

Mechanische Belastungen. *Innendruck*: ruhend oder zeitlich veränderlich, Vakuum. Die Kurzcharakterisierung einer Armatur durch Nenndruck und Nennweite bringt die Last *Druck* exakt ein [10–6]. *Montage- und Einbaubedingungen*: Schraubenvorspannung, Rohrlasten als Zwangskräfte in x-, y- und z-Achse, Biege- und Torsionsmomente, z. B.

durch behinderte Wärmedehnung der Rohrleitungen (Berechnung mit quantifizierter Bedeutung, d. h. angenommene bzw. vorgegebene Rohrlasten: Rohrlasten werden in Größe und Art vom jeweiligen Rohrleitungssystem bestimmt), Reaktionskräfte des strömenden Fluids (z. B. Strömungskräfte und -momente, Druckstoß, s. Abschn. 5.5. und 6.3.2). *Betätigung*: Stellkräfte, Öffnungs- und Schließkräfte, Belastungen durch Antriebe.

Für Spezialarmaturen werden auch Erdbebenberechnungen gefordert (z. B. KKW).

Temperaturbelastungen. *Betriebstemperatur*: Abnahme der Werkstoffestigkeit, Wärmespannungen. Die Berechnungstemperatur muß einem breiten Einsatzspektrum genügen und wird entsprechend internationalen Gepflogenheiten zwischen der unteren und oberen Einsatzgrenze des Werkstoffes festgelegt, z. B. GSC25N: Betriebstemperaturbereich -30 bis 450 °C, Berechnungstemperatur 260 °C [10–6]. In Druck- und Temperaturtabellen wird der Nenndruck für einen bestimmten Temperaturbereich zugelassen. Liegen die Temperaturen darunter oder darüber, wird der zulässige Druck verringert (s. Tabelle 11–1).

Instationäre Temperaturbelastungen sind z. B. Aufheiz- und Abkühlvorgänge (Nachweis der zulässigen Temperaturdifferenzen beim An- und Abfahren bzw. der zulässigen Anfahr- und Abfahrgeschwindigkeiten), Armaturen für den Hochdruck-Temperaturbereich sind neben Systemdruck und -temperatur auch transienten Belastungen unterworfen.

Lastfallkombinationen. Die o. a. Belastungen werden, abhängig von Betriebsbedingungen, Vorschriften, Anforderungsstufen, speziellen Erfordernissen und Lastfällen, kombiniert, z. B. Innendruck + Schraubenvorspannung, Innendruck + Schraubenvorspannung + Rohrlasten usw.

Belastungen erzeugen in den Armaturenteilen und ihren Verbindungen vielfältige, teilweise sehr unterschiedliche Beanspruchungen. Bild 10–1 zeigt als Beispiel die Zug-, Druck- und Biegebeanspruchung von Ventilteilen infolge der mit der Spindel erzeugten Dichtkraft, ohne Berücksichtigung von Innendruck, Schraubenvorspannung und Wärmespannungen. Die Bilder 10–2 und 10–3 sowie Tabelle 10–1 enthalten weitere Beispiele.

Bewirken Lastwechsel eine Schädigung durch Ermüdung, und hohe Betriebstemperaturen (> 450 °C) eine weitere Schädigung durch Kriechen, muß die auf der Grundlage statischer Lasten dimensionierte Armatur auf diese Schädigungen hin überprüft werden (Festlegung zur Betriebsführung, Nachweis der Lebensdauer) [10–6].

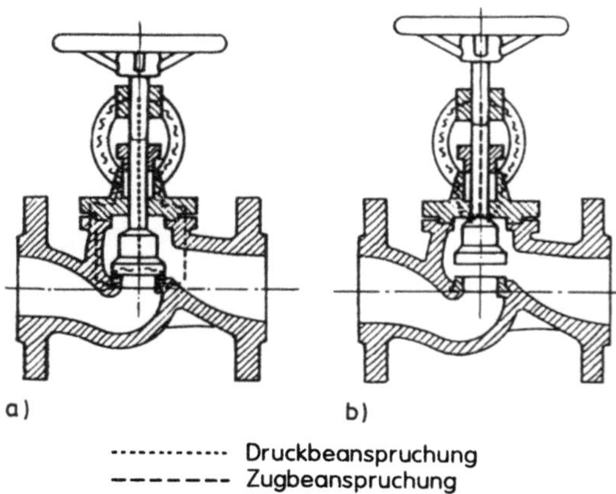

Bild 10–1.
Kräfteverlauf (Beanspruchung) der Ventilteile: Gehäuse, Deckel und Deckelaufbauten (Bügelaufsatz aus Nabe und Verbindungsarmen) bei drucklosem Ventil, Belastung: Dichtkraft [10–1].
a) geschlossen, Dichtkraft am Sitz;
b) geöffnet, Dichtkraft an der Rückdichtung (am Deckel).

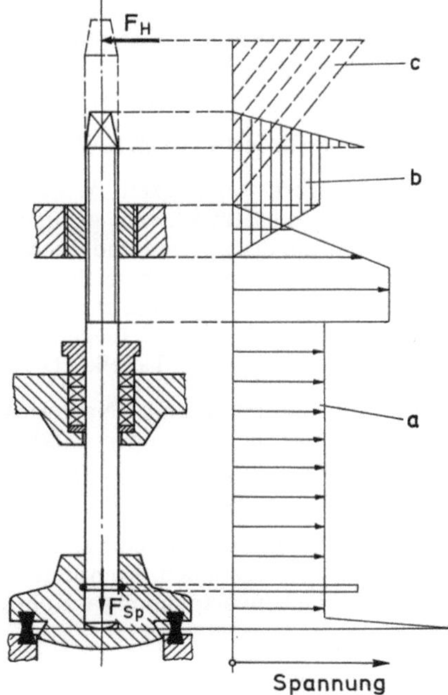

Bild 10–2.
Spannungsverlauf an der Ventilspindel (Schließstellung) [10–1].
a) Druckspannung;
b) Torsionsspannung;
c) Biegespannung durch Handkraft (bei geöffnetem Ventil).

F_{Sp} Spindelkraft (Schließkraft); F_H Handkraft.

Tabelle 10–1. Beanspruchungen und Belastungen an Armaturenteilen, Beispiele.

Bauteil, Bauteilverbindung	Belastung, Beanspruchung
Gehäuse [1]	Innendruck p_i, Schraubenvorspannung, Betätigungskräfte (z. B. Spindelkräfte, Bild 10–1), Rohrlasten, Strömungskräfte (z. B. Druckstoß), Belastungen aus Temperaturdifferenzen
Gehäuseabschluß (Deckel)	hauptsächlich Biegebeanspruchung aus Innendruck, Schraubenvorspannung (Deckelabdichtung), Aufbauten und Antrieb
Deckelaufbauten (Bügelaufsatz)	Zug-, Druck- und Biegebeanspruchung aus der Spindelkraft (Bild 10–1)
Spindel	Druckbelastung aus Betriebsdruck und Dichtkraft (Spindelkraft), Torsionsbeanspruchung aus Stopfbuchs-, Spurlager- und Gewindereibung, Biegebeanspruchung durch Handkraft (Bilder 10–2 und 10–3)
Absperrkörper z. B. Ventilkegel	Belastung durch die volle Spindelkraft im Zentrum (Biegebeanspruchung)
Befestigung des Absperrkörpers (z. B. Ventilkegel, Schieberkeil)	Druck oder Zug durch die Spindel führt zur Flächenpressung an den Verbindungsteilen (Abscheren z. B. des Ringes und der Spindel)

[1] Die Armaturengehäuse sind die geometrisch kompliziertesten und materialintensivsten Bauteile.

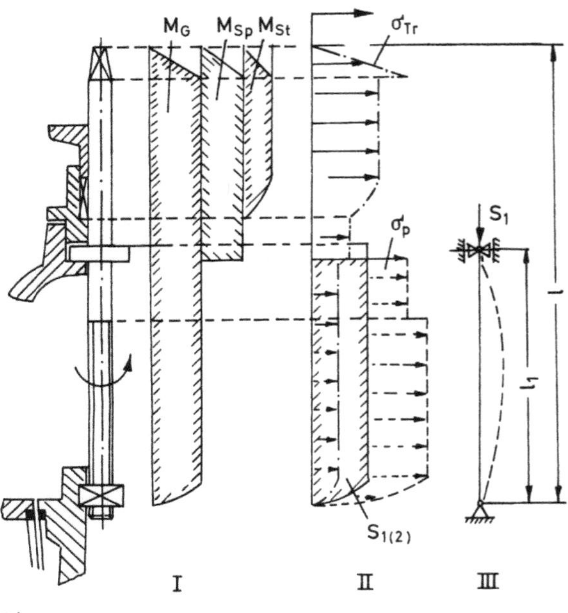

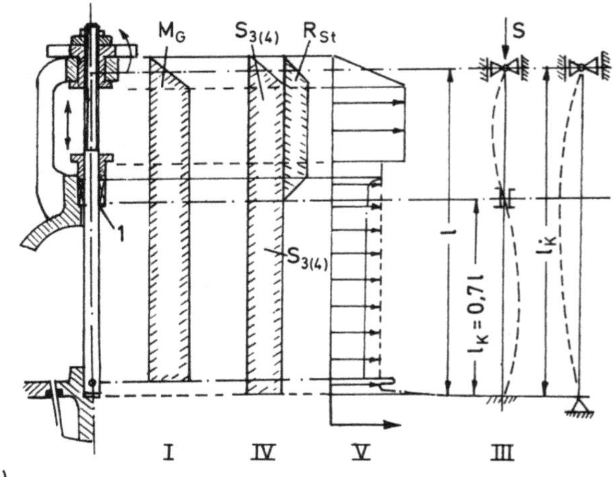

Bild 10–3. Kräfte- und Momentenverlauf [10–5].

a) innenliegendes Spindelgewinde, drehende, nicht steigende Spindel;
b) außenliegendes Spindelgewinde, nicht drehende, steigende Spindel.

I Momentenschema; II Kräfte- und Spannungsschema; III Knickschema; IV Kräfteschema; V Spannungsschema;
M_G Gewindereibungsmoment; M_{Sp} Spurreibungsmoment; M_{St} Stopfbuchsreibungsmoment; M_{ges} Gesamtmoment aus Führungsreibung und Gleitreibung; σ_{Tr} Torsionsspannungsverlauf; σ_p Druckspannungsverlauf; $S_{1(2)}$ Zugkraft aus Führungsreibung und Gleitreibung; l_K Knicklänge; $S_{3(4)}$ Zug-Druck-Kraft aus Widerstand am Keil; l_K Knicklänge, wenn die Führung fehlt; R_{St} Kraft aus Stopfbuchsreibung; 1 Führung. (Nachrechnung auf Knickung i. allg. nur, wenn $l_K/d_{Sp} > 24$; bei Ventilen ist l_K/d_{Sp} i. allg. < 24).

Die Auswirkungen eines Teils der Zusatz- und Wechselbelastungen bleiben bei der Auslegung und Nachweisführung für die meisten Armaturen z. Z. noch unberücksichtigt; an der Problematik wird intensiv gearbeitet.

10.2 Auslegung, Nachweisführung

Armaturen werden i. allg. für den Nenn- bzw. Prüfdruck (höchste Belastung bei Raumtemperatur) und die maximalen Betriebsbedingungen (Betriebsdruck- und Temperaturstufen) ausgelegt, verstärkt aber auch für bestimmte Betriebsverhältnisse bzw. -daten dimensioniert.

Als Festigkeitsnachweise werden die Berechnung und experimentelle Nachweise (vorrangig Spannungs- und Dehnungsmessungen, Berstversuche) angewendet und anerkannt.

Es sollte aber vermieden werden, daß Prüfstandsbeanspruchungen für die Auslegung der Armaturen maßgebend sind, da letzlich der Betriebszustand die Zielfunktion ist.

10.2.1 Berechnungsmethoden

Für die Dimensionierung der Armaturen sind zwei Lastfälle denkbar [10–6]:

- Berechnung mit dem Nenndruck und der Berechnungstemperatur. Die Zusatzlasten müssen durch den Sicherheitsfaktor berücksichtigt werden. Für diese Dimensionierung ist ein Tragfähigkeitsnachweis mit den real auftretenden Zusatzlasten erforderlich.
- Berechnung mit dem Nenndruck, der Berechnungstemperatur und einer gewählten Zusatzbelastung. Vorteilhaft ist die aus der Rohrleitungsreserve berechnete axiale Rohrlast, da sie schärfere Beanspruchungen bewirkt als Biege- und Torsionsmomente. Dabei sind die größten Festigkeitswerte für Rohrleitungswerkstoffe einzusetzen. Damit bei Temperaturänderungen Proportionalität zwischen Erhöhung bzw. Minderung der Axialkraft besteht, müssen Berechnungsdruck und -temperatur für Rohrleitung und Armatur übereinstimmen.

Ist die für die jeweilige Rohrleitung berechnete Axialkraft bzw. äquivalente Axialkraft $F_{ax,vorh}$ kleiner als die für die Dimensionierung gewählte, kann auf einen Tragfähigkeitsnachweis verzichtet werden ($F_{ax,vorh} \leq [F]$). Ein Tragfähigkeitsnachweis nach $F_{ax,vorh} \leq [F]$ ist auch für den Rohrleitungsprojektanten einfach. Ist $F_{ax,vorh} \leq [F]$ nicht erfüllt oder treffen die Bedingungen dafür nicht zu, ist ein exakter Tragfähigkeitsnachweis zu führen.

Bei Gußgehäusen ist zwischen der rechnerisch erforderlichen und der gießtechnisch möglichen Wanddicke zu unterscheiden. Letztere ist auch eine Grenze, ab der eine Dimensionierungsrechnung hinfällig wird. Es genügt dann eine Bauteil- oder Typenprüfung mit erhöhtem Prüfdruck (s. Abschn. 10.2.2).

Bei den üblichen *klassischen Berechnungsverfahren* werden bei geometrisch komplizierten Armaturenteilen (z. B. Ventilgehäuse) die Konstruktion und Belastung so modifiziert, daß die Vorgänge vorstellbar beschrieben und mathematisch erfaßt werden können. Damit können wegen der Vielzahl der Einflußfaktoren die Spannungsverhältnisse nicht immer ausreichend genau erfaßt werden. In diesen Fällen ergänzen experimentelle Festigkeitsnachweise (s. Abschn. 10.2.2) die Auslegung und erhöhen die Sicherheit der Aussage.

Als wichtigste Berechnungsmethoden können genannt werden: DIN 3840 [10–2], ASME-CODE NB 3500, das Traglastprinzip und die Finite-Elemente-Methode.

Mit *DIN 3840* wurde versucht, für Armaturengehaüse Berechnungsverfahren für vorwiegend ruhende Innendruckbelastung festzulegen. Sie erlauben eine beanspruchungsgerechte Dimensionierung und erfüllen die allgemein gestellten Sicherheitsanforderungen. Dabei wird das Gehäuse in ein geometrisches Berechnungsmodell transformiert, in dem es in Gehäusegrundkörper und Gehäuseabschlüsse (Flansche) aufgeteilt wird. Letztere werden nach geltenden Vorschriften (z. B. Flanschnormen) oder Regeln der Technik berechnet. Der Gehäusegrundkörper wird weiter in geometrisch ungestörte Bereiche (Kugel- Kegel- und Zylinderschalen sowie ovale Querschnitte) und gestörte Bereiche (Übergangsstellen, Durchdringungen, Ausschnitte und Verstärkungen) unterteilt.

Die Festigkeitsberechnung wird in Dimensionierung (ungestörte Bereiche) und Tragfähigkeitsnachweis (gestörte Bereiche) unterteilt. Dabei wird z. B. bei Gehäusekörpern mit Abzweig die Festigkeit der Übergangsstellen (höchstbeanspruchte Zone) mit dem den armaturenspezifischen Belangen angepaßten Flächenvergleichsverfahren überprüft (Bild 10–4).

Es wird linear-elastisches Werkstoffverhalten vorgegeben. Zum Abbau von Spannungsspitzen durch örtliches Fließen wird Zähigkeit gefordert. Die berechneten Spannungen stellen Mittelwerte im Sinne der Traglast dar. Spannungsspitzen werden nicht erfaßt [10–6].

Eine Berechnung wird für Armaturen $\geq$ DN 400 vorgeschlagen. Für DN < 400 wird eine Typenprüfung mit erhöhtem Nenndruck empfohlen.

Die Festlegungen im *ASME-CODE NB 3500* gelten für die Festigkeitsberechnung von Ventilgehäusen, speziell für die Nukleartechnik. Das Gehäuse wird in einen Grundkörper mit kugeliger, zylindrischer oder elliptischer Gestalt und angeschlossenen Stutzen zerlegt. Die Dimensionierung erfolgt auf der Grundlage der linearen Elastizitätstheorie für Betriebsdruck und -temperatur; Schrauben- und Betätigungskräfte werden nicht berücksichtigt. Der Tragfähigkeitsnachweis berücksichtigt Betriebs- und Zusatzlasten. Die auf der Grundlage der Elastizitätstheorie ermittelten Spannungen werden nach elastisch-plastischem Werkstoffverhalten bewertet. Dabei werden Primär- und Sekundärspannungen sowie Spannungsspitzen unterschieden [10–6].

Die Festigkeitsberechnung nach dem *Traglastprinzip* basiert auf elastisch-plastischen Betrachtungen. Dabei ist „Versagen" bei Erreichen des vollplastischen Zustandes eines definierten Querschnittes festgelegt (starr-plastisches Werkstoffverhalten). Dabei können

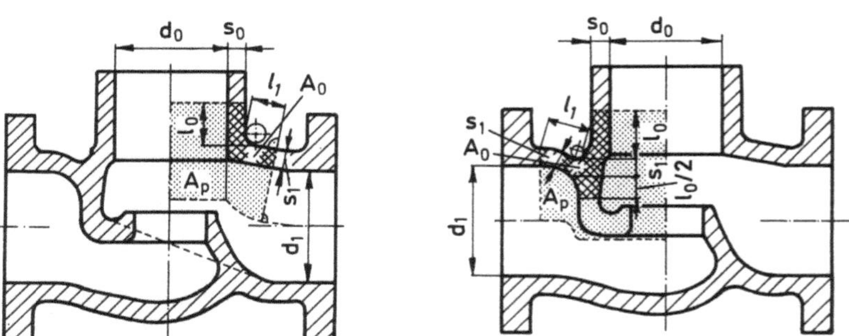

Bild 10–4. Zylindrisches Ventilgehäuse mit Abzweig [10–2].
A_p drucktragende Fläche; A_0 mittragende Fläche; l_0 und l_1 mittragende Länge.

Beanspruchung und Beanspruchbarkeit nach dem Spannungsbegriff ($\sigma < R_e$ für real-elastische Spannungen, $\sigma > R_e$ für fiktiv-elastische Spannungen) oder dem Traglastbegriff (die vorhandene Last muß kleiner als die festgelegte zulässige Last sein, $L \leqq [L]$) dargestellt werden.

Mit dem Traglastprinzip können nur Mittelspannungen, keine Spannungsspitzen berechnet werden (s. Bild 10–6). Erfahrungen müssen die Richtigkeit des für eine Bauteilklasse erarbeiteten Traglastverfahrens bestätigen [10–6].

Finite-Elemente-Methode (FEM): Durch die Anwendung der FEM wurde die festigkeitsmäßige Auslegung, die Darstellung bestimmter funktioneller Zusammenhänge wesentlich verbessert, sicherer und aussagefähiger. Sie ermöglicht die rechnerische Untersuchung bei nahezu allen statischen, dynamischen und thermischen Belastungen sowie komplizierten Geometrie- und Randbedingungen, Werkstoffeigenschaften und anderen Parametern (z. B. Verspannungszustände der Flansche bei verschiedenen Lastzuständen, die Berechnung von Temperaturspannungen, die Untersuchung verschiedener Betriebs- und Störfallbedingungen).

An der Entwicklung leistungsfähiger Programmsysteme für die festigkeitsmäßige Auslegung von Armaturen auf der Basis der FEM wird intensiv gearbeitet. Ein Ziel ist das Erstellen von Programmen für FE-Analysen mit minimalem Zeitaufwand (automatische Datengenerierung), wodurch Konstruktionen bereits in der Entwurfsphase auf ihre Eignung für bestimmte Einsatzfälle getestet und optimiert werden können.

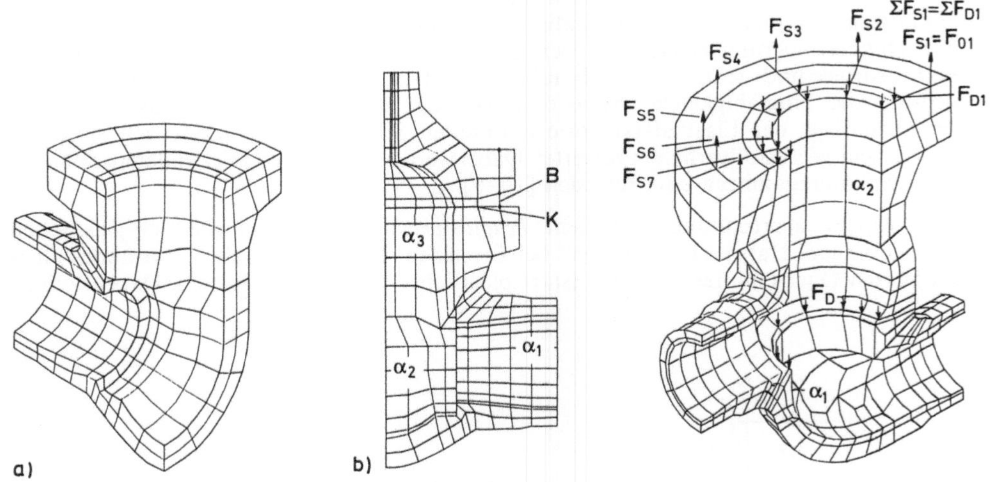

Bild 10–5. Finite-Elemente-Modelle (Vernetzung), Beispiele [10–4].
  a) Schiebergehäuse;
  b) Ventilgehäuse.

α_1, α_2, α_3 Übergangszahlen für den zeitabhängigen Wärmeübergang in drei Übergangsbereichen (thermische Randbedingungen an den fluidbenetzten Innenwänden); B Balkenelement zur Erfassung der Deckelschraubenkräfte; K Kontaktelemente zur Darstellung der Verhältnisse im Dichtungsbereich; F_S Schraubenkraft; F_D Dichtkraft.
Wegen der Symmetrie von Geometrie und Belastung ist das Schiebergehäuse als 1/4-Modell, das Ventilgehäuse als 1/2-Modell modelliert. Die Symmetrierandbedingungen werden programmtechnisch verwirklicht.

402

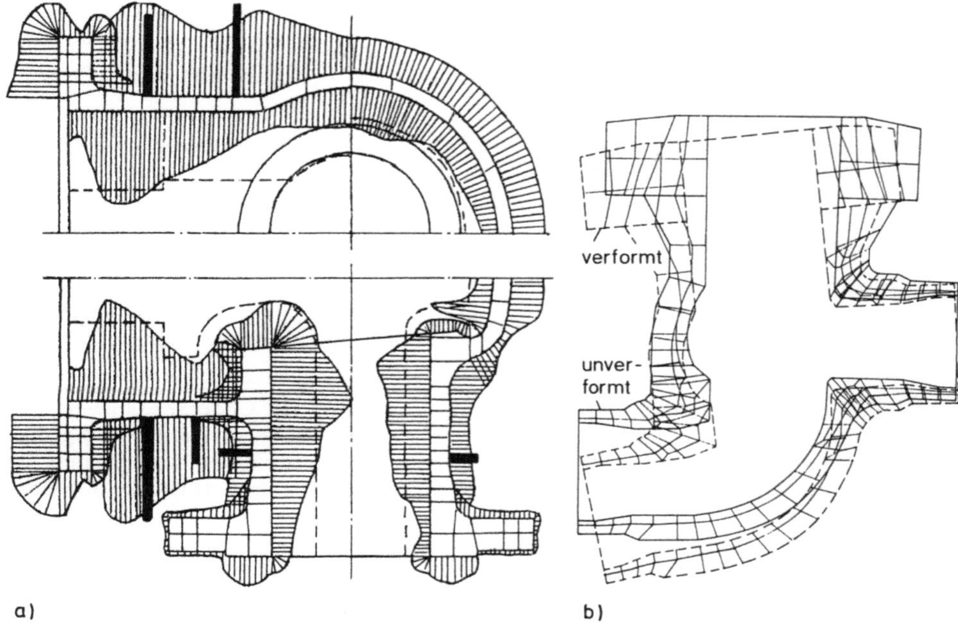

Bild 10-6. Qualitative Darstellung des Spannungs- und Verformungszustandes am Beispiel eines Schieber- und eines Ventilgehäuses [10-4] [10-6].

a) Beanspruchungsanalyse eines Rundschiebergehäuses nach verschiedenen Berechnungsverfahren: $---$ Traglast; ⬚⬚⬚⬚⬚ FEM; ▬ experimentell.

b) Verformungszustand eines Ventilgehäuses; Lastfallkombination: Fluiddruck + Schraubenvorspannung + Momente M_T und Kräfte F_T aus Temperaturkompensation; Deformationsplotz (unverformte und verformte Struktur), ermöglichen auch die Überprüfung der Eingabe der Belastungen.

Bei Armaturenbauteilen sind 10 000 bis 100 000 Daten zur Bildung des Modells für eine FE-Analyse zu generieren. Bild 10-5 zeigt die Vernetzung eines Schieber- und Ventilgehäuses. Im Bild 10-6 sind die Ergebnisse der FE-Analyse dargestellt: der Spannungsverlauf über die Innen- und die Außenkontur des Schiebergehäuses und der Verformungszustand des Ventilgehäuses.

10.2.2 Experimenteller Festigkeitsnachweis

Experimentelle Nachweise, hauptsächlich Spannungs- und Dehnungsmessungen (SDM) und Berstversuche, werden vorrangig für Innendruckbelastungen drucktragender Teile (Gehäuse, Gehäuseverschlüsse) angewendet. Die SDM wird aber auch zum Nachweis bei torsionsbeanspruchten Teilen (z. B. Klappenwellen) und zur Ermittlung der Betätigungsmomente angewendet.

Für Serienarmaturen aus Gußeisen $\leq$ DN 400 wird die Festigkeit der Gehäuse i. allg. durch eine Typenprüfung mit erhöhtem Druck $p'' = 1,5\ S'' \cdot p_N$ erbracht. S'' wird werkstoffabhängig festgelegt (z. B. GGL alle Sorten $S'' = 3,5$; GGG 40 $S'' = 1,5$; GGG 50 $S'' = 2,0$). Die Gehäuse sind aus gießtechnischen Gründen überdimensioniert, so daß

Festigkeitsberechnungen und experimentelle Spannungsanalysen keine befriedigende Übereinstimmung ergeben.

Gußeisengehäuse > DN 400 werden berechnet, oder die Festigkeit wird durch Berstversuche nachgewiesen.

Die Druckprüfung ist i. allg. nur eine Festigkeits- und Dichtheitsprüfung ohne Aussage zur Bewährung in der Praxis.

10.2.3 Schlußbemerkung

Hohe Spannungen (teilweise elastisch-plastische Verformung) aus *mechanischen Belastungen* treten in den Übergangsbereichen der Gehäuse und Deckel auf, z. B. Stutzen/Gehäusegrundkörper, Ventilsitzbereich, Flanschübergang. Die Spannungsspitzen klingen allgemein schnell ab.

Die Berechnungsverfahren für zyklische Festigkeit, z. B. ASME-Code 3222 [10–3], sind in den meisten Fällen ausreichend sicher. Nachteilig sind die daraus resultierenden großen Gehäusewanddicken (Einschränkung der thermischen Belastbarkeit, insbesondere bei austenitischen Werkstoffen, ASME-Code 3545.1). Die Forderung, Formstücke (Gehäuse) bei der Pauschalauslegung über die Streckgrenze des Rohrwerkstoffes zu belasten (Rohrkräfte und -momente), führt zwangsläufig zu dicken Wandungen (ASME-Code 3545.2). Die Anpassung an die realen Rohrkräfte und -momente ermöglicht eine optimale Auslegung hinsichtlich thermischer Belastbarkeit [10–4].

Die Auslegung der Deckelflansche (z. B. ASME-Code XI-3000) ergibt i. allg. sehr steife Flanschverbindungen, die gegenüber mechanischen Belastungen große Sicherheiten aufweisen. Die durch Temperaturen bewirkten Relativdehnungen zwischen Flansch und Schrauben führen zu hohen Flächenpressungen an der Dichtung. Die elastische Auslegung wird dem Hersteller überlassen, z. B. mit langen Schrauben. Die Vorschriften enthalten dazu keine Angaben [10–4].

11 Werkstoffe

Der Werkstoffeinsatz wird i. allg. vom strömenden Fluid, dem Betriebsdruck, der Betriebstemperatur und der Aufgabenstellung bestimmt und auch begrenzt. Die Einsatzgrenzen ergeben sich vorrangig aus

- Druckbelastung (Werkstoffestigkeit, z. B. Plaste),
- Temperaturbelastung (Festigkeitsabnahme, Tabelle 11–1, Versprödung bei tiefen Temperaturen),
- Fluidbelastung (Korrosion, Verschleiß durch Erosion, Abrasion usw.),
- Flüssigkeits- und Gasdichtheit,

Ein weiterer Aspekt ist die verlangte Kombination unterschiedlicher Werkstoffeigenschaften, z. B. warmfest/kaltzäh, hochfest/hochzäh, verschleißarm/korrosionsbeständig. Zu beachten sind auch die technologischen Eigenschaften.

Einzelheiten des Werkstoffeinsatzes, speziell für überwachungspflichtige Anlagen, sollten mit Sachverständigen vereinbart werden.

Der zulässige Einsatzbereich wird vorrangig durch die Druck-Temperatur-Zuordnung des Gehäusewerkstoffes und die verwendeten Dichtungswerkstoffe bestimmt (Tabellen 11–1 und 11–2). Gleich wichtig ist die Werkstoffauswahl für die übrigen Armaturenteile, wie Spindel, Absperr- und Dichtungselemente.

Auch künftig gewährleisten Dichtungswerkstoffe und Dichtungsformen (s. Abschn. 8.1 und 8.2) die Dichtheit der Armaturen (in einem weiten Temperatur- und Druckbereich und bei verschiedenen Fluiden). Dabei dominieren heute auch bei den Armaturen asbestfreie Lösungen. Diese sind nicht nur Asbestersatz, sondern gleich- und höherwertige Dichtungswerkstoffe (Einsatzuniversalität, Zuverlässigkeit und Dichtheit). Neben den Dichtungswerkstoffen wird die Systemgemeinschaft Werkstoff/Form/Anordnung/Montage immer mehr entscheidend sein (z. B. PTFE mit gestopptem Kaltfluß, reduzierter Ausdehnung, verbesserter Wärmeleitung und Elastizität oder Schlauchmantelpackungen mit einem faserverstärkten Knetpackungskern) [11–9].

Der unterschiedliche Werkstoffeinsatz für die einzelnen Armaturenteile wird unter Beachtung der Kosten durch ihre Eignung bestimmt (Tabelle 11–3), z. B.

- fluidberührte Teile: Beständigkeit gegen Druck-, Temperatur-, Korrosions- und Verschleißbelastung (z. B. Gehäuse, Deckel, Spindel, Absperr- und Regelkörper);
- Spindel (Welle): Stellkörperbewegung, Aufbringen der Schließ- und Öffnungskräfte (Festigkeit), Beständigkeit gegen Temperatur- und Fluidbelastung, Abdichtung des Spindelaustrittes zusammen mit der Spindelabdichtung (Oberfläche), Angriff durch den Stopfbuchswerkstoff;
- Dichtungs- und Abdichtungswerkstoffe: Beständigkeit gegen Druck-, Temperatur- und Fluidbelastung, Flüssigkeits- und Gasdruckdichtheit (Dichtheit nach außen), in gewissem Umfang elastisch verformbar (Deckel- und Spindelabdichtung, Absperrkörper- und Gehäusesitzdichtung), Beständigkeit gegen Reibung (Stopfbuchspackung, Absperrkörper- und Gehäusedichtung bei Schiebern, Kugelhähnen; verschleißarme Dichtflächen-Werkstoff-Paarungen s. Abschn. 8.4).

Tabelle 11-1. Druck-Temperatur-Zuordnung einiger gebräuchlicher Armaturenwerkstoffe, Beispiele [11-1].

Werkstoff	Nenndruck PN in MPa	maximal zulässiger Betriebsdruck in MPa bei der Temperatur des Arbeitsfluids in °C										
		120	200	300	400	450	480	500	520	530	540	550
GGL 20	6	6										
	10	10										
	16	16										
	25	25										
GGL 25	6	6	5	5								
	10	10	8	8								
	16	16	13	13								
	25	25	20	20								
GS-C 25	16	16	13	13	13	10						
	25	25	20	20	20	16						
	40	40	32	32	32	25						
	64	64	62	50	40	30						
	100	100	97	80	64	45						
	160	160	155	125	100	72						
	250	250	242	200	160	112						
	320	320	310	256	204	144						
GS-22Mo4	64					54	42	34	26			
	100					85	66	53	40			
	160					136	105	85	64			
	250					212	165	132	106			
	320					272	211	170	128			
	400					340	264	212	160			
GS-20MoV84	320							208	170	150	130	112
	400							260	212	188	164	140

Verbesserte metallurgische Prozesse (z. B. Konvertertechnologie) führen zu warmfestem Stahlguß mit höheren Gebrauchstemperaturen sowie zu höherfesten austenitischen korrosionsbeständigen Stahlgußsorten und damit zur Verbesserung der Druck-Temperatur-Zuordnung bei entsprechenden Armaturen [11-9].

Als Armaturenwerkstoffe werden Grauguß, Sphäroguß, Temperguß, Stahlguß, Walz- und Schmiedestahl (unlegiert, legiert, warmfest, kaltzäh, korrosionsbeständig), Nichteisenmetalle, Plaste und Elaste, Email, keramische Werkstoffe und Glas verwendet. Metalle sind und bleiben die wichtigsten Armaturenwerkstoffe. Dabei wächst der Anteil von Stählen mit gewährleisteter Reinheit.

Der folgende Überblick zum derzeitigen Stand und Beispiele der für die wichtigsten Belastungen eingesetzten Werkstoffe können nur eine grobe Orientierung sein.

Fluidbeständigkeit. Obwohl sich bestimmte Werkstoffe seit langem vielfach bewährt haben, ist es schwierig, exakte und universelle Angaben über ihre Korrosions- und Verschleißbeständigkeit zu machen. Im Labor ermittelte Werte kennzeichnen selten das Betriebsverhalten. Mögliche Fluidparameter, Konzentration, Temperatur, Zusätze, Verunreinigungen usw. sind im Zusammenwirken und gegegenseitiger Beeinflussung auch der Bauteile untereinander kaum abzuschätzen, sie können die Korrosion stark beschleunigen oder verzögern. Beständigkeitstabellen gibt es, mehr oder weniger ausführlich, in großer Anzahl. Die darin enthaltenen Angaben sollten nur als allgemeine Richtlinien betrachtet werden. Erfahrungen der Hersteller und Betreiber sind in die Bewertung einzubeziehen

406

Tabelle 11–2. Chemische Beständigkeit, Temperatur- und Abrasionsbeständigkeit der wichtigsten Thermoplast- und Elastomerwerkstoffe.

Werkstoff Kurzbezeichnung	allgemeine chemische Widerstandsfähigkeit	Betriebstemperatur[1]		Shore-Härte		Abrieb[2] %
		konstant °C	kurzzeitig °C	A	D	
PVC Polyvinylchlorid ohne Weichmacher	gegen die meisten Säuren, Laugen, Salzlösungen und mit Wasser mischbare organische Verbindungen, nicht widerstandsfähig gegen aromatische und chlorierte Kohlenwasserstoffe	60	60		86	0,240
PVC-C Polyvinylchlorid nachchloriert	ähnlich PVC hart, aber bis zu höheren Temperaturen verwendbar	90	110		87	0,550
PE 50 Polyethylen hart	gegen wäßrige Lösungen von Säuren, Laugen und Salzen sowie einer großen Zahl organischer Lösungsmittel, ungeeignet für konzentrierte oxydierende Säuren	60	80			
PP Polypropylen wärmestabilisiert PP-G glasfaserverstärkt	ähnlich wie PE 50, aber bis zu höheren Temperaturen verwendbar	−20 90 −20 105	110 110		77	0,514
PVDF (SYGEF Standard) Polyvinylidenfluorid	gegen Säuren, Salzlösungen, aliphatische und aromatische und chlorierte Kohlenwasserstoffe, Alkohole und Halogene; bedingt verwendbar für Ketone, Ester, Aether, organische Basen und Alkalilaugen	−40 140	150		85	0,182

Tabelle 11–2. (Fortsetzung)

Werkstoff Kurzbezeichnung	allgemeine chemische Widerstandsfähigkeit	Betriebstemperatur[1]		Shore-Härte		Abrieb[2] %
		konstant °C	kurzzeitig °C	A	D	
PVDF C1-R (SYGEF C1-R) chlorradikalresistent	wie PVDF Standard, zusätzlich beständig gegen chlorradikalbildende Fluide wie Chlorgas, Chlorat, Restsäure und Chlordioxid	140	150		85	0,182
PB Polybuten-1	ähnlich wie PE 50	90	100			
PTFE Polytetrafluorethylen (z. B. Teflon)	gegen alle üblichen Chemikalien	250	300			
FPM Fluor-Kautschuk (z. B. Viton®)	hat im Bereich der Lösungsmittel von allen Elastomeren die beste chemische Widerstandsfähigkeit	150	200	70		0,968
CSM Chlorsulfonylpolyethylen (z. B. Hypalon)	ähnlich wie EPDM	100	140	70		1,000
NBR Nitrilkautschuk	gute Widerstandsfähigkeit gegen Öl und Bezin, ungünstig bei oxydierenden Fluiden	90	120	65		0,190
IIR Butyl-Kautschuk	gute Ozon- und Witterungsbeständigkeit, besonders geeignet	90	120	50		0,915
EPDM Ethylen-Propylen-Kautschuk	für aggressive Chemikalien; ungünstig für Öle und Fette			65		0,490
CR Chloropren-Kautschuk, z. B. Neopren	allgemein ähnlich derjenigen von PVC, liegt zwischen NBR und IIR	80	110	60		0,489

[1]) Umgebungstemperatur: normal bis 60 °C, teilweise −20 °C bis 80 °C möglich (werkstoffabhängig)
[2]) Im allgemeinen werden metallische Durchflußkörper durch abrasive Fluide stärker angegriffen als Kunstoffe. Elastomere haben allgemein sehr gute Abrasionseigenschaffen.

Tabelle 11–3.   Werkstoffeinsatz für Armaturenteile, Beispiel Ventil.

Bauteil	−20 bis 450 °C	−10 bis 525 °C	−10 bis 540 °C
Gehäuse	GS-C25N	GS-22Mo4V	GS-17CrMoV5.11V
Bügelaufsatz	GS-C25N	GS-22Mo4V	GS-22Mo4V
Spindelunterteil Dichtfläche	24CrMoV5.5V	24CrMoV5.5V	24CrMoV5.5V
Gehäuse Dichtfläche	Cr16	Cr16	Cr16
Kegel	CrW-Stahl	CrW-Stahl	CrW-Stahl
Spindeloberteil	Nitrierstahl	Nitrierstahl	Nitrierstahl
Gewindebuchse	Mehrstoffbronze	Mehrstoffbronze	Mehrstoffbronze
Stopfbuchspackung	Asbest, graphitiert/Reinstgraphit	Asbest, graphitiert/Reinstgraphit	Asbest, graphitiert/Reinstgraphit
Augenschraube	C35V	C35V	C35V
Sechskantmutter	C45	C45	C45

[11–2]. Die Innenteile (Kegel- und Keildichtung, Spindel) bestehen i. allg. immer aus dem edleren Werkstoff.

Metallische Werkstoffe. Bei korrosiven Fluiden werden Chromnickelstähle, sogenannter rostfreier Stahl („Edelstahl") eingesetzt (allgemein 12% Cr). Niedriglegierte, sogenannte *witterungsbeständige* Stähle gelten als nichtrostend (erhöhte Beständigkeit gegen natürliche Atmosphäre); höhere Cr-Gehalte und weitere Legierungsbestandteile, wie Ni, Mo, Ti und Nb, beeinflussen sowohl die Korrosionsbeständigkeit als auch die mechanischen Eigenschaften (Anwendungsbereiche) je nach den Betriebsverhältnissen positiv oder negativ.

Die Korrosionsbeständigkeit und mechanisch-technologischen Eigenschaften z. B. der „klassischen" martensitischen Cr-Stähle (z. B. X10Cr13 oder X40Cr13) sind begrenzt. Verbesserte Eigenschaften haben die weichmartensitischen, vergütbaren und korrosionsbeständigen Cr-Ni-Stähle, eine noch junge Werkstoffgruppe (z. B. X5CrNi13, s. Tabelle 11–4), die langsam auch im Armaturenbau angewendet wird.

Bei besonders hoher Korrosionsbeanspruchung kommen Titan (gegossen, geschweißt), Tantal (auch als Auskleidung möglich), Hastelloy usw. zum Einsatz.

Nichtmetallische Werkstoffe. In den unteren Druck- und Temperaturbereichen werden zunehmend Graugußarmaturen und nichtrostende Stahlgußarmaturen und Teile mit Hartgummi, Kunststoff, Emaille, keramischen Werkstoffen und Glas ausgekleidet oder umkleidet, oder anstelle von nichtrostendem Stahl werden Kunststoffe (s. Abschn. 7.4.1), Aluminium, Porzellan und Glas (Borosilikatglas) verwendet.

Emaillierung [11–7] ist ein Verbund aus Metall und Glas. Email bildet mit der Gußoberfläche eine Eisen-Glas-Verbundschicht (ohne Reaktion mit dem Metall). Durch das Verhältnis der Ausdehungskoeffizienten wird in der Emailschicht Druckspannung erzeugt, die auch bei hohen Belastungen bestehen bleibt. Die Schichtdicke ist für die Schutzwirkung nicht entscheidend. Säuren- und laugenfeste Emaille bildet mit Wasser an der Oberfläche ein für die meisten Säuren unlösliches Silikatskelett, auch ein Grund für die hohe Säurebeständigkeit (s. Tabelle 11–4).

Keramische Werkstoffe. Bei erodierender und abrasiver Beanspruchung haben Auskleidungen und Überzüge aus Keramik eine lange Lebensdauer. Neben den oxidkeramischen

Tabelle 11–4. Armaturenwerkstoffe und ihre Anwendungsmöglichkeiten.
Die Zusammenstellung gibt nur einige wenige Beispiele aus dem umfangreichen Programm der für Armaturen eingesetzten Werkstoffe wieder (trotz internationaler Normung existieren noch starke nationale Unterschiede) [11–3] [11–4] [11–5] [11–8].

Werkstoff	Einsatzgebiete und wichtige Eigenschaften
Grauguß	
GGL 20 GGL 25	bis PN 16 (in Ausnahmefällen bis PN 25) und 120 °C, GGL 25 bis 300 °C; Wasser, Dampf, Öl, Gase; mit Auskleidung für aggressive Medien: Gummi bis 80 °C und PN 16, Emaille bis 200 °C und PN 16
GGG 45 bis 70	bis PN 40, −10 °C bis 350 °C; Speisewasser, Frischdampf
Stahlguß	
GS-C 25	bis PN 320; −10 °C bis 450 °C; vorrangig Dampf, Wasser, Heißöl, gut schweißbar
GS-22M4	bis PN 400; −10 °C bis 500 °C; Dampf, Heißöl; gut schweißbar
GS-20MoV84	bis PN 400 und 550 °C; Dampf, Heißöl; schweißbar
GS-22CrMo54	bis 530 °C; Wasser, Dampf; schweißbar
GS-13CrMo910	bis 540 °C; Wasser, Dampf
GS-X12CrNiTi18.9	−196 °C bis 550 °C; für säurefeste Armaturen; schweißbar
GS-X12CrNi18.8	u. a. für Milcharmaturen
GS-X12CrNiMoTi18.10	−196 °C bis 550 °C; aggressive Fluide, Kältetechnik bis −196 °C und PN 40, Kraftwerke
Walz- und Schmiedestahl	
C 20	unlegierter Vergütungsstahl, vorwiegend für geschmiedete Gehäuse, Deckel mit Aufsatz, Klappschrauben; schweißbar
50CrV4	legierter Vergütungsstahl für Flansche, Spindeln, Schrauben, Muttern, bis max. 520 °C; bedingt schweißbar
35CrAl6	Nitrierstahl, im nitrierten Zustand hohe Oberflächenhärte ($\approx$ 800 HB); besonders geeignet für Spindeln und Absperrelemente (Schieber), im nitrierten Zustand Erosionsneigung; bedingt schweißbar
24CrMo5	warmfeste Stähle für Schrauben und Muttern
X20CrMoV12.1 X10CrMo9.10	bis 550 °C warmfeste Stähle für Gehäuse bis 600 °C
X10Cr13	im vergüteten Zustand für Armaturen (Ventile, Schieber) für Wasser und Dampf; gut schweißbar
X20Cr13	Teile (z. B. Spindel), die starken mechanischen Beanspruchungen ausgesetzt sind, in Wasser-, Dampf- und Kältemittelarmaturen; bis 450 °C für Dichtungen in Armaturen verwendbar; bedingt schweißbar
X40Cr13	verschleißbeanspruchte Teile, z. B. Ventilkegel (Sicherheits- und Schmiedestahlventile); nicht schweißbar
X5CrNi13	zweckmäßiger Einsatz, wo neben Korrosionsbeständigkeit hohe Festigkeit und Zähigkeit erforderlich sind, gute Sprödbruchsicherheit bis −80 °C, Einsatz in vergütetem Zustand; gut schweißbar; u. a. für Spindeln
X10CrNiTi18.9	sehr gute chemische Eigenschaften (Nirostahl) und Verformbarkeit, beständig gegen organische Säuren und Fruchtsäuren, bevorzugter Einsatz in der Salpetersäure-, Sulfit-, Zellstoff- und Fettsäureindustrie; −196 bis 550 °C; schweißbar; häufig für geschmiedete und geschweißte Armaturen
X10CrNiMoTi18.10	beständig gegen starke Säuren auch bei höheren Temperaturen; −196 bis 550 °C; schweißbar; Spindeln, Ventilkegel, geschmiedete und geschweißte Gehäuse

Tabelle 11–4. (Fortsetzung)

Werkstoff	Einsatzgebiete und wichtige Eigenschaften
Nichteisenmetalle	
G-Cu64Zn (Ms64) GD-Cu60Zn (Ms60) G-CuSn5Zn7 (Rg5) G-CuSn5ZnPb GK-CuZn37Pb CuZn40Pb2 G-AlMg3 G-X65Si16 G-AlSi6Cu4 G-AlSi5Mg AlMg3F18 AlMgSi1F28 PbSb	Messing, Bronze, Rotguß (allgemein einsetzbar von − 196 bis 300 °C, CuSn5ZnPb z. B. bis 225 °C); werden häufig in Trinkwasserleitungen eingesetzt (physiologisch einwandfreie Werkstoffe vorgeschrieben), Messinghähne in Hausgasversorgungsleitungen; in der chemischen Industrie haben sich Armaturen aus Hartblei, Siliciumguß sowie Aluminium-Silicium-Guß bewährt, AlMg3 ist z. B. beständig gegen Seewasser und schwach alkalische Lösungen (Schiffsarmaturen), Aluminiumlegierungen sind allgemein von − 196 bis 100 °C einsetzbar
Titan	besonders korrosionsbeständig (bildet dicke passive Oxydationsschicht) gegen oxidierende Fluide, Chlor, alle organischen Säuren, Seewasser (Ausnahme: Ameisen- und Oxalsäure); hohe Festigkeit, gute Wärmeleitfähigkeit
Hastelloy B und C	(eingetragene Schutzmarke), s. DIN 17006 und 17007; sehr gute Korrosionsbeständigkeit, hohe Festigkeit, Dehnungsfähigkeit, gute Wärmeleitfähigkeit; geschweißte Armaturen
Hastelloy B	Ni-Mo-Legierung; korrosionsbeständig bei Chlorgas, Schwefelsäure, Fluorsäure, Phosphorsäure, Essig und alkalische Säuren (unabhängig von Temperatur und Konzentration)
Hastelloy C	Ni-Mo-Cr-Legierung (NiMo16Cr15W); insbesondere korrosionsbeständig gegen stark oxidierende Fluide, z. B. Eisen- und Kupferchlorid, chlorhaltige, mineralische, organische und anorganische Säuren
nichtmetallische Werkstoffe	
Kunststoffe Hartporzellan Emaille Keramik Korobon Glas Lacke Bitumen mit Glas- fließeinlage Epoxidharz	beständig gegen aggressive Fluide, teilweise auch gegen erodierende und abrasive Beanspruchung (z. B. Siliciumnitrid); Armaturen oder Armaturenauskleidungen aus Hartporzellan bis 160 °C, Hart-PVC bis 130 °C, Korobon bis 200 °C usw., Polyamide vorwiegend für Klein- und Sanitärarmaturen bis 80 °C und PN 6
Emaille	hart, verschleiß-, abrieb-, korrosions- und witterungsfest, chemisch widerstandsfähig, hygienisch unbedenklich (z. B. für Trinkwasser ohne Einschränkung geeignet); durch die Beschichtung wird die Festigkeit und Stabilität eines korrosionsanfälligen Gußkörpers (z. B. Gehäuse) mit der Härte, Widerstandsfähigkeit und superglatten Oberfläche der Emaille dauerhaft kombiniert; unempfindlich gegen Korngrenzenkorrosion, Schäden bleiben örtlich begrenzt, keine Folgeschäden (Unterwanderungskorrosion, Abheben der Randbereiche, kein Festsetzen mineralischer Bestandteile, Bakterien usw.; glatte Oberfläche; bei Temperaturen < 70 °C unbegrenzt haltbar; bei Säuren und Laugen Mehrschichtemaillierung 0,8 bis 2 mm dick
Siliciumnitrid Si_3N_4	hohe Festigkeit auch bei hohen Temperaturen, hohe Härte, verschleißfest; lange Lebensdauer auch unter extrem korrosiven und abrasiven Beanspruchungen; gute Temperaturwechsel- und Temperaturschockbeständigkeit; für keramische Werkstoffe hohe Zähigkeit; einsetzbar bis 800 °C; hochbelastete Teile (Kegel, Sitz, Verschleiß- und Abströmhülsen) in Absperr-, Entspannungs- und Regelventilen, Ammoniaksynthese, Kohleverflüssigung, Rauchgasentschwefelung usw.

Werkstoffen wird seit einigen Jahren Siliciumnitrid (Si_3N_4) als nichtoxidkeramischer Werkstoff für hochbelastete Armaturenteile eingesetzt (erhöhte Verschleißfestigeit, Tabelle 11–4).

Durch unterschiedliche Herstellungs- und Formgebungsverfahren (z. B. Sintern, Heiß- bzw. Matrizenpressen, Extrudieren) können die Eigenschaften in einem weiten Bereich beeinflußt werden [11–6].

Hochdruck-Hochtemperaturbereich (≥ 18 MPa, $\geq 450\,°$C). Vorrangig Cr-Mo- und hochlegierte austenitische Stähle (auch $> 540\,°$C), Cr und Mo verbessern die Oxydationsbeständigkeit und die Dauerfestigkeit (s. Tabelle 11–4).

Bereich tiefer Temperaturen ($< -40\,°$C). Im Minustemperaturbereich ist ausreichende Zähigkeit wichtig (Sicherheit gegen Sprödbruch). Unterhalb $-40\,°$C beginnt der Bereich der *kaltzähen* Stähle (Mindestkerbschlagzähigkeit bei tiefster Einsatztemperatur ≈ 30 J/cm^2 [11–3].

Die Kerbschlagzähigkeit ist neben der Temperatur vor allem von der Kristallstruktur abhängig (Steilabfall bei ferritischen und martensitischen Stählen, geringe Abnahme bei austenitischen Stählen). Bei Stahl und Stahlguß läßt sich durch Legierungszusätze, gute Desoxydation und Wärmebehandlung der Steilabfall der Kerbschlagzähigkeit zu tieferen Temperaturen verschieben (z. B. Bild 11–1).

Allgemein gilt: Je tiefer die Temperatur ist, um so höher müssen die Legierungsanteile sein (Tabelle 11–5) [11–4].

Sprödbruchbegünstigend wirken u. a. schlagartige Belastung, mehrachsige Spannungszustände, Kerben und Materialfehler.

Tabelle 11–5. Einsatzgrenzen bei tiefen Temperaturen, Beispiele.

Werkstoff	Temperaturgrenze		Bemerkungen
	Norm[1] °C	allgemein[2] °C	
Gußeisen, modi-fiziert	–	–40	Gußeisen mit Lamellengraphit GGL wird immer
			mehr verdrängt (geringe Kerbschlagzähigkeit
Temperguß	–	–50	und Duktilität, ungenügende Gasdruckdichtheit
Kugelgraphit	–10	–45	gegenüber Kältemitteln)
unlegierte Stähle			unberuhigte unlegierte Stähle zeigen bereits um
			$0\,°$C eine starke Abnahme der Kerbschlagzähigkeit
unberuhigt	–10	–10	
beruhigt	–10	–40	
kaltzähe Stähle			Schweißen erfolgt wegen der unvermeidlichen Um-
TSt E315	–50	–60	wandlungsprozesse in den Übergangszonen,
TTSt 35V	–80	–80	Abfall der Kerbschlagzähigkeit (Nachbehandlung
GS-10Ni6	–80		erforderlich, s. Bild 11–1); Nickelanteil beeinflußt
14Ni6	–110		die Kerbschlagzähigkeit
X8Ni9	–196		
X10CrNiNb18.10	–253		
austenitische Cr-Ni-Stähle	–60 bis –253		Nachteil: niedrige Streckgrenze

[1] niedrigste Temperatur, für die in den Werkstoffnormen oder technischen Regeln Festigkeitskennwerte ausgewiesen sind
[2] Erfahrungswerte ohne ausgewiesene Festigkeitskennwerte (Angaben des Armaturenherstellers beachten); Schlag- und Stoßbelastung meistens unzulässig, besonders bei Gußeisenwerkstoffen

412

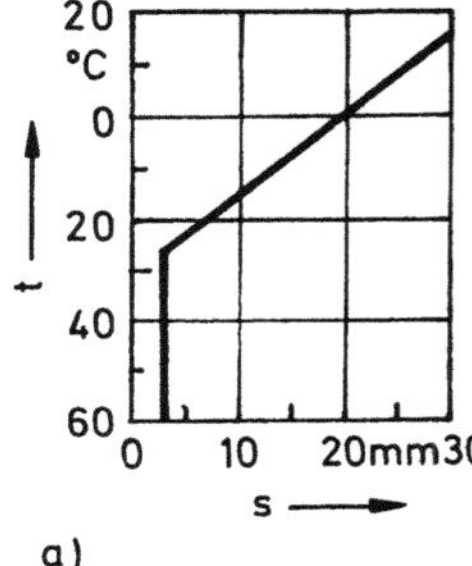
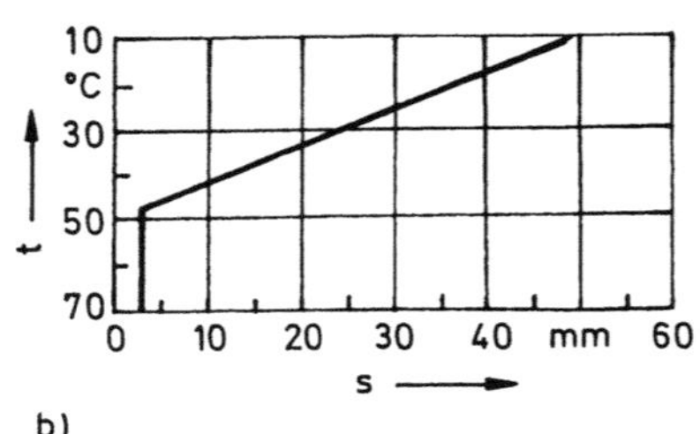

Bild 11-1. Abhängigkeit der tiefsten zulässigen Betriebstemperatur t geschweißter Bauteile aus einem siliciumberuhigten unlegierten Stahl von der Wanddicke s [11-1].
a) nicht wärmebehandelt;
b) wärmebehandelt.

Gehäusewerkstoffe. Im allgemeinen bestimmt das Gehäuse als drucktragendes Teil den Einsatzbereich der Armatur.

Etwa 85 % der Gehäuse werden gegossen: Gußeisen und Buntmetalle (auch gepreßt) bis PN 25 und 300 °C; unlegierter Stahlguß bis 450 °C; darüber legierter Stahlguß; ca. 10 % geschmiedet (zunehmende Tendenz), Vorteile: dichtes, homogenes, lunker-, poren- und gasblasenfreies Gefüge, hohe Festigkeit und Zähigkeit: ca. 5 % nichtmetallische Werkstoffe [11-8].

Die heute teilweise Bevorzugung geschmiedeter Teile sollte nicht verallgemeinert werden. Verfügbarkeit und Kosten sind zu beachten. Bei Sonderstählen muß oft auf Guß ausgewichen werden. Wenn aber für solche Fälle Guß ausreicht, dann erst recht für Beanspruchungen, die keine Sonderwerkstoffe erfordern.

12 Prüfung

Ausgehend davon, daß alle Kundenforderungen bei der Konstruktion zu berücksichtigen sind und daß die höchstmögliche Funktionssicherheit der Erzeugnisse nach dem Stand der Technik gewährleistet werden muß, hängt die Erfüllung der an Armaturen zu stellenden Anforderungen und ihre sichere Funktion entscheidend von den *Prüfungen beim Hersteller* und von der *Betriebsüberwachung im Einsatz* ab. Dazu gehören

- Prototypuntersuchungen bei Neu- und Weiterentwicklungen,
- Anlagenerprobung von Erstmustern und Vorserien sowie die Nutzung der Erfahrungen der Anlagenhersteller und Betreiber,
- ständige Eingangskontrolle für Werkstoffe, Teile und Dienstleistungen einschließlich der Prüfprotokolle, Bescheinigungen und Zeugnisse,
- Kontrolle der zeichnungsgerechten Herstellung und entsprechende Qualitätssicherungsmaßnahmen,
- Sicherheits- (Festigkeits-) und Dichtheitsprüfungen,
- (einfache) Funktionsprüfungen,
- Lebensdauer- und Fehleranalysen,
- Funktionsprüfungen in der Anlage,
- Betriebsüberwachung.

Für die Entwicklung der Armaturen ist die Zusammenarbeit zwischen Hersteller und Anwender von wesentlicher Bedeutung. Aus der Praxis kommen Angaben über Funktionstüchtigkeit und Wirtschaftlichkeit sowie Forderungen nach erweiterten Anwendungsmöglichkeiten hinsichtlich Werkstoffbeanspruchung durch Temperatur, Fluide, Zug-, Druck-, und Torsionsspannungen usw. Aus etwaigen Problemen bei der Montage, Wartung, Überwachung und Reparatur lassen sich zweckdienliche Folgerungen ableiten. Es ist meist nicht möglich, alle Gegebenheiten, die in der Praxis vorkommen, schon bei der Konstruktion zu beachten.

Das Prüfen von Armaturen ist aus Sicherheitsgründen unabdingbar; aber auch Werkstofffehler und Herstellungsmängel lassen sich so frühzeitig feststellen. Deshalb wird jede einzelne Armatur beim Hersteller einer Festigkeits- und Dichtheitsprüfung sowie einer einfachen Funktionsprüfung unterzogen (s. Tabellen 12–1, 12–2 und 12–3 am Schluß dieses Abschnittes). Während des Betriebes in der Anlage geht es meistens um das Erkennen von Leckstellen, Vermeiden von Fehlbedienungen, die Sicherung der Funktion, des Personen- und Anlagenschutzes und um die Verfügbarkeit.

12.1 Schadensursachen

Die Sicherheit und Funktion der Armaturen beeinflussende Ursachen können u. a. sein [12–1]:

- Materialfehler,
- Fertigungsfehler,
- ungünstige Beanspruchung und Überbeanspruchung,
- mangelnde Überwachungsmöglichkeiten,
- Verschleiß,
- Lebensdauererschöpfung,

414

- Thermoschockbeanspruchung,
- Ausfall von Funktionselementen,
- Fehlbedienung,
- elektrischer Stromschluß über enge Bewegungsspiele bewegter Teile, z. B. beim Schweißen
  oder bei der Magnetpulverprüfung,
- Korrosion.

12.2 Prüfungen beim Hersteller

Die Aufgabe der Armaturenhersteller besteht darin, ein Qualitätssicherungssystem aufzubauen, das die Erfüllung sehr unterschiedlicher Anforderungen gewährleistet. Die Bedeutung des Begriffes Qualitätssicherung wird oft in Einheit mit der Bezeichnung Qualitätskontrolle fehlinterpretiert.

Es haben sich, mit nur wenigen Abweichungen, weltweit die gleichen Qualitätssicherungskriterien für Werkstoff- und Komponentenhersteller herausgebildet, die auch für Armaturen gelten und angewendet werden. Dabei sollte aber, unabhängig vom Verwendungszweck, nach der Devise „Welche Prüfung ist sinnvoll und nötig?" verfahren werden und nicht „Welche Prüfung ist möglich?".

Tabelle 12–1 enthält eine Aufzählung und Beschreibung möglicher Prüfungen von Armaturen. Der Prüfumfang ist i. allg. in den Bauartstandards und -normen festgelegt. Weitergehende Forderungen nach anderen Unterlagen, Vorschriften oder Regeln der Technik sind zu vereinbaren.

Die Prüfungen werden vom Armaturenhersteller durchgeführt oder von ihm veranlaßt. Ihre Überwachung erfolgt durch zum Herstellerwerk gehörende, aber von diesem unabhängige Sachverständige. Prüfungen in Anwesenheit werksfremder Sachverständiger können vereinbart werden.

Bei einer hochwertigen Armaturenfertigung ist eine eigenverantwortliche Werksprüfung, die dem späteren Einsatz Rechnung trägt, immer eingeschlossen.

Werkstoffprüfungen für Armaturen sind meistens den Vorschriften über Formstücke und Behälter angegliedert. Die urkundliche Bescheinigung erfolgt durch Abnahmezeugnisse und Werkszeugnisse [12–4].

Die Anzahl der Abnahmegesellschaften, durch deren Sachverständige die Prüfung und Freigabe vorgenommen wird, steigt ständig. Einige Industriezweige, besonders der Schiffbau, bevorzugen mehrfache Abnahmen einer Armatur durch verschiedene Klassifikationsgesellschaften.

12.3 Typprüfung, Bauteilprüfung

Typprüfungen sind heute noch nahezu ausschließlich für Hoch- und Höchstdruckarmaturen sowie Spezialarmaturen (z. B. Kernkraftwerksarmaturen) üblich. Die *Typprüfung* wird häufig mit der bei Serienarmaturen bereits üblichen *Bauteilprüfung* in Verbindung gebracht. Diese kann zwar als Teil einer Typprüfung betrachtet werden, umfaßt aber nur Prüfungen nach Festigkeits- und Fertigungsgesichtspunkten. Andere für die Funktion wesentliche Elemente werden bei der Bauteilprüfung außer Betracht gelassen.

Die Typprüfungen wurden bisher meist unter vereinfachten Bedingungen durchgeführt, z. B. waren die Strömungsgeschwindigkeit in und die Druckdifferenz über der Armatur

Tabelle 12–1. Zusammenstellung möglicher Prüfungen von Armaturen [12–2] [12–3].

Lfd. Nr.	Prüfung	Bemerkungen
Sicht- und Funktionsprüfungen		
1	Einhaltung der Bestellangaben	Berücksichtigung der gültigen Normen und Regeln prüfen.
2	Bauart (z. B. Schieber, Ventil), Bauform (z. B. Schrägsitz- oder Eckventil), Ausrüstung (z. B. Anschluß- und Betätigungsart, Vollständigkeit des Zubehörs), Ablieferungszustand (offen, geschlossen)	
3	Vollständigkeit und Richtigkeit der Kennzeichnung	
4	der in den Armaturennormen bzw. Bestellunterlagen festgelegten Maße	Zulässige Abweichungen der zu prüfenden Maße beachten.
5	Oberflächenfehler, die die Sicherheit oder Funktion beeinträchtigen; sachgemäße Oberflächenherstellung	Die Prüfung ist vor dem Beschichten, Verkleiden und der Farbgebung durchzuführen.
6	Rauhtiefe R_z bearbeiteter Anschlußflächen	z. B. mit Vergleichsmuster
7	"Auf-Zu-Funktion" und Richtigkeit des Betätigungssinns (Ablieferungszustand)	Selbsttätig arbeitende Armaturen (z. B. Sicherheitsventile) auf Beweglichkeit des Absperrkörpers prüfen.
8	Werkstoffverwechslung	Durch geeignete Maßnahmen sind Werkstoffverwechslungen auszuschließen.
9	Werkstoffnachweise	Vollständigkeit und Übereinstimmung mit den Bauteilen prüfen.
10	Schichtdicke und ausreichende Porenfreiheit von Sonderanstrichen, Kunststoffbeschichtungen, Gummierungen, metallischen Anstrichen usw.	Die Prüfungen sind zerstörungsfrei und an der fertigen Armatur durchzuführen. Andere Prüfungen, z. B. Biegefestigkeit, können nur an Probestücken durchgeführt werden.
11	Haftfähigkeit von Anstrichen und ähnlichen Beschichtungen	Gitterschnittprüfungen (DIN 53 151) oder gleichwertige Verfahren
12	Einstellprüfung nach den entsprechenden Normen und Regeln	vor dem Einbau: für Sicherheitsarmaturen o. ä.
13	Sichtprüfung (Besichtigung)	mit unbewaffnetem Auge
14	Betätigung im Auslieferungszustand gegen einseitig aufgebrachten Innendruck: Öffnungs- oder Schließfunktion	Anforderungen und Umfang sind zu vereinbaren
Festigkeits- und Dichtheitsprüfungen[1])		
15	Festigkeit des Gehäuses (zusammengebaute drucktragende Teile) mit 1,5 fachem Nenn- oder zul. Betriebsüberdruck bei Raumtemperatur	in der Regel mit Wasser, vor Anbringen eines Schutzanstriches oder einer Beschichtung; kann durch Prüfung nach 24 ersetzt werden
16	Festigkeit des Abschlußkörpers mit dem zul. Betriebsüberdruck und der zul. Druckdifferenz über dem Absperrkörper bei Raumtemperatur	Bei Armaturen, die von beiden Seiten mit Druck beaufschlagt werden können, ist die Festigkeit in beiden Richtungen nachzuweisen; eine Prüfung 21 ersetzt diese Prüfung.
17	Dichtheit des Gehäuses, der Spindel- oder Wellendurchführung mit Luft vor der Festigkeitsprüfung. *Prüfdruck*: 0,1facher zul. Betriebsüberdruck, höchstens aber 0,2 MPa, bei Raumtemperatur. Die Armatur ist geöffnet.	An Stelle von Luft kann ein anderes geeignetes Gas verwendet werden, Sauerstoff ist z. B. nicht zulässig. Dichtheitsnachweis durch Abpinseln, Tauchen oder gleichwertige Verfahren. Der Druck muß während der Prüfdauer konstant gehalten werden.
18	Dichtheit des Gehäuses, der Spindel- oder Wellendurchführung mit Luft nach der Festigkeitsprüfung. *Prüfdruck*: 0,1facher zul. Betriebsüberdruck, höchstens aber 0,6 MPa	wei Prüfung 17
19	Dichtheit des Gehäuses, der Spindel- oder Wellendurchführung mit Flüssigkeit geringer Oberflächenspannung	Prüfen wie 15, jedoch mit einer Flüssigkeit geringer Oberflächenspannung; ersetzt Prüfung 15.

Tabelle 12–1.   (Fortsetzung)

Lfd. Nr.	Prüfung	Bemerkungen
20	Dichtheit des Gehäuses, der Spindel- oder Wellendurchführung mit Dampf	Nach der Festigkeitsprüfung; Prüfdruck und temperatur sind zu vereinbaren.
21	Dichtheit des Abschlusses mit Wasser, Austrittsseite drucklos; *Prüfdruck*: $\hat{=}$ zul. Betriebsüberdruck bei 20 °C. Zulässige Leckrate s. Tabelle 12–2.	Die Armatur ist im geöffneten oder teilgeöffneten Zustand mit Wasser zu füllen und danach mit üblicher Schließkraft zu schließen. Der Prüfdruck ist während der Prüfdauer konstant zu halten. Diese Prüfung ersetzt die Prüfung 16. Bei Armaturen, die von beiden Seiten mit Druck beaufschlagt werden können, ist die Dichtheit in beiden Richtungen nachzuweisen.
22	Dichtheit des Abschlusses mit Luft, Austrittsseite drucklos; *Prüfdruck*: $\hat{=}$ zul. Betriebsüberdruck bei 20 °C, höchstens 0,6 MPa; zulässige Leckrate s. Tabelle 12–3	wie Prüfung 21
23	Prüfung der Rückdichtung; *Prüfdruck*: $\hat{=}$ zul. Betriebsüberdruck bei 20 °C	Prüfung wie 15, jedoch in Offenstellung
24	Dichtheit des Gehäuses, der Spindel- oder Wellendurchführung mit Wasser; *Prüfdruck*: = 1,5facher zul. Betriebsdruck bei 20 °C	wei 15, ersetzt Prüfung 15
25	Festigkeit des Abschlußkörpers mit 1,5fachem Nenndruck, maximal Nenndruck +0,5 MPa	prüfen wie 16
26	Festigkeit des Gehäuses (zusammengebaute drucktragende Teile) mit vorzuschreibendem Prüfdruck, in der Regel mit Wasser	prüfen wie 15; *Prüfdruck*: z. B. nach Festlegungen in technischen Regelwerken oder Bestellangaben
27	Dichtheit des Gehäuses, der Spindel- oder Wellendurchführung mit Luft mit vorzuschreibendem Prüfdruck	prüfen wie 18; *Prüfdruck*: wie 26
28	Dichtheit des Abschlusses mit einem inerten Gas oder mit Luft mit vorzuschreibendem Prüfdruck	prüfen wie 22; *Prüfdruck*: wie 26

zerstörungsfreie Werkstoffprüfung

Lfd. Nr.	Prüfung	Bemerkungen
29	Durchstrahlprüfung	Diese Prüfungen werden nach der letzten Wärmebehandlung durchgeführt; Anfoderungen und Umfang nach Bestellangaben.
30	Ultraschallprüfung	
31	Rißprüfung mit Farbeindringmethode	
32	Magnetpulverprüfung	
33	Spektroskopische Prüfung	

sonstige Prüfungen

Lfd. Nr.	Prüfung	Bemerkungen
34	*Differenzdruckprüfung*: Prüfung der Dichtheit des Abschlusses mit Wasser bei $\Delta p = 0,01$ MPa; Haltezeit 2h.	Abgesehen von temperaturbedingten Druckveränderungen darf kein Δp-Abfall eintreten.
35	*Block-and-Bleed-Prüfung*: Unter beiderseitig anstehendem zul. Betriebsüberdruck bei 20 °C wird die Abdichtung des Absperrkörpers gegen den entspannten Gehäuseinnenraum geprüft, Prüfzeit 10 min.	

[1]) Sind Festigkeits- und Dichtheitsprüfungen mit demselben Prüfmedium und Prüfdruck vorgeschrieben, genügt eine kombinierte Festigkeits- und Dichtheitsprüfung. Die Haltezeiten sind in der Bauartnorm festgelegt. Grundierungen zur Vermeidung von Rostansätzen an Rohteilen gelten nicht als Schutzanstrich. Solche Grundierungen dürfen die Beurteilung nicht nennenswert beeinträchtigen.

Anm.: Stichprobenprüfungen für eine normale Beurteilung sind auf einzelne in dieser Tabelle aufgeführte Prüfungen anwendbar. Die Beurteilung der zu prüfenden Merkmale erfolgt attributiv (gut – schlecht) [12-2]. Die Bildung von Prüflosen (Stichprobenplan), die Stichprobenentnahme, Annahme und Rückweisung sind in entsprechenden Standards oder Normen (z. B. DIN 40 080) festgelegt.

Tabelle 12-2. Dichtheit (zulässige Leckrate) an der Absperrung bei der Prüfung mit Wasser [12–2].

| Nennweite DN | | Leckrate 1 dicht | Leckrate 2 feucht | Leckrate 3 tropfend | Prüfzeit min |
über	bis	Tropfen/min[1])	Tropfen/min[1])	Tropfen/min[1])	
	40	0	1[2])	5	0,25
40	100	0	1	10	0,25
100	150	0	2	15	1
150	200	0	2	20	1
200	250	0	3	25	1
250	300	0	3	30	1
300	350	0	4	35	1
350	400	0	4	40	1
400	500	0	5	50	1
500	600	0	6	60	2
600	700	0	7	70	2
700	800	0	8	80	2
800	900	0	9	90	2
900	1000	0	10	100	2
1000	1100	1	11	110	2
1100	1200	1	12	120	2

[1]) 1 Tropfen = 100 mm³
[2]) Prüfzeit 1 min

Für DN > 1200 sind die Leckraten und die Prüfzeiten zu vereinbaren.
Ist die Taktzeit bei der Herstellung kürzer als die vorgeschriebene Prüfzeit, sind alle Armaturen in der Taktzeit zu prüfen und stichprobenweise nach Prüfgrad 3 der vorgeschriebenen Prüfzeit nachzuprüfen.
Werden in Bauartnormen größere Leckraten zugelassen, sollen Vielfache der definierten Leckraten gewählt werde, z. B. Leckrate 2 × 3.

Tabelle 12-3. Dichtheit (zulässige Leckraten) an der Absperrung bei der Prüfung mit Luft [12–2].

| Nennweite DN | | Leckrate 1 dicht | Leckrate 2 feucht | Leckrate 3 tropfend | Prüfzeit |
über	bis	Blasen/min[1])	Blasen/min[1])	cm³/min[1])	min
	40	0	2[2])	25	0,25
40	100	0	6	63	0,25
100	150	0	9	94	1
150	200	0	12	125	1
200	250	0	15	157	1
250	300	0	18	188	1
300	350	0	21	220	1
350	400	0	24	252	1
400	500	0	30	314	1
500	600	1	36	376	2
600	700	1	42	440	2
700	800	1	48	502	2
800	900	1	54	565	2
900	1000	1	60	628	2
1000	1100	2	66	690	2
1100	1200	2	72	752	2

[1]) Die Blasen können z. B. mit einem 50 mm waagerecht unter der Wasseroberfläche mündenden Schlauch von 5 mm Innendurchmesser gemessen werden. Die angegebene Prüfzeit zählt von der Erreichung des Beharrungszustandes an, nach Durchspülen der Armatur bis zum Druckausgleich. 1 Blase ≈ 0,3 cm³.
[2]) Prüfzeit 1 min

Für DN > 1200 sind die Leckraten und die Prüfzeiten zu vereinbaren.
Ist die Taktzeit bei der Herstellung kürzer als die vorgeschriebene Prüfzeit, sind alle Armaturen in der Taktzeit zu prüfen und stichprobenweise nach Prüfgrad 3 der vorgeschriebenen Prüfzeit nachzuprüfen.
Werden in Bauartnormen größere Leckraten zugelassen, sollen Vielfache der definierten Leckraten gewählt werden, z. B. Leckrate 2 × 3.

418

gegenüber den tatsächlichen Betriebsbedingungen reduziert oder Null. Die eigentliche Prüfung fand dann mit der Funktionsprüfung in der Anlage statt [12–5].

Der Armaturenhersteller führte die ihm durch die Spezifikation auferlegten Prüfungen durch, die in der Regel mit einem Gängigkeitstest der Armatur abgeschlossen wurden. Dabei wurde i. allg. für jede einzelne Armatur der gleiche Ablauf, Werkstoffe, Fertigung sowie Auslegung betreffend, kontrolliert [12–5].

Eine „echte" Typprüfung schließt den Funktionstest der Gesamtarmatur (einschließlich der Festigkeit) und evtl. mit der Armatur gekoppelter Stellantriebe unter Betriebsbedingungen ein. Sie wird an repräsentativen Größen einer Baureihe durchgeführt.

Diese Typprüfung ist aufwendig und nur bis zu bestimmten Größen beim Hersteller durchführbar. Auf Grund des Zusammenspiels Armatur – Antrieb – Anlage ist es sinnvoll und notwendig, bestimmte Armaturen in der Anlage selbst zu prüfen. Dabei können charakteristische Meßwerte bei Wiederholungsprüfungen als Basis dienen und zusammen mit Ergebnissen aus Einzelversuchen beim Hersteller das Betriebsverhalten einer Armatur besser wiedergeben als „Momentanaufnahmen" beim Typtest.

Zur Typprüfung gehören auch die Dokumentation bzw. Vorprüfunterlagen, die Funktionsprüfung (ohne oder mit Erdbebenbelastung), die Werkstoff- und Bauprüfung. Die *Vorprüfunterlagen*, eine der wichtigsten Voraussetzungen, müssen für jede Anlage und Armatur neu erstellt werden. Die *Funktionsprüfungen* gelten vor allem den Stellkraftberechnungsbeiwerten und dem Test der Gesamtarmatur unter Temperatur und Druck. Die *Werkstoff- und Bauprüfungen* betreffen Einzelteile und die Gesamtarmatur. Der Armaturenhersteller hat auf die Anzahl und Durchführung der Werkstoff- und Bauteilprüfungen keinen Einfluß, er muß nach der Spezifikation handeln, d. h., diese Prüfungen müssen bereits zu Beginn der Auftragsbearbeitung genau festgelegt werden, damit bei der Abnahme zwischen Prüfer und Hersteller keine Meinungsverschiedenheiten aufkommen. Große Ermessensspielräume für Prüfer und Hersteller sollten eingegrenzt werden.

12.4 Betriebsüberwachung

Sicherheits- und verfügbarkeitsbeeinflussende Armaturen müssen und werden i. allg. auch einer regelmäßigen Betriebsüberwachung unterzogen. Form und Zeitabstände sind teilweise in Normen, Regelwerken oder Verbändevereinbarungen vorgegeben, teilweise werden sie in Eigenverantwortlichkeit vom Betreiber durchgeführt.

Voraussetzungen für eine gute Betriebsüberwachung sind bereits im Projekt und bei der Bestellung zu beachten (festlegen, welche Prüfungen bei der Betriebsüberwachung durchzuführen sind), d. h., Prüf- und Reparaturmöglichkeiten (prüf- und reparaturfreundliche Ausführungen) sind zu berücksichtigen. Die Betriebsüberwachung kann nur so gut sein, wie die Prüfbarkeit der Armatur es zuläßt. Dazu gehören u. a. günstige Formgebung, Reparierbarkeit, Prüfbarkeit der Schweißnähte, Überprüfung der Dichtheit an der Absperrung, Funktionsprüfung an Sicherheitsventilen.

13 Schlußbemerkungen

Rohrleitungsarmaturen sind nicht ersetzbare Ausrüstungen in Industrieanlagen, Transport- und Verteilungssystemen. Sie haben als Absperr-, Stell- oder Regel- bzw. Sicherheitsorgane einen entscheidenden Einfluß auf die Wirtschaftlichkeit und auf die Betriebssicherheit der Anlagen.

Gemeinsam mit Maschinen, Apparaten und Rohrleitungssystemen bilden Armaturen eine funktionelle Einheit, in der sie die Steuerung, z. T. die Kontrolle, Regelung und Überwachung übernehmen. Das ist in den meisten Fällen in hoher Qualität nur im abgestimmten Wechselspiel aller Aggregate möglich. So wird der Energieeinsatz nur durch die genaue Vorausbestimmung der Anlagenkennlinien in Verbindung mit der vorgesehenen Anlagennennleistung auf das notwendige Maß beschränkbar sein. Andernfalls werden solche Armaturen eingesetzt, die schon im Betriebspunkt der Anlage unangemessene Drosselaufgaben zu übernehmen haben. Der Einsatz von Stellarmaturen mit möglichst großem k_{vs}-Wert ist dann lediglich ein ideeller Scheinerfolg. Im Gegenteil, durch den so notwendingen ständigen Armaturenbetrieb in Drosselstellung wird die Lebensdauer des Aggregates unnötig vermindert.

Die sichere Berechnung der einzelnen Stränge einer Anlage ist jedoch nur ein, wenn auch wichtiger Gesichtspunkt. Der entscheidende Ansatzpunkt ist die zweckmäßige Festlegung des gesamten Anlagenfließbildes und hier vor allem die zweckmäßige Zuordnung bzw. Einordnung und Bemessung der Nebenanlagen. Oftmals sind gerade dort Reserven vorhanden, und sei es z. B. nur im Hinblick auf die Kondensatwirtschaft. Das Angebot verschiedenartiger Kondensatableiter fordert auch hier eine angepaßte Auswahl für die jeweilige Aufgabe.

Wohl nicht zuletzt verbunden mit der zunehmenden Automatisierung von Anlagen gewinnt die Betrachtung instationärer Betriebsverhältnisse an Bedeutung. Das betrifft sowohl Lastzustandsänderungen als auch das Störfallgeschehen. Die gewachsenen sicherheitstechnischen Anforderungen setzen zum einen präzise Aussagen seitens des Armaturenproduzenten über die Arbeitsweise und die Leistungsparameter der Armaturen voraus, zum anderen ist zumindest in gleichem Maße der Projektant gefordert, das komplexe Anlagenverhalten zu erfassen.

Am Beispiel der Sicherheitsventile läßt sich das leicht verdeutlichen; es sei nur auf folgende Fragestellungen hingewiesen:

– Trennung von Einstelldruck und Ansprechdruck,
– Absenkung des Vordruckes beim Öffnungsvorgang und Gegendruckabhängigkeit,
– Absenkung der Druckverhältniswertes für überkritische Entspannung auf unter 0,3.

Auch die Analysen zum Druckstoßgeschehen dürften weiter zu qualifizieren sein. Sowohl der Armaturenbau ist hier gefordert, z. B. hinsichtlich der Kraftverhältnisse bei einer instationären Durchströmung von Rückschlagklappen, als auch die Anlagenseite hinsichtlich der Zustandsänderungen bei sich schnell ändernden Betriebsverhältnissen.

Neben den Aufgaben einer genaueren Analyse des Wechselspieles aller Anlagenaggregate bei stationären und auch bei instationären Betriebszuständen sind die gewachsenen Forderungen des Umweltschutzes eine weitere Herausforderung. Im weiteren Sinne betrifft das auch den Energieeinsatz und die Betriebssicherheit. Im engeren Sinne betrifft das die

420

Leckagebekämpfung und die Lärmminderung. Diese Probleme sind nicht neu, ihnen wird schon langfristig Aufmerksamkeit geschenkt, jedoch stellen sie sich heute in dem einen oder anderen Fall mit besonderer Schärfe.

Dem kann nur durch eine differenziertere Analyse der Belastungen und Gefährdungen entsprochen werden. Mit den präziseren und ebenso differenzierteren Anforderungen nimmt zwangsläufig auch die Armaturenvielfalt zu, z. B.

- Stopfbuchsabdichtungen mit Zwischenentspannung,
- Faltenbalgabdichtung, z. T. mit Sicherheitsstopfbuchse,
- „Fire-safe"-Konstruktionen mit Wirksamwerden einer metallischen Dichtung nach Ausfall der primären elastischen Dichtung.
- lärmmindernde Einbauten bei Drosselklappen und Drosselhähnen.

Diese Entwicklung einer genaueren Systemanalyse und der Berücksichtigung möglicher betrieblicher Probleme wird sich fortsetzen müssen. Schon in [4–17] wurde verwiesen auf Folgen

- der ungenügenden Beachtung der Dichtheit (unzulässige Emission, Brand- und Explosionsgefahr, auch Produktvermischung oder Vakuumschwierigkeiten),
- der unzureichenden Kennlinienberechnung (zu hohe Druck- und somit Energieverluste, Ansaugschwierigkeit von Pumpen, Kavitationserscheinungen),
- der Nichtbeachtung des Langzeitverhaltens (Schäden durch Korrosion und Verschleiß, Ablagerungen in Hohlräumen, Ansätze durch Auskristallisation mit Folgen der Schwergängigkeit bis hin zu Verstopfungen),
- der mangelhaften Armaturenauslegung (unter- oder überdimensionierte Antriebe mit den Konsequenzen einer Nichtschaltbarkeit oder der Bauteilzerstörung).

Für den Armaturenproduzenten bedeutet das, daß er seine Bemühungen, neben der zweckmäßigen Auswahl und Nutzung von Fertigungstechnologien, fortsetzen muß hinsichtlich der Werkstoff- und Bauteilauswahl und ihres Einsatzes bei sorgfältiger Beobachtung des Angebotes. Ebenso trifft dies zu auf die Heranziehung nutzbarer Berechnungsgrundlagen. Hier sind vor allem die Festigkeitsberechnung (Gehäuse, Bauteile, aber auch aufnehmbare Rohrlasten) und die Strömungsfeldberechnung (Durchsatz, Druckverlust, Kräfte, Lärm) zu nennen. Andernfalls wird der Anbieter den immer umfassenderen Forderungen des Anwenders bezüglich der Angabe von Leistungsparametern und der Aussagen zum Betriebsverhalten nicht entsprechen können. Die empirische Optimierung und die experimentelle Nachweisführung entwickeln sich sonst zu äußerst aufwendigen Arbeitsgebieten.

Daneben darf auf keinen Fall die Qualitätsüberwachung und -sicherung vernachlässigt werden. Auch hier sind zwangsläufig steigende Anforderungen festzustellen:

- Festlegungen u. a. nach DIN 3230,
- Testierung in Anlehnung an DIN 50049.

Diese Entwicklung ist auch ablesbar an den anwachsenden Regelwerken für Armaturen seitens der Anwender (s. z. B. Tabelle 14-8). Die zumeist, wie auch in Deutschland, mittelständisch strukturierte Armaturenindustrie hat sich, dieser Entwicklung entsprechend, ihrerseits im VDMA mit der Fachgemeinschaft Armaturen eine Interessenvertretung geschaffen. Ihre Aufgabe ist die sachverständige Mitarbeit in den solche Richtlinien erarbeitenden und erlassenden Gremien der Anwenderindustrie wie auch im Deutschen Normenausschuß.

Der Anteil der Armaturen am Investitionsumfang einer Anlage liegt zwar zumeist unter 10%, oftmals unter 5%. Ihre entscheidende Rolle für die Gewährleistung des vorgesehenen Anlagenbetriebes kommt jedoch nicht zuletzt in den zunehmend differenzierteren Richtlinien zum Ausdruck. Dazu kommt, daß Rohrleitungsarmaturen selbst Schwachstellen darstellen. Beides, Mängel hinsichtlich der Funktion wie auch der eigenen Stabilität, kann zu gravierenden Folgeschäden führen.

Die Antwort hierauf heißt erhöhte Anforderungen an die Qualitätssicherung und zunehmende Forderung des experimentellen Nachweises der Funktionstüchtigkeit in jeder Hinsicht.

Die Armaturenindustrie muß dabei jedoch auch bewältigen, daß eine Vielzahl von Ventilen, Schiebern, Hähnen oder Klappen für untergeordnete Aufgabenstellungen bzw. Aufgaben geringer Anforderungen bereitzustellen sind.

Dementsprechend wird sich eine stärkere innere Differenzierung herausbilden müssen: einerseits hergebrachte Methoden und Werkstätten, andererseits ist den hohen Ansprüchen modernen Gerätebaues nachzukommen. Letzteres umfaßt auch die schon genannte tiefere theoretische Durchdringung im Wechselspiel mit angemessenen Richtlinien sowie dem Umfang der experimentellen Prüfung.

14 Anhang

14.1 Ergänzung zum Abschn. 5.4

14.1.1 Zusammenhänge beim offenen, arbeits- und wärmedichten System bei isentroper Zustandsänderung

Gleichung nach SAINT-VENANT *und* WANTZEL

Die Energiegleichung

$$w^2/2 + h = h_\mathrm{G} = \text{konst.} \tag{14.1}$$

führt mit (beachte: $R = c_\mathrm{p} - c_\mathrm{v}$; $x = c_\mathrm{p}/c_\mathrm{v}$)

$$h = \frac{\kappa}{\kappa - 1} \cdot \frac{p}{\rho} \tag{14.2}$$

zu

$$w^2 = \frac{2\kappa}{\kappa - 1} \cdot \frac{p_\mathrm{G}}{\rho_\mathrm{G}} \left(1 - \frac{p}{\rho} \cdot \frac{\rho_\mathrm{G}}{p_\mathrm{G}} \right). \tag{14.3}$$

Mit der Isentropenbeziehung

$$\rho_\mathrm{G}/\rho = (p_\mathrm{G}/p)^{1/\kappa} \tag{14.4}$$

erhält man endgültig

$$w^2 = \frac{2\kappa}{\kappa - 1} \cdot \frac{p_\mathrm{G}}{\rho_\mathrm{G}} \left[1 - \left(\frac{p}{p_\mathrm{G}} \right)^{(\kappa - 1)/\kappa} \right]. \tag{14.5}$$

Ausflußgleichung

Der Massenerhaltungssatz

$$\dot{m} = \rho \cdot w \cdot A \tag{14.6}$$

führt mit Gl. (14.5) zu

$$\dot{m} = A \sqrt{2 p_\mathrm{G} \cdot \rho_\mathrm{G}} \sqrt{\frac{\kappa}{\kappa - 1} \left(\frac{\rho}{\rho_\mathrm{G}} \right)^2 \left[1 - \left(\frac{p}{p_\mathrm{G}} \right)^{(\kappa - 1)/\kappa} \right]} \tag{14.7}$$

und mit Gl. (14.4) zu

$$\dot{m} = A \cdot \psi \sqrt{2 p_\mathrm{G} \cdot \rho_\mathrm{G}} \tag{14.8}$$

mit der Ausflußfunktion

$$\psi = \sqrt{\frac{\kappa}{\kappa - 1} \left[\left(\frac{p}{p_\mathrm{G}} \right)^{2/\kappa} - \left(\frac{p}{p_\mathrm{G}} \right)^{(\kappa + 1)/\kappa} \right]}. \tag{14.9}$$

Kritischer Zustand

Mit $w \to a$, d. h. $M \to 1$, und $a^2 = \kappa \cdot R \cdot T = \kappa(p/\rho)$ folgt aus Gl. (14.1) mit Gl. (14.2)

$$\kappa \frac{p^*}{\rho^*} + \frac{2\kappa}{\kappa - 1} \cdot \frac{p^*}{\rho^*} = \frac{2\kappa}{\kappa - 1} \cdot \frac{p_{\mathrm{G}}}{\rho_{\mathrm{G}}}. \tag{14.10}$$

Über

$$\frac{p^*}{p_{\mathrm{G}}} = \frac{2}{\kappa + 1} \cdot \frac{\rho^*}{\rho_{\mathrm{G}}}$$

folgt mit Gl. (14.4)

$$\frac{p^*}{p_{\mathrm{G}}} = \left(\frac{2}{\kappa + 1}\right)^{\kappa/(\kappa - 1)} \tag{14.11}$$

und weiter

$$\frac{\rho^*}{\rho_{\mathrm{G}}} = \left(\frac{2}{\kappa + 1}\right)^{1/(\kappa - 1)} \tag{14.12}$$

$$\frac{T^*}{T_{\mathrm{G}}} = \frac{2}{\kappa + 1}. \tag{14.13}$$

Für den maximalen Massestrom ergibt sich somit, Gl. (14.11) in Gl. (14.7):

$$\dot{m}_{\max} = A \cdot \psi_{\max} \sqrt{2 p_{\mathrm{G}} \cdot \rho_{\mathrm{G}}} \tag{14.14}$$

mit

$$\psi_{\max} = \sqrt{\frac{\kappa}{2}\left(\frac{2}{\kappa + 1}\right)^{(\kappa + 1)/(\kappa - 1)}} \tag{14.15}$$

Enthalpie-Mach-Zahl-Beziehung

Mit der Energiegleichung erhält man

$$\frac{T}{T_{\mathrm{G}}} = \frac{T}{w^2/(2 c_{\mathrm{p}}) + T}. \tag{14.16}$$

Unter Beachtung von

$$c_{\mathrm{p}} = \frac{\kappa}{\kappa - 1} R \quad \text{und} \quad a^2 = \kappa \cdot R \cdot T \tag{14.17}$$

folgt daraus

$$\frac{T}{T_{\mathrm{G}}} = \frac{h}{h_{\mathrm{G}}} = \frac{1}{1 + \dfrac{\kappa - 1}{2} M^2} \tag{14.18}$$

oder

$$M^2 = \frac{2}{\kappa - 1}\left(\frac{h_{\mathrm{G}}}{h} - 1\right). \tag{14.19}$$

424

14.1.2 Zusammenhänge beim offenen, arbeits- und wärmedichten System bei irreversibler Zustandsänderung

Fanno-Linien

Aus Gl. (5.71)

$$\frac{\Delta s}{c_v} = \ln\frac{T}{T_1} - (\kappa - 1)\ln\frac{\rho}{\rho_1}$$

erhält man mit dem Massenerhaltungssatz bei $A = \text{konst.}$

$$\rho/\rho_1 = w_1/w$$

sowie dem Energiesatz

$$w^2 = 2(h_G - h)$$

die Beziehung

$$\frac{\Delta s}{c_v} = \ln\frac{h/h_G}{h_1/h_G} + \frac{\kappa - 1}{2}\ln\frac{1 - h/h_G}{1 - h_1/h_G}, \tag{14.20}$$

also

$$h/h_G = \mathrm{f}(\Delta s, h_1/h_G).$$

Kritischer Zustand

Nach Gl. (14.18) gilt, unabhängig von der Art der Zustandsänderung, bei $M = 1$

$$\frac{h_{\text{krit}}}{h_G} = \frac{2}{\kappa + 1}. \tag{14.21}$$

Fanno-Linien als Linien konstanter Stromdichte

Zu beweisen ist, s. Gl. (14.20), daß

$$\rho_1 \cdot w_1 = \mathrm{f}(h_1, \textcircled{G})$$

bzw. besser (Bezugnahme auf den kritischen Zustand bei der Entspannung vom Zustand $\textcircled{G, 1}$ aus), daß

$$\frac{\rho_1 \cdot w_1}{\rho^* \cdot w^*} = \mathrm{f}\left(\frac{h_1}{h_G}\right). \tag{14.22}$$

Mit der Isentropenbeziehung und dem Energiesatz gilt

$$\frac{\rho_1 \cdot w_1}{\rho^* \cdot w^*} = \left(\frac{h_1}{h^*}\right)^{1/(\kappa - 1)}\sqrt{\frac{h_G - h_1}{h_G - h^*}}$$

$$= \left(\frac{h_1/h_G}{h^*/h_G}\right)^{1/(\kappa - 1)}\sqrt{\frac{1 - h_1/h_G}{1 - h^*/h_G}}. \tag{14.23}$$

Da $h^*/h_G = 2/(\kappa + 1)$, ist offensichtlich, daß die Fanno-Linien Linien konstanter Stromdichte sind. Für sie läßt sich auch schreiben [Gl. (14.20) mit Gl. (14.22)]:

$$\frac{\Delta s}{c_v} = \frac{s - s^*}{c_v} = \ln\left[\frac{h}{h_G}\left(1 - \frac{h}{h_G}\right)^{(\kappa - 1)/2}\right]$$

$$-\ln\left[\frac{2}{\kappa+1}\left(\frac{\kappa-1}{\kappa+1}\right)^{(\kappa-1)/2}\right]$$

$$-(\kappa-1)\ln\frac{\rho\cdot w}{\rho^*\cdot w^*}, \tag{14.24}$$

also

$$\frac{h}{h_G}=f\left(\frac{\rho\cdot w}{\rho^*\cdot w^*},\frac{\Delta s}{c_v},\kappa\right).$$

Linien konstanter Druckabsenkung im Mollier-Diagramm

Nach Gl. (14.18) gilt

$$\frac{T}{T_1}=\frac{2+(\kappa-1)M_1^2}{2+(\kappa-1)M^2} \tag{14.25}$$

Mit der Zustandsgleichung für Gase $p=\rho\cdot R\cdot T$ erhält man

$$\frac{p}{p_1}=\frac{\rho\cdot T}{\rho_1\cdot T_1}.$$

Zieht man den Massenerhaltungssatz bei $A=$ konst. heran, also

$$\rho\cdot w=\rho_1\cdot w_1,$$

so läßt sich schreiben:

$$\frac{p}{p_1}=\frac{w_1}{w}\cdot\frac{T}{T_1}=\frac{M_1\sqrt{T_1}}{M\sqrt{T}}\cdot\frac{T}{T_1}$$

$$=\frac{M_1}{M}\sqrt{\frac{T}{T_1}}$$

$$=\frac{M_1}{M}\sqrt{\frac{2+(\kappa-1)M_1^2}{2+(\kappa-1)M^2}}. \tag{14.26}$$

Mit Gl. (14.19) ist somit

$$\frac{h}{h_G}=f\left(\frac{h_1}{h_G},\frac{p_1}{p_G}\right)$$

gegeben (Punkte konstanten Druckabfalles auf der jeweiligen Fanno-Linie).

Zur Bestimmung von $p/p_G=$ konst.-Linien kann von Gl. (14.26) ausgegangen werden:

$$\frac{p}{p_{G,1}}=\frac{p}{p_1}\cdot\frac{p_1}{p_{G,1}}$$

$$=\frac{M_1}{M}\sqrt{\frac{2+(\kappa-1)M_1^2}{2+(\kappa-)M^2}}\left(\frac{h_1}{h_G}\right)^{\kappa/(\kappa-1)}. \tag{14.27}$$

Daraus folgt mit Gl. (14.19)

$$\frac{p}{p_{G,1}} = \left(\frac{h_1}{h_G}\right)^{\kappa/(\kappa-1)} \sqrt{\frac{(h_G/h_1 - 1)(h_G/h_1)}{(h_G/h - 1)(h_G/h)}},$$

(14.28)

also auch hier die Bestimmbarkeit gemäß

$$\frac{h}{h_G} = f\left(\frac{h_1}{h_G}, \frac{p}{p_{G,1}}\right).$$

14.2 Stoffwerte

Tabelle 14–1.   Dichte ρ und kinematische Viskosität v von Wasser, beim Druck $p = 1$ bar, nach [5–12].

T	ρ	$10^6\,v$	T	ρ	$10^6\,v$
°C	kg/m³	m²/s	°C	kg/m³	m²/s
0	999,8	1,793	50	988,0	0,554
5	1000,0	1,519	55	985,7	0,512
10	999,7	1,307	60	983,2	0,475
15	999,1	1,139	65	980,5	0,442
20	998,2	1,004	70	977,8	0,413
25	997,0	0,893	75	974,8	0,388
30	995,7	0,801	80	971,8	0,365
35	994,0	0,724	85	968,6	0,344
40	992,2	0,658	90	965,3	0,326
45	990,2	0,602	95	961,9	0,309
			100	958,6	0,295

Tabelle 14–2.   Standardatmosphäre (Normatmosphäre nach DIN 5450).

Höhe	Druck	Dichte	Temperatur
km	bar	kg/m³	°C
0	1,0133	1,225	15
1	0,8988	1,112	8,55
2	0,7950	1,007	2,05
3	0,7012	0,909	−4,45
4	0,6166	0,819	−10,95
5	0,5405	0,736	−17,45

Tabelle 14–3.   Dichte ρ und kinematische Viskosität v von trockener Luft, beim Druck $p = 1$ bar, nach [5–12].

T	ρ	$10^6\,v$	T	ρ	$10^6\,v$
°C	kg/m³	m²/s	°C	kg/m³	m²/s
−20	1,377	11,78	160	0,8036	30,46
0	1,275	13,52	180	0,7681	32,93
20	1,188	15,35	200	0,7356	35,47
40	1,112	17,26	250	0,6653	42,11
60	1,045	19,27	300	0,6072	49,18
80	0,9859	21,35	350	0,5585	56,65
100	0,9329	23,51	400	0,5170	64,51
120	0,8854	25,75	450	0,4813	72,74
140	0,8425	28,07	500	0,4502	81,35

Tabelle 14–4. Stoffwerte von Gasen.

Gas		ρ kg/m³	R J/(kg·K)	c_p kJ/(kg·K)	κ dimensionslos
Ammoniak	NH_3	0,7713	488,2	2,05	1,313
Acetylen	C_2H_2	1,1709	296,6	1,51	1,255
Ethylen	C_2H_4	1,2604	296,6	1,51	1,248
Kohlendioxid	CO_2	1,9768	188,9	0,82	1,300
Kohlenoxid	CO	1,2500	296,8	1,04	1,400
Luft	–	1,2930	287,1	1,00	1,402
Methan	CH_4	0,7168	518,3	2,16	1,317
Sauerstoff	O_2	1,4289	259,8	0,91	1,399
Schwefeldioxid	SO_2	2,9265	129,8	0,61	1,272
Stickstoff	N_2	1,2505	296,8	1,04	1,400
Wasserstoff	H_2	0,0899	4124,0	14,38	1,409

Dichte ρ bei 0 °C und 1,01325 bar.
spezifische Wärmekapazität c_p bei 0 °C und kleinem Druck.

14.3 Druckverlust in Rohrleitungen

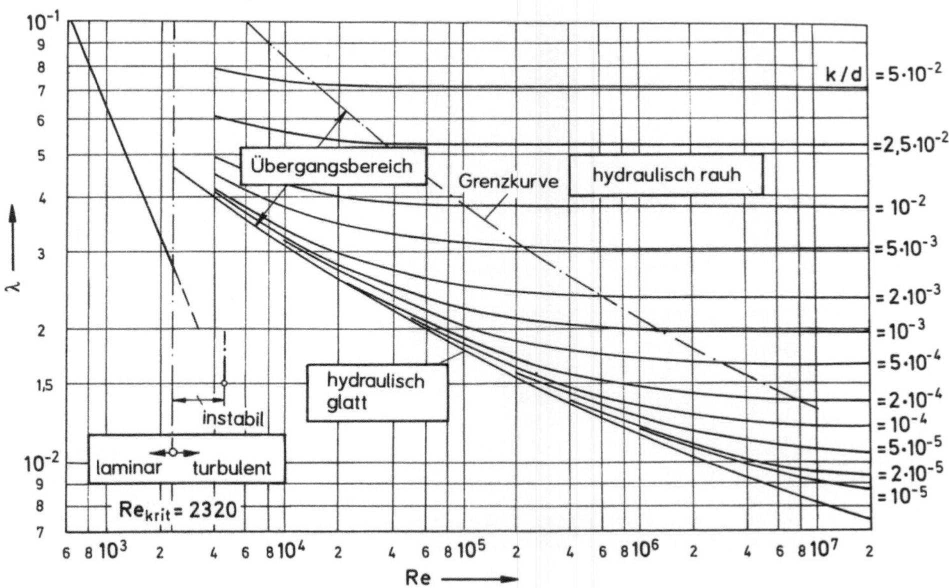

Bild 14–1. Rohrreibungsbeiwert λ (Colebrook-Diagramm).

428

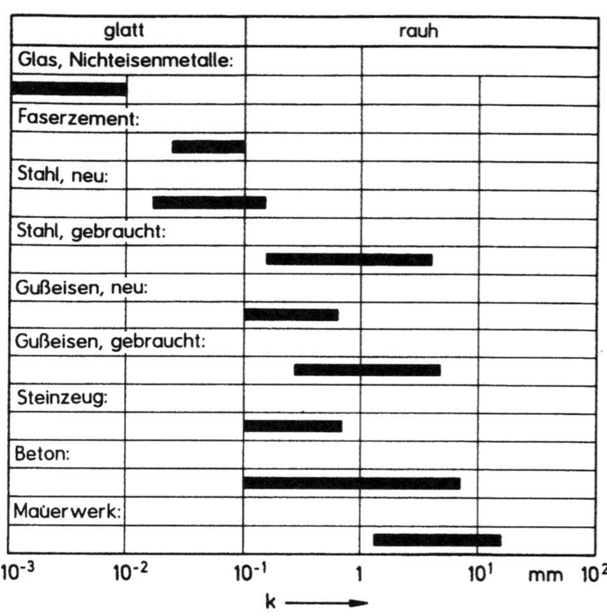

Bild 14–2. Wandrauheit k von Rohrmaterialien.

Tabelle 14–5. Widerstandsbeiwerte λ der Rohrströmung.

Widerstandsgesetz	Gültigkeitsbereich
1. Laminare Rohrströmung nach HAGEN/POISEUILLE	
$\lambda = 64/\text{Re}$	$\text{Re} < \text{Re}_{\text{krit}}$
2. Turbulente Rohrströmung 2.1 Hydraulisch glatt nach BLASIUS	
$\lambda = 0{,}3164\,\text{Re}^{-0{,}25}$	$\text{Re}_{\text{krit}} < \text{Re} < 10^5$
nach NIKURADSE	
$\lambda = 0{,}0032 + 0{,}221\,\text{Re}^{-0{,}237}$	$\text{Re} > 10^5$
nach PRANDTL	
$1/\sqrt{\lambda} = 2\,\lg(\text{Re}\sqrt{\lambda}) - 0{,}8$	$\text{Re} > \text{Re}_{\text{krit}}$
2.2 Übergangsbereich nach COLEBROOK/WHITE	
$\dfrac{1}{\sqrt{\lambda}} = -2\,\lg\left(\dfrac{2{,}51}{\text{Re}\sqrt{\lambda}} + \dfrac{k}{3{,}715d}\right)$	$\text{Re}_{\text{krit}} < \text{Re} < \text{Re}_{\text{grenz}}$
2.3 Hydraulisch rauh nach KÁRMÁN/NIKURADSE	
$\lambda = \dfrac{0{,}25}{\left(\lg\dfrac{3{,}715d}{k}\right)^2}$	$\text{Re} > R_{\text{grenz}}$

Grenze des Übergangsbereiches zum hydraulisch rauhen Bereich

$$\text{Re}_{\text{grenz}} = \frac{400d}{k}\,\lg\frac{3{,}715d}{k}$$

14.4 Richtlinien

Tabelle 14–6. DIN-Normen für Armaturen (Auswahl).

Norm	Bezeichnung
2401	Innen- oder außendruckbeanspruchte Bauteile; Druck- und Temperaturangaben; Begriffe, Nenndruckstufungen
2402	Rohrleitungen; Nennweiten; Begriffe, Stufung
2429	Graphische Symbole für technische Zeichnungen; Rohrleitungen
3202	Baulängen von Armaturen
3211	Armaturen; Benennungen und Definitionen
3230	Technische Lieferbedingungen für Armaturen
3320	Sicherheitsventile; Sicherheitsabsperrventile
3321	Anforderungen und Anerkennungsprüfungen für Hydranten
3339	Armaturen; Werkstoffe für Gehäuseteile
3352	Schieber
3354	Klappen
3356	Ventile
3357	Kugelhähne
3441	Armaturen aus PVC (Polyvinylchlorid)
3442	Armaturen aus PP (Polypropylen)
3545	Kondensatableiter; Anforderungen und Prüfung
3548	Kondensatableiter
3549	Kondensatableiter; Ablieferungsprüfungen und Nachweise
3680	Kondensatableiter; Systeme, Begriffe
3840	Armaturengehäuse; Festigkeitsberechnung gegen Innendruck

Tabelle 14–7. Internationale und nationale Vorschriften.

Internationale Vorschriften	
ASME Boiler-Code	ASME-Boiler and Pressure Vessel Code, API-Standard (API 526), ASA (ASA B 16.5)
ISO	International Standard (ISO 4126)
Lloyd's Register of Shipping	Rules for the construction and classification of steel ships (Kap. J., Abschn 6)
Det Norske Veritas	Rules for the classification of steel ships (section 4 B 100)
EG-Richtlinien	Rahmenrichtlinien Druckbehälter, Richtlinie für Sicherheit und Gesundheitsschutz

Nationale Vorschriften	
Belgien	Belgisches Kesselgesetz A.R.A.B.
Frankreich	Réglementation des Appareils à Vapeur
Großbritannien	British Standard
Italien	ANCC – Associazione Nazionale per il controlle della combustione, Raccolta E
Niederlande	Stoomwet, Stoombesluit
Norwegen	Norwegisches Dampfkesselgesetz
Österreich	Österreichische Dampfkesselverordnung
Schweden	Angpannenormer, Varmvatternormer
UdSSR	GOSGORT-Ecknador
USA	ASME Boiler-Code

Tabelle 14–8.   Regelwerke für Sicherheitseinrichtungen.

Verordnung über Druckbehälter, Druckgasbehälter und Füllanlagen (DruckbehV), Hrsg.:
Arbeitsgemeinschaft Druckbehälter; VdTÜV
– AD-Merkblätter
  • A1: Sicherheitseinrichtungen gegen Drucküberschreitung – Berstsicherungen
  • A2: Sicherheitseinrichtungen gegen Drucküberschreitung – Sicherheitsventile
– TRB (Technische Regeln Druckbehälter)
  • TRB 403: Ausrüstungen der Druckbehälter – Einrichtungen zum Erkennen und Begrenzen von Druck
              und Temperatur
  • TRB 404: Ausrüstung der Druckbehälter – Ausrüstungsteile
– TRG (Technische Regeln Druckgase)
  • TRG 254: Allgemeine Anforderungen an Druckgasbehälter; Ausrüstung; Sicherheitsventile und
              Berstscheiben – Einrichtungen

Dampfkesselverordnung (DampfkV), Hrsg.: Deutscher Dampfkesselausschuß; VdTÜV
– TRD (Technische Regeln für Dampfkessel)
  • TRD 401: Ausrüstungen für Dampferzeuger der Gruppe IV
  • TRD 402: Ausrüstung von Dampfkesselanlagen mit Heißwassererzeugern der Gruppe IV
  • TRD 421: Sicherheitseinrichtungen gegen Drucküberschreitungen – Sicherheitsventile für
              Dampfkessel der Gruppen I, III und IV
  • TRD 701: Dampfkessel der Gruppe II; Dampfkesselanlagen mit Dampferzeugern der Gruppe II
  • TRD 702: Dampfkessel der Gruppe II; Dampfkesselanlagen mit Heißwassererzeugern der Gruppe II
  • TRD 721: Sicherheitseinrichtungen gegen Drucküberschreitung – Sicherheitsventile für Dampfkessel
              der Gruppe II

Verordnung über Gashochdruckleitungen, Hrsg: VdTÜV
– TRGL (Technische Regeln für Gashochdruckleitungen)
  • TRGL 181: Ausrüstungen

Verordnung über Acetylenanlagen und Calciumcarbidlager, Hrsg.: VdTÜV
– TRAC (Technische Regeln für Acetylenanlagen und Calciumcarbidlager
  • TRAC: 207: Sicherheitseinrichtungen

Verordnung über brennbare Flüssigkeiten (VbF), Hrsg.: Deutscher Ausschuß für brennbare
Flüssigkeiten; VdTÜV
– TRbF (Technische Regeln für brennbare Flüssigkeiten)
  • TRbF 100: Allgemeine Sicherheitsanforderungen

Weitere Regelwerke/Richtlinien:
– VGB-Richtlinien, Hrsg.: Vereinigung der Großkesselbetreiber e. V.
– KTA-Richtlinien, Hrsg.: Kerntechnischer Ausschuß
– DVGW-Vorschriften, Hrsg.: Deutscher Verein des Gas- und Wasserfaches e. V.
– VdTÜV-Merkblätter, Hrsg.: Vereinigung der Technischen Überwachungsvereine e. V.
– DIN-Regelwerk, Hrsg.: Deutscher Normenausschuß

Weiterhin sind zu beachten:
– Gewerbeordnung
– Gefahrgutverordnung
  • TRT (Technische Richtlinien Tanks)
  • TRTC (Technische Richtlinien Tankcontainer)
– Unfallverhütungsvorschriften, Hrsg.: Berufsgenossenschaften

14.5 Sinnbilder für Armaturen

Tabelle 14–9. Sinnbilder für Armaturen.

Form		Benennung, Bemerkung
Gruppe	Untergruppe	
⧓		Armatur, allgemein
	⧓	Absperrventil
	⧓	Absperrschieber
	⧓	Absperrhahn
	⧓	Absperrklappe
	⧓	Stellarmatur, Armatur mit stetigem Stellverhalten
	⧓	Armatur mit Sicherheitsfunktion
Absperrarmaturen		
	⧓	Absperrkugelhahn
	⧓	Absperrkegelhahn, Kükenhahn
	⧓	Absperrarmatur, geschlossen
	⧓	Absperrarmatur, geöffnet
Armaturen mit Stell- bzw. Regelfunktion		
	⧓	Druckminderventil (Nachdruckregler)
	⧓	Überströmventil (Vordruckregler)
Armaturen mit Sicherheitsfunktion		
⧓		Sicherheitsventil
	⧓	Sicherheitsventil, federbelastet, Durchgangsform
	⧓	Sicherheitsventil, gewichtsbelastet, Eckform
⧓		Rückstromverhinderer
	⧓	Rückschlagventil
	⧓	Rückschlagklappe
⧓		Be- und Entlüftungsarmatur
⧓		Brandschutzklappe
⧓		Berstscheibe, gewölbt

Tabelle 14–9. (Fortsetzung)

Gruppe	Untergruppe	Benennung, Bemerkung
Form		

Richtungsangabe, Verzweigung bzw. Vereinigung

		Armatur in Durchgangsform
		Armatur in Eckform
		Dreiwegearmatur
		Vierwegearmatur

Antriebe

		Antrieb von Hand
		Antrieb durch Elektromotor
		Antrieb durch Elektromagnet
		Fluidantrieb (hydraulisch oder pneumatisch)
		Membranantrieb
		Kolbenantrieb
		Stellen gegen fest eingestellte Gewichtskraft
		Stellen gegen fest eingestellte Federkraft
		Antrieb durch Schwimmer
		Armatur mit Dehnungsantrieb

Anschlüsse

		geflanscht
		geschweißt
		geschraubt
		eingesteckt

Schrifttum

[1-1] *Häfele, C. H.:* Absperrarmaturen und Sicherheitsarmaturen für Dämpfe und heiße Gase. In: TÜV-Handbuch Bd. 1: Rohrleitungen in Kraftwerken, Köln: Verlag TÜV-Rheinland 1978.
[1-2] *Kecke, H. J.:* Strömungstechnische Probleme an Armaturen. Techn. Inform. Armaturen 3 (1968) Nr. 2/3, S. 5–12.
[1-3] *Krause, E.:* Numerische Strömungssimulation. Rheinisch-Westfälische Akad. d. Wiss., Vorträge N 364, Opladen: Westd. Verlag 1989.
[1-4] *Freese, H.; Handwerker, T.; Piekarek, E.:* Der Computer als Hilfe für Forschung, Entwicklung und Konstruktion. KSB Techn. Berichte Nr. 19, 1985.
[1-5] *Hornbogen, E.:* Gefüge und Festigkeit von Metallen. Ztschr. Metallkunde 68 (1977) Nr. 7, S. 455–469.
[1-6] *Hofmann, P. J.; Wieling, N.:* Verschleißschutz technischer Oberflächen. IngenieurWerkstoffe 3 (1991) Nr. 1/2, S. 48–51.

[2-1] *Neuburger, A.:* Die Technik des Altertums. Leipzig: R. Voigtländer's Verlag 1919.
[2-2] *Kretzschmer, F.:* Bilddokumente Römischer Technik, Düsseldorf: VDI-Verlag 1964.
[2-3] *Beck, Th.:* Beiträge zur Geschichte des Maschinenbaues, Berlin: Verlag J. Springer 1899.
[2-4] *Diels, H.:* Antike Technik, Leipzig, Berlin: Teubner-Verlag 1920.
[2-5] *Feldhaus, F. M.:* Die Technik der Vorzeit, der geschichtlichen Zeit und der Naturvölker. München: H. Moos Verlag 1965.
[2-6] *Schrenk, E.:* Versuche über Strömungsarten, Ventilwiderstand und Ventilbelastung, Forschungsarbeiten auf dem Gebiet des Ingenieurwesens, Nr. 272, 1925.
[2-7] Interne Dokumentation der Firma Schäffer & Budenberg Magdeburg, 1932.
[2-8] *Weber, M.:* Das allgemeine Ähnlichkeitsprinzip der Physik und sein Zusammenhang mit der Dimensionslehre und der Modellwissenschaft, In: Jahrb. Schiffbautechn. Ges. Bd. 31, S. 274–354. Berlin: Verlag J. Springer 1930.
[2-9] *Schwedler, F.; v. Jürgensonn, H.:* Handbuch der Rohrleitungen, Berlin: Verlag J. Springer 1939.
[2-10] *Früh, K. F.:* Berechnung des Durchflusses in Regelventilen mit Hilfe des k_v-Koeffizienten. Regelungstechnik 5 (1957) Nr. 9, S. 307–310.
[2-11] *De Filippis, F.:* Control Valve Flow, Theory and Sizing. ISA Transactions 13 (1974) Nr. 4, S. 347–368.
[2-12] *Hoier, K.:* Potentialtheoretische Berechnung rotationssymmetrischer Kanalströmungen, Diss. TU Magdeburg 1985.
[2-13] *Praetor, R.:* Funktionelle Auslegung von Armaturen mittels numerischer Strömungsfeldberechnungen am Beispiel der Rohrleitungsklappe. Diss. TU Magdeburg 1989.
[2-14] *Gaessler, H.; Kauer, G.: Osterloh, G.:* Festigkeitsberechnung von Armaturengehäusen gegen Innendruck. 3 R international 18 (1979) Nr. 6, S. 403–413.
[2-15] *Schwaigerer, S.:* Festigkeitsberechnung von Bauelementen des Dampfkessel-, Behälter- und Rohrleitungsbaues. Berlin, Göttingen, Heidelberg: Springer–Verlag 1961.
[2-16] *Gikadi, T.; Heep, C.:* Hohe Sicherheit und optimale Ausnutzung bei der Auslegung der drucktragenden Bauteile von Kraftwerksarmaturen mit Hilfe der Finite-Elemente-Methode. 3 R international 25 (1986) Nr. 9, S. 464–472.
[2-17] Handbuch Industriearmaturen – Bauelemente der Rohrleitungstechnik, 1. bis 3. Ausgabe. Essen: Vulkan-Verlag 1986, 1988, 1990.

[3-1] *Töpfer, H.; Besch, P.:* Grundlagen der Automatisierungstechnik. Berlin: Verlag Technik 1989.
[3-2] *Stichler, V.:* Erfahrungswerte mit Armaturen. 3 R international 28 (1989) Nr. 4, S. 220–228.
[3-3] *Stichler, V.:* Auswahlkriterien für Armaturen in Chemieanlagen, In: Handbuch Industriearmaturen, 3. Ausgabe, S. 18–32. Essen: Vulkan-Verlag 1990.
[3-4] *Hillinger, H.;* Anforderungen an Armaturen, Kriterien für die Auswahl, Chemieanlagen und Verfahren 23 (1990) Nr. 2, S. 22–26.
[3-5] TÜV-Handbuch Rohrleitungen in Kraftwerken. Köln: Verlag TÜV Rheinland 1991.
[3-6] *Weyand, M.:* Entwicklung der Armaturentechnik. 3 R international 25 (1986) Nr. 12, S. 667–676.
[3-7] *Müller, J.; Müller, R.:* Stelleinrichtungen für Stoffströme. Berlin: Verlag Technik 1966.

[3–8] *Piwinger, F.*: Stellgeräte und Armaturen für strömende Stoffe, Düsseldorf: VDI-Verlag 1971.

[3–9] *Baumann, H. D.*: Control valve vs. variablespeed pump. Chem. Engng. 88 (1981) Nr. 13, S. 81–84.

[3–10] *Fink, W.*: Ersatz der Regelarmaturen durch verstellbare Pumpenaggregate. Chemieanlagen und Verfahren 18 (1985) Nr. 1, S. 71, 72, 94.

[3–11] *Töpfer, H.; Kriesel, W.*: Funktionseinheiten der Automatisierungstechnik. Berlin: Verlag Technik 1988.

[3–12] *Dannemann, W.*: Stellventile – Elemente der Rohrleitung und der Automatisierungseinrichtung. 3 R international 24 (1985) Nr. 4, S. 204–219.

[3–13] *Hartmann, E.*: Meß- und Regeltechnik in Chemieanlagen. Chem.-Ing. Techn. 53 (1981) Nr. 9, S. 693–698.

[3–14] *Stolte, J.*: Gesteuerte Sicherheitsventile. In: Handbuch Industriearmaturen, 3. Ausg. S. 227–233. Essen: Vulkan-Verlag 1990.

[3–15] *Dannemann, W.*: Druck regeln ohne Hilfsenergie mit mediumgesteuerten Ventilen. Maschinenmarkt 84 (1978) Nr. 86, S. 1684–1687.

[3–16] *Grecksch, K.; Pratsch, P.*: Elektrischer Regelantrieb mit Mikroprozessor-Steuerung. Techn. Inform. Armaturen 24 (1989) Nr. 2, S. 24–29.

[3–17] *Driskell, L.*: Control valve. Chem. Engng. 94 (1987) Nr. 11, S. 123–127.

[3–18] *Dannemann, W.*: Technische und ökonomische Kriterien für die Auswahl von Stellgliedern in verfahrenstechnischen Anlagen. 3 R international 24 (1985) Nr. 7, S. 382–386.

[4–1] *Raabe, J.*: Hydraulische Maschinen und Anlagen. Düsseldorf: VDI-Verlag 1989.

[4–2] *Idelschik, J. E.*: Handbuch der hydraulischen Widerstände (Russ.). Moskau, Leningrad: Staatl. Verlag f. Energetik 1960.

[4–3] *Zoebl, H.; Kruschik, J.*: Strömung durch Rohre und Ventile. Wien, New York: Springer-Verlag 1978.

[4–4] *Westcott, D.*: Considerations for control valve sizing. Control and Instrumentation 19 (1987) Nr. 7, S. 39, 41, 43.

[4–5] *Müller, J.; Müller, R.*: Stelleinrichtungen für Stoffströme. Berlin: Verlag Technik 1967.

[4–6] *Zwicky, F.*: Morphologische Forschung, Wesen und Wandel materieller und geistiger struktureller Zusammenhänge. Winterthur 1959.

[4–7] *Thier, B.*: Armaturen. Chemie-Ing.-Technik 60 (1988) Nr. 11, S. 846–849.

[4–8] *Heiler, R.*: Absperrklappen-Konstruktionen und ihre Anwendungen. 3 R international 27 (1988) Nr. 4, S. 265–274.

[4–9] *Gappisch, M.*: Dichtsysteme für Kugelhähne. Chemie-Technik 16 (1987) Nr. 9, S. 122, 124, 126, 129.

[4–10] *Häfele, C.H.*: Absperr- und Sicherheitsarmaturen. In: TÜV-Handbuch Rohrleitungen in Kraftwerken. Köln: Verlag TÜV Rheinland 1991.

[4–11] *Stichler, V.*: Regel und Sonderarmaturen. Chemieanlagen und Verfahren 20 (1987) Nr. 1, S. 54, 56, 58 und Nr. 2, S. 65, 66, 68.

[4–12] *Kleinschmidt, P.*: Armaturen für die Kältetechnik (Reihe Luft- und Kältetechnik). Berlin: Verlag Technik 1981.

[4–13] *Bernhardt, D.; Holtzhaußer, H.*: Hochdruckarmaturen in der chemischen Technik. 3 R international 24 (1985) Nr. 11, S. 612–618.

[4–14] *Kaspers, R.*: Trends bei Spezialarmaturen. Chemieanlagen und Verfahren 19 (1986) Nr. 12, S. 22–24.

[4–15] *Stichler, V.*: Kriterien bei der Festlegung von Armaturen für Chemieanlagen. In: Industriearmaturen, 2. Ausgabe. Essen: Vulkan-Verlag 1988, S. 218–225.

[4–16] *Hadorn, F.*: Anforderungen an Rohrleitungsschalter im Chemiebetrieb Chem. Rdsch. 39 (1986) Nr. 15, S. 13–15.

[4–17] *Nitsche, M.; Hinze, J.*: Auswahlkriterien für Absperrarmaturen. 3 R international 23 (1984) Nr. 11, S. 508–512.

[4–18] *Montana, E.*: Klappen für Regelungsaufgaben, Chem. Engin. 93 (1986) Nr. 5, S. 123, 124, 126.

[4–19] *Polon, J.*: Das Regelventil – Früher und heute. Chemieanlagen und Verfahren 22 (1989) Nr. 6, S. 118, 120.

[4–20] *Gates, E.*: Regelventile für hohe Anforderungen, ihre Probleme und ihre Auswahl. Brown-Boveri-Technik 72 (1985) Nr. 6, S. 320–325.

[4–21] *Vivian, B.*: Auswahl von Prozeßventilen unter dem Gesichtspunkt der Betriebszuverlässigkeit. Process Engin. 69 (1988) Nr. 4, S. 33–39.

[4–22] *Drucks, G.*: Sicherheitseinrichtungen gegen Drucküberschreitung in Kraftwerken. VGB Kraftwerkstechnik 69 (1989) Nr. 11, S. 1078–1086.

[4–23] *Richter, H.:* Sicherheitsventile und Sicherheitseinrichtungen für konventionelle und nukleare Kraftwerke. 3 R international 16 (1977) Nr. 8, S. 453–458.

[4–24] *Fix, V.:* Kondensatableiter. In: Industriearmaturen, 3. Ausgabe. Essen: Vulkan-Verlag 1990, S. 244–249.

[4–25] Richter, H.; *Foellmer, B.:* Öffnungs- und Schließverhalten von Sicherheitsventilen mit Eigen- und Fremdmediumsteuerung. Techn. Mitt. Krupp 79 (1986) Nr. 12, S. 159–567.

[4–26] *Bung, W.:* Gesteuerte Sicherheitsventile. Techn. Überwachung 29 (1988) Nr. 5, S. 159–162.

[4–27] *Stolte, J.:* Gesteuerte Sicherheitsventile. In: Industriearmaturen, 3. Ausgabe. Essen: Vulkan-Verlag 1990, S. 227–233.

[5–1] *Eck, B.:* Potentialströmung in Ventilen. ZAMM 4 (1924) Nr. 6, S. 464–474.

[5–2] *Jaberg, H.:* Numerische Lösung der dreidimensionalen NAVIER-STOKES-Gleichungen. KSB Techn. Berichte Nr. 24, Juni 1988.

[5–3] *Rotta, J.:* Turbulente Strömungen. Stuttgart: B. G. Teubner 1972.

[5–4] *Krause, E.:* Numerische Strömungssimulation. Vortr. der Rh.-Westf. Akad. der Wissensch. N 364. Opladen: Westdeutscher Verlag 1989.

[5–5] *Lochmann, K.-H.; Simon, U.:* Vorbetriebliche Prüfungen im Rahmen der Qualifizierung von Armaturen. Techn. Überwachung 25 (1984) Nr. 10, S. 394–398.

[5–6] *Teijema, J.:* Prüfeinrichtungen für Armaturen. In: Industriearmaturen, Bauelemente der Rohrleitungstechnik. 2. Ausg., S. 87–91. Essen: Vulkan-Verlag 1988.

[5–7] *Steinmetz, E (Hrsg.).:* Strömungsprobleme der Sicherheitsventile. Haus der Technik- Vortragsveröffentlichungen, H. 515. Essen: Vulkan-Verlag 1986.

[5–8] *Buhrke, H.; Kecke, H. J.;* Richter, H.: Strömungsförderer. Braunschweig, Wiesbaden: Friedr. Vieweg u. Sohn Verlagsgesellschaft 1989.

[5–9] *Stephan, K.; Mayinger, F.:* Thermodynamik – Grundlagen und technische Anwendungen. Berlin u. a.: Springer-Verlag 1990.

[5–10] Autorenkollektiv: Verfahrenstechnische Berechnungsmethoden. Teil 7, Stoffwerte. Leipzig: Deutscher Verlag für Grundstoffindustrie 1986.

[5–11] *Fratzscher, W., Picht, H.-P.:* Stoffdaten und Kennwerte der Verfahrenstechnik. Leipzig: Deutscher Verlag für Grundstoffindustrie 1979.

[5–12] VDI-Wärmeatlas. Düsseldorf: VDI-Verlag 1988.

[5–13] VDI-Gesellschaft Energietechnik: Wärmetechnische Arbeitsmappe. Düsseldorf: VDI-Verlag 1988.

[5–14] *Landolt/Börnstein:* Zahlenwerte und Funktionen aus Physik, Chemie, Astronomie und Technik, Bd. 4. Berlin u. a.: Springer-Verlag 1955.

[5–15] *Gandenberger, W.:* Über die wirtschaftliche und betriebssichere Gestaltung von Fernwasserleitungen. München: R. Oldenbourg Verlag 1957.

[5–16] *Elsner, N.:* Grundlagen der Technischen Thermodynamik. Berlin: Akademie-Verlag 1988.

[5–17] *Drewes, G.:* Taschenbuch Technische Gase. Leipzig: Deutscher Verlag für Grundstoffindustrie 1973.

[5–18] *Baehr, H. D.:* Thermodynamik. Berlin u. a.: Springer-Verlag 1988.

[5–19] *Albring, W.:* Elementarvorgänge fluider Wirbelbewegungen. Berlin: Akademie-Verlag 1981.

[5–20] *Prandtl, L.; Oswatitsch, K.; Wieghard, K.:* Führer durch die Strömungslehre. Braunschweig; Friedr. Vieweg u. Sohn Verlagsgesellschaft 1990.

[5–21] *Schlichting, H.:* Grenzschicht-Theorie. Karlsruhe: Verlag G. Braun 1982.

[5–22] *Pfleiderer, C.:* Die Kreiselpumpen für Flüssigkeiten und Gase. Berlin u. a.: Springer-Verlag 1961.

[5–23] *Beard, C. S.:* Basic valve types and flow characteristics. Instrument and Automation 29 (1956) Nr. 7, S. 490–502.

[5–24] *Bettenhäuser, W.; Schilk, D.; Thomas, K.:* Untersuchungen zum Durchflußverhalten und zur Auswahl von Stellventilen bei kleinen Reynoldszahlen. Diss. Hochsch. f. Arch. u. Bauwesen Weimar 1976.

[5–25] *Bettenhäuser, W.; Gutschwager, B.;* Vergleichende Betrachtung zum statischen Verhalten von Durchflußregelstrecken bei der Förderung Newton'scher und nicht-Newton'scher Flüssigkeiten. Techn. Inform. GRW 17 (1979) Nr. 1, S. 89–96.

[5–26] DIN-IEC 534 Stellventile für die Prozeßregelung. Teil 1 Allgemeine Betrachtungen. Teil 2 Durchflußkapazität, Hauptabschnitt 1 Bemessungsgleichungen für inkompressible Fluide unter Einbaubedingungen, Hauptabschnitt 2 Bemessungsgleichungen für kompressible Fluide unter Einbaubedingungen, Hauptabschnitt 3 Prüfverfahren.

[5–27] Autorenkollektiv: Lehrbuch der chemischen Verfahrenstechnik. Leipzig: Deutscher Verlag für Grundstoffindustrie 1983.

436

[5–28] *Kattanek, S.; Gröger, R.; Bode, C.:* Ähnlichkeitstheorie. Leipzig: Deutscher Verlag für Grundstoffindustrie 1967.

[5–29] *Maschek, H. J.:* Über einige Grundlagen der halbempirischen Berechnungsverfahren in der Strömungstechnik. Habilitationsschrift TU Dresden 1967.

[5–30] *Hackeschmidt, M.:* Strömungstechnik. Ähnlichkeit – Modell – Analogie. Leipzig: Deutscher Verlag für Grundstoffindustrie 1972.

[5–31] DIN 1952 Durchflußmessung mit Blenden, Düsen und Venturirohren in voll durchströmten Rohren mit Kreisquerschnitt. Juli 1982.

[5–32] *Schröder, A.:* Notwendige störungsfreie Rohrstrecken für Düsen und Blenden. Brennstoff-Wärme-Kraft 13 (1961) Nr. 1, S, 20–23.

[5–33] Mason-Neilan Regulator Co. (Boston, Mass., USA): Development of the basic C_v-Formulas. Technical Data Series 9 (1953) Nr. 10.

[5–34] *Früh, K. F.:* Berechnung des Durchflusses in Regelventilen mit Hilfe des „k_v-Koeffizienten". Regelungstechnik 5 (1957) Nr. 9, S. 307–310.

[5–35] *Schmitt, M.:* Neue einheitliche Gebrauchsformeln für Flüssigkeiten, Gase und Dämpfe. Jahrestagung VDI-VDE-Gesellsch. Meß- und Regelungstechnik Nov. 1976 Wiesbaden.

[5–36] *Kolar, V.; Vinopol, S.:* Hydraulik industrieller Armaturen (tschech.). Prag: Verlag für technische Literatur 1963.

[5–37] *Kecke, H. J.:* Berechnung der Mehrstufendrosselung bei Gasdurchsatz. Techn. Inform. Armaturen 17 (1982) Nr. 3, S. 4–9.

[5–38] *Bade, J.:* Beitrag zur Durchflußbeiwertberechnung kompressibler Durchströmung in Reihe geschalteter Drosselstellen. Diss. TH Magdeburg 1979.

[5–39] *Magerfleisch, J.: Mathias, G.:* Zur Berechnung von Durchsatz und Mitteldruck von hintereinandergeschalteten Drosselanordnungen bei kompressibler Durchströmung. Wärme 106 (1983) Nr. 1, S. 6–13.

[5–40] *Kecke, H. J.:* Ein Beitrag zum Ablösungsproblem. Wiss. Ztschr. d. TH Magdeburg 10 (1966) Nr. 3, S. 269–276.

[5–41] *Beard, C. S.:* Valve Capacity and C_v. Instruments and Automation 29 (1956) Nr. 4, S. 282–284.

[5–42] *Reiner, M.:* Rheologie in elementarer Darstellung. Leipzig: Fachbuchverlag 1968.

[5–43] *Sonntag, H.* Lehrbuch der Kolloidwissenschaft. Berlin: Deutscher Verlag der Wissenschaften 1977.

[5–44] *Kulicke, W.-M.:* Fließverhalten von Stoffen und Stoffgemischen. Basel, Heidelberg, New York: Hüthig und Wepf Verlag 1986.

[5–45] *Kecke, H. J.:* Viskosimetrie von Suspensionen. 9. Kolloquium Massenguttransport durch Rohrleitungen Univ. GH Paderborn, Abt. Meschede, Sept. 1990.

[5–46] *Windhab, E.:* Untersuchungen zum rheologischen Verhalten konzentrierter Suspensionen. VDI-Fortschr.-Berichte, Reihe Verfahrenstechnik, Nr. 118. Düsseldorf: VDI-Verlag 1986.

[5–47] *Böhme, G.:* Strömungsmechanik nicht-Newtonscher Fluide. Stuttgart: B. G. Teubner 1981.

[5–48] *Bettenhäuser, W.; Gutschwager, B.:* Das statische Verhalten von Durchflußregelstrecken bei der Förderung von Bingham-Medien und pseudoplastischen Flüssigkeiten. Techn. Informat. GRW 18 (1980) Nr. 1, S. 66–74.

[5–49] *Bender, H.:* Regelarmaturen für Flüssigkeiten bei mittleren und hohen Differenzdrücken. VGB Kraftwerkstechnik 58 (1978) Nr. 9, S. 652–661.

[5–50] *Stiles, G. F.:* Cavitation in Control Valves. Instrument. & Control Systems 34 (1961) Nr. 2, S. 86–93.

[5–51] *Kecke, H. J.:* Kavitationsverschleiß an Armaturen. Techn. Inform. Armaturen 11 (1976) Nr. 2/3, S. 88–92.

[5–52] *Hoffmann, H.:* Neuere Entwicklungen bei geräuscharmen Stellventilen. Automatisierungstechn. Praxis 29 (1987) Nr. 6, S. 253–259.

[5–53] *Müller, R.:* Verschleiß von Stellventilen durch Kavitation bei Heißwasser. Techn. Inform. Armaturen 2 (1967) Nr. 2/3, S. 64–72.

[5–54] *Koldewey, H.:* Kavitationserscheinungen und kavitationsmindernde Maßnahmen unter Berücksichtigung der Armaturenbauart. In: Industriearmaturen, Bauelemente der Rohrleitungstechnik. 2. Ausg., S. 48–54. Essen: Vulkan-Verlag 1988.

[5–55] *Baumann, H. D.:* Die Einführung eines kritischen Koeffizienten für die Bestimmung des Durchflusses von Stellventilen. Regelungstechnik 11 (1963) Nr. 11, S. 495–498.

[5–56] *Siemers, H.:* Umweltfreundliche Stellsysteme für die Verfahrenstechnik. Techn. Überwachung 28 (1987) Nr. 4, S. 157–159.

[5–57] *Oldenziel, D. M.:* Kavitationsforschung an Ventilen. Techn. Mitteilungen 77 (1984) Nr. 2, S. 110–116.

[5-58] *Neoral, A.:* Kavitationscharakteristiken von Absperr- und Drosselarmaturen. Techn. Inform. Armaturen 17 (1982) Nr. 4, S. 27–37.

[5-59] *Siemers, H.:* Das akustische Feld von Regelarmaturen und Auswirkungen von Widerstandsstrukturen auf die regelungstechnischen Parameter. Techn. Mitteilungen 78 (1985) Nr. 6/7, S. 304–314.

[5-60] *Meffle, K.:* Grundlagen zur optimalen Auslegung von Stellventilen. Automatisierungstechn. Praxis 29 (1987) Nr. 6, S. 248–252.

[5-61] *Weißmann, M.:* Die Thermodynamik von Dampf-Flüssigkeits-Strömungen (russ.) Leningrad: Verlag Energie 1967.

[5-62] *Mayinger, F.:* Stand der thermodynamischen Kenntnisse bei Druckentlastungsvorgängen. Chem.-Ing.-Techn. 53 (1981) Nr. 6, S. 424–432.

[5-63] *Friedel, L.:* Zweiphasenströmung durch Absperrarmaturen. Techn. Mitteilungen 78 (1985) Nr. 6/7, S. 328–330.

[5-64] *Friedrich, H.:* Durchfluß durch einstufige Düsen bei verschiedenen thermodynamischen Zuständen. Energie 12 (1960) Nr. 10, S. 411–419.

[5-65] *Stachs, H.:* Das Durchflußverhalten flüssigkeitsdurchströmter Armaturen bei auftretender Ausdampfung. Techn. Inform. Armaturen 11 (1976) Nr. 2/3, S. 93–100.

[5-66] *Fanno, G.:* Diplomarbeit, ETH Zürich 1904, s. bei [5–18].

[5-67] *Albring, W.:* Angewandte Strömungslehre. Berlin: Akademie-Verlag 1990.

[5-68] *Bosnjakovic, F.; Knoche, K. F.:* Technische Thermodynamik. Leipzig: Deutscher Verlag für Grundstoffindustrie 1988.

[5-69] *Richter, H.:* Rohrhydraulik. Berlin u. a.: Springer-Verlag 1971.

[5-70] *Schmidt, E.:* Technische Thermodynamik. Berlin, Göttingen, Heidelberg: Springer-Verlag 1936.

[5-71] *Kecke, H. J.:* Druckverlust- und Durchsatzberechnung bei Rohrleitungsarmaturen. Techn. Inform. Armaturen 11 (1976) Nr. 1, S. 24–27.

[5-72] *Ehrhard, G.:* Vergleichende Ausflußmessungen an einem Sicherheitsventil DN 100/150 mit $d_0 = 90$ mm. In: Industriearmaturen, Bauelemente der Rohrleitungstechnik. 3. Ausg., S. 89–93. Essen: Vulkan-Verlag 1990.

[5-73] Dubbel – Taschenbuch für den Maschinenbau (Hrsg. *W. Beitz* und *K.-H. Küttner*). Berlin u. a.: Springer-Verlag 1987.

[5-74] AD-Merkblatt A2 Sicherheitseinrichtungen gegen Drucküberschreitung -Sicherheitsventile, Ausg. 1988 (Hrsg. VdTÜV Essen). Berlin: Beuth-Verlag.

[5-75] Werkstoff- und Bauvorschriften für Anlagen der Dampf- und Drucktechnik. Leipzig: Verlag für Standardisierung 1987.

[5-76] Fisher Governor Company (Marshalltown, Iowa, USA): Valve sizing catalogue 10, 1972.

[5-77] Fisher Governor Company (Marshalltown, Iowa, USA): Correlation of valve sizing methods. 1964.

[5-78] *Wossog, G.; Manns, W.; Nötzold, G.* (Hrsg.): Handbuch für den Rohrleitungsbau. 9. Aufl. Berlin: Verlag Technik 1990.

[5-79] *Wagner, W.:* Rohrleitungstechnik. Würzburg: Vogel Verlag 1988.

[5-80] *Früh, K. F.:* Bemessung von Regelventilen. Regelungstechnische Praxis 1 (1959) Nr. 2, S. 37–39.

[5-81] *Zoebl, H.; Kruschik, J.:* Strömung durch Rohre und Ventile. Wien, New York: Springer-Verlag 1978.

[5-82] *Fritzsch, W.; Häußler, W.* (Hrsg.): Taschenbuch Maschinenbau in acht Bänden. Bd. 1. Berlin: Verlag Technik 1983.

[5-83] *Eck, B.:* Technische Strömungslehre. Berlin u. a.: Springer-Verlag 1988.

[5-84] *Oswatitsch, K.:* Grundlagen der Gasdynamik. Wien, New York: Springer-Verlag 1976.

[5-85] *Kecke, H. J.:* Armatureneinsatz nach den IEC-Richtlinien (Modellbildung). Techn. Inform. Armaturen 23 (1988) Nr. 4, S. 2–9.

[5-86] *Kecke, H. J.:* Armatureneinsatz nach den IEC-Richtlinien (Näherungsgleichungen). Techn. Inform. Armaturen 24 (1989) Nr. 3/4, S. 29–32.

[5-87] *Kecke, H. J.:* Berechnung der Mehrstufendrosselung bei Gasdurchsatz. Techn. Inform. Armaturen 17 (1982) Nr. 3, S. 4–9.

[5-88] *Rocek, J.:* Schnellhub-Sicherheitsventile, Techn. Inform. Armaturen 2 (1967) Nr. 2/3, S. 23–26.

[5-89] *Björnsen, G.:* Strömungsvorgänge an Drosselklappen. Diss. TH Karlsruhe 1967.

[5-90] *Steinmetz, E.* (Hrsg.): Strömungsprobleme der Sicherheitsventile. Haus der Technik – Vortragsveröffentlichungen, Heft 515. Essen: Vulkan-Verlag 1986.

[5-91] *Kecke, H. J.; Röthig, J.:* Selbstoptimierende Werkstoffe für Festkörperreibung. Schmierungstechnik 15 (1984) Nr. 8, S. 241–246.

438

[5-92]   *Müller, H.:* Gestaltungs-, herstellungs- und betriebsbedingte Einflüsse auf Reibung und Verschleiß des Absperrsystems von Stahlschiebern. Diss. TH Magdeburg 1986.

[5-93]   *Röthig, J.:* Der tribologische Schädigungsmechanismus bei hochbelasteten, mechanisch stabilen und instabilen metallischen Werkstoffen. Diss. TU Magdeburg 1987.

[5-94]   *Gikadi, T.:* Experimentelle Untersuchungen über die Strömungsverhältnisse in freischwingenden Rückschlagklappen und Absperrschiebern im Hinblick auf den Druckverlust. 3 R international 25 (1986) Nr. 3, S. 113–119.

[5-95]   *Költzsch, P.:* Schallpegelmessungen an Dampfzustandswandlern und Sicherheitsventilen. Techn. Inform. Armaturen 1 (1966) Nr. 2, S. 9–17.

[5-96]   *Kraak, W.* (Hrsg.): Angewandte Akustik (3 Bde.). Berlin: Verlag Technik 1988/1989.

[5-97]   *Heckl, M.:* Strömungsgeräusche. VDI-Fortschrittsberichte, Reihe 7, Nr. 20. Düsseldorf: VDI-Verlag 1969.

[5-98]   *Költzsch, P.:* Strömungsmechanisch erzeugter Lärm. Diss. B TU Dresden 1974.

[5-99]   *Költzsch, P.:* Strömungstechnische Lärmquellen in Kraftwerken. Wiss. Berichte IHS Zittau 1974, Nr. 24.

[5-100]   *Lighthill, M. J.:* On sound generated aerodynamically, I. General Theory. Proc. Roy. Soc. London A211 (1952) S. 564–587.

[5-101]   *Lighthill, M. J.:* On sound generated aerodynamically, II. Turbulence as a source of sound. Proc. Roy. Soc. London A222 (1954) S. 1–32.

[5-102]   *Detsch, F., Detsch F.:* Über die akustische Wirkung von Wirbelfeldern. Diss. TU Dresden 1976.

[5-103]   *Dittmar, R.:* Zur Berechnung des Schallspektrums von Ventilen. Luft- und Kältetechnik 25 (1989) Nr. 4, S. 178–181.

[5-104]   *Költzsch, P.:* Ordnungssystem für Strömungslärmquellen. Maschinenbautechnik 29 (1980) Nr. 6, S. 273–276.

[5-105]   *Sawley, R. I.; White, P. H.:* Energy transmission in piping systems and its relation to noise control. Trans. ASME 92 (1970) Nr. 1, S. 1–5.

[5-106]   *Kretschmar, H.:* Armaturengeräusche, abgestrahlt von der Rohrleitung. Automatisierungstechn. Praxis 31 (1989) Nr. 12, S. 573–579.

[5-107]   *Detsch, F.; Dittmar, R.:* Schallerzeugung und -transport in Rohrleitungen. Techn. Inform. Armaturen 24 (1989) Nr. 1, S. 17–24.

[5-108]   *Bischoff, D.:* Schallentstehung, -abstrahlung und -minderung bei Dampfstellventilen. Techn. Inform. Armaturen 21 (1986) Nr. 1, S. 3–8, und Nr. 2, S. 10–16.

[5-109]   *Stachs, H.; Bischoff, D.:* Schalleistungsbestimmung bei Armaturen. Techn. Inform. Armaturen 12 (1977) Nr. 4, S. 130–139.

[5-110]   *Heckl, M.:* Schallabstrahlung und Schalldämmung an Zylinderschalen. Diss. TU Berlin 1957.

[5-111]   *Heckl, M.; Müller, H. A.:* Taschenbuch der Technischen Akustik. Berlin u. a: Springer-Verlag 1975.

[5-112]   *Schmidt, H.:* Schalltechnisches Taschenbuch. Düsseldorf: VDI-Verlag 1989.

[5-113]   *Beranek, L. L.* Noise and vibration control. New York: McGraw-Hill Book Company 1971.

[5-114]   *Engel, H. O.:* Beurteilung der Geräuschemission bei Regel- und Absperrarmaturen. Chemie-Anlagen und Verfahren 14 (1977) Nr. 8, S. 69–85.

[5-115]   *Paulsen, L.:* Experimentelle Untersuchung der Geräuscherzeugung in luftdurchströmten Armaturen. VDI-Fortschritts-Berichte, Reihe 7, Nr. 64. Düsseldorf: VDI-Verlag 1982.

[5-116]   *Ehrhardt, G.:* Durchfluß- und Geräuschmessungen bei sehr hohem Druckverhältnis. Techn. Mitteilungen 78 (1985) Nr. 6/7, S. 288–294.

[5-117]   *Detsch, F.:* Beitrag zur Abschätzung und Verminderung des Strömungslärmes bei Ventilen. Techn. Inform. Armaturen 7 (1972) Nr. 2/4, S. 88–96.

[5-118]   *Junghans, R.; Költzsch, P.:* Lärmbekämpfung als Problem des Umweltschutzes bei der Energieerzeugung aus Braunkohle. Technik 31 (1976) Nr. 8, S. 532–536.

[5-119]   *Kurtze, G.; Schmidt, H.; Westphal, W.;* Physik und Technik der Lärmbekämpfung. Karlsruhe: Verlag G. Braun 1975.

[5-120]   *Maglieri, D. J.:* Shielding flap type jet engine noise suppresor. J. Acoust Soc. Amer. 31 (1959) Nr. 5, S. 420–422.

[5-121]   *Baumann, H. D.:* Über den Schallpegel von Stellventilen, dessen Ursache und Behebung. Regelungstechn. Praxis 13 (1971) Nr. 5, S. 171–175.

[5-122]   *Reinert, W.:* Geräuschberechnung bei Regel- und Absperrarmaturen. Regelungstechn. Praxis 21 (1979) Nr. 6, S. 169–176.

[5-123]   *Fagerlund, A.:* Predicting aerodynamic noise from control valves. Chem. Engng. 14 (1984) Nr. 1, S. 65–67.

[5–124] *Koppe, E.; Müller, E. A.*: Modellversuche zur Klärung von Geräusch- und Vibrationsfragen an Reduzierventilen. Mitt. VGB 36 (1956) Nr. 14, S. 65–83.

[5–125] *Schirmer, W.* (Hrsg.): Lärmbekämpfung. Berlin: Verlag Tribüne 1989.

[5–126] *Kaspers, R.*: Auswahl von geräuschmindernden Maßnahmen an Regelventilen. Chemie-Anlagen und Verfahren 19 (1982) Nr. 10, S. 64–71.

[5–127] *Bauer, P.*: Lärm und Lärmminderung bei Regelventilen. Regelungstech. Praxis 26 (1984) Nr. 12, S. 534–539.

[5–128] *Dobben, T.*: Schallemission und schallmindernde Maßnahmen. Techn. Mitteilungen 78 (1985) Nr. 6/7, S. 297–301.

[5–129] *Hoffmann, H.*: Neuere Entwicklungen bei geräuscharmen Stellventilen. Automatisierungstechn. Praxis 29 (1987) Nr. 6, S. 253–259.

[5–130] *Kerb, D.; Rennecke, H.-J.*: Auslegung, Fertigung und Montage von Dampfabblaseschalldämpfern. VDI-Bericht 742 (1989) S. 105–119.

[5–131] *Dittmar, R.; Detsch, F.*: Experimentelle Untersuchungen zum Schalldämm- und Dämpfungsverhalten von Lochplattenschaltungen. Techn. Inform. Armaturen 18 (1983) Nr. 1, S. 22–28.

[6–1] *Warring, R. H..*: Handbook of Valves, Piping and Pipelines. Modern, Surrey: Trade & Technical Press LTD. 1982.

[6–2] *Pfleiderer, C.; Closterhalfen, A.*: Versuche über den Strömungswiderstand von Heißdampfventilen. Wärme 53 (1930) Nr. 43, S. 813–817, u. Nr. 50, S. 956.

[6–3] *Idelschik, I. E.*: Handbuch der hydraulischen Widerstände (russ.). Moskau, Leningrad. Staatl. Energet. Verlag 1960.

[6–4] *Sejnov, S. W.; u. a.*: Auswahl der Form von Dichtflächen für Absperrarmaturen. Chim. i. Neft. Maschinostroenie 26 (1986) Nr. 4, S. 6/7.

[6–5] *Sejnov, S. W.; u. a.*: Untersuchung der Dichtheit der Absperrung von Rohrleitungsarmaturen. Chim. i. Neft. Maschinostroenie 25 (1985) Nr. 10, S. 16/17.

[6–6] *Ernst, G.*: Stellgeräte in der Regelungstechnik. Düsseldorf: VDI-Verlag 1968.

[6–7] *Halasz, A.*: Formgebung des Ventilkegels bei Regelventilen. Techn. Inform. Armaturen 4 (1969) Nr. 2/3, S. 16/17.

[6–8] *Kecke, H. J.; Wenig, F.*: Der Kugelhahn als Stellarmatur. Techn. Inform. Armaturen 18 (1983) Nr. 4, S. 4–9.

[6–9] *Schedelberger, J.*: Schließcharakteristiken von Einplattenschiebern. 3 R international 14 (1975) Nr. 3, S. 174–177.

[6–10] *Morris, M. J.; Dutton, J. C.*: Charakteristik kompressibler Strömungen durch Klappenarmaturen. J. Fluids Eng. 111 (1989) Nr. 4, S. 400–407.

[6–11] *Bung, W.*: Gesteuerte Sicherheitsventile. Techn. Überwachung 29 (1988) Nr. 5, S. 159–162.

[6–12] *Müller, E.; Goßlau, W.; Weyl, R.*: Auslegung von Sicherheitseinrichtungen für temperaturbeschleunigte chemische Reaktionen. Techn. Überwachung 28 (1987) Nr. 11, S. 389–393; Nr. 12, S. 429–435; 29 (1988) Nr. 1, S. 28–31.

[6–13] *Bozoki, G.*: Überdrucksicherungen für Behälter und Rohrleitungen. Berlin: Verlag Technik 1986.

[6–14] *Richter, H.; Föllmer, B.*: Öffnungs- und Schließverhalten von Sicherheitsventilen mit Eigen- und Fremdmediumsteuerung. Techn. Mitteilungen 79 (1986) Nr. 12, S. 563–567.

[6–15] AD-Merkblätter der Arbeitsgemeinschaft Druckbehälter. Hrsg.: VdTÜV. Berlin: Beuth-Verlag.

[6–16] Technische Regeln Druckbehälter (TRB). Hrsg.: VdTÜV, Essen. Köln: Carl Heymanns Verlag KG.

[6–17] Technische Regeln für Dampfkessel (TRD). Hrsg.: VdTÜV, Essen. Berlin: Beuth-Verlag.

[6–18] Strömungsprobleme der Sicherheitsventile. Haus der Technik – Vortragsveröffentlichungen, Heft 515. Essen: Vulkan-Verlag 1986.

[6–19] *Stolte, J.*: Prüfung des Ansprechdruckes und der Funktion eines federbelasteten Sicherheitsventils beim Hersteller und in der Anlage. Tagung Sicherheitsventile samt Leitungen. Haus der Technik e. V., Essen Jan. 1991.

[6–20] *Römmer, H.-J.*: Eine neue Baureihe hilfsgesteuerter Sicherheitsventile. Techn. Inform. Armaturen 17 (1982) Nr. 4, S. 4–13.

[6–21] *Stolte, J.*: Gesteuerte Sicherheitsventile. In: Industriearmaturen, Bauelemente der Rohrleitungstechnik. 3. Ausg., S. 227–233. Essen: Vulkan-Verlag 1990.

[6–22] *Richter H.*: Zusatzbelastetes Sicherheitsventil mit besonderen Anforderungen. Techn. Mitteilungen 73 (1980) Nr. 9, S. 753–755.

[6–23] VdTÜV-Merkblatt Sicherheitsventil 100: Bauteilprüfung von Sicherheitseinrichtungen gegen Drucküberschreitung, Hrsg.: VdTÜV. Herford: Maximilian- Verlag.

[6–24] *Goßlau, W.; Weyl, R.*: Strömungsdruckverluste und Reaktionskräfte in Rohrleitungen bei Notentspannung durch Sicherheitsventile und Berstscheiben. Sonderdruck aus Techn. Überwachung 30 (1989) 5/6/7-8/9. Düsseldorf: VDI-Verlag 1989.

[6–25] *Föllmer, B.*: Strömung im Einlauf von Sicherheitsventilen. Diss. RWTH Aachen 1981.

[6–26] *Volk, W.*: Rückschlagorgane in Versorgungsleitungen. Brennstoff·Wärme·Kraft 15 (1963) Nr. 7, S. 343–350.

[6–27] *Provoost, G. A.*: Rückschlagklappen und -ventile in der Druckstoßberechnung. Techn. Mitteilungen 78 (1985) Nr. 6/7, S. 330–332.

[6–28] *Volk, W.*: Absperrorgane in Rohrleitungen. Berlin u. a.: Springer-Verlag 1959.

[6–29] *Pullvogt, U.; Muhr, W.*: Beitrag zur Auslegung von Rückschlagklappen. 3 R international 24 (1985) Nr. 10, S. 579–583.

[6–30] *Gandenberger, W.*: Über die wirtschaftliche und betriebsichere Gestaltung von Fernwasserleitungen. München: Verlag R. Oldenbourg 1957.

[6–31] *Ludewig, D.; Stache, K.*: Die Analyse instationärer Strömungsvorgänge in Druckrohrsystemen mit dem FORTRAN-Komplexprogramm INSTAT. Wasserwirtschaft-Wassertechnik 28 (1978) Nr. 6, S. 205–207.

[6–32] *Anspach, E.; u. a.*: Computergestützte Auslegung der Druckstoßsicherung für Anlagen des Flüssigkeitstransportes. KSB Technische Berichte, Heft 21, Dez. 1986.

[6–33] *Gandenberger, W.*: Grundlagen der graphischen Ermittlung der Druckschwankungen in Wasserversorgungsleitungen. München. Verlag R. Oldenbourg 1950.

[6–34] *Lewinsky-Kesslitz, H. P.*: Praktische Erfahrungen zum Abschätzen und Abwenden von Druckstoßgefahren. KSB Technische Berichte, Heft 20, Juni 1986.

[6–35] *Obermeyer, L.*: Druckstoßdämpfung durch eigenmediumgesteuerte automatisch arbeitende Ventile. 3 R international 25 (1986) Nr. 1/2, S. 50–54.

[6–36] *Hopf, K. D.; u. a.*: Beitrag zur Verbesserung der Auslegungssicherheit beim Einsatz von freischwingenden Rückschlagklappen. 3 R international 27 (1988) Nr. 3, S. 171–176.

[6–37] *Gillesen, R.*: Dämpfendes Beseitigen von Schwingungen in komplexen Rohrleitungssystemen. Maschinenmarkt 96 (1990) Nr. 14, S. 48–50, 52–53.

[6–38] *Grams, J.*: Der Einfluß von Armaturen auf die Druckstöße in Rohrleitungen. VGB Kraftwerkstechnik 67 (1987) Nr. 9, S. 865–872.

[6–39] *Groth, L.*: Kondensatwirtschaft. Leipzig: Deutscher Verlag für Grundstoffindustrie 1974.

[6–40] *Gröneveld, W.*: Dampf- und Kondensatsysteme in Industrieanlagen. 3 R international 29 (1990) Nr. 1/2, S. 66–72.

[6–41] *Pohl, K.* Durchfluß von Sattdampf, siedendem, heißem und kaltem Wasser durch schwimmerlose Kondensatableiter. Diss. TH Karlsruhe 1956.

[6–42] *Neumann, J.*: Kondensatableiter. Techn. Inform. Armaturen 1 (1966) Sondernr., S. 36–42.

[6–43] *Fix, V.*: Kondensatableiter. In: Industriearmaturen, Bauelemente der Rohrleitungstechnik, 3. Ausg., S. 244–249. Essen: Vulkan-Verlag 1990.

[7–1] *Heiler, R.*: Absperrklappen-Konstruktion und ihre Anwendung. 3 R international 27 (1988) Nr. 4, S. 265–274.

[7–2] *Stichler, V.*: Erfahrungswerte mit Armaturen. 3 R international 28 (1989) Nr. 4, S. 220–228, und Nr. 5, S. 344–348.

[7–3] *Volk, W.*: Absperrorgane in Rohrleitungen. Berlin, Göttingen, Heidelberg: Springer-Verlag 1959.

[7–4] *Kleinschmidt, P.*: Armaturen für die Kältetechnik (Reihe Luft- und Kältetechnik). S. 51–68. Berlin: Verlag Technik 1981.

[7–5] *Schwaigerer, S.*: Rohrleitungen. Berlin u. a.: Springer-Verlag 1967.

[7–6] *Häfele, C. H.*: Absperrarmaturen und Sicherheitsarmaturen für Dämpfe und heiße Gase. In: TÜV-Handbuch Rohrleitungen in Kraftwerken. Köln: Verlag TÜV Rheinland 1978.

[7–7] *Röthig, J.*: Der tribologische Schädigungsmechanismus bei hochbelasteten, mechanisch stabilen und instabilen metallischen Werkstoffen. Diss. an der TH „Otto von Guericke" Magdeburg 1986.

[7–8] *Müller, H.*: Gestaltungs-, Herstellungs- und betriebsbedingte Einflüsse auf Reibung und Verschleiß des Absperrsystems von Stahlschiebern. Diss. an der TH „Otto von Guericke" Magdeburg 1985.

[7–9] *Nestler, W.*: Magnetventile mit elektronisch geschalteter Erregerleistung. Techn. Inform. Armaturen 17 (1982) Nr. 1, S. 7–18.

[7–10] *Niesters, H.*: Absperr- und Regelklappen, Einsatzgrenzen und Auswahlkriterien. In Industriearmaturen, Bauelemente der Rohrleitungstechnik. 1. Ausg., S. 23–30. Essen: Vulkan-Verlag 1986.

[7–11] *Neukirchner, Schmidt, Uhlmann*: Rohrleitungen. Leipzig: Fachbuchverlag 1972.

[7-12] *Walter, W.*: Neue Entwicklungen bei Armaturen für die Chemietechnik. 3 R international 21 (1982) Nr. 12, S. 637–646.

[7-13] *Meyer, W.*: Entwicklung einer optimalen Keilplattengarnitur für einen Absperrschieber unter besonderer Berücksichtigung der Betätigungskräfte. Mitt. Nr. 160, Deutsche Babcock Werke Oberhausen.

[7-14] VAG-Katalogblatt KAT 136000-B, Blatt 1, 1. Ausgabe 6.4. 1984. VAG-Armaturen Mannheim.

[7-15] *Dannemann, W.*: Stellventile – Elemente der Rohrleitung und der Automatisierungseinrichtung. 3 R international 24 (1985) Nr. 4, S. 204–218.

[7-16] *Dannemann, W.*: Über die Anwendung von Stellgeräten mit Stellklappen. Regelungstechnische Praxis 22 (1980) Nr. 11, S. 3–11.

[7-17] Katalog MP 34. Siemens AG 1982.

[7-18] *Becks, H.*: Einsatz von Stellgeräten unter erschwerten Betriebsbedingungen – am Beispiel der chemischen Industrie. VDI-Bildungswerk BW 3105, Beitrag zum Lehrgang am 10. und 11. Dezember 1975.

[7-19] *Siemers, H.*: Regelungstechnische Gesichtspunkte bei der Auswahl und Dimensionierung von Stellklappen mit pneumatischen Membranantrieben. Sonderdruck 3320–9 Eckardt AG Meß- und Regelungstechnik Stuttgart.

[7-20] *Böttcher, W.*: Bestimmung der Kennlinien von Drosselklappen. In: automatik Frankfurt/Main 1963.

[7-21] *Dorn, R.*: Eine Hochleistungsklappe mit metallisch-elatischem Dichtsystem und ihr Betriebsverhalten. 3 R international 23 (1984) Nr. 10, S. 465–469.

[7-22] *Dannemann, W.*: ACHEMA '85: Stellgeräte für verfahrenstechnische Anlagen. Automatisierungstechnische Praxis atp, 27 (1985) Nr. 11, S. 515–522.

[7-23] *Hoff, P.*; *Steinmann, D.*; *Valentin, H.*: Armaturen in Rauchgasentschwefelungsanlagen, Teil I: Das Stellventil in der Rauchgasentschwefelung. VGB Kraftwerkstechnik 66 (1986) Nr. 9, S. 826/827.

[7-24] *Schedelberger, J.*: Schließcharakteristiken von Einplattenschiebern. In: Industriearmaturen, Bauelemente der Rohrleitungstechnik, 1. Ausg., S. 75–78. Essen: Vulkan-Verlag 1986.

[7-25] *Dannemann, W.*: Technische und ökonomische Kriterien für die Auswahl von Stellgliedern in verfahrenstechnischen Anlagen. 3 R international, 24 (1985) Nr. 4, S. 383–386.

[7-26] *Dannemann, W.*: Druckregeln ohne Hilfsenergie mit mediumgesteuerten Ventilen. In: Industriearmaturen, Bauelemente der Rohrleitungstechnik. 1. Ausg., S. 270–276. Essen: Vulkan-Verlag 1986.

[7-27] Bopp und Reuther GmbH Sicherheitsventile, das Handbuch für Planer und Anwender. Mannheim-Waldhof: 1982.

[7-28] *Römmer, H.-J.*: Eine neue Baureihe hilfsgesteuerter Sicherheitsarmaturen. Techn. Inform. Armaturen 17 (1982) Nr. 4, S. 4–13.

[7-29] *Richter, H.*: Zusatzbelastetes Sicherheitsventil mit besonderen Anforderungen. Technische Mitteilungen 73 (1980) Nr. 9, S. 753–755.

[7-30] DIN 3320 Sicherheitsventile, Begriffe, Ausgabe Januar 1972.

[7-31] *Kleinschmidt, P.*: Armaturen für die Kältetechnik. (Reihe Luft- und Kältetechnik). S. 81. Verlag Technik 1981.

[7-32] *Weygand, M.*; *Bannies, W.*: Gedämpftes Rückschlagventil zur Lösung von Druckstoßproblemen in Hochdruckwasserleitungen. 3 R international 19 (1980) Nr. 9, S. 503–509.

[7-33] *Pollvogt, U.*; *Muhr, W.*; Beitrag zur Auslegung von Rückschlagklappen. 3 R international 24 (1985) Nr. 10, S. 579–583.

[7-34] Gestra AG: Kondensatfibel 2. 6. Aufl. Bremen 1985.

[7-35] Spirax sarco GmbH: Leitfaden, Auswahl und Einbau von Kondensatableitern, Gestaltung von Dampf- und Kondensatnetzen, 13. Aufl. Konstanz 1985.

[7-36] Prospekte der Fa. Erhard-Armaturen, Heidenheim/Brenz.

[7-37] *Robe, H.*: Hochleistungsventile zum Be- und Entlüften von Rohrleitungen und Anlagen. In: Industriearmaturen, Bauelemente der Rohrleitungstechnik. 1. Ausg. S. 357–360. Essen: Vulkan-Verlag 1986.

[7-38] *Förster, S.*: Armaturen in Wasserwerken. DVGW-Schriftenreihe Wasser Nr. 203, Eschborn 1984.

[7-39] *Heinrich, B. u. a.*: Untersuchungen der Korrosionsschutzeigenschaften von Zementmörtelauskleidungen für Stahlrohre. 3 R international 17 (1978) Nr. 7, S. 448–459.

[7-40] *Förster, S.*: Emaillierte Schieber in Versorgungsleitungen für Wasser, Abwasser und Gas. bbr 1979, Nr. 10, S. 388–392.

[7-41] *Förster, S*: Kugelhähne in der Trinkwasserversorgung. Sonderdruck aus „gwf" – wasser/abwasser 120 (1979) Nr. 8, S. 379–384.

442

[7-42] Unterlagen der Fa. Erhard-Armaturen, Heidenheim/Brenz.

[7-43] *Heiler, R.*: Ringkolbenventile in den Anlagen der Wasserversorgung. In: Industriearmaturen, Bauelemente der Rohrleitungstechnik. 1. Ausg., S. 397–403. Essen: Vulkan-Verlag 1986.

[7-44] *Steier, L.*: Schwerarmaturen für Gas. In: Industriearmaturen, Bauelemente der Rohrleitungstechnik. 1. Ausg., S. 393–396. Essen: Vulkan-Verlag 1986.

[7-45] *Wossog, G.; Manns, W.; Nötzold, G.* (Hrsg.): Handbuch für den Rohrleitungsbau. 8. Aufl. Berlin: Verlag Technik 1981.

[7-46] *Bernhardt, D.*; Holtzhauser, H.: Hochdruckarmaturen in der chemischen Industrie. Industriearmaturen, Bauelemente der Rohrleitungstechnik. In: Jahrbuch der Fachgemeinschaft Armaturen im VDMA. 1. Ausgabe, S. 346–351. Essen: Vulkan-Verlag 1986.

[7-47] *Kunze, B.*: Armaturen für Problemfälle. Chemie-Anlagen und Verfahren April 1986, S. 49/50.

[7-48] *Breuer, A.*: Entwicklung einer Absperrarmaturenkombination in Stahlschweißkonstruktion für Feststoffe. 3 R international 23 (1984) Nr. 12, S. 593–598.

[7-49] *Nassauer, J.*: Rohrleitungen und Armaturen in der Lebensmittelverfahrenstechnik. 3 R international 25 (1986) Nr. 7/8, S. 362–370.

[7-50] *Frangoulidis, G.*: Bauart und Anwending von Kunststoffarmaturen. 3 R international 26 (1987) Nr. 6, S. 402–406.

[7-51] DIN 3441, Teil 1 Armaturen aus weichmacherfreiem Polyvinylchlorid (PVC hart), Anforderungen und Prüfung. Ausgabe Juli 1982.

[7-52] DIN 3442, Teil 1 Armaturen aus PP (Polypropylen). Ausgabe Oktober 1980.

[7-53] DIN 3441, Teil 2 Armaturen aus PVC hart, Kugelhähne, Maße. Ausgabe März 1977.

[7-54] DIN 3442, Teil 2 Armaturen aus PP, Kugelhähne. Ausgabe Oktober 1980.

[7-55] *Häfele, C. H.*: Konstruktion von Absperrschiebern für hohe Drücke und Temperatur. BWK Bd. 5 (1953) Nr. 12, S. 412–416.

[7-56] *Eschment, Zedlitz*: Rückschlagorgane in Rohrleitungen. bbr. 1966, Nr. 5, S. 185–193.

[8-1] *Lange, H.* Dichtelemente im Rohrleitungs- und Apparatebau. 3 R international 21 (1982) Nr. 11, S. 569–575.

[8-2] *Häfele, C. H.*: Absperrarmaturen und Sicherheitsarmaturen für Dämpfe und heiße Gase. In: TÜV-Handbuch Rohrleitungen in Kraftwerken. Köln: Verlag TÜV Rheinland 1978.

[8-3] Feodor Burgmann Dichtungswerke GmbH und Co.: Sonderdruck Nr. D27/2-3000-9.82, Katalog Ausgabe D3/1.8000/3.85, Katalog Ausgabe D1.2/2-8000/5.85.

[8-4] *Schwaigerer, S.*: Rohrleitungen. Berlin, u. a.: Springer-Verlag 1967.

[8-5] *Heitmeyer, U.; Lange, E.*: Einstellbare Verriegelungen. Sonderdruck aus 3 R international 24 (1985) Nr. 7, S. 367–370.

[8-6] *Stichler, V.*: Erfahrungswerte mit Armaturen. 3 R international 28 (1989) Nr. 4, S. 220–228, und Nr. 5, S. 344–348.

[8-7] *Heiler, R.*: Absperrklappen-Konstruktion und ihre Anwendung. 3 R international 27 (1988) Nr. 4, S. 265–274.

[9-1] *Schwaigerer, S.*: Rohrleitungen. Berlin u. a: Springer-Verlag 1967.

[9-2] *Wossog, G.; Manns, W.; Nötzold, G.* (Hrsg.): Handbuch für den Rohrleitungsbau. 8. Aufl. Berlin: Verlag Technik 1981.

[9-3] *Siemens AG*: Katalog MP 34, 1982 Stellgeräte; Katalog MP 35, 1980 Elektrische Stellantriebe; Katalog MP 01, Januar 1983 Standarderzeugnisse der Prozeßtechnik.

[9-4] *Seegen, P.*: Aufbau und Wirkungsweise von Gelenkschubstellantrieben nach dem Baukasten. Sonderdruck aus MM Maschinenmarkt 84 (1978) Nr. 97.

[9-5] Unterlagen von LEWA Herbert Ott GmbH und Co., Leonberg b. Stuttgart.

[9-6] *Tomm, H.*: Auslegung und Einsatz von elektrischen Stellantrieben für Armaturen in Gaspipelinenetzen. Industriearmaturen, Bauelemente der Rohrleitungstechnik. In: Jahrbuch der Fachgemeinschaft Armaturen im VDMA, 1. Ausgabe, S. 290–299. Essen: Vulkan-Verlag 1986.

[9-7] *Töpfer, Kriesel*: Funktionseinheiten der Automatisierungtechnik. Berlin: Verlag Technik 1988.

[9-8] Unterlagen der Honeywell GmbH Offenbach.

[9-9] *Dannemann, W.*: Stellantriebe und Übersetzungsglieder für pneumatische Stellgeräte. 3 R international 24 (1985) Nr. 7, S. 370–381.

[9-10] *Siemers, H.*: Funktion und Auswahl pneumatischer Stellantriebe für Regelventile. Sonderdruck 3320-8, Eckardt AG Meß- und Regelungstechnik, Stuttgart.

[9-11] *Siemers, H.*: Regelverhalten von Stellgliedern, die in Schließrichtung angeströmt werden. Sonderdruck 3320-6, Eckardt AG Meß- und Regelungstechnik, Stuttgart.

[10–1] *Neukirchner, Schmidt, Uhlmann*: Rohrleitungen. 3. Aufl. Leipzig: Fachbuchverlag 1972.
[10–2] DIN 3840 Armaturengehäuse, Festigkeitsberechnung gegen Innendruck. Ausgabe September 1982.
[10–3] ASME Section III, NB 3000, 1985.
[10–4] *Gikadi, T.; Heep, C.*: Hohe Sicherheit und optimale Auslegung der drucktragenden Bauteile von Kraftwerksarmaturen mit Hilfe der Finite-Elemente-Methode. 3 R international 25 (1986) Nr. 9, S. 464–472.
[10–5] *Kleinschmidt, P.*: Gestaltung und Berechnung von Armaturenelementen, Teil II – Absperrschieber. Techn. Inform. Armaturen 3 (1968) Nr. 4, S. 6–17.
[10–6] *Lewin, G. u. a.*: Eine Betrachtung zur Festigkeitsberechnung von Armaturen. Techn. Inform. Armaturen 25 (1990) Nr. 1, S. 20–27.

[11–1] *Neukirchner, Schmidt, Uhlmann*: Rohrleitungen. 3. Aufl. Leipzig: Fachbuchverlag 1972.
[11–2] *Hornbogen, E.*: Deutsche Metallforschung – im internationalen Rahmen. Metall 38 (1984) Nr. 5, S. 395–398.
[11–3] TGL 13 871 Kaltzähe Stähle, Technische Lieferbedingungen. Ausgabe Dezember 1962 (nicht mehr gültig).
[11–4] *Kleinschmidt, P.*: Armaturen für die Kältetechnik (Reihe Luft- und Kältetechnik). Berlin: Verlag Technik 1981.
[11–5] *Nassauer, J.*: Rohrleitungen und Armaturen in der Lebensmittelverfahrenstechnik. 3 R international 25 (1986) Nr. 7/8, S. 362–370.
[11–6] *Steinmann, D.*: Teil II Siliciumnitrid und Siliciumcarbid – sonderkeramische Werkstoffe in der Rauchgasentschwefelung. VGB Kraftwerkstechnik 66 (1986) Nr. 9, S. 827–834.
[11–7] *Förster, S.*: Emaillierte Schieber in Versorgungsleitungen für Wasser, Abwasser und Gas. bbr 1979, Nr. 10, S. 388–392.
[11–8] DIN 3339 Armaturen, Werkstoffe für Gehäuseteile. Ausgabe Januar 1984.
[11–9] *Hentrich, M.; Kästner, J.; Röhtig, J.*: Aspekte des Werkstoffeinsatzes im Armaturenbau. Techn. Inform. Armaturen 25 (1990) Nr. 1, S. 16–20.

[12–1] *Auerswald, W.*: Erfahrungen in der Betriebsüberwachung von Armaturen. 3 R international 21 (1982) Nr. 8, S. 432–439.
[12–2] DIN 3230, Teil 3 Technische Lieferbedingungen für Armaturen, Zusammenstellung möglicher Prüfungen. Ausgabe April 1983.
[12–3] TGL 14 500 Industriearmaturen, Technische Lieferbedingungen (nicht mehr gültig).
[12–4] *Schwaigerer, S.*: Rohrleitungen. Berlin u. a.: Springer-Verlag 1967.
[12–5] *Zilling, H.*: Typprüfung an Armaturen. In: Industriearmaturen, Baulemente der Rohrleitungstechnik. 1. Ausg., S. 144–147. Essen: Vulkan-Verlag 1986.

Sachwörterverzeichnis

Das technische Wissen der Gegenwart

VDI-Lexikon Energietechnik

Hrsg. Helmut Schaefer/
VDI-Gesellschaft Energietechnik.
1994. Ca. 1450 S., 1200 Abb., 300 Tab.
24 x 16,8 cm. Gb.
Subskriptionspreis bis 30. 6. 1994
ca. DM 248,–/öS 1934,–/sFr 248,–
danach ca. DM 298,–/öS 2325,–/sFr 298,–
ISBN 3-18-400892-4
Nahezu achtzig Autoren erläutern in verständlich geschriebenen und übersichtlich gegliederten Beiträgen zu rund 3800 Stichwörtern, unterstützt durch mannigfache Querverweise und ergänzende Literaturangaben, alle wesentlichen Begriffe der Energietechnik.

Die wichtigsten Fachgebiete mit dem Hauptteil der Stichworte sind: Energiewirtschaft — Primärenergien — Regenerative Energien und Energieträger — Elektrotechnik — Wärmeerzeugung — Nuklearenergie — Reaktortechnik — Schutz- und Sicherungstechniken der Kerntechnik — Wärmeübertragung — Kraftwerkstechnik — Thermische Verfahrenstechnik — Brennstoffzellen — Energietransport — Energiespeicherung — Energieanwendung — Schadstoffemission und -immission.

VDI-Mitglieder erhalten 10 % Preisnachlaß, auch im Buchhandel.

VDI VERLAG

Postfach 10 10 54 · 40001 Düsseldorf · Telefon 02 11/61 88-0 · Telefax 02 11/61 88-133

NEU
VDI-WÄRMEATLAS
7. AUFLAGE 1994

Der VDI-Wärmeatlas, das Standardwerk für Wärmeübergangsberechnungen, ist erheblich erweitert worden.

Hrsg. VDI-Gesellschaft Verfahrenstechnik und Chemieingenieurwesen (GVC).
7., überarbeitete und erweiterte Auflage 1994.
1.134 Seiten, 927 Abb., 436 Tabellen.
Loseblattausgabe
DM 680,–/öS 5.304,–/sFr 680,–
ISBN 3-18-401361-8
Gebundene Ausgabe
DM 640,–/öS 4.992,–/sFr 640,–
ISBN 3-18-401362-6

Neu aufgenommene Abschnitte:
- Behältersieden unterkühlter Flüssigkeiten;
- Zerstäuben mit Hohlkegeldüsen;
- Leistungsaufnahme von Rührwerken;
- Be- und Entfeuchten von Luft;
- Druckverlust in Rohren bei Gas-Flüssigkeit-Strömung;
- Zyklone und Lamellentropfenabscheider zur Abscheidung von feststoffbeladene Tropfen aus Gasen.

Software zum VDI-Wärmeatlas.
Auskunft erteilt der VDI-Verlag

VDI-Mitglieder erhalten
10% Preisnachlaß, auch im Buchhandel.

VDI VERLAG Postfach 10 10 54, 40001 Düsseldorf